Adrian Meyer

Merkantiles Erzählen –
Von Kauf und Verkauf in mittelhochdeutscher Literatur

Literatur | Theorie | Geschichte

Beiträge zu einer kulturwissenschaftlichen Mediävistik

Herausgegeben von
Udo Friedrich, Bruno Quast und Monika Schausten

Band 25

Adrian Meyer

Merkantiles Erzählen – Von Kauf und Verkauf in mittelhochdeutscher Literatur

DE GRUYTER

Der Druck dieser Arbeit wurde gefördert durch das DFG-Graduiertenkolleg 2212 „Dynamiken der Konventionalität (400–1550)“.

ISBN 978-3-11-077570-9
e-ISBN (PDF) 978-3-11-077618-8
e-ISBN (EPUB) 978-3-11-077627-0
ISSN 2363-7978

Library of Congress Control Number: 2022933407

Bibliografische Information der Deutschen Nationalbibliothek
Die Deutsche Nationalbibliothek verzeichnet diese Publikation in der Deutschen Nationalbibliografie; detaillierte bibliografische Daten sind im Internet über http://dnb.dnb.de abrufbar.

Umschlagabbildung: Miniatur „Joseph wird von seinen Brüdern verkauft“ aus der Weltchronik des Jans von Wien, Bayerische Staatsbibliothek München, Cgm 11, fol. 26r
Satz: Integra Software Services Pvt. Ltd.
Druck und Bindung: CPI books GmbH, Leck

www.degruyter.com

Vorwort

Bei der vorliegenden Arbeit handelt es sich um die nochmals durchgesehene Version meiner Promotionsschrift, die unter dem Titel „*dem marchet ist diu werlt gelich*. Merkantiles Erzählen in der deutschsprachigen Literatur des 13. Jahrhunderts" im Sommersemester 2021 von der Philosophischen Fakultät der Universität zu Köln als Dissertation angenommen wurde. Die Disputation erfolgte am 6.7.2021.

Ganz besonderer Dank gilt meiner Erstbetreuerin Prof. Dr. Monika Schausten. Ihr verdanke ich eine großartige Förderung vom Grundstudium bis zur Abgabe der Dissertation und darüber hinaus. Ihrer herausragenden Betreuung ist es zu verdanken, dass die vorliegende Arbeit in einer dauerhaft angenehmen Atmosphäre des gegenseitigen Austauschs entstehen konnte. Dieser Dank gilt auch meinem Zweitbetreuer Herrn Prof. Dr. Udo Friedrich, dessen stets offenes Ohr besonders bei langen Theoriegesprächen mir immer geholfen hat. Zudem danke ich Prof. Dr. Fabian Wittreck, der mir als Drittbetreuer wichtige Hinweise und Informationen geben konnte, die die germanistische Arbeit großartig ergänzt haben.

Auch danke ich meiner ehemaligen Chefin Dr. Christiane Krusenbaum-Verheugen und meinen Kolleg:innen Fabian Scheidel, Michael Schwarzbach-Dobson und Julia Stiebritz-Banischewski am Institut für deutsche Sprache und Literatur I der Universität zu Köln, die mich nicht nur fachlich weitergebracht haben, sondern auch die vergangenen Jahre zu einer sehr schönen und geselligen Zeit gemacht haben. Besonderer Dank gilt an dieser Stelle Elias Friedrichs, mit dem es ein Vergnügen war, in unzähligen Stunden alles zu diskutieren, was es zu diskutieren gab. Auch allen anderen Mitgliedern des Graduiertenkollegs 2212 danke ich für eine schöne Zeit und die große Bereitschaft, Fertiges und Unfertiges zu diskutieren. Besonderer Dank geht dabei an Dr. Julia Bruch, Markus Jansen, Adrian Kammerer und abermals Elias Friedrichs. Für Rückmeldungen, Kommentare oder Hinweise danke ich zudem Prof. Dr. Markus Stock, Prof. Dr. Shami Ghosh, Dr. Maria Stürzebecher, Prof. Dr. Susanne Reichlin, Ulrich Berzbach und Prof. Dr. Elisabeth Hollender. Für die freundliche und immer hilfsbereite Betreuung seitens De Gruyter danke ich Herrn Robert Forke, Frau Eva Locher und Herrn David Jüngst. Für die Übernahme der Druckkosten danke ich dem GRK 2212.

Auch meiner Familie gilt Dank für die stete Bereitschaft, sich mit mir über alles Gedanken zu machen, was mich bei der Abfassung der Arbeit beschäftigt hat. Ganz besonders gedankt sei daher meiner Frau Charlotte Meyer-Gerards, meinen Eltern Gabriele und Ulrich Meyer und meinem Bruder Dr. Johannes Meyer. Ihnen widme ich diese Arbeit.

https://doi.org/10.1515/9783110776188-202

Inhaltsverzeichnis

1 Wider die Teleologie: Markt, nicht Wirtschaft

Die „Geisteswissenschaften“ liegen, folgt man Justin Stover, „nicht etwa im Sterben“, sie „sind so gut wie tot.“[1] Dies liege nicht so sehr an der angeblichen Belanglosigkeit der Fächer, als vielmehr an ihrer Arbeitsweise: „Ein beliebter Vorwurf etwa lautet, Geisteswissenschaftler würden sich heute auf kleine, ausgewählte Spezialgebiete beschränken, statt das große Feld des menschlichen Wissens in seiner Länge und Breite zu durchmessen.“[2] Aber gerade die Isolation eines spezialisierten Forschungsgebietes, so Stover, sei unerlässlich für die Erarbeitung der fundamentalen Erkenntnisse, obwohl der einzelne Bestandteil in dieser Isolation belanglos wirken mag.[3]

Den Pessimismus Stovers zum Tod der Geisteswissenschaften muss man nicht teilen; die konkrete Textarbeit bildet für die Literaturwissenschaft selbst, wie auch für alle an Wissensordnungen interessierten Disziplinen ein notwendiges, induktives Fundament. Das geisteswissenschaftlich erfasste Detail muss nur deutlich zeigen, wie es mit größeren Wissensordnungen in Verbindung steht. Ein solches Detail im „große[n] Feld des menschlichen Wissens“ stellt das merkantile Erzählen im 13. Jahrhundert dar. Vor diesem Hintergrund möchte ich mich daher um die Analyse der Verbindung der altgermanistischen Literaturwissenschaft mit der institutionell ungleich stärkeren Forschung zur Theorie und Geschichte der Wirtschaft bemühen. Die Herausstellung der Verhältnisse ist nicht als Diffamierung des eigenen, altgermanistischen Faches gemeint, sondern soll auf die Diskrepanz hinweisen, dass in der vorliegenden Arbeit eine ebensolche hochspezialisierte Geisteswissenschaft mit den Ergebnissen der global weit über die akademischen Fachgrenzen hinaus viel beachteten wirtschaftswissenschaftlichen Disziplin verbunden werden muss. Dies ist möglich, da in den Wirtschaftswissenschaften derzeit eine methodische Reflexion – das Wortspiel sei erlaubt – Konjunktur hat, die das stark mathematisierte Fach für die interpretierenden Diskurse der Geisteswissenschaften anschlussfähig macht. Und solche kulturhistorischen Ausführungen zur Wirtschaft finden Beachtung, denn Geld und Wirtschaft führen kein Nischen-Dasein. Vielmehr, so formuliert es auch Stover in seiner kriti-

1 Justin Stover: Warum es keine guten Gründe zur Verteidigung der Geisteswissenschaften gibt. In: Merkur 828 (2018), S. 25–39, S. 25.

2 Ebd., S. 27.

3 Ebd., S. 28. Stover macht dies anhand des Beispiels historischer Demokratieforschung deutlich: „Will man mehr als das bloße Klischee von Athen als der Wiege der Demokratie erzählen, als Anfangspunkt einer Entwicklung, die direkt zu Reformation, Aufklärung, zur amerikanischen Revolution, zur Industrialisierung und zu Wohlstand für alle führt, will man tatsächlich das politische und soziale System Athens im 5. vorchristlichen Jahrhundert verstehen, dann muss man sich mit allem befassen: Epigrafik, Redekunst, Komödie und Tragödie, Wirtschaft, den Handelsbeziehungen zwischen Griechenland und dem übrigen Mittelmeerraum, Münzwesen, Schiffsbau, Versorgungsketten, Kolonialwesen, Geschlechterrollen, sogar Kleidung und Essen. Es braucht also ein großes Maß an ‚nutzlosem‘, hochspezialisiertem Wissen. Die Alternative dazu ist schlichtweg schlechte Wissenschaft, die unverhohlen im Dienst politischer Ziele betrieben wird [...].“

https://doi.org/10.1515/9783110776188-001

schen Auseinandersetzung mit den Geisteswissenschaften, wird durch wirtschaftliche Zusammenhänge erst organisiert, was in der Nische und was in der breiten Öffentlichkeit zu finden ist.[4]

Die historischen Reflexionen zeigen dabei oft den Impetus auf, mit Geld und Wirtschaft Strukturen zu dekonstruieren, die der modernen westlichen Gesellschaft so in Fleisch und Blut übergegangen sind, dass die Analysen dieser Verhältnisse sich von einer politischen Agenda nicht freisprechen können, in den meisten Fällen auch nicht wollen. So liegen mit David Graebers *Schulden* und Thomas Pikettys Werken *Das Kapital im 21. Jahrhundert* und *Kapital und Ideologie* gleich mehrere Werke der jüngeren Vergangenheit vor, die eine beträchtliche Reichweite außerhalb des engen Kreises des universitären Fachbetriebes beanspruchen können.[5] Die historisch bedingte Faktur moderner Vorstellungen von Verteilung und Gerechtigkeit prägt auch beispielsweise die Werke des Nobelpreisträgers Amartya Sen oder des Historikers (und Sprechers beim Weltwirtschaftsforum in Davos 2020) Yuval Noah Harari.[6] Piketty hat zu Beginn von *Kapital und Ideologie* die Probleme einer historischen Beschäftigung mit ‚der Wirtschaft' deutlich gemacht, wie sie auch in dieser Arbeit diskutiert werden soll:

> Den Markt und den Wettbewerb als solchen gibt es so wenig, wie es Gewinn und Lohn, Kapital und Schulden, hochqualifizierte und geringqualifizierte Arbeiter, Einheimische und Fremde, Steuerparadiese und Wettbewerbsfähigkeit als solche gibt. All das sind soziale und historische Konstruktionen, die durch und durch nicht nur davon abhängen, welches Rechts-, Steuer-, Bildungs- und Politiksystem man in Kraft zu setzen beschließt, sondern auch von den Begriffen, die man sich davon macht.[7]

Das Zitat entstammt einem Kapitel mit dem Titel „Ideologien ernst nehmen", und dies kann als Herausforderung an die geisteswissenschaftliche Forschung verstanden werden.[8]

---

4 Vgl. ebd., S. 37.

5 David Graeber: Schulden. Die ersten 5.000 Jahre. 3. Aufl. München 2014; Thomas Piketty: Das Kapital im 21. Jahrhundert. München 2014; ders.: Kapital und Ideologie. München 2020. Jüngst hat sich auch der englische Ökonom Jonathan Aldred populärwissenschaftlich mit den sozialen Grundlagen wirtschaftlicher Denkweisen beschäftigt: Jonathan Aldred: Der korrumpierte Mensch. Die ethischen Folgen wirtschaftlichen Denkens. Stuttgart 2020.

6 Amartya Sen: Die Idee der Gerechtigkeit. München 2010; Yuval Noah Harari: Eine kurze Geschichte der Menschheit. 23. Aufl. München 2015.

7 Piketty: Ideologie, S. 21.

8 Piketty beschreibt damit eine Vorgehensweise, die einer „Archäologie des Wissens" in Foucaults Sinn entspricht. Vgl. Michel Foucault: Archäologie des Wissens. 17. Aufl. Frankfurt am Main 2015, S. 265: „Dem ideologischen Funktionierung einer Wissenschaft sich zuzuwenden, um es erscheinen zu lassen und umzugestalten, heißt nicht, die philosophischen Voraussetzungen ans Licht zu bringen, die ihr innewohnen mögen; heißt nicht, auf die Grundlagen zurückzugreifen, die sie ermöglicht haben und sie legitimieren: es heißt, sie als diskursive Formation in Frage zu stellen; es heißt, nicht gegen die formalen Widersprüche ihrer Propositionen anzugehen, sondern gegen das Forma-

Was also kann eine altgermanistische Arbeit angesichts der gewaltigen Themenkomplexe von Wirtschaft und Narration leisten? Zum einen geht es um Methodenkritik auf der Seite der Literaturwissenschaft. Widmet diese sich der spezifisch literarischen Verhandlung außerliterarischer Themenkomplexe, so darf die Komplexität solcher Wissensfelder nicht zu stark verkürzt werden. Das bedeutet, dass Literaturwissenschaft die aktuelle Kritik an wirtschaftlichen Zusammenhängen und am Wirtschaftsbegriff selbst rezipieren und auf ihre Anwendbarkeit, bzw. Notwendigkeit für ihre Interpretationen prüfen muss. Wenn ein methodisch neuer Zugang zum Begriff der Wirtschaft dieselbe neu definiert, darf die literaturwissenschaftliche Interpretation nicht weiter an einem simplistischen *common sense*-Begriff festhalten. Durch eine Neuperspektivierung des Wirtschaftsbegriffes kann ein großer Teil sozialer Praxis in seiner Darstellung in Erzähltexten neu beleuchtet werden. Dies ist der altgermanistische Zugewinn, der aber auch durch Abstraktion von den Textbeispielen zu einer allgemeinen literaturwissenschaftlichen Diskussion beitragen kann. Auf der anderen Seite kann die altgermanistische Analyse, im besten Sinne eines „kleine[n], ausgewählte[n] Spezialgebiet[es]"[9] der Geisteswissenschaften, der wirtschaftshistorischen Forschung eine narratologische Perspektive zur Seite stellen, die anhand einzelner Texte verdeutlicht, wie und worin Wissen über Wirtschaft gerade nicht in seiner Abstraktion, sondern im konkreten Erzählzusammenhang be- und entsteht.

Setzt jedoch einmal die analytische Beschäftigung mit Begriffen wie ‚Wirtschaft', ‚Ökonomie' oder gar ‚Ökonomik' ein, ist man bald konfrontiert mit dem Problem der historischen Bindung dieser Begriffe. Michel Foucault attestiert selbst dem 17. und 18. Jahrhundert noch keinen Diskurs der politischen Ökonomie, sondern nur eine Beschäftigung mit Problemen der Chrematistik.[10] Um zur Ökonomie zu werden, fehle dieser Wissensordnung die Untersuchung der Produktionsverhältnisse.[11]

Es bieten sich nun verschiedene Möglichkeiten, mit diesem Problem umzugehen: Julia Bruch, Ulla Kypta und Tanja Skambraks beispielsweise versammeln aus wirtschaftshistorischer Perspektive Studien zu den drei Feldern Produktion, Markt sowie Geld und Kreditwesen,[12] um möglichst breit eine vormoderne Praxis- und Wissensordnung

tionssystem ihrer Gegenstände, ihrer Äußerungstypen, ihrer Begriffe, ihrer theoretischen Wahlmöglichkeiten. Es heißt, sie als Praxis neben anderen Praktiken wiederaufzunehmen."

9 Vgl. Stover: Gute Gründe, S. 27.

10 Michel Foucault: Die Ordnung der Dinge. Eine Archäologie der Humanwissenschaften. 24. Aufl. Frankfurt am Main 2017, S. 211–214. Zur Chrematistik des Mittelalters vgl. auch Giacomo Todeschini: Il prezzo della salvezza. Lessici medievali del pensiero economico. Rom 1994, Kap. 2. Zur Diskursivierung der Wirtschaft durch Institutionalisierung im Zeichen von Kameralistik und Politischer Ökonomie vgl. Rainer Diaz-Bone, Gertraude Krell: Einleitung: Diskursforschung und Ökonomie. In: Diskurs und Ökonomie. Diskursanalytische Perspektiven auf Märkte und Organisationen. Hrsg. von dens. 2. Aufl. Wiesbaden 2015, S. 11–45, S. 11 f.

11 Foucault: Ordnung der Dinge, S. 211.

12 Ulla Kypta, Julia Bruch, Tanja Skambraks (Hrsg.): Methods in Premodern Economic History. Case studies from the Holy Roman Empire, c.1300–c.1600. Cham 2019.

dessen zu konturieren, was aus moderner Perspektive der Disziplin der Wirtschaft entspricht. Die epochenübergreifende Geschichtswissenschaft, so betonen die Autorinnen jedoch, darf bei der Betrachtung solcher historisch projizierten Zusammenhänge nicht den Fehler begehen, anhand ‚großer Narrative' wie der *Commercial Revolution* oder der *Great Divergence* in teleologische Schlüsse zu verfallen.[13] Der Blick auf solche Modelle der *longue durée* kann im Sinne eines Rationalisierungsnarrativs verheißend, mit Blick auf einen angeblichen Sittenverfall durch Monetarisierung aber auch mahnend ausfallen.[14] Besonders die liberale politische Ökonomie des 19. Jahrhunderts hat solche Rationalisierungsnarrative bemüht, um den „progress of modern society" mit historischer Empirie zu unterfüttern. Gut sichtbar ist dieses Bemühen in John Stuart Mills IV. Buch der *Principles of Political Economy*: Eingebettet in einen kolonialistischen Zivilisationsdiskurs spricht Mill von der gesamtgesellschaftlichen Überkompensation industrialisierter Kooperation: Der einzelne Mensch sei zwar dadurch nicht mehr so frei, seine Anlagen zu entfalten, die Synergie-Effekte rationalisierter Kooperation würden dies aber mehr als wettmachen.[15]

Derlei Perspektiven kommen für die altgermanistische Literaturwissenschaft jedoch nicht in Frage, da gerade nicht nach den evolutiven und revolutionären Prozessen gefragt werden soll, die sich seither aus den wirtschaftlichen Prozessen des Mittelalters entwickelt haben. Die literaturwissenschaftliche Fokussierung auf alternative Reziprozitätsformen im Sinne einer vormodernen Gabenpolitik[16] hingegen

---

13 Julia Bruch, Ulla Kypta, Tanja Skambraks [u. a.]: Grand Narratives in Premodern Economic History. In: Ebd., S. 11–45, S. 13.

14 Die Idee des spätmittelalterlichen Sittenverfalls kann besonders einer aus dem 19. Jahrhundert kommenden Forschungstradition zugesprochen werden. Beispielhaft sei auf den Beitrag Walther Rehm: Kulturverfall und spätmittelhochdeutsche Didaktik. Ein Beitrag zur Frage der geschichtlichen Alterung. In: ZfdPh 52 (1927), S. 289–330, verwiesen, der bemüht ist, anhand spätmittelalterlicher Literatur ein Bewusstsein für eine Form ethischer Epigonalität herauszuarbeiten, das sich auch in der Monetarisierung der Gesellschaft niederschlage. Rehm bewegt sich dabei argumentativ in der Nähe des populäreren Werkes Johan Huizinga: Herbst des Mittelalters. Studien über Lebens- und Geistesformen des 14. und 15. Jahrhunderts in Frankreich und in den Niederlanden. Stuttgart 2015.

15 Vgl. John Stuart Mill: Principles of Political Economy with some of their Applications to Social Philosophy. Hrsg. von Sir W. J. Ashley. London 1920, S 698 f. Dass ausgerechnet Mill im Zeichen des Paradigmas Wildheit vs. Zivilisation an einer kontinuierlichen Geschichte der Wirtschaftsordnung arbeitet, überdeckt die Tatsache, dass der strukturelle Wirtschaftsbegriff Mills durchaus als Novum des 19. Jahrhunderts und nicht zuletzt von Theoretikern wie Mill selbst angesehen werden kann (vgl. dazu Kap. 2.1). Zur großen Bedeutung Mills sowie dessen normativem Anspruch, der sich aus einer Verbindung von politischer Ökonomie und Ethik ergibt vgl. Dieter Birnbacher: Der Utilitarismus und die Ökonomie. In: Sozialphilosophische Grundlagen ökonomischen Handelns. Hrsg. von Bernd Biervert, Klaus Held, Josef Wieland. Frankfurt am Main 1990, S. 65–85, S. 66.

16 Die Applikation gabentheoretischer Überlegungen ist für die ganze Bandbreite mittelhochdeutscher Texte nachzuweisen und erstreckt sich auf unterschiedliche interpretative Ebenen, von der Analyse einzelner Handlungen in Texten über die strukturelle Analyse der Textorganisation bis hin zu poetischen Reflexionen, die den Text selbst im Lichte der Gabentheorie in seiner sozialen Prag-

kann zwar zeigen, dass die ökonomische Rationalität und Gewinnmaximierung des 19. Jahrhunderts nicht die einzige Form materieller Akkumulation und Distribution darstellt. Häufig argumentiert sie dabei aber in Bezug auf eine oppositionell gesetzte Ordnung, deren Funktion in der Reproduktion gewinnmaximierender Verhaltensweisen liege und in den Worten Pierre Bourdieus die „ökonomische Ökonomie" darstelle, von der sich eine non-materielle, symbolische Ökonomie abzugrenzen habe.[17] Eine solche symbolische Ökonomie begreift Bourdieu allerdings eher als Ergänzung zur ökonomischen Ökonomie, eine Ergänzung freilich, die gerade über ihre vehemente Verneinung der expliziten Berechnung das zu fassen vermöge, was der ökonomischen Ökonomie verschlossen bleibe.[18]

Der oben angesprochene Einwand Foucaults, die Entwicklung eines ökonomischen Diskurses sei Sache der Moderne, kann aber auch dahingehend gelöst werden, weniger die wirtschaftliche Verfassung einer historischen Gesellschaft zu rekonstruieren, als vielmehr den Wirtschaftsbegriff in seine einzeln greifbaren Praktiken zu zerlegen und sich diesen separat zu nähern. Dies soll im Folgenden mit

matik beleuchten. Einzelne Beispiele seien hier genannt: Zur Gabe und Gabenpolitik im Mittelalter vgl. den Sammelband Gadi Algazi, Valentin Groebner, Bernhard Jussen (Hrsg.): Negotiating the Gift. Pre-Modern Figurations of Exchange. Göttingen 2003, aus altgermanistischer Perspektive: Margreth Egidi [u. a.] (Hrsg.): Liebesgaben. Kommunikative, performative und poetologische Dimensionen in der Literatur des Mittelalters und der Frühen Neuzeit. Berlin 2012 sowie (mit neugermanistischen Beiträgen) Martin Baisch (Hrsg.), unter Mitarbeit von Malena Ratzke und Britta Wittchow: Anerkennung und die Möglichkeiten der Gabe. Literaturwissenschaftliche Beiträge. Frankfurt am Main 2017. Zudem sei besonders auf die Arbeiten Heike Sahms (Gabe und Gegengabe, Raub und Vergeltung. Reziprozität in der mittelhochdeutschen Epik. In: ZfdPh 133,3 (2014), S. 419–438; dies.: Gabe und Geschenk. Zur Differenz von kultureller Norm und Praxis in Mittelalter und Moderne. In: MDGV 61,3 (2014), S. 267–278) und die Monographien Marion Oswald: Gabe und Gewalt. Studien zur Logik und Poetik der Gabe in der frühhöfischen Erzählliteratur. Göttingen 2004 sowie Susanne Reichlin: Ökonomien des Begehrens, Ökonomien des Erzählens. Zur poetologischen Dimension des Tauschens in Mären. Göttingen 2009 hingewiesen. Ebenfalls zu einer „narrativen Ökonomie" in Geschichten mit dem Motiv des Fleischpfandes vgl. Christian Kiening: Ästhetik der Struktur. Experimentalanordnungen mittelalterlicher Kurzerzählungen (*Fleischpfand, Halbe Birne*). In: Ästhetische Reflexionsfiguren in der Vormoderne. Hrsg. von Annette Gerok-Reiter [u. a.]. Heidelberg 2019, S. 303–328, Zitat S. 315. Eine allgemeine Theoriediskussion zur gesellschaftlichen Pragmatik des Textes im Sinne einer Gabentheorie und im Anschluss an Stephen Greenblatt bietet: Ulla Haselstein: Poetik der Gabe: Mauss, Bourdieu, Derrida und der New Historicism. In: Poststrukturalismus. Herausforderungen an die Literaturwissenschaft. Hrsg. von Gerhard Neumann. Stuttgart/Weimar 1997, S. 272–289.

17 Vgl. Pierre Bourdieu: Die Ökonomie der symbolischen Güter. In: Vom Geben und Nehmen. Zur Soziologie der Reziprozität. Hrsg. von Frank Adloff, Steffen Mau. Frankfurt am Main/New York 2005, S. 139–155.

18 Ders.: Entwurf einer Theorie der Praxis. Auf der enthnologischen Grundlage der kabylischen Gesellschaft. 4. Aufl. Frankfurt am Main 2015, S. 352: „Nur unter der Voraussetzung, daß man eine *totale Aufrechnung* der symbolischen Gewinne vornimmt und in eins damit die Undifferenziertheit der symbolischen und materiellen Bestandteile des Patrimoniums im Gedächtnis behält, läßt sich die ökonomische Rationalität von Verhaltensweisen begreifen, die der Ökonomismus ansonsten als absurd abtut [...]."

dem Markt und den damit verbundenen Praktiken des Merkantilen geschehen: Der Markt des 13. Jahrhunderts – oder vielmehr dessen literarische Repräsentation – soll nicht bezüglich seines teleologisch ermittelten Rationalisierungsgrades, sondern in seiner historisch situierten, funktionalen sowie kulturell-tradierten Konventionalität beleuchtet werden. Eine solche „Einbettung" des Marktes[19] in die Gesamtzusammenhänge der Gesellschaft eröffnet eine Perspektive auf den merkantilen Bereich, die darin nicht das Gegenmodell zur Gabentheorie, sondern nur eine mögliche distributive Interaktionsform sieht, die durch ihre eigenen Erzähl- und Darstellungskonventionen geprägt ist.

In nuce kann dies an der Beziehung des Marktes zur rhetorischen Tradition christlicher Autoren deutlich werden: Ambrosius lässt im 4. Jahrhundert kein gutes Haar am Markt; es ist der Ort, an dem Christus nicht zu finden sei, an dem Ungerechtigkeit und Müßiggang herrschen:

> Non est Christus circumforaneus. Christus enim pax est, in foro lites; Christus iustitia est, in foro iniquitas; Christus operator est, in foro inane otium; Christus caritas est, in foro obtrectatio; Christus fides est, in foro fraus atque perfidia; Christus in ecclesia est, in foro idola.[20]

Andererseits ist Christus in einer Predigt des Augustinus ein Kaufmann, der die Menschheit freikaufen soll (*O bone Mercator, eme nos.*).[21] Zwar ist Christus explizit nicht auf dem Marktplatz, da dieser allzu irdisch ist, sein Kreuzestod ist aber gleichzeitig ein Kauf, der ihn zum *Mercator* macht. Jenseits dessen, welche Funktionen die historische Wirtschaftswissenschaft dem Markt auch aus moderner Perspektive zuschreibt, so gestaltet sich doch das narrative Reservoir des merkantilen Praxisbereichs gänzlich anders: Zum Markt gehört beispielsweise der Topos von (versuchtem) Betrug und Ungerechtigkeit, vom weltlichen Treiben, aber auch die Metaphorisierung der Erlösungstat und, wie sich in dieser Arbeit zeigen wird, in der mittelhochdeutschen Literatur ganz besonders die

---

19 Zur kulturellen Einbettung der wirtschaftlichen Sphäre vgl. grundlegend Karl Polanyi: The Great Transformation. Politische und ökonomische Ursprünge von Gesellschaften und Wirtschaftssystemen. 14. Aufl. Berlin 2019.

20 Ambrosius: De Virginitate cap. VIII par. 46. In: Library of Latin Texts – Series A (Übersetzung A.M.: „Christus ist nicht auf dem Markt zu finden. Christus ist der Frieden, auf dem Markt [sind] Streitigkeiten. Christus ist die Gerechtigkeit, auf dem Markt [ist] die Ungerechtigkeit. Christus ist der Arbeiter, auf dem Markt [herrscht] der wertlose Müßiggang. Christus ist die Nächstenliebe, auf dem Markt [ist] die Missgunst. Christus ist der Glaube, auf dem Markt [sind] Schwindel und Wortbruch. Christus ist die Kirche, auf dem Markt die Götzenbilder.). Eine Übersicht zur patristischen und frühmittelalterlichen Literatur bietet Franziska Quaas: Towards a Different Type of Market Exchange in the Early Middle Ages: The Sacrum Commercium and its Agents. In: Markets and their actors in the late Middle Ages. Hrsg. von Tanja Skambraks, Julia Bruch, Ulla Kypta. Berlin/Boston 2021, S. 27–70, zur Rhetorik der zitierten Stelle vgl. Walter Magaß: Der Prediger und die Rhetorik. In: Rhetorik und Theologie. Hrsg. von Joachim Dyck, Walter Jens, Gert Ueding. Tübingen 1986, S. 13–26, S. 20.

21 Augustinus: sermones. In: Library of Latin Texts – Series A. sermo 130 (Übersetzung A.M.: „Guter Kaufmann, kaufe uns!"). Zu dieser Stelle Arnold Angenendt [u. a.]: Gezählte Frömmigkeit. In: FMSt 29 (1995), S. 1–71, S. 6.

Bedeutung als *Ort der Validierung von Werten.* Die Arbeit am Merkantilen in der mittelhochdeutschen Erzählliteratur des 13. Jahrhunderts geht daher gerade nicht von gabentheoretischen Überlegungen aus, die im Kontrast zu einer ‚ökonomischen Ökonomie' formuliert werden, sondern fragt nach den Konventionen, die den Markt und die mit ihm verbundenen Praktiken auszeichnen und wie diese sozialen Mechanismen in narrativer Literatur zum Einsatz kommen.

Ich möchte daher zeigen, dass ein kulturell eingebetteter Markt im Sinne Karl Polanyis nicht das Gegenteil einer *e negativo* konstruierten Kategorie des Anökonomischen ist, sondern durch vielfältige narrative Schemata, Distributions- und Valuationsmechanismen angereichert werden kann, wodurch verschiedene Hybride des Merkantilen entstehen. Kurz gesagt: Es ist das Ziel der Arbeit, die narrativen Repräsentationen des Marktes in mittelhochdeutscher Erzählliteratur in ihrer semantischen Breite zu erfassen. Zu diesem Zweck müssen sowohl die Verhaltenskonventionen des mittelalterlichen Marktes, wie auch der diskursive Ermöglichungsrahmen schriftliterarischer Narrative desselben in ihrem Zusammenspiel beleuchtet werden.

In diesem Sinne werde ich im Folgenden in drei Schritten vorgehen: Im zweiten Kapitel werde ich ausgehend von Ergebnissen der *économie des conventions* Probleme eines historischen Wirtschaftsbegriffs skizzieren (Kap. 2.1). Bei der *économie des conventions* handelt es sich um einen praxeologisch basierten Ansatz der soziologisch ausgerichteten Wirtschaftswissenschaft, der im Besonderen ahistorische Konzeptionen des *homo oeconomicus* ablehnt und durch interpretative, gesellschaftlich eingebettete Entscheidungs- und Handlungsmodelle ersetzt. Dabei wird die *économie des conventions* durchaus ein wenig ‚zweckentfremdet', da es eigentlich nicht das Ziel derselben ist, den Wirtschaftsbegriff grundsätzlich zu verabschieden. Genau dies stellt jedoch meinen theoretischen Ausgangspunkt dar, da die Ergebnisse der *économie des conventions* meiner Meinung nach für die kulturwissenschaftliche Beschäftigung mit ‚Wirtschaft' eine Art ‚Induktionsproblem' aufzeigen: Ohne historisch unabhängigen Wirtschaftsdiskurs, der auch der emischen Sicht der untersuchten Gesellschaft entspräche, kann Wirtschaft in Artefakten dieser Gesellschaft kaum identifiziert werden. Was wir Wirtschaft nennen, tritt daher in heteronomen Diskursstrukturen auf, die ich in Kap. 2.2 näher beleuchten werde. Anschließend soll unter Zuhilfenahme der Forschung zur symbolischen Kommunikation der Markt besonders des 13. Jahrhunderts näher beleuchtet werden (Kap. 2.3), um abschließend die aus diesen Ergebnissen hervortretenden Diskussionspunkte für eine gabentheoretische Arbeit mit Literatur anzusprechen (Kap. 2.4).

Nach dieser grundlegenden Fixierung auf den Bereich des Merkantilen (und der gleichzeitigen Vermeidung eines zu problematischen Wirtschaftsbegriffs) sollen zwei Wege eingeschlagen werden, denselben in exemplarischer Weise genauer zu beleuchten. Kap. 3 soll zeigen, inwieweit das ‚Induktionsproblem' merkantilen Handelns an einzelnen Lexemen nachvollzogen werden kann. Dies bedeutet, dass dabei besonders die Polysemie sowie die kulturell geprägte Metaphorizität merkantil nutzbarer Begriffe im Vordergrund steht.

Kap. 4 schließlich wird, auf die Ergebnisse aus Kap. 3 immer wieder zurückgreifend, anhand einzelner Erzähltexte des 13. Jahrhunderts aus narratologischer Perspektive nach den Funktionalisierungen des Merkantilen fragen. Ebenso wie die Sammlung von Begriffen in Kap. 3 ist auch die Textauswahl nicht auf Vollständigkeit ausgelegt. Da ich in Abgrenzung zu einem breiteren Wirtschaftsbegriff den Bereich des Merkantilen in dieser Arbeit als Untersuchungsgegenstand erst etablieren möchte, wäre der Ruf nach Vollständigkeit ohnehin übereilt. Die hier behandelten Beispiele wurden zwar bereits so ausgewählt, dass auch durchaus Grenzfälle des merkantilen Erzählens vorgestellt werden (besonders Kap. 4.3 sowie Kap. 4.6), welche Texte des gesamten Korpus mittelhochdeutscher Erzählliteratur an der narrativen Formation des Marktes partizipieren, kann jedoch nicht zweifelsfrei bestimmt werden. Mit der Auswahl dreier *bîspel* (*Der Marktdieb*, *Die zwei Märkte*, *Der Krämer*, Kap. 4.1), eines Schwankromans (*Pfaffe Amis*, Kap 4. 2), einer Adaptation der alttestamentlichen Josefsgeschichte (Kap. 4.3), eines Minneromans (*Flore und Blanscheflur*, Kap. 4.4), eines Märes (*Rittertreue*, Kap. 4.6) sowie des schwierig einzuordnenden *Guoten Gêrhart* Rudolfs von Ems (Kap. 4.5) habe ich mich bemüht, das Feld narrativer Texte möglichst weit abzustecken. Die Fragen an die diversen Texte sind aber immer die gleichen: Was bedeutet und wie funktioniert die prominente Einbindung des Merkantilen (als Ort oder Praxis) im Gefüge des Textes? Mit welchen Praxis- und Wissensordnungen kommt der erzählte Markt in Berührung und was bedeutet dies jeweils für den Markt? Welchen Darstellungskonventionen unterliegt der Markt in der Erzählliteratur? Dass sich aus den großen Bereichen der Antiken- oder Artusromane sowie aus der Heldenepik keine Texte im Analyseteil finden, stellt bereits so etwas wie einen ersten Befund dar: Ausgewählt wurden die untersuchten Texte aufgrund der Verwendung merkantiler Praxis in narrativ zentralen Episoden, oder wenn ein Markt sogar das gesamte Erzählgeschehen bestimmt.[22] Diese Kriterien scheinen Vertreter der genannten Gattungen nicht zu erfüllen, die Nutzung der Ergebnisse dieser Arbeit zur Neuperspektivierung solcher Genres müsste dann im Einzelnen diskutiert werden. In einem abschließenden Fazit (Kap. 5) werden besonders die Ergebnisse der Textanalysen zusammengefasst und bezüglich möglicher Anknüpfungspunkte erörtet.

---

22 Die Auswahl der Texte orientiert sich auch nicht an gendertheoretischen Fragen oder dem Verhältnis von Juden und Christen, sodass solche sozial wichtigen Fragen hier nicht gebührend behandelt werden können. Im abschließenden Fazit (Kap. 5) werde ich diese Themenfelder mit Rückblick auf analysierte Texte ganz kurz aufgreifen. Sie stellen in jedem Fall weiterhin ein Desiderat der Forschung dar.

2 Wirtschaft und Markt: Systematische und historische Skizze

In der Einleitung ist deutlich geworden, dass die Untersuchung des Themengebiets der Wirtschaft in mittelhochdeutschen Erzähltexten kein so simples Unterfangen darstellt. Der entsprechende Wissensbereich als solcher ist nicht einfach fassbar – nicht in der besprochenen Epoche und noch weniger im Korpus der fiktionalen Erzählliteratur. Dieses Problem kann auch anhand der bisherigen historischen Forschungsliteratur veranschaulicht werden. Beispielhaft sei an Martha C. Howells *Commerce Before Capitalism in Europe*[1] oder den Sammelband von Skambraks, Bruch und Kypta zu *Methods in Premodern Economic History. Case studies from the Holy Roman Empire*[2] erinnert. Die Titel beider umfangreicher Forschungswerke werden ergänzt von den Jahreszahlen *1300–1600*. Diese Studien können als Epitome einer Disziplin gelten, deren Quellenlage sich ab dem 14. Jahrhundert radikal verbessert.[3] Für die erste Hälfte des 13. Jahrhunderts sieht es hingegen schlecht aus. Sowohl Praxis wie auch Diskurs berücksichtigend, widmet sich Philipp Robinson Rössner in seiner konzeptuellen Monographie zur (europäischen) Wirtschaftsgeschichte im Allgemeinen auch immer wieder kurz dem 13. Jahrhundert.[4] Insgesamt handelt es sich hier jedoch stets um Arbeiten, die nicht an erzählenden, sondern theoretischen Textquellen oder wirtschaftsarchäologischen Funden interessiert sind.[5] Eine germanistische Arbeit zur Wirtschaft in Erzählliteratur vornehmlich in der *ersten* Hälfte des 13. Jahrhunderts muss also in vielerlei Hinsicht Neuland betreten.

In der vorliegenden Arbeit wird ein narratologischer Blick auf Konstellationen in der Literatur des 13. Jahrhunderts gewählt, die in einer bestimmten Weise und hier vorab nur in einem ganz allgemeinsprachlichen Sinne dem wirtschaftlichen Milieu zugerechnet werden sollen. Diesen Begriff gilt es im Folgenden mit Blick auf die Historizität des durch ihn bezeichneten Phänomenbereichs zu dekonstruieren. Die historisch-semantisch untersuchten Lexeme aus einem erweiterten Korpus mittelhochdeutscher

---

1 Martha C. Howell: Commerce before Capitalism in Europe, 1300–1600. Cambridge 2010.

2 Kypta/Bruch/Skambraks (Hrsg.): Premodern Economic History.

3 Stärker ausgerichtet auf den schriftlichen Diskurs über Wirtschaft zeigt sich zudem Lianna Farber: An Anatomy of Trade in Medieval Writing. Value, Consent and Community. Ithaca/London 2006. Farber widmet sich neben der philosophischen Diskussion des Wertes auch literarischen Verhandlungen desselben in Erzählungen Chaucers. Vgl. auch den Sammelband Martin Allen, Matthew Davies (Hrgs.): Medieval merchants and money. Essays in honour of James L. Bolton. London 2016: gemeint sind hier aber fast ausschließlich spätmittelalterliche englische Kaufleute.

4 Philipp Robinson Rössner: Wirtschaftsgeschichte neu denken. Mit einer Darstellung der Ursprünge moderner ökonomischer Theorien. Stuttgart 2017.

5 Todeschini: prezzo hingegen widmet sich den diskursiven Konnotationen derjenigen Begriffe, die auch in den Jahrhunderten seit der Spätantike ein „ethisch-ökonomisches" Schrifttum prägen.

https://doi.org/10.1515/9783110776188-002

Erzählliteratur (Kap. 3) decken einen breiteren Bereich der Werteinschätzung und Tauschpraxis ab. Die darauffolgenden Erzähltextanalysen richten sich hingegen am Bildbereich des Merkantilen aus, wie er durch die theoretischen Vorarbeiten Form gewinnen soll. Die Konkretisierung vom ‚Wirtschaftlichen' hin zum ‚Merkantilen' bedarf eines umfangreichen interdisziplinären Bogens. Im Folgenden werde ich daher versuchen, den Begriff der Wirtschaft in seiner historischen Dimension insofern zu beleuchten, dass dessen geschichtliche Komplexität deutlich wird und sich method(olog)ische Auswirkungen für die Interpretation von Erzähltexten formulieren lassen. Dass die Verbindung zweier so großer Blöcke wie Wirtschafts- und Literaturwissenschaft dabei immer lose Enden hinterlassen wird, ist unvermeidlich, generiert aber auch Desiderata für die zukünftige Forschung.

Gleich mehrere Probleme ergeben sich also zu Beginn des geplanten Unterfangens: Zum einen handelt es sich bei der Wirtschaft einer Gesellschaft um ein Rechts- und Verhaltenssystem, dessen Hauptquellen nicht im Bereich fiktionaler Literatur zu suchen sind. Zum anderen ist der Begriff der Wirtschaft selbst recht schwammig und muss, mangels zeitgenössischer Quellen, behutsam durch die Anwendung moderner Theorien mit Blick auf das 13. Jahrhundert dekonstruiert werden. Zu diesem Zweck ist es notwendig, ein Beschreibungsmodell wirtschaftlicher Vorgänge zu wählen, dessen Stärke darin besteht, historisierend die Wissens- und Praxishorizonte einer Gesellschaft in das grundlegende Verständnis von Wirtschaft mit einzubeziehen und so Wirtschaft für interpretierende Kulturwissenschaften anschließbar beschreiben zu können.

2.1 Économie des Conventions

Um wiederkehrendes, gesellschaftliches Verhalten regeln zu können, bedarf es abrufbarer, gleichförmiger Handlungsmuster, auf die sich die Mitglieder der Gesellschaft zu einigen haben.[6] In solchen Fällen begründen die Mitglieder dieser Gesellschaft ihr Handeln durch getroffene Konventionen. Konventionen wie auch Institutionen bilden auf

6 Dies gilt auch über die Wirtschaft oder die moderne (politische) Ökonomie hinaus und kann nicht als Alleinstellungsmerkmal konventionalistischer Theorien angesehen werden. Kontraktualistische Perspektiven auf subjektives Handeln beispielsweise stützen sich auf derartige Annahmen, die eine allgemeingültige Rationalität der wirtschaftenden Individuen voraussetzt. Allerdings wird aus gerade dieser Allgemeingültigkeit vertragszentrierter Aussagen deutlich, wieso eine ikonographische und praxeologische Eingrenzung des Marktgeschehens im Sinne der EC notwendig ist. So schreibt Ulrich Bröckling: Das unternehmerische Selbst. Soziologie einer Subjektivierungsform. 7. Aufl. Frankfurt am Main 2019, S. 143: „Dem zeitgenössischen ‚Régime des Vertrages' korrespondiert eine Anthropologie, die den Menschen als rational kalkulierendes, auf sein Eigeninteresse bedachtes und gerade deshalb soziales Wesen zeichnet, das in jeder seiner Handlungen zwischen den Alternativen wählt und in der Lage ist, den Austausch mit seinen Mitmenschen über wechselseitig bindende Vereinbarungen zu regeln. Sein Handeln ist Aushandeln."

unterschiedliche Weise soziale Rahmen,[7] in denen sich Subsysteme der Gesellschaft abspielen, die nebengeordnet oder untergeordnet diese Gesellschaft konstituieren.[8] Die Berücksichtigung einer solchen gesellschaftlichen Einbettung wie auch der handlungsbezogenen Beschränkungen des Verhaltens eines Einzelnen[9] stehen im Zentrum der kulturwissenschaftlich orientierten *économie des conventions*. Diese soll im Folgenden näher beleuchtet werden, da sie einen historisch sensiblen Umgang mit wirtschaftlicher Interaktion erlaubt, ohne diese an einem neuzeitlichen Rationalitätsanspruch einer autonomer definierten und wahrgenommenen ökonomischen Sphäre zu messen.

Die *économie des conventions* (im Folgenden EC) stellt eine seit den späten 1980er Jahren populärer werdende Sichtweise auf soziologische und ökonomische Fragen dar,[10] die unterschiedliche Bereiche kultur- und gesellschaftswissenschaftlicher Forschung miteinander verbindet. Aber wieso sollte man die EC für altgermanistische Textarbeit gebrauchen? Die interdisziplinäre Arbeit an – im weitesten Sinne – soziologischen Vorgängen im Medium der Literatur erfordert eine Begriffsdefinition, die sich an den aktuellen Ergebnissen der Einzeldisziplinen messen lassen muss.[11] Literaturwissenschaftler:innen, die über Wirtschaft in Literatur reden, sollten also nicht nur den Begriff der Literatur, sondern auch den der Wirtschaft kri-

---

7 Zum sozialen Rahmen vgl. grundlegend Erving Goffman: Rahmen-Analyse. Ein Versuch über die Organisation von Alltagserfahrungen. Frankfurt am Main 1977. Goffman spricht auch explizit von der unterscheidenden und damit Rahmen bildenden Funktion von Konventionen, vgl. ebd., S. 278–297.

8 Dass es sich bei vormodernen Gesellschaften um rein stratifikatorische Gesellschaften handele, kann ad acta gelegt werden. Niklas Luhmann: Soziale Systeme. Grundriß einer allgemeinen Theorie. 16. Aufl. Frankfurt 2015, S. 39, selbst beschreibt die Komplexität möglicher Differenzierungen von gesellschaftlichen Systemen: „Für gesamtgesellschaftliche Systeme kann man zwar von einem Grundschema der Differenzierung – sei es segmentierend, sei es stratifikatorisch, sei es funktional differenzierend – ausgehen; aber das heißt sicherlich nicht, daß weitere Systembildungen nur innerhalb der damit etablierten Grobeinteilung möglich sind." Von nur einer Art der Bildung von Subsystemen auszugehen, würde eine historische Gesellschaft demnach unzulässig vereinfachen.

9 Dieses Problem ist auch ein grundlegendes für Luhmann: Soziale Systeme (besonders S. 569), der Gesellschaft und Interaktion voneinander trennt und somit in der Lage ist, gesellschaftliche Beschränkungen beschreibbar zu machen, die die Interaktion regeln, aber nicht Teil derselben sind.

10 Als „Gründungsdokument" der EC bezeichnet Rainer Diaz-Bone: Die „Économie des conventions". Ein neuer institutionalistischer Ansatz in der Wirtschaftssoziologie. Luzern 2009, S. 6, „eine Sondernummer der *Revue économique* aus 1989 (Vol. 40(2))."

11 Die Konkurrenz innerhalb der Wirtschaftswissenschaften ist ausgesprochen groß, tatsächlich stellen die „Wirtschaftswissenschaften", so Bernhard Kleeberg: Gewinn maximieren, Gleichgewicht modellieren. Erzählen im ökonomischen Diskurs. In: Wirklichkeitserzählungen. Felder, Formen und Funktionen nicht-literarischen Erzählens. Hrsg. von Christian Klein, Matías Martínez. Stuttgart 2009, S. 136–159, S. 138, „natürlich kein geschlossenes oder einheitliches Ganzes dar." „Marxismus, Neoklassik, Österreichische Schule, Monetarismus, Institutionenökonomik etc." (ebd.) setzen unterschiedliche Schwerpunkte und, so Kleeberg, ebd., S. 138, weiter, „verfahren dabei auf Basis divergierender, bisweilen konträrer anthropologischer, methodologischer und erkenntnistheoretischer Überzeugungen." Die methodischen Gründe für die Auswahl der EC werden in den folgenden Kapi-

tisch und den aktuellen Modellen entsprechend hinterfragen. Die EC ermöglicht es, gerade die vermeintliche Evidenz oder auch inhärente Logik wirtschaftlicher Wissensinhalte zu problematisieren und Wirtschaft im Gesamtgefüge eines kulturellen Systems zu verorten. Sie ist als „praxeologischer Ansatz“ zu verstehen,[12] der sich auf „Handlungsmuster und pragmatische Vorgängigkeiten [bezieht], die *doppelte Kontingenzen* zu vermitteln geeignet sind und in die ein gemeinsames praktisches Wissen eingeschrieben ist.“[13] Methodisch stellt die EC aber natürlich keine Insel dar, sondern eine sehr kritisch ausgeprägte Spielart einer interpretierenden und nicht nur analysierenden Wirtschaftswissenschaft.[14] Über die Grundannahmen der *bounded rationality*, wonach die Entscheidungen eines *homo oeconomicus*[15] nicht

teln erörtert. Die starke Abgrenzung zu (Neo)klassik und (neo)liberaler Theorie liegt in deren Dominanz in der außerfachlichen Wahrnehmung begründet (vgl. dazu ebd., S. 138 f.).

12 Heinrich Lang: Wirtschaften als kulturelle Praxis. Die Florentiner Salviati und die Augsburger Welser auf den Märkten in Lyon (1507–1559). Stuttgart 2020, S. 50.

13 Ebd., S. 51.

14 Ohne freilich überhaupt auf die meist französischsprachigen Autoren der EC einzugehen, fasst Jakob Tanner: Die ökonomische Handlungstheorie vor der ‚kulturalistischen Wende‘? Perspektiven und Probleme einer interdisziplinären Diskussion. In: Wirtschaftsgeschichte als Kulturgeschichte. Dimensionen eines Perspektivenwechsels. Hrsg. von Jakob Vogel, Hartmut Berghoff. Frankfurt am Main/New York 2004, S. 69–98, S. 89, diesen Paradigmenwechsel für die englisch- und deutschsprachige Welt zusammen: „Schon seit den 1980er Jahren hatte sich das Unbehagen gegenüber sozialhistorischen Ansätzen, die gesellschaftliche Prozesse mittels einer menschenleeren Makromechanik zu erklären versuchten, soweit verdichtet, dass sich eine ‚mikro- oder handlungstheoretische Wende [...] in der Geschichtswissenschaft [...] anbahnte‘, Alltags- und Geschlechtergeschichte sowie weitere Ansätze entdeckten den handelnden Menschen in seiner konkreten sozialen Situation neu und interessierten sich für das differente Handeln von Frauen und Männern im Sinne eines *doing gender*. Aus dieser Sicht war es zwingend, den Begriff der ‚Kultur‘ an die Handlungsrepertoires für die pragmatische Orientierung in komplex strukturierten, modernen Gesellschaften zurückzubinden. Der Begriff der Praxis, der jenem des Handelns entgegengesetzt wurde, ermöglichte es, die Macht der Tradition gegenüber dem willkürlichen Wollen zu betonen.“ Mit besonderem Blick auf eine Neuausrichtung der Wirtschaftsgeschichte durch die EC vgl. die umfassende Methodendiskussion bei Lang: Wirtschaften, S. 44–68.

15 Werner Plumpe: Die Geburt des „Homo oeconomicus“. Historische Überlegungen zur Entstehung und Bedeutung des Handlungsmodells der modernen Wirtschaft. In: Menschen und Märkte. Studien zur historischen Wirtschaftsanthropologie. Hrsg. von Wolfgang Reinhard, Justin Stagl. Köln/Weimar/Wien 2007, S. 319–352, S. 320, bezieht mit der Historisierung des *Homo oeconomicus* dezidiert Stellung gegen die Neue Institutionenökonomik, von der sich auch die EC in ihren Grundannahmen unterscheidet: „Im Gegensatz zur Neuen Institutionenökonomik (und damit auch zur klassischen und neoklassischen Theorie) wird die Auffassung vertreten, dass die universalisierte Anthropologie des eigennutzenorientierten Wirtschaftsmenschen als ein typisches Produkt des abendländischen Strukturwandels seit dem 16. Jahrhundert betrachtet werden muss, als ein Auflösungsprodukt der kosmologischen Ethik Alteuropas [...].“ Aus philologischer Sicht interessant ist noch der Einwand bei Warren S. Gramm: Economic Metaphors: Ideology, Rhetoric, and Theory. In: Metaphor. Implications and Applications. Hrsg. von Jeffery Scott Mio, Albert N. Katz. London/New York 1996, S. 147–170, S. 150, demnach die Bezeichnung *homo oeconomicus* bereits selbst metaphorische Züge aufweise.

auf den Kopf gestellt, sondern nur an die notwendig prozessualen und kognitiven Beschränkungen des Entscheidungsträgers rückgebunden werden,[16] geht eine solche konventionalistische Herangehensweise hinaus, da *bounded rationality*-Annahmen weiterhin davon ausgehen, dass es theoretisch eine kontextfreie und eindeutig beste Entscheidung eines Subjekts geben *könnte*. Dabei ist nicht nur die spezielle Annahme eines *homo oeconomicus* das Problem, sondern grundsätzlich die Frage, inwieweit „der Mensch empirisch eindeutig ist und entsprechend in die ökonomische Theorie eingebaut werden kann."[17] Die EC fokussiert stattdessen situativ gebundene Formen von Praktiken, sodass die Idealität einer vermeintlich allgemeinen Rationalität zugunsten situativ wechselnder evaluativer Mechanismen verabschiedet werden muss.[18] Grundlage dieser evaluativen Mechanismen sind die geteilten, überindividuellen Denkmuster einer Gesellschaft, deren Ziele und Strukturen arbiträr gesetzt werden – eben Konvention sind:

---

16 Auch jüngere Ansätze wie die seit der Finanzkrise stärker werdende Richtung der *behavioural economics* orientiert sich an der mikroökonomischen Fokussierung auf das entscheidende Individuum, wobei streng mathematisierte, abstrakte Ansätze hier einem stärker empirischen Fundament weichen. Vgl. zum Zusammenhang mit der Finanzkrise 2008 Graham Mallard: Behavioural Economics. Newcastle upon Tyne 2017, S. 1f., zur Ausrichtung der *behavioural economics* ebd., S. 4. Vgl. auch ders.: Bounded Rationality and Behavioural Economics. London/New York 2016. Ebenfalls in den Bereich der Beschränkung von Informationsverarbeitung fällt das spieltheoretische Handeln mit unvollständiger Information. Auch hier liegt die Entscheidungsbeschränkung aber im Individuum. Fachfremd zur Spieltheorie erweist sich die Einführung Andreas Diekmann: Spieltheorie. Einführung, Beispiele, Experimente. 4. Aufl. Reinbek bei Hamburg 2016 als sehr hilfreich, zu Spielen mit unvollständigen Informationen vgl. ebd. Kap. 9. Vgl. zum Zusammenhang von Subjekt und Wirtschaft, bzw. Optimierung auch Bröckling: Das unternehmerische Selbst und dazu Kleeberg: Gewinn maximieren, S. 152 f. Eine spieltheoretische Untersuchung zu Konventionalitätstheorien, mit denen sich auch Andrei Marmor auseinandersetzt, findet sich bei Don Ross: Classical Game Theory, Socialization and the Rationalization of Conventions. In: Topoi 27 (2008), S. 57–72.

17 Werner Plumpe: Homo oeconomicus, S. 327. Gleiches gilt nach Plumpe, ebd., auch für den *Homo reciprocans*, den „fair handelnden Menschen", der von Teilen der Wirtschaftswissenschaft dem *Homo oeconomicus* vorgezogen wird. Letztlich lässt sich der Komplex der Wirtschaftswissenschaften aber nicht auf eine Herangehensweise reduzieren, sei doch dabei grundsätzlich von einer *„multiparadigmatische[n]* Wissenschaft" auszugehen, in der ein „Bestand an ‚älteren' Theorien erhalten [bleibe] und [...] ein aktualisierbares Theoriepotential [bilde]." Vgl. Bernd Ziegler: Geschichte des ökonomischen Denkens. Paradigmenwechsel in der Volkswirtschaftslehre. 2. Aufl. München 2008, S. 29.

18 Aus der hier gebotenen allgemeinen Formulierung kann bereits deutlich werden, dass die Beiträge der EC sich zwar auf Situationen wirtschaftlichen oder produzierenden Handelns beziehen, grundsätzlich aber auf alle Bereiche menschlicher Interaktion angewandt werden könnten. Verabschiedet wird also nicht nur ein *homo oeconomicus*, dessen wirtschaftliches Handeln angenommen werden müsste, sondern die grundsätzliche Existenz situationsunabhängiger Begründungszusammenhänge. Vgl. dazu Rainer Diaz-Bone: Discourses, Conventions, and Critique – Perspectives of the Institutionalist Approach of the Economics of Convention. In: HSR 42,3 (2017), S. 79–96, S. 82: "Coordination, valuation, and evaluation in most situations are structured by the dominance of a combination of a few conventions." Für einen außerwirtschaftlichen Begründungszusammenhang müsste also nur das Set an zugrundeliegenden Konventionen geändert werden.

> Konventionen sind keine Dispositionen der Akteure, sie sind vielmehr in das Handeln und die Situation ‚eingelagerte' Realitäten (Salais). Den Akteuren wird die Kompetenz zuerkannt, handlungspraktisch mit Konventionen umzugehen, d. h. sich in Wertigkeitsordnungen zu orientieren und sich der Rechtfertigungsformen zu bedienen, wenn ‚Qualitäten'/‚Wertigkeiten' (einer Person, einer Kompetenz, einer Handlung, eines Objektes etc.) in Frage gestellt werden.[19]

Indem Wertvorstellungen an konventionelle Setzungen zurückgebunden werden,[20] kann ein allgemeingültiges Rationalitätspostulat hinterfragt werden.[21] Der Unterschied zur Annahme eines *homo oeconomicus* liegt darin, dass laut EC nicht verschiedene Entscheidungen entsprechend einer eindeutigen Gewinnmaximierung gelesen werden können, sondern dass solchen Entscheidungen eine Entscheidung vorangeht, die kontingent festsetzt, wonach überhaupt entschieden wird[22] – es besteht

---

19 Diaz-Bone: Die „Économie des conventions", S. 10.

20 Der nun mehrfach gefallene Begriff der Einbettung ist natürlich nicht weit entfernt vom Konzept der sozialen Einbettung im Sinne Polanyis, geht jedoch über dessen Verständnis einer in soziale Beziehungen eingebetteten Wirtschaft hinaus. Vielmehr wirft die EC dadurch Licht auf eine soziokognitive Einbettung, die jenseits der sozialen Strukturen der Handlung die soziale Konstruktion von internalisierten Präferenzen erfasst.

21 Zur Geschichte der Beziehung von Ökonomie und allgemeiner Rationalität vgl. grundlegend auch Bernd Biervert, Josef Wieland: Gegenstandsbereich und Rationalitätsform der Ökonomie und der Ökonomik. In: Sozialphilosophische Grundlagen ökonomischen Handelns. Hrsg. von dens., Klaus Held. Frankfurt am Main 1990, S. 7–32.

22 Die Institutionenökonomik kann eine Rationalität der gesellschaftlichen Strukturen nur sehr schwer abbilden – und auch nur als defizitäre Form einer allgemeinen Maximierungsmaxime. Oliver E. Williamson: The Economic Institutions of Capitalism. Firms, Markets, Relational Contracting. New York 1985, S. 44–47, unterscheidet in seinen einflussreichen Überlegungen zur Transaktionskostenökonomie drei Typen von Rationalität: 1. Die maximierende Rationalität (ebd., S. 45: „Neoclassical economics maintains a maximizing orientation."), 2. *Bounded Rationality*, die den Willen zum maximierenden Handeln voraussetzt, aber aufgrund unvollständigen Wissens dieses nicht effektiv verfolgen kann. 3. nennt Williamson *organic Rationality*, die in diesem Schema die „weak form of rationality" (S. 46) darstellt, da sie sich nicht an einer generellen Maximierung, sondern an der Einhaltung evolutiver Strukturen orientiere. Probleme der Anwendung institutionenökonomischer Forschung für die Wirtschaftsgeschichte formuliert vor allem Philipp Höhn: Kaufleute in Konflikt. Rechtspluralismus, Kredit und Gewalt im spätmittelalterlichen Lübeck. Frankfurt am Main/New York 2021, S. 34–37. Höhn, ebd., S. 34, lässt dabei auch die Ergebnisse zentraler Protagonisten der Institutionenökonomik wie Avner Greif hinter kulturtheoretische Erkenntnisse wie die gesellschaftliche Einbettung der Wirtschaft nach Karl Polanyi zurückgefallen. Bezüglich Greifs Forschung zu hanseatischen Strukturen urteilt Höhn (ebd.): „Das Handlungsmodell, das Greif den historischen Akteuren trotz aller Lippenbekenntnisse, kulturelle Wertesysteme in seine Arbeit miteinzubeziehen, unterstellt, suggeriert ein überzeitliches Interesse daran, Transaktionskosten zu senken, Handelsbeziehungen aufrecht zu erhalten und Konflikte nicht nur zu lösen, sondern wenn möglich zu vermeiden. Das ist die Grundlage für Greifs Analyse der institutionellen Fundierung des vormodernen Handels. Die vormodernen Kaufleute erscheinen als friedfertige, rationale Frühkapitalisten in einer ihnen feindlich gesonnenen Welt, die den Weg des Westens in die Moderne eröffnet."

keine letztverbindliche „meta-order“[23] zur eindeutigen Bewertung eines bestimmten Vorgehens oder zur Festlegung einer Wertes. Rationalität ist damit nicht mehr nur Sache des Individuums, sondern muss zuallererst gesellschaftlich konstruiert werden.[24] Hier zeigt sich auch der theoretische Anschluss der EC an die praxeologische Wert-Kritik Bourdieus, für den Produkte erst „im Rahmen der Beziehung zu den Konsumenten“ in ihrem Wert bestimmt werden können.[25] Die Rolle des Individuums verschiebt sich dadurch, sodass jede und jeder Einzelne zum Interpreten, bzw. zur Interpretin rationaler Rahmen wird:

> Das Rationalitätsmodell der EC erkennt den Akteuren die Kompetenz zur Interpretation von Situationen, Qualitäten und Regeln unter Verwendung einer Konvention zu. Situationsdefinitionen, aber auch Regeln sind aus Sicht der EC unvollständig, so dass Konventionen durch die Akteure herangezogen werden, um in der Handlungspraxis diese praktisch und situativ zu ‚vervollständigen‘.[26]

---

23 Vgl. dazu Diaz-Bone: Discourses, Conventions, and Critique, S. 83: „This fact, the radical coexistence of conventions, brings permanent tensions into real situations. The result is a relativistic perspective on critique and justification. There is no superior convention for critique, no metaorder of justification and no final procedure that could be applied to settle disputes as the procedure of discursive deliberation [...].“

24 Dies hat auch bereits Annemarie Pieper: Ethik und Ökonomie. Historische und systematische Aspekte ihrer Beziehung. In: Sozialphilosophische Grundlagen ökonomischen Handelns. Hrsg. von Bernd Biervert, Klaus Held, Josef Wieland. Frankfurt am Main 1990, S. 86–101, S. 97, vermutlich aber ohne Kenntnis der ersten Schriften der EC, mit stärker normativem Anspruch festgehalten: „Nur jenes Gute, das Gegenstand eines durch herrschaftsfreien Diskurs zustande gekommenen Konsenses ist, kann Anspruch auf Verbindlichkeit erheben und die Grenzen abstecken, innerhalb deren Nutzenerwägungen und wirtschaftliches Handeln legitim sind. Es bedarf also immer wieder von neuem der argumentativen Verständigung über Ziele, die als gute Ziele gelten dürfen. Daher sind die Diskursregeln jene praktischen Verfahrensbedingungen, die erfüllt sein müssen, damit ein begründeter Konsens über das zustande kommt, was vernünftigerweise als erstrebenswerter wirtschaftlicher Nutzen gelten kann.“ Auch Birnbacher: Utilitarismus und Ökonomie, S. 83, formuliert im gleichen Band Überlegungen zu Defiziten, die utilitaristische Überlegungen aufgrund mangelnder Empirie sowie übermäßiger Idealisierung auweisen: „Nutzensteigernde Effekte von Wachstumspolitik oder Einkommensumverteilungen werden repräsentiert, nicht aber die vielfältigen nutzenmindernden Begleiterscheinungen wie Umweltbelastungen, erzwungene Mobilität, beruflicher Streß usw. Ein realistisches Bild der durch Wirtschaftspolitik bewirkten Nutzenänderungen würde erfordern, daß neben den ökonomischen die durch ökonomische Situationen bedingten nicht-ökonomischen Nutzendimensionen berücksichtigt würden. Bei Modellanalysen, die relativ leicht meßbare, aber nur partiell aussagefähige Variablen der Wirklichkeit herausgreifen, kann es auf die Meßbarkeit des Nutzens *in concreto* insofern gar nicht wesentlich ankommen.“ Dies zeigt eindrücklich, dass die EC auch zur Zeit ihrer Entstehung weder eine einsame Partisanenbewegung war, noch ihre Kritikpunkte auf den französischsprachigen Raum begrenzt blieben.

25 Pierre Bourdieu: Die feinen Unterschiede. Kritik der gesellschaftlichen Urteilskraft. 26. Aufl. Frankfurt am Main 2018, S. 172.

26 Diaz-Bone: Die „Économie des conventions“, S. 10. Ähnlich auch ebd., S. 6: „Akteure verfügen aus Sicht der EC über reflexive (politische und kognitive) Kompetenzen, Konventionen auf Pro-

Da menschliche Handlung nicht per se „Naturgesetzen oder etwa Zwängen" folge,[27] so ist von zentralen Akteuren der EC 2010 in einem Positionspapier festgehalten worden, müsse angenommen werden, „dass die menschliche Rationalität zuallererst interpretativ und nicht oder zumindest nicht von vorneherein kalkulierend ist."[28] Die EC formuliert damit einen Rahmen von Konventionen, der unterhalb der koordinierenden Oberflächenformen einer zeichenbasierten Kommunikation seine Wirkung entfaltet.

Die EC stellt somit eine Theorie für die „transdisziplinäre Zusammenarbeit zwischen Soziologen, Ökonomen und Statistikern" im Sinne eines „empirische[n] Forschungsprogramm[s] für die Ökonomie" bereit,[29] bei dem Wirtschaft als *explanandum*, Konventionen hingegen als *explanans* aufgefasst wird. Da der bisher umrissene Konventionsbegriff der EC auf einem sehr abstrakten Level operiert, möchte ich im Folgenden verschiedene Erweiterungsmöglichkeiten diskutieren, die nicht genuin zur EC gehören, diese aber anschlussfähiger für die literaturwissenschaftliche Analyse gestalten. Der transdisziplinäre Ansatz der EC scheint es zu erlauben, philosophische und kulturtheoretische Überlegungen zur symbolischen Kommunikation an den theorieeigenen Konventionsbegriff anzulagern. Die folgenden Kapitel werden sich daher mit diskursiven Einbettung ‚wirtschaftlicher' Praxis (Kap. 2.2) sowie der Phänomenologie des mittelalterlichen Marktes und mit dessen *deep conventions* im Sinne Andrei Marmors beschäftigen (Kap. 2.3).

Zuerst aber soll der Konventionsbegriff der EC diskutiert und besonders mit der Konzeption von Konventionalität nach Andrew Marmor in Verbindung gesetzt werden. Rainer Diaz-Bone konnte zeigen, wie die konventionalistische Neuausrichtung der empirisch arbeitenden Wirtschaftssoziologie mit ihrem Konventionsbegriff über formale Ansätze (beispielsweise von David Lewis[30]) hinausgeht, indem Konventionen nicht auf

---

bleme der Evaluation und der Handlungskoordination in verschiedenen Umwelten wie Organisationen und Institutionen zu beziehen."

27 François Eymard-Duverney [u. a.]: Werte, Koordination und Rationalität. Die Verbindung dreier Themen durch die „*Économie des conventions*". In: Trivium 5 (2010), S. 1–23, S. 1.

28 Ebd.

29 Rainer Diaz-Bone: Konvention, Organisation und Institution. Der institutionentheoretische Beitrag der „Économie des conventions". In: HSR Bd, 34,2 (2009), S. 235–264, S. 236. Vgl. auch ebd. für einen methodischen Überblick der EC.

30 Der Ansatz von David Lewis: Convention. A Philosophical Study. Oxford 2002 zur Klärung des Konventionsbegriffs beispielsweise eignet sich nicht für das Unterfangen der EC, da Lewis Konventionen ausschließlich als Lösungspraktiken für Koordinationsprobleme ansieht. Dabei macht Lewis, ebd., S. 37 f., zwar deutlich, dass die Interpretation von Konventionen gewisse Ambiguitäten mit sich bringt, dass es aber grundsätzlich um das Streben nach Nutzenmaximierung beziehungsweise nach einem spieltheoretischen Gleichgewicht geht, wird nicht angezweifelt. Eine Neuperspektivierung wirtschaftlicher Vorgänge ist daher auf dieser Basis nicht möglich. Zur Diskussion des Konventionsbergiffs von Lewis vgl. auch Olivier Favereau, Olivier Biencourt, François Eymard-Duvernay: Where do markets come from? From (quality) conventions! In: Conventions and Struc-

performativ gefestigte, koordinierende Regeln reduziert, sondern auf ein die Lebenswelt bestimmendes Level von „Wertigkeitsordnungen“ gehoben werden.[31]

Ähnlich wie die Vertreter der EC versteht auch Marmor aus philosophischer Perspektive Konventionen als koordinative und/oder regulative Verhaltensprotokolle,[32] die unterhalb der direkten Performanzebene (oder Oberfläche) das gesellschaftliche Zusammenleben strukturieren. Diese tiefer liegenden Schichten von Konventionen nennt Marmor *deep conventions*. Für Oberflächenkonventionen bleibt aber auch für Marmor natürlich die wiederholte Performanz zentral für deren Gültigkeit in einer Gesellschaft.[33]

Bezieht man dies nun auf den Bereich wirtschaftlichen Handelns, so erscheint aus moderner Perspektive schnell der Hiat zwischen konventionellem und damit arbiträrem Handeln einerseits und dem vermeintlich vereindeutigenden Kalkül der wirtschaftlichen Gewinnmaximierung andererseits. Genau hier setzt die EC als Erklärungsmodell an. Das „ökonomische Prinzip“, das sich klassisch im aufwandsminimierenden Verhältnis von „Zwecken der Bedürfnisbefriedigung“ und „Mitteln des Gütererwerbs durch Tausch oder Produktion“ ausdrücken ließe,[34] ist zumindest in seiner uns bekannten Ausprägung ein recht junges Phänomen, das auf die hinreichende Mathematisierung der Wirtschaftswissenschaft angewiesen ist.[35] In der ein-

---

tures in Economic Organization. Markets, Networks and Hierarchies. Hrsg. von Olivier Favereau, Emmanuel Lazega. Cheltenham 2002, S. 213–252, S. 224 f.

31 Diaz-Bone: Die „Économie des conventions“, S. 9. Dabei muss festgehalten werden, dass es in der Darstellung von Diaz-Bone, entsprechend den Grundsätzen der EC, gar nicht exklusiv um die Zuschreibung von Materialwert geht, sondern grundsätzlich um Evaluationsprozesse gegenüber allen möglichen Akteuren und Bestandteilen menschlicher Interaktion. Dazu Diaz-Bone: Die „Économie des conventions“, S. 9: „Akteure evaluieren, d. h. klassifizieren und kategorisieren sich selbst und andere Akteure, aber auch Objekte, Ereignisse, Prozesse und Handlungen in Situationen. In dieser situativen Praxis werden mit vernetzendem Bezug auf allgemeine normative Prinzipien und Dispositive (Objekte, Techniken, Kategorien, Formate und Formatierungen) den Akteuren, Prozessen und Objekten ‚Qualitäten‘ und ‚Wertigkeiten‘ zugeschrieben. Es entsteht durch die konventionalistische Handlungspraxis eine Wertigkeits*ordnung*, in der Akteure und Objekte anhand der Konvention vergleichbar (aber nicht: gleich) gemacht werden [...].“

32 Andrei Marmor: Social Conventions. From Language to Law. Princeton 2009, S. 19, bezieht sich damit auf den von Lewis geprägten Begriff des *coordination problems* (vgl. Lewis: Convention).

33 Marmor: Social Conventions, S. 1: „[C]onventional rules normally lose their point if they are not *actually followed* in the relevant community. The reasons for following a rule that is conventional are tied to the fact that others (in the relevant population) follow it too.“

34 Tim Neu: Symbolische Kommunikation und wirtschaftliches Handeln. Theoretische Perspektiven. In: Alles nur symbolisch? Bilanz und Perspektiven der Erforschung symbolischer Kommunikation. Hrsg. von Barbara Stollberg-Rilinger, Tim Neu, Christina Brauner. Köln/Weimar/Wien 2013, S. 401–418, S. 407.

35 Gewinn als Relation von Erlös und Kosten (vgl. Meghnad Desai: Art. Profit and Profit Theory. In: The New Palgrave Dictionary of Economics, https://doi.org/10.1057/978-1-349-95121-5_1319-2, eingesehen: 22.02.2021, 20:01) ist in seiner wirtschaftswissenschaftlichen Definition auf eine Funktion mit Maximum angewiesen, die eine Gewinnmaximierung anzeigen kann. Die erste wissenschaftliche

eindeutigen Beziehung von Kosten und Einnahmen, wodurch die Benennung eines Maximums ermöglicht wird, eröffnet sich nur wenig Spielraum für arbiträre Strukturen. Konventionen, also koordinierende und auf gemeinsamem Wissen aufbauende, aber letztlich doch arbiträre Handlungsdispositive, scheinen in dieser Sphäre keinen Platz zu haben. Konventionen, die die Formen der Interaktion regulieren, stehen somit dem Bereich der symbolischen Kommunikation näher, der sich am Gelingen „der performativen Sinnstiftung“[36] bemisst und durch routinierte Handlungsmuster strukturiert wird. Auf die symbolischen Formen der Interaktion des Marktgeschehens werde ich im Folgenden noch näher eingehen.

Demgegenüber ist es nun das besondere Verdienst der EC, Konventionen nicht nur auf der Ebene des Verhaltens, sondern auch auf der des Entscheidens anzusiedeln und diese den vermeintlichen Optimierungsprozessen der Wirtschaft nicht unterzuordnen. Vielmehr stellen Konventionen erst den Ermöglichungsrahmen für rationales Entscheiden dar. Dies steht der klassischen ökonomischen Sichtweise (der 1980er Jahre, gegen die sich die *économie des conventions* gerichtet hat) entgegen,

> in which only one principle is prevailing, economic efficiency optimized by market exchange between independent individual actors. Actors are also seen as capable of evaluating the appropriateness of conventions, of questioning, of switching and – if necessary – of combining conventions.[37]

Auseinandersetzung mit berechenbaren Maxima und Minima in quadratischen Funktionen wie Parabeln, die sich aus Kegelschnitten ableiten, wird dem antiken Mathematiker Apollonius von Perga zugewiesen (vgl. Johannes Tropfke: Geometrie, Logarithmen, Ebene Trigonometrie, Sphärik und sphärische Trigonometrie, Reihen, Zinseszinsrechnung, Kombinatorik und Wahrscheinlichkeitsrechnung, Kettenbrüche, Stereometrie, Analytische Geometrie, Kegelschnitte, Maxima und Minima. Leipzig 1903 (Reprint Berlin/Boston 2020), S. 460), zwischen Antike und Renaissance sei die Erforschung und Nutzung von Kegelschnitten jedoch größtenteils in der arabischen Welt zu finden (vgl. ebd., S. 442); einen produktiven Anschluss daran in Europa veranschlagt Tropfke, ebd., S. 443, erst für das 17. Jahrhundert. Zum Prozess der Mathematisierung der Ökonomik gegen Ende des 19. Jahrunderts durch Volterra, Walras und Fisher vgl. Sonya Scott: *Mathematics is the Lantern*: Vito Volterra, Léon Walras, and Irving Fisher on the Mathematization of Economics. In: JHET 40,4 (2008), S. 513–537.

36 Neu: Symbolische Kommunikation, S. 407. Es verwundert daher nicht, dass Konventionen auch häufig genannt werden, wenn der Fokus auf Ritualen liegt, die es von der „bloße[n] Konvention“ abzuheben gilt (Wolfgang Braungart: Ritual und Literatur. Tübingen 1996, S. 44). Dabei ist der Konventionsbegriff hier ganz im Sinne der symbolischen Form gemeint, ein herunterspielendes „bloß“ wäre in Anbetracht des gesellschaftsstrukturierenden Konventionsbegriffs der EC fehl am Platz. Für Braungart, ebd., S. 45, bedeutet die Konvention eine „standardisierte Handlung im Verkehr der Menschen“, deren Übergang zum semantisch aus dem Alltag herausgehobenen Ritual sich jedoch fließend gestaltet: „Es gibt aber auch sehr konventionalisierte und ganz selbstverständlich ins Alltagsleben einbezogene Rituale, sozusagen kleine Rituale an der Grenze zur bloßen Konvention. Inszeniertheit und ästhetische Elaboriertheit müssen das unterscheidende Kriterium zu anderen konventionalisierten Handlungen sein.“

37 Rainer Diaz-Bone: Economics of Conventions Meets Foucault. In: HSR 44,1 (2019), S. 308–334, S. 311. Die EC steht mit diesem Anspruch natürlich nicht alleine da, haben doch „diskurs- und psychoanalytische, sprachtheoretische sowie semiotische Ansätze [...] dem naiven Glauben an ein sei-

Der Gegenentwurf der EC verabschiedet nun die neoklassischen Überlegungen zum wirtschaftlichen Verhalten zugunsten der Wiedereinführung soziologischer und kultureller Situierung der Akteure und Netzwerke.[38] Spieltheoretische Modelle können den beschränkten Aktionsradius einzelner Akteure durch unvollständiges Wissen beschreiben. Darüber geht die EC jedoch ebenfalls hinaus, indem die Einschränkungen in den überindividuellen Verhaltensformen und nicht in der individuellen Beschränkung der Informationen gesehen werden.[39] Denn nicht nur das Wissen über die Möglichkeiten zur Erreichung der eigenen Ziele bleibt unvollständig und situativ gebunden, auch die Ziele selbst fußen auf einem Bedeutungssystem, das anhand von Wertzuschreibungen innerhalb einer konkreten Gesellschaft generiert wird. ‚Zweckrationalität' kann somit als unterscheidendes Kriterium eines ökonomischen Prinzips einerseits und symbolischer Handlung andererseits verworfen werden:

> Instead, even rationality is understood as incomplete and as dependent on influential conventions as cognitive resources. And actors are entangled in situations, which are equipped with objects and cognitive formats, so that agency is ascribed to processes in situations, not to actors alone [...].[40]

Das konventionelle Übereinkommen ermöglicht erst die Verständigung darüber, was eigentlich in einer Gesellschaft als erstrebenswertes Ziel gilt, und wie die Mittel zu diesem Zweck eingesetzt werden können.

Mit einer solchen Kontingenz der Ziele als Interpretation kann im Rahmen zweier Extreme verfahren werden: Entweder wird jegliches Streben nach mehr, egal welcher Form, als latent ökonomisch wahrgenommen, oder der Bereich der Ökonomie ist durch das allgemeine Gewinnstreben unterdeterminiert und benötigt eine eigene Phänomenologie.[41] Erste Herangehensweise entspräche einem neoliberalen

---

ner selbst mächtiges, autonomes Individuum eine gut begründete Absage [erteilt]", wie Tanner: Ökonomische Handlungstheorie, S. 89, die Forschungssituation besonders der 1980er beschreibt.

38 Eine mit Blick auf die mittelalterliche Wirtschaftsgeschichte erstellte Zusammenfassung einschlägiger Arbeiten der *Social Network Analysis* bietet Benjamin Hitz: Network Analysis: Social Network Analysis (SNA) and its Derivative, Historical Network Research (HNR). In: Methods in Premodern Economic History. Case studies from the Holy Roman Empire, c.1300–c.1600. Hrsg. von Ulla Kypta, Julia Bruch, Tanja Skambraks. Cham 2019, S. 426–428, ohne jedoch explizit auf Arbeiten der EC zu verweisen.

39 Diaz-Bone: Economics of Conventions Meets Foucault, S. 311 f.: „EC rejects methodological individualism as explanatory strategy. Within convention theory, actors are not conceived as equipped with a universal and complete rationality."

40 Ebd., S. 312.

41 Dies haben auch Biervert, Wieland: Gegenstandsbereich, S. 25, nahegelegt, sofern eine Gleichsetzung von Rationalität und Ökonomie vermieden werden solle: „Nur unter der Annahme eines einheitlichen Rationalitätsbegriffs ist es tatsächlich sinnvoll, die Frage nach dem Gegenstandsbereich [der Ökonomie, A.M.] zu den Akten zu legen. Dies heißt zugleich, daß die Ökonomik im Kontext einer allgemeinen Theorie der Rationalität unterbestimmt ist, da sie ihr Spezifisches mit anderen Gegenstandsbereichen menschlicher Handlung teilt. Denn was unterscheidet dann noch

Denken, wie Gary S. Becker es in seinem 1976 erstmals erschienenen Hauptwerk zur *Ökonomischen Erklärung menschlichen Verhaltens* auf den Punkt gebracht hat:

> Der ökonomische Ansatz ist offenkundig nicht auf materielle Güter und Wünsche beschränkt, noch allein auf den Marktbereich. Preise, seien dies die Geldpreise des Marktsektors oder die unterstellten ‚Schatten'-Preise des Nicht-Marktbereiches, messen die Opportunitätskosten des Einsatzes knapper Ressourcen, und der ökonomische Ansatz macht für die Reaktion auf ‚Schattenpreise' die gleichen Voraussagen wie für die Reaktion auf Marktpreise.[42]

Eine solche Herangehensweise ist aus methodologischer Perspektive problematisch, solange „das Resultat der Analyse immer schon im Axiom enthalten ist."[43] Bernd Biervert und Josef Wieland weisen daher darauf hin, dass Beckers ökonomische Erklärung keine wirkliche Theorie darstelle, da sie nicht falsifizierbar ist, solange immer unsichtbare Kosten angenommen werden können, um die Entscheidung eines Individuums zu deuten.[44] Es geht in dieser Arbeit jedoch, dies kann nicht genug betont werden, nicht um Wirtschaft, sondern *um die narrative Einbindung von Wirtschaft, genauer: von konkretem Marktgeschehen in die Repräsentationsstrukturen erzählender Literatur.* Neben der methodischen Kritik erweist sich der Ansatz auch speziell aus literaturwissenschaftlicher Sicht als nicht praktikabel.[45] Die Herangehensweise Beckers nämlich be-

das Ökonomische vom Politischen, Religiösen, Ethischen oder Soziologischen? Was unterscheidet die Ökonomik von der Strategik, Taktik oder Technik? Damit eine formale Definition der Ökonomik überhaupt etwas spezifisch Ökonomisches erklären kann, setzt sie immer schon eine inhaltliche Definition der Ökonomie voraus."

42 Gary S. Becker: Ökonomische Erklärung menschlichen Verhaltens. 2. Aufl. Tübingen 1993, S. 5.

43 Biervert, Wieland: Gegenstandsbereich, S. 22.

44 Ebd.: „Des weiteren ist die traditionelle Annahme vollständiger Informiertheit der Marktteilnehmer hier aufgehoben zugunsten einer totalisierten Unfähigkeit zum Irrtum, was letztlich auf das gleiche hinausläuft. Der ökonomische Ansatz rationalen Verhaltens ist auch und gerade in seiner weitesten Fassung formallogisch immunisiert um den Preis der Tautologie. Nach dem Popper-Kriterium ermöglicht er keine empirisch gehaltvollen Aussagen, weil die Theorie so formuliert ist, daß sie überhaupt nicht falsifizierbar ist."

45 An dieser Stelle wird deutlich, dass die Arbeit, eigentlich ungewöhnlich für altgermanistische Forschung, ganz konkret Stellung beziehen muss zu einem Thema, das hochgradig politisch ist. Die historisierende und damit relativierende Sichtweise der *économie des conventions* steht der genannten transhistorischen Lesart des ökonomischen Prinzips entgegen. Dass es grundlegende Zerwürfnisse zwischen kulturrelativistischen und wirtschaftsuniversalistischen Theoretikern gibt, zeigt sich in einem Rekurs Bourdieus, der Becker namentlich für dessen „Reduktionismus" kritisiert: „Wie man sieht, gelingt es der Einheit Familie, entgegen dem ökonomistischen Reduktonismus à la Gary Becker, der auf die ökonomische Berechnung reduziert, was per definitionem die Berechnung verneint und verbietet, an ihrer ganz eigenen ökonomischen Binnenlogik festzuhalten" (Bourdieu: Ökonomie, S. 152.). Allerdings ist auch die Herangehensweise Bourdieus selbst Ziel solcher Kritik geworden. Vgl. dazu Reichlin: Ökonomien, S. 53: „Bourdieu kritisiert zwar, dass ökonomische Theorien von materieller Gewinnmaximierung ausgehen, unterstellt aber trotzdem, dass die Praktiken in einer ‚vorkapitalistischen' Gesellschaft einer ‚logique économique' gehorchen. Er reduziert damit – genau so wie er es dem Ökonomismus unterstellt – komplexe Bedingungsgefüge auf ein Handlungsmotiv, nämlich auf eine symbolische Profitmaximierung." Der Kritik Reichlins

deutet eine vollständige Entgrenzung der ökonomischen Sphäre, der „ökonomische Ansatz“ beschreibt kein Diskursfeld mehr, sondern eine grundlegende Struktur menschlichen Verhaltens.[46] Becker formuliert somit ein Verständnis von Wirtschaft, dass sich letztlich nicht über den Handlungsbereich, sondern über das Menschenbild definiert: Wirtschaft sei nicht nur in der „Sphäre des Marktes“, sondern in der „Definition des ökonomischen Menschen“ im Sinne Mills zu finden.[47] Polanyi weist zudem darauf

am Vokabular Bourdieus ist zuzustimmen, Bourdieu muss aber zumindest teilweise auch verteidigt werden: die Implikationen der eigenen wirtschaftlichen Metaphorik werden von ihm durchaus reflektiert und kritisch behandelt (vgl. Bourdieu: Die feinen Unterschiede, S. 151). Tatsächlich gründet sich der Ökonomismus bei Bourdieu eher auf einen marxischen Materialismus, der die ethnozentristische Spezifik des europäischen Kapitalismus zu hintergehen sucht (vgl. ders.: Theorie der Praxis, S. 344–346). Dass die Literaturwissenschaft sich grundsätzlich der politischen Motivation unterschiedlicher Konzeptualisierungen von Wirtschaft stellen muss, zeigt auch Bourdieus Ausführung kurz nach seiner Kritik an Becker, die alles andere als wertfrei daherkommt: „[I]n den differenzierten Gesellschaften unterminieren der Geist der Berechnung und die Logik des Marktes in der Tat den Geist der Solidarität, sie ersetzen tendenziell die kollektiven Entscheidungen des Haushalts oder Haushaltsvorstands durch die individuellen Entscheidungen des vereinzelten Individuums und leisten der Entwicklung von getrennten Märkten für die verschiedenen Alters- und Geschlechtskategorien [...] Vorschub, aus denen der Haushalt besteht“ (Bourdieu: Ökonomie, S. 152). Die Naturalisierung des Haushaltes als wirtschaftliche Einheit entspricht einem evolutiven Denken, das mittels der *économie des conventions* hinterfragt werden könnte. Die Entscheidung gegen den Wirtschaftsuniversalismus Beckers wird von mir in einem literaturwissenschaftlichen Diskursrahmen getroffen, kann von einer wirtschaftspolitischen Sphäre aber natürlich nicht getrennt werden. Die Interdependenzen kulturwissenschaftlicher und politischer Konzepte aufzuzeigen, halte ich aber nicht für eine optionale Überschreitung der Fachgrenze, sondern für ein notwendiges Anliegen der Literaturwissenschaft.

46 In seiner Einleitung demonstriert Becker: Ökonomische Erklärung, S. 9–12, seine Überlegungen anhand der drei „ungewöhnlichen und kontroversen Beispiele“ (S. 9) Gesundheitsvorsorge, Eheschließung sowie wissenschaftlicher/künstlerischer Betrieb, dass Nutzenmaximierung auch außerhalb der eindeutig ökonomischen Sphäre anzutreffen sei, sogar in Bereichen, für die eine reine Kosten-Nutzen-Rechnung ideell eher abgelehnt werden würde. Dies drückt sich allgemeiner auch in der Diskussion von Biervert und Wieland aus, die Becker als exponierten Vertreter einer methodologisch ausgerichteten Wirtschaftsdefinition nennen. Das Problem der Verallgemeinerung eines wirtschaftlichen Handlungsfeldes wird auch hier bereits gesehen, wären doch einerseits „scheinbar mit einem Schlag alle erkenntnistheoretischen und methodologischen Kalamitäten und Schwächen behoben.“ Biervert, Wieland: Gegenstandsbereich, S. 17). Andererseits aber werde somit „das Theorem einfacher Zweckrationalität nicht nur als bestimmend für die Ökonomie und deren Theorien gerettet [...], sondern es ließe sich darüber hinaus dessen Gültigkeit auf alle Bereiche menschlichen Handelns ausdehnen“ (ebd.). Eine geradezu polemische Ablehnung der Herangehensweise Beckers findet sich bei Bourdieu: Die feinen Unterschiede, S. 173 f., Anm. 4.

47 Auf diese Verschiebung im 19. Jahrhundert macht Kleeberg: Gewinn maximieren, S. 136, aufmerksam: „Das Wirklichkeitsfeld der modernen Ökonomie lässt sich dabei zunächst mit Adam Smith als die Sphäre des Marktes, des Kapitals und des Handels bezeichnen, die durch Arbeitsteilung sowie die Relationen von Gewinn und Verlust, Produktion und Konsumption oder Angebot und Nachfrage an Kontur gewinnt. Mit John Stuart Mill ändert sich die Referenz auf das Reale insofern, als dass es nun über die Definition des ökonomischen Menschen strukturiert wird. Die Opposition von ‚Lust und Unlust‘ wird Ausgangspunkt der Politischen Ökonomie als Wissenschaft.“ Zur

hin, dass diese beiden Konzeptionen in ihrer diskursiven Genese keine Gegensätze bildeten, sondern die Identifizierung von Arbeitsteilung und Tausch bei Adam Smith und einer „Unzahl von Autoren“, die nach ihm kamen, bereits den Grundstein für die begriffliche Entgrenzung gelegt haben.[48] Daraus folgt die Anthropologisierung der Wirtschaft *als* Verhaltensstruktur, die einer relativierenden Wirtschaftsgeschichte fremd gegenübersteht.[49] Becker reizt damit einen Ansatz der Ökonomik aus, der für die klassische und neoklassische Herangehensweise bezeichnend ist.[50] Dies ist nicht unhinterfragt geblieben, steht aber auch nicht alleine da.[51] Vielmehr gliedert er sich in

---

Entgrenzung der ‚Wirtschaft‘ seit dem 19. Jahrhundert vgl. auch Udo Reifner: Das Geld. Band 1: Ökonomie des Geldes. Kooperation und Akkumulation. Wiesbaden 2017, S. 93–96.

48 Polanyi: Great Transformation, S. 72. Vgl. auch ebd., S. 71: „Kein geringerer Denker als Adam Smith behauptete, die Arbeitsteilung in der Gesellschaft beruhe auf der Existenz von Märkten, oder, wie er es formulierte, auf der Neigung des Menschen zum Tausch, zum Handel und zum Umtausch einer Sache gegen eine andere. Diese Wendung sollte später zum Begriff des *Homo oeconomicus* führen.“ In jüngster Zeit ist Polanyis kulturelle Einbettung wieder modern geworden in der Wirtschaftswissenschaft. Rössner: Wirtschaftsgeschichte, S. 188, geht in seiner Diskussion moderner Wirtschaftstheorien immer wieder auf Polanyis Thesen ein und schließt, da sich „an der sozialen Einbettung und kulturellen Überformung wirtschaftlichen Handeln auch auf Märkten [...] bis zu einem gewissen Grade bis heute nicht viel verändert“ habe: „Der *homo oeconomicus*, ein in vielerlei Hinsicht krankes Geschöpf, ist nach langem Siechtum auch in den jüngeren Wirtschaftswissenschaften mehr oder weniger endgültig zu Grabe getragen worden.“ Kap. 4 in Polanyis *The Great Transformation* hätte zudem im Sinne der altgermanistischen Forschungsgeschichte eigentlich mehr Beachtung verdient. Wie die Endnote zu diesem Kapitel verrät (S. 345), beruhen die Ausführungen Polanyis in diesem Teil doch größtenteils auf den Untersuchungen Malinowskis und Thurnwalds, auf die sich auch der sehr viel stärker beachtete *Essai sur le don* von Mauss bezieht. Ganz ähnlich untersucht Polanyi hier ebenfalls die Distributionssysteme des *Potlatsch*, beim *Kula*-Ring und auch in den antiken Rechtsordnungen Europas. Polanyi beleuchtet diese Beispiele anhand seines Paradigmas der kulturellen Einbettung von Märkten. Ebenso wie der Text von Mauss entstammt Polanyis Analyse natürlich einer mittlerweile gänzlich anderen Zeit (Erstveröffentlichung auf Englisch 1944) und muss daher genau auf seine Aussagekraft hin untersucht werden, aber dies hat die moderne Forschung in Mauss‘ Fall auch geschafft.

49 Zum Problem der Ungeschichtlichkeit der Wirtschaftswissenschaft, die sich methodologisch „einer aprioristischen Struktur“ verschreibe, vgl. Gerold Blümle, Nils Goldschmidt: Die historische Bedingtheit ökonomischer Theorien und deren kultureller Gehalt. In: Menschen und Märkte. Studien zur historischen Wirtschaftsanthropologie. Hrsg. von Wolfgang Reinhard, Justin Stagl. Köln/Wien/Weimar 2007, S. 451–473, S. 454 f.

50 Die Übergeneralisierung ahistorischer Modelle stellt Geoffrey M. Hodgson: How Economics Forgot History. The Problem of Historical Specificity in Social Science. London/New York 2001, besonders S. 279 f., als ein Problem neoklassischer Wirtschaftstheorie dar, die eng verbunden ist mit der zunehmenden Ausblendung einer historisierenden Perspektive in der Ökonomik seit dem 19. Jahrhundert.

51 Becker: Ökonomische Erklärung, S. 9, zählt mehrere Studien aus „den letzten 20 Jahren“ auf, die die Ubiquität des „ökonomischen Ansatzes“ behandeln (seine Beispiele sind die Entwicklung der Sprache, Kirchenbesuch, Todesstrafe, das Rechtssystem, die Ausrottung von Tierarten und Selbstmorde).

eine lange Tradition ein, die Wirtschaft über ein ihr zugrunde liegendes Prinzip zu formalisieren sucht:

> Das wirtschaftliche Prinzip oder auch Rationalitätsprinzip besagt, daß man zur Erreichung gewollter Zwecke nicht mehr Aufwand betreibt als nötig. In dieser Allgemeinheit trifft das ökonomische Prinzip tatsächlich auf fast jede Art zweckbewußten menschlichen Handelns zu, und deshalb konnte Heinrich Dietzel schon 1889 die Behauptung aufstellen: ‚Alles Handeln ist Wirtschaften mit den Mitteln, die zur Verwirklichung erreichbarer Ziele zu Gebote stehen.'[52]

Becker und Dietzel, durch ein Jahrhundert voneinander trennt, stellen das eine Ende des methodischen Spektrums dar, an dessen Gegenpol die EC verortet werden kann. Dieses methodische Spektrum spannt sich auf zwischen der Naturalisierung/ Anthropologisierung des Wirtschaftsbegriffs einerseits und der Historisierung konkreter Formen des Wirtschaftens andererseits. Die Naturalisierung kann nun nicht im Interesse einer historisch interpretierenden Literaturwissenschaft liegen.[53] Vielmehr soll Wirtschaft als ein Bereich phänomenologisch beschreibbarer Praxis definiert werden, der anderen Geltungssystemen neben-, aber nicht übergeordnet ist.

Resultat einer solchen praxeologischen Herangehensweise ist es, Wirtschaft nicht mit einem vereinheitlichenden Rationalitätsprinzip zu identifizieren, sondern einzelne Bestandteile der ‚Wirtschaft' wie beispielsweise den Markt in ihrer Eigenlogik zu begreifen. Einzelne Wissens- und Praxisbereiche, die unter dem modernen Begriff der ‚Wirtschaft' versammelt sind, können historisch weiter voneinander getrennt sein, ohne in einem verallgemeinernden Ökonomiekonzept aufzugehen. Die kulturelle Einbettung des Marktes in neben- und auch übergeordnete Interaktionssysteme macht daher eine eineindeutige Zuordnung von abstrakter ‚Ökonomisierung' und Markt unmöglich.[54] Diese Erkenntnis zeitigt erhebliche Auswirkungen

---

52 Biervert, Wieland: Gegenstandsbereich, S. 17.

53 Dass es sich bei der Anthropologisierung oder Naturalisierung um eine argumentative Strategie größeren und auch politischen Ausmaßes handelt, wird anhand Pikettys Anklage deutlich, die „Eliten" der Weltgeschichte seien immer daran interessiert gewesen, „Ungleichheiten zu naturalisieren" (Piketty: Ideologien, S. 22). Piketty untermauert dies nicht an Ort und Stelle mit Belegen, allein die Tatsache aber, dass ein offensichtlich dem linken Spektrum zugehöriger Theoretiker Naturalisierung als argumentatives Feindbild beschwört, zeigt an, wo im Raster von Wissenschaft und Politik die argumentativen Fronten verlaufen. Kleeberg: Gewinn maximieren, S. 137, führt die Naturalisierung als Argumentationsstrategie der Neoklassik auf ihren epistemologischen Anspruch zurück, gleichberechtigt neben Naturwissenschaften wie der Physik stehen zu können. Dies rühre jedoch auch von einer Bewegung in die andere Richtung her, in der die moderne Ökonomik in andere Wissensfelder importiert worden sei. Durch die „verstärkte[...] Einwanderung ökonomischer Theorien in die Evolutionstheorie", so Kleeberg ebd., S. 137, „wurde und wird bis heute ökonomisches Wissen vielfach mittels Naturalisierungsstrategien in der Realität verankert."

54 Diese Parameter verändern sich natürlich im Laufe der Zeit. Vgl. dazu Bert de Munck: Guilds, Product Quality and Intrinsic Value. Towards a History of Conventions? In: HSR 36,4 (2011), S. 103–124, S. 104: „While Boltanski and Thévenot have identified six ‚cités' or conventions, the

auf die Idee einer kulturell losgelösten ‚Zweckrationalität', die eine einfach nachzuvollziehende Funktionalität des Handel(n)s zu beschreiben vorgibt:

> [C]onvention theorists have shown that economic choices and actions are based upon conventions, which may be defined as implicit (common) rules or knowledge, collective representations, shared models of judgement or common interpretative contexts.[55]

Derartige *shared mental models*, die auch von Autoren der Neuen Institutionenökonomik postuliert werden,[56] sind somit essentiell an der Ermöglichung dessen beteiligt,

---

roots of which were mostly to be found in pre-industrial times, other scholars have found new forms of worth in the nineteenth and twentieth centuries, such as the ‚green' worth, the ‚information' worth and the ‚connectionist' worth." Das Hinzutreten des „green worth", also einer umweltschützenden Kausalität, zeigt plastisch, wie sinnvoll die Herangehensweise der EC ist, um historische wirtschaftliche Entscheidungen zu verstehen. Die Motivation, eine wirtschaftliche Entscheidung zu treffen, kann sich auch innerhalb weniger Jahrzehnte stark ändern. Beispielhaft möchte ich hier nur auf eine prominente politische Schrift aus dem Jahre 2014 verweisen: Im *Konvivialistischen Manifest* entwickeln die Autoren – nicht zufällig – unter Bezugnahme auf Mauss' *Sur le don* einen Entwurf des modernen Zusammenlebens (vgl. dazu das Vorwort zum Manifest von Adloff und Leggewie), das rein materielle Gewinne bei ökonomischen Entscheidungen einem *green worth* unter- oder zumindest nebenordnet: „Es gibt keine erwiesene Korrelation zwischen monetärem oder materiellem Reichtum einerseits und Glück oder Wohlergehen andererseits. Der ökologische Zustand des Planeten macht es erforderlich, alle nur möglichen Formen eines Wohlstands ohne Wachstum zu erforschen. Im Sinne einer pluralen Ökonomie ist es daher notwendig, zu einem Gleichgewicht zwischen Markt, öffentlichem Sektor und einer Ökonomie assoziativen (sozialen oder solidarischen) Typs zu gelangen [...]. (Les Convivialistes: Das konvivialistische Manifest. Für eine neue Kunst des Zusammenlebens. Hrsg. von Frank Adloff, Claus Leggewie. Bielefeld 2014, S. 68 f.) Auch Becker: Ökonomische Erklärung, S. 6, sieht dieses Problem, seine Lösung bietet aber den Versuch einer Rettung der Zweckrationalität auf individueller Ebene, anstatt von gesellschaftlichen Konventionen auszugehen, die die Rationalität formen: „Wenn eine offensichtlich günstige Gelegenheit von einer Unternehmung, einem Arbeiter oder einem Haushalt nicht ausgenutzt wird, nimmt der ökonomische Ansatz nicht Zuflucht zu der Behauptung, man habe es hier mit irrationalem Verhalten zu tun, der Betreffende sei mit dem erreichten Wohlstand bereits zufrieden oder es seien eben entsprechende Änderungen der Werte (d. h. der Präferenzen) eingetreten. Vielmehr nimmt der ökonomische Ansatz an, daß es – monetäre oder psychische – Kosten gibt, die mit der Nutzung dieser Gelegenheit verbunden sind und deren möglichen Gewinn zunichtemachen, Kosten, die möglicherweise von Außenstehenden nicht so leicht ‚gesehen' werden."

55 De Munck: Product Quality and Intrinsic Value, S. 103 f. In Hinblick auf den Wertbegriff nach Marx hat Olivier Favereau: Valeur(s), Exploitation et Économie des Conventions. In: Cahiers d'Economie Politique 75 (2018), S. 119–145, den konventionalistischen Wertbegriff erneut positioniert. Reine Konventionalität des Wertes liege für Marx aufgrund der Vorstellung der wertschaffenden Arbeit nämlich nicht vor.

56 Bei den meisten Begriffen und Forschungsparadigmen, die die EC vereint, handelt es sich natürlich nicht um exklusive Konzepte dieser Schule. Zu *shared mental models* jenseits der EC vgl. Tanner: Ökonomische Handlungstheorie, S. 85: „Eine Abkehr von einem solchen Optimierungsmodell bereiten Douglass C. North und Arthur C. Denzau vor, indem sie sich für die Rolle von geteilten mentalen Modellen (shared mental models) von Menschen interessieren. Wenn sich Menschen auf der Grundlage von Mythen, Dogmen, Ideologien und ›halbbackenen‹ Theorien entscheiden, so

was als wirtschaftliches Handeln aufgefasst wird: Die „universelle[...] Rationalitätsunterstellung“ kann,[57] so schlussfolgert Tim Neu mit Blick auf die symbolischen Anteile wirtschaftlicher Interaktion, bezüglich ihrer konkreten historisch-gesellschaftlichen Einbettung relativiert werden.[58] Denn der Blick auf kommunikative Prozesse offenbare gerade die Leerstellen einer solchen Rationalitätsunterstellung:

> Die notwendige Kehrseite dieser Universalität ist jedoch die ausgeprägte Formalität des ökonomischen Prinzips: Dieses gibt zwar an, *wie* Mittel und Zwecke in Beziehung gesetzt werden – nämlich in Minimierung des Mitteleinsatzes bzw. in Maximierung der Zweckerfüllung –, aber es sagt nichts darüber aus, *welche* Zwecke und Ziele konkrete Akteure auf diese Weise verfolgen und *welche* Rangordnung unter den Zwecken besteht.[59]

Eine Wirtschaftsgeschichte, die Minderungen des Gewinns nur als Störungen des Handel(n)s ansieht, soll mit diesem Impuls gerade vermieden werden. Stattdessen gehe der nur scheinbar intuitiven zweckrationalen Entscheidung ein Auswahlprozess voraus, der im Sinne der EC erst einmal kontingent den ‚Wert des Wertes‘ beurteilen muss. Da also die kulturelle Umgebung einer wirtschaftlichen Entscheidung stets mitberücksichtig werden muss, kommt Simon Teuscher im Rahmen des Abschlussbandes des SFB zur „Symbolischen Kommunikation“[60] zu folgendem Zwischenfazit: „Eine Wirtschaftsgeschichte, die sich mit vielfältigen Transaktionsformen befasst, wird zentral mit der symbolischen Kommunikation beschäftigt sein, die deren Abgrenzung und Differenzierung leistete.“[61]

---

stellt sich die Frage nach den Interpretationsregeln, nach denen Menschen die Umwelt, in der sie leben, klassifizieren, sortieren und sich somit ihre ‚soziale Wirklichkeit‘ zurechtlegen. Individuen mit einem gemeinsamen Kulturverständnis und Erfahrungshintergrund verfügen – obwohl ihre geistige und emotionale Welt nie zur Deckung kommen kann und auch bei hochgradig vergesellschafteten Menschen gleichsam eine ‚Resteinsamkeit‘ verbleibt – über ausreichend konvergente mentale Modelle, Ideologien und Institutionen, um Unsicherheit abzubauen und um kollektive *agency* zu entfalten. Diese mentalen Modelle (Konstruktionen, mittels deren die Menschen der Welt Sinn abgewinnen), Ideologien (die aus solchen Konstruktionen resultieren) und Institutionen (die in einer Gesellschaft zur Strukturierung überpersönlicher Austauschbeziehungen entwickelt werden) entwickeln sich ko-evolutiv.“.

57 Den Begriff übernimmt Neu: Symbolische Kommunikation, S. 414, in Anlehnung an Hansjörg Siegenthaler.

58 Es sollte an dieser Stelle betont werden, dass die Idee der gesellschaftlichen Einbettung der wirtschaftlichen Sphäre bereits älteren Datums ist und sich besonders prominent in Polanyi: Great Transformation findet.

59 Neu: Symbolische Kommunikation, S. 414.

60 Barbara Stollberg-Rilinger, Tim Neu, Christina Brauner (Hrsg.): Alles nur symbolisch? Bilanz und Perspektiven der Erforschung symbolischer Kommunikation. Köln/Weimar/Wien 2013.

61 Simon Teuscher: Zuerst die Herrschaft und dann der Markt? Kommentar zur Sektion „Symbolische Kommunikation und wirtschaftliches Handeln“. In: Ebd., S. 419–425, S. 423. Diese Feststellung gilt natürlich auch jenseits der Grenzen einer europäischen Mediävistik. Bereits Maurice Bloch und Jonathan Parry halten in der Einleitung ihres ethnologischen Sammelbandes zu „Money and the morality of exchange“ fest, dass auch in der Gegenwart weltweite Untersuchungen die symboli-

Bis hierhin ist also festzuhalten: Stellt man für die Wirtschaftsgeschichte das *Wie* der Interaktionen in den Vordergrund, kann eine Nutzenmaximierung des Handelns in der bestmöglichen Justierung von Angebot und Nachfrage, deren Verhältnis „nach neoklassischem Verständnis de[n] Kern des wirtschaftlichen Handelns" bildet,[62] bei weitem nicht das definitorische Potential entfalten, wie es für eine historische Analyse vonnöten wäre.[63] Diese Einsicht Teuschers bezieht sich auf die Ebene der symbolischen Kommunikation, die methodisch den koordinierenden Konventionen im Sinne von Lewis näher steht. Eine Anbindung an die Ergebnisse der EC halte ich aber für sinnvoll,[64] da durch die EC gerade auch die evaluativ wirksamen Verfahren, die den Prozessen des Handelns und Verhandelns vorausgehen, in den Blick genommen werden können und an der Oberfläche konkreter Interaktion eine soziale und kulturelle Einbettung wirtschaftlichen Handelns nachvollzogen werden kann. Der Konventionsbegriff der EC geht jedoch, wie bereits angesprochen, über diese koordinative Oberflächenstruktur von Konventionen hinaus:

> Conventions emerged historically from interactions wherein actors had to solve coordination under the condition of uncertainty on how situations, persons, objects can be evaluated in a shared way. Without shared evaluations no coordinated collective intentionality would be possible and any interaction would fail.[65]

sche Seite des Geldverkehrs herauszustellen vermögen: „The first thing these essays collectively emphasise is the enormous cultural variation in the way in which money is symbolised and in which this symbolism relates to culturally constructed notions of production, consumption, circulation and exchange. It becomes clear that in order to understand the way in which money is viewed it is vitally important to understand the cultural matrix into which it is incorporated. This may seem a bland enough lesson, but it is one which has often been forgotten by anthropologists writing about money – and less culpably also by historians and sociologists. As a result they have commonly fallen into the trap of attributing to money in general what is in fact a specific set of meanings which derive from our own culture." (Maurice Bloch, Jonathan Parry: Money and the Morality of Exchange: Introduction. In: Money and the Morality of Exchange. Hrsg. von dens. Camridge 1989, S. 1–32, S. 1).

62 Teuscher: Zuerst die Herrschaft, S. 420.

63 Erinnert sei hier an die grundlegende Monographie Beckers zur „Ökonomischen Erklärung menschlichen Verhaltens".

64 Weder Teuscher: Zuerst die Herrschaft, noch Neu: Symbolische Kommunikation oder Werner Freitag: Städtischer Markt und symbolische Kommunikation. In: Alles nur symbolisch? Bilanz und Perspektiven der Erforschung symbolischer Kommunikation. Hrsg. von Barbara Stollberg-Rilinger, Tim Neu, Christina Brauner. Köln/Weimar/Wien 2013, S. 379–399, (alle im selben Band) gehen in ihren Beiträgen auf die Ergebnisse der *économie des conventions* ein, sondern orientieren sich eher an der Neuen Institutionenökonomik, die sie mit dem Fokus auf symbolische Kommunikation verbinden, der durch den Münsteraner Sonderforschungsbereich vorgegeben war.

65 Rainer Diaz-Bone, Robert Salais: Economics of Convention and the History of Economies. Towards a Transdisciplinary Approach in Economic History. In: HSR 36,4 (2011), S. 7–39, S. 9.

Zwar sprechen Diaz-Bone und Salais hier ebenfalls von Koordinationsproblemen, es handelt sich aber um solche, die auf Bewertungs- und nicht auf Handlungsebene stattfinden. Evaluierende Interaktion als kleinste Einheit wirtschaftlichen Verhaltens stellt aus Sicht der EC die Performanz solcher *shared mental models* dar.[66]

Versteht man Konventionen als solche *mental models*, die den konkreten Formen der Interaktion vorausgehen, wird schnell eine Art doppelter Konventionsbegriff deutlich, der sich in Marmors philosophischem Zugang zu *Social Conventions* deutlicher als in Beiträgen der EC formuliert findet. Für Marmor stellen Konventionen einerseits, gemeinsam mit Institutionen, Formen der Koordination und Konstitution gesellschaftlicher Verhaltensformen dar, die sich durch eine spezifische Art der Sanktionierung definiert – gesellschaftlich bei Konventionen, normiert und zentralisiert bei Institutionen.[67] Andererseits aber entwickelt Marmor einen weiteren Konventionsbegriff, die *deep conventions*, die den *shared mental models* sehr viel näher stehen und wenig mit den formgebenden Oberflächenkonventionen zu tun haben (vgl. Kap. 2.3). Durch die Verschiebung, in Konventionen weniger Handlungsmuster als vielmehr Denkmuster zu sehen, wird der definitorische Graben zur normativen Institution größer. Konventionen sind dann grundsätzlich das gemeinsame bewertende Verstehen der (Objekt)Welt, das von jeglicher Institution geschieden ist, diesen aber vorrausgehen muss.[68] Das bedeutet, dass in der wirtschaftlich verstandenen Interaktion nicht Gewinne, die vom Prozess der Kommunikation unabhängig wären, erkannt und eingefahren werden müssen, sondern dass die Vorstellungen, wodurch sich ein Mehrwert überhaupt bildet, und ob die Verfolgung dessen dann auch mit dem Interaktionsbereich des Marktes zusammenfällt,

---

66 Wie bereits gesagt wurde, scheint die Vorstellung von Konventionen als Handlungsdispositiv die Performanz betonende Definition Marmors zu überschreiten. Dabei soll jedoch nicht vergessen werden, dass Marmor: Social Conventions, neben der koordinativen Funktion auch *constitutive conventions* bespricht, die aus Sicht der *économie des conventions* schwieriger zu fassen sind.

67 Marmor: Social Conventions, S. 52, geht dabei von der genormten Sanktion als einem der Hauptunterschiede zwischen Konventionen und Institutionen aus: „[I]institutionalization typically involves the introduction of a mechanism for ensuring compliance with the rules. Institutional practices typically have rules that determine sanctions for violation of its rules, and a whole mechanism that determines how to monitor noncompliance, how to administer the sanctions, who gets to determine such matters, and so forth. Once again, conventional practices typically lack sanction mechanisms. Sanctions for noncompliance of conventional rules tend to be informal, mostly consisting in social pressure and hostile reaction of others in the population."

68 Ohne Konventionen im Sinne der EC oder der Tiefen Konventionen nach Marmor könnten institutionelle Regulierungen sozialer Koordination überhaupt nicht verstanden werden, da die praktische Bedeutung einer Regel niemals Teil der Regel ist. Vgl. Favereau, Biencourt, Eymard-Duvernay: Where do markets come from, S. 224 f., mit Bezug auf Ludwig Wittgensteins Überlegungen zur Unvollständigkeit von Regeln.

erst durch kommunikatives Handeln produziert und immer wieder reproduziert werden müssen.[69]

Die EC, dies muss dabei betont werden, ist nicht darauf ausgerichtet, den Wirtschaftsbegriff abzuschaffen. Doch sie stellt die literaturwissenschaftliche Arbeit mit diesem Begriff in historischer Perspektive vor ein Induktionsproblem:[70] Möchte man ‚Wirtschaft' in mittelalterlicher Erzählliteratur identifizieren, würde eine Suche nach gewinnorientiertem Handeln im modernen Verständnis fehlgehen. Ebenso würde eine Generalisierung des „ökonomischen Ansatzes", der im Sinne Beckers jeglichem Handeln unterliege, notwendige Differenzierungen einreißen. Legte man Beckers Definition der Wirtschaft einer literaturwissenschaftlichen Analyse zugrunde, würde schnell deutlich werden, dass die Hauptoperation *interpretierender* Arbeit, die Herausstellung bedeutungstragender Unterscheidung, gänzlich unterminiert würde. Um ein überschaubares Feld abzustecken, wird daher in dieser Arbeit die Eingrenzung erfolgen, das, was wir *Wirtschaft* nennen könnten, auf das zu reduzieren, was sich *merkantil* nennen lässt.

Dies bedeutet, dass solche Texte bezüglich ihrer Wertbestimmungs- und Tauschpraktiken untersucht werden, *bei denen im Text Markierungen ausgemacht werden können, die den Interaktionsrahmen einer merkantilen oder mit den Konventionen des Marktes verbundenen Praxis erkennen lassen.* Dazu gehören ein spezifisches Vokabular, abgegrenzte Orte wie Märkte, Praktiken oder Rollenzuschreibungen.

Diese kleinteilige Zerlegung des Wirtschaftsbegriffs ist nötig, da nicht von einem ökonomischen Diskurs des Mittelalters ausgegangen werden kann, dessen Aussagen von modernen Forscher:innen dann nur noch sortiert werden müssten. Eingedenk der Absage an einen autonomen Wirtschaftsdiskurs der Vormoderne,

---

69 Diaz-Bone, Salais: History of Economics, S. 12: „EC is mostly considering people through their productive projects in the general sense of realization processes in life and work. For EC such projects have a wider coherence, simultaneously material, cognitive and in some way intentional (in a weak sense). It follows that people have agencies which are, by necessity, anchored in social and historical contexts. They are not, properly speaking, embedded in something external, but are coproducing themselves and their world." Der Unterschied zwischen dem Ansatz der EC und dem der Neuen Institutionenökonomik beläuft sich darauf, dass durch die Ebene der Konventionen eine kommunizierte und damit vergesellschaftete Hierarchisierung von Werten Beachtung finden kann, die auf einem anderen Level wirkt als die fixierte Verbindlichkeit, die durch Institutionen geschaffen wird.

70 Ein solches Induktionsproblem existiert aber auch jenseits des literaturwissenschaftlichen Bezugs: Rössner: Wirtschaftsgeschichte drückt in seinem dritten Kapitel „Wie können wir Wirtschaft historisch ‚messen', analysieren, beschreiben" ebenfalls das Bewusstsein dafür aus, dass nur über überlieferte Quellen zugängliche Gesellschaften schlecht anhand moderner wirtschaftlicher Kennziffern wie BIP oder Reallohnentwicklung gemessen werden können. Die Frage nach der Bewertung der Wirtschaft einer Gesellschaft wird also auch in der historischen Wirtschaftswissenschaft selbst diskutiert.

die besonders prominent von Foucault in der *Ordnung der Dinge* formuliert wurde,[71] muss eine historisch-semantische Untersuchung des Praxisbereichs des Marktes den literaturwissenschaftlichen Analysen vorangehen. Beispielhaft soll im Folgenden gezeigt werden, wie die Rede von ‚wirtschaftlichen' Abläufen und Praktiken in heteronome Diskurse eingebettet ist, wie sehr die Wissensformen merkantiler Techniken also von Wissenszusammenhängen abhängen, aus denen sich vielleicht noch kein Diskurs des wirtschaftlichen Handelns herausschälen lässt, dessen in „Praxis eingehüllt[es]" Wissen[72] aber eben solche *shared mental models* bildet, die mithilfe der EC erfasst werden können.

2.2 Der heteronome Diskurs: Wirtschaft in anderen Wissenszusammenhängen

Die nicht gegebene Ausdifferenzierung des wirtschaftlichen Diskurses in der europäischen Vormoderne hält Schwierigkeiten für die Identifizierung wirtschaftlicher Praxis in Erzähltexten dieser Zeit bereit. Wann merkantiles Handeln phänomenologisch im Text nachgewiesen werden kann, ist also auch bei spezifischen Vorgängen und Instrumenten wie dem Tauschen (auch ein Mittel der Politik) oder der Waage (auch ein Bild der Rechtsprechung) keine Frage des Detektierens, sondern des Interpretierens.

Wenn Gustav Freytag im 19. Jahrhundert einen Roman *Soll und Haben* nennt, so verweist dieser Titel eindeutig auf die ökonomische Sphäre. Wir erkennen dies, weil bekannt ist, dass Soll und Haben Konzepte des wirtschaftlichen Diskurses sind. Wie aber soll nun über Phänomene gesprochen werden, die in mittelalterlichen Quellen einem Wissens- und Praxisbereich zugeordnet werden könnten, den wir ‚wirtschaftlich' nennen mögen?

Eine Lektüre des Kapitels über das *Tauschen* in Foucaults *Die Ordnung der Dinge*[73] offenbart, dass Foucault, so sehr er sich gerade für das historische Gewordensein von Wissensinhalten interessiert, mittelalterliche Äußerungen zum wirtschaftlichen Handeln nur als Sediment der Texte der ökonomischen Klassik subsumiert.[74] Setzt man also die Diskursgebundenheit von Fachvokabular voraus,[75] kann die oben ausgebreitete Kritik an einem strukturellen, auf eine autonome Eigenlogik verweisen-

71 Foucault: Ordnung der Dinge, besonders S. 211.

72 Ebd., S. 213.

73 Ebd., S. 211–266.

74 Vgl. ebd., S. 215. Bei der verkürzten Darstellung mittelalterlichen ökonomischen Denkens handelt es sich allerdings um ein generelles Phänomen moderner Wirtschaftsgeschichtsschreibung. Dies fasst bereits Robinson Rössner: Wirtschaftsgeschichte, S. XI f. zusammen, hier aber mit Blick auf die Industrielle Revolution als Fluchtpunkt vormoderner Entwicklungen.

75 Wie sehr die Methodik der historischen Diskursanalyse auch über die Fachgrenzen der Geisteswissenschaft ihre Wichtigkeit beweist, zeigt das in der Einleitung gegebene Zitat aus Piketty: Ideologie.

den Ökonomiebegriff auf diskursgeschichtlicher Ebene ergänzt werden.[76] Jürgen Bolten hat bereits die methodische Mesalliance von deutscher Sprachgeschichte und Wirtschaftsgeschichte moniert. Seiner nun fünfundzwanzig Jahre zurückliegenden Einschätzung des Grundproblems bei der Beschäftigung mit wirtschaftlichen Vorgängen ist voll und ganz zuzustimmen:

> Vor allem ist es der Gegenstandsbereich [„Wirtschaft", A.M.] selbst, der ob seiner unscharfen Grenzen relativ schwer handhabbar ist. Dies betrifft insbesondere das eigentliche Handlungsfeld, nämlich ‚Wirtschaft'. In der Regel – und das gilt gleichermaßen für historiographische wie sprachgeschichtliche Untersuchungen – werden definitorische Begriffsfestlegungen nicht vorgenommen. Unter der Prämisse eines (faktisch nicht existenten) common sense hinsichtlich dessen, was unter ‚Wirtschaft' zu verstehen sei, resultieren demzufolge auch sehr unterschiedliche Spannbreiten der Beschreibungsperspektive. Sie reichen von der Perspektivierung spezifischer Sektoren (Landwirtschaft, Bergbau, Handwerk/Industrie, Handel etc.) über die mehr oder minder ausschließliche Fokussierung ordnungspolitischer Fragestellungen bis hin zu komplexen Ansätzen, die wirtschaftliche Handlungsfelder untrennbar von alltagskulturellen Kontexten sehen.[77]

In Boltens Fazit spiegelt sich der methodische Pluralismus, der die historische Beschreibung wirtschaftlicher Vorgänge charakterisiert – nicht auf Seite der Quellen, die analysiert werden, sondern bezüglich der deduktiven Begriffsbildung, die an die Quellen und historischen Diskurse herangetragen wird. Dieser Umstand ist auch mehr und mehr in der mediävistischen Forschung erkannt worden. Besonders Giacomo Todeschinis Arbeit zum „Prezzo della Salvezza", zum Konzept der Heilsökonomie, stellt die Frage danach, wie modern sich das Konzept der *Ökonomie* im Kompositum Heils*ökonomie* ausnimmt.[78] Todeschini führt zu diesem Zweck eine diskursanalytisch ausgerichtete Lektüre einer Vielzahl lateinischer Quellen vor,[79] die darauf ausgerichtet ist, wirtschaftliches Denken im Mittelalter aus den Quellenbegriffen heraus, und nicht aus einer Wirtschaftsgeschichte seit Adam Smith zu verstehen.[80] Als zentral für das Anliegen der vorliegenden Arbeit kann Uta Kleines Zusammenfassung der Forschungsergeb-

---

76 Die Verbindung von konventionalistischer Wirtschaftstheorie und Foucaultscher Diskursanalyse ist bereits in Diaz-Bone: Economics of Conventions Meets Foucault diskutiert worden.

77 Jürgen Bolten: Deutsche Sprachgeschichte und Wirtschaftsgeschichte. In: Sprachgeschichte. Ein Handbuch zur Geschichte der deutschen Sprache und ihrer Erforschung. 1. Bd. Hrsg. von Werner Besch [u. a]. 2. Aufl. Berlin/New York 1998, S. 123–138, S. 123.

78 Todeschini: prezzo.

79 „*expositiones in psalmos, tractatus, regulae, libelli, canones, libri poenitentiales, summae (decretorum, poenitentiales, theologiae), quodlibeta*" (ebd., S. 118).

80 Ebd., S. 117: „È dunque apparso più storiograficamente realistico, e più metodologicamente proficuo, passare in rassegna i tipi di fonti che paiono utilizzabili per formare un tale catalogo aggiornato, piuttosto che presupporre, al modo di molti storici della questione, una determinata serie di fonti medievali come oggettivamente finalizzate all'analisi economica basandosi su scelte storiografiche abituali se pur non verificate, ma generalmente riconducibili appunto alla possibilità di distinguere tra le fonti medievali quelle più capaci di formulare leggi economiche, ossia di tradurre (di comprendere) in chiave presmithiana i comportamenti economici medievali." Beeinflusst von Polanyis Idee der Einbettung, widmet

nisse gelten, die im Besonderen auf die Arbeiten Todeschinis zurückgehen: „[Der christliche Wirtschaftsdiskurs] trat nicht als autonomer Diskurs hervor, produzierte keine genuine literarische Form und fügte sich zu keiner zusammenhängenden Theorie, die das Wirtschaftshandeln als einen Bereich *sui generis* zu definieren und regulieren beanspruchte.“[81] Todeschini spricht daher von einer „linguaggio della descrizione e dell'analisi economica (o economico-etica, o etica-economico) nelle fonti del Medioevo latino [...]“,[82] die nur im Verbund mit Wissensbereichen verstanden werden kann, von denen sich das wirtschaftliche Wissen erst in der Moderne emanzipiere.

Todeschinis Überlegungen zur Wirtschaft im Mittelalter belaufen sich zumeist auf das Verhältnis von Wirtschaft und Religion und liefern somit eine breit angelegte Anwendung der Überlegungen Polanyis zur kulturellen Einbettung wirtschaftlicher Systeme.[83] Die Metaphorik der Reziprozität, die das Verhältnis des Menschen zu Gott beschreiben soll, dürfe, so Todeschini, bei einer historischen Rekonstruktion der Begriffe nicht außer Acht gelassen werden.[84] Diese unauflösbare Verschränkung von ‚Wirtschaft‘ mit heteronomen Wissensordnungen bestätigt Foucaults Ansicht, die Disziplin der (politischen) Ökonomie sei als grundsätzlich modernes, allenfalls frühmoder-

---

sich auch Rössner: Wirtschaftsgeschichte kurz den „mittelalterlichen ‚Theologie-Ökonomen‘ der Scholastik“, die „Wirtschaft weder im luftleeren Raum noch ohne Kontext“ diskutiert hätten (ebd., S. 234).

81 Uta Kleine: Heilige Ökonomie. Schatzsemantik, Geldgebrauch und Güterzirkulation zwischen Himmel und Erde. In: Der Wert des Heiligen. Spirituelle, materielle und ökonomische Verflechtungen. Hrsg. von Andreas Bihrer, Miriam Czock, Uta Kleine. Stuttgart 2020, S. 31–61, S. 33. Ähnlich formuliert es auch Lawrin D. Armstrong: Introduction. In: The Idea of a Moral Economy. Gerard of Siena on Usury, Restitution and Prescription. Hrsg. von dems. Toronto 2016, S. 11: „Economics understood as an autonomous discipline that ‚studies human behaviour as a relationship between ends and scarce means which have alterantive uses did not exist in the Middle Ages; it was an invention of the late eighteenth and nineteenth century.“

82 Todeschini: prezzo, S. 117. Ähnlich spricht Plumpe: Homo oeconomicus, S. 330, von einer „protoökonomischen Semantik“ der europäischen Vormoderne. Diese protoökonomische Semantik, so Plumpe, ebd., S. 332, weiter, „besaß mithin vier Bedeutungsdimensionen im Sinne einer Haushaltslehre, einer Marktlehre, einer Vorstellung rationalen Kaufmannshandelns sowie schließlich eines Konzeptes obrigkeitlichen Handelns, die freilich nur lose miteinander verbunden, vor allem aber in das Gesamtkonzept der alteuropäischen Tugendvorstellungen eingebunden waren.“

83 Todeschini: prezzo, S. 14.

84 Vgl. Giacomo Todeschini: Credit and Debt: Patterns of Exchange in Western Christian Society. In: Europas Aufstieg. Eine Spurensuche im späten Mittelalter. Hrsg. von Thomas Ertl. Wien 2013, S. 139–160, S. 139: „The credit relation, namely the social interplay performed through the act of lending and borrowing, namely through debts and restitutions, is at the core not only for western Christian economic way of living during the Middle Ages, but, more than that, at the core of western Christian way to symbolize the religious salvation and then the belonging to the world of those who can be defined as true, honest and trustworthy citizens both from a theological and juridical point of view.“ Todeschini leitet auf diese Weise in das Bedeutungsfeld von *Credit and Debt* ein, das auf unterschiedlichsten Ebenen – als Kredit, Kauf, Marktteilnahme oder als konkrete Münze – eine Reihe von Aspekten der Reziprozität von Mensch und Gott symbolisiere.

nes Phänomen anzusehen.[85] Gleichzeitig zeigt Foucault aber auch einen Weg auf, wie sich über derartige Phänomene reden lasse, die sich einer (fach)diskursiven Systematisierung entziehen. So gebe es Wissensfelder, die nicht in einer Theorie oder gar einem ausdifferenzierten Diskurs auftreten müssen, um als solche erkennbar zu sein. Und genauso verhält es sich laut Foucault mit dem Bereich, der hier von Interesse ist: „Das Nachdenken über das Geld, den Handel und den Warentausch ist mit einer Praxis und mit Institutionen verbunden."[86] Wissen um wirtschaftliches Handeln gebe es somit in „Praxis eingehüllt", ohne dass es „in einer Theorie manifest"[87] werden müsste. Bereits

---

85 Vgl. Foucault: Ordnung der Dinge, S. 211 f. Hans G. Nutzinger, Christian Hecker: Gerechtigkeit in der Ökonomie – ein unlösbarer Widerspruch? In: Leviathan 36,4 (2008), S. 543–575, S. 549, zufolge ist die Ablösung von einer scholastischen, an Fragen der Gerechtigkeit interessierten Herangehensweise geradezu konstitutiv für die moderne Ökonomik: „Grob, aber wohl doch nicht unfair vereinfacht, kann man sagen, dass die moderne Ökonomik sich seit und mit Adam Smith nur dadurch zur selbständigen, von Moralphilosophie und Theologie getrennten Wissenschaft entwickelt hat, dass sie die klassische umfassende Gerechtigkeitsfrage in der Tradition des Aristoteles aufgab und im Wesentlichen auf nur einen bestimmten Aspekt der Problematik, nämlich den der Tauschgerechtigkeit, einschränkte." Hier wird die Entwicklung der modernen Ökonomik gerade nicht im Entgrenzungsnarrativ Mills oder Beckers geschildert, sondern als ein Akt der Isolation durch Einschränkung. Zudem sei auf die Verknüpfung von Ökonomie und Psychologie verwiesen, auf die Graham Mallard: Bounded Rationality, S. 1, aufmerksam macht: „The discipline of political economy (or ‚economics', as it has been known since the turn of the twentieth century) has always overlapped with that of psychology." Dass diese Disziplinen sich seit Beginn ihrer Existenz überschnitten hätten, mag stimmen, beide sind jedoch nicht so alt, wie „always" vermuten lässt.

86 Foucault: Ordnung der Dinge, S. 213. Ähnlich auch Freitag: Städtischer Markt, S. 380: „Es hat in der Forschung den Anschein, als wenn das vergangene Geschehen auf den Märkten und in den Produktionsstätten nicht den Gesetzen von Angebot und Nachfrage und rationalem Nutzenkalkül gefolgt sei. So gerät die ökonomische Sphäre erst nach der Produktion oder nach dem Kauf von Gütern in den Blick [...]." Zur noch späteren Datierung der Autonomisierung des ökonomischen Diskurses vgl. Diaz-Bone, Salais: History of Economics, S. 19: „Neo-classical economics was projected as a discipline of ‚pure economics' by Leon Walras in the 1870s [...], Economics was 'purified' during the following hundred years by eliminating economic knowledge which was – from then on – characterized as historical or sociological." Einen praxeologischeren Diskursbegriff definiert Foucault später mit stärkerer Betonung des „Formationssystems" in ders.: Archäologie, S. 108: „Ein Formationssystem in seiner besonderen Individualität zu definieren, heißt also, einen Diskurs oder eine Gruppe von Aussagen durch die Regelmäßigkeit einer Praxis zu charakterisieren." Die Lektüre der *Ordnung der Dinge* gestaltet sich aber bezüglich des Tausches insgesamt sortierter, weswegen Überlegungen zum Diskursbegriff, den Foucault in der *Archäologie des Wissens* anhand von Ökonomie, Naturgeschichte und Grammatik etwas anders beschreibt, in dieser Arbeit weitgehend zurückgestellt worden sind.

87 Foucault: Ordnung der Dinge, S. 213. Jürgen Link, der aufbauend auf Foucault den Begriff des „Interdiskurses" nutzt, setzt allerdings das Entstehen eines Diskurses gerade bei der „*Praktikenteilung*" an (Jürgen Link: Literaturanalyse als Interdiskursanalyse. Am Beispiel des Ursprungs literarischer Symbolik in der Kollektivsymbolik. In: Diskurstheorien und Literaturwissenschaft. Hrsg. von Jürgen Fohrmann, Harro Müller. Frankfurt am Main 1988, S. 284–307, S. 288). Zwischen solchen Spezialdiskursen und Praxisformen könne nun ein Interdiskurs, bzw. ein interdiskursives Kollektivsymbol vermitteln. Link: Interdiskursanalyse, S. 288, versteht dies allerdings als ein typisch neuzeitliches Phänomen, das an die funktionale Ausdifferenzierung der Gesellschaft im Sinne Luhmanns gebunden sei: „Mit Fou-

1869 leitet Mill seine *Preliminary Remarks* zu seinen *Principles of Political Economy* mit geradezu demselben Befund ein, ohne freilich ‚Praxis' von einem einhundert Jahre jüngeren Diskursbegriff abgrenzen zu können, weswegen er auch kein Problem darin sieht, die Existenz wirtschaftlicher Praxis als transhistorisch gegeben anzunehmen:

> In every department of human affairs, Practice long precedes Science: systematic enquiry into the modes of action of the powers of nature is the tardy product of a long course of efforts to use those powers for practical ends. The conception, accordingly, of Political Economy as a branch of science is extremely modern; but the subject with which its enquiries are conversant has in all ages necessarily constituted one of the chief practical interests of mankind [...].[88]

Das somit umschriebene Forschungsfeld wirtschaftlicher Praxis, die jedoch keinen eigenen Diskurs mit sich bringt und nur in semantischer Überschneidung mit anderen Ordnungen zu verstehen ist, lässt sich methodisch nur schwierig umreißen. In meinem Ansatz folge ich daher Herangehensweisen, wie sie sich beispielsweise bei Nina Bartsch finden, die die Probleme einer „Erschließung (historischer) Wortschätze" treffend beschrieben hat:

> Theorien zur Bedeutungserschließung im Sinne einer historischen Semantik wurden im 19. und 20. Jahrhundert vornehmlich in Deutschland und Frankreich entwickelt. Man kann hierbei aber nicht von einer eigenständigen, klar umgrenzten Disziplin reden, wie schon durch das Fehlen einer eindeutigen Terminologie deutlich wird. Der Forschungsschwerpunkt liegt darin, Mechanismen des semantischen Wandels zu erschließen – unter Konzentration auf die Klassifikation des Bedeutungswandels einzelner Wörter anhand der Kriterien Identifikation, Klassifikation und Erklärung.[89]

Bartsch benennt zu diesem Zwecke die beiden Möglichkeiten, onomasiologisch oder semasiologisch vorzugehen, also die Bezeichnung oder die Bedeutung diachron nachzuverfolgen. Ziel beider Perspektiven sei es, „Bedeutungswandel erkennen und kategorisieren zu können", wobei dieser sich in „Spezialisierung oder Generalisierung, Pejorisierung oder ameliorative[m] Wandel" niederschlagen kann.[90]

Daraus ist zu schließen, dass auch ‚wirtschaftliche' Bedeutungsinhalte, sofern sie in Begriffen und Motiven der erzählenden Literatur ihren Niederschlag finden,

cault können wir also vom juristischen, medizinischen, politökonomischen Diskurs usw. sprechen: jeder arbeitsteilig ausdifferenzierten und auf der Basis eigener pragmatischer *Rituale* gesondert institutionalisierten Praxisart entspricht dann ein eigener Wissensbereich, den wir *Diskurs* nennen können." Da, wie sich auch anhand der vielgestaltigen Akteure auf den Märkten in der mittelhochdeutschen Erzählliteratur zeigen wird, der Markt eine Praxisform darstellt, der zwar die Figur des Kaufmanns angelagert, die aber nicht für diese reserviert ist, eignet sich das über breite Schichten hinweg einfach zu kommunizierende Wissen um Marktpraktiken als vormodernes Kollektivsymbol.

88 Mill: Principles, S. 1.

89 Nina Bartsch: Programmwortschatz einer höfischen Dichtersprache. *hof/hövescheit*, *mâze*, *tugent*, *zuht*, *êre* und *muot* in den höfischen Epen um 1200. Frankfurt am Main 2014, S. 81.

90 Ebd.

Markierungen aufweisen müssen, die sie auch für Rezipient:innen *als* solche Begriffe und Motive erkennbar machen. Verbunden mit diesem bereits angesprochenen Induktionsproblem, halte ich die Einschränkung des Begriffes der ‚Wirtschaft' auf den Bereich des ‚Merkantilen' für einen sinnvollen, methodischen Ausweg. Damit dieses Problem sinnvoll angegangen werden kann, muss bei der Annahme angesetzt werden, dass, ob es einen Diskurs gibt oder nicht, eine gut fassbare Gruppe zusammengehöriger Formen, Verfahren, Gegenstände und Praktiken existiert, die die Logik merkantilen Handelns zumindest assoziativ konstituiert. Dass dieser Bildbereich aber nicht in den Diskurs der politischen Ökonomie überführt werden kann, zeigt sich in Differenzen der gesellschaftlichen Rahmung einzelner wirtschaftlicher Aktionen. Beispielhaft sei hier auf Walter O. Ötsch verwiesen, der zeigen konnte, dass die „politische Ökonomie als Raumlehre" ein territorial-fiskales Verständnis eines Staates voraussetzt, das erst in der Frühen Neuzeit entsteht und zur Verbindung privater und öffentlicher Geldflüsse notwendig ist.[91] Am wichtigsten ist jedoch, dass für diesen erkennbaren Praxisbereich des Marktes nicht in gleicher Weise das ‚ökonomische Prinzip' der modernen Ökonomik als hinreichendes oder notwendiges Spezifikum veranschlagt werden könnte.

Die fehlende Autonomie eines Wirtschaftsdiskurses ermöglicht es andererseits aber selbstverständlich auch, den Markt und seine Akteure in politische Zusammenhänge zu rücken – ohne, dass dabei eine ‚politische Ökonomie' im Sinne Mills oder Foucaults entstehen würde. Anhand des politischen Arguments[92] des *bonum commune*, das ab dem 13. Jahrhundert auch zur Rechtfertigung kaufmännischer Tätigkeiten eingesetzt wurde,[93] lässt sich beispielhaft zeigen, wie schwierig die Identifizierung eines wirtschaftlichen Handlungsfeldes im zeitgenössischen Diskurs ist. Thomas von Aquin teilt die Verfolgung des Wohlergehens (*bonum*) in drei Kategorien ein:

91 Walter O. Ötsch: Geld und Raum. Anmerkungen zum Homogenisierungsprozess der beginnenden Neuzeit. In: Geld! Welches Geld? Geld als Denkform. Hrsg. von Karl-Heinz Brodbeck, Silja Graupe. Marburg 2016, S. 71–101, S. 90.

92 Die Idee des *bonum commune* wurde von Scholastikern unter Rückgriff auf antike Autoren und das Römische Recht als Kategorie einer guten Herrschaft diskutiert. Vgl. Robert Stein, Anita Boele, Wim Blockmans: Whose Community? The Origin and Development of the Concept of bonum commune in Flanders, Brabant and Holland (Twelfth – Fifteenth Century). In: De bono communi: The discourse and practice of the common good in the European City (13th–16th c.) = Discours et pratique du Bien Commun dans les villes d'Europe (XIIIe au XVIe siècle). Hrsg. von Élodie Lecuppre-Desjardin. Turnhout 2010, S. 149–170, S. 149 f.: „This *bonum commune* was first of all narrowly linked with the maintenance of *pax et justitia*, realized by the making of laws but especially the administration of justice."

93 Vgl. Otto Gerhard Oexle: „Die Statik ist ein Grundzug des mittelalterlichen Bewußtseins". Die Wahrnehmung sozialen Wandels im Denken des Mittelalters und das Problem ihrer Deutung. In: Sozialer Wandel im Mittelalter. Wahrnehmungsformen, Erklärungsmuster, Regelungsmechanismen. Hrsg. von Jürgen Miethke, Klaus Schreiner. Sigmaringen 1994, S. 45–70, S. 58.

> Diversi autem fines sunt bonum proprium unius, et bonum familiae, et bonum civitatis et regni. Unde necesse est quod et prudentiae differant specie secundum differentiam horum finium, ut scilicet una sit prudentia simpliciter dicta, quae ordinatur ad bonum proprium; alia autem oeconomica, quae ordinatur ad bonum commune domus vel familiae; et tertia politica, quae ordinatur ad bonum commune civitatis vel regni.[94]

Sowohl auf der Ebene der *oeconomica*, der Hausverwaltung, wie auch auf derjenigen der *politica*, also des öffentlichen Lebens, kann das Wohlergehen (*utilitas* und *bonum* können diesbezüglich als synonym angesehen werden[95]) auch als Argument für den rechtmäßigen Gewinn des Kaufmanns fungieren:

> Sicut cum aliquis lucrum moderatum, quod negotiando quaerit, ordinat ad domus suae sustentationem, vel etiam ad subveniendum indigentibus: vel etiam cum aliquis negotiationi intendit propter publicam utilitatem, ne scilicet res necessariae ad vitam patriae desint, et lucrum expetit non quasi finem, sed quasi stipendium laboris.[96]

Ähnlich wie Foucault, aber ausführlicher für das hier relevante Thema, beschreibt Werner Plumpe das historische Denken über Wirtschaft in seiner gesellschaftlichen Einbettung: Der „Rationalitätsdruck" exakt rechnender Wirtschaft sei in einer nicht durchweg monetarisierten Gesellschaft nicht so stark,[97] sodass, anders als in der Moderne, nicht die Wirtschaft den Interpretationsrahmen anderer gesellschaftli-

---

94 ST II–II, qu. 47, art. 11. Hier und im Folgenden zitiert nach: Thomas von Aquin: Vollständige, ungekürzte deutsch-lateinische Ausgabe der Summa Theologica. Übers. und kommentiert von Dominikanern und Benediktinern Deutschlands und Österreichs. Hrsg. von der Albertus-Magnus-Akamemie Walberberg bei Köln. Graz/Wien/Köln 1933–2004, hier Bd. 17B (1966), S. 222 f. Übersetzung ebd.: „Darum müssen sich auch die Arten der Klugheit nach dem Unterschied dieser Ziele unterscheiden. So nämlich, daß eine [Art von Klugheit] schlechthin sogenannte Klugheit ist, die auf das eigene Wohl hingeordnet ist, eine andere die hauswirtschaftliche Klugheit, die auf das Gemeinwohl des Hauses oder der Familie hingeordnet ist, und als dritte die staatsbürgerliche Klugheit, die auf das Gemeinwohl der Stadt oder des Reiches hingeordnet ist."

95 Stein, Boele, Blockmans: Whose Community, S. 150, ordnen die in niederländischen Urkunden seit dem 12. Jahrhundert auftretende Formulierung der *utilitas communis* ebenfalls dem Bedeutungsbereich des *bonum commune* zu.

96 ST II–II, qu. 77, art. 4. (Bd. 18 (1953), S. 360 f. Übersetzung ebd.: „So, wenn einer den mäßigen Gewinn, den er im Handel sucht, ausrichtet auf die Erhaltung seines Hauses oder auch darauf, den Bedürftigen helfen zu können; oder auch, wenn einer Handel treibt zum öffentlichen Nutzen, damit nicht die zum Leben des Vaterlandes nötigen Dinge fehlen, und wenn er dabei den Gewinn nicht als Ziel sucht, sondern als Ertrag der Arbeit." Zur Bezeichnung des Gewinns als *stipendium laboris* vgl. Kap. 3.6. Vgl auch. Carlos Steel: Thomas' Lehre von den Kardinaltugenden. (S.th. II–II, qq. 47–170). In: Thomas von Aquin: Die *Summa theologiae*. Werkinterpretationen. Hrsg. von Andreas Speer. Berlin/New York 2005, S. 322–342, S. 335. Steel weist darauf hin, dass für Thomas „die Gerechtigkeit nicht jede Tugend [sei], die auf *aequalitas* (Gleichheit) ziel[e], sondern genau diejenige, die danach streb[e], diese Gleichheit in den äußerlichen Handlungen (wie Kaufen und Lohn bezahlen) zu erreichen."

97 Werner Plumpe: Ökonomisches Denken und wirtschaftliche Entwicklung. Zum Zusammenhang von Wirtschaftsgeschichte und historischer Semantik der Ökonomie. In: JWG 50,1 (2009), S. 27–52, S. 43.

cher Vorgänge bot, sondern selbst heteronom bestimmt wurde. So sei es vor dem 16. Jahrhundert

> kennzeichnend für den traditionellen [i. e.: vormodernen, A.M.] Wirtschaftsstil [gewesen], dass ‚Ökonomie' nicht in einem heutigen Sinn, sondern die entsprechenden Handlungen stets als Teil eines integrierten Herrschaftskomplexes gedacht wurden. Das ‚Ökonomische' war hier noch Teil einer durch Herrschaft ermöglichten Gesamtheit – und eben gerade nicht autonomer Bereich.[98]

Der Prozess der Autonomisierung wird von Plumpe auf die griffige Formel gebracht, dass die Wirtschaft sich in der europäischen Moderne, anders als zuvor, ausschließlich an dem „binären Code [...] Zahlen/Nichtzahlen" ausrichte und „andere Bereiche (Politik, Recht etc.) zwar voraussetzt", aber nicht mehr mit deren semantischen Strukturen operiere.[99] „Geld als Denkform", wie es im Untertitel eines Sammelbandes von Karl-Heinz Brodbeck und Silja Graupe genannt wird, rücke historisch erst nach und nach in den Vordergrund.[100]

An den großen Zeiträumen und starken Gegenüberstellungen modernen und vormodernen Wirtschaftens, wie Plumpe es in seinem Beitrag darstellt, lässt sich Kritik üben. Die grundsätzliche Feststellung aber, eine abstrakte Wirtschaft nicht als autonomen Wissensbereich anzusehen, hilft beim historischen Verständnis dieser (Teil-)Sphäre der Gesellschaft weiter. Die Auswahl ‚wirtschaftlicher' Narrative oder Motive muss sich also sehr eng an die im Text gebotenen Markierungen halten – seien es verdichtete Wortfelder, auftretende Akteure oder ganz besonders der Schauplatz des Marktes –, um das so abgesteckte Korpus von anderen, allgemeineren oder alternativen Formen der materiellen Interaktion abgrenzen, die aus heutiger Sicht mit einer gewissen Selbstverständlichkeit mit Etiketten wie Wirtschaft oder Ökonomie zu versehen wären. Im Folgenden möchte ich ein paar beispielhafte Einblicke geben, was es bedeuten kann, den Bildbereich des Marktes von einem – nach modernem (bzw. strukturellem, liberalem) Verständnis – ökonomischen Denken zu trennen.

Jürgen Hannig konnte in seiner Studie zur frühmittelalterlichen *ars donandi* eindrucksvoll zeigen, dass der materielle Tausch unter anderen Vorzeichen auch zu einer Wissensformation gehört, die diplomatisches Handeln in den Mittelpunkt stellt.[101] Dazu bezieht er sich zumeist auf materielle Interaktionen im diplomatischen Verkehr, ohne dabei die Interaktionssphäre des Marktes berücksichtigen zu müssen. Dass nicht jede Zahlung auf einem Markt stattfindet und auch die individuellen Be-

---

98 Ebd., S. 44, baut damit – ebenso wie Todeschini (s. o.) – auf Polanyis Idee der stärkeren kulturellen Einbettung wirtschaftlicher Aktivitäten in der Vormoderne auf.

99 Ebd., S. 30.

100 Karl-Heinz Brodbeck, Silja Graupe (Hrsg.): Geld! Welches Geld? Geld als Denkform. Marburg 2016.

101 Die Ausdifferenzierung wirtschaftlichen Handelns generiere dabei erst, so Jürgen Hannig: Ars donandi. Zur Ökonomie des Schenkens im früheren Mittelalter. In: GWU 37,12 (1986), S. 149–162, S. 150, die Alternativen zu diesem nun erst wirtschaftlich verstandenen Handeln.

ziehungen der Interakteure für die ‚Preisbildung' eine Rolle spielen können, konnte Hannig anhand mehrerer frühmittelalterlicher Beispiele zeigen.[102] Nur, weil materielle Zahlungen erfolgen, muss nicht von Wirtschaft gesprochen werden, sofern es keinen übergreifenden Diskurs namens *Wirtschaft* gibt, der Zahlungen im diplomatischen Verkehr und den Ort des Marktes begrifflich unter einem Dach vereinen könnte. Eher noch ließe sich von Formen einer *oikonomia* als generelle Haushaltung sprechen,[103] die jedoch beinahe so weit gefasst ist wie Beckers ökonomischer Ansatz menschlichen Verhaltens. Die im Folgenden noch häufiger zitierte Aussage Thomasins von Zerklaere aus der ersten Hälfte des 13. Jahrhunderts hingegen, derjenige sei ein Kaufmann, der *durch gewin* gebe,[104] macht gerade deswegen so viel Eindruck, weil sie die ansonsten anzutreffenden diskursiven Zuordnungen überschreitet. Der Kaufmann und sein Verhalten werden von einem konkreten Erscheinungstypus in eine reine Struktur umgemünzt, wodurch der Bildbereich des Marktes überschritten wird. Diese Aussage gewinnt ihre rhetorische Stärke aber gerade durch die grenzüberschreitende Abstraktion, kaufmännisches Handeln auch in anderen diskursiven Zusammenhängen zu sehen. Hannig macht immerhin deutlich, dass es viele Möglichkeiten gibt, mit materiellen Interaktionen umzugehen, ohne dies zwangsläufig auf den Bereich des Marktes zu beziehen.[105] Eingedenk dieser Besonderheit des Urteils Thomasins kann bei der frühmittelalterlichen Gabenpolitik zwar aus moderner Perspektive problemfrei von der Wirtschaftlichkeit dieser Interaktionen gesprochen werden, man

102 Ebd.

103 Zum Diskurs der *oikonomia* liegt auch bereits ein erhebliches Arsenal an Forschung vor, dies bezieht sich jedoch zumeist auf spätere Epochen wie das 14. Jahrhundert, was auch angesichts theoretischer Schriften wie der *Oikonomia* Konrads von Megenberg (um 1350) wenig verwundert. Zur *Oikonomia* als „Pre-History" der modernen Ökonomie vgl. beispielhaft Till Düppe: The Making of the Economy. A Phenomenology of Economic Science. Lanham 2011, besonders Kap. II.4. Düppe sieht Texte zur *Oikonomia* eher als „moral writings" an (S. 83), da sie konkrete Handlungsanweisungen geben und entsprechend einen „pre-epistemic character" aufweisen (S. 84). Gemein hat die *Oikonomia* mit dem merkantilen Bereich ihre konkrete Verortung im alltäglichen Leben, unterscheidet sich von diesem aber auch, da sie keinen distinkten Raum einnimmt. Vgl. ebd.: „The *oikonomia*, as concrete as it was, did not constitute a distinct social realm, but was preliminary to any social life. Not that social life was organized in a different way (by tradition rather than commerce), but economic life was preliminary to any distinct human realm: preliminary to the political, the epistemic, the religious, and the artistic. The *oikonomia* was not of the same rank as the polis, the academy, and the temple."

104 *der ist ein koufman gar / der durch gewin gît, daz ist wâr* (V. 14331 f.), hier und im Folgenden zitiert nach: [Thomasin von Zerklaere:] Der Wälsche Gast des Thomasin von Zirclaria. Zum ersten Male hrsg. mit sprachlichen und geschichtlichen Anmerkungen von Heinrich Rückert. Quedlinburg/Leipzig 1852.

105 Es erscheint im Sinne der Forschungstradition daher nicht zufällig, dass Hannig: Ars donandi für die Theorie seiner Untersuchung reziproker materieller Leistungen vor allem zwischen Adligen auf ethnologische Studien zur Funktion der Vergesellschaftung und nicht auf wirtschaftswissenschaftliche Überlegungen zur Kosten-Nutzen-Optimierung zurückgreift.

sollte dabei jedoch nicht davon ausgehen, dabei eine quellennahe Wissensformation nachzubilden.

Neben der Gabenpolitik möchte ich mit einem allgemeinen Rechtsdiskurs ein weiteres Problem der historischen Arbeit mit ‚Wirtschaft' beleuchten. Eine für Literaturwissenschaftler:innen wichtige Arbeit zur Diskursgeschichte des Marktes *avant la lettre* hat Franzjosef Pensel 1961 mit seiner Dissertation zu „Rechtsgeschichtliche[m] und Rechtssprachliche[m]" in mittelhochdeutscher höfischer Epik vorgelegt. Wenn in der vorliegenden Arbeit mit einer gewissen Selbstverständlichkeit nach der Narratologie merkantiler Handlungen gefragt werden soll, stellt Pensels Arbeit eine gewisse Herausforderung für dieses Anliegen dar. Denn zum Zweikampf zwischen Iwein und Gawein in Hartmanns *Iwein* heißt es:

> Zweifellos liegt ein übertragen gebrauchtes rechtliches Bild vor; das findet auch seinen Niederschlag in den Wörtern, die der Rechtssprache zugezählt werden können. So ist wiederum ‚entlîhen' ein Wort mit rechtlichem Bezug. Auch ‚vergelten' hat deutlich eine Beziehung zum Rechtlichen; es heißt soviel wie „etwas entliehenes zurückzahlen" und hat im Schw[abenspiegel] häufig Verwendung gefunden.[106]

Pensels Ansatz der Interpretation ist aus der Perspektive der schriftlichen Überlieferung sehr stark, da es juristische Texte der gleichen (oder etwas späteren) Zeit gibt, mit denen er das verwendete Vokabular abgleichen kann.[107] Der gesamte Bereich des Geldwesens wird somit als Teildiskurs des Rechtes angesehen, sodass Pensel jeden Begriff wie *entlîhen*, *wehsel* oder *gelt* als „rechtssprachlich" definieren kann, „da sie [...] die bildliche Darstellung aus dem Geldgeschäft verdeutlichen."[108] Unterzieht man aus dieser Perspektive den für die Gabenthoeorie so grundlegenden Aufsatz *Die Gabe* von Marcel Mauss einer Relektüre, so wird deutlich, dass auch hier bereits die Differenzierung von wirtschaftlicher und rechtlicher Sphäre möglichst umgangen wird. Mauss spricht seinen ethnographisch gewonnenen Erkenntnissen eine Gültigkeit für die „alten Rechts- und Wirtschaftsordnungen" der europäischen Geschichte zu, ohne freilich die beiden strikt trennen zu wollen.[109]

Durch die Fokussierung auf den Bereich theoretischer Diskurse kann Pensel somit zwar herausarbeiten, welche Verpflichtungen und Wertungen mit den bei Hartmann verwendeten Begriffen eines mittelhochdeutschen Rechtsdiskurses einhergehen. Aber der Bildbereich des diskursiv nicht fassbaren Marktes kann, da er nur als Teilbereich des Rechtes erscheint, nicht deutlich hervortreten. Den Beobachtungen Pensels möchte ich also nicht widersprechen, sondern vielmehr zeigen,

106 Franzjosef Pensel: Rechtsgeschichtliches und Rechtssprachliches im epischen Werk Hartmanns von Aue und im ‚Tristan' Gottfrieds von Straßburg. Berlin 1961, S. 194.

107 Häufig bezieht Pensel sich dabei auf den *Schwabenspiegel*, Vgl. ebd, S. 194 u. 196–198.

108 Ebd., S. 198.

109 Marcel Mauss: Die Gabe. Form und Funktion des Austauschs in archaischen Gesellschaften. Mit einem Vorwort von E. E. Evans-Pritchard. 12. Aufl. Frankfurt am Main 2019, S. 120.

dass man aus praxeologischer Perspektive nach anderen Rahmen fragen kann als nach denen der diskursiven Einbettung.[110]

Daher möchte ich im Folgenden kurz dargelegen, dass Inhalte, die als wirtschaftlich adressiert werden könnten, zumeist anderen Spezialdiskursen entstammen. Dies kann in Bezug auf einen diplomatisch zu nennenden Diskurs (vgl. Hannig), aber auch anhand des religiös-juristischen Diskurses der Gerechtigkeit deutlich werden. Für die philosophische Literatur des lateinischen Mittelalters (und ihre griechischen und arabischen Quellen) hat Fabian Wittreck bereits umfangreich zeigen können, dass

> das Nachdenken über Geld in seinem Ursprung keinem ökonomischen Detail gilt, sondern mit fundamentalen Fragen der gerechten Ordnung menschlichen Zusammenlebens verknüpft ist – das läßt sich bis in die Symbolik hinein belegen, wenn Thomas [von Aquin, A.M.] bei der Bibelauslegung das Auftauchen eines Denars dahingehend deutet, dieser stehe für das Gesetz.[111]

Ebenso verweise Thomas von Aquin auf die „Assoziation von Münzhoheit und göttlicher Allmacht“, die anhand der Verwendung hoheitlicher Zeichen auf Münzen festgemacht wird.[112] Lianna Farber sieht sogar eine argumentative Verschiebung in der Philosophie des Mittelalters, besonders der Scholastik. Durch die Überblendung von Marktpreis und Wert werde der Markt zum Instrument der Anzeige von Gerechtigkeit.[113] Dies sei hier aber nur beispielhaft angeführt, der Zusammenhang von Geld und dem moralisch-religiösen Problem der Gerechtigkeit ist bereits von Wittreck (auch mit großer Sensibilität für den rhetorischen Einsatz von Geld) ausführlich beschrieben worden.[114] Soviel Wert Thomas auch auf den Bildbereich von Geld

---

110 Dazu muss gesagt werden, dass Pensel: Rechtsgeschichtliches durch den Abgleich mit zeitgenössischen Rechtsquellen zwar Diskursgeschichte betreibt, dies aber, man achte auf das Jahr der Veröffentlichung, nicht so nennt. Jedes Mal, wenn ich also vom Rechtsdiskurs spreche, den Pensel beschreibt, handelt es sich um eine Reformulierung aus heutiger Perspektive.

111 Fabian Wittreck: Münzmanipulation und Wucher. Gelddiskurse als Gerechtigkeitsdiskurse. In: Geld als Medium in der Antike. Hrsg. von Benedikt Eckhardt, Katharina Martin. Berlin 2011, S. 155–171, S. 170. Wie ders.: Geld als Instrument der Gerechtigkeit. Die Geldrechtslehre des Hl. Thomas von Aquin in ihrem interkulturellen Kontext. Paderborn 2002, S. 434 f., zudem weiter ausführt, handelt es sich um eine metaphorische Verbindung von *denarius* als „Zehnermünze“ und dem Dekalog. Zu ergänzen ist auch die Vorstellung, „die Menschen selbst [könnten] Augustinus zufolge zu ‚lebendigen Münzen Gottes‘ werden.“ (Kleine: Heilige Ökonomie, S. 47).

112 Wittreck: Instrument der Gerechtigkeit, S. 437.

113 Vgl: Farber: Anatomy of Trade, S. 60: “For medieval writers, then, the just price becomes something to be explained more than determined, a way of measuring not the price of a given commodity against the commodity in general but a way of measuring the price against the price.“ Diese argumentative Bewegung sei bei einer ganzen Reihe von Autoren nachzuvollziehen, zu denen Farber, ebd., schließt: „In doing so they not only tie the idea of economic value to the market [...], they also use the market to measure justice.“

114 Der Dissertation Wittrecks (Wittreck: Instrument der Gerechtigkeit) sind noch ders.: Münzmanipulation, ders.: Philosophisch fundierte Zinsverbote. Rechtsrahmen und Relevanz. In: Was vom Wucher übrigbleibt. Zinsverbote im historischen und interkulturellen Vergleich. Hrsg. von Matthias Casper, Nor-

und Kauf legt, so deutlich zeigt seine *Summa Theologica* jedoch auch die – aus moderner Perspektive – diskursiv heteronome Einbettung wirtschaftlichen Wissens: Im letzten Drittel des 13. Jahrhunderts adressiert Thomas Fragen der Preisfindung und des Marktes nicht unter dem spezifischen Etikett der Wirtschaft, sondern im allgemeinen Kontext von „Recht und Gerechtigkeit".[115] Weder im lateinischen Schrifttum des 13. Jahrhunderts, noch in den (älteren) Texten der deutschsprachigen Artusromane, wie Pensel gezeigt hat, implizieren Aussagen über Vorgänge von Kauf und Verkauf automatisch die Einbettung derselben in einen autonomen wirtschaftlichen Wissenskontext. *Armuot* und *rîcheit*, aber auch *kouf*, *gelt* oder *gewin*, sind hier nicht Begriffe einer wirtschaftlichen Wissensordnung, sondern solche der Ethik, der Gesellschaftsordnung oder des Rechts. Die kulturelle und soziale Einbettung vermeintlich wirtschaftlicher Wissensinhalte, wie die EC sie einfordert, kann sich zumindest für die Zeit ab dem 13. Jahrhundert auf die verschrifteten Diskurse des Mittelalters stützen, die anzeigen, welche epistemischen Ordnungen das Nachdenken über Fragen der Preisfindung und des Verkaufs umgeben.

Eine Analyse ‚wirtschaftlichen' Erzählens im Mittelalter, dies muss als Fazit festgehalten werden, muss sich aufgrund dieser diskursiven Verschränkungen also stets darum bemühen, dass die Definition des zu interpretierenden Bestands nicht durch ein unvorsichtig anachronistisches Verständnis überdehnt wird. Die hier gewählte Lösung liegt also in einer praxeologischen Einschränkung des weiten Feldes der Wirtschaft, die eine Isolierung des vordiskursiven Bildbereiches des Marktes als konkreter Ort anstrebt und nicht mit einem ‚ökonomischen' Prinzip der Gewinnmaximierung gleichsetzt. Wie diese Einschränkung im Sinne der EC und entsprechend auf einer sozial-phänomenologischen Ebene sich gestalten kann, wird im Folgenden dargestellt.

2.3 Der Markt als Raum der Konvention

‚Wirtschaft', so ist gezeigt worden, offenbart sich nicht in selbsterklärenden, gewinnmaximierenden Strukturen, sondern muss als Vielzahl gesellschaftlich festgelegter Formen, die unterschiedlich semantisierbar sind, historisch rekonstruiert und differenziert werden. Eine mögliche Bühne derart konventionalisierter Handlungen stellt

---

bert Oberhauer, Fabian Wittreck. Tübingen 2014, S. 47–73, sowie ders.: Money in Medieval Philosophy. In: Money in the Western Legal Tradition. Middle Ages to Bretton Woods. Hrsg. von David Fox, Wolfgang Ernst. Oxford 2016, S. 53–70, hinzuzufügen.

115 In diesem Teil findet sich als *quaestio 77* Thomas' Abhandlung „Über den Betrug, der bei Kauf und Verkauf vorkommt" (*De fraudulentia quae committitur in emptionibus et venditionibus*), vgl. ST II–II, qu. 77. Zur Gerechtigkeit bei Thomas von Aquin vgl. grundlegend Marko J. Fuchs: Gerechtigkeit als allgemeine Tugend. Die Rezeption der aristotelischen Gerechtigkeitstheorie im Mittelalter und das Problem des ethischen Universalismus. Berlin/Boston 2017.

der Markt dar. Davon abgeleitet, interessieren im Folgenden nicht die ,wirtschaftlichen' Handlungen im Sinne eines modernen, strukturellen Begriffes, sondern ,merkantile' Praktiken.

Literaturgeschichtlich hat im Bereich des Merkantilen vor allem der Hauptakteur dieser Sphäre, der Kaufmann, am meisten Aufmerksamkeit erfahren. Die vielfältigen Semantisierungsmöglichkeiten dieser Figur als Agent der Grenzüberschreitung, als Helfer, aber auch als derjenige, der sein Seelenheil für den materiellen Gewinn aufs Spiel setzt, sind von Danielle Buschinger, vor allem aber von Heribert R. Brennig bereits anhand einer breiten Textgrundlage für die mittelhochdeutsche Literatur erarbeitet worden.[116] Sehr viel negativer nimmt sich der Überblick aus, den Jutta Rißmann in der *Enzyklopädie des Märchens* liefert: Hier dominieren die kirchliche Kritik am Kaufmannsstand und seine notorische Neigung zum Betrug.[117] Durch die Sünde der *avaritia* wie auch durch die anschauliche Gegenüberstellung materieller und immaterieller Werte, bilde der Kaufmann zudem einen Teil theologischer Diskurse.[118] Die literaturwissenschaftlichen Ergebnisse decken sich diesbezüglich mit denen der historischen

116 Danielle Buschinger: Das Bild des Kaufmanns im Tristan-Roman und bei Wolfram von Eschenbach. In: ZfG 8,5 (1987), S. 532–543. Heribert R. Brennig: Der Kaufmann im Mittelalter. Literatur – Wirtschaft – Gesellschaft. Pfaffenweiler 1993, der den Kaufmann sowohl als historische Gestalt wie auch als literarische Figur und Topos einer genauen Analyse unterzieht, bietet eine breitere Textgrundlage als Buschinger und attestiert dem Kaufmann in der Literatur eine grundlegend positivere Stellung. Beim Kaufmann der Literatur, so hat auch Ursula Peters: Literatur in der Stadt. Studien zu den sozialen Voraussetzungen und kulturellen Organisationsformen städtischer Literatur im 13. und 14. Jahrhundert. Tübingen 1983, S. 36, bereits herausgestellt, handele es sich eher um literarische Erfindung, als um die Abbildung einer sozialen Wirklichkeit.

117 Jutta Rißmann: Art. Kaufmann. In: *EM Online*.

118 Vgl. dazu Brennig: Kaufmann, Kap. „Kirche und Kaufmann" sowie Jörg Oberste: *bonus negotiator Christus –malus negotiator dyabolus*. Kaufmann und Kommerz in der Bildersprache hochmittelalterlicher Prediger. In: Institutionalität und Symbolisierung. Verstetigungen kultureller Ordnungsmuster in Vergangenheit und Gegenwart. Hrsg. von Gert Melville. Köln/Weimar/Wien 2001, S. 425–449, der „zwei Grundtypen bildhafter Verweise auf den städtischen Lebens- und Wirtschaftsalltag" in Predigten des Hochmittelalters beschreibt: „Der erste Typus erfaßt christliches Handeln und das Glaubensgeheimnis des göttlichen Wirkens in den Termini ökonomischer Austauschbeziehungen. Die Formel des *bonus negotiator Christus* aus der Feder des Franziskaners Guibert von Tournai (†1288), in welcher Sachebene (tatsächliche Kaufmannschaft) und Bildebene (Kaufmannschaft im übertragenen Sinne) als *allegoria permixta* ineinander übergehen, kennzeichnet die Richtung der Argumentation. Der zweite Typus – ebenfalls eine *allegoria permixta* – nimmt die empirische Erfahrung des städtischen Markttreibens zum Ausgangspunkt, um das kirchliche Lasterschema, die Schliche des Teufels und die schädlichen Konsequenzen für das Seelenheil zu thematisieren." (ebd., S. 434 f.). Vgl. zu lateinischen Beispielen zudem Franziska Quaas: Sakralität und Handel. Eine kulturelle Semantik des Marktbegriffes in Spätantike und Frühmittelalter. In: Der Wert des Heiligen. Spirituelle, materielle und ökonomische Verflechtungen. Hrsg. von Andreas Bihrer, Miriam Czock, Uta Kleine. Stuttgart 2020, S. 105–132.

Forschung. Hier hat sich besonders Jacques Le Goff um eine Darstellung des Kaufmanns im mittelalterlichen Gesellschaftsbild bemüht.[119]

Wenn Thomasin also im *Welschen Gast* den Vorwurf erhebt, derjenige, der *durch gewin* gebe, sei ein Kaufmann, so scheint dies weniger eine Berufsbeschreibung, als vielmehr ein abstrakteres Rollenbewusstsein zu sein: Jeder, der *durch gewin* gibt, handelt, als Vorwurf gemeint, wie ein Kaufmann. Der Satz erscheint modernen Rezipient:innen nicht auffällig, weil die Zuordnung von *gewin* und dem Bildbereich der Merkantilen für uns kein Irritationsmoment bereithält. Dabei muss man sich, woran die EC ja auch intensiv arbeitet, von der vormodernen Konzeptualisierung eines *homo oeconomicus* grundlegend verabschieden:

> Die Stilisierung des Kaufmanns als aus der mittelalterlichen Ständegesellschaft hervorstechender fortschrittlicher Akteur ist deshalb so wirkmächtig, weil sie vielfältigen politischen Aufladungen offensteht. Damit reproduziert dieses Bild das Handlungsmodell des *homo oeconomicus*. Dies ist aber anachronistisch, da nicht als historisch konstantes Handlungsmuster, sondern vielmehr als seit dem späten 18. Jahrhundert hervorgebrachtes und zunehmend internalisiertes Handlungsmodell ökonomischer Akteure zu verstehen, das sich in der gesellschaftlichen Moderne gleichsam selbst reproduziert.[120]

Neben den vielfältigen Einbindungen des Kaufmanns in unterschiedliche literarische Handlungsmuster, wie Brennig sie herausgearbeitet hat, muss also auch festgehalten werden, dass der Konnex von Gewinn – nicht Gewinnmaximierung (s. o.)! – und kaufmännischer Tätigkeit durchaus einen wichtigen Aspekt bei der Charakterisierung dieser Berufsgruppe darstellt. Das bedeutet aber weder, dass der Kaufmann vollständig in der Rolle des Gewinnsuchenden aufginge, noch, dass es keine andere Form von *gewin* gebe als den des Kaufmanns (vgl. Kap. 3.6). Nur in diesem Licht kann Thomasins Aussage gleichzeitig in ihrer Verallgemeinerung provokant, wie auch grundsätzlich verständlich sein.

Der Ort dieser Berufsgruppe ist der Markt. Ort und Akteure bedingen sich gegenseitig: „The actions of market participants shaped market institutions and were in turn governed by them [...].“[121] Spezifische Instrumente wie Waage, Gewichte, Warenschau

119 Vgl. Besonders Jacques Le Goff: Wucherzins und Höllenqual. Ökonomie und Religion im Mittelalter. Stuttgart 2008. Mit etwas anderem Fokus ders.: Geld im Mittelalter. Stuttgart 2011. Auch die Literaturwissenschaft hat die Darstellungen Le Goffs zur Interpretation von Kaufmannsfiguren genutzt, wie die Arbeiten von Buschinger und Brennig zeigen (Buschinger: Das Bild des Kaufmanns; Brennig: Kaufmann).

120 Höhn: Kaufleute in Konflikt, S 45. Zur theoretischen Fixierung des *Homo oeconomicus* bei Mill vgl. Plumpe: Homo Oeconomicus, S. 324.

121 Ulla Kypta [u. a.]: Introduction into the Study of Markets. In: Methods in Premodern Economic History. Case studies from the Holy Roman Empire, c.1300–c.1600. Hrsg. von ders., Julia Bruch und Tanja Skambraks. Cham 2019, S. 99–130, S. 109.

und damit verbundene Formen der Interaktion sind im Sinne der Komplexitätsreduktion konstitutiv mit dem Ort des Marktes verbunden.[122] Dabei muss der Begriff des Marktes direkt konkretisiert werden: Entgegen dem modernen Verständnis meint ‚Markt' nicht den abstrakten Markt, der sich selbst reguliert, in den eingegriffen wird, der im Gleichgewicht oder Ungleichgewicht sein kann, sondern einen konkreten Ort[123] mit spezifischen Merkmalen, der Aktionen, die dort stattfinden, als merkantile Handlungen erst produziert:[124] „Zentrum und originäres Kennzeichen der Stadt ist der Markt in sei-

---

122 Bei dieser Zusammenstellung handelt es sich um Methoden des (vormodernen) Marktverhaltens, wie Freitag sie bespricht (Freitag: Städtischer Markt). Zur Normierung von Waagen selbst vgl. Heiko Steuer: Feinwaagen und Gewichte als Quellen zur Handelsgeschichte des Ostseeraumes. In: Archäologische und naturwissenschaftliche Untersuchungen an ländlichen und frühstädtischen Siedlungen im deutschen Küstengebiet vom 5. Jahrhundert v. Chr. bis zum 11. Jahrhundert n. Chr. Bd. 2: Handelsplätze des frühen und hohen Mittelalters. Hrsg. von Herbert Jankuhn, Kurt Schietzel, Hans Reichstein. Weinheim 1984, S. 273–292. Unter „Typologie der Waagen und ihre Wirtschaftsräume" erfasst Steuer, ebd., S. 279 f., besonders frühmittelalterliche Waagen im gesamteuropäischen Kontext.

123 Noch weiter einzuschränken ist der räumliche Begriff durch die zeitliche Komponente, können Märkte doch nach Kypta [u. a.]: Introduction, S. 110, als „Places and Events" verstanden werden. Quaas: Sakralität und Handel (beinahe identisch, auf Englisch: Quaas: Market Exchange) spricht sich ausdrücklich dafür aus, auch dem (früh)mittelalterlichen Markt eine abstrakte Sphäre zuzusprechen, die aus den Quellen rekonstruiert werden müsse (vgl. besonders S. 108). Anhand der verwendeten Quellen und den darin verhandelten Diskursen wird aber deutlich, dass es Quaas erstens um eine metaphorisch-transzendente, und nicht wie in der Moderne, um eine abstrakt-immanente Verwendung geht, und zweitens, dass diese Erkenntnis ausschließlich anhand lateinischer und griechischer Quellen gewonnen wird. Dass ein praxeologischer, ebenfalls quellennaher mittelhochdeutscher *market*-Begriff sich tatsächlich auf einen Ort bezieht, der dann metaphorisch eingesetzt werden kann, fügt der Untersuchung von Quaas die Unterscheidung von abstrakt vs. metaphorisch hinzu. Denn die Verwendung von „‚mercantile semantics' […] to explain complex theological matters" (Quaas: Market Exchange, S. 53) setzt nicht das spatiale Verständnis des semantischen Ortes *Markt* außer Kraft, sondern vielmehr voraus, um als vereinfachende Metapher für Non-Materielles einstehen zu können.

124 Dem Markt unterliegt somit eine räumliche „*(An)Ordnung*" im Sinne Löws und Sturms. Vgl. Martina Löw, Gabriele Sturm: Raumsoziologie. In: Handbuch Sozialraum. Hrsg. von Fabian Kessl, Christian Reutlinger. Wiesbaden 2016, S. 13: „Mit dem Begriff der *(An)Ordnung* wird betont, dass Räume sowohl auf die Praxis des Anordnens (als Leistung der wahrnehmend kognitiven Verknüpfung wie als Platzierungspraxis) basieren, als auch eine gesellschaftliche Ordnung vorgeben. Diese Ordnung im Sinne von gesellschaftlichen Strukturen ist jeglichem Verhalten und Handeln vorgängig wie zugleich auch Folge von Verhalten und Handeln. Von räumlichen Strukturen kann man demnach sprechen, wenn die Konstitution von Räumen in Regeln eingeschrieben und durch Ressourcen abgesichert ist." Zur begrifflichen Vielschichtigkeit des Marktes vgl. Albrecht Cordes, Alexander Krey: Art. Markt. In: *HRGDigital*: „M[arkt] (ahd. *markât*; mhd. *market*, *markt*) ist eine Entlehnung des lat. mercatus wie das franz. *foire* von *feria*. Der [Markt]begriff ist vielschichtig. Die Wirtschaftswissenschaft versteht hierunter entweder das funktionale Zusammentreffen von Angebot und Nachfrage im Rahmen potentieller Tauschbeziehungen als Basis der Preisbildung oder das Wirtschaftssystem der [Markt]wirtschaft in Abgrenzung zur Planwirtschaft. […] Die Rechtswissenschaft, der der [Markt] primär eine rechtl. Institution ist, untersucht das Vorrecht, einen [Markt] abhalten zu dürfen, und die Regulierungen durch [Markt]ordnungen. […] Räumlich kann [Markt] einen [Markt]platz, als Siedlungstyp aber auch einen Marktflecken bezeichnen. Ein [Markt]

nen Funktionen als Lokal-, Nah-, Stapel- oder Fernhandelsmarkt. Auf ihn laufen die wichtigsten Straßen zu."[125] Da vielen Aktionen, die in den Erzähltexten im Folgenden analysiert werden, der Ortswechsel zu einem solchen Markt vorangeht, soll hier kurz erläutert werden, wie dieser sich als Ort der symbolischen Kommunikation und auch der gesellschaftlichen Konventionen beschreiben lässt.

Möchte man sich mit der historischen Erforschung derjenigen Plätze beschäftigen, an denen in größerem Maße Handel stattgefunden hat, muss eigentlich das weite Gebiet der Stadtgeschichte bemüht werden.[126] Um den literaturwissenschaftlichen Fokus der Arbeit nicht aus dem Blick zu verlieren, muss eine Übersicht zur Stadt- und Marktgeschichte äußerst verkürzt ausfallen. Grundlegend für Entwicklung und Topographie der mittelalterlichen Stadt im Reich ist die monumentale Mo-

---

kann weiterhin als täglicher Wochen- oder Jahr[markt] (Freimarkt) eine regelmäßig veranstaltete institutionalisierte Veranstaltung des Wirtschaftslebens sein." Freitag: Städtischer Markt, S. 380, setzt den *Markt* „mit dem Geschehen auf dem städtischen Marktplatz [gleich]", wodurch die abstrakte Vorstellung des Marktes „räumlich begrenzt" wird. Dass Märkte wirtschaftliche Güter aber erst konstituieren würden, entspricht vielmehr dem stärker symbolgeschichtlichen Ansatz, den Neu: Symbolische Kommunikation verfolgt. Vgl. ebd., S: 413 f.: „Ein symbolgeschichtlicher Ansatz kann [...] helfen, einen Teil der sozialen Konstruktionsprozesse sichtbar zu machen, die wirtschaftliche Güter zu dem machen, was sie sind." Vgl. auch den – populärwissenschaftlicheren – Überblick in Werner Plumpe: Das kalte Herz. Kapitalismus: Die Geschichte einer andauernden Revolution. Berlin 2019 zur Geschichte des Kapitalismus, für den die örtlichen Märkte einen Ausgangspunkt des „europäischen Sonderwegs" in der weltwirtschaftlichen Entwicklung darstellen, so S. 45 f.: „Die Städte waren von Anfang an Orte der Marktbildung, zunächst weniger im Sinne eines abstrakten und generalisierten Marktbildes, wie es seit dem 18. Jahrhundert nach und nach typisch wurde, sondern in ganz konkreter Weise. Für bestimmte Nachfragesegmente und bestimmte Anlässe wurden Märkte veranstaltet, das heißt also durch die kommunale oder andere Obrigkeiten privilegierte und zugleich regulierte Verkaufsveranstaltungen, zu deren Funktion frühzeitig die Nutzung des Geldes gehörte." Systematisch nähert sich dem Problem des Marktbegriffes Wolfgang Fikentscher: Die Rolle des Marktes in der Wirtschaftsanthropologie und das globale Wirtschaftsrecht. In: Menschen und Märkte. Studien zur historischen Wirtschaftsanthropologie. Hrsg. von Wolfgang Reinhard, Justin Stagl. Köln/Weimar/Wien 2007, S. 373–399, der ein Schema von 15 möglichen Markttypen vorstellt, wobei derjenige, auf den sich beispielsweise Adam Smiths Ausführungen bezögen, der „nachachsenzeitliche[...] subjektive[...] Fernbereichsmarkt" sei (S. 377). Dieser ist jedoch kein örtlicher Markt mehr. Ebenso skizziert Rössner: Wirtschaftsgeschichte die „Rolle von Märkten im letzten Jahrtausend" (Kap. 13), setzt dabei aber auch kein örtliches Verständnis vom Markt voraus.

125 Eberhard Isenmann: Die deutsche Stadt im Mittelalter 1150–1550, Stadtrecht, Recht, Verfassung, Stadtregiment, Kirche, Gesellschaft, Wirtschaft. 2. Aufl. Köln/Weimar/Wien 2014, S. 127.

126 Laut Kypta [u. a.]: Introduction, S. 111, ist die Verbindung zwischen Markt und Stadt so unauflöslich in der Wahrnehmung der Forschung, dass der Markt einer Stadt oftmals metonymisch mit der Stadt identifiziert werde. Dies mag zwar eine Ungenauigkeit sein, habe aber durchaus seinen Grund, so Kypta [u. a.], ebd., weiter: „Towns were a crucial prerequisite for market development: They provided not only a space for market activities but also the supply of and demand for specialised goods and services and the necessary regulations governing market activities. The historiography of urbanisation thus forms an important part of the study of markets [...]."

nographie Eberhard Isenmanns zu nennen.[127] Markt und Stadt, wie sie für die Analyse mittelhochdeutscher Literatur relevant sind, scheinen historisch zusammenzugehören. Zumindest für die Gruppe mittelalterlicher Neugründungen wird auch in der jüngeren Forschung, wenn nicht von einem genetischen, so zumindest von einem koevolutiven Verhältnis von Märkten und Städten ausgegangen. Besonderer Motor dieser Entwicklung war der Fernhandel, der ein „allgemeines Bedürfnis" nach Waren erfüllte, „ohne jedoch eigene produktive Leistungen hervorzubringen."[128]

Dieser funktionelle und phänomenologische Unterschied zwischen Stadt/Markt und Land schlägt sich auch in institutionellen Setzungen nieder, die die Stadt als sozialen Raum von ihrem Umland trennen. Denn Mobilität und rechtlicher Sonderstatus von Kaufleuten ergeben sich gleichermaßen aus der Unabhängigkeit vom feudalen Grundbesitz.[129] Den Markt als juristischen und sozialen Sonderraum, auf dem der Marktfrieden gilt, anzusehen,[130] kann für das 13. Jahrhundert als gesichert gelten.[131] Der Markt ist also nicht nur, wie die Neue Institutionenökonomik es formuliert, eine Institution, die Handel ermöglicht und legitimiert,[132] sondern muss auch in seiner räumlichen Dimension erfasst werden. Werden beispielsweise im *Sachsenspiegel* Regelungen für den Markt ausformuliert, so ist dieser immer als konkreter Ort gemeint.[133] Zu diesem rechtlichen Sonderstatus gehört auch, dass institutionalisierte

---

127 Ebd. Hier seien nur die wichtigsten Abschnitte genannt: Zum Markt in der Stadttopographie S. 127 f., zum Kaufmann in der städtischen Sozialstruktur S. 691–695, zu Kaufmannsgilden S. 798 f. sowie zu Wirtschaftsrecht und Wirtschaftsethik S. 957–977.

128 Karlheinz Blaschke: Von der Kaufmannssiedlung zur Stadt. Beobachtungen über den Aufbruch im frühen 12. Jahrhundert. In: HZ 294 (2012), S. 653–686, S. 665 f.

129 Ebd., S. 666.

130 Heiner Lück: Art. Marktkreuz. In: *HRGDigital*: „Der Marktfrieden korrespondiert mit der Privilegierung des Rechtsortes Markt, auf dem Kaufleute ihre Waren anbieten und verkaufen können. Die Anlage von Märkten zählte zu den Regalien. Die meisten Märkte unterstanden einer besonderen Marktgerichtsbarkeit."

131 Isenmann: Die deutsche Stadt, S. 44, betont jedoch noch einmal, dass es durchaus eine Reihe von „Klein- und Zwergstädten" gegeben habe, „die nicht einmal Märkte hatten und in erster Linie [...] als Festungen, als Großburgen in einer territorialen Raumkonzeption fungierten."

132 Vgl. Hodgson: How Economics Forgot History, S. 274: „Markets, where they exist, help to structure, organise and legitimate exchange transactions. They involve pricing and trading routines that help to establish a consensus over prices, and help to communicate information regarding products, prices, quantities, potential buyers and possible sellers. Markets, in short, are institutionalised exchange."

133 Der Markt oder verwandte Begriffe treten an einigen Stellen im *Sachsenspiegel* auf, wofür das von Peters, Scheele und Müller erstellte Glossar aufschlussreich ist (Werner Peters, Friedrich Scheele unter Mitarbeit von Bärbel Müller: Glossar der Rechtswörter. In: Die Wolfenbütteler Bilderhandschrift des Sachsenspiegels. Aufsätze und Untersuchungen. Kommentarband zur Faksimile-Ausgabe. Hrsg. von Ruth Schmidt-Wiegand. Berlin 1993, S. 249–325. Beispielhaft sei nur die juristische Bedeutung des Marktes illustriert, wenn es heißt: *Binnen markte oder binnen uswendigene gerichte endarf nimant entworten, he enhabe da wanunge oder gut binnen, he envorwirke sich mit ungerichte da inne oder vor phant vor sin gelt* (Hier und im Folgenden zitiert nach: Eike von Repgow:

Sanktionsformen entstehen, die das Vergehen gegen die auf dem Markt gebrauchten Praktiken ahnden.[134]

Der Markt offenbart also gerade in der Vormoderne sein Potential, aus der Perspektive der symbolischen Kommunikation und der Ritualisierung sozialer Praxis verstanden zu werden. So konnte Werner Freitag eindrücklich zeigen, dass der Markt einer mittelalterlichen[135] Stadt einen Ort darstellte, der einerseits durch eine Vielzahl von Zeichen unterschiedlichster Pragmatik ‚wirtschaftliche' Präsentation und Interaktion stabilisierte, andererseits durch die räumliche Konzentration dieses Tauschgeschehens aber erst konstituiert wurde. Freitag macht sodann drei Funktionalitäten der symbolischen Kommunikation aus, die alle auf unterschiedliche Weise Transaktionskosten[136] senken und damit einem materialwirtschaftlichen Ziel dienlich sind: Erstens kann das nötige Vertrauen zwischen Käufer und Verkäufer, die nicht miteinander bekannt sein müssen, durch den institutionellen Rahmen des Marktes katalysiert werden, wodurch die „Sicherungskosten" reduziert werden.[137] Auch einem Händler auf dem Markt kann aber misstraut werden, wie beispielsweise die Vorwürfe gegenüber Marktakteuren durch Berthold von Regensburg zeigen.[138] Diese Vorwürfe

---

Sachsenspiegel. Die Wolfenbütteler Bilderhandschrft Cod. Guelf. 3.1 Aug. 2°. Textband. Hrsg. von Ruth Schmidt-Wiegand. Berlin 1993, S. 236,33–238,1). Damit widerspreche ich, wie oben bereits ausgeführt (vgl. Anm. 123), Quaas: Sakralität und Handel, da die übertragene Bedeutung des Marktes, die Quaas in ihrem Aufsatz herausarbeitet, meiner Meinung nach nicht auf einen abstrakten, sondern auf einen metaphorischen Marktbegriff verweist.

134 In der aus dem Insularen kommenden Tradition des Poenitentials finden sich bereits im Frühmittelalter Ausführungen zu Strafen bezüglich der Verwendung gefälschter Gewichte. Diese Form von Institutionalisierung sieht Odd Langholm: The Merchant in the Confessional: Trade and Price in the Pre-Reformation Penitential Handbooks. Leiden 2003, S. 17, in Zusammenhang mit bereits frühmittelalterlich sich entwickelnden Formen eines marktwirtschaftlichen Systems.

135 In diesem Fall ist der Begriff des „mittelalterlichen" durchaus angebracht, bringt Freitag: Städtischer Markt doch etliche Beispiele, die Kontinuität und Wandel dieses Zeichensystems von der ersten nachvollziehbaren Aufstellung eines Marktkreuzes im Heiligen Römischen Reich in Trier 958 (ebd., S. 385), bis hin zu den spätmittelalterlichen Marktzeichen mit Denkmalcharakter belegen (ebd.).

136 Freitag: Städtischer Markt, S. 384. Zur Reduktion von Transaktionskosten als institutionenökonomischem Paradigma vgl. grundlegend Williamson: Economic Institutions of Capitalism sowie weiterführend ders.: Transaktionskostenökonomik. 2. Aufl. Hamburg 1996 und die Sammlung von Schriften dess.: The Transaction Cost Economics Project. The Theory and Practice of the Governance of Contractual Relations. Cheltenham 2013.

137 Freitag: Städtischer Markt, S. 384.

138 Die verschiedenen Arten des Betrugs auf dem Markt, die von den Verkäufern und Produzenten (was an dieser Stelle ineinander zu fallen scheint) ausgeführt werden, zählt Berthold von Regensburg in der für das Markttreiben wichtigen Predigt *Von den fünf Pfunden* auf (S. 16, 9–17): Man gebe Wasser für Wein, sorge mit Hefe für Luft im Brot oder verkaufe das falsche Fleisch. Wendet sich Berthold dem Krämer zu, wird es bezüglich der Instrumente des Marktes noch konkreter (ebd., S. 16, 17–23: *Sô hât der unrehtez gewiht in sînem krâme, der habet sus die wâge einhalp, sô daz sie gein dem koufschatze sleht, unde jenez wænet ez habe, sô enhât ez niht; unde wendet sie mit der hant*

ergeben jedoch nur bei gleichzeitiger Anerkennung des institutionellen Rahmens Sinn, vor dem der Betrug Kontur gewinnt. Denn zwei Parteien, die auf dem Markt zusammenkommen, befinden sich grundsätzlich in einer latenten Konfliktsituation, in der die Institutionalität des Marktes Deeskalation verspricht. Die Einrichtungen des Marktes können als ‚dritte Partei' eines solchen Konfliktes angesehen werden, die nach Niklas Luhmann die Ansprüche beider Seiten medialisiert.[139] Den Instrumenten des Marktes kann somit eine nicht zu unterschätzende *agency* zugeschrieben werden, die die Konfliktparteien von Käufer und Verkäufer in ihren Handlungen reglementiert.

Zweitens diene, so Freitag weiter, die Sichtbarkeit der Ware an einem zentralen Ort der „Reduzierung der Suchkosten".[140] Dieser Punkt verdient eine kurze Ergänzung von seiten der EC. Wie Olivier Favereau, Olivier Biencourt und François Eymard-Duvernay deutlich gemacht haben, wird durch die Vergleichbarkeit konkurrierender Waren nicht nur die Suche des Käufers erleichtert. Vielmehr wird im Vergleich und damit in der potentiellen Substitution einer konkreten Ware zwischen Käufern und Verkäufern erst ermittelt, wie sich der Wert einer Ware überhaupt bemisst. Denn, so die Autoren, „a product could not be qualified before being embedded into the whole series of rival objects – which may be the best definition of a 'market'."[141] Dies bedeutet nicht nur, dass im Vergleich Qualitätsunterschiede deutlich würden. Vielmehr zielen die Autoren darauf ab, dass erst das Nebeneinander der zu Waren gewordenen Objekte die mit interpretativer Vernunft ausgestatteten Akteure dazu befähigt, sich durch Konventionsbildung auf diejenigen Merkmale zu einigen, die Qualitätsbildung konstituieren und damit die Preisbildung beeinflussen.

Die festgestellte Qualität einer Ware wird dann, drittens, in konventionalisierte und mit der Zeit institutionalisierte, quantitative Maße überführt.[142] Auf dem Markt konnten die Käufer sich auf „Materialbeschaffenheit, Maße und Gewichte der Güter

rehte. Wie sol ich dich trügenheit lêren? Sô kanst dû ir selber ze vil der trügenheit. Sô hât der ein unrechtez elmez; sô hât der daz wahs gevelschet, der daz olei.

139 Luhmann: Soziale Systeme, S. 540: „Die *Erhöhung der Unsicherheit* erfolgt durch Einbeziehung von Dritten in das Konfliktsystem – von Dritten, die zunächst unparteiisch sind, also nicht vorweg schon mit einer der Parteien oder mit ‚Seiten' der Konfliktthemen solidarisiert sind, die aber im weiteren Verlauf Stellung beziehen und die eine oder die andere Seite begünstigen können. Dadurch wird das Konfliktsystem zunächst desintegriert." Dabei ist der gegenüber dem einzelnen Tausch intentionslose Markt als mediative Instanz beispielsweise von den sexuellen „Dreieckskonstellationen" zu unterscheiden, die Reichlin: Ökonomien in Mären untersucht (ebd., Kap. III), die durch die Steigerung der Komplexität Konflikte erst entstehen lassen oder verschärfen und nicht zu deren Schlichtung beitragen.

140 Freitag: Städtischer Markt, S. 389. Damit einher geht auch die Binnenorganisation innerhalb einer Stadt, wenn Warengruppen separiert angeboten werden. Vgl. dazu auch Isenmann: Die deutsche Stadt, S. 112, sowie Kypta [u. a.]: Introduction, S. 110 f.

141 Favereau, Biencourt, Eymard-Duvernay: Where do markets come from, S. 224.

142 Dabei ist nicht an die Standardisierung zu denken, die auf einem universalisitischen Ansatz fußt, wie er dem metrischen System unterliegt. Zur politischen Geschichte des metrischen Systems als „universally valid" Sprache seit der französischen Revolution vgl. Ken Alder: A Revolution to

verlassen“, da diese durch Standards und Eichung vereinheitlicht werden[143] – auch, wenn das Maß an Vereinheitlichung nicht den modernen Ansprüchen Genüge getan hätte.[144] In diesem Ansatz deckt Freitag zwar den Markt als Raum kommunikativer Probleme auf, die durch Institutionen gelöst werden, analysiert jedoch, anders als Neu in seinem Beitrag im gleichen Band, nicht die konventionellen Grundlagen dieser Institutionen.

Ohne Verweis auf die EC, aber mit ähnlichen Argumenten aus der Perspektive symbolischer Kommunikation, ist Freitags Ansatz auch von Teuscher bereits relativiert worden:

> Werner Freitag weist der symbolischen Kommunikation im Rahmen der Senkung von Transaktionskosten auf den städtischen Märkten eine zwar nicht unwichtige, aber klar untergeordnete Stellung zu. Wirtschaft, wie er sie konzeptualisiert, lässt sich durch symbolische Kommunikation nicht in ihren Grundfesten erschüttern.[145]

Measure. The Political Economy of the Metric System in France. In: The Values of Precision. Hrsg. von Norton M. Wise. Princeton 1995, S. 39–71, S. 40.

143 Freitag: Städtischer Markt, S. 392. Den Bau zentralisierender Marktbauten setzt Isenmann: Die deutsche Stadt, S. 112, auf das 12./13. Jahrhundert an, wobei er auch alternative Formen der Warenpräsentation beschreibt, die aber nicht weniger zu Freitags Argumenten der dreiteiligen Transaktionskostenreduktion passen: „Auf dem Markt schlugen Handwerker und Kleinhändler zum Vertrieb ihrer Produkte und Handelswaren zunächst zu den Marktzeiten bewegliche Verkaufskisten, Tische, Bänke und Stände auf. Diese wurden zu einem guten Teil von festen Buden [...] abgelöst, die als Verkaufsorte für Kleinhändler (Krämer) sowie als Produktions- und Verkaufsorte für bestimmte Gewerbe, insbesondere für Goldschmiede, Schneider, Kürschner und Schuster, dienten. [...] Schon seit dem 12./13. Jahrhunderts wurden für mehrere gleichartige Handwerksbetriebe im Sinne einer Zentralisierung des Markt- und Handelsgeschehens ebenfalls Kaufhäuser errichtet, die sich baulich nicht von den Kaufhäusern der Kaufleute unterschieden [...].“ Dass es sich bei der Vereinheitlichung durch Maße und Gewichte nicht um eine solche nach modernen Maßstäben handelt, hat Harald Witthöft: Maßgebrauch und Messpraxis in Handel und Gewerbe des Mittelalters. In: Mensura. Maß, Zahl, Zahlensymbolik im Mittelalter, 1. Halbbd. Hrsg. von Albert Zimmermann. Berlin/New-York 1983, S. 234–260, eindrücklich zeigen können.

144 Vgl. Moritz Wedell: Numbers. Translated by Erik Born. In: Handbook of Medieval Culture. Fundamental Aspects and Conditions of the European Middle Ages, Bd. 2. Hrsg. von Albrecht Classen. Berlin/Boston 2015, S. 1205–1260, S. 1224 f.: „In the Middle Ages, measurements were concrete, comparative, and relative. To describe the quantities that were relevant for the medieval practice of trading in modern terms, we would only need terms for counts, weight, and lengths, together with the derivative quantities of area and capacity. However, medieval sources provide evidence of a much wider spectrum of units of measurement that cannot easily be converted into one another. Characteristically, their use in any given situation was related to particular goods [...].“

145 Teuscher: Zuerst die Herrschaft, S. 420. Genauso urteilt auch Neu: Symbolische Kommunikation, S. 410, der die Frage, „ob auch die Preisbildung, der sogenannte ‚Kern‘ des ökonomischen Geschehens, durch einen symbolgeschichtlichen Ansatz erhellt werden kann oder nicht“, mit Blick auf Freitags Beitrag verneint. In seinem eigenen Beitrag zu „Symbolische[r] Kommunikation und wirtschaftliche[m] Handeln“ setzt Neu die Notwendigkeit symbolischer Kommunikation grundsätzlicher an, als Freitag dies tut, und zeigt diese nicht als Hilfsmittel, sondern als Voraussetzung des Marktgeschehens.

Formuliert man die konsequente Hervorhebung symbolischer Mechanismen im Sinne der EC um, so bedeutet dies, dass Konventionen sowohl als *shared mental models* wie auch als direkte Handlungsregulative die reziproke Übereinkunft beim Kauf nicht nur vereinfachen, sondern erst ermöglichen. Ob es sich dabei freilich um Konventionen oder Institutionen handelt, die in koordinierender Funktion das Geschehen unterstützen, wird nicht weiter differenziert. Dass Institutionen und Konventionen als Regulativen sozialer Praktiken eine ähnliche Bedeutung zukommt, entspräche der Definition Marmors: „There are two main types of such constitutive rules: social conventions and institutionally enacted rules. In other words, social practices can be of two main types: conventional or institutional."[146]

Konventionen bilden somit das Material, aus dem sich *bottom-up* Institutionen formieren können, aber nicht müssen.[147] Gewichte und Qualitätsstandards ermöglichen eine kommunizierbare Objektivierung von Wertmerkmalen, während der Prozess des Feilschens[148] oder die Art, wie Waren ausgelegt und dotiert werden, eher konventionellen Handlungs- und Wahrnehmungsmustern folgen. Auch wenn die EC sich bisher größtenteils mit modernen oder frühmodernen Wirtschaftsordnungen beschäftigt hat, sind die Ebenen der Beschreibung doch so abstrakt, dass sich die, wie Diaz-Bone sie zusammenfasst, „wichtigsten Konventionen in der Wirtschaft" vorsichtig auch für die Vormoderne diskutieren lassen. Demnach konstituiert sich das Marktgeschehen durch die Preiscodierungen industrieller (lang- und mittelfristig, Planung der Rohstoffeinsetzung) und marktwirtschaftlicher (kurzfristig, Angebot und Nachfrage) Konventionen, während sich die Akteure nach familienweltlichen Konventionen (vertrauensbasiert) und Netzwerkkonventionen (reputationsbasiert) organisieren.[149] Der Markt ist somit nicht nur ein Ort, sondern definiert sich als semantischer Raum, an dem verschiedene situative Evaluationsmechanismen und Handlungspraktiken[150] von den anderen Teilnehmenden nachvollzogen werden können.[151] In diesem Raum werden somit Aktionen

146 Marmor: Social Conventions, S. 35.

147 Dies deckt sich auch mit den Hauptaspekten des Institutionenbegriffes der EC, demnach Institutionen Regeln bereitstellen, denen wiederum Konventionen unterliegen und deren Erfüllen eben durch solche Konventionen ausgefüllt wird. Vgl. dazu Diaz-Bone: Die „Économie des conventions", S. 21–28.

148 Eine kulturwissenschaftliche Analyse zumindest der frühneuzeitlichen Praxis des Feilschens bietet Laurence Fontaine: Bemerkungen zum Kaufen als soziale Praxis. Feilschen, Preise festlegen und Güter ersteigern im frühneuzeitlichen Europa. In: HA 14 (2006), S. 334–348.

149 Diaz-Bone: Die „Économie des conventions", S. 12 f.

150 Diese Art von Konventionen ließe sich durch in der älteren Forschung relevante Konzepte wie Habitus und Brauch ergänzen, deren Bedeutung Nicole Woolsey Biggart, Thomas D. Beamish: The Economic Sociology of Conventions. Habit, Custom, Practice, and Routine in Market Order. In: Annu. Rev. Sociol. 29 (2003), S. 443–464, besonders S. 451–453, für den Bereich der Wirtschaftswissenschaft dargestellt haben.

151 Eine längere Diskussion des Raumbegriffs ist hier nicht notwendig. Dass ‚Raum' eine sozial produzierte Kategorie darstellt, wird in der Literaturwissenschaft und auch in der Mediävistik nicht mehr bestritten. Im Zuge des *spatial turn* steht auch in der historischen Narratologie „die Überwin-

im Sinne gesellschaftlicher „Spielregeln" vollzogen,[152] die, gerade mit Blick auf die erzählende Literatur, diejenigen der höfischen Sphäre ergänzen können. Denn die merkantilen Interaktionen vollziehen sich nicht ohne zeitliche Ausdehnung zwischen abstrakten Akteuren im luftleeren Raum, sondern als Prozesse gesellschaftlicher Begegnung, deren stabilisierende Wirkung das Verhalten auf einem Markt in die Nähe des Rituals rückt:

> Es hängt vom Ritualbegriff ab, welche Vorgänge man unter ihn subsumieren will: Festbräuche, Rechtsakte, Empfänge, Verteilen von Gaben. Über solch herausgehobene Akte hinaus ist im Mittelalter auch Alltagsverhalten weit stärker als in modernen Gesellschaften ritualisiert. Die Ritualisierung von Interaktionen aller Art gewährleistet Verhaltenssicherheit in einer vorerst noch kaum institutionell gefestigten Welt.[153]

Wenn alltägliches Leben in semi-oralen Gesellschaften der Vormoderne stärker ritualisiert ist, was bedeutet dies für die Gestaltung merkantiler Interaktion? So leicht es ist, das „Verteilen von Gaben" als Ritual zu bestätigen, so fragwürdig erscheint die Kategorisierung des merkantilen Tauschs im alltäglichen Kontext. Differenziert man wie Wolfgang Braungart unterschiedliche Ritualbegriffe, ergibt sich aber ein ausgesprochen weites Spektrum verschiedenster „Ritualisierungsgrade", wobei „sozusagen kleine Rituale an der Grenze zur bloßen Konvention" das untere Ende der Skala bilden.[154] Der Übergang zwischen Alltagsritual und Konvention erscheint fließend.[155] Auch bei Konventionen und der Ausübung institutioneller Vorgaben auf dem Markt bietet sich stets die Möglichkeit an, diese als Minimalstufen ritueller Handlung anzuerkennen und ihr Potential als gesellschaftsstrukturierende Performanz aufzuzeigen.

---

dung eines einsinnigen, statischen, substantialistischen und deterministischen Raumbegriffs" im Vordergrund (Annette Gerok-Reiter, Franziska Hammer: *Spatial Turn*/Raumforschung. In: Historische Narratologie – Mediävistische Perspektiven. Hrsg. von Harald Haferland, Matthias Meyer. Berlin/Boston 2010, S. 481–516, S. 485).

152 *Mutatis mutandis* kann der Begriff der Spielregeln hier von Gerd Althoff übernommen werden, der damit die „Formen Gewohnheiten, Konventionen, Gebräuche und Regeln" vor allem der nonverbalen, politisch-öffentlichen Kommunikation im Mittelalter bezeichnet (Gerd Althoff: Demonstration und Inszenierung. Spielregeln der Kommunikation in mittelalterlicher Öffentlichkeit. In: FMSt 27 (1993), S. 27–50, S. 30). Althoff hebt dabei vor allem auf die stilisierenden Konstruktionen symbolischer Handlung ab, die in ihrer Wirkungslogik „nirgendwo in normativen Texten schriftlich fixiert" seien (ebd., S. 31). Da solche symbolischen Handlungen jedoch auch im rechtlichen Bereich zwingend waren (ebd., S. 30), können auch Kauf und Handel mit öffentlichen Rechtsgebärden, besonders dem Handschlag, in Verbindung gesetzt werden. Vgl. Ruth Schmidt-Wiegand: Gebärdensprache im mittelalterlichen Recht. In: FMSt 16 (1982), S. 363–379, besonders S. 371.

153 Jan-Dirk Müller: Spielregeln für den Untergang. Die Welt des Nibelungenliedes. Tübingen 1998, S. 345.

154 Braungart: Ritual und Literatur, S. 45.

155 Diese Konvergenz bestimmt Braungart, ebd., auch unter Abgrenzung zu Luhmann, von dessen Unterscheidung zwischen Verfahren und Ritual er sich explizit distanziert. Als Grund dafür nennt er die unnötige Festlegung des Rituals in Luhmanns Sinn „auf seine besonders festen, institutionalisierten Formen" (Braungart: Ritual und Literatur, S. 46).

Versteht man den Markt also als Bühne symbolischer oder ritueller Kommunikation,[156] bietet er konventionelle sowie institutionelle Lösungsansätze für Koordinationsprobleme, welche je nach Darstellung mehr oder weniger rituell-semantisch aufgeladen werden können. Der Verweis auf die Nähe von Konvention und Ritual zeigt, dass nicht vorschnell von Marktgeschehen auf ‚nüchternes' Handeln geschlossen werden sollte. Den Markt als Raum eigenen Rechts anzuerkennen bedeutet auch, ihm im Sinne der EC die Macht zuzuschreiben, Qualitäts- und Preisvergleich, mithin das (symbolische) Bündel an Kriterien für merkantiles Handeln, räumlich (und manchmal zeitlich) begrenzt überhaupt erst zu ermöglichen.

Abschließend möchte ich noch zeigen, wie das Modell mehrschichtiger Konventionalität nach Marmor genutzt werden kann, um sowohl die ‚Entscheidungs-Entscheidungen' der EC wie auch die Interaktionsformen einer symbolischen Kommunikation begrifflich zusammenzuführen, sodass der Markt als Raum einer solchen mehrschichtigen Konventionalität beschreibbar wird.

Marmor beschreibt zunächst in seiner skizzenhaften Definition tiefer Konventionen einerseits ihr Verhältnis zu sogenannten „surface conventions", andererseits verdeutlicht er die Sinnhaftigkeit der Annahme solcher tieferen Ebenen der Konventionalität, die freilich nicht unmittelbar auf der Hand liege. Marmor bietet eine kondensierte Übersicht der von ihm herausgearbeiteten Merkmale einer solchen tiefen Konventionalität:[157]

1. Deep conventions emerge as normative responses to basic social and psychological needs. They serve relatively basic functions in our social world.
2. Deep conventions typically enable a set of surface conventions to emerge, and many types of surface conventions are only made possible as instantiations of deep conventions.
3. Under normal circumstances, deep conventions are actually practiced by following their corresponding surface conventions.
4. Compared with surface conventions, deep conventions are typically much more durable and less amenable to change.
5. Surface conventions often get to be codified and thus replaced by institutional rules. Deep conventions typically resist codification (of this kind).[158]

Einzelne Punkte des mittelalterlichen Marktgeschehens lassen sich nun herausgreifen und anhand dieser Ergänzung zum Begriff der Konvention differenzieren. Erst durch die Unterscheidung verschiedener Ebenen der Konventionalität kann nämlich die Koordination, die der Markt ermöglicht, sinnvoll erfasst werden.

---

156 Unter diesem Paradigma sind die Beiträge Freitag: Städtischer Markt, Teuscher: Zuerst die Herrschaft und Neu: Symbolische Kommunikation verstehen.

157 Der phänomenologische Grund dafür liegt in der Unmöglichkeit, tiefere Konventionen ohne Oberflächenkonventionen überhaupt erfahrbar zu machen. Dies merkt Marmor: Social Conventions, S. 74, im weiteren Verlauf des Kapitels selbst an: „Deep conventions tend to be very elusive because they are rarely manifest in conventional behavior, or practice, that is not also governed by surface conventions."

158 Ebd., S. 59.

Das grundlegende soziale Bedürfnis, das Marmor im ersten Punkt anspricht, liegt unzweifelhaft in der Konstitution sozial eingebetteter Tauschprozesse, die jedes Mal aufs Neue auszuhandeln zu viel Zeit in Anspruch nehmen würde. Einheitliche Kategorien festzulegen, die für solche sich wiederholende Interaktionen konstitutiv sind, entspräche einer ‚tiefen Konventionalität': Wird nach Gewicht, nach Prägung, nach Seltenheit,[159] nach Qualität, nach Ansehen des Interaktionspartners oder nach Distanz von Produktions- und Verkaufsort entschieden,[160] wie sich der Wert eines Gegenstandes bemisst?[161] Eine solche Entscheidung muss der konkreten Festlegung von Gewichts- und Prägeeinheiten oder spezifischer Qualitätsnormen vorausgehen, bildet aber gleichzeitig selbst die Lösung eines Koordinationsproblems durch arbiträre Festlegung.[162] Bezieht man diese Ebene einer tiefen Konventionalität auf die „Konventionen als Produktionsmodelle",[163] die der EC zugrunde liegen, ließen sich auch diese Grundausrichtungen des Handelns – industrielle Konvention, Marktkonvention, familienweltliche Konvention und Netzwerkkonvention – als tiefe Konventionen fassen, die dann wiederum konventionelle und teilweise institutionalisierte

159 Als einzige genannte Qualität kann die Knappheit eines Rohstoffs nicht gänzlich dem Bereich der konventionellen Wertbemessung zugeordnet werden. Knappheit und Wirtschaft scheinen grundsätzlicher miteinander verknüpft zu sein als Wirtschaft und die anderen genannten Kategorien, wie Neu: Symbolische Kommunikation, S. 416, schlüssig ausführt und damit auch auf das Problem aufmerksam macht, wieso eine Historisierung der Wirtschaft aus heutiger Sicht so große Hürden überwinden muss: „Wie schon erwähnt, ist menschlichen Gesellschaften zwar das Problem der Knappheit notwendigerweise vorgegeben, aber nicht die Antwort auf dieses Problem – Wirtschaft im Sinne des Umgangs mit Knappheit kann daher keine quasi-natürliche, sondern nur eine sozial konstruierte und damit historisch variable Ordnung sein. Die erfolgreichste dieser Ordnungen ist nun zweifellos die ‚moderne Wirtschaft' im Sinne der Neoklassik, wobei sich ihr Erfolg nicht zuletzt daran zeigt, dass sie immer wieder zu einer transhistorisch gültigen Antwort auf Knappheit überhöht wird."

160 Dies sind die Merkmale, die Fontaine: Kaufen als soziale Praxis, S. 335, als Rahmenkategorien des wirtschaftlichen Feilschens ansetzt.

161 Zu den in der Scholastik diskutierten Kategorien der *indigentia*, *virtuositas*, *complacibilitas* und *raritas* vgl. Philipp Robinson Rössner: Freie Märkte? Zur Konzeption von Konnektivität, Wettbewerb und Markt im vorklassischen Wirtschaftsdenken und die Lektionen aus der Geschichte. In: HZ 303 (2016), S. 349–392, S. 383 (Anm. 129). Zur scholastischen Werttheorie vgl. grundlegend Odd Langholm: Economics in the Medieval Schools. Wealth, Exchange, Value, Money & Usury according to the Paris Theological Tradition, 1200–1350. Leiden/New York/Köln 1992.

162 All diese Lösungen unterscheiden sich natürlich in ihrer spezifischen Logik und damit auch im Ergebnis, wie ein Preis festgesetzt wird. Was tatsächlich als arbiträre Alternative gelten kann, bildet auch aus Marmors Sicht einen eher schwachen Punkt dieser Formalisierung, greift aber das grundsätzliche Konzept nicht an. Sein Ausweg besteht darin, das Konzept der Arbitrarität eben nicht mit logischer Stringenz durchzuhalten, was auch aus praxeologischer Sicht Sinn ergibt, da in kaum einem Zusammenhang alle feinen Unterschiede jemals von den Akteuren bedacht werden würden. Vgl. Marmor: Social Conventions, S. 65: „[I]t is often problematic to determine what counts as an alternative way of doing roughly the same thing. But as we noted there, rough identity is all we need here. As long as we can envisage alternative rules that would basically achieve the same purposes or serve the same functions for the relevant population, we should have no problem characterizing the relevant norms as conventional."

163 Diaz-Bone: Die „Économie des conventions", S. 19.

Lösungen an der Oberfläche zeitigen. Die Konventionsbegriffe von EC und Marmor können sich hier durchaus gegenseitig erhellen.[164]

Die Art und Weise, wie Wert bestimmt zu werden habe, kann somit als tiefe Konvention angesehen werden, während die Maße, Gewichte und Normen, die konkret dafür eingerichtet werden, Oberflächenkonventionen entsprechen, die, wie der Münsteraner SFB zeigen konnte, im Sinne einer „symbolischen Kommunikation" behauptet und verhandelt werden müssen. Somit erklärt sich auch, wie es im fünften Punkt von Marmor angesprochen wird, dass Maße und Gewichte eher institutionalisiert werden, als dass die dazu vorab entschiedenen tiefen Konventionen demselben Prozess unterzogen würden. Auch im 13. Jahrhundert stehen beispielsweise Präge- und Gewichtswert nebeneinander,[165] wobei Warenart, Marktort, Zeit und soziale Beziehung der Interagierenden[166] beeinflussen, nach welchem Kriterium entschieden wird.[167] Antworten auf Probleme unterschiedlicher Münzarten und deren Feingehalte,[168] und damit Antworten auf die Juxtaposition von geprägtem und gewogenem Wert konnten jedoch Eingang in juristische Systeme wie das Römische Recht finden, womit auch tiefere Konventionsschichten institutionalisiert wurden.[169]

164 Bisherige Veröffentlichungen der EC scheinen auf Marmor: Social Conventions nicht einzugehen.

165 Vgl. Kap. 3.9 zur historischen Semantik von Gewichtseinheiten.

166 Vgl. Fontaine: Kaufen als soziale Praxis, S. 343, die auch die aristokratische Gabenökonomie in ihre Überlegungen zum „Kaufen als soziale Praxis" miteinbezieht: „Da diese Gegenstände [i. e.: Gaben, A.M.] ihrem Besitzer zugeordnet sind, hat ein und derselbe Gegenstand entsprechend der Person, die ihn besitzt oder trägt, einen mehr oder weniger großen Wert." Das Verhältnis von Gabentheorie und Wirtschaft, so zeigt sich bereits hier, ist keines von Gegensätzlichkeit, sondern ermöglicht gegenseitige Integration, vielleicht handelt es sich auch nur aus der Perspektive der modernen Theorie überhaupt um zwei gesonderte Systeme (vgl. auch Bourdieu: Theorie der Praxis, S. 345 f.).

167 Weitere Kriterien ergeben sich natürlich auch innerhalb eines konventionell und institutionell different geregelten Handlungsrahmens. Diese Konventionen zu erkennen, stellt ein forschungsgeschichtliches Problem dar. Martin Hensler: Der Wert des Kupfers. Über die Entstehung und den Wandel von Wert vor 4000 Jahren. In: Embodying Value? The Transformation of Objects in and from the Ancient World. Hrsg. von Annabel Bokern, Clare Rowan. Oxford 2014, S. 53–64, konnte anhand bronzezeitlicher Grabfunde deutlich machen, dass eine rein nach Gewichtswert bezifferte Wertangabe von Grabbeigaben nicht zielführend sein kann. Stattdessen können für solch rituell genutzte Schmuckgegenstände auch „Form, [...] Farbe, Glanz, Klang, Herkunft und Objektbiographie" von Bedeutung sein (ebd., S. 55). Andererseits, so zeigt besonders die Analyse von *Flore und Blanscheflur* (Kap. 4.4.2), kann die Objektbiographie auch auf dem Markt von Bedeutung sein (Ein Fakt, der – *mutatis mutandis* – angesichts moderner Versteigerungen von Kunst, Erstausgaben oder Devotionalien berühmter Persönlichkeiten nicht verwundern sollte).

168 In Kürze zur Charakterisierung der Positionen von Metallismus und Nominalismus vgl. Wittreck: Münzmanipulation.

169 Ein frühes Beispiel bietet Martin Allen: Currency Depreciation and Debasement in Medieval Europe. In: Money in the Western Legal Tradition. Middle Ages to Bretton Woods. Hrsg. von David Fox, Wolfgang Ernst. Oxford 2016, S. 41–52, S. 51: „A key text in the developement of the ius commune on debasement was Pillius' *Quidam creditor Lucenses* (c. 1180), which posed the question of what happened when a man lent pennies of Lucca for five years, during which time they were de-

Dennoch, passend zu Marmors Punkten zwei bis vier, verändern sich Einheiten schneller als die grundlegende Qualität, die durch die Einheit gemessen wird. Darin liegt auch eine der besonderen Schwierigkeiten, materielle Werteinheiten, wie sie in Erzählliteratur in Erscheinung treten, bezüglich ihrer Wertbestimmungsmechanismen zu konkretisieren. Da sich die örtlichen und zeitlichen Institutionalisierungen der Werteinheiten verändern, und auch die genaue Zeit und der Ort der Abfassung oder Abschrift eines Textes in den seltensten Fällen ermittelt werden können, läuft durch die doppelte Unschärfe von Literaturproduktion und Währung eine zweifelsfreie Bestimmung materieller Wertgrößen zumeist ins Leere.

Fasst man die bisherigen Ergebnisse der interdisziplinären Forschung zusammen, so präsentiert sich ein Gesamtbild vom Markt als auf mehreren Ebenen[170] konventionell organisierter und an der Oberfläche als institutionell gefestigter Interaktionsraum, der sich weniger durch ein anachronistisches Prinzip der Gewinnmaximierung, als vielmehr durch die konventionell ausgewählten Formen definiert, durch die und aufgrund derer die Beteiligten interagieren.[171] Vereinfacht gesagt bedeutet dies: Ein Kaufmann,

based. The answer, that payment had to be in the same kind of coin as at the time of the contract, was further developed as a doctrine of Roman law [...].“ Im *Tractatus de restitutione* des Gerard von Siena aus dem ersten Drittel des 13. Jahrhundert wird ein Weg gewählt, der zwar Münzen und Gewichte unterscheidet, sie aber doch je nach Zusammenhang als eine Kategorie auffasst. Gerards Hauptanliegen ist die Diskussion des Problems, ob ein Wucherer auch diejenigen Gewinne erstatten muss, die er durch den Wucherzins sich aneignen konnte. Dabei werden zwei Kategorien von Dingen unterschieden: zum einen Besitzungen, die auf natürliche Weise Erträge liefern, wie Weinberge oder Felder (S. 206 f.). Zur anderen Kategorie sagt Gerard (ebd., S. 208): *alio modo prout est de genere illarum rerum que non possunt lucrificare vel quia habent determinatum valorem a natura, ut ponderabilia et mensurabilia, vel quia habent determinatum valorem ab arte, ut numerabilia, sicut denarii.* (Übersetzung Armstrong: „The other form is the class of things that cannot bear fruit either because they have a value assigned by nature, such as weighable or measurable things, or because they have a value assigned by skill, such as countable things, for example, coins.“). Zitiert nach Gerard von Siena: Tractatus de restitutione. In: The Idea of a Moral Economy. Gerard of Siena on Usury, Restitution and Prescription. Hrsg. von Lawrin D. Armstrong. Toronto 2016, S. 143–219.

170 Marmor: Social Conventions, S. 65, spricht selbst nicht von zwei diskreten, aufeinander aufbauenden Schichten, sondern von Graden der Tiefe, die einer Konvention eignen: „Surface conventions often come in layers with different degrees of shallowness, so to speak. The deep conventions of representational art in medieval Europe, for instance, were instantiated by an elaborate set of surface conventions. But some of those surface conventions were probably deeper than others. I would guess that conventions of religious symbolism, composition, and perspective were deeper than specific conventions of, say, color symbolism [...]; and conventions of color symbolism may have been deeper than conventions about paint material or the size of the works, and so on.“

171 Dass sich durch Wirtschaft besonders auch Verhaltenspraktiken der Wertbestimmung ausdrücken lassen, ohne zwangsläufig auf eine vermeintliche Gewinnmaximierung abzuheben, ist bereits von Bourdieu in seinem Gebrauch wirtschaftlicher Metaphorik reflektiert worden: Den Verhaltenssphären Schule und Familie spricht er einen geradezu ‚ökonomischen‘ „Anlage-Sinn“ zu, der über das Aussieben der dort validen Verhaltensweisen entscheide: „Wird an dieser Stelle von *Anlage-*

der nicht seinen Gewinn maximiert, sondern im Rahmen merkantiler Wertkonstitutionsmechanismen agiert, ist für diese Arbeit von Interesse, ein König hingegen, der nach der größten Ausbeute strebt, ohne dabei auf einem Markt zu handeln, ist es nicht. Bei der narratologischen Analyse wirtschaftlicher Semantiken in fiktionaler Erzählliteratur erscheint es gewinnbringender, diese konkreten Formen merkantilen Handelns als Erzählkerne anzusehen, denen ebenfalls wieder konventionelle Narrative angelagert sind. Verabsolutierende Aussagen wie die Verdammung eines jeden Menschen, der wie ein Kaufmann *durch gewin* gibt, wie sie bei Thomasin vorliegt, sind in der Erzählliteratur so gut wie gar nicht zu finden – wodurch im Umkehrschluss auch das grenzüberschreitende Potential der Aussage Thomasins deutlich wird.

Nähert man sich nun deutschsprachigen Erzähltexten des Mittelalters mit einem solchen differenzierten Verständnis merkantiler Vorgänge, muss man sich mit dem in der mediävistischen Germanistik bisher prominenten gabentheoretischen Ansatz auseinandersetzen und bestenfalls die weiterführenden Überlegungen beider Denkanstöße miteinander verbinden.

2.4 Ökonomie und Gabentheorie in der Literaturwissenschaft

Bezüge zwischen merkantilen Praktiken und Gabenhandlungen herzustellen, bedeutet nicht, Gegensätze miteinander vereinen zu wollen. Dies wird, wie Patrick J. Geary zeigen konnte, bereits durch eine erneute Lektüre des grundlegenden Textes zur *Gabe* von Mauss deutlich, wenn die abschließenden Aussagen zu europäischen Rechtsverordnungen und Gesellschaftsentwürfen in ihrem politischen Kontext berücksichtigt werden:[172] Denn Mauss postuliert, vereinfacht gesagt, vielmehr die historische Emergenz von Marktgesellschaften aus Tauschgesellschaften, als dass ein wesensmäßiger Unterschied zwischen unterschiedlichen Reziprozitätsformen bestünde.[173] Entspre-

Sinn gesprochen – in Analogie zu Sinn für Schicklichkeit und Grenzen –, und derart um der Objektivierung willen zu einem Begriff aus dem Wortschatz der Wirtschaft gegriffen, dann gewiß nicht, um damit zu suggerieren, die entsprechenden Verhaltensweisen seien vom rationalen Kalkül der Profitmaximierung geleitet (wie es, zweifellos zu Unrecht, der herkömmliche Gebrauch dieser Worte impliziert)." (Bourdieu: Die feinen Unterschiede, S. 151).

172 Patrick J. Geary: Gift Exchange and Social Science Modeling. The Limitations of a Construct. In: Negotiating the Gift. Premodern Figurations of Exchange. Hrsg. von Gadi Algazi, Valentin Groebner, Bernhard Jussen. Göttingen 2003, S. 129–140, S. 137: „Marcel Mauss wrote against a mechanistic and economic-exchange model of gifting not simply to elucidate the distant past of Europe or of non-Western societies, but under the immediate pressure of events within Europe. As Michele Battini has pointed out, in particular Mauss wrote his *Essai* under the influence of two contemporary concerns: The Bolshevik direction of the Russian revolution and the challenge of postwar Western capitalism."

173 Mauss: Die Gabe, S. 133 f: „[E]s waren gerade diese Römer und Griechen, die, möglicherweise den nördlichen und westlichen Semiten folgend, die Unterscheidung zwischen persönlichen und

chend fordert Mauss eine Re-evaluierung vonseiten der Wirtschaftswissenschaft: Die „Ausdrücke ‚Geschenk‘ und ‚Gabe‘“ sollten nur in Ermangelung passenderer Begriffe genutzt werden und die „Rechts- und Wirtschaftsbegriffe, die wir gern einander gegenüberstellen – Freiheit und Verpflichtung; Freigebigkeit, Großzügigkeit, Verschwendung einerseits und Ersparnis, Interesse, Nützlichkeit andererseits“ – können in einer historisierenden Perspektive nicht länger Gültigkeit beanspruchen.[174]

Das Hinterfragen solcher angeblich festgemauerten Oppositionen kann und soll nach Mauss auch dazu führen, dass die grundlegenden Modalitäten des Gabentauschs in der modernen Gesellschaft reintegriert werden.[175] Auch die jüngere, zumeist auf Mauss Bezug nehmende Forschung hat bisweilen erkannt, dass es sich nicht um logische Oppositionen handeln muss, sondern dass die Bereiche wirtschaftlichen Handelns und euphemisierten Schenkens sich durchdringen.[176] Bert

---

dinglichen Rechten getroffen, den Verkauf von der Gabe und dem Tausch getrennt, die moralische Verpflichtung und den Vertrag abgesondert und vor allem den Unterschied zwischen Riten, Rechten und Interessen begrifflich gefaßt haben. Durch eine große Revolution haben sie jene veraltete Moral und jene allzu gefährliche und kostspielige Gabenwirtschaft überwunden, die so sehr von persönlichen Erwägungen durchsetzt und mit der Entwicklung des Marktes unvereinbar war, kurz, die zu jener Zeit unökonomisch war.“

174 Ebd., S. 167 f.

175 Ebd., S. 164: „Das System, das wir das System der totalen Leistungen zu nennen vorschlagen [...], bildet die älteste Wirtschafts- und Rechtsordnung, die wir kennen und uns vorstellen können. Es ist die Basis, auf der sich die Moral des Geschenkaustauschs erhebt. Und das gerade ist der Typus, auf den wir unsere eigenen Gesellschaften – nach ihren eigenen Verhältnissen – gerne würden zusteuern sehen.“

176 Der Wechsel zwischen Objektklassen kann anthropologisch als *common knowledge* angesehen werden, besonders deutlich formulieren dies Arjun Appadurai: Introduction: Commodities and the politics of value. In: The social life of things. Commodities in cultural perspective. Hrsg. von dems. Cambridge 1986, S. 3–63, und Igor Kopytoff: The Cultural Biography of Things. Commodization as Process. In: Ebd., S. 64–91. Mit besonderem Fokus auf die Kategorie des Heiligen Karl-Heinz Kohl: Die Macht der Dinge. Geschichte und Theorie sakraler Objekte. München 2003. Da diese auch für die vorliegende Arbeit von zentraler Bedeutung sind, sei hier im Bereich der Altgermanistik exemplarisch auf die Arbeiten Margreth Egidis, Katharina Philipowskis und Susanne Reichlins verwiesen: Margreth Egidi: Implikationen von Literatur und Kunst in ‚Flore und Blanscheflur‘. In: Geltung der Literatur. Formen ihrer Autorisierung und Legitimierung im Mittelalter. Hrsg. von Beate Kellner, Peter Strohschneider, Franziska Wenzel. Berlin 2005, S. 163–186; dies.: Ordnung und Überschreitung in mittelhochdeutschen Minnereden. ‚Der Minne Gericht‘ des Ellenden Knaben. In: Triviale Minne? Konventionalität und Trivialisierung in spätmittelalterlichen Minnereden. Hrsg. von Ludger Lieb, Otto Neudeck. Berlin/New York 2006, S. 225–240; dies.: Schrift und ‚ökonomische Logik‘ im höfischen Liebesdiskurs: *Flore und Blanscheflur* und *Apollonius von Tyrland*. In: Schrift und Liebe in der Kultur des Mittelalters. Hrsg. von Mireille Schnyder. Berlin/New York 2008, S. 147–163; dies.: Gabe, Tausch und *êre* in der Alexiuslegende. In: Anerkennung und die Möglichkeiten der Gabe. Literaturwissenschaftliche Beiträge. Hrsg. von Martin Baisch unter Mitarbeit von Malena Ratzke und Britta Wittchow. Frankfurt am Main 2017, S. 353–369; Katharina Philipowski: *‚diu gâb mir tugende gît‘*. Das gabentheoretische Dilemma von *milte* und *lôn* im hohen Minnesang, im *Frauendienst* und im Tagelied. In: DVjs 85,4 (2011), S. 455–488; dies: *ich hete kranke sinne, / daz ich im*

de Munck hat in seinen Überlegungen zum Zusammenhang von Wert und Produktqualität ausblickend auf derartige Verschränkungen hingewiesen. Besonders anschaulich kann er dies anhand spätmittelalterlicher Gildenabzeichen zeigen:

> From a gift perspective, products (gifts) convey the 'spirit of the giver', which is in turn connected to the latter's social status, prestige and political standing. What guild-based masters did with their hall marks, from this perspective, was to imprint their 'spirit' onto the product, and hence, implicitly claiming something in return from either their customers or the merchants they sold their products to.[177]

Die üblicherweise an höfischen Kontexten[178] interessierte historische Anwendung gabentheoretischer Überlegungen darf also, dies sollte aus den oben angestellten Überlegungen zum Markt als räumlich geordnetem Bündel konventionalisierter Praktiken deutlich geworden sein, vor der merkantilen Sphäre, die de Munck behandelt, nicht Halt machen. Denn hier finden sich die in der Gabentheorie so be-

---

niht minne gap (*Parzival* 141,20 f.). *Minne* als *lôn* und als *gâbe* im *Tristan* und im *Jüngeren Titurel*. In: Liebesgaben. Kommunikative, performative und poetologische Dimensionen in der Literatur des Mittelalters und der Frühen Neuzeit. Hrsg. von Margreth Egidi [u. a.]. Berlin 2012, S. 101–118; Reichlin: Ökonomien; dies: ‚Laß uns einfältig werden': Gottvertrauen oder das Erzählen von ‚einfachen' Erwartungspraktiken. In: Komplexität und Einfachheit. DFG-Symposion 2015. Hrsg. von Albrecht Koschorke. Stuttgart 2017, S. 42–78; dies: Risiko und *aventiure*. Die Faszination für das ungesicherte Wagnis im historischen Wandel. In: Kulturen des Risikos im Mittelalter und in der Frühen Neuzeit. Hrsg. von Benjamin Scheller. Berlin/Boston 2019, S. 13–31. Zudem haben die Sammelbände Egidi [u. a.] (Hrsg.): Liebesgaben und Baisch: (Hrsg.): Anerkennung das Themenfeld in unterschiedlicher Weise perspektiviert.

177 De Munck: Product Quality and Intrinsic Value, S. 116.

178 Die verschwenderische Freigebigkeit, die *milte*, da sind sich Joachim Bumke: Höfische Kultur. Literatur und Gesellschaft im hohen Mittelalter (2. Bde.). 5. Aufl. München 1990, S. 386, und Müller: Spielregeln, S. 348, einig, ist „Herrschertugend" (Bumke) bzw. „Fürstentugend" (Müller). Zur *milte*, ebenfalls im höfischen Kontext aber mit Blick auf die Sangspruchdichtung vgl. Berenike Krause: Die *milte*-Thematik in der mittelhochdeutschen Sangspruchdichtung. Darstellungsweisen und Argumentationsstrategien. Frankfurt am Main [u. a.] 2004. Zur *milte* in Texten des Strickers: Hedda Ragotzky: Die *kunst der milte*. Anspruch und Funktion der *milte*-Diskussion in den Texten des Strickers. In: Gesellschaftliche Sinnangebote mittelalterlicher Literatur. Mediävistisches Symposium an der Universität Düsseldorf. Hrsg. von Gert Kaiser. München 1980, S. 77–92. Grundlegend sei zudem exemplarisch auf Texte besonders der Geschichtswissenschaft verwiesen, denn auch jenseits der Literaturwissenschaft übersteigen die Veröffentlichungen zu diesem Thema mittlerweile die Überschaubarkeit. Als wegweisend können Gerd Althoff, Barbara Stollberg-Rilinger: Die Sprache der Gaben. Zu Logik und Semantik des Gabentauschs im vormodernen Europa. In: JGO (NF) 63,1 (2015), S. 1–22, sowie Jan Hirschbiegel: Gabentausch als soziales System? – Einige theoretische Überlegungen. In: Ordnungsformen des Hofes. Hrsg. von Ulf Christian Ewert, Stephan Selzer. Kiel 1997, S. 44–55, exemplarisch genannt werden. Vgl. aus der Perspektive der Neuen Institutionenökonomik auch Ulf Christian Ewert: Sozialer Tausch bei Hofe. Eine Skizze des Erklärungspotentials der Neuen Institutionenökonomik. In: Hof und Theorie. Annäherungen an ein historisches Phänomen. Hrsg. von Reinhardt Lutz, Jan Hirschbiegel, Dietmar Willoweit. Köln/Weimar/Wien 2004, S. 55–75. Eine wegweisende Ausnahme bildet hier Reichlin: Ökonomien, deren Korpus sich zum Großteil auf Mären und nicht auf den Kanon der höfischen Literatur beläuft.

liebten Kategorien der Individualisierung und des *hau*, des Gebergeistes im Objekt, untrennbar verschränkt mit Fragen der Vermarktung und des *branding*.

Mit Hilfe der EC lässt sich in solchen Fällen formulieren (s. o.), dass auf einem Markt jedwedes Kriterium zum Qualitätssiegel werden kann – auch Individualisierung ist solch ein mögliches Merkmal. Eine Verschränkung des Marktes mit den Kriterien des Gabentauschs kann erfolgen, ohne die Eigenlogiken beider Tauschsysteme vollständig zu überschreiben.[179]

Die kulturtheoretische Beschreibung merkantiler Strukturen und Praktiken im Sinne der EC kann somit auch an aktuelle Forschungsinteressen der (mediävistischen) Literaturwissenschaft angebunden werden und diese gleichzeitig relativieren. Im Zuge eines ethnologischen/kulturwissenschaftlichen *turn* wird in der mediävistischen Literaturwissenschaft nämlich gerade die gabentheoretische Sichtweise auf objektbezogene Interaktion zweier Akteure in den Fokus gestellt. Dabei konnte die Bedeutung gabenpolitischer Erwägungen unter Berücksichtigung Bourdieuscher Euphemisierungsstrategien und agonaler Hierarchisierungsprozesse nach Mauss genaue Ausdifferenzierungen genießen. Eine wirtschaftliche, ‚un-euphemisierte' Ökonomie hingegen, nach Bourdieu die ‚ökonomische Ökonomie', musste bisher zumeist als Kontrastfolie dienen, ohne mit der gleichen historischen Sensibilität beschrieben worden zu sein.[180] Dass es sich bei ‚ökonomischer Ökonomie' um das unzweideutige Verfahren der materiel-

179 Deren Opposition ist lange als konstitutiv für die Semantik unterschiedlicher Reziprozitätssysteme angesehen worden. Gadi Algazi: Introduction. Doing Things with Gifts. In: Negotiating the Gift. Pre-Modern Figurations of Exchange. Hrsg. von dems., Valentin Groebner, Bernhard Jussen. Göttingen 2003, S. 9–27, S. 9, schreibt so zur Erforschung historischer Gabentauschsysteme, diese würden ein eigenständiges, von der Forschung zu beleuchtendes Feld „beyond market exchange and compulsory tribute" darstellen.

180 Auch aus ethnologischer Sicht ist diese strikte Dichotomie bereits in ihrer Wertung relativiert worden. Vgl. Jonathan Parry: On the moral perils of exchange. In: Money & the Morality of Exchange. Hrsg. von dems., Maurice Bloch. Cambridge 1989, S. 64–93, der sich Systemen des Schenkens im religiösen Kontext in Indien widmet. Im Bereich der Altgermanistik ist besonders die Arbeit Reichlin: Ökonomien zu nennen, in der es um eben die Frage geht, wie sich wirtschaftliche Prozesse, hier verstanden als reziproke Tauschstrukturen, in mittelalterlichen Texten beschreiben lassen. Das Methodenkapitel versammelt dabei die entsprechenden Größen (Mauss, Bourdieu, Derrida, Simmel, Luhmann), wodurch die Gabe in ihrer Andersartigkeit, nämlich als Alternative zur ‚ökonomischen Ökonomie' (Vgl. Bourdieu: Ökonomie) verstanden wird. Wirtschaftliches, oder spezieller: auf Äquivalenz gerichtetes Handeln, das für beide Tauschpartner einen Mehrwert erschafft, wird dabei nicht in gleicher Methodik historisiert, was mit der Auswahl der genutzten Autoren zusammenhängt. Simmel wie auch Luhmann beschreiben Funktion und Genealogie der modernen Wirtschaft und sind nicht an einer Form von ethnologischem Verstehen des wirtschaftlichen Bildbereichs in anderen Gesellschaften interessiert. Entsprechend ihrem gabentheoretisch orientierten Ansatz fasst Reichlin: Ökonomien, S. 63, mit Rekurs auf Georg Simmel den Bereich der Wirtschaft auch als eine strukturelle, nicht als eine konventionell-phänomenologische Sphäre auf: „Das Spezifische der Wirtschaft als einer besonderen Verkehrs- und Verhaltensform besteht [...] nicht sowohl darin, daß sie *Werte* austauscht, als daß sie Werte *austauscht*." Dem ist zwar nicht zu widersprechen, doch reicht diese strukturelle Definition meines Erachtens nicht aus, den in der Erzählliteratur greifbaren Bereich des merkantilen Handelns hinreichend zu isolieren.

len Gewinnmaximierung handele, übergeht jedoch gerade die von Polanyi und der EC angestellten Überlegungen, dass auch diese ‚ökonomische Ökonomie' aufgrund ihrer kulturellen Einbettung (Polanyi) und dem Fehlen einer ahistorisch gültigen Rationalität (EC) einer spezifischen Historisierung bedarf,[181] da gerade nicht von diachron gültigen Verfahren, Konzeptionen und Medialisierungen einer Gewinnmaximierung als hinreichendem Kriterium ausgegangen werden kann.[182] Kritik an dem Ungleichgewicht von unterkomplexer Ökonomie und genauestens analysierter Anökonomie hat auch Susanne Reichlin in ihrem Abschlusskapitel zu gabentheoretischen Positionen formuliert:

> Die ökonomische Logik, so argumentieren sie [Pierre Bourdieu und Jacques Derrida, A.M.], prägt auch noch ihren Gegenbegriff und ist deshalb in ihrem scheinbaren ‚Außen', dem Anökonomischen, genauso präsent wie im Tausch. Dabei impliziert die Unterscheidung zwischen Tausch und Gabe bzw. zwischen Ökonomischem und dem Anökonomischem eine Wertung zugunsten des Anökonomischen, ohne dass diese systematisch oder historisch reflektiert wird.[183]

---

181 Grundlegend zur Idee von Wirtschaft als kulturell eingebettetem Handeln besonders in der Vormoderne vgl. Polanyi: Great Transformation. Aktuell wird auch Wirtschaft als kulturwissenschaftlich perspektivierbares Thema wieder in den Geschichtswissenschaften populärer. Lang: Wirtschaften, S. 19, schreibt in der Einleitung zu seiner Fallstudie zu frühneuzeitlichen Kaufleuten, dass „auch *Wirtschaft*, *Wirtschaften*, und *Wirtschaftswissenschaft(en)* als kulturell eingebettet begriffen und als kulturelle Verfahrensweisen charakterisiert werden müssen." Mit Höhn: Kaufleute in Konflikt liegt zudem eine jüngere Studie zu spätmittelalterlichen Konflikten unter Lübecker Kaufleuten auf Grundlage der kulturellen Einbettung nach Polanyi vor.

182 Neben den bereits dargestellten wirtschaftshistorischen Einwänden der EC soll hier auch auf ein Problem der modernen Forschungsgeschichte aufmerksam gemacht werden, das die Unterscheidung von Kapitalismus und Ökonomie einreißt und zugleich aus gegenaufklärerischer Perspektive dieses kapitalistisch-ökonomische Gebilde kritisch zu hinterfragen versucht. Dies drückt sich in Manfred Franks Kritik am methodischen Ansatz von Guatarri und Deleuze im *Anti-Ödipus* aus: Manfred Frank: Das Sagbare und das Unsagbare. Studien zur deutsch-französischen Hermeneutik und Texttheorie. Erweiterte Neuausgabe. Frankfurt am Main 1990, S. 568: „Sein [des Kapitalismus'] Wesen ist es, Codes permanent zu ‚decodieren', Territorien zu ‚deterritorialisieren'. Seine Geld- Scheiß- Warenströme kennen keine fixen und definitiven Grenzen. Das teilen sie mit dem ‚Sprachsystem', dessen Bedeutungs-‚Werte' ebenfalls im Lauf der unendlich vielen Sprachverwendungen um ihre Zeichenhülsen flottieren [...]. Man könnte, mit Bataille, von einer im Strukturalismus/Kapitalismus vollzogenen *Entgrenzung der Ökonomie* sprechen." Diese Kritik äußert sich auf diskurshistorischer Ebene. Mit einem zugrundeliegenden strukturellen Ökonomiebegriff hat Gebhard Kirchgässner: Das Gespenst der Ökonomisierung. In: Menschen und Märkte. Studien zur historischen Wirtschaftsanthropologie. Hrsg. von Wolfgang Reinhard, Justin Stagl. Köln/Weimar/Wien 2007, S. 401–433, die Sichtweise vertreten, dass der Primat der Nutzenmaximierung mehr als nur ein aktuelles Phänomen darstelle und auch emanzipatorisch wirken könne. Dabei lässt Kirchgässner jedoch die Ebene der sprachlichen Ökonomisierung außen vor.

183 Reichlin: Ökonomien, S. 78. Das Problem, dass eine Beziehung der Kategorien von Ökonomie und Anökonomie die Inhalte dieser beiden Wissensstrukturen verändert, hat auch Egidi: Ordnung und Überschreitung, S. 227, bereits hervorgehoben: „Tatsächlich lassen sich die Kategorien [Ökonomie und Anökonomie, A.M.] nicht als Binarismen aufeinander hin ordnen, da Tausch- und Gabenlogik nicht nur unvereinbar sind und sich wechselseitig aufheben, sondern zugleich nicht voneinander ablösbar sind. Der Versuch, das Phänomen der Gabe einzugrenzen durch die Unterscheidung von ihrem ver-

Das Gabensystem, das kooperative Beziehungen aufbauen wie auch den Wettstreit befeuern kann, wird in der Altgermanistik zumeist in Anlehnung an Mauss, Lévi-Strauss und Bourdieu verwendet. Mit Fokus auf das Ende des 12. und das 13. Jahrhundert kehrt man dabei immer wieder unweigerlich zu den Monografien Marion Oswalds und Susanne Reichlins zurück, in denen sich die Autorinnen mit den narrativen Strukturen (teil)materieller Interaktionen und deren Störungen befassen. Zu Bourdieus Konzeption des Gabentauschs schreibt Oswald, die in ihrer Untersuchung zum Zusammenhang von Gabe und Gewalt den herausfordernden Bedeutungsteil der Gabe fokussiert:

> Jede Gabe stellt gleichzeitig eine Provokation dar, die von ihrem Empfänger angenommen oder zurückgewiesen werden könne. Lehnt der Rezipient die Gabe ab oder macht eine identische Gegengabe, werde der Austausch verhindert oder beendet. Auch die Aufhebung der Zeit zwischen Gabe und Gegengabe komme dem Abbruch des Tausches gleich.[184]

Die von Oswald untersuchten narrativen Störungen bilden Störungen in einem sozialen System ab, in dem die zeitlich gedehnte und preislich unbezifferte und damit euphemisierte Interaktion als gelingende Norm gedacht wird. Der gabentheoretische Blick unterscheidet dabei die nicht-euphemisierte Gabe, also diejenigen objektbezogenen Interaktionen, die Bourdieu der ‚ökonomischen Ökonomie' zuschlägt, von den scheinbar komplexeren Gaben, die im Sinne der ‚symbolischen Ökonomie' gelesen werden können. Auch wenn die mediävistische Forschung für ihre Analysen weiterhin an der gabentheoretischen Unterscheidung festhält, so scheint es doch, dass die Nutzung des Konzeptes, mal mehr Bourdieu, mal mehr Mauss folgend, durchaus innerhalb der Kategorie ebenso große Differenzen aufweisen kann, wie zwischen der Gabe und dem Kauf angenommen werden.[185] Zudem, und darin liegt wohl ein oder sogar das Grundproblem beim Umgang mit den Kategorien der Gabenökonomie, ist ihr Einfluss

---

meintlichen Gegenteil, hebt sie auf." Da die Gabe, so Egidi weiter, „Unterscheidungen an sich überschreitet", werde ein rekursives „Repräsentationsproblem der Gabe" deutlich (S. 227 f.). In der ethnologischen Forschung, die sich mit dem Konzept der Gabe nach Mauss auseinandersetzt, hat besonders Parry: Moral perils anhand ethnologischer Studien die überwiegend positive Wertung der Gabe wieder zur Disposition gestellt.

184 Oswald: Gabe und Gewalt, S. 30 f.

185 Durch die Beachtung dieser definitorischen Krux kann einem in der Forschung angemerkten Umstand Rechnung getragen werden, der beispielsweise von Hannig: Ars donandi, S. 157, bereits für das Frühmittelalter formuliert worden ist: „Rechtsakte, die in der Spätantike noch über Gesetze, Steuern und jene elaborierten Rechtsformen wie dem Eintrag in die ‚gesta municipalia' abzuwickeln und zu kontrollieren waren, sind im Frühmittelalter nur noch über Reziprozitätsbräuche in Abgaben, Gefolgschaftswesen, Heirat, Kauf und Schenkung möglich." Der Kauf gehört hier ganz selbstverständlich in die Liste der vergesellschaftend wirksamen Handlungen ausgestellter Reziprozität. Eine moderne Unterscheidung von ‚ökonomischer' und ‚symbolischer' Ökonomie mag zwar gewichtige Unterschiede aufdecken, die Überschneidungen der Funktionalitäten werden aber gerade außer Acht gelassen.

auf das narrative Geschehen höchst ambivalent. Monika Schausten beschreibt dies, hier ausgehend von Mauss' Gabentheorie mit Blick auf das *Nibelungenlied*:

> Der durch die Gabenökonomie ermöglichten Stabilisierungsfunktion von sozialen Gruppen, ihrer zyklischen und reziproken Struktur als Fundamente eines funktionierenden, für jeden Partizipierenden auskömmlichen ökonomischen und gleichzeitig rechtlich verbindlichen Kreislaufs, eignet eine Schattenseite, ein ‚agonistische[r]' Zug, wie Mauss sagt, an den die Strukturierung und Akzentuierung des heldenepischen Plots wohl besonders intensiv anschließt.[186]

Minnegaben, *milte*-Gaben an Spielleute oder hierarchisierende Gaben zwischen zwei handlungsrelevanten Figuren werden höchst unterschiedlich in Szene gesetzt und erfüllen je eigene Funktionen.[187] Im *Nibelungenlied*, so konnte Xuan Jing zei-

186 Monika Schausten: Agonales Schenken. Rüdigers Gaben im *Nibelungenlied*. In: Dingkulturen. Objekte in Literatur, Kunst und Gesellschaft der Vormoderne. Hrsg. von Anna Mühlherr [u. a.]. Berlin/Boston 2016, S. 83–109, S. 86 f. Ebenso fasst Müller: Spielregeln, S. 348, für das *Nibelungenlied* zusammen: „Gaben stellen befriedete Beziehungen zwischen fremden Gruppen her. Exzessive Verschwendung von Geschenken spiegelt den Glanz einer Herrschaft. Geschenkt wird scheinbar absichtslos und ohne Ansehen der Person. Schenken ist öffentlich und meist hierarchisch strukturiert: Wer schenkt, steht über dem Beschenkten. Wo Geschenke Freundschaftsbindungen zwischen Gleichen herstellen oder befestigen sollen, müssen sie durch gleichwertige Gegengeschenke beantwortet werden. Umgekehrt kann Schenken als Mittel des Wettkampfes aggressiv eingesetzt werden; man sucht sich an Geschenken zu überbieten, bis dem anderen die Gegengabe unmöglich wird."

187 Udo Friedrich: Zur Poetik des Liebestodes im *Schüler von Paris* (B) und in der *Frauentreue*. In: Liebesgaben. Kommunikative, performative und poetologische Dimensionen in der Literatur des Mittelalters und der Frühen Neuzeit. Hrsg. von Margreth Egidi [u. a.]. Berlin 2012, S. 239–253, S. 239, spricht von den „Symmetrien und Asymmetrien der Gabe". Die wohl allgemeinste Zuordnung von Gaben und Erzählen findet sich bei dems.: Zur Verdinglichung der Werte in den „Gesta Romanorum". In: Dingkulturen. Objekte in Literatur, Kunst und Gesellschaft der Vormoderne. Hrsg. von Anna Mühlherr [u. a.]. Berlin/Boston 2016, S. 249–266, S. 258: „Narratologisch eröffnet die Gabe eine Spannung, die eine Erwartung hervorruft und auf Schließung ausgerichtet ist, d. h. sie bildet eine eigene Sequenz." Zur Mehrdeutigkeit der Gabe aus historischer Perspektive vgl. auch Benjamin Scheller: Rituelles Schenken an Höfen der Ottonenzeit zwischen Ein- und Mehrdeutigkeit. Formen und Funktionen des Austausches im früheren Mittelalter. In: Ordnungsformen des Hofes. Hrsg. von Ulf Christian Ewert, Stephan Selzer. Kiel 1997, S. 56–66. Gaben können zwar bedeutungsgenerierend, aber letztlich dann, abhängig von ihrer narrativen Ausgestaltung, nahezu beliebig in den Erzählverlauf eingebunden werden. Reichlin: Ökonomien konnte in ihren Theoriekapiteln jedoch zeigen, dass es durchaus auch zwischen den Theoretikern Überschneidungen gibt, die weniger die Gabenpraxis von der Wirtschaft, als vielmehr das vormoderne vom modernen Handeln trennen. Damit belegen die von Reichlin besprochenen Theorien ihre Anschlussfähigkeit für ein historisierendes Verständnis von Wirtschaft, die als eingebetteter Teil gesamtgesellschaftlicher Logiken vorgestellt werden muss. Vgl. ebd., S. 74: „Luhmann unterscheidet wiederholt zwischen dem Tausch vor der Ausdifferenzierung der Geldwirtschaft und in derselben sowie zwischen Gütertausch und Geldtausch (i. e. Kauf). In Bezug auf diese Unterscheidung argumentiert Luhmann interessanterweise ganz ähnlich wie Mauss und Bourdieu. Den vormodernen Güteraustausch beschreibt er als einen Vorgang, der sich – im Unterschied zum Geldhandel – nicht vom sozialen Kontext löst." Im Sinne der EC wäre zu ergänzen, dass auch der Geldhandel nicht von der Verhandlung sozialer Tatsachen ausgenommen werden kann.

gen, beruhen die zentralen Erzählelemente geradezu auf den Uneindeutigkeiten der materiellen Gaben.[188] Dabei zeigt sich, um noch kurz bei Schaustens Analyse des *Nibelungenliedes* zu verweilen, genau der Punkt, der an der Benennung einer „Gabenökonomie“ so problematisch erscheint:

> Die hohe soziale Relevanz von Tauschgeschäften im mittelhochdeutschen Heldenepos zeigt sich schon in den Anlässen, die als Initiation gabenpolitischen Verhaltens erzählt sind. Denn es sind stets gesellschaftlich bedeutsame Ereignisse, die das Austeilen und Entgegennehmen von Geschenken nach sich ziehen.[189]

Gerade die performativ hergestellte Asymmetrie der Gabe überdecke reziproke Erwiderungen.[190] Jan-Dirk Müller wie auch Schausten konnten umfassend darstellen, wie das Gelingen und viel wichtiger das Nicht-Gelingen solcher Gaben im *Nibelungenlied* ausgestaltet wird.[191]

Ausgehend von den beiden gegebenen Zitaten von Schausten sind zudem zwei wichtige Bemerkungen festzuhalten: Zum einen zeigt sich konkret an vielen Stellen des *Nibelungenliedes*, dass von materieller Interaktion erzählt werden kann, ohne dass im Text über merkantile Strukturen, geschweige denn über einen wirtschaftlichen Diskurs gesprochen wird. Zum anderen handelt es sich, wie Schausten mehrfach betont, um eine Interaktionsform, die besonders deutlich an der „Strukturierung und Akzentuierung des heldenepischen Plots“ ablesbar ist. Angesichts der gattungsspezifischen Bindung des *milte*-Begriffs verwundert es daher nicht, dass *milte* in der Sangspruchdichtung vollkommen anders funktionalisiert und für die explizite Bitte

---

188 Xuan Jing: Charisma – Falschgeld – Gnade. Zur Funktion der Gabe im *Nibelungenlied*. In: Anerkennung und die Möglichkeiten der Gabe. Literaturwissenschaftliche Beiträge. Hrsg. von Martin Baisch unter Mitarbeit von Malena Ratzke und Britta Wittchow. Frankfurt am Main 2017, S. 41–66. Die „programmatische Doppeldeutigkeit“ im *Nibelungenlied* verbinde sich in Gürtel und Ring „mit dem Thema der Gabe“ (ebd., S. 43).

189 Schausten: Agonales Schenken, S. 89.

190 Hirschbiegel: Gabentausch, S. 53, nimmt die Euphemisierung Bourdieus aus der Innenperspektive der Gesellschaft nicht so ernst, und gelangt damit zu einer sinnvollen Beschreibung der Kalkulation geschenkpolitischer Akte in der höfischen Kultur: „Und der Adel zumindest weiß oder konnte doch wissen, wem er was, wie und warum zu geben hat. Und der Adel weiß dies durchaus. Freigebigkeit als höfisches Verhalten ist nicht nur zielorientiert motiviert durch den Erwerb und die Akkumulation des symbolischen Kapitals der Ehre gemessen an den einzelnen Geschenken zuzuweisenden Werten und damit distinktiven Charakters. Das entscheidende Kriterium hierbei ist die Konvertierbarkeit in soziales Kapital in Form der Etablierung von Anerkennungsverhältnissen und deren Reproduktionsfähigkeit [...].“ Dass es sich dabei um ein innerhalb einer hegemonialen Gruppe funktionierenden Austausch handelt, betont auch Chris Wickham, allerdings mit dem Verweis, dass es zwar in den Quellen keine Überlappungen mit bäuerlichen Akteuren gab, dass es innerhalb dieser Gruppe jedoch auch Formen reziproken Austauschs gegeben habe. Vgl. Chris Wickham: Conclusion. In: The Languages of Gift in the Early Middle Ages. Hrsg. von Wendy Davies, Paul Fouracre. Cambridge 2010, S. 238–261, S. 243 f.

191 Schausten: Agonales Schenken; auch Müller: Spielregeln, besonders Kap. VII.

um Gegengabe für den dargebrachten Text eingesetzt wird (Stichwort: *guot umbe êre*).[192] Gattungen haben entscheidenden Einfluss darauf, von welchen materiellen Interaktionsformen wie erzählt wird. Dies beeinflusst auch die im Folgenden präsentierte Auswahl der analysierten Primärtexte. Bringt man beispielsweise Markt und Artusroman zusammen, denkt man zwar sofort an bekannte und auch schon untersuchte Szenen wie den Kampf zwischen Iwein und Gawein in Hartmanns *Iwein*,[193] der durch eine Fülle von monetären und merkantilen Termini rhetorisch überfrachtet daherkommt. Doch um den Markt geht es jenseits des Bildbereichs im *Iwein* nicht. Und selbst der Zweikampf kann nicht durch den Verweis auf merkantile Metaphorik im engeren Sinne gänzlich analysiert werden, entspricht das Vokabular doch vielmehr dem größeren, den Markt miteinschließenden juristischen Diskurs.[194]

Brennig, der in seiner Untersuchung der literarischen Kaufmannsfigur großes Gewicht auf den mittelhochdeutschen höfischen Kanon legt,[195] kann daher nicht zufällig Kaufleute größtenteils als Helfer, Agenten des Transports oder als Verkleidung der Hauptfigur(en) beschreiben. Damit umreißen wir langsam das Problem, das Wirtschaft – im Sinne eines auf den Markt konzentrierten Sonderfalls von Interaktion – und Gabenpraxis voneinander trennt: Mittelhochdeutsche Literatur erzählt häufig von Gaben als Manifestation sozialer, oftmals agonaler Beziehungen. Von Märkten und den damit verbundenen Praktiken und Handlungslogiken scheint jedoch nicht mit der gleichen Prominenz erzählt zu werden. Als rhetorischer Signifikant oder als nur episodisch berührter Schauplatz erscheinen zwar Markt, Kauf und Verkauf, doch die Verhaltensvorgaben des konkreten Ortes ‚Markt‘ treten zumindest in diesen Texten nicht in gleicher Weise in den Vordergrund.[196] Die Praktiken und Interessen eines Marktes liegen den Narrativen, die den Kanon altgermanistischer Forschung ausmachen, scheinbar

192 Zum *milte*-Begriff in der Sangspruchdichtung vgl. Krause: Die *milte*-Thematik, zur „Formel *guot umbe êre nemen*“ ebd., S. 87–92.

193 Ähnlich prominente Stellen finden sich in Tristans Verkleidung als Kaufmann oder der Verwechslung Gaweins mit einem Kaufmann in Wolframs *Parzival* und ähnlich in Heinrichs von dem Türlin *Diu crône*, die sich allesamt in Brennig: Kaufmann besprochen finden.

194 Vgl. Pensel: Rechtsgeschichtliches. Vgl. auch oben, Kap. 2.2, die Ausführungen zu Thomas von Aquin, der Kauf und Verkauf als Fälle von Recht und Gerechtigkeit behandelt.

195 Kritik, dass das Bild des Kaufmanns in der mittelhochdeutschen Literatur durch eine moderne Kanonisierung höfischer Texte verzerrt werde, hat bereits Peters: Literatur in der Stadt, S. 48, geäußert.

196 Eine interessante Zwischenposition nehmen hier die teilweise narrativen *bîspel* des Strickers ein, die den Markt in ihrem narrativen Teil ungebrochen als Signifikant nutzen und entsprechend die gesamte Handlung dort ansiedeln, die dann aber in einem zweiten Schritt das Marktgeschehen allegorisieren. Vgl. vor allem *bîspel* wie „Die zwei Märkte“. Aus der metapherntheoretischen Perspektive, wie sie in Kap. 3.1 vorgestellt wird, sind diese hybriden Erzählungen besonders interessant, da hier untersucht werden kann, wie sich zwei in ihrer textlichen Ausdehnung gleichrangige Sinnbereiche gegenseitig beeinflussen.

nicht zugrunde.[197] Es spricht nun aber einiges dafür, den Fokus einer auf Gabenpraxis ausgerichteten Literaturwissenschaft um diesen Bereich des Handelns zu erweitern. Denn mit einem anderen Bereich konventionalisierten Agierens gehen auch andere narrative Möglichkeiten einher. Wie bereits erwähnt wurde, ist die sozial anerkannte Wertschätzung eines Kaufobjektes nur dann möglich, wenn der Markt als Ort konventioneller Verständigung den Vergleich mit anderen, hinreichend ähnlichen Gegenständen erlaubt. Die mythisierende Vereinzelung des Objekts,[198] der aus ethnologischer Sicht bei Mauss der *hau* zugeschrieben wird und in der sich die bleibende Verbindung zwischen Gebendem und Gabe niederschlägt, kann – dies hat de Muncks Beispiel der Gildenabzeichen deutlich gemacht – einerseits in den Markt integriert werden. Andererseits existiert parallel dazu auf dem Markt der Objekt*vergleich*, wodurch bei der Transaktion eines Gegenstandes immer die Alternativen zu diesem Gegenstand veranschaulicht werden. Unterschiedlichste Wege lassen sich finden, um diese augenscheinliche Dichotomie zu umgehen. Sie reichen von hybriden Konfigurationen des Erzählens, wie sie in den Analysen dieser Arbeit präsentiert werden sollen, bis hin zur religiösen Übercodierung der Ware als Fetisch, wie Marx sie beschreibt.[199]

Nimmt man also den Markt als Raum spezifischer Zeichen und nicht als die Versinnbildlichung einer absolut gesetzten ‚ökonomischen Ökonomie' an, so gerät der strukturelle Abstand zwischen euphemisierten und nicht-euphemisierten Gaben aus dem Fokus[200] – zugunsten einer Unterscheidung zwischen solchen Handlun-

---

197 Der Unterschied zwischen Texten, die vom Markt erzählen, und jenen, die den Kanon altgermanistischer Forschung ausmachen, wird mit den in dieser Arbeit folgenden Analysen deutlich. Die motivisch ‚non-merkantile' Ausrichtung der mittelhochdeutschen Erzählliteratur aus Sicht der modernen Altgermanistik veranschaulicht die Forschungsdiskussion bei Bartsch: Programmwortschatz, S. 15–42. Dabei bezieht sie sich auf eben jenes Korpus, das auch im 19. Jahrhundert bereits der Diskussion um ein solches Spezialvokabular zugrunde lag. Dies sind nach Bartsch im Einzelnen: Heinrichs von Veldeke *Eneasroman*, Hartmanns von Aue *Iwein*, Gottfrieds von Straßburg *Tristan und Isolde*, Wolframs von Eschenbach *Parzival* sowie das *Nibelungenlied*. Die von Bartsch untersuchten Lexeme belaufen sich auf *hof/hövescheit*, *mâze*, *tugent*, *zuht*, *êre* und *muot*.

198 Eine vollständige Diskussion des Mythosbegriffes ist hier nicht vonnöten. Singularisierung ist jedoch in den meisten strukturellen Definitionen von Mythos ein wesentlicher Bestandteil. Dieser Mechanismus findet sich sowohl im „Mythos als Anschauungsform" bei Ernst Cassirer: Philosophie der symbolischen Formen. Zweiter Teil: Das mythische Denken. Hamburg 2010, besonders S. 88, wie auch in der doppelten semiologischen Codierung des mythischen Gegenstandes nach Roland Barthes: Mythen des Alltags. 4. Aufl. Berlin 2016, S. 253–267.

199 Zur Geschichte des Fetischs als Kategorie der Objektbeschreibung seit dem 19. Jahrhundert vgl. Kohl: Macht der Dinge, Kap. 3. Hybride Erzählstrategien wie der Tausch singulärer Marktwaren oder die Logik der Spitzenäquivalenz werden unten in den Literaturanalysen vorgestellt.

200 Teuscher: Zuerst die Herrschaft, S. 422, schreibt zum Geschehen auf spätmittelalterlichen Märkten: „Unsere Quellen sprechen nicht öfter von *venditio* als von *donatio*, *traditio*, *servitium* usw." Begriffliche Unterscheidungen mit modernen Analysekategorien in Einklang zu bringen, gestaltet sich daher als ausgesprochen schwierig. Ähnlich finden sich auch in Registern, die jenseits des merkantilen Bereichs eine Vielzahl von Besitzwechseln festhalten, eine Reihe von Verben der Besitzübergabe, deren Abgrenzung untereinander nicht immer deutlich ist. Ludolf Kuchenbuch: Porcus donativus. Language

gen, die im Rechtsraum des Marktes vollzogen werden und solchen, die außerhalb dessen zu finden sind. Konzentriert man sich aus dieser Perspektive auf merkantile Interaktion, anstatt nach der Realisierung eines ‚ökonomischen Prinzips' in Erzähltexten zu suchen, verringert sich aus mediävistischer Perspektive auch die Anzahl der zu untersuchenden Texte stark.

An dem Ungleichgewicht, kaum dargestellte Vorgänge des Marktes abgebildet zu finden, und dennoch einen beinahe allumfassenden Begriff der Ökonomie den Texten zugrunde zu legen, möchte ich auch die Hauptkritik an der literaturwissenschaftlichen Nutzung der Überlegungen Bourdieus festmachen, ohne hoffentlich das Kind mit dem Bade auszuschütten. Wendet man nämlich die Erkenntnisse der EC, der Forschung zur symbolischen Kommunikation wie auch die der historischen Diskursanalyse auf den Bereich vormoderner Tauschpraktiken an, so zeigt sich, dass die Offenlegung eines profitorientierten Denkens nicht automatisch mit dem Bildbereich des Marktes einhergehen muss. Die Gleichsetzung eines bestmöglichen Kosten-Nutzen-Verhältnisses für den einzelnen Teilnehmer mit dem Bildbereich des Marktes unter dem Oberbegriff der *Wirtschaft* kann so als (neo)klassische Projektion eines vermeintlich transhistorischen ökonomischen Handlungsprinzips dekuvriert werden.[201] Damit stimme ich Bourdieu grundsätzlich zu, da seine Analysen ja gerade darauf abzielen, die Eigenlogik unterschiedlicher Tauschsysteme in Ergänzung zur ökonomischen Logik, die die (westlich-modernen) Beobachter:innen zumeist mitbringen, in Stellung zu bringen. Ich halte es aber für sinnvoller, das Verhältnis von (aus moderner Perspektive) Ökonomie und Anökonomie nicht als Dichotomie im Sinn Bourdieus zu verstehen, sondern in eine Verhandlung der diskursiven

---

Use and Gifting in Seigniorial records between the Eighth and the Twelfth Centuries. In: Negotiating the Gift. Pre-Modern Figurations of Exchange. Hrsg. von Gadi Algazi, Valentin Groebner, Bernhard Jussen. Göttingen 2003, S. 192–246, S. 202, verzeichnet nach Durchsicht seiner Quellen vom 8.-12. Jahrhundert „transaction verbs such as *accipere*, *colligere*, *dare*, *debere*, *donare*, *exigere*, *exire*, *facere*, *prestare*, *recipere*, *reddere*, *(per, ex, de, ab)solvere*, and *venire* [...].“ Gleichzeitig scheinen all diese Wörter mit *debere* zumindest teilsynonym zu sein: „It can replace all the other verbs or can be combined with them (*dare debent*, *solvere debent*, *servire debent* etc.).“

201 Besonders deutlich hat Teuscher: Zuerst die Herrschaft für eine symbolisch-soziale Einbettung merkantiler Prozesse plädiert, wenn er die Anfänge angeblich freier Märkte im Spätmittelalter relativiert. Zum einen würden durch die klassische Wirtschaftsgeschichte des Spätmittelalters Märkte über Gebühr betont, da sie als Keimzellen der modernen freien Wirtschaft angesehen werden (S. 419; vgl. dazu auch Bruch, Kypta, Skambraks [u. a.]: Grand Narratives, S. 12), zum anderen ist auch die Annahme einer solchen freien Wirtschaft auf besagten Märkten nicht haltbar. So Teuscher: Zuerst die Herrschaft, S. 421 f.: „Es gab ab dem Spätmittelalter Märkte, die erstaunlich modern konturiert, das heißt durch das Spiel von Angebot und Nachfrage bestimmt waren. Wer der neoklassischen Setzung folgt und sich nur mit diesen befasst, sieht über einen der interessantesten Sachverhalte hinweg, nämlich dass diese Märkte Seite an Seite mit ganz anderen Formen der Ressourcenzirkulation existierten.“ Gemeint sind herrschaftliche Machtbereiche und Ressourcensteuerungen, die die Märkte ebenso oder sogar stärker bestimmen, als ein freies „Spiel von Angebot und Nachfrage“.

Autonomie oder Heteronomie des Marktes und damit des Grades der kulturellen Einbettung im Sinne Polanyis zu überführen (vgl. Kap. 2.2).

Bourdieus Beschreibung ‚an-ökonomischer' Interaktion ist eben genau dies: eine – wenn auch verneinende – Beschreibung vor der Schablone einer Ökonomie,[202] die als Mechanismus der Gewinnmaximierung angesehen wird. Dass reziprokes Verhalten, bei dem der eigene Vorteil gesucht wird, als Struktur in narrativen Texten jedoch gleichzusetzen sei mit dem Aufrufen des Bildbereichs merkantilen Handelns, muss unter Berücksichtigung der kulturellen Einbettung und Konventionalität des vormodernen Marktes und angesichts des Fehlens eines ökonomischen Diskurses infrage gestellt werden.[203] Reziprozität und die damit einhergehenden Assoziationen können sich ebenso aus Bereichen wie der theologisch-moralisch fundierten Sozialität oder dem Lehnswesen[204] speisen. Erst, sobald diese Interaktionen entweder auf einem Markt stattfindet, oder durch merkantiles Vokabular markiert metaphorisch mit dem Markt in Verbindung gesetzt werden, kann von ‚merkantilem Erzählen' gesprochen werden.

Streicht man die moderne Ubiquität einer allumfassenden *Ökonomie* aus anderen Teilbereichen gesellschaftlicher Interaktion (auch aus Definitionen *e negativo*), wird schnell deutlich, dass nicht jeder reziproken Interaktion in Literatur eine ‚wirtschaftliche' Ratio zugesprochen werden muss, sondern dass das Handeln auf dem Markt nicht mehr und nicht weniger als *eine* Form der materiellen Interaktion darstellt, die ihr eigenes Inventar an Funktionen und narrativen Notwendigkeiten mit sich bringt.

Bemüht man sich also um ein ebenso differenziertes Verständnis von Wirtschaft, wie es auch an die Praxis der Gabe angelegt wird, wird deutlich, dass der bisherige Umgang mit der Kategorie des Ökonomischen durch die moderne Grenzenlosigkeit dieses Wissensbereichs vorschnell andere Bereiche der Interaktion überschreibt. Wenn beispielsweise Bent Gebert zum *Rosengarten A* festhält, „Dis-

---

202 Oswald: Gabe und Gewalt, S. 32, folgt Bourdieu in seiner Selbstverortung: „Bourdieu [opponiert] sowohl gegen einen reinen ‚*Ökonomismus*', wie er vornehmlich in Wirtschaftstheorien vertreten wird, einen ‚*Ökonomismus*', der alle Kapitalformen für letztlich auf ökonomisches Kapital reduzierbar hält und deshalb die spezifische Wirksamkeit der anderen Kapitalarten ignoriert', wie auch gegen den – etwa strukturalistischen – ‚*Semiologismus*', der ‚die sozialen Austauschbeziehungen auf Kommunikationsphänomene' und einfache Schemata reduziert." Dieses Verständnis einer ökonomistischen Wirtschaftstheorie ist es gerade, das durch die EC infrage gestellt werden soll.

203 Den jüngsten ausführlichen Beitrag zu einer kulturwissenschaftlich ausgerichteten wirtschaftshistorischen Arbeit unter Berücksichtigung der EC stellt Lang: Wirtschaften als kulturelle Praxis dar.

204 Der Hof als Gesellschaftssystem reziproker Strukturen ist besonders von Hirschbiegel: Gabentausch hervorgehoben worden (vgl. auch ders.: Der Hof als soziales System – Das Angebot der Systemtheorie nach Niklas Luhmann für eine Theorie des Hofes. In: Hof und Theorie. Annäherungen an ein historisches Phänomen. Dresdner Gespräche I zur Theorie des Hofes. Hrsg. von Reinhardt Butz, Jan Hirschbiegel, Dietmar Willoweit. Köln [u. a.] 2004, S. 43–54). Terminologisch trifft Hirschbiegel: Gabentausch, S. 50, noch eine Unterscheidung zwischen der Reziprozität als „Prinzip des sozialen Tausches" und dem einfachen Tausch, der keine soziale langfristige Beziehung stifte. Vgl dazu auch das Kapitel zum Dienstgedanken höfischer *minne* in Bumke: Höfische Kultur, S. 507–513.

kussionen zwischen Figuren, narrative Verfahren und leitende Symbole [verwiesen] auf ökonomische Zusammenhänge",[205] dann werden Vorgänge des Turniers, des Männervergleichs und der Herausforderung durch ein metaphorisches Wissensfeld erklärt, dass sich im Text motivisch und auch diskursiv nicht nachvollziehen lässt.[206] Das Problem der strukturellen Verallgemeinerung des Ökonomischen reflektierend, fasst Margreth Egidi Ökonomie und Anökonomie – nach eigenen Worten – „in äußerster und unzulässiger Verkürzung" wie folgt zusammen:

> [E]inerseits die Ordnung von Rückkehr, Gerichtetsein, Verschuldung und Wiedergutmachung, Maß und Symmetrie, Verrechen- und Substituierbarkeit, andererseits die ‚totale Gabe', die nicht vergolten wird und nicht vergeltbar ist, das nicht motivierte Ereignis, Verschwendung, Asymmetrie, Aufhebung von Kausalität und Diskontinuität.[207]

Dieses Verständnis nutzt Egidi zur Interpretation von *Der minne gericht* des Ellenden Knaben. Dabei räumt sie ein, dass für den Text keine moralische Superiorität einer entgrenzenden Gabenlogik veranschlagt werden kann, wie sie in der postmodernen Forschung zur Gabe häufig mitgelesen werde.[208] Einerseits macht Egidi dabei, konform mit dem oben ausgearbeiteten Ansatz, darauf aufmerksam, dass merkantile Begriffe und Bilder wie das Abwägen, *widergelt* geben und *wechsel* ausstellen, einen eigenen Praxisbereich abzirkeln. Andererseits werden durch den bereits angesprochenen sehr breiten Ökonomiebegriff einzelne Formen der Reziprozität unter einem Oberbegriff subsumiert, der auf die moderne Interpretin und nicht auf den mittelhochdeutschen Text zurückzuführen ist. Die „widerrechtliche Verweigerung des Minnelohns für treue Dienste" verstoße „gegen das Prinzip der Symmetrie und des Ausgleichs", das Ausdruck der „nachdrückliche[n] Affirmation ökonomischen Denkens" sei.[209] Mittels der modernen Konzeption einer strukturellen Anlage von Ökonomie verschwimmen nun Dienst/Lohn-Verhältnisse mit der Praxis des Marktes und der übergeordneten, aber außerhalb beider stehenden Ordnung des Juristischen.[210]

---

205 Bent Gebert: Wettkampfkulturen. Erzählformen der Pluralisierung in der deutschen Literatur des Mittelalters. Tübingen 2019, S. 328.

206 Gebert, ebd., klassifiziert dabei Formen von Preisbestimmung oder Rangordnungen immer zumindest latent als ökonomisch. Kernaussage der Perspektive der vorliegenden Arbeit ist es, die Schwelle für ein wirtschaftliches Lesen der Erzähltexte höher anzusetzen, da Wirtschaft ohne diskursiv formalisiertes Strukturwissen nicht losgelöst von seinen konkreten Erscheinungsformen und -feldern interpretiert werden kann.

207 Egidi: Ordnung und Überschreitung, S. 227. Beinahe wörtlich erneut in dies.: Gabe, Tausch und *êre*, S. 355.

208 Vgl. dies.: Ordnung und Überschreitung, S. 229 f.

209 Ebd., S. 228.

210 Egidis Untersuchung bezieht sich natürlich auf einen Text, der im 3. Viertel des 15. Jahrhunderts entstanden ist. Die Wissensordnungen können zwischen den Erzähltexten des 13. Jahrhunderts, die in der vorliegenden Arbeit interessieren, und dem *Minnegericht* also bereits tiefgreifenden Transformationen unterworfen gewesen sein.

Noch deutlicher zeigt sich ein allzu weites Verständnis von ‚Ökonomie' in der Beschäftigung mit der *milte*, auf die ich abschließend noch eingehen möchte. Erinnert sei an die oben bereits angesprochenen Verse Thomasins von Zerklaere *der ist ein koufman gar / der durch gewin gît, daz ist wâr* (WG, V. 14331 f.). Katharina Philipowski hat sich der Konzeption der *milte* bei Thomasin, die den Rahmen für diese Aussage bildet, aus gabentheoretischer Perspektive gewidmet.[211] Die wahre *milte* werde von Thomasin durch die Nennung des Kaufmanns von einer Logik der Reziprozität abgegrenzt, die als direkter Tausch „die Vernichtung der Gabe wäre."[212] Thomasin, so Philipowski weiter, warne durch das gabentheoretische Schreckbild des *koufmans* vor einer „Ökonomisierung der Gabe".[213] Später setzt sie dann die „‚Ökonomisierung'" mit der „Erwartung, für eine Handlung belohnt zu werden" gleich.[214] *Lôn* ist jedoch gar kein Begriff des merkantilen Handelns und entsprechend handelt es sich hier nur im Sinne einer überinklusiven modernen Definition um eine ‚Ökonomisierung', eine ‚Merkantilisierung' liegt jedoch nicht vor.[215] Das „Dilemma [...], das auch die moderne philosophische Gabentheorie beschäftigt",[216] ist somit nur dann ein Dilemma, wenn man den Begriff der Ökonomisierung auf Reziprozitätserwartungen im Allgemeinen ausweitet. Was aber den Unterschied dann letztlich bei Thomasin ausmacht, spricht Philipowski selbst kurz an. Thomasin verhandle die *milte* auf ihr Vehältnis zum *reht*: „Die *milte* ist, anders als das *reht*, nicht einzufordern und kann auch ihrerseits nichts fordern. Sie ist ein Ideal, eine Tugend, die allerdings leicht durch Eigennutz verdorben werden kann und damit zum *kouf* degeneriert."[217] Ob für diese Gegenüberstellung eine gabentheoretische Diskussion, die das Dilemma der angeblich unmöglichen Gabe im Sinne Derridas selbst in diesem Maße erst in die Analyse hereinträgt, notwendig ist, bezweifle ich.[218] Bedenkt man, dass der *koufman* auf dem Markt, also an einem rechtlich geregelten und vermutlich allen zeitgenössischen Rezipient:innen bekannten Ort agiert, so ließe sich der Anachronismus von Ökonomie vs. Anökonomie durch die Gegenüberstellung rechtlich geregelte Reziprozität vs. wohltätige Reziprozität ersetzen. Dass dabei Euphemisierungsstrategien am Werk sind und

---

211 Philipowski: diu gâb mir tugende gît.

212 Ebd., S. 459.

213 Ebd., S. 462.

214 Ebd., S. 463. Stattdessen ließe sich von einer metaphorischen ‚Feudalisierung' sprechen, sofern hier ein *dienst*/*lôn*-Verhältnis dieser sozialen Struktur zugewiesen werden kann.

215 Zur Verwendung von *lôn* im Bezug auf kaufmännischen Gewinn vgl. Kap. 3.6. *Lôn* ist nur rechtfertigendes, begriffliches Substitut für *gewin*, aber kein genuin merkantiler Begriff.

216 Philipowski: diu gâb mir tugende gît, S. 457.

217 Ebd., S. 456.

218 Ähnliches gilt für Andrea Schallenberg: Gabe, Geld und *Gender*. Ein Beitrag zur Poetik der Geschlechterdifferenz in der mittelhochdeutschen Verserzählung. In: ZfdPh 125 (Beiheft) (2006), S. 76–107, die der absoluten Gabe nach Derrida ein finanzwirtschaftliches Geschäft gegenüberstellt. Schallenberg bespricht jedoch Novellistik des Spätmittelalters, für die die diskursiven Ordnungen unter den hier vorgestellten Gesichtspunkten separat zu besprechen wären.

Thomasins Erklärung dabei das merkantile und das *miltecl̂iche* Ordnungssystem ins Ungleichgewicht bringt, soll gar nicht bestritten werden.[219]

Wie sich also zeigt, operiert die moderne Forschung, mal bewusst, mal unbewusst, zumeist mit einem ausgesprochen weiten Ökonomiebegriff, der stets auf sein anthropologisches Gegenstück, den Gabentausch als grundlegende Kulturtechnik ausgerichtet beschrieben wird. Die Konzentration auf einen historisch und strukturell differenzierten Wirtschaftsbegriff kann offenlegen, dass Konzepte wie Gewinnmaximierung und Kosten-Nutzen-Prinzip sowie die Vorstellung einer eindeutig bestimmbaren Zweckrationalität in ihrer diskursiven Darstellbarkeit keine anthropologischen Konstanten darstellen. Der Markt ist ein Ort, an dem gewisse Regeln und Konventionen herrschen, die, wie die Analysen einzelner Erzähltexte (Kap. 4) zeigen werden, narrativ und poetisch ihre eigenen Probleme und Potentiale mit sich bringen. Die Annahme eines übergeordneten Diskurses der Ökonomie oder gar der Ökonomisierung halte ich für problematisch. Zwei Wege sollen von hier aus beschritten werden. Zuerst soll die Idee der kulturellen Einbettung des Marktes auf einzelne, beispielhafte Begriffe angewendet werden, um deren metaphorische und semantische Einsetzbarkeit zu verdeutlichen (Kap. 3). Anschließend muss der erarbeitete Begriff des merkantilen Erzählens an konkreten Märkten in Erzähltexten erprobt werden (Kap. 4).

219 Dass ein Prozess der Verschleierung der Gabe auch bei Thomasin bereits zu finden ist, bespricht Philipowski: diu gâb mir tugende gît auf S. 459.

3 Merkantile Begriffe: Metaphorik und Polysemie

> Für die Dichter sind Wörter nicht abgegriffene Münzen, ihres Amtes ist es, alten Glanz wieder bloßzulegen oder neuen hervorzurufen. Sie schaffen mit am Schicksal der Wörter. Gewiß nur selten in völliger Freiheit als Wortschöpfer, weit häufiger als sorgsam alte Bedeutungen Bewahrende oder neu entstehende Hegende und Pflegende.[1]

Werner Schröders Beobachtung mag nicht ganz passend für eine zeitgenössische Literaturwissenschaft formuliert sein, sein Anliegen ist jedoch ein in höchstem Maße analytisches: sein Artikel zur *armuot*, dem das obige Zitat entstammt, beginnt mit der Selbstverortung der eigenen Methodik in seiner Zeit (i. e.: 1960): „Das Achthaben auf das Wort ist erfreulicherweise heute wieder allgemein anerkannte – wenn auch nicht immer befolgte – Grundlage der Interpretation von Dichtung."[2] Die zu Beginn zitierte Begründung weist auf den nicht anzuzweifelnden hermeneutischen Umstand hin, dass Sprache einerseits Literatur vorangeht, damit diese verfasst werden kann, Literatur aber andererseits auch an den Verhandlungen der Denotationen und Konnotationen des verwendeten Wortschatzes teilhat.[3]

Welche Implikationen der Begriff des Marktes in sich vereint, ist durch die Anwendung einer konventionalistischen Perspektive auf wirtschaftliche Zusammenhänge einerseits und der Forschungsergebnisse zur symbolischen Kommunikation andererseits deutlich geworden (Kap. 2.3). Die Praktiken, Funktionen und Protokolle des Marktes werden dabei nicht in einem einheitlichen, autonomen Diskurs verbalisiert, da der Markt nicht jenseits heteronomer Ordnungen wie „Recht und Gerechtigkeit" hervortritt. Daher möchte ich im Folgenden beispielhaft einzelne Begriffe der merkantilen Sphäre hinsichtlich ihres Bedeutungsspektrums in erzählender Literatur beleuchten. Dazu können einzelne empirische Studien zur historischen Semantik und Gattungsgebundenheit[4] mancher Lexeme herangezogen werden.[5] Tatsächlich zeigt die Forschungsgeschichte,

1 Werner Schröder: *Armuot*. In: DVjs 34,4, S. 501–526, S. 33.

2 Ebd.

3 Ein ähnliches Problem bildet das Zentrum der bereits am Anfang der Altgermanistik stehenden Diskussion um eine mittelhochdeutsche Dichtersprache, die demnach gegenüber der alltäglichen Sprache beginnend mit Heinrich von Veldeke eine eigene Entwicklung einschlüge. Eine genaue Darstellung der in ihrer historischen Situation zu verstehenden Positionen des 19. und frühen 20. Jahrhunderts findet sich bei Bartsch: Programmwortschatz, S. 15–42. Eine Diskussion über den textlinguistisch und historisch-semantischen Zugang zum „Wort und dessen Bedeutung" bietet Manuel Braun: Historische Semantik als textanalytisches Mehrebenenmodell. Ein Konzept und seine Erprobung an der mittelalterlichen Erzählung *Frauentreue*. In: Scientia Poetica 10 (2006), S. 47–65 (Zitat S. 49).

4 Diese Frage findet sich besonders bei Roland Ris: Das Adjektiv reich im mittelalterlichen Deutsch. Geschichte – semantische Struktur – Stilistik. Berlin/New York 1971, der in seine Untersuchung des mittelhochdeutschen *rîch* die Frage der gattungsspezifischen Verteilung mit einbringt (Kap. 3.5).

5 Gottlob Bohner: Das Beiwort des Menschen und der Individualismus in Wolframs Parzival. Heidelberg 1909 geht in seiner Untersuchung auch der Bedeutung von *wert* nach. Dabei baut er auf Elias von

https://doi.org/10.1515/9783110776188-003

dass auf empirischer Ebene bereits viel geschehen ist, diese ältere Forschung nur wieder präsent gemacht und für zeitgenössische Fragen anschlussfähig aufgearbeitet werden muss.[6] Eine vollständige quantitative Analyse kann im Rahmen dieser Arbeit nicht geleistet werden.[7] Ich beabsichtige also eine Darstellung einzelner Lexeme in ihrem narrativen Zusammenhang, „die sich", in den Worten Manuel Brauns, „des Reflexionspotentials der Historischen Semantik bedient", aber nicht auf den Abgleich mit einem

Steinmeyer: Über einige Epitheta der mhd. Poesie. Rede beim Antritt des Prorectorates der Königlichen Bayerischen Friedrich-Alexanders-Universität Erlangen am 4. November 1889 gehalten. Erlangen 1889 auf, der sich in einer Vorlesung mit den Epitheta in höfischer Literatur befasst, wobei der Diskussion des Attributs *wert* die meiste Aufmerksamkeit geschenkt wird. Besonders aufschlussreich gestaltet sich zudem Walter Mersmann: Der Besitzwechsel und seine Bedeutung in den Dichtungen Wolframs von Eschenbach und Gottfrieds von Strassburg. München 1971. Zu Armut und Reichtum sind besonders Schröder: Armuot und Ris: Das Adjektiv reich zu nennen. Im romanischen und lateinischen Bereich hat Barbara Schuchard dies für *valor* geleistet (Barbara Schuchard: Valor. Zu seiner Wortgeschichte im Lateinischen und Romanischen des Mittelalters. Bonn 1970). Aktueller als die genannten Beispiele ist schließlich noch Randal Sivertson zu nennen, der den Konnex von Loyalität und materiellen Gegenleistungen im *Parzival* untersucht (Randal Sivertson: Loyalty and riches in Wolfram's „Parzival". Frankfurt am Main 1999). Insgesamt sei noch angemerkt, dass die Konzentration auf Wolframs *Parzival*, gefolgt von den Werken Hartmanns von Aue und Gottfrieds von Straßburg *Tristan* in den meisten dieser Studien höchst auffällig ist. Eine ähnliche Einengung findet sich auch in der breiter angelegten sprachhistorischen Studie von Judith Stieglbauer-Schwarz, die den indoeuropäischen Kontext von „Wiegen, wägen und bewegen" untersucht und im Zuge dessen auch ein Kapitel zum mittelhochdeutschen Gebrauch bietet (Judith Stieglbauer-Schwarz: *Wiegen*, *wägen*, und *bewegen*. Etymologie und Wortgeschichte. Frankfurt am Main 2001).

6 Bohner stellt in seiner Dissertation von 1909 (Bohner: Beiwort) der Betrachtung einzelner Attribute, die Figuren zugeordnet werden, jeweils Auszählungen voran, wie häufig diese in Wolframs *Parzival* vorkommen und wie dieser Befund in das umgebende Korpus mittelhochdeutscher Literatur einzuordnen ist. Derartige Arbeiten stellen jedoch Einzelfälle dar und sind besonders in der jüngeren Germanistik nicht mehr anzutreffen. Bolten: Sprachgeschichte, S. 123, konstatiert in der Neuauflage von *Sprachgeschichte. Ein Handbuch zur Geschichte der deutschen Sprache und ihrer Erforschung*: „Seit dem Erscheinen der vorangegangenen Auflage des Handbuchs hat sich an den dort konstatierten Desideraten des Forschungsbereichs ‚Deutsche Sprachgeschichte und Wirtschaftsgeschichte zumindest grundlegend nichts geändert. Die seinerzeit getroffene Feststellung, ‚eine organisierte Zusammenarbeit zwischen der germanistischen historischen Lexikologie auf der einen und der Wirtschaftsgeschichtsforschung auf der anderen Seite existiert nicht.' (Kleiber 1984, 71), trifft nach wie vor zu. Zwar läßt sich eine Intensivierung der Forschungsbemühungen sowohl auf sprachwissenschaftlicher als auch auf historiographischer Seite feststellen, wobei allerdings die bestehende inhaltliche Punktualität des Forschungstableaus bislang nicht zu einem konsistenten Ganzen verbunden werden konnte. Multa, non multum: so läßt sich die Forschungssituation derzeit dementsprechend am treffendsten zusammenfassen."

7 Ich muss mich also der Reihe von Veröffentlichungen anschließen, die das Verhältnis von Wirtschafts- und Sprachgeschichte nur partiell angehen können. Dass es an der Schnittstelle von Sprach- und Wirtschaftsgeschichte, wie Bolten, ebd., schreibt, nur „Multa, non Multum" gebe, hoffe ich durch die theoretische Neuausrichtung der Arbeit ein wenig zu entkräften: Eine Studie von Einzelfällen muss die Arbeit aber bleiben.

vollständig verfassten Korpus zurückgreifen kann.[8] Dass ich mich dabei dennoch stellenweise auf Untersuchungen größerer Korpora stützen kann, ist eher Jahrzehnte bis über ein Jahrhundert alten philologischen Studien zu verdanken, anstatt von modernen Entwicklungen wie einem digital unterstützten *distant reading* profitieren zu können.[9]

Allerdings möchte ich im Folgenden anhand einzelner Beispiele in den Blick nehmen, wie derartige Befunde für eine narratologische Herangehensweise fruchtbar gemacht werden können. Das bedeutet, dass im Fokus der folgenden Betrachtungen stehen muss, wie es sich mit den rhetorischen, metaphorischen[10] und narrativen Qualitäten solcher Begriffe verhält, die im Rahmen von Kauf- und Markthandlungen auftreten beziehungsweise mit solchen Praktiken in Beziehung stehen. Eine mögliche – aber nicht die einzige – Perspektive auf Begriffe des Marktes liefert das konventionalisierte Korpus christlicher Metaphorik:[11]

8 Braun: Historische Semantik, S. 65.

9 Für Hildegard von Bingen liegt zumindest eine *distant reading*-Analyse dreier lateinischer Werke vor (Jeroen de Goussem, Dinah Wouters: Language and Thought in Hildegard of Bingen's Visionary Trilogy: Close and Distant Readings of a Thinker's Development. In: Paragon 36,1 (2019), S. 31–60). Die vorliegende Arbeit mit einer quantitativen Analyse der entsprechenden Textstellen zu flankieren, wäre zwar wünschenswert, überstiege jedoch den Rahmen des Projektes und würde auch angesichts der narratologischen/metaphorologischen Herangehensweise eher eine zusätzliche Dimension der Analyse darstellen, als zwingend notwendige Informationen für die behandelten Fragen zu liefern. Anders sieht die Forschungslage in der lateinischen Philologie und Geschichtswissenschaft aus, mit Bezug zum hier vorliegenden Thema ist besonders die korpusbasierte Arbeit des Leibnitz-Projekts „Politische Sprache im Mittelalter" der Universität Frankfurt zu nennen (https://www.geschichte.uni-frankfurt.de/46323947/HSCM___Historical_Semantics_Corpus_Management, zuletzt eingesehen: 16.02.2021, 10:54). Zur Methodik des *distant reading* vgl. grundlegend Franco Moretti: Distant Reading. London 2013.

10 Es ließe sich hier ein weitaus größeres Feld anschließen, das die Bedeutung vermeintlich ökonomischer Metaphorik in argumentativen Texten beleuchtet. Beispielhaft sei nur auf Jochen Hörisch: Dekonstruktion des Geldes. Die Unvermeidbarkeit des Sekundären. In: Ethik der Gabe. Denken nach Jacques Derrida. Hrsg. von Michael Wetzel, Jean-Michel Rabaté. Berlin/New York 1993, S. 173–182, S. 176, verwiesen, der sich mit der Parallelität von Geld und Sprache beschäftigt: „Wie problematisch, wie destruktiv, wie dekonstruktiv es um ‚geben und nehmen' steht, ist der *Phänomenologie des Geistes* als der ‚Wissenschaft von der Erfahrung des Bewußtseins' nicht ohne Grund eben dort erstmals aufgegangen, wo sie sich ökonomischer Metaphorik bedient – und zugleich erfahren muß, daß Metaphern in der Ökonomie des Denkens unvermeidbar sind." Dass es sich bei den Begriffen *geben* und *nehmen* aber gerade nicht bereits um eine eindeutig ökonomische Metaphorik handelt, sondern diese Perspektive nur einer neuzeitlichen Entgrenzung der Signifikanz des ökonomischen Sektors entspricht, soll mit den folgenden Ausführungen zur historischen Semantik gezeigt werden.

11 Für frühmittelalterliche, lateinische Quellen hat hierzu bereits Quaas: Sakralität und Handel (sowie Quaas: Market Exchange) gearbeitet.

> Eine [...] Besonderheit des christlichen Wirtschaftsdiskurses besteht darin, dass der Sinn ökonomischer Begriffe wie Markt, Geld, Gewinn, Zins, Kauf etc. beständig zwischen einer buchstäblichen und einer allegorisch-metaphorischen Bedeutung oszillierte.“[12]

Ein literarischer Text stellt nun aber andere Anforderungen an mögliche Interpret:innen als ein fachsprachlich zu verortender Text, der Glaubensinhalte systematisch diskutiert, da Autor:innen literarischer Texte sich anderen Vorgaben und Lizenzen gegenübersehen, die das Verhältnis von Form und Inhalt bestimmen. Betrachtet man also die Kommunikation merkantiler Vorgänge als in den literarischen und spezifischer: in den narrativen Text eingelassene „Fachsprache“, so können einzig lexikalische Spezifika untersucht werden, da die syntaktische Form[13] (bspw. durch metrische Bindung) stärker bestimmt wird als die Verwendung einzelner Begriffe.[14] Kypta konnte beispielsweise anhand englischer Steuerdokumente des 13. Jahrhunderts, den sogenannten *pipe rolls*, zeigen, dass aus den Abgrenzungsmechanismen der fachsprachlichen Routine der Einträge nach und nach die Organisation des englischen Schatzamts entsteht.[15] Einer solchen Exklusivität und Differenzierung der verwendeten Sprache kann in erzählender Literatur nicht nachgegangen werden, weswegen speziell danach gefragt werden muss, in welchen Kontexten die verwendeten Begriffe im Erzähltext als Teil eines merkantilen Funktiolekts[16] verstanden

---

12 Kleine: Heilige Ökonomie, S. 33.

13 Dass eine syntaktische Fachsprachlichkeit von Rechtstexten auch im Mittelalter zu finden ist, hat Ruth Schmidt-Wiegand: Sprache und Stil der Wolfenbütteler Bilderhandschrift. In: Die Wolfenbütteler Bilderhandschrift des Sachsenspiegels. Aufsätze und Untersuchungen. Kommentarband zur Faksimile-Ausgabe. Hrsg. von ders. Berlin 1993, S. 201–218, S. 213, anhand des *Sachsenspiegels* zeigen können. Dass Rechtssprache und rhetorische Figuren nicht zu trennen sind, ist in der älteren germanistischen Forschung unter Anderem anhand des Stabreims diskutiert worden. Vgl. dazu sowie zur Diskussion besonders der älteren Forschung zur mittelalterlichen Rechtssprache den Forschungsüberblick in Frauke Thielert: Paarformeln in mittelalterlichen Stadtrechtstexten. Bedeutung und Funktion. Frankfurt am Main 2016, S. 15–69.

14 Dabei gehe ich von einem „systemlinguistischen Inventarmodell“ aus, wie Ulla Kypta: Die Autonomie der Routine. Wie im 12. Jahrhundert das englische Schatzamt entstand. Göttingen 2014, S. 89 f., es für die Analyse der *Pipe Rolls* verwendet: „Dieses Modell fokussiert auf das sprachliche System, sein lexikalisches Inventar und seine syntaktischen Regeln.“ (ebd., S. 90). Thielert: Paarformeln hingegen lehnt in ihrer Untersuchung von Paarformeln in mittelalterlichen Stadtrechtstexten einen fachsprachenlinguistischen Ansatz ab, da er sich „nicht ohne Weiteres auf die Sprache der mittelalterlichen Rechtstexte übertragen“ lasse (ebd., S. 128). Die Argumente Kyptas zur Nutzung des fachsprachlichen Instrumentariums erscheinen mir aber sinnvoller, sodass dieser Ansatz hier *mutatis mutandis* auch für die Analyse literarischer Texte fruchtbar gemacht werden soll.

15 Vgl. Kypta: Routine, besonders S. 273.

16 Vgl. ebd., S. 89: „Je nach Sprechsituation können unterschiedliche Register einer Sprache gezogen werden. In verschiedenen Sachgebieten werden unterschiedliche Subsprachen verwendet. Differiert eine Sprache aufgrund ihrer spezifischen Funktion, wird sie als Funktiolekt bezeichnet. Die Fachsprachen werden von Becker/Hundt und Kalverkämper in diese letzte Gruppe einsortiert: Ihre Besonderheiten sind darauf zurückzuführen, dass sie eine spezifische Funktion erfüllen.“

werden können und wann nicht.[17] Indem also im Folgenden das Bedeutungsspektrum und die metaphorische Einsetzbarkeit[18] einzelner Begriffe in mittelhochdeutschen Texten des 13. Jahrhunderts untersucht wird, soll nach dem rudimentär fachsprachlichen Vokabular der merkantilen Sphäre in Abhängigkeit von alteritären beziehungsweise allgemeineren Bedeutungsrahmen gefragt werden.[19] Zudem ist zu berücksichtigen, dass, da die merkantile Praxis des 13. Jahrhunderts in der schriftlichen Reflexion keinem autonomen Diskurs zugeordnet werden kann, auch das Verhältnis von ‚Fachsprache' und Wirklichkeit differenziert werden muss:

> Fachsprache bildet nicht Wirklichkeit ab, sondern kreiert den Sachverhalt aus fachlich konstituierten Fakten und Tatsachen. Sprachliche Aspekte sind bereits dort relevant, wo Sprache einwirkt in die fachliche Wirklichkeits‚verarbeitung', nämlich bei der normativen Stellung-

---

17 Ich modifiziere damit den primären Einsatzbereich fachsprachenlinguistischer Überlegungen zur Terminologisierung. Da Fachsprachenlinguistik sich primär auf eine fachsprachliche Kommunikation richtet, ist die erzählende Literatur gerade nicht Bestandteil dieser Forschung. Thorsten Roelcke: Fachsprachen. 3. Aufl. Berlin 2010, S. 181, sieht jedoch bei der Erforschung von Fachsprachen im Mittelalter die Notwendigkeit, den Rahmen fachsprachlich zu untersuchender Texte weiter zu fassen, da „ein nicht geringer Teil der Überlieferung mittelalterlicher und frühneuzeitlicher Fachsprachen nicht durch eigentlich spezifisch fachliche Texte erfolgt, sondern durch solche, die entweder der fachlichen Wissensvermittlung (wie enzyklopädische Werke) oder der sozialen bzw. rechtlichen Organisation fachlicher Tätigkeiten (wie etwa Zunft- oder Bauordnungen) gewidmet sind." Roelcke, ebd., S. 180, zeigt zudem auf, dass Fachsprachen im hier angestrebten Sinne gleichsam als lexikalische Inserate in allgemeinsprachliche Strukturen angesehen werden können: „Der Bestimmung von Fachsprachen als Kommunikationsmittel in spezialisierten menschlichen Tätigkeitsbereichen folgend ist ihre Entstehung in all denjenigen Fällen anzunehmen, in denen Menschen eine Arbeitsteilung vorgenommen und diese mit einer entsprechenden Kommunikation verbunden haben. Dies mag bereits in vorgeschichtlicher Zeit im Rahmen der Beschaffung von Nahrungsmitteln oder der Herstellung von Werkzeugen der Fall gewesen sein, wobei vor allem an die Entstehung von spezifischen Wortschatzeinheiten unter Beibehaltung der jeweils allgemeinsprachlichen Syntax zu denken ist."

18 Diesseits komplexerer Beschreibungen, *wie* eine Metapher funktioniert, bezieht sich das Interesse dieser Arbeit an Metaphern eher auf die Frage, *ob* eine solche funktioniert. Grundsätzliches zur „Auffälligkeit" einer Metapher als Basiskomponente ihrer Wirkung findet sich bei Peter Koch: Gedanken zur Metapher – und zu ihrer Alltäglichkeit. In: Sprachlicher Alltag. Linguistik – Rhetorik – Literaturwissenschaft. FS Wolf-Dieter Stempel. Hrsg. von Annette Sabban, Christian Schmitt. Tübingen 1994, S. 201–225, besonders S. 203–209. Dass das Gelingen metaphorischer Verschiebung, also das Erkennen des uneigentlichen Registers durch die Rezipient:innen unerlässlich ist, hat auch Pensel: Rechtsgeschichtliches, S. 192, bereits für den Gebrauch rechtssprachlicher Metaphern im Werk Hartmanns von Aue herausgestellt.

19 Ich beschränke mich damit größtenteils auf einen Punkt aus dem fachsprachenlinguistischen Interesse an Terminologisierung, das Thorsten Roelcke: Definitionen und Termini. Quantitative Studien zur Konstituierung von Fachwortschatz. Berlin/Boston 2013, S. 17, folgend zusammenfasst: „Metaphorik, Polysemie und Synonymie sowie Exaktheit bzw. Vagheit von Termini: Gesucht wird nach Modellen verschiedener Metaphern, motivierter (und ggf. auch unmotivierter Eineindeutigkeit bzw. Mehrmehrdeutigkeit sowie relativer Exaktheit bzw. Vagheit der Termini."

> nahme zu einer Situation, die in der Regel einer ‚Wirklichkeitsherstellung' [...] gleicht. Damit einher geht eine fachliche Strukturierung alltagsweltlicher Ereignisse und Praktiken.[20]

Der Begriff ‚Fachsprache' kann für die merkantil verwendbaren Begriffe in mittelhochdeutschen Erzähltexten somit nur *mutatis mutandis* verwendet werden, da, wie Foucault es bereits treffend formuliert hat, Wissen in „Praxis eingehüllt"[21] existiert (vgl. Kap. 2.1).[22] Da es sich weder um Fachtexte handelt, noch um einen diskursiv reflektierten Wissensbereich, bezieht sich die Idee der Terminologisierung hier nur auf die Mechanik der Bedeutungsverengung und/oder –verschiebung innerhalb eines Textgefüges.

Die im Folgenden vorgestellten Kapitel, dies muss vorab betont werden, dienen der literaturwissenschaftlichen Arbeit an Erzähltexten. Auch, wenn quantitative Herangehensweisen ihren Eigenwert hätten, stünde ein solcher Aufwand nicht im Verhältnis zum genuin narratologischen Fokus der Untersuchungen. Entsprechend werde ich eine heuristische Durchsicht mittelhochdeutscher, besonders fiktionalnarrativer Literatur mit Beobachtungen zur diskursiven Einbettung und zu metaphorologischen Überlegungen bezüglich Auffälligkeit eines sprachlichen Bildes verknüpfen.

Zudem muss noch auf die besondere Bedeutung Bertholds von Regensburg im Folgenden abgehoben werden: Der franziskanische Prediger aus der Mitte des 13. Jahrhunderts[23] liefert in seinen Predigten zahlreiche Beispiele für merkantiles Vokabular und fällt mit seiner Tätigkeit mitten in den Zeitraum, der in den Erzähltextanalysen untersucht werden soll.[24] Die Predigt ist in ihrer argumentativen Anlage zwar nicht frei von schriftlichen Konventionen, bleibt in ihrem performativ

20 Ekkehard Felder: Semantische Kämpfe in Wissensdomänen. Eine Einführung in Benennungs-, Bedeutungs- und Sachverhaltsfixierungs-Konkurrenzen. In: Semantische Kämpfe. Macht und Sprache in den Wissenschaften. Hrsg. von dems. Berlin/Boston 2006, S. 13–46, S. 35.

21 Foucault: Ordnung der Dinge, S. 213.

22 Eine quantitative Fachsprachenforschung im engeren Sinne müsste sich stattdessen mit dem Korpus reflektierender (zumeist lateinischer) Schriften zum Marktgeschehen aus juristischer oder ethischer Perspektive beschäftigen.

23 Zu Berthold und seiner Zeit vgl. den Überblick bei Aaron J. Gurjewitsch: Stumme Zeugen des Mittelalters. Weltbild und Kultur der einfachen Menschen. Köln/Weimar/Wien 1997, S. 153–156, sowie Reinhard Saller: Predigtwandel und städtische Ökonomie: Zum ökonomischen Rationalismus in Predigttexten Bertholds von Regensburg. In: Das mittelalterliche Regensburg im Zentrum Europas. Hrsg. von Edith Feistner. Regensburg 2006, S. 191–199, besonders S. 191 f., sowie zur Überlieferungssituation Dieter Richter: Die deutsche Überlieferung der Predigten Bertholds von Regensburg. Untersuchungen zur geistlichen Literatur des Spätmittelalters. München 1969.

24 Dass die Predigten später datieren als manche untersuchten Erzähltexte, muss dabei kein Problem darstellen, da zwischen Predigten und Erzähltexten keine Abhängigkeiten behauptet werden. Einerseits existiert das Vokabular bereits vor Berthold in den narrativen Texten, andererseits werden die Predigten des Franziskaners eher als Zeitdokumente denn als literarische Gegenstände herangezogen.

hergestellten Anspruch der Verständlichkeit jedoch abhängig von der Wiedergabe realweltlicher Verhältnisse.[25] Da es aber nicht in erster Linie um die Predigten Bertholds gehen soll, beschränke ich mich zumeist auf Darstellungen aus der für diesen Zusammenhang sehr ergiebigen Predigt *Von den fünf Pfunden*, der Gebrauch einzelner Begriffe könnte aber auch anhand anderer Predigten genauso erarbeitet werden.[26]

Grundlegende Überlegungen zu Bedeutung, Polysemie und Metaphorik werden zu Beginn anhand des zentralen Lexems des *wertes* erfolgen. Ziel soll es sein, die für merkantiles Handeln zentralen Begriffe beispielhaft in ihrem Kontext darzustellen,[27] um die Interferenzen merkantiler und nicht-merkantiler Bedeutungsspektren illustrieren zu können. Statt einer historisch-semantischen Korpusarbeit interessiert hier also eher der Nachvollzug der gattungsgebundenen Benutzung einzelner Begriffe, für die merkantil relevante (Teil)bedeutungen angenommen werden können.

3.1 *Valor* und *wert* – Ein metaphorologisches Problem

Das lateinische Substantiv *valor* tritt erst nach der Antike auf.[28] Barbara Schuchard hat dem Begriff 1970 eine umfangreiche Monographie gewidmet, in der sie anhand eines ausgewählten Korpus mittellateinischer und romanischer Quellen unterschiedliche

25 Vgl. Gurjewitsch: Stumme Zeugen, S. 152: „Die mittelalterliche Predigt macht den Historiker mit dem Wissen und Glauben breitester Kreise der feudalen Gesellschaft bekannt – freilich in der Interpretation der Prediger.“ Daraus ergebe sich „die Gemeinverständlichkeit des Inhalts“ (vgl. ebd., S. 153). Diese moderne Sichtweise auf die Pragmatik und Instrumentalisierung des Textes kann die Untersuchung der Predigten, die im Nationalsozialismus für ihre angeblich volksnahe Unmittelbarkeit gefeiert wurden, auf ein zeitgemäßes Fundament stellen. Vgl. zur Rezeptionsgeschichte Andrea Mader: Von *untriuwe* und *gîtekeit*. Die Predigten des Berthold von Regensburg. In: Kleine Regensburger Literaturgeschichte. Hrsg. von Rainer Barbey, Erwin Petzi. Regensburg 2014, S. 63–70, S. 66.

26 *Von den fünf Pfunden* liegt auch in einer lateinischen Fassung vor, zum Unterschied zwischen lateinischem und deutschem Text sowie zur in dieser Predigt ausgedrückten „Anthropologie“ vgl. Gurjewitsch: Stumme Zeugen, S. 168–177. Zu Bertholds besonderer „Sympathie mit der Stadt“, die sich auch in den *Fünf Pfunden* niederschlage, vgl. Saller: Predigtwandel, S. 196.

27 Soweit es geht, sollen diese heuristisch erschlossenen Bedeutungen dann in den Analysen auch tatsächlich verwendet werden. Da es sich jedoch um zwar zentrale, aber dennoch nur einzelne Begriffe handelt, sehe ich nicht die Gefahr einer „unerreichbare[n] Total-Historisierung unseres Beschreibungsvokabulars“, die Peter von Moos in einer überbordenden „Anachronismusphobie“ wittert (Peter von Moos: Das Öffentliche und das Private im Mittelalter. Für einen kontrollierten Anachronismus. In: Das Öffentliche und Private in der Vormoderne. Hrsg. von Gert Melville, Peter von Moos. Köln [u. a.] 1998, S. 3–83, S. 10). Tatsächlich scheint mir die zeitgenössische Aktualisierung der wirtschaftstheoretischen Herangehensweise gerade im Sinne von Moos' zu sein, da somit „Alteritätsfetischismus, Kontinuitätsblindheit und Unbehagen an der Gegenwart“, wie von Moos sie im juristisch-soziologischen Bereich sieht, umgangen werden können (ebd., S. 11).

28 Schuchard: Valor, besonders S. 14.

Diskursfelder identifiziert, in denen *valor* oder dessen romanisch-volkssprachige Entsprechungen auftreten. Einer ausgesprochen dünnen Überlieferung ab dem siebten Jahrhundert mit immer nur sporadischen Belegen in der Überlieferung stehe eine Fülle von Textzeugen ab dem späten 12. und besonders ab dem 13. Jahrhundert gegenüber.[29] Im 13. Jahrhundert nämlich versammelt Schuchard „mehr als hundert" Belege für *valor* „in einer Fülle von Bedeutungen".[30] Die überwiegende Mehrheit dieser Belege bezeichnen materiellen Wert und Reichtum,[31] häufig auch „Geltung" oder „Gültigkeit" im juristischen Sinne.[32] Schuchards Zusammenstellung der Textstellen zeigt, dass *valor* entsprechend seiner Verwendung in unterschiedlichen Textgattungen wie Chroniken, Erzähltexten, Dekretalen oder Chartas gattungsspezifische Bedeutungen annimmt. Entsprechend umsichtig fällt ihr Fazit zur primären Bedeutungsebene des Begriffes aus: „Die Abstraktion oder Konkretheit der Bedeutung zu erörtern, verbietet sich eigentlich, weil nämlich eine Wertbestimmung immer schon etwas entschieden Geistiges ist."[33]

Dieser Gedanke entspricht modernen Positionen zum Wertbegriff, die vielmehr den Wertungsprozess im Subjekt als ein etwaiges Wertsubstrat im Objekt fokussieren.[34] Dem Umstand, dass trotz uniformierender geistiger Voraussetzungen jeglicher Wertungsprozesse die Instanzen von Werthaftigkeit durchaus in zu unterscheidendem Maße abstrakt sind, wird jedoch ebenso Rechnung getragen:

> Man könnte höchstens von einer sekundären Skala der Abstraktheit sprechen, nach der die ‚Geltung' […] ‚abstrakter' wäre als der ‚Geldwert von vier Denaren'. Auch in dieser Hinsicht lassen sich keine Prioritäten in der Anwendung von valor herausstellen: die enge Verflochtenheit mit ‚Stand' und ‚Wergeld' im 11./12. Jahrhundert mag als Musterfall gelten für das gleichzeitige Auftreten von abstrakteren und konkreteren Bezugspunkten des ‚Wertes'.[35]

Valor als lateinische Entsprechung für Wert ist demnach ein Polysem; ebenso wie die korpusbasierte Arbeit Schuchards verzeichnet Niermeyers mittellateinisches

29 Ebd., S. 26: „Im Vergleich dazu [zu früheren Jahrhunderten, A.M.] herrscht im 12. Jahrhundert mit fünf sicheren Belegen schon ein relativer Reichtum, und mit dem 13. Jahrhundert bricht dann das goldene Zeitalter für lt. valor an."

30 Ebd., S. 28.

31 Ebd.

32 Vgl. ebd., S. 29.

33 Ebd., S. 36.

34 Die Einschätzung entspricht somit dem modernen Verständnis seit Mill, wie es bereits in Kap. 2.1 angerissen wurde. Besonders deutlich zum Ausdruck kommt dieser subjektbezogene Ansatz auch in Georg Simmel: Philosophie des Geldes. Hrsg. von Ottheim Rammstedt. 14. Aufl. Frankfurt am Main 2014, S. 24: „Es muß aber das Mißverständnis ferngehalten werden, als sollte damit die Bildung der Wertvorstellung, als psychologische Tatsache, dem naturgesetzlichen Werden entrückt sein. Ein übermenschlicher Geist, der das Weltgeschehen mit absoluter Vollständigkeit nach Naturgesetzen begriffe, würde unter den Tatsachen desselben auch die vorfinden, daß Menschen Wertvorstellungen haben."

35 Schuchard: Valor, S. 36 f.

Wörterbuch sechs verschiedene Bedeutungsfelder für *valor*, die in Einklang mit Schuchards Befunden stehen: 1. Gültigkeit und gesetzliche Geltung, 2. Wert und Preis, 3. Macht, Begabung oder Talent, 4. (Tat-)Kraft und Courage, 5. Würde und Rang sowie 6. den rechtlichen Status einer Person.[36]

Valor scheint eine Grundkategorie des Urteilens auszudrücken. Folgt man der angenommenen etymologischen Herleitung aus der protoindoeuropäischen Wurzel **wal-* mit der Bedeutung „stark sein",[37] kann man auf ein Problem aufmerksam werden, das herausgearbeitet, aber nicht gelöst werden kann: Zwar finden sich die meisten Belege für *valor* im materiellen Bereich, jedoch muss präsent gehalten werden, dass dadurch noch kein eigener Diskurs abgesteckt ist.[38] Für die Analyse mittellateinischer Texte, die *valor* beinhalten, bleibt also die Spannung bestehen, dass der materiell-wirtschaftliche Wert zwar durchaus eine häufige Konkretisierung von *valor* ist, dass dies aber nicht die *eigentliche* Grundbedeutung darstellte – eine solche anzunehmen, wäre methodisch ohnehin nicht vertretbar. Bei einer Verwendung des Begriffes in einem nicht an materiellen Wert gebundenen Bereich handelt es sich also nicht zwingend um eine metaphorische Verschiebung, sondern bloß um eine weitere, gleichermaßen direkte Bedeutung des Wortes in anderem Kontext. Dies bedeutet jedoch nicht, dass *valor* nicht metaphorisch gebraucht werden *könnte*. Das Wort[39] *valor* müsste dann aber beispielsweise von weiteren Termini aus dem lexikalischen Inventar des Tausches oder Marktes flankiert werden, um, ähnlich dem Prozess der fachsprachlichen Terminologisierung, also der „Transformation eines einzelnen allgemeinsprachlichen Wortes zu einem fachsprachlichen Terminus",[40] innerhalb seiner polysemantischen Grenzen metaphorisiert zu werden.[41]

Ähnliche Befunde verzeichnet Schuchard sodann auch für die Entsprechungen von *valor* in den romanischen Volkssprachen. Abweichungen beziehungsweise das Fehlen von besonders solchen Bedeutungen, die sehr diskursspezifisch sind wie der Feingehalt des Geldes oder ein musikalischer Notenwert, sieht Schuchard eher

---

36 Vgl. Art. *valor*. In: *MLLM*, S. 1059.

37 Übersetzt aus „to be strong", https://www.etymonline.com/word/*wal-?ref=etymonline_cross reference, zuletzt eingesehen: 24.01.2022, 14:26.

38 Dies gilt zumindest für den als eigenständige Disziplin verstandenen Bereich der politischen Ökonomie, dessen Genese Foucault in seiner *Ordnung der Dinge* nicht vor dem siebzehnten Jahrhundert ansetzt. Vgl. Foucault: Ordnung der Dinge, S. 211 f.

39 Fachsprachenlinguistisch wäre *valor* im allgemeinsprachlichen Kontext ein Wort und kein Begriff, zu dem es aber durch Einbettung werden würde. Eine Diskussion dieses Unterschiedes in der linguistischen Forschung bietet Roelcke: Definitionen, S. 2 f., vgl. auch allgemein zur Fachsprachenlinguistik Roelcke: Fachsprachen.

40 Roelcke: Definitionen, S. 2. Roelcke kritisiert ebd. auch die Anwendung der Terminologisierung auf einzelne Begriffe, bzw. erweitert den Begriff für seine Forschung, dies ist hier aber nicht von Belang.

41 Zur lexikalischen Untersuchung von Fachsprachen vgl. Roelcke: Definitionen, Kap. 6.

in der Quellenauswahl als in einer tatsächlichen Unterscheidung der semantischen Bandbreite begründet.[42]

Anders als *valor* und dessen romanische Ableitungen, fußt das mittelhochdeutsche Lexem *wert* nicht auf dem Prozess des (positiven) Urteilens, sondern auf möglicher Reziprozität, die sich im Vorgang des Tausches offenbart.

> Möglich ist unmittelbarer Anschluß an die unter -wärts [...] genannten Formen sowie an lat. versus ‚gegen', air. frith- ‚gegen', indem wert im Sinne von ‚wohin, gegen etw. gewendet, zugewandt' verstanden wird mit Weiterentwicklung zu ‚einen Gegenwert habend'.[43]

Die daraus entspringende Bedeutungsvielfalt wird bei einem Blick in *Lexers mittelhochdeutsches Wörterbuch* deutlich. Mhd. *wert* steht als Substantiv nicht nur für den Kaufpreis, die Wertsache oder käufliche Ware, sondern auch für Standesehre, Geltung, das Ansehen, die Würdigkeit und den Glanz. Bei allen Unterschieden der Etymologie kann *wert* also durchaus die funktionelle Bandbreite von *valor* abdecken. Auch kann in semantischer Verengung besonders der hohe Wert im Sinne der Vollkommenheit bezeichnet werden.[44] Daneben und sehr ähnlich zum Bedeutungsspektrum des Substantivs gestaltet sich das adjektivische Lexem *wert*: 1. Einen gewissen Wert habend, geltend, verkauft od. käuflich für, 2. würdig zu empfangen, teilhaft werden, zu besitzen 3. von hohem Werte, kostbar, herrlich, ausgezeichnet, ehrenvoll, angesehen, vornehm, edel sowie 4. teuer, lieb.[45]

---

42 Schuchard: Valor, S. 55: „Die Bedeutungen, die im Spät- und Mittellateinischen vorkamen, begegnen fast alle auch im Altfranzösischen. Wenn dies für den sozialen ‚Stand' eines Menschen oder den ‚Feingehalt' des Geldes nicht der Fall ist, so dürfte das mehr auf meiner Auswahl nur literarischer Texte beruhen und nicht darauf zurückzuführen sein, daß diese semantischen Gehalte etwa in juristischen und musiktheoretischen Zeugnissen des Altfranzösischen nicht vorkämen." Dass ausgerechnet in literarischen Texten hochgradig diskursspezifische Bedeutungen nicht vorkommen, ist nicht verwunderlich, decken sich die Sujets der Texte doch zumeist nicht mit Diskursen um Musiktheorie oder Währungspolitik.

43 Art. *wert*. In: *DWDS*.

44 Vgl. Art. *wert*, stn. m. In: *Lexer*. *BMZ* bricht das Bedeutungsspektrum auf die beiden Charakteristika „das wert seyn" sowie „sache von einem gewissen werthe" herunter (Vgl. Art. *wert* stn. In: *BMZ*) Diese Einteilung unterscheidet sich nicht sehr von derjenigen von *Wert* im Neuhochdeutschen, wie Werner Zillig: Bewerten. Sprechakttypen der bewertenden Rede. Tübingen 1982, S. 241, sie vorstellt. Auffällig ist jedoch, dass im Neuhochdeutschen, so Zillig, die ökonomische Bedeutung als primär erachtet werde: „Das Substantiv *Wert* hat im Deutschen mindestens vier voneinander unterscheidbare Bedeutungen: (i) *Wert* im Sinne von *Preis, Kauf-/Verkaufspreis,* (ii) *Wert* im Sinne von *Bedeutung, Wichtigkeit (für eine bestimmte andere Sache),* (iii) *Wert* im Sinne von *Nennwert, festgelegtem Wert,* (iv) *Wert* im Sinne von *Größe, Betrag, Zahl.* Die unter (i) genannte Bedeutung wird häufig als die Kernbedeutung angesehen [...] Diese Bedeutung setzt entweder das Vorhandensein eines allgemeinen Zahlungsmittels voraus, in das der Wert einer Sache umgerechnet bzw. in dem der Wert der Sache ausgedrückt wird, oder es wird im Rahmen einer Besitz-, Handels- und Tauschbeziehung der Wert der einen Sache in einem direkten Verhältnis der Wertäquivalenz ausgedrückt [...]."

45 Art. *wert*, adj. adv. In: *Lexer*.

Die Grundbedeutungen,[46] die für das Substantiv *wert* ausgewiesen werden und sich vereinfacht in die vier größeren Kategorien des Materiellen (materielle Werthaftigkeit, Preis), Juristischen (Geltung, Gültigkeit), Sozialen (Stand, Ansehen) und Ethischen (Vortrefflichkeit, Tugendhaftigkeit) einteilen lassen, finden sich offensichtlich auch in der adjektivischen Verwendung wieder. Auch, wenn *valor* und *wert* also unterschiedliche etymologische Wurzeln haben, so teilen sie doch die Eigenschaft, im Maße der Abstraktheit äußerst flexibel zu sein.

Allerdings verblasst das Gros des Spektrums quantitativ neben den moralischen und sozialen Bedeutungen, sobald weitere Lexeme des Wortfeldes mit hinzugezogen werden wie *wirdicheit* oder *wirdec*.[47] Beide bezeichnen ausschließlich die Würdigkeit, nicht die materielle Wert(haft)igkeit.[48]

Gattungsgebunden kann auch *wert* selbst beinahe ausschließlich im moralischen oder sozialen Sinne auftreten. So beziehen sich die meisten Belege für *wert* beispielsweise in Wolframs *Parzival* oder im *Jüngeren Titurel* Albrechts auf geschätzte und geachtete Abstrakta oder Figuren:[49] Gâhmuret preist die *werdiu kiusche* (Pz, V. 90,22) Herzeloydes ebenso wie er trauert, sein *werder bruoder* sei tot (Pz, V. 95,7).[50]

---

46 Neben der bemessenden Bedeutung besteht im Mittelhochdeutschen zudem auch die etymologisch naheliegende adverbiale Verwendung von *wert* im Sinne des neuhochdeutschen -wärts, wie es im Lexer heißt: „eine Richtung habend". Vgl. Art. *wert, wart* adj. adv. In: *Lexer*.

47 Den Gebrauch des Begriffs der *wirdicheit* bzw. *werdekeit* hat Jan Cölln anhand des *Alexanders* Rudolfs von Ems diskutiert (Jan Cölln: *werdekeit*. Zur literarischen Konstruktion ethischen Verhaltens und seiner Bewertung in Rudolfs von Ems *Alexander*. In: Herrschaft, Ideologie und Geschichtskonzeption in Alexanderdichtungen des Mittelalters. Hrsg. von Ulrich Mölk. Göttingen 2002, S. 332–357).

48 *BMZ* verzeichnet ausschließlich Würdigkeit, Würde und Auszeichnung als Übersetzung für *wirdecheit* (Art. *wirdecheit* stf. In: *BMZ*), während im *Lexer* noch ein diskussionswürdiges Beispiel aus dem *Buch der Natur* Konrads von Megenberg angeführt wird, das *wirdec* auf Gold bezieht: *wizz, daz daz golt wirdiger ist, wan alleu leiphaftigeu dinch, diu auz den elementen werdent, und ist edler wan die stain*. Ob hier eine isolierte Bedeutung von materieller Werthaftigkeit konstatiert werden kann, würde ich jedoch verneinen. Die zuvor im *Buch der Natur* erläuterte Zusammensetzung des Goldes zeigt an, dass Gold seine materielle Werthaftigkeit aus der Vortrefflichkeit seiner Zusammensetzung bezieht, also auch hier ein möglicher Bezug zur moralischen Axiologie vorliegt. Vgl. Konrad von Megenberg: *Das ‚Buch der Natur'*, Bd. II, Kritischer Text nach den Handschriften. Hrsg. von Robert Luff und Georg Steer. Tübingen 2003, Zitat S. 511,11–15.

49 Vgl. Bohner: Beiwort, besonders S. 13. Im *Jüngeren Titurel* wird – nicht ganz zufällig – durch Anlehnung an Wolfram ein ähnlicher Stil verwendet. Für einen Eindruck, wie viel prominenter die immateriellen Bedeutungen von *wert* im *Jüngeren Titurel* sind, vgl. Katrin Woesner: Begriffsglossar und Index zu Albrechts „Jüngerem Titurel". Alphabetischer Index. Tübingen 2003, S. 2045–2054. Nur 11 der vielen hundert Belege werden für *wert* im Bedeutungsfeld „Handel/Finanzen" angegeben (ebd., S. 2051).

50 Hier und im Folgenden zitiert nach: Wolfram von Eschenbach: Parzival. Mittelhochdeutscher Text nach der Ausgabe von Karl Lachmann. Übers. und Nachwort von Wolfgang Spiewok, 2 Bde. Stuttgart 1981.

Es verwundert daher nicht, dass *wert* als Epitheton bereits früh die Aufmerksamkeit der Forschung erregt hat. Elias von Steinmeyer wendete sich 1889 *einige[n] Epitheta der mhd. Poesie* und im Besonderen der Verwendung von *wert* zu, dessen zunehmenden Gebrauch in der höfischen Literatur er speziell dem Werk Wolframs von Eschenbach zuschreibt.[51] Zudem stellt er fest, dass es sich in der – gemäß obiger Kategorisierung – sozialen Funktion[52] von *wert* um ein erst mittelhochdeutsches Phänomen handele, fehle die „attributive Geltung" doch im Althochdeutschen gänzlich: *wert* „dien[e] also niemals als Epitheton und ermangel[e] sogar ahd. zumeist der Flexion."[53] Aufbauend auf von Steinmeyers Befunden hat Gottlob Bohner weitere Belege für den Gebrauch von *wert* in der höfischen Literatur versammelt. Die attributive Verwendung, für die Bohner sich interessiert, bezeichnet er als das „im absoluten Sinn" verwendete *wert*-Epitheton.[54] Diese Bedeutung stelle, so Bohner, die bei weitem häufigste Verwendung dar. Für den *Parzival* Wolframs stellt er den Gegensatz zwischen *wert* „im absoluten Sinne" und *wert* als relationalem Begriff heraus und zeigt, wie sich der Gebrauch des Wortes gegenüber der Verwendung in früheren oder zeitgleichen Werken darstellt:

> In der Fassung B des Nibelungenliedes erscheint es nur 4mal, im Iwein 6mal, im höfischen Minnesang des zwölften Jahrhunderts als Attribut 10mal, in Gottfrieds Tristan nur 5mal in dieser absoluten Bedeutung; im Parzival (ausser 18 Belegen für wert im Sinn von so- und soviel kostend) im ganzen 370mal.[55]

Gerade der relationale Begriff, von Bohner als „so- und soviel kostend" in Klammern verbannt, interessiert jedoch für diese Arbeit am meisten. Diese Verwendung des Begriffes zur Beschreibung eines Preises ist im klassischen Kanon der altgermanistischen Forschung weitaus seltener zu finden. Ganz eindeutig zeigt sich die Bedeutung materieller Werthaftigkeit im *Nibelungenlied*, wenn nach Siegfrieds Tod der nun im Besitz Kriemhilts befindliche Hort beschrieben wird:

> *Ez enwas niht anders　wan gestéine unde golt.*
> *unt ob man al die werlde　het dâ von versolt,*
> *sîn newære niht minner　einer marke wert.*
> (NL, V. 1123,1–3)[56]

---

[51] Vgl. von Steinmeyer: Epitheta, S. 9.

[52] Bohner: Beiwort, S. 14, spricht von einer „ethische[n] Färbung" des Begriffes in Bezug auf Figuren. Dass es sich eben nicht nur um eine „Färbung", sondern um eine als solche auch wahrgenommene Grundbedeutung handelt, ist Ziel meiner Argumentation.

[53] Von Steinmeyer: Epitheta, S. 8.

[54] Bohner: Beiwort, S. 13.

[55] Ebd., S. 13.

[56] Hier und im Folgenden zitiert nach Das Nibelungenlied. Mhd./nhd., nach dem Text von Karl Bartsch und Helmut de Boor, ins Neuhochdeutsche übers. und kommentiert von Siegfried Grosse. Stuttgart 2007.

Eine sogar noch konkretere Wertangabe findet sich zum Schild, den Hagen von Rüdeger als Abschiedsgeschenk fordert: *swer sîn hete gegert / ze koufen, an der koste was er wol tûsent marke wert* (NL, V. 1702,3 f.). Gerade in Verbindung mit konkreten Gewichtsangaben wie *marke* tritt *wert* immer wieder in einer Funktion auf, die einer Preisbestimmung im modernen Sinne nahekommt. Ähnliche Formulierungen finden sich gehäuft beispielsweise im *Pfaffen Amis* des Strickers: *einer marc wert ode me* (Amis, V. 1021),[57] *der bosest ist wol zehen mark wert* (Amis, V. 1528), *der ist wol zwelf mark wert* (Amis, V. 1861), *Si sint tusent marke wert* (Amis, V. 1885). Verglichen mit der schieren Übermenge an attributiven Verwendungen zur sozialen Distinktion, so lässt sich ein Zwischenfazit formulieren, stellt die preisbestimmende Bedeutung zumindest im sprachlichen Sonderraum erzählender Literatur nur eine Bedeutung von mehreren dar, und quantitativ nicht die wichtigste.

Mit Blick auf die mittelhochdeutsche Artusliteratur möchte ich im Folgenden anhand von *wert* demonstrieren, wie die oben angesprochene Häufung von Begriffen, die zur gleichen fachsprachlichen Terminologie gehören (können), den poetischen Einsatz der Polysemie eines Wortes ermöglicht.

Im *Jüngeren Titurel* wird bei der Taufe Titurels vom *werde* in unterschiedlichen Ausprägungen gesprochen, sodass die soeben beschriebene Bedeutungsvielfalt poetisch ausgespielt werden kann. In dieser Passage, die sich durch eine besonders hohe Frequenz von *wirde* und *wirdecheit* auszeichnet, wird mit *werdem gelde* (JT, V. 171,1) auf einmal auch die materielle Werthaftigkeit mit einbezogen. Dass sich das *werde gelt* ausgerechnet inmitten von *hoch wirde* (JT, V. 170,1), *Vmb wirde wart zu miete* (JT, V. 170,2), *gewerdikeit* (JT, V. 170,4), *werdiklichen* (JT, V. 171,4) und *mit werde* (JT, V. 172,3) findet, spricht für die Verwendung des Adjektivs *werde* als stilistisches Mittel. Insgesamt finden sich allein in den Strophen 165–172 22 Belege für *wirde*, *gewerdikeit*, *werdiklich*, *vnwirdeclich* und *werdikeit*. Zusätzlich ist von *golde* (JT, V. 166,1), *richeit gvtes* (JT, V. 168,1), *miete* (JT, V. 170,2 u. 171,3), *kopfer* (JT, V. 171,2) und *lone* (JT, V. 172,2) die Rede. Die Aufmerksamkeit der Rezipient:innen,

57 Dieser erste Beleg aus dem *Pfaffen Amis* zeigt direkt in besonderer Weise, dass *wert* durchaus ersetzbar ist, wenn es um den Prozess der materiellen Valuierung geht. Der zitierte Befund entstammt der Ausgabe durch K. Kamihara (Der Stricker: Pfaffe Amis. Hrsg. von K[in'ichi] Kamihara. Göppingen 1978), der die Riedegger Handschrift (Berlin, Staatsbibl., mgf 1062) zugrunde liegt. Handschrift Heidelberg cpg 341, der die Ausgabe Michael Schillings folgt (Der Stricker: Der Pfaffe Amis, nach der Heidelberger Handschrift cpg 341. Hrsg., übers. und kommentiert von Michael Schilling. Stuttgart 1994), zeigt an gleicher Stelle eine Formulierung mit gänzlich anderem Betrag und ohne *wert*: *wol sechzick mark oder me* (V. 1013). Der starken Abweichung des Gewinns, den Amis in den beiden zeitlich nahen Handschriften einfährt, kann an dieser Stelle nicht nachgegangen werden. Ansonsten sind beide Verse jedoch identisch in ihrer Aussage, die explizite Verwendung des prädikativen und relationalen *wert*-Begriffes ist also für eine Wertbestimmung überhaupt nicht notwendig. Alle weiteren Belege aus dem *Pfaffen Amis*, sofern nicht anders gekennzeichnet, entstammen der Ausgabe Kamiharas.

so ließe sich der Befund deuten, wird inmitten der rein immateriellen Verwendungsweisen der *wirdekeit* auf die Metaphorik dieses Begriffes gerichtet, wird doch über die flankierenden Begriffe der Edelmetalle, der *miete* und des *lones* gerade die materielle Teilbedeutung prominent gemacht. Außer den Edelmetallen sind auch die anderen Begriffe natürlich nicht reiner Materialität zuzuordnen, in der Häufung bietet sich aber die Interpretation eines Rahmens an, der besonders Praktiken der materiellen Kompensation fokussiert. Dies impliziert jedoch nicht, dass die Bedeutung von *wert*, wie es als soziales Epitheton bei Figuren verwendet wird, gänzlich überschrieben sei. Das *gelde* in V. 171,1 kann natürlich, angesichts der vielen immateriellen Verwendungen der Wortfamilie um *wert*, auch *würdig*, und nicht ausschließlich materiell *wertvoll* sein. Selbst Gold, dessen Wert rein in seiner Materialität liegen könnte, garantiert nicht eine rein materielle Verwendung von *wert*, sofern das Gold selbst auch *würdig* sein kann, also neben seiner materiellen Komponente eine Form von sozialem Status des Materials mit zum Ausdruck kommt.[58] Im weiteren Verlauf des *Jüngeren Titurel* tritt *wert* fast ausschließlich im immateriellen Sinne auf, wie es in der Artusliteratur insgesamt den Regelfall darstellt.

Während Hartmann von Aue *wert* kaum verwendet, taucht das Wort bei Wolfram von Eschenbach oder auch beim Stricker häufiger auf.[59] Interessanterweise nutzt der Stricker *wert* jedoch anders als andere Autoren der Artusliteratur. In seinem *Daniel von dem Blühenden Tal* taucht *wert* sehr viel häufiger als tatsächliche Bezeichnung für eine Wertbestimmung auf, als dass das Ansehen einer Figur damit bezeichnet würde.[60] Dies soll heißen, dass durch den Einsatz des Attributes *wert* nicht einfach nur zwischen den binären Polen *wert* vs. *unwert*[61] als nicht weiter spezifizierte Setzungen unterschieden wird, sondern dass in der Formulierung die implizite Frage mitbeantwortet wird, *was* etwas wert sei. So beispielsweise in *ir deheiner dunket des wert / daz er in lâze in sîn lant* (DbT, V. 468 f.) oder *sô ist si niht einer slêhen wert* (DbT, V. 3258). Matthias Meyer hat mit Recht darauf hingewiesen, dass solche Angaben auch ironisch gebrochen werden können. Wenn im *Daniel von dem Blühenden Tal* alle Artusritter auf Felsnasen gesetzt werden sollen, wo all ihre Meriten *eines halben eies wert* sind, so ist dieses *ei* gar nicht so unbrauchbar, stehe doch die explizite Drohung im Raum, die Ritter auf diesen Felsvorsprüngen verhungern zu lassen.[62]

58 Sollte dies so sein, würde ich aber nicht mehr von einer Metapher sprechen, da die soziale Würdigkeit die materielle Wertigkeit nur überdeckt, nicht aber ersetzt. Vgl. die oben (Anm. 48) besprochene Beschreibung des Goldes bei Konrad von Megenberg, *Buch der Natur*, S. 511 f.

59 Vgl, Bohner: Beiwort, S. 13.

60 Relativer Gebrauch: V. 468, V 1013, V. 1541, V. 1761, V. 2302, V. 2879, V. 2886, V. 2979, V. 3016, V. 3258, V. 4314, V. 6237, V. 6766, V. 7117. Absoluter Gebrauch: V. 326, V. 1593, V. 3842, V. 7268. Hier und im Folgenden nach der Ausgabe: Der Stricker: Daniel von dem blühenden Tal. Hrsg. von Michael Resler. Tübingen 1983.

61 In Negation findet sich *unwert* auch ohne Objekt des Vergleiches, vgl. DbT, V. 3973 f. *mir ist iemer mîn leben / unwert und unmaere* oder DbT, V. 3983: *daz wart im zorn und unwert*.

62 Matthias Meyer: Vom Lachen der Esel. Ein experimenteller Essay auf der Suche nach dem komischen Stil im Artusroman. In: LiLi 43,3 (2013), S. 86–103, S. 97, schreibt zur Formulierung des *hal-*

In solchen Verwendungen von *wert* wird nicht ein derart attribuiertes Subjekt innerhalb einer nur auf sich selbst bezogenen Skala gewertet. Vielmehr wird über die Verbindung zwischen zwei Dingen oder Figuren dargestellt, dass das eine dem anderen entspreche oder nicht. Eine derartige Verwendungsweise, die durch die stärker zutage tretende Reziprozität auch näher an der etymologisch zugrundeliegenden Bedeutung im Sinne des lateinischen *versus* steht (s. o.), transportiert auch solche Konnotationen, die den Tauschprozess, wie er für die merkantile Sphäre von Bedeutung ist, bezeichnen können. Zwar handelt es sich noch nicht um eine materielle Wertzuschreibung, jedoch besteht ein Unterschied zwischen einer rein qualifizierenden (nach Bohner: absoluten) Beurteilung eines *werden mannes* und der quantifizierenden (relationalen) Beschreibung beispielsweise eines Mannes, der *êre*, *lônes* oder eines *landes* wert sei. Beide Möglichkeiten des Einsatzes von immateriellem *wert* können natürlich auch gemeinsam auftreten und schließen sich in keiner Weise aus. So heißt es bei Wirnt von Grafenberg über dessen Protagonisten Wigalois: *iuwer werder prîs ist lônes wert* (Wig, V. 8999).[63]

Auch jenseits der Artusliteratur überwiegt im 13. Jahrhundert der immaterielle Gebrauch von *wert*, beziehungsweise im Lichte der genannten Erkenntnisse erscheint die materielle Wertzuschreibung wie ein Sonderfall einer Formulierung, die auch in gänzlich anderen Zusammenhängen möglich ist. Anstatt *êre* oder ähnliches wert zu sein, kann der innere Wert eines Menschen mit einer materiellen Kategorie anschaulich gemacht werden. Der Übergang von immaterieller Quantifizierung im Sinne einer rhetorischen Äquivalenzbehauptung zu einer materiellen Preishaftigkeit gestaltet sich entsprechend fließend. So findet sich in den Predigten Bertolds von Regensburg eine Passage, in der der Wert des Menschen im christlichen Sinne eindeutig materiell ausgedrückt wird: *wan der mvnch oder div nvnne, div eines helblinges wert hat an vrlavp, div ift vor got eines hallers niht wert.*[64] Der reale Münzwert, über den der Mönch oder die Nonne verfügen und ihr Wert vor Gott treten den Rezipient:innen auf unterschiedlichen Ebenen der Metaphorizität entgegen.

Im Folgenden möchte ich mich daher der Frage widmen, wann es sich beim Einsatz von *wert* überhaupt um eine Form von Metaphorik handelt oder nicht. Als

ben eies: „Das ist einerseits ein ganz normaler Fall von mittelhochdeutscher Verneinung, aber es ist andererseits alles andere als zufällig, sondern ein komischer Effekt, dass gerade ein halbes Ei als Illustration von etwas wertlosem [sic!] genommen wird – denn ein halbes Ei wäre natürlich äußert [sic!] willkommen nach ein oder zwei Tagen Felsnasensitzen."

63 Hier und im Folgenden zitiert nach: Wirnt von Grafenberg: Wigalois. Text der Ausgabe von J.M.N. Kapteyn, übers., erläutert und mit einem Nachwort versehen von Sabine Seelbach und Ulrich Seelbach. Berlin/New York 2005.

64 *Fünf Pfunde*, S. 60,92–94. Hier und im Folgenden zitiert nach: Berthold von Regensburg: Vollständige Ausgabe seiner Predigten. Mit Anmerkungen und Wörterbuch von Dr. Franz Pfeiffer, Bd. 1. Wien 1862.

Sonderform „übertragenen Sprechens“[65] stellen Metaphern eine „auf einer Analogie bzw. Ähnlichkeit“[66] beruhende Übertragung dar. Peter Koch macht von der Grundoperation dieser Übertragung ausgehend auf die „Auffälligkeit“ derselben aufmerksam, die, gemessen am allgemeinsprachlichen „Habitualisierungsgrad“ des Ausdrucks, zur notwendigen Bedingung gehöre, eine Metapher überhaupt als ebensolche zu detektieren: „Es liegt der Einwand nahe, daß es in den menschlichen Sprachen geradezu von Metaphern wimmelt, die in keiner Weise als ‚auffällig‘ empfunden werden, weil sie die selbstverständlichen Wörter für das sind, was sie bezeichnen.“[67] Auf Koch aufbauend bezeichnet dann auch Udo Friedrich die Auffälligkeit als „das zentrale Merkmal der Metapher“.[68] Ohne diese würden Metaphern zu Katachresen, zu „habitualisierten Metaphern“ reduziert und nicht mehr als uneigentliches Sprechen erkannt werden.[69]

Durch diese metaphorologische Skizze hoffe ich erhellen zu können, wie *wert* in literarischen Texten eingesetzt werden kann und welche semantischen Implikationen mit seiner Verwendung einhergehen – ist es doch für eine literaturwissenschaftliche Herangehensweise von Bedeutung, die Wörtlichkeit oder Bildlichkeit einer Textpassage voneinander unterscheiden zu können. Dass sich beide voneinander trennen lassen, entspricht auch einem vormodernen Verständnis der Metapher, das, aus der Rhetorik kommend, die funktionalen Aspekte einer überzeugenden Metapher stärker betont als den ästhetischen Mehrwert.[70]

65 Sandra Illibauer-Aichinger: Metaphern und Metaphorik im „Jüngeren Titurel“. In: Der ‚Jüngere Titurel‘ zwischen Didaxe und Verwilderung. Neue Beiträge zu einem schwierigen Werk. Hrsg. von Martin Baisch [u. a.]. Göttingen 2010, S. 87–101, S. 88. Ich schließe mich ihr damit an, Henle, Beardsley, Genette und Lausberg zu folgen und Metapher nicht als Oberbegriff für bildliches Sprechen generell zu gebrauchen. Zur Diskussion der genannten Theoretiker vgl. ebd., S. 88–92.

66 Ebd., S. 88.

67 Koch: Metapher, S. 203.

68 Udo Friedrich: Historische Metaphorologie. In: Literatur- und Kulturtheorien in der Germanistischen Mediävistik. Ein Handbuch. Hrsg. von Christiane Ackermann, Michael Egerding. Berlin/Boston 2015, S. 169–212, S. 171.

69 Ebd., vgl. auch ebd., S. 170 f.: „Die natürliche Sprache geht offenbar nicht im Ideal logischer Eindeutigkeit oder grammatischer Gesetzmäßigkeit auf. Wie sie immer auch unregelmäßige Wörter (Heterokliten) und elliptische Wendungen (Gnomik) enthält, so auch vielfältige heterogene Bildinventare, die eine Lücke in den Ausdrucksmöglichkeiten der Sprache füllen: z. B. Katachresen wie ‚Tischbein‘, ‚Motorhaube‘, ‚Gebirgskamm‘.“

70 Vgl. Michael Schwarzbach-Dobson: Exemplarisches Erzählen im Kontext. Mittelalterliche Fabeln, Gleichnisse und historische Exempel in narrativer Argumentation. Berlin/Boston 2018, Kap. II.2, besonders S. 39: „Die Metapher in einen rhetorischen Kontext zu stellen, ist keine selbstverständliche Prämisse, hat sie doch seit der weitgehenden Ablösung der Rhetorik durch die Ästhetik-Fokussierung des 18. Jahrhunderts verstärkt in poetischer Perspektive Konjunktur und wurde demzufolge in erster Linie im Bereich stilistischer Funktionen verortet. Diese Unterschlagung des argumentativen Potenzials der Metapher ist Antike und Mittelalter noch fremd.“

Grundsätzlich stellt sich – bedenkt man den *mvnch oder div nvnne* in der Predigt Bertholds von Regensburg, die *eines hallers niht wert* seien – die Frage, *was* eigentlich metaphorisch ausgedrückt wird, wenn es sich denn um eine Metapher handelt. Mit der Uneigentlichkeit der Metapher hat sich Ekkehart Eggs ausführlich beschäftigt und dabei auf Fragestellungen hingewiesen, die den vorliegenden Überlegungen sehr ähnlich sind und weiterhelfen können.[71] So ist die Zuordnung von Signifikat und Signifikant einer Metapher im Einzelfall sehr viel komplexer als es die Faustregel des Analogie- und Ähnlichkeitsverhältnisses abzubilden vermag. Anhand des klassischen Beispiels vom mutigen Achilles zeigt Eggs, dass eine einfache Übertragung zumeist dann doch nicht so einfach ist:

> Bei standardisierten Metaphern kann das Identische oft mit einem semantisch komplexen Wort im *Nachhinein* umschrieben werden: ‚Achill ist ein Löwe. Beide sind *mutig*', wobei durch die Nennung des Tertium comparationis zugleich die Vergleichsdimension $R_{x/y}$ gesetzt wird. Dadurch wird die [...] Metapher erklärt und legitimiert. „Mutig" ist deshalb komplex, weil jemandem nicht anzusehen ist, ob er MUTIG ist. Es bezeichnet nämlich eine *Disposition*, die als eine *verallgemeinernde Konzeptualisierung* sozialen Verhaltens bestimmbar ist.[72]

Durch eine Metapher der Disposition, die auf Eigenschaften rekurriert, die den Sinnen nicht direkt zugänglich sind, sondern einen sozialen Verstehensprozess fordern, eröffnet sich unter metaphorologischen Gesichtspunkten die Problematik Schuchards neu, wie abstrakt oder konkret der Begriff *valor*, und daran anschließend *wert* eigentlich ist. Der Unterschied zwischen der sozialen Verwendung von *wert*, die auf Tugendhaftigkeit und Vortrefflichkeit abzielt, und derjenigen des materiellen Wertes ist somit einer der sensuellen Zugänglichkeit. *Wert* ist beispielsweise in der Praxis des Wiegens als standardisierter merkantiler Methode der Äquivalenzbestimmung optisch wahrnehmbar.[73] Durch die Abstraktheit von *wert* als sozialer oder ethischer Disposition ist dieser Begriff jedoch anfällig für sensuell fassbare Ermittlungen von Werthaftigkeit. So Eggs weiter: „Je abstrakter und weniger den Sinnen, insbesondere dem Gesichtssinn, eine thematische Sache [i. e. Signifikat, A.M.] zugänglich ist, umso stärker werden die Merkmale des Quell-Systems [i. e. Signifikant, A.M.] auf diese Sache projiziert."[74]

Wenn also *wert* wie in den Attribuierungen *werder bruoder* oder *werde kiusche*, aber auch in der Relationierung, jemand sei des *lônes wert*, genutzt wird, ist dies noch kein Gebrauch einer materiellen Metaphorik, da eine diesbezügliche Auffälligkeit nicht angenommen werden kann. Erst durch die Hinzunahme konkreter Mate-

---

71 Ekkehart Eggs: Metaphorizität und Uneigentlichkeit. In: Handbuch Literarische Rhetorik. Hrsg. von Rüdiger Zymner. Berlin/Boston 2015, S. 243–279.

72 Ebd., S. 257 f. Hervorhebungen im Original.

73 Vgl. Kap. 2.3 u. Kap. 3.8. Gleiches gilt auch für die Authentifizierung von Münzwerten durch Prägung, vgl. Kap. 3.9.

74 Eggs: Metaphorizität, S. 262.

rialität, weiterer merkantil gebrauchter Begriffe oder sogar benannter Münzen wie bei Berthold von Regensburg, kann von einer Metaphorisierung der Wertigkeit ausgegangen werden.[75] Und aufgrund der höheren sinnlichen Fassbarkeit des Materialwertes, der sich durch Praktiken des Prüfens, Messens und Wiegens feststellen lässt, ist der immaterielle Wertbegriff metaphorisch schwächer als der materielle Begriff – eine mit dem sozialen *wert* metaphorisch beschriebene materielle Werthaftigkeit ist kaum möglich.[76]

Wert im metaphorischen Bereich ist somit fast immer materieller Wert. Doch die Beziehung des materiellen zum immateriellen Wert gestaltet sich nicht so ‚einfach' wie *mutig* als *tertium comparationis* für Achilles und den Löwen. Eggs macht auf ein weiteres Problem der Metaphorik aufmerksam: Durch das Kriterium der Ähnlichkeit können nicht alle Fälle von Metaphorik gefasst werden: „Skalar-konnotative" Metaphern liege nicht eine gemeinsame Ähnlichkeit zugrunde, sondern die Funktionsweise einer Skala werde auf einen anderen Bereich übertragen. Anhand von Searles Beispielsatz „Sally is a block of ice" zeigt Eggs, dass zur Decodierung dieser Metapher die Vorannahme getroffen werden muss, dass emotionales Verhalten „kalt" sein könne: „Da hier der Quell-Ausdruck [i. e. „a block of ice", A.M.] keine eigenständige Metapher konstituiert, sondern eine andere verstärkt, kann man von einer amplifizierenden (konnotativen) Metapher sprechen."[77]

Die Decodierung der Metapher erfordert somit, dass verstanden wird, dass die skalare Analogie auf Seite des Sachbereichs (der Emotionalität) selbst wieder eine Metapher darstellt. George Lakoff sieht dies als eine „conventional metaphor",[78] da Kälte

75 Tatsächlich handelt es sich in diesem Beispiel vermutlich eher um eine ‚Re-Metaphorisierung'. Denn *eines hallers niht wert* zu sein, kann als konventionalisierter Ausdruck gerade in denjenigen Bereich fallen, der nach Friedrich: Metaphorologie als Katachrese einzustufen wäre. Da es aber in besagtem Beispiel ausdrücklich um den Besitz von Münzen geht, kann im Sinne eines rhetorischen Sprachspiels davon ausgegangen werden, dass die ursprüngliche Metaphorik des Ausdrucks wieder in den Vordergrund tritt.

76 Vgl. Friedrich: Metaphorologie, S. 182: „Dort, wo ‚Evidenzmangel' und ‚Handlungszwang' herrschen, tritt die Metapher als Substitut ein. In der Relation von Wahrheit und Fiktion, Logik und Ästhetik, zwischen denen die Bestimmungsversuche der Metapher in der Regel hin und her pendeln, etabliert sie sich auf einem pragmatischen Feld der Wahr-Scheinlichkeit". Die „Wahr-Scheinlichkeit" der Metapher bedeutet in diesem Fall, die sinnlichen Relationen und Logiken auf immaterielle Bedeutungsfelder zu übertragen, wodurch Zusammenhänge mit transferiert werden, die Teil der materiellen Größe sind.

77 Eggs: Metaphorizität, S. 267.

78 Alternativ zur Katachrese, die man in dieser Beziehung ebenfalls sehen könnte, stellt Eggs: Metaphorizität, S. 268, kritisch die „conventional metaphor" im Sinne Lakoffs vor, die beschreibt, dass die Ähnlichkeit des Bildbereichs mit dem des Sachbereichs konventionell, ohne tatsächliche Ähnlichkeit zuvor festgelegt wurde: die Kälte des Verhaltens wäre somit sprachliche Konvention, die die Metapher des Eisblocks ermöglicht. Vgl. auch George Lakoff: The Contemporary Theory of Metaphor. In: Metaphor and Thought. Hrsg. von Andrew Ortony. Berkeley 1993 (online-Version: https://escholarship.org/uc/item/54g7j6zh, zuletzt eingesehen 11.03.2021, 15:49), S. 36.

als wahrnehmbares Phänomen nicht in menschlichem Verhalten vorkomme.[79] Der Fall des *wert*-Begriffs fordert diese Unterteilung nun in besonderer Weise heraus: Weder ist *wert* in der materiellen wie immateriellen Bedeutung so sehr das gleiche, wie Mut bei Achilles und dem Löwen, noch handelt es sich um eine rein konventionelle, und damit wieder metaphorisch-symbolische Übertragung. Bei der Metaphorik des materiellen Wertes handelt es sich daher um die Übertragung der materiellen Teilbedeutung des Polysems *wert* auf seine immaterielle Teilbedeutung.[80] Die Metapher ist somit zwar skalar, nicht aber rein konnotativ. Diese Analyse muss immer voraussetzen, dass eine Verschiebung zwischen den einzelnen Teilbedeutungen von *wert* bereits ausreicht, um von einer potentiell metaphorischen Verschiebung sprechen zu können. Wann *wert* als Substantiv wie auch als Adjektiv in diesem Rahmen metaphorisch gebraucht wird oder nicht, hängt davon ab, ob der direkte Kontext die Terminologisierung von *wert* im Sinne der materiellen Werthaftigkeit befördert.

Schließlich bleibt noch festzuhalten, dass *wert* wörtlich nicht jedes Mal vorkommen muss, wenn wertbestimmende Metaphorik genutzt wird. Eindrücklich zeigt dies der Kampf Iweins gegen Gawein in Hartmanns *Iwein*.[81] Kein einziges Mal fällt der Begriff *wert*. Angesichts der Tatsache, dass *wert* als relationaler Begriff auch bei weitem nicht die häufigste Verwendung für eine materielle Wertbestimmung darstellt, fällt dieses Fehlen nicht auf. Dennoch würde kein:e Leser:in der Aussage widersprechen, dass materielle Werthaftigkeit und die merkantile Praxis reziproker Wertzuschreibung von besonderer Bedeutung für diese Erzählpassage sind. Daher werden im Folgenden weitere Lexeme vorgestellt, die materielle und merkantil relevante Bedeutungen haben können. Jeder Begriff soll gerade hinsichtlich seines auch metaphorischen Bedeutungsspektrums und seiner spezifischen Verwendung in mittelhochdeutschen Erzähltexten untersucht werden.

---

79 Dagegen präsentiert Eggs: Metaphorizität, S. 268 f., das anthropologische Argument, wonach Wärme mit der Geborgenheit elterlicher, körperlicher Nähe assoziiert werden könne.

80 Alternativ zur Überlegung, es könnte sich bei *wert* um ein Polysem handeln, muss Wittgensteins Überlegung zur Familienähnlichkeit des Begriffs angesprochen werden (Vgl. Ludwig Wittgenstein: Philosophische Untersuchungen. Frankfurt am Main 2003, besonders §§ 66 f.). Dieses Konzept halte ich für nicht valide, da die unterschiedlichen Teilbedeutungen durchaus auf die Operation des Urteilens anhand vorab festgesetzter Axiologien zurückgeführt werden können. Dass die Zusammengehörigkeit unterschiedlicher Ausprägungen eines Konzeptes nicht durch phänomenologische Familienähnlichkeiten, sondern durch identische Tiefenstrukturen erklärt werden kann, hat Andrei Marmor: Is Literal Meaning Conventional? In: Topoi 27 (2008), S. 101–113, S. 110, eindrücklich gezeigt.

81 Iw, V. 7125–7234. Hier und im Folgenden zitiert nach: Hartmann von Aue: Gregorius, Der arme Heinrich, Iwein. Hrsg. und übersetzt von Volker Mertens. Frankfurt am Main 2008. Insgesamt nutzt Hartmann von Aue Formen von *wert* jedoch ohnehin kaum (vgl. Bohner: Beiwort, S. 13), sodass der Kampf zwischen Gawan und Iwein zwar ein Paradebeispiel dafür darstellt, wie auch ohne den Begriff des Wertes oder Wert-Seins eben dieses immer und immer wieder ausgedrückt werden kann. Der Befund des Fehlens jedoch sollte nicht überinterpretiert werden angesichts der äußerst seltenen und stets immateriellen Verwendung im Werk Hartmanns.

3.2 *Kouf* und *koufen*

Kouf repräsentiert die dem Markt eigene Handlungsweise und zugleich dessen weitere, juristische Grundlage.[82] *Kouf* kann zwar im Bereich des merkantilen Handels sowohl den Vorgang des Kaufs wie auch die Ware bezeichnen, außerhalb seiner auf den Markt oder den *koufman* bezogenen Bedeutung scheint der Begriff jedoch nicht das gleiche Maß an Polysemie aufzuweisen, wie es in den übrigen Kapiteln besprochen wird.[83]

Der *kouf* ist in Rechtshandschriften geregelt und verändert Eigentumsverhältnisse. Performativ gesichert wird dies durch konventionalisierte Gestik und Praxis.[84] Da der Markt einen rechtlichen Sonderraum darstellt, unterliegt auch der dort getätigte Marktkauf besonderen Maßstäben:

> Für den Kauf auf dem Markt haben sich im [Mittelalter] besondere, örtlich freilich unterschiedliche Regeln entwickelt, die das allgemeine Kaufrecht oftmals beeinflusst haben, wie bei der Sachmängelhaftung, dem Gefahrübergang oder dem Schadensersatz wegen Nichterfüllung [...].[85]

Die rechtliche Komponente findet sich aber nicht nur beim mittelhochdeutschen *kouf*. Dem *kouf* entspricht in lateinischen Quellen unter anderem das *commercium*,[86] dem Martin Herz eine merkantile Grundbedeutung, aber auch ausgreifende Bedeutungserweiterungen hin zu jeglicher Form menschlicher Interaktion attestiert.[87] Im römischen

---

82 Mersmann: Besitzwechsel führt als weitere Verben des Besitzwechsels in „Handel und Gewerbe" zudem *veilen*, und *wehseln* an (ebd., S. 72–79). Mit stärkerer Betonung der rechtlichen Rahmenbedingungen des Kaufs wäre noch *verdingen* zu ergänzen (vgl. Hans-Rudolf Hagemann: Art. Gedinge. In: *HRGDigital*). Zudem ist es möglich, die simplere Konstruktion *geben umbe* zu nutzen. Da *koufen* jedoch in der Berufsbezeichnung der *koufliute* und in der Ware als *koufschaz* besonders prominent ist, konzentriere ich mich im Folgenden auf diesen Begriff.

83 Vgl. Art. *kouf* stm. In: *Lexer*.

84 Vgl. Karl Otto Scherner: Art. Kauf. In: *HRGDigital*. Zum Handschlag als Vertragsgeste unter anderem beim Kauf vgl. Herbert Schempf: Art. Handschlag. In: *HRGDigital*, Schmidt-Wiegand: Gebärdensprache, S. 371, sowie zur literarischen Inszenierung von Handschlag und gemeinsamem Weintrinken im *Pfaffen Amis* Sylvia Meyer: Crossing the line – Die Macht der Rituale im *Pfaffen Amis*. In: Ordentliche Unordnung. Metamorphosen des Schwanks vom Mittelalter bis zur Moderne. FS Michael Schilling. Hrsg. von Bernhard Jahn, Dirk Rose, Thorsten Unger. Heidelberg 2014, S. 17–32, S. 28 f. Wie Meyer ebd. jedoch schlussfolgert, handelt es sich bezüglich der symbolischen Aufladung eher um eine Konvention, die Handlungen stellen jedoch auch ein „Rechtsritual" dar, da sie eine ausgewiesene „Rechtswirkung" zeitigen. Zum Ritual auf dem Markt im *Pfaffen Amis* vgl. auch Ruth Sassenhausen: Das Ritual als Täuschung. Zu manipulierten Ritualen im Pfaffen Amis. In: LiLi 36,4 (2006), S. 55–79, S. 77.

85 Scherner: Art. Marktkauf.

86 Als substantivische und verbale Entsprechungen des ahd. *coufon* führt Scherner, ebd., „*emptio, venditio, emere, vendere, negotium, negotiari*" an.

87 Martin Herz: *Sacrum Commercium*. Eine begriffsgeschichtliche Studie zur Theologie der römischen Liturgiesprache. München 1958, S. 3 f., geht von einem „zuerst [...] einfachen Gütertausch unmittelbar von Mensch zu Mensch" aus, der in der Antike rechtlich geregelten Formen des Austauschs vorangegangen sei. Im spekulativen Feld der Geldursprungstheorien steht diese Sichtweise

Privatrecht erfahre *commercium* dann eine juristische Bedeutung, die auf die staatliche Regulierung merkantiler Prozesse verweise.[88] Als *sacrum commercium* kann auch eine Verbindung von Mensch und Gott in den Begriffen des Kaufes imaginiert werden.[89] Herz hat den Begriff des *commercium* in der römischen Liturgiesprache und der Patristik untersucht und dabei die enorme Breite der theologischen Anwendungsmöglichkeiten des *commercium* deutlich gemacht. Hier möchte ich nur festhalten, dass *commercium* seit der Spätantike sowohl die Menschwerdung Gottes wie auch den Tod Jesu am Kreuz bezeichnen kann: In der Menschwerdung nimmt Gott die Menschheit an und gibt seinen Sohn.[90] Die Fleischwerdung Christi wiederholt sich in der Taufe am Menschen, der in den Leib Christi eingeht.[91] Am Kreuz dann hat „Chris-

nicht alternativlos dar. 1924 beispielsweise hat Bernhard Laum in seiner Abhandlung zum *Heiligen Geld* den Ursprung des modernen Geldwesens in der Normierung von Kulthandlungen verortet (Bernhard Laum: Heiliges Geld: Eine historische Untersuchung über den sakralen Ursprung des Geldes. Tübingen 1924) Zur Rezeption Laums in der jüngeren Wirtschaftsgeschichte vgl. Felix Brandl: Von der Entstehung des Geldes zur Sicherung der Währung. Die Theorien von Bernhard Laum und Wilhelm Gerloff zur Genese des Geldes. Wiesbaden 2015, S. 159–182, zu Laums Verhältnis zum Nationalsozialismus ebd., besonders S. 92–95. An der korpusbasierten Aussage durch Herz: Sacrum Commercium, S. 4, zur Extension des Begriffes, muss deswegen aber nicht gerüttelt werden: *Commercium* bedeute schon bald nicht nur „jegliche Art von materiellem oder geistigem Austausch", sondern auch „im Spätlatein nahezu alles, was mit handelsgeschäftlichem Tun, mit Kauf und Verkauf zusammenhängt [...]."

88 Ebd., S. 6–12.

89 Dem nachzugehen stellt das Hauptanliegen der begriffsgeschichtlichen Arbeit von Herz dar (ebd.). Grundsätzlich ist aber die über das Merkantile hinausgehende Mehrdeutigkeit des Begriffs zu berücksichtigen. Peter Brown: Der Schatz im Himmel. Der Aufstieg des Christentums und der Untergang des Römischen Weltreichs. Stuttgart 2017, S. 354, schreibt zu den als *commercium spirituale* konzeptualisierten Schenkungen des Paulinus von Nola: „Die Vorstellung des *commercium spiritale* (oder *spirituale*) stand im Mittelpunkt der Gedankenwelt des Paulinus. Um das gedankliche Gewicht einer solchen Vorstellung zu erfassen, müssen wir uns in Erinnerung rufen, dass das Wort *commercium* – von dem auch unser Wort ‚Kommerz' abgeleitet ist – im Lateinischen nicht die dreisten und berechnenden Zwischentöne besaß, die ‚Kommerz' und ‚Austausch' heute haben. Das Wort *commercium* stand vielmehr für jede Form vorteilhafter Verbindung. [...] Allgemeiner gesagt, beinhaltete *commercium* [...] ‚eine Harmonie innerhalb der Dualität'." Vgl. auch Quaas: Sakralität und Handel.

90 Vgl. Herz: Sacrum Commercium, S. 37: „In der Formulierung ‚Creator generis humani – animatum corpus sumens' wird sodann jene Paradoxie sichtbar, die uns aus den Weihnachtspredigten der Väterzeit bekannt ist. Vor allem *Augustinus* wußte diesen Gedanken mit dem rhetorischen Kunstmittel der Antithese in immer neuen Wortspielen deutlich zu machen. Entsprechende Wendungen lassen sich auch bei *Leo dem Großen* in großer Zahl finden. So gewagt die Formulierungen manchmal klingen, sie dienen dazu, den entscheidenden Gedanken deutlich werden zu lassen: Der Schöpfer hat das von ihm Geschaffene angenommen, ist mit seinem Geschöpf eine Verbindung eingegangen: Dies ist es, was den in der Menschwerdung begonnenen gottmenschlichen Austausch zum ‚mirabile mysterium', zum ‚mirum commercium' werden läßt."

91 Ebd., S. 100 f.: „Die Annahme der Menschennatur im Geheimnis der Inkarnation ist die Voraussetzung für unsere Eingliederung in den Leib Christ; diese erfolgt sakramental-real im Sakrament der Taufe."

tus das ganze Menschengeschlecht erkauft."[92] Die Logik dieser Metapher hebe nicht nur auf die Einlösung einer Schuld im doppelten Sinne der finanziellen wie moralischen Schuld ab, sondern verbinde sich auch mit einem Rechtsanspruch, wie Herz anhand einer Passage aus den augustinischen *enarrationes in psalmos* belegt: Gestützt auf Ps 21, 1Kor 6,20 und 1Kor 7,23 nutze Augustinus das lateinische Verb *emere* zur Verdeutlichung der Tatsache, dass „der Herr durch diesen Kauf ein Eigentumsrecht am Menschen [...] erworben habe [...]."[93]

Über die Tradition des *bonus negotiator Christus* schlägt sich besonders der Opfertod als Erlösungskauf der Menschheit in der mittelalterlichen Predigt nieder.[94] Doch durch einen, man könnte sagen, phonetischen Zufall, findet auch der mhd. *kouf* Eingang in einen volkssprachigen theologischen Diskurs. Walter Mersmann hat darauf aufmerksam gemacht, dass der häufige Reim *kouf – touf* „möglicherweise" vom Gedanken des *sacrum commercium* abhänge.[95] Sollte eine direkte Abhängigkeit zwischen *sacrum commercium* mit dem Einsatz von *kouf* bei Taufen in mittelhochdeutschen Texten bestehen (was ich aufgrund der Fülle von Textbelegen zu diesem Reim für wahrscheinlich halte), muss der bedeutende Umstand betont werden, dass hier ein theologisch ambivalenter Begriff aufgrund seiner phonetischen Eigenschaften in der deutschsprachigen Literatur zugunsten einer Teilbedeutung verengt wird. Noch deutlicher als im Korpus, das Mersmann nutzt (Wolfram von Eschenbach und Gottfried von Straßburg), kann dies anhand von *Barlaam und Josaphat* von Rudolf von Ems verdeutlicht werden. *Touf* erscheint in verschiedenen Formen zwar knapp einhundert Mal im Text, steht es aber am Versende, reimt es sich ausschließlich auf die entsprechende Form von *kouf.*[96] Fünfzehn Mal reimen *kouf* und *touf* in verschiedenen Formen und immer dient der *kouf* als Charakterisierung für die Taufe, mit der man sich *lebendez leben* in Ewigkeit kaufen kann (BuJ, V. 12105).[97] Bei der zentralen Taufe Josaphats dann werden sogar zwei solcher Reime im Sinne einer *figura etymologica* hintereinandergestellt, sodass die Bitte des zu taufenden Josaphat mit diesem Reim endet und die Antwort des taufenden Barlaam damit beginnt:

---

92 Ebd., S. 211.

93 Ebd.

94 Vgl. besonders Oberste: bonus negotiator, ich komme darauf in den Kap. 4.1.1 u. 4.5.5 zurück.

95 Mersmann: Besitzwechsel, S. 76.

96 In V. 13563 lässt Josaphat eine *toufstat* bauen, diese reimt sich dann auf *die er mit vlîze zieren bat* (BuJ, V. 13564). Dabei geht es aber natürlich um die Taufstelle selbst, nicht um den Vorgang der Taufe. Rudolf von Ems: Barlaam und Josaphat. Hrsg. von Franz Pfeiffer, mit einem Anhang aus Franz Söhns, Das Handschriftenverhältnis in Rudolfs von Ems ‚Barlaam', einem Nachwort und einem Register von Hein Rupp. Berlin 1965.

97 Die Reime finden sich in den Versen: 1059 f., 3829 f., 6849 f., 6851 f., 8335 f., 9043 f., 10941 f., 12105 f., 12121 f., 12187 f., 12242 f., 12251 f., 13497 f., 14168 f., 16017 f., *kouf* ohne Reim in den Versen: 3570, 3574, 5290, 6601, 8320, 8844, 12282, 12841. Ein einziges Mal reimt sich *koufen* auf *loufen* (BuJ, V. 3616 f.).

er sprach: „vil liebez kint, nû sprich,
wil dû gote toufen dich?"
„jâ gerne, wan ich wil dich biten,
daz dû nâch kristenlîchen siten
mich gotes gnâden koufest,
daz dû mich gote toufest."
„geloubestû, herre, an den kouf
der gotes gnâden, ob der touf
an dich nâch der kristenheit
kristenlîche wirt geleit?"
(BuJ, V. 6845–6854)

Nichts deutet darauf hin, die für moderne Rezipient:innen beinahe zynisch klingende Frage *geloubestû, herre, an den kouf* in negativer Weise zu deuten. Der *kouf* ist hier von seiner Bedeutung eines rechtmäßigen Besitzwechsels nicht zu trennen und wird in seiner Metaphorik in dem Text Rudolfs, der zu weiten Teilen aus dialogisch vermittelten Exempla besteht,[98] herausgestellt.[99] *Koufen* wird damit auch im Mittelhochdeutschen zu einem Kronzeugen einer „ethisch-ökonomischen" Sprache im Sinne Todeschinis (bzw. einer ethisch-merkantilen Sprache im Sinne der vorliegenden Arbeit). Im Gegensatz zu den meisten anderen hier behandelten Begriffen, liegt die Eignung des *koufes* doch weniger in einer grundsätzlichen Polysemie, die durch mal stärkere und mal schwächere Terminologisierung eingesetzt würde, als vielmehr in der langen Tradition des eindeutigen Rechtsterminus des *koufes* in der Patristik, und dann auch *mutatis mutandis* in der volkssprachigen Literatur.

Koufen dabei von einer Form des selbstlosen Schenkens abgrenzen zu wollen, verfängt für die Vormoderne mit einer stark kulturell eingebetteten merkantilen Sphäre nicht so einfach:

> Der moderne Begriff ‚schenken' hat sich überhaupt erst seit dem Spätmittelalter entwickelt, als das alte ‚schenken' (im Sinne von ausgießen, einschenken, vgl. Mundschenk) einen Bedeu-

---

98 Zur Einbindung der Exempla in den Erzählzusammenhang vgl. Constanze Geisthardt: Nichts als Worte: Die Problematik sprachlicher Vermittlung von Heil in Rudolfs von Ems ‚Barlaam und Josaphat'. In: Barlaam und Josaphat. Neue Perspektiven auf ein europäisches Phänomen. Hrsg. von Constanza Cordoni, Matthias Meyer. Berlin/Boston 2015. S. 102–139, S. 104 f., auch mit Überblick zu älteren Forschung bezüglich der didaktischen Pragmatik des Textes (in den Anmerkungen).

99 Geisthardt, ebd., S. 130, sieht auch in der Bekehrung von Josaphats Vater Avenier diese Verschränkung von weltlichem Gut und seiner gleichzeitigen Metaphorik: „Avenier hält das ökonomische Gefälle zwischen seinem und Josaphats Reich für *vil bezeichenlich*. Er sieht nicht mehr nur die oberflächlichen Sachverhalte, sondern erfasst, dass hinter dem Gegensatz eine weitere semantische Ebene zu finden ist." Zur *rîcheit* in *Barlaam und Josaphat* vgl. auch Johannes Traulsen: Diesseitige und jenseitige *rîchheit* in Rudolfs von Ems *Barlaam und Josaphat*. In: Fremde – Luxus – Räume. Konzeptionen von Luxus in Vormoderne und Moderne. Hrsg. von Jutta Eming [u. a.]. Berlin 2015, S. 43–62. Traulsen hebt besonders auf die Veschränkung von Diesseits und Jenseits ab, die beispielsweise in der Figur Josaphats oder anhand des Edelsteins, den Barlaam als Kaufmann verkleidet an den indischen Hof bringt und der zugleich Edelstein wie Heilsallegorie ist, entgegentritt (ebd., S. 56).

> tungswandel zum allgemeineren Begriff für ‚geben' erfahren hat. Die bürgerliche Schenkkultur als Ausdruck persönlicher, familiärer und freundschaftlicher Beziehungen ist nicht vor dem 18. Jahrhundert anzutreffen. Vielleicht hat sie sich als Korrektiv zu dem immer weitere Lebensbereiche umfassenden ökonomistischen Tauschsystem entwickelt.[100]

Der stark auf einen strukturellen Ökonomiebegriff ausgerichtete Gegensatz von Gabe – in mittelhochdeutscher Literatur häufig am Akt der *milte* diskutiert – und *kouf* ist daher zugunsten eines vielschichtigen Kontinuums unterschiedlicher Formen von Interaktion und Reziprozität zu verabschieden.[101] Der *kouf* soll daher primär als rechtlich gesicherte Form des Warentauschs verstanden werden. Stellt man den gabentheoretischen Differenzrahmen für die Interpretation des *koufes* zurück, lässt sich auch ein gänzlich anderer Gegensatz in mittelalterlichen Quellen finden, bei dem der *kouf* und speziell derjenige auf dem Markt als Manifestation von Rechtmäßigkeit und Qualitätssicherung erscheint. Wenn Händler nun in diesem Rahmen betrügen, bedeutet dies nicht die Diskreditierung des *koufes* an sich, sondern zeigt nur an, dass dieser in Erzählungen zur Projektion von Täuschungsabsichten herangezogen werden kann.

Täuschung und Rechtmäßigkeit besonders beim Verkauf stellen wichtige Themen unter Anderem für Berthold von Regensburg dar. Dem franziskanischen Prediger zufolge hat jeder Mensch sein *amt*, das er ordnungsgemäß und zum Wohlgefallen Gottes zu verrichten habe.[102] Dies zu illustrieren, zählt Berthold etliche Berufe wie Schuster, Schneider, Müller und Krämer auf, und gibt immer an, wie diese Berufsgruppen beim Verkauf betrügen: Schlechte Ware wird verborgen, Hohlräume werden erzeugt, Maße falsch angesetzt und Waagen manipuliert.[103] Aus Bertholds Sicht sind *Wuocher unde fürkouf, dingesgeben, satzunge unde trügenheit, roup unde diepheit* zu vermeiden, denn: *daz mac kein amt gesîn* (*Fünf Pfunde*, S. 16,4–6).[104] Hier erscheint der *kouf* als positiver Part einer Dichotomie, die nicht um Freigebigkeit und Kalkül, sondern um Rechtmä-

---

100 Hannig: Ars donandi, S. 150. Vgl. auch die Ausführungen in Kap. 2.4, besonders Anm. 200 mit den Hinweisen Teuschers und Kuchenbuchs zu verschiedenen lateinischen Begriffen für Transaktionen.

101 Auf Überlegungen Derridas aufbauend hat Philipowski: diu gâb mir tugende gît, S. 457, eine solche geradezu absolut gesetzte Dichotomie von *milte* und *kouf* bei Thomasin von Zerklaere beschrieben: Die *milte* sei „ein Ideal, eine Tugend, die allerdings leicht durch Eigennutz verdorben werden kann und damit zum *kouf* degeneriert. Dieser ist durch das Verfolgen eines Nutzens charakterisiert, während die *milte* selbst- und interesselos sein soll." Die absolute Interesselosigkeit der Gabe scheint mir aber erst durch die Überlegungen Derridas in den Text Thomasins integriert zu werden (vgl. dazu oben Kap. 2.4). Eine historische Differenzierung von *kouf* und Gabe müsste an dieser Stelle auch zu einer Neubewertung des Gabenbegriffs bei Derrida führen, was hier jedoch nicht geleistet werden soll (Der Gabenbegriff Derridas wird mit Bezug auf Thomasin diskutiert von Philipowski: diu gâb mir tugende gît, S. 457–462, sowie durch Reichlin: Ökonomien, S. 54–59). Vgl. auch mit Bezug zu Derrida sowie zu Hannig: Ars donandi Schallenberg: Gabe, Geld und *gender*.

102 Säkularer deutet Saller: Predigtwandel die Predigten des Franziskaners. Die Aufgabenteilung in der Stadt entspreche einem „ökonomische[n] Rationalismus, der überweltlicher Verweisstrukturen gar nicht bedarf [...]" (ebd., S. 198).

103 *Fünf Pfunde*, S. 16 f.

104 Zur Narrativierung von *wuocher*, *kouf* und *diepheit* vgl. Kap. 4.1.2 zum *Marktdieb*.

ßigkeit und Betrug kreist. *Fürkouf* und *gedinge*, also der preisverzerrende Aufkauf von Waren und ein hoher Zinssatz bei Ratenzahlung, werden bei der Ermahnung des *koufmans* von Berthold wieder wörtlich aufgenommen: Dieser soll *âne geværde* seinem Geschäft nachgehen, nämlich *koufen* (vgl. *Fünf Pfunde*, S. 18,35): *daz mein ich: daz er niht für hât gekoufet ûf die lenge der zît, ûf das næher, unde niht gedinges gît ûf daz jâr umbe daz tiurre* (*Fünf Pfunde*, S. 18,35–37).

Die rechtliche Perspektive auf den Kauf, die ihn auch bei Ablehnung desselben noch zu einer brauchbaren Metapher macht, muss nicht gegen ein sich verausgabendes Gegenbild agonalen Schenkens gelesen werden. Dennoch bleibt natürlich die Funktion der sozialen Distinktion bestehen. Wenn der alte Kämpfer Wate im *Kudrunepos* von sich selber sagt, *ich kan niht koufes phlegen* (Ku, V. 253,1)[105] da es nun einmal seine Art sei, seinen Besitz mit anderen *helden* zu teilen (Ku, V. 253,3), so findet hier durchaus auch eine habituelle Abwertung statt. Dies schließt aber nicht aus, dass der merkantile *kouf* in seiner metaphorischen Verwendung viel eher aufgrund seiner aus der Alltagspraxis bekannten Implikation geprüfter Qualität und der Übergabe von Eigentumsrechten in Texten verwendet wird. Diese bei der Metaphorik der Taufe so offensichtliche Bedeutung wäre somit besonders hinsichtlich ihrer Anwendung in Diskursen zu Kampf oder *minne* auszuloten. Damit läge der Fokus der Beschreibung des ebenbürtigen Kampfes zwischen Iwein und Gawein in Hartmanns *Iwein* nicht auf dem Unterschied zwischen höfischer Verausgabung und kaufmännischer Berechnung, sondern auf der an die Gültigkeit merkantiler Prozesse angelehnten Verbürgung der Gleichrangigkeit der beiden Ritter (Iw, V. 7125–7234).[106] Der Kauf ist dann nicht mehr die Gegenwelt der höfischen Verausgabung, sondern ein Register der metaphorischen Bestätigung von Werten.

3.3 *Guot*

Ebenso wie *wert* kann auch *guot* materielle wie auch immaterielle Werte ausdrücken. Dass diese Doppeldeutigkeit sogar von enormer Wichtigkeit ist, zeigt Hedda Ragotzky in ihrem Beitrag zu *guot* in Texten des Strickers: der Begriff *guot* sei

> prinzipiell doppeldeutig, er ist ethische und materielle Größe zugleich. Wertbewährung [i. e.: Stabilisierung des gesellschaftlichen *ordo*, A.M.] manifestiert sich darin, daß diese prinzipielle

105 Zitiert nach: Kudrun. Hrsg., übers. und kommentiert von Uta Störmer-Caysa. Stuttgart 2010.

106 Harald Haferland: Höfische Interaktion. Interpretationen zur höfischen Epik und Didaktik um 1200. München 1989, S. 134, betont, dass zum metaphorisch beschriebenen Kampf zwischen Gawein und Iwein ein profundes „Interaktionswissen" der beiden Akteure gehöre, die Wahl der kauf- und pfandrechtlichen Metaphorik sieht Haferland ebd., in der Ausstellung von Reziprozität begründet. Die metaphorische Reduktion des Kampfes auf Leben und Tod hin zur Vergabe und Annahme von Wertmitteln versteht Haferland als „Modulation", die dem Kampf „seine elementare Funktion als Ausdruck und Ausagieren von Feindseligkeit" nehme (ebd., S. 135).

> Doppeldeutigkeit gewahrt ist. Ethisches ‚guot'-Sein dokumentiert sich dann im Verfügen über entsprechendes materielles ‚guot', und wer ‚guot' ist, dem wird ‚güete' zugesprochen. Bzw.: Das materielle ‚guot', das jemand besitzt, zeigt sein ethisches ‚guot'-Sein sowie das angemessene Honorieren seiner ‚güete' durch die Gesellschaft an.[107]

Die Ambiguität materieller und ethischer Wertigkeit ist nicht einfach nur vorhanden, sie wird auch aktiv von Texten genutzt, wie beispielhaft in Volker Mertens' Diskussion verschiedener Prologe der Artusdichtung deutlich wird: Mertens zeigt vergleichend anhand des *Tristan*, *Iwein* und *Wigalois*, dass *guot* einerseits „einen fast beiläufigen Sinn" aufweise,[108] durch dieses formelhaft niedrige Level an Präzision aber auch gerade ein variantenreiches Spiel mit dem gesamten Bedeutungsspektrum ermöglicht werde.[109] So verhält es sich auch beispielsweise – wenig verwunderlich – im *Guoten Gêrhart* Rudolfs von Ems. Der Ich-Erzähler Gerhart beschreibt eine Kammer, deren Inhalt zu erwerben ihm vom Landesfürsten nahegelegt wird. Er findet Geiseln und nicht wie erwartet Gold und Reichtümer vor und beschreibt diese Erfahrung seinem kaiserlichen Zuhörer in enigmatischer Weise:

> der was sî [die Kemenate] gar an guote erlân,
> doch beslôz sî guotes vil,
> als ich iu bescheiden wil.
> sî was mit guote und ân guot,
> mit rîcheit und mit armuot
> bewart vil vesteclîche.
> dâ vand ich jæmerclîche
> zwelf ellenthafte ritter guot
> (GG, V. 1526–1533)[110]

Die Passage eignet sich zur Illustration des oben beschriebenen Phänomens der Ambiguität von Materiellem und Immateriellem. Zwar würde es auch genügen, der Beschreibung in Rudolfs von Ems Text eine unbestreitbare Lust an der Paradoxie zu attestieren, doch kann die rhetorische Inszenierung über dies hinausweisen. Durch

---

107 Hedda Ragotzky: Die Thematisierung der materiellen Bedeutung von „guot" in den Texten des Strickers. In: Soziale Ordnungen im Selbstverständnis des Mittelalters. 2. Halbbd. Hrsg. von Albert Zimmermann, Gudrun Vuillemin-Diem. Berlin 1980, S. 498–516, S. 507. Der Beobachtung grundsätzlicher Ambivalenz von *guot* stimme ich uneingeschränkt zu, die Gleichsetzung von gut sein und Gut haben scheint mir jedoch nur heuristischen Wert zu haben. Dies müsste in einem breiteren Textkorpus geprüft werden.

108 Volker Mertens: Imitatio Arthuri. Zum Prolog von Hartmanns ‚Iwein'. In: ZfdA 61 (1977), S. 350–358, S. 351.

109 Vgl. ebd., besonders S. 352. Mertens macht hier deutlich, dass diese Ungenauigkeit nicht nur poetologische Funktionen im Prolog erfülle, sondern auch narrativ genutzt werden könne, wenn im Doppelwegschema die abstrakte Qualität von König Artus in eine konkrete Eigenschaft des Artusritters überführt werde.

110 Hier und im Folgenden zitiert nach: Rudolf von Ems: Der guote Gêrhart. Hrsg. von John A. Asher. 3. Aufl. Tübingen 1989.

die Verwendung von *guot* als Attribut der Ritter in Vers 1533 eröffnet die Passage den Rezipient:innen die Möglichkeit, das augenscheinliche Paradoxon des vorhandenen und doch nicht vorhandenen Gutes zugunsten einer Differenzierung von materieller und immaterieller Ebene aufzulösen. Vers 1529 würde demnach mit der Unterscheidung von „Die Kammer war gefüllt mit Gutem/Güte und ohne (Kaufmanns)gut“ kein Paradoxon mehr beschreiben, sondern auf die Doppeldeutigkeit von *guot* verweisen. *Guot* in der zitierten Passage ist keine eindeutig als solche kategorisierbare Metapher, da der Kontext verschiedene Deutungsangebote für *guot* nahelegt.

Wie die Passage aus dem *Guoten Gêrhart* zeigt, kann die Unschärfe des Begriffs *guot* poetisch produktiv eingesetzt werden. Dieselbe Unschärfe, bzw. Polysemie wird *guot*, sowohl als Adjektiv/Adverb wie auch als Substantiv, auch in historischen Wörterbüchern zugeschrieben.[111] Mittelhochdeutsche Belege lassen sich dabei durch ausgesprochen viele verwandte Formen in weiteren indoeuropäischen Sprachen ergänzen.[112] Aufgrund dieser Bandbreite kann die Relation materieller und immaterieller Verwendungsweisen semantisch produktiv wirken, sie verschiebt sich aber auch im Laufe der Wortgeschichte, wie anhand der Adverbialbildung deutlich wird:

> das adv. von *gut* ist in älterer sprache allein *wohl* (got. *waila*, ahd. *wela*, *wola*, mhd. *wol*), was darauf deuten dürfte, dasz *gut* zufrühest noch keine qualifizierende bedeutung zukam, die auf handlungen hätte bezogen werden können, sondern dasz *gut* lediglich als adj. in anwendung auf concreta deren gebrauchsfähigkeit feststellte.[113]

Diese Definition ist einerseits auf den recht abstrakten Rahmen der „gebrauchsfähigkeit“ ausgeweitet, andererseits jedoch eingeschränkt auf einen Bereich reiner Materialität. Für die Zeit, die hier von Interesse ist, verzeichnet das *DWB* nun eine Verschiebung der Bedeutung: „seit dem 13. jh. tritt im deutschen gut neben wohl als adv. auf, gewinnt aber erst mit dem nhd. seinen vollen umfang als adv.“ Während die „wesentlichsten“ Abschnitte der Begriffsbildung „in vorliterarische zeit“ fallen,[114] werde die Ausweitung des Begriffes auf Abstrakta und Handlungen vor allem durch die Nutzung in schriftlichen Spezialdiskursen motiviert:

---

111 Vgl. Art. *guot*, adj. adv. und Art. *guot*, stn. In: *Lexer*; Art. *guot*, stN. und Art. *guot*, adj. In: *MHDWB* und Art. *guot*, stn. In: *BMZ*; Art. *gut*, adj. adv. und Art. *Gut*, n. In: *DWB*. Der Artikel im noch im Aufbau befindlichen *MHDWB* ist bei Weitem am differenziertesten und enthält auch eine genaue Auflistung rechtlicher Sonderbedeutungen. Vgl. zur Sonderbedeutung von *Gut* im rechtlichen Kontext auch Art. *Gut/gut*. In: *DRW*. Für das Adjektiv werden hier sowohl soziale/ethische Bedeutungen angegeben, wie auch „wirtschaftlich leistungsfähig, kreditfähig“, „sicher“, „bürgend, haftbar“ und „vermögend“ (ebd., I 2 a-d). Für das Substantiv *Gut* hingegen werden ausschließlich materielle, dabei sowohl mobile, wie immobile Vermögensgüter angegeben.

112 Eine ausführliche etymologische Übersicht unter Berücksichtigung anderer indoeuropäischer Sprachen bietet der Art. *gut* adj. adv. In: *DWB*.

113 Ebd.

114 Ebd.

> entscheidend für die weiterentwicklung zum ethischen begriffsinhalt [...] und für die umbildung zu zahlreichen sonderbedeutungen war der einflusz von lat. bonus und seiner vielfältigen verwendungsarten in theologischer, juristischer und poetischer literatur.[115]

Im *Lexer*, dessen Eintrag zu *guot* selbstverständlich nur einen Bruchteil der Länge des Artikels im *DWB* umfasst, findet sich auch für das mittelhochdeutsche Lexem genau diese Mischung materieller und immaterieller Wertzuschreibungen: *gut, von pers. u. sachen: tüchtig, brav, gut, von gutem Stande, vornehm; passlich, tauglich, brauchbar.*[116]

Es spricht für die These der bedeutungsgenerierenden Funktion poetischer Literatur im *DWB*, dass fiktionale Literatur den Begriff des *guotes* diskursiv stark einbindet, wie es anhand der zitierten Passage aus dem *Guoten Gêrhart* deutlich geworden ist. Auch der Prolog des *Guoten Gêrhart* kann die Verhandlung eines breiteren und „ethischen begriffsinhalt[s]" illustrieren, der dem Begriff des *guoten* programmatisch eingeschrieben ist:

> Swaz ein man durch guoten muot
> ze guote in guotem muote tuot,
> des sol man im ze guote jehen,
> wan ez in guote muoz geschehen.
> swen sîn gemüete lêret
> daz er ze gote kêret
> herze, sinne unde muot,
> daz er daz beste gerne tuot
> der hüete an dem guote sich,
> sô ist ez guot und lobelich.
> (GG, V. 1–10)

Die Häufung des Begriffes *guot* in immer wieder anderen syntaktischen und auch semantisch verschobenen Zusammenhängen setzt sich in den nachstehenden Versen weiter fort.[117] Indem der Prolog um *guot* und verwandte Wortformen herum organisiert ist, wird das grundlegende Sujet des Textes, wie es in der oben zitierten Beschreibung

---

115 Art. *gut*, adj. adv. In: *DWB*.

116 Art. *guot*, adj. adv. In: *Lexer*.

117 Die stilistische Beziehung zum Prolog des *Tristan* Gottfrieds von Straßburg ist offensichtlich. Der Prolog des *Guoten Gerhart* scheint jedoch aufgrund des auch am Protagonisten sichtbaren Epithetons *guot* und der Bedeutung des Kaufmansgutes eher auf die hier diskutierte Thematik aufmerksam zu machen. Mertens: Imitatio Arturi, S. 352, der ebenfalls auf die Problematik poetisch eingesetzter Polysemie aufmerksam macht, urteilt auch über den Prolog in Hartmanns *Iwein* ähnlich und mit Bezug zu Gottfrieds *Tristan*: „Die im Mittelhochdeutschen sehr ausgeprägte Polysemie der Wörter, die je nach Textzusammenhang andere Bedeutungen aktuell werden läßt, aber eine eindeutige Fixierung des semantischen Gehalts nicht einmal immer vom Kontext her erlaubt, macht auch den ‚Beweis' für den Inhalt von *güete* durch den Vergleich mit anderen Stellen schwierig – ich denke nur an das Spiel mit den semantischen Möglichkeiten von *guot* in Gottfrieds Tristan-Prolog."

der Gefängniszelle offen hervortritt, anhand eines einzelnen, polysemantisch einsetzbaren Wortes vorab festgelegt.

Die Ambivalenz materieller und immaterieller Werthaftigkeit lässt sich auch in der substantivierten Form des *guotes* nachweisen, dem im *MHDWB* zwei größere Bedeutungsfelder zugeschrieben werden: *etw. Zweckmäßiges, Nützliches, Förderliches, etw. Erfreuliches, Angenehmes*; *(liegendes oder bewegliches) Eigentum, Besitz* sowie die beiden juristischen und merkantil relevanten Bedeutungen *‚Ertrag, Gewinn' einer Liegenschaft* und *Bezahlung, Kaufpreis.*[118] Die Spezifizierung *varndes guot* findet sich prominent in Walthers von der Vogelweide *Ich saz ûf eime steine*, der dieses der *êre* und *gotes hulde* gegenüberstellt.[119] Hier wird das Gut eindeutig als materieller Reichtum gedacht, zum einen durch die Spezifizierung *varnde* (beweglich), zum anderen durch die Gegenüberstellung auf kategorialer Ebene, die Besitz, Ansehen und Frömmigkeit voneinander trennt. Konversionen zwischen den einzelnen Kategorien sind möglich, wie es sprachlich in der kommutativen Formel von *guot umb ere*[120] oder auch kulturell in der Praxis des Ablasses[121] deutlich wird. Die Konversion findet jedoch immer nur von *guot* zu *ere* oder Seelenheil statt. Über den in der Literaturwissenschaften prominenten Ansatz Bourdieus hinausgehend, alle drei Kategorien als verschiedene Formen von Kapital zu erfassen,[122] tritt in der hier dargelegten Analyse auch besonders die metaphorische Asymmetrie der Konversionsrichtungen hervor. In dieser Asymmetrie spiegelt sich das Verhältnis von zumeist materiellem Signifikant und immateriellem Signifikat wider, das bei der metaphorischen Verwendung von *wert* identifiziert werden konnte (Vgl. Kap. 3.1). Alternativ

118 Art. *guot*, stN. In: *MHDWB*. Art. *guot*, stn. In: *Lexer* verzeichnet im Gegensatz zum adjektivischen Lexem beim Substantiv weitaus mehr materielle Bedeutungen: *gutes allgem.* [...], *gut, vermögen, besitz allgem. (varnde guot, bewegliche habe* [...]*). BMZ* (Art. *guot*, stn.) differenziert nur zwischen zwei Bedeutungen: 1. *Gutes*, und 2. *Gut/Vermögen*. Der ersten Bedeutung sind jedoch weitaus mehr Belegstellen zugeordnet.

119 191, I, V. 11–13, zitiert nach: Deutsche Lyrik des Frühen und Hohen Mittelalters. Hrsg. und kommentiert von Ingrid Kasten, übers. von Margherita Kuhn. Frankfurt am Main 2005.

120 Diskussion und umfangreiche Quellenarbeit bietet Frank H. Bäuml: „Guot umb êre nemen" and Minstrel Ethics. In: JEGP 59,2 (1960), S. 173–183. Bumke: Höfische Kultur, S. 697, macht von dieser Formel die Existenzweise der „Fahrenden" abhängig: „Für die meisten Fahrenden hieß die Devise: ‚Geld für Ehre nehmen' (*guot umb êre nemen*). Diese Formel ist in der höfischen Zeit geradezu als eine Berufsumschreibung für die fahrenden Spielleute benutzt worden." In Verbindung mit der nicht von dieser Formel zu trennenden *milte*-Thematik hat sich Krause: Die *milte*-Thematik diesem Phänomen in der Sangspruchdichtung gewidmet.

121 Zur entstehenden Praxis des Ablasses vgl. grundlegend Nikolaus Paulus: Geschichte des Ablasses im Mittelalter. Vom Ursprunge bis zur Mitte des 14. Jahrhunderts. 2 Bde. 2. Aufl. Darmstadt 2000. Paulus zeichnet die Geschichte des christlichen Ablasses seit der Spätantike nach. Vgl. aktueller (und handlicher) Angenendt [u. a.]: Gezählte Frömmigkeit mit stärkerem Fokus auf die mit dem Ablass verbundene Geschichte des Verrechnungsgedankens sowie Christiane Laudage: Das Geschäft mit der Sünde. Ablass und Ablasswesen im Mittelalter. Freiburg im Breisgau 2016.

122 Vgl. Bourdieu: Ökonomie, besonders S. 147–149. Genereller zur praxeologischen Fundierung unterschiedlicher Kapitalformen ders.: Die feinen Unterschiede, S. 193–195, sowie zur Konvertierung der Kapitalformen ders.: Theorie der Praxis, besonders S. 362–377.

können *guot* und *êre* syndetisch genannt werden und konfliktfrei nebeneinanderstehen, wenn Ereck bei einem Turnier *gůt und ere bejaget* (V. 3742).[123]

3.4 *Schaz*

Mhd. *schaz* bezeichnet *geld u. gut, reichtum, schatz, vermögen allgem.* oder eine Abgabe,[124] ist aber besonders durch eine Vielzahl möglicher Komposita auch spezifischer beispielsweise im juristischen Diskurs einsetzbar. Von besonderem Interesse hier ist der *koufschaz*, mit dem die Ware eines Kaufmanns bezeichnet wird. Indem Schätze als Herrscherschatz, *koufschaz* sowie im religiösen Kontext als Übersetzung für den besonders neutestamentlich wichtigen Begriff des *thesaurus* in Narrative eingebunden werden können, eignen sie sich, metaphorische und motivische Verbindungen zwischen verschiedenen Wertvorstellungen zu konkretisieren.

In seiner Beschreibung frühmittelalterlicher Königsschätze geht Matthias Hardt zu Beginn auf die in heldenepischen Texten geschilderten Reichtümer ein.[125] Schätze entsprechen in der heldenepischen Darstellung der Funktion eines Politikums, wie es Hardt auch für das Frühmittelalter annimmt: Die „Aneignung der Macht" fällt zusammen mit dem „Zugriff auf den Schatz des Besiegten".[126] Ein solcher frühmittelalterlicher Königsschatz kann Edelmetalle, gemünzt und als Barren, Schmuckstücke, Edelsteine,

123 Zitiert nach: Hartmann von Aue: Ereck. Textgeschichtliche Ausgabe mit Abdruck sämtlicher Fragmente und der Bruchstücke des mitteldeutschen „Erek". Hrsg. von Andreas Hammer, Victor Millet, Timo Reuvekamp-Felber. Berlin/Boston 2017. *Guot* und *êre* bilden, so Bartsch: Programmwortschatz, S. 222, „zusammen [...] die Basis des adeligen Lebens."

124 Art. *schaz, schatz*, stm. In: *Lexer*. Zur Bedeutungsverschiebung von jeglicher Form von Geldbeträgen hin zu größeren Werten vgl. Art. *Schatz*. In: *DWB*. Eine eindeutige Rückführung auf eine indoeuropäische Wurzel wie bei *hort* („bedecken, umhüllen", vgl. Karin Lichtblau: Schatzvorstellungen in der deutschen Literatur des Mittelalters. In: Vom Umgang mit Schätzen. Internationaler Kongress Krems an der Donau, 28. bis 30. Oktober 2004. Hrsg. von Elisabeth Vavra. Wien 2007, S. 35–54, S. 35) ist nicht möglich. Allerdings, so Lichtblau ebd. weiter, lege „die wohl älteste im Altfriesischen bezeugte Bedeutung ‚Vieh' [...] eine Entwicklung von ‚Vieh' als Zeichen des Reichtums zu ‚Geld, Besitz' nahe."

125 Vgl. Matthias Hardt: Gold und Herrschaft. Die Schätze europäischer Könige und Fürsten im ersten Jahrtausend. Berlin 2004, S. 11 f., wobei auch die Problematik der Authentizität solcher Analysen berücksichtigt werden muss: Hardt, ebd., S. 11, geht davon aus, dass das „alte Hortmotiv" im *Nibelungenlied* „aus denjenigen Bereichen mündlicher Überlieferung stammt, die von ihren Schöpfern als geschichtstradierend verstanden wurden." Daher seien hier, „trotz dichterischer und literarischer Überformung, reale Verhältnisse der Völkerwanderungszeit und des frühen Mittelalters" zu sehen. Zu Schätzen auch im Hochmittelalter, mit besonderem Fokus auf den klerikalen Kontext vgl. Lucas Burkart: Das Blut der Märtyrer. Genese, Bedeutung und Funktion mittelalterlicher Schätze. Köln 2009.

126 Hardt: Gold und Herrschaft, S. 12. Dies gilt auch für die Übernahme eines Erbes nach dem Königstod (vgl. ebd., S. 12 f.)

Stoffe, Tafelgeschirr, Reliquien sowie Bücher und Ähnliches enthalten.[127] Dabei muss man sich von der rein statischen Konzeption eines Schatzes, im Sinne einer weggeschlossenen Kollektiv-Entität einzelner Wertobjekte, verabschieden[128] und gerade die Bedeutung von Einnahmen und Ausgaben betonen, die den Schatz erst zum politisch einsetzbaren Objekt machen.[129] Solche „Schatzpraktiken"[130] beschreibt Lucas Burkart auch mit besonderem Blick auf kirchliche Schätze, die ebenso in Herrschaftsstrukturen eingebunden waren.[131]

Diese Einsetzbarkeit kann in Literatur allerdings überschrieben werden, indem der Schatz tatsächlich als integre Gesamtheit präsentiert wird, die nicht geteilt werden

127 Vgl. ebd., Kap. II, mit Zusammenfassung auf S. 134 f. Hardt (ebd.) ergänzt noch, dass, ebenso wie Reliquien und Bücher auch liturgisches Gerät zum Königsschatz gehören konnte, dessen „Trennung vom Schatz im Rahmen der Hofkapelle [...] in der Karolingerzeit deutlich, aber offenbar nicht konsequent durchgehalten" wurde. Zudem werden „Steuerrollen und -kataster, Gesetzestexte und Archivalien" in örtlicher Nähe zum Schatz verwahrt" (ebd.). Nachvollzogen werden können Hardts aber auch Burkarts Darstellungen zum Inhalt mittelalterlicher Schätze anhand der Edition Mittelalterlicher Schatzverzeichnisse. Erster Teil: Von der Zeit Karls des Großen bis zur Mitte des 13. Jahrhunderts. Hrsg. vom Zentralinstitut für Kunstgeschichte in Zusammenarbeit mit Bernhard Bischoff. München 1967.

128 Dies wird eher am Begriff des *Hortes* deutlich, der mit dem *schaz* im Mittelhochdeutschen aber bereits teilsynonym auftritt. Vgl. Hardt: Gold und Herrschaft, S. 14. Vgl. auch Lichtblau: Schatzvorstellungen, S. 35 f.: „Auch wenn, wie ein Blick in die mittelhochdeutsche Begriffsdatenbank zeigt, die beiden Begriffe nicht wirklich streng voneinander zu trennen sind, scheinen die mittelhochdeutschen Textbelege *hort* eher für den ‚angesammelten Schatz', der in der *trisekamer*, der Schatzkammer, oder dem Turm aufbewahrt wird, zu verwenden, *schatz* dagegen bezeichnet allgemeiner Geld und Gut, Reichtum, oder Kostbarkeiten."

129 Die Anlage der Studie Hardt: Gold und Herrschaft legt eine Deutung der frühmittelalterlichen Königsschätze als eine Form von Blackbox nahe, in der, gemäß der Kategorien Bourdieus, ökonomisches in symbolisches Kapital transformiert wurde (vgl. auch Bourdieu: Ökonomie, S. 144–147, zur „symbolischen Alchimie"): Während in Kap. III zur Herkunft der Schatzinhalte Steuern, Abgaben, Konfiskationen, Beutezüge und Bergbau beschrieben werden, dreht sich die Ausgabe (Kap. V) größtenteils um Gaben, Geschenke und die Repräsentation des Herrschers. Kleine: Heilige Ökonomie, S. 42, macht auf korpusbasierte Studien aufmerksam, die zeigen, „dass sich als Kollokationen zum Lexem *thesaurus* nur selten Verben der Akkumulation [...] finden, und wenn, dann häufig in negativer Konnotation. Es überwiegen Verben und Adjektive, die auf Distribution, Zirkulation und Teilhabe verweisen [...]." Ob diese Befunde zum Lateinischen *thesaurus* auch auf die mittelhochdeutschen Begriffe *schaz* und *hort* übertragbar sind, bliebe zu prüfen.

130 Burkart: Blut der Märtyrer, S. 156.

131 Burkhart, ebd., Kap. VI, diskutiert zudem den interessanten Grenzfall des französischen Königsschatzes im Mittelalter, der gleichzeitig Schatz der Abtei Saint-Denis war. Ebd., S. 156: „Die Beziehung zwischen Saint-Denis und dem Geschlecht der Kapetinger bestimmte wesentlich die Bildung eines Schatzes und dessen Bedeutung für das Königtum sowie für die Abtei zugleich. Das zeigt sich nicht zuletzt daran, dass dieser Schatz typologisch betrachtet ein Klosterschatz und ein Herrscherschatz gleichermaßen war. [...] Hier durchdringen sich Heilsschatz und politischer Schatz seit dem 12. Jahrhundert kontinuierlich. Es eröffnet sich ein Interaktionsfeld, auf dem die wechselseitige Bedeutung des Schatzes für die Politik sowie der Politik für den Schatz sichtbar wird."

kann.[132] Der diesbezüglich geradezu prototypische Nibelungenschatz wird über seine Ausdehnung beschrieben: *hundert kanzwägene ez möhten niht getragen* (NL, V. 92,2).[133] Der Zusammenhang von „Gold und Herrschaft", wie Hardts Studie betitelt ist, kann auch für die mittelhochdeutsche Literatur angenommen werden.[134] Allerdings zeigt sich hier, dass Schätze diese Bandbreite an Materialität und Verwendungsmöglichkeiten selten vollständig abbilden. Karin Lichtblau unterscheidet in mhd. Literatur nur drei Arten von Schätzen: „Schätze, die aus ganz konkreten Preziosen bestehen, Münzschätze und Schätze, die verschiedenartige Bestandteile aufweisen."[135] Gefundene und verborgene Schätze sind dabei oft mit eigenen narrativen Mustern wie der Auffindung durch einen Traum, eine übernatürliche Bewachung oder die Problematik ihrer Verwendung verbunden und können magische Einzelstücke beinhalten, wenn sie nicht ohnehin als Ganzes mythisch übercodiert sind.[136]

---

132 Dies hat Anna Mühlherr: Nicht mit rechten Dingen, nicht mit dem rechten Ding, nicht am rechten Ort. Zur *tarnkappe* und zum *hort* im Nibelungenlied. In: ZfdPh 131,3 (2009), S. 461–492, S. 490 f., für den Nibelungenschatz, der sowohl *hort* als auch *schaz* im Text genannt wird, herausgearbeitet: „Es gibt einen Hort im Innern des Berges, dem menschlichen Zugriff entzogen. Das ist auch besser so, denn er ist, sobald er in die Handlung eintritt, unaufhörlich als Objekt des Begehrens zur Machtgewinnung oder -behauptung ein Gegenstand, der ‚teilt', sobald er teilbar werden soll." Der reguläre Königsschatz Gunthers hingegen wird eindeutig im politischen Sinne der Gabenverteilung erfolgreich eingesetzt: *Manege scilde volle man dar scatzes truoc. / er teiltes âne wâge den vriwenden sîn genuoc, / bî fünf hundert marken und etslîchen baz* (NL, V. 317,1–3).

133 Im weiteren Verlauf heißt es dann: *Nu muget ir von dem horde wunder hœren sagen: / swaz zwélf kánzwägene meiste mohten tragen / in vier tagen und nahten von dem berge dan. / ouch muose ir ietslîcher des tages drîstunde gân.* (NL, V. 1122). Auch der zu Beginn im *Karlmeinet* gefundene Schatz befindet sich *In eime groessen vas blyen* (V. 203; zitiert nach: Karl und Galie, Teil 1 Karlmeinet. Hrsg. von Dagmar Helm. Berlin 1986). Die Kategorisierung werthafter Gegenstände nutzt auch Heike Sahm, um goldene Objekte im Text zusammenzufassen, vgl. Heike Sahm: Gold im Nibelungenlied. In: Die Farben imaginierter Welten. Zur Kulturgeschichte ihrer Codierung in Literatur und Kunst vom Mittelalter bis zur Gegenwart. Hrsg. von Monika Schausten. Berlin 2012, S. 125–145, S. 127: „[D]er Begriff der goldenen Dinge [umfasst] im Folgenden all jene Gegenstände [...], die im *Nibelungenlied* in *kisten* (568, 3), in *schrîn* (521, 1) oder in der *kamer* (1152, 1) aufbewahrt werden, also neben Gegenständen aus schierem Gold auch goldbestickte Stoffe und Kleider." Damit nähert sich Sahm in ihrer Definition „goldener Dinge" dem Schatzverständnis nach Hardt an, das ebenfalls nicht nur Gold und Silber umfasst (s. o.).

134 Unterschiedliche Perspektiven auf Schätze in mittelalterlicher Literatur mit umfangreichen Beispielen bieten Karl Brunner: Der Schatz und die Motten. In: Vom Umgang mit Schätzen. Internationaler Kongress Krems an der Donau, 28. bis 30. Oktober 2004. Hrsg. von Elisabeth Vavra. Wien 2007, S. 21–33, sowie Lichtblau: Schatzvorstellungen.

135 Ebd., S. 46. Insgesamt belässt Lichtblau es aber bei der Darstellung von Schätzen aus „Gold, Silber, Geld" (ebd.). Alles, was im Schatz vereint wird, wird aber auch gerade dadurch bezüglich individueller Unterschiede überschrieben. Manfred Sommer: Sammeln. Ein philosophischer Versuch. Frankfurt am Main 2002, S. 26 f., macht darauf aufmerksam, dass alles, was gesammelt wird, ein Paradigma, nach dem gesammelt wird, voraussetzt. Bei einem Schatz wäre dies die Kategorie der Werthaftigkeit.

136 Zum verborgenen Schatz vgl. Lichtblau: Schatzvorstellungen, S. 50 f., zur Auffindung durch einen Traum, besonders im *Karlmeinet*, vgl. ebd., S. 36–41, zu Wächtern vgl. ebd., S. 50 f., zu magischen Einzelobjekten in Schätzen in mittelhochdeutscher Literatur vgl. Brunner: Motten, S. 30: „Es

Schätze in literarischen Texten weisen stets eine hohe Werthaftigkeit und eine räumliche Integrität auf,[137] können aber auch außerhalb des Erzähl- und Repräsentationszusammenhangs von Herrschaft und Macht auftreten. Da *schaz* auch einfach Reichtum oder materielles Gut bezeichnen kann, führen auch Kaufleute ihren *koufschaz* mit sich. Herrscherschatz und *koufschaz* sind dabei durch die Form, in der sie aufbewahrt, bzw. transportiert werden, nicht voneinander zu unterscheiden. Beispielhaft möchte ich im Folgenden nur verladene Schätze präsentieren, anhand derer aber die Gleichförmigkeit gut deutlich werden kann. Wenn der Pfaffe Amis sich als Kaufmann verkleidet und vortäuscht, er führe große Mengen teurer Ware mit sich, so besorgt er sich vorab *guote soumære* (Amis, V. 1585) und belädt diese mit *schrin* (Amis, V. 1586) voller schwerer Gegenstände. Dem Kaufmann, den er mit der ‚Ware' dann betrügt, erzählt er, er habe so viel, *daz ez zehen soumære / vil kume her getrüegen* (V. 2166 f.). Ebenso lässt Flore sich in Konrad Flecks *Flore und Blanscheflur* von seinem Vater einen Schatz auf zehn Saumtiere verladen, um, mit ein paar Knechten als Begleitung und in der Verkleidung als *koufliute* seine Geliebte zu finden.[138] Diese ‚Kaufmannswaren' unterscheiden sich von verladenen Herrscherschätzen in anderen Texten (und Gattungen) nur durch die Dimensionen, nicht durch das eigentliche Erscheinungsbild. Die Morgengabe der Tochter Rüdigers im *Nibelungenlied* beispielsweise soll auf *hundert sóumǽre* verfrachtet werden (NL, V. 1682,3), die dem Gewicht kaum gewachsen sind. Im *Alexanderroman* Rudolfs von Ems tragen *sehs hundert mûle* und *driu hundert kembel grôz* den *hort* des

gibt kaum eine Schatz-Schilderung ohne magische Objekte. Schon die edlen Steine haben, wie erwähnt, als Heiltümer auch magische Wirkungen, und der Phantasie der Dichter sind keine Grenzen gesetzt, verfügen sie doch über reiche Texttraditionen. Der Übergang zu exotischen und kuriosen Dingen, die noch die barocken Wunderkammern zieren, ist fließend." Die Problematik der Verteilung und Nutzung haben Sahm (Sahm: Gold) und Mühlherr (Mühlherr: Nicht mit rechten Dingen) anhand des Nibelungenschatzes herausgearbeitet. Vgl. zu mit Schätzen verbundenen Schemata und Motiven Brigitte Bönisch-Brednich: Art. Schatz. In: *EM Online*.

137 Die räumliche Integrität von Schätzen spiegelt eine der Grundkategorien des Sammelns von Objekten wider. Sommer: Sammeln, S. 138, hat diese spatiale Voraussetzung für das Sammeln herausgearbeitet: „Zu den objektiven Bedingungen, die erfüllt sein müssen, wenn Sammeln möglich sein soll, gehören aber nicht allein viele *Dinge* im Zustande der Zerstreutheit. Es gehört dazu auch ein *Raum*, der ihnen beides gestattet: auseinander zu sein und zusammenzukommen. Der *eine* Raum muß sich gliedern in ein Areal, aus dem heraus, und einen Ort, zu dem hin das Sammeln stattfinden soll."

138 Ausführlich wird berichtet, was auf die Saumtiere geladen wird, wobei die Zusammensetzung der Kaufmannsware recht genau den möglichen Schatzbestandteilen nach Hardt: Gold und Herrschaft entspricht: *die soumer ladent als ich dich bite: / mit silber und mit golde drî, / sô ez beste hie ze hove sî, / schœne köpfe und rîchiu vaz / (sô var ich nâch êren deste baz / ûzer disen landen); / drîe heizent laden mit bisanden / die von golde sint geslagen; / zwêne sullen zopel tragen, / vêher mentel und hermîn; / zweier last sol pfeller sîn, / schœniu kleit und rîche wât, / samît unde zendât* (V. 2670–2682); zitiert nach: Konrad Fleck: ‚Flore und Blanscheflur', Text und Untersuchungen. Hrsg. von Christine Putzo. Berlin/Boston 2015).

Königs Darius (RvEAlex, V. 5564–5566).[139] Solche Ausmaße begegnen in der Schilderung von Kaufschätzen nicht. Bezüglich ihrer Materialität und Eigenschaft als Ansammlung von Werthaftem konvergieren die verschiedenen Arten des *schazes* aber.

Auch eignen den als *schaz* beschriebenen Formen von Reichtum argumentative Strukturen, die den *schaz* besonders in Bezug zu transzendenten Werten herabsetzen, ohne dabei umgehen zu können, die Logik der schatzhaften Wertakkumulation selbst anzuerkennen: Mt 6,20 f.[140] spricht nicht davon, man solle gar keinen Schatz (*thesaurus*) ansammeln, sondern davon, dass dieser Schatz nicht auf der Erde gesucht werden soll.[141] Jegliche Form von *schaz* kann somit argumentativ eingesetzt werden, rein weltliches Interesse an Materialität zu kritisieren. Dies kann anhand

---

139 Zitiert nach: Rudolf von Ems: Alexander. Ein höfischer Roman des 13. Jahrhunderts. Hrsg. von Victor Junk, 2 Bde. Leipzig 1928. Der Heerzug selbst (V. 5352–5519) ist zudem ein elaboriertes Beispiel für die Zurschaustellung materieller und opulent sichtbarer *rîcheit*.

140 Mt 6,20 f.: [20]*Thesaurizate autem vobis thesauros in caelo | ubi neque erugo neque tinea demolitur | et ubi fures non effodiunt nec furantur*[21]*ubi enim est thesaurus tuus ibi est et cor tuum.* („[20] Häuft aber Schätze auf für euch im Himmel, wo weder der Grünspan noch die Motte sie zerstört und wo die Diebe (sie) nicht ausgraben und nicht stehlen. [21] Wo nämlich dein Schatz ist, dort ist auch dein Herz.") Die Vulgata sowie die Übersetzung derselben wird hier und im Folgenden zitiert nach: Biblia sacra vulgata. Lateinisch/Deutsch, 5 Bde. Hrsg. von Andreas Beriger, Widu-Wolfgang Ehlers, Michael Fieger. Berlin/Boston 2018. Zu *thesaurus* und *thesaurizare* in der Bibel vgl. Brunner: Motten, S. 21 f.

141 Die Bewahrung der Logik der Vermehrung von Gütern bei gleichzeitiger Ablehnung irdischen Reichtums in Mt 6,19–21 betonen auch Ulrich Berges, Rudolf Hoppe: Arm und Reich. Würzburg 2009, S. 75: „Jesus wirft die dringliche Frage auf [...], ob es nicht der Würde des Menschen entspricht, das Herbeischaffen von kurzlebigen Gütern hintanzustellen, um so den Blick für andere zu gewinnen, und ob es nicht letztlich eine Verarmung bedeutet, wenn man sich selbst von Vordergründigkeiten her versteht, die allzu schnell dem Verfall anheimgegeben sind. Auch hier hat Jesus offenbar Sympathisanten im Blick, die er in seiner unmissverständlichen Bildersprache zu einem Orientierungswechsel drängen will, der allerdings auch plausibel sein soll." Vgl. auch Kleine: Heilige Ökonomie, S. 40 f.: „Durch Verzicht bzw. Verausgabung des vergänglichen irdischen Reichtums wird ein spiritueller Schatz angehäuft, der im Jenseits ‚realisiert' werden kann. Der ‚Schatz' (*thesaurus*), als Münzgeld oder Aggregat wertvoller Objekte, ist eine beliebte neutestamentliche Metapher, die dieses Modell in Begriffen von wirtschaftlicher Produktivität und finanziellem Profit zum Ausdruck bringt. Mit ihrer Hilfe werden alltägliche Güter und heilige Werte in ein System komplementärer Wertbezüge gestellt. Wie jüngere Studien zum mittelalterlichen Wortgebrauch von *thesaurus* belegen, sind diese Wertbezüge durch eine Reihe von semantischen Gegensatzpaaren bestimmt, die rund um das zentrale Binom von ‚himmlisch' (*caelestis*) vs. ‚irdisch' (*terrenus*) organisiert sind." Die Texte des Neuen Testaments vollführen damit eine gründliche Umdeutung eines sehr viel ambivalenteren, geradezu auch positiv verwendbaren Reichtumbegriffs aus dem Alten Testament. Vgl. zum Reichtum „als Zeichen göttlichen Segens", „als Ergebnis von Fleiß und Tüchtigkeit" und als Ausdruck sozialen Kapitals in der Gesellschaft Werner Berg: Zur theologischen Mehrdeutigkeit von Reichtum und Armut im Alten Testament. In: Reichtum der Kirche – ihr Armutszeugnis. Vorlesungen des Kontaktstudiums der Katholisch-Theologischen Fakultät der Ruhr-Universität Bochum im Wintersemester 1994/95. Hrsg. von Günter Lange. Bochum 1995, S. 35–60, hier S. 37–43.

von Herrscherschätzen wie auch anhand von Kaufschätzen geschehen. So wird Alexanders Heer bei Rudolf von Ems dadurch aufgehalten, dass durch Plünderung zu viel *rîcheit* angehäuft wird. Wie diese *rîcheit* transportiert wird, markiert sie als *schaz*: *ir wagene, ir soumære / truogen alsô swære / daz sie kûme giengen dô* (RvEAlex, V. 18557–18559). Der Erzähler kommentiert diesen Fehler im Sinne des Lasters der *avaritia*: *sie giengen – daz guot vor in reit / dem dienten sie und ez in niht / als ez dicke noch beschiht* (RvEAlex, V. 18564–18566). Die Schwere des irdischen Gutes wird hier metaphorisch eingesetzt, um selbiges zu diskreditieren.

Der *koufschaz* kann zusätzlich durch die ihm eingeschriebene angestrebte Reziprozität Bedeutung entfalten: Im *Renner* Hugos von Trimberg heißt es von den *muscheln und ouch spengelîn* (V. 13651),[142] die Pilgerinnen tragen, sie seien eher *durch koufschaz* [...] *denne durch der sêle frumen* erstanden worden (Ren, V. 13653 f.). 3000 Verse später nutzt Hugo aber auch den *koufschaz* ohne Bezug zu geistigen Gütern, die damit verglichen würden. Der argumentative Einsatz ist entsprechend ein gänzlich anderer. Für etwas, bei dem man sich Mühe gegeben hat, erwartet man, dass es von anderen geschätzt wird:

> Swelch krâmer füere in verriu lant
> Dâ grôziu gezierde im wêre bekant,
> Und swenne er kost und arbeit
> Ûf rîlich krâmwât hête geleit,
> Der er gebezzern sich gedêhte
> Swenne er si heim ze lande brêhte:
> Ob sînen krâme denne nieman suochte
> Und sînes koufschatzes nieman geruochte
> Der lustic und ouch nütze wêre,
> Sölte daz sînem herzen niht sîn swêre?
> (Ren, V. 16715–16724)[143]

Dass der Wert des *koufschatzes* sich durch das Risiko des Fernhandels rechtmäßig steigern lasse, stellt ein häufig verwendetes Argument mittelalterlicher Philosophen und Theologen dar.[144] Vom negativen Beigeschmack weltlicher Güter ist in dieser metaphorischen Verwendung nichts mehr zu spüren.

So negativ weltliche Güter und besonders Schätze also aus christlicher Sicht bewertet werden können, so zeigt doch die Praxis des Ansammelns von Werthaftem

---

142 Zitiert nach: Hugo von Trimberg: Der Renner. Hrsg. von Gustav Ehrismann, mit einem Nachwort und Ergänzungen von Günther Schweikle, 4 Bde. Berlin 1970.

143 Hugo von Trimberg nutzt diese Allegorie, um die mangelnde Wertschätzung gegenüber der *Gramaticâ* zu verdeutlichen. Vgl. R, V. 16725–16728: *Alsô ist mîn frouwe Gramaticâ / Unwert hie worden und anderswâ. / Ir krâme was wîlent vil genême, / Der ist nu leider widerzême.*

144 Vgl. Jeroen Puttevils: Medieval merchants. In: Handbook of Medieval Culture, Bd. 2. Hrsg. von Albrecht Classen. Berlin/Boston 2015, S. 1039–1056, S. 1053–1055, auch mit Ausblick auf die Frühe Neuzeit sowie Oexle: Statik, S. 57 f.

ein enormes metaphorisches Potential, dem sich auch die Lehre vom *Schatz im Himmel* nicht entziehen kann.[145] Eingedenk der Wortwahl in Mt 6,20 kann fast alles *thesaurus*, *schaz* oder *hort* sein und positiv besetzt werden: Dies gilt besonders für das Blut Christi und der ihm nachfolgenden Märtyrer, das den Grundstock des durch die guten Taten der Menschen komplettierten *thesaurus meritorum* bilde[146] und somit im Sinne der christlichen Ablasslehre einen Kernbereich gesamtgesellschaftlicher Frömmigkeitspraxis darstelle.[147] Damit eröffnet der *schaz*, der ebenso an Herrscher, Kirche, wie an Kaufleute gebunden werden kann, auch das merkantile Wortfeld für religiöse Inhalte,[148] so dass Engelhard im gleichnamigen Roman Konrads von Würzburg seinen Kindern durch deren Opferung scheinbar legitim *den liehten himelhort / koufen* möchte (V. 6178 f.).[149]

3.5 *Rîch/arm*

Der Gute Gerhard wünscht sich als Kaufmann, sein Sohn möge, genau wie sein Vater, für seinen Reichtum bekannt werden: Er soll den Namen tragen, *den mîn vater liez, / den man den rîchen Gêrhart hiez* (GG, V. 1167 f.). In diesem Fall ist die Zuordnung eindeutig, Gerhard begibt sich, um diese Zuschreibung auch für seinen Sohn zu ermöglichen, auf eine Kaufmannsfahrt, die der Mehrung seiner Reichtümer dient. Die Übersetzung von *rîch* im Sinne des modernen *reich* erscheint valide. Doch es braucht sich nur der Träger dieser Attribuierung zu ändern, schon ergibt sich ein Bedeutungsfeld, das die Polysemie von materieller, tugendhafter und standesmäßiger Qualität umfasst. Koralus, Enites Vater in Hartmanns *Ereck*, handelt entsprechend einer Gesinnung, die *rîch* ist: *daran mocht man schauen, / daz Er reiches mů̊tes wielt, / daz Er den gast so arm enthielt* (Ereck, V. 1307–1309). *Rîch* bezeichnet je nach

145 Zur Entwicklung der Idee eines Schatzes im Himmel im Kontext von Eigentums- und Reichtumsdiskussionen im spätantiken Christentum vgl. grundlegend Brown: Schatz im Himmel.

146 Burkart: Blut der Märtyrer, S. 57.

147 Vgl. Zur Geschichte der Idee des Ablasses in Verbindung mit dem Bild des himmlischen Schatzes vgl. ebd., S. 55–59. Dabei spielt auch hier, genau wie beim Herrscherschatz die Praxis der Schatzdistribution eine wichtige Rolle, vgl. ebd., S. 59: „Die Scholastik erfand […] keine neue Theologie des Schatzes, sondern verband in pointierter Form und bekannter Systematik die bereits seit Augustin sowie dessen früher Rezeption bestehenden drei Hauptelemente einer Schatztheologie: der Schatz als das gesammelte Blut Christi und der Märtyrer als Figuration ihrer Verdienste, die Verwahrung desselben im Schoß der Kirche sowie die autoritative Vergabe aus diesem Schatz durch die Kirche – und nur durch sie." Vgl. auch mit Blick auf das merkantile Vokabular Kleine: Heilige Ökonomie, S. 32.

148 Die Verschränkung von merkantilen und ethischen Begriffen schlägt sich in der ethisch-ökonomischen Sprache des Mittelalters nieder, die Todeschini: prezzo beschrieben hat (ausführlicher dazu Kap. 2.2 u. 2 3).

149 Zitiert nach: Konrad von Würzburg: Engelhard. Hrsg. von Ingo Reiffenstein. 3., neubearbeitete Aufl. der Ausgabe von Paul Gereke. Tübingen 1982.

sozialer Stellung der Figur mehr als reine Liquidität:[150] Koralus kann mittellos sein und gleichzeitig über *reiches mûtes* verfügen.[151] *Rîch* ist nicht nur ein materieller Vorteil, es gehört auch zum Ideal höfischer Ritter, das sich in der Literatur konstituiert: „Der höfische Ritter war nicht nur fromm und tugendhaft, er war auch schön, stolz, reich, prachtliebend, voll Ruhmverlangen und von hoher Abkunft."[152] Dieses Verständnis von Reichtum verfolgt Joachim Bumke von der „römischen Moralphilosophie" Ciceros bis zur Tugendlehre Thomasins von Zerklaere, für den *adel, maht, rîchtoum, name, hêrschaft* die „fünf Güter außerhalb des Körpers" darstellen.[153]

Eine kultur- und literaturgeschichtlich aufschlussreiche sprachhistorische Arbeit zu *rîch* hat Roland Ris 1971 vorgelegt.[154] Ausgehend von der weitgehend ungeklärten Etymologie des Wortes stellt Ris ein umfangreiches und nur schwer zu sortierendes Bedeutungsgeflecht vor, das sich aus der vergleichenden Betrachtung mehrerer indoeuropäischer Sprachen ergibt.[155] Dabei wird verwandten und vorangegangenen Varianten von *rîch* vom Keltischen über das Altenglische bis zum Lateinischen (vgl. *regio*) eine räumliche Bedeutung zugesprochen, die einen Herrschafts- oder Einflussbereich bezeichne.[156] Erst durch Forschung zum (verschrifteten) Sprachkontakt kann deutlich werden, wie sich das mittelhochdeutsche Bedeutungsspektrum des Adjektivs *rîch* herausbilden konnte: Zwar ließen sich, so Ris, in „den älteren Glossen bis gegen Ende

---

150 Dass Fragen der Gewaltausübung, Herrschaft und der materiellen Prosperität miteinander einhergehen, zeigt sich jenseits erzählender Quellen exemplarisch am Begriff der Grundherrschaft. Zu den wirtschaftlichen, machtpolitischen und sozialen Voraussetzungen eines solchen Systems vgl. Dieter Scheler: Grundherrschaft. Zur Geschichte eines Forschungskonzeptes. In: Vom Elend der Handarbeit. Probleme historischer Unterschichtenforschung. Hrsg. von Hans Mommsen, Winfried Schulze. Stuttgart 1981, S. 142–157. Thomas Cramer: Soziale Motivation in der Schuld-Sühne-Problematik von Hartmanns *Erec*. In: Euphorion 66 (1972), S. 97–112, S. 106 f., macht jedoch anhand des *Ereck* darauf aufmerksam, dass auch ein König reich im Sinne von besitzend sein kann, wie es beispielsweise in Opposition zur verarmten Enite deutlich werde.

151 Vgl. die Diskussion älterer Forschungspositionen zur Grundherrschaft als Fähigkeit, Herrschaft über Personen und Dinge mit Waffengewalt durchsetzen zu können bei Scheler: Grundherrschaft, S. 144. Scheler macht jedoch auch darauf aufmerksam (S. 152 f.), dass diese Gewaltausübung nicht mit einem modernen Gewaltmonopol einer staatlichen Institution verwechselt werden darf, sondern im Rahmen eines alteritären „Verhältnis[ses] zur Gewaltanwendung" verstanden werden muss.

152 Bumke: Höfische Kultur, Bd. 2, S. 419. Vgl. auch Schröder: Armuot, S. 511: „Die höfische Dichtung hat es fast ausschließlich mit Standespersonen zu tun. Für sie ist *richtuom* angeboren, fester Bestandteil ihres Geburtsadels. Es gibt zwar verarmte Adelige wie den Grafen Koralus in Hartmanns ‚Erec' oder die dreihundert Damen im Arbeitshaus des ‚Iwein', aber da ist die Armut selbstverständlich unverschuldet und genießt das allgemeine Mitgefühl."

153 Bumke: Höfische Kultur, Bd. 2, S. 420.

154 Ris behandelt umfangreich die Sprachgeschichte von *rîch* im Früh- und Hochmittelalter (Ris: Das Adjektiv reich). Einige Sonderbedeutungen von *rîche* wie die magische Wirksamkeit, die Ris anspricht, werden in dieser Arbeit ausgelassen. Die grundsätzliche Idee der diskurstheoretisch wichtigen Polysemie kann auch anhand eines kleineren Teilbereichs zur Genüge dargelegt werden.

155 Vgl. ebd., Kap. 2.1.

156 Ebd., S. 11.

des 9. Jh.s [...] alle ermittelten Bedeutungen [von ahd. *rihhi*] unter die Grundbedeutung ‚potens' subsumieren."[157] Doch wird dieser Befund nicht durch frühmittelalterliche Übersetzungsarbeiten gestützt:

> Was nun aber auffällt, ist, daß *rîhhi* (oder seine Ableitungen) nirgends – bis auf [...] Ausnahmen bei Otfrid oder Notker – zur direkten Übersetzung von *potens* (oder *potentia, potestas*) dient, obschon *potens* in der ahd. Übersetzungsliteratur häufig genug zu übersetzen war.[158]

Gleichzeitig „zeigte sich, daß dieser kirchlichen und vom Lateinischen her bestimmten Übersetzungssprache ein festes Äquivalent für lat. *dives* fehlte."[159] So konnte *rîhhi* bereits im Althochdeutschen durch den Sprachkontakt zum Lateinischen für die Bedeutung *reich* stehen. Ob mit *rîhhi* eher *dives* oder eher *potens* gemeint ist, ist nach Ris eine Frage der Gattung – als *dives* in der „kirchlichen Übersetzungsliteratur", als *potens* in volkssprachiger Dichtung.[160] Allerdings bietet Ris auch ein sozialhistorisches Argument, wieso eine derartige Polysemie kein Problem dargestellt habe: Die „Vorstellung des Besitzes" und diejenige der „politischen Macht" sei weitgehend „identisch" gewesen.[161] Als Ausdruck dieses weit verzweigten Bedeutungskomplexes sei das „mhd. *rîche* eines der beliebtesten Adjektive überhaupt" geworden.[162]

Gerhart und Koralus trennen sprachgeschichtlich also nicht nur kleine Bedeutungsnuancen, sondern eine durch Sprachkontakt beförderte Polysemie, die dem mittelhochdeutschen *rîch* ein ausgesprochen breites semantisches Spektrum beschert. Gerhart und Koralus unterscheiden sich grundlegend im Bezug, den sie als Figur zum jeweiligen Epitheton *rîch* haben.[163] Es scheint für den Erzähler des *Ereck*

---

157 Ebd., S. 135.

158 Ebd. Stattdessen werden für *potens* „meistens *mahtîg*, daneben *kreftîg*, *giuualtîg*, *waltanti* u. a." verwendet (ebd.).

159 Ebd., S. 137.

160 Ebd. Diese Häufigkeit ist jedoch, so Ris, ebd., S. 146, gattungsgebunden sehr unterschiedlich: „Im Gegensatz zur höfischen Dichtung ist *rîche* in der Heldenepik sehr beliebt [...]." Diese Aussage müsste aber erneut überprüft werden, da Ris auch nur wenig jüngere Artusromane nicht mit einbezieht und zudem nur *rîch* als Adjektiv, nicht jedoch dessen Substantivierungen berücksichtigt.

161 Ebd., S. 138.

162 Ebd., S. 144.

163 Ris, ebd. parallelisiert die Sprachgeschichte im Falle des *Guoten Gêrhart* mit der sozialgeschichtlichen Entwicklung des 13. Jahrhunderts. Der *Guote Gêrhart* sei zeitlich eindeutig nach der höfischen Klassik einzuordnen, da hier ein antithetischer Gebrauch von *rîch* im Sinne von *reich* einerseits und im Sinne von *vornehm* andererseits im Text auftrete. Als Beispiel führt Ris, ebd., S. 175, eine Stelle aus dem *Guoten Gêrhart* an, die eine standesbedingte Kleiderordnung verletze: „In der Zeit des ‚klassischen' Rittertums um 1200 wäre ein solches Vorkommnis [i. e.: antithetische Nutzung von *reich* und *vornehm*, A.M.] noch unmöglich gewesen; jetzt, im 13. Jh., verlagert sich das wirtschaftliche Schwergewicht immer mehr auf den bürgerlichen und städtischen Kaufmannsstand, der nun auch den ritterlichen Lebenswandel imitiere und sich über die alten Kleidervorschriften, die Bürgerlichen das Tragen gewisser prächtiger Kleider verboten, hinwegsetzte, um so das Aussehen von Adeligen zu bekommen." Gleich mehrere Punkte sind gegen diese Interpretation anzuführen: Zum einen muss die scharfe Trennung von „Bürgerlichen" und

wichtig zu sein, dass Koralus nach *reiches mûtes* handelt, auch wenn er selbst akut *arm* ist.[164] Ob *rîche* als Herrschaftsattribut dann jedoch positiv oder negativ konnotiert ist, muss im Einzelfall neu ausgelotet werden. Beispielhaft hält Robert Scheuble dies für Kriemhilt im *Nibelungenlied* fest. Wurde sie im ersten Teil zumeist durch „ihre Schönheit und positiven Wesensmerkmale [...] wie *schœne, wol getân, minneclich, tugentrîche, wünneclich* und *holt*" beschrieben, so „[überwiegen im] zweiten Teil der Dichtung [...], wo Kriemhild als Rächerin ihres Gatten auftritt, [...] diejenigen Beiwörter, die Kriemhilds hohe Abkunft und Macht bezeichnen wie *edele, rîche* und *hêr*."[165]

Gleichwohl erscheint die Thematisierung des *armen* Koralus mit seinem ‚reichen Habitus' aber komplexer als die Ambivalenz des *rîch*-Seins bei Kriemhilt. Denn anhand der Lage des verarmten Vaters Enites lässt sich auch das Gegenteil, die *armuot*, thematisieren.[166] Für die Werke Wolframs und Gottfrieds hat Mersmann die Verwendung von *armuot, armekeit, armman, armer ritter, arm* sowie *armeclîch* herausgearbeitet.[167] Seine Befunde sind deckungsgleich mit dem, was hier bereits zu Koralus gesagt wurde: „Das Personal dieser Dichtungen besteht hauptsächlich aus reichen Adeligen, Königen, Herzögen, Grafen, Rittern usw.; sie geraten allenfalls vorübergehend in materielle Not [...]."[168]

„Adeligen" zu dieser Zeit angezweifelt werden (vgl. Sonja Zöller: Kaiser, Kaufmann und die Macht des Geldes. Gerhard Unmaze von Köln als Finanzier der Reichspolitik und der „Gute Gerhard" des Rudolf von Ems. München 1993, Kap. 4), zum anderen sind aber auch Kleiderverbote bis zur Mitte des 13. Jahrhunderts nicht nachweisbar. Vgl. dazu Bumke: Höfische Kultur, Bd. 1, S. 173 f., sowie jüngst Julia Stiebritz-Banischewski: Hofkritik in der mittelhochdeutschen höfischen Epik. Studien zur Interdiskursivität der Musik- und Kleiderdarstellung in Gottfrieds von Straßburg *Tristan*, Hartmanns von Aue *Ereck*, der *Kudrun* und im *Nibelungenlied*. Berlin/Boston 2020, S. 184, besonders Anm. 89. Einer späten Datierung in die Zeit der Kleiderordnungen widerspräche jedoch die Untersuchung Zöllers, die die Abfassung des Textes auf den Zeitraum von 1208–1212 datiert (Zöller: Macht des Geldes, S. 220).

164 Dass Mitglieder des Hofes arm sein können, begegnet im Ereck auch bereits früher, wenn Ginover die Damen am Hof ausstattet: *dhaine was so arm da, / man klaidet sie, wie Si wolte. / darnach trúg man von golde / lauter geprant und rot / vil manig gût klainot: / Vingerlin, häftl und riemen. / Ich wäne wol, daz jeman / Ir je sovil gesahe, / so reiche und so wahe, / das si Si mit emphie. / dise Cleinete mûsten si, / was si der wolten, nemen* (Ereck, V. 175–186). *Rîcher muot* ist auch bei Thomasin von Zerklaere keine Frage der tatsächlichen Mittel, sondern der Einstellung zu den gegebenen Mitteln: *diu milte gît von rîchem muot / kleine unde grôzez guot* (WG, V. 13619 f.). Vgl. dazu auch Krause: Die *milte*-Thematik, S. 33.

165 Robert Scheuble: *mannes manheit, vrouwen meister*. Männliche Sozialisation und Formen der Gewalt gegen Frauen im *Nibelungenlied* und Wolframs von Eschenbach *Parzival*. Frankfurt am Main 2005, S. 113.

166 Zudem geht die Darstellung der auch in der Kleidung ablesbaren Armut mit einer Exposition der Schönheit Enites einher, die beide von Hartmann gegenüber seiner französischen Vorlage ausgebaut wurden. Vgl. dazu Cramer: Soziale Motivation, S. 100, der *armuot* als „Leitwort" ansieht, das an dieser Stelle mit „penetranter Deutlichkeit" wiederholt werde. Vgl. auch Stiebritz-Banischewski: Hofkritik, S. 210–212.

167 Mersmann: Besitzwechsel, S. 109–111.

168 Ebd., S. 109.

Dabei ist der arme Koralus nicht mit einem *armen ritter* oder *armman* zu verwechseln, die Wolfgang Mohr in der mittelhochdeutschen höfischen Epik als landlose, finanziell abhängige Ritter identifiziert hat.[169]

Die Lektüre der Koralus-Episode im *Ereck* hält ein Irritationsmoment für die mittelalterlichen Rezipient:innen bereit, das in der *armuot* einer Figur besteht, die nicht arm sein sollte.[170] Das Problem der drei Gerhards ist allerdings gerade, dass die Attribuierung *der rîche* an die akute Situation gebunden ist: Nur, wenn die Figuren tatsächlich über die materiellen Mittel verfügen, wird ihnen *rîche* als Attribut zugeschrieben, ihre Verhaltensweise oder ihre innere Einstellung haben nichts damit zu tun.[171]

Bezieht man die zugehörigen Substantive mit ein, offenbart sich eine Verschiebung zwischen *rîche* und *rîcheit*. Während *rîch* über alle Textgattungen verteilt ist, findet sich allein knapp ein Viertel der in der *MHDBDB* erfassten Texte des Lexems *rîcheit* im *Jüngeren Titurel*.[172] Mit Blick auf die einzelnen Belegstellen kann geschlossen werden, dass *rîcheit* grundsätzlich keine abstrakte Größe darstellt, sondern mit einem höheren Maß an Sichtbarkeit und Erfahrbarkeit der Materialität derselben verbunden ist.[173] *Rîcheit* ist daher gerade im *Jüngeren Titurel* oft anzutreffen, da hier in besonderem Maße ekphrastische Ausfaltungen präsentiert werden, durch die materielle Oberflächen und Ausstattungen in den Fokus genommen werden. So heißt es im Zuge der opulenten Materialschlacht der Gralstempelbeschreibung im *Jüngeren Titurel*:[174] *Aller richeit vber craft / was da niht einer siden groz ver gezzen* (JT, V. 403,4), oder: *Die kleckel drin von golde / der richeit zv einer vollekomen gvnste* (JT, V. 412,4). In dieser Verwendung treten *richeit* und *rîch*[175] noch

169 Wolfgang Mohr: Arme ritter. In: ZfdA 97,2 (1968), S. 127–134.

170 Vgl. Cramer: Soziale Motivation, S. 101: „Armut ist nach mittelalterlichem ordo-Denken kein beliebig und zufällig eintretendes Unglück, sondern ein von Gott verordneter Zustand, der damit zum unveränderlichen Attribut der Person wird."

171 Cramer, ebd., S. 106, macht jedoch auch im *Ereck* auf den Fall aufmerksam, dass Enite sich ihrem Ehemann nicht ebenbürtig fühlt, da er ein *künige rich* sei und sie aus verarmtem Hause stamme. Hier spielt tatsächlich die akute finanzielle Situation auch in der sozialen Gruppe der Herrschenden eine Rolle.

172 Vgl. http://mhdbdb.sbg.ac.at/mhdbdb/App?action=TextQueryModule&string=richeit&filter=&texts=%21&startButton=Suche+starten&contextSelectListSize=1&contextUnit=1&verticalDetail=3&maxTableSize=100&horizontalDetail=3&nrTextLines=3, zuletzt eingesehen: 16.02.2021, 12:12) Weitere Texte, die voller *rîcheit* sind, sind die Alexanderdichtungen Rudolfs von Ems und Ulrichs von Etzenbach sowie Rudolfs von Ems *Barlaam und Josaphat*. Dies mag mit einer durch antike Autorität vermittelten Vorstellung von Indien als Land großer Reichtümer zusammenhängen, vgl. Traulsen: *rîchheit*, S. 50.

173 Vgl. Ris: Das Adjektiv reich, S. 177, der *rîch* als häufiges Attribut von Kleidung und anderen Prachtgegenständen bespricht.

174 Hier und im Folgenden zitiert nach: [Albrecht:] Der jüngere Titurel. Hrsg. von K. A. Hahn. Quedlinburg und Leipzig 1842.

175 Zur Verwendung des Adjektivs im Sinne von „prächtig, herrlich, stattlich, kostbar" vgl. Ris: Das Adjektiv reich, Kap. 4.3.5.

häufiger auf, es ist jedoch auch möglich, *richeit* im *Jüngeren Titurel* als reine Mengenangabe, nicht als Qualitätsmerkmal zu finden: *von richeit aller frvhte / gebirt alda die erde* (JT, V. 791,1). Über die heidnischen Königreiche heißt es etwas später: *Kaldea daz eine / von grozzer gulde riche. / an richeit ouch niht kleine / was sennavx daz ander werdicliche.* (JT, V. 819,1 f.). Da die *richeit* der zuletzt genannten Reiche auf den vermutlich als Bodenschatz gemeinten Reichtum an Gold in Kaldea abhebt, halte ich es hier aber wieder für sinnvoll, von einer Bedeutung auszugehen, die gerade auf die materiale, nämlich goldene Opulenz des Landes selbst verweist.[176]

Aufgrund der zumindest in den Quellen quantitativ feststellbaren Hervorhebung des materialen Aspektes muss bei der Substantivierung von *rîch* zu *rîcheit* von einer Bedeutungsverengung ausgegangen werden. Dabei ist hervorzuheben, dass *rîch* nicht nur das weitaus häufigere, sondern auch das freier in unterschiedlichen Diskursen einsetzbare Lexem ist. Ris verweist darauf, dass *rîch* auch bei Gegenständen nicht nur rein materiell gedacht werden darf, sondern auch im Sinne von *bewundernswert* verstanden werden kann.[177] Dass *rîcheit* dabei stärker als das Adjektiv für materielle Opulenz genutzt wird, zeigt auch der *Lexer* an. Als Grundbedeutungen werden Reichsein, Reichtum, Gut, Besitz, Wohlhabenheit, Fülle und allgemein Pracht versammelt.[178] Von diesem Befund aus ist die Verwendung von *rîcheit* in einem immateriellen Sinne sehr viel eher als Metapher erkennbar als das diverser einsetzbare Adjektiv *rîch*. *Rîch* kann die verfügende Figur, aber auch ein Objekt oder Abstraktum sein, *rîcheit* ist eine zumeist auch sichtbare Eigenschaft von Objekten.

Genau wie *rîch* trägt auch *arm*[179] prominente Bedeutungen, die nicht in einem schlicht materiellen Vermögensbegriff aufgehen. Auch, wenn im *Lexer* der Zusatz „dem *rîch* entgegengesetzt“[180] beigefügt ist, so sind doch die Asymmetrien der Antonyme zu be-

176 Zum Wortschatz der „elitären Sichtbarkeit“ mit vielen Belegen aus dem *Jüngeren Titurel* vgl. Wolfgang Haubrichs: Glanz und Glast. Vom inflationären Wortschatz der Sichtbarkeit. In: Sehen und Sichtbarkeit in der Literatur des deutschen Mittelalters. XXI. Anglo-German Colloquium London 2009. Hrsg. von Ricarda Bauschke, Sebastian Coxon, Martin H. Jones, S. 47–64 (Zitat S. 64).

177 Ris: Das Adjektiv reich, S. 178: „In einer der seltenen mittellateinischen Übersetzungen aus dem Mittelhochdeutschen ins Lateinische, der kommentierenden Übersetzung des mystischen Traktates Granum sinapis, wird unsere Wendung *rîcher hort* ins Lateinische übersetzt. Dabei können wir sehr schön sehen, wie der Übersetzer zögerte, mhd. *rîche* einfach durch lat. *dives* wiederzugeben: Zuerst schreibt er zwar *o dives thesaurus* 50,10, meint dann aber unmittelbar darauf: *vel magis: O admirabilis divitiae* 50,10 f., wobei er mit *admirabilis* die richtige Bedeutungsnuance von mhd. *rîche* trifft.“

178 Art. *rîchheit*, *rîcheit* stf. In: *Lexer*.

179 Die ausführlichste Diskussion des literarischen *armuots*-Begriffs bietet, soweit ich dies überblicken kann, bis heute Schröder: Armuot. Schröder beleuchtet Armut in einer großen Bandbreite mittelhochdeutscher Texte und diskutiert den Begriff besonders vor höfischen und religiösen Hintergründen.

180 Art, *arm* adj. In: *Lexer*. Vgl. auch den sehr viel umfangreicheren Eintrag zum Adjektiv *arm* im *MHDWB*, der die sozialpolitische Ebene weitaus stärker betont.

achten. Durchaus bezeichnen *arm* und *rîch* in Kombination eine Gesamtheit, bilden topisch die gesamte Bandbreite der Gesellschaft anhand des Paradigmas von besitzend und besitzlos ab.[181] Allgemein ist *armuot* „ein Nichthaben, ein Mangel, der auch als solcher empfunden wird."[182] Neben der reinen Besitzlosigkeit schreibt der *Lexer arm* daher auch eine gesellschaftliche Bedeutung zu. So stehe *arm* nicht nur für die Ermangelung materiellen Guts, sondern beziehe seine Konnotationen auch aus einem theologischen Diskurs, der Armut auf Erden wertschätzt[183] sowie aus einem sozialen Diskurs, der die politische Mittellosigkeit betont.[184] Anhand des *bîspels* von der *Falschen und rechten Freigebigkeit* aus dem Strickerkorpus konnte Ragotzky zeigen, dass gerade die Kombination vom *tugentrichen armen* und vom *argen richen* anzeigen kann, in welche Richtung hier materielle Mittel fließen sollten,[185] *arm* und *rîch* somit also auch in normative Zusammenhänge eingebunden werden können.

---

181 Besonders gut sichtbar ist der rhetorische Einsatz von *arm und rîch* in der *Steirischen Reimchronik*. Vgl. Ottokar von der Gaal: Steirische Reimchronik, nach den Abschriften Franz Lichtensteins. Hrsg. von Joseph Seemüller, 2 Bde., Hannover 1890: V. 2085, 2619, 5691, 6367, 12460, 14083, 34135, 34163, 39905 (u. ö.).

182 Schröder: Armuot, S. 503.

183 Diese Sichtweise macht mhd. *arm* zur idealen Übersetzung der neutestamentlichen Begriffe für Armut, die ebenfalls eine große Flexibilität in der Bewertung erlauben. Vgl. Berges, Hoppe: Arm und reich, S. 60 f. Vgl. zudem Kleine: Heilige Ökonomie, S. 45: „Die Verachtung irdischer Güter ist der Preis, der für den Erwerb des himmlischen Schatzes zu leisten ist – das ewige Leben. In diesem System galt die Armut als Ausdruck materieller Opferbereitschaft nicht als Makel, sondern als Distinktionsmerkmal, als ein begehrenswerter, da heilsrelevanter Zustand." Der Vorzug der Einstellung zum Gut gegenüber dem tatsächlichen Erwerb von Gut lässt sich auch im hofkritischen Diskurs mittelhochdeutscher Artusromane wiederfinden. Darauf hat zuletzt Stiebritz-Banischewski: Hofkritik, S. 227 (besonders Anm. 256), aufmerksam gemacht. Diese Verwendung sieht Mersmann: Besitzwechsel, S. 110, auch in Wolframs *Parzival*: „Neben diesen Formen sozial bedingter *armuot* begegnet die von der Bergpredigt und anderen Stellen des Neuen Testaments inspirierte, zu den Mönchsgelübden zählende freiwillige *armuot* aus religiösen Gründen [...]. Sie gilt als hohe christliche Tugend. Herzeloide verläßt ihren Reichtum und zieht sich, darin einer *inclusa* gleichend, in die Einsamkeit und Armut von Soltane zurück (Pz. 116.15 ff.) Ihr Bruder Trevrizent verzichtet büßend auf den seinem Stande und Geschlecht angemessenen Reichtum [...]." Zur Armut im Kontext der Bergpredigt sowie zur Einstellung zu Besitz in der frühen Kirche vgl. Wilhelm Geerlings: Reichtum und Armut in der alten Kirche. In: Reichtum der Kirche – ihr Armutszeugnis. Vorlesungen des Kontaktstudiums der Katholisch-Theologischen Fakultät der Ruhr-Universität Bochum im Wintersemester 1994/95. Hrsg. von Günter Lange. Bochum 1995, S. 83–95.

184 Dies ist Teil des „Nichthaben[s]", des „Mangel[s], der auch als solcher empfunden wird" (Schröder: Armuot, S. 503). Schröder zeigt diesbezüglich text- und gattungsspezifische Differenzen auf. Besonders interessant erscheint mir die Beobachtung zum *Nibelungenlied*, dass hier die materielle Bedeutung gänzlich zurücktrete, gerade weil es ohnehin fraglos sei, dass alle über genügend Mittel verfügen. Vgl. ebd., S. 516: „Im ‚Nibelungenlied' bezeichnet *arm* ‚besitzlos' zwar ebenfalls den Gegensatz zu *riche* [...], es wird jedoch in dieser Bedeutung niemals einer Person als Attribut beigelegt. Besitz ist in dieser heroischen Welt selbstverständlich und unwichtig."

185 Ragotzky: *kunst der milte*, S. 79 f.

Spannende Verschränkungen ergeben sich nun wiederum daraus, dass *arm* im religiösen Sinne *auch* negativ sein kann, wenn es die Sündhaftigkeit des Menschen bezeichnet – wenn das Blut Christi und der Märtyrer zum ‚Schatz im Himmel' stilisiert wird, kann der Mensch auch in der jenseitigen Sphäre arm sein: Schröder versammelt anschauliche Stellen aus dem 12. und 13. Jahrhundert, die die Bedeutung von *arm* als „‚sündig' und ‚bejammernswert'" belegen.[186] Durch Überkreuzung von weltlicher und himmlischer Bedeutung können *arm* und *rîch* daher mit Blick auf die jeweils von der Metaphorik geforderte Bedeutung eingesetzt werden,[187] eine gänzliche Aufwertung der *armuot* gestaltet sich jedoch sehr schwierig.[188]

Der Spektrum des mittelhochdeutschen Wortgebrauchs unterscheidet sich damit nicht sonderlich von der neutestamentlichen Verwendung von *arm* (πτωχός/ταπεινός) und *reich* (πλούσιος), die „das ganze Bedeutungsspektrum von der sozialen Armut bzw. dem wirtschaftlichen Reichtum bis hin zur rechten Haltung vor Gott abdecken."[189] Dies kann einerseits in der höfischen Literatur Anwendung finden: Thomas Cramer hat darauf aufmerksam gemacht, dass Koralus in Hartmanns *Ereck* das *Magnificat* in Lk 1,53 zitiert, um die Gleichheit von arm und reich vor Gott herauszustellen.[190] Andererseits kann aber auch in geistlicher Literatur *arm* in seiner Opposition zu *rîch* gelesen werden,

186 Schröder: Armuot, S. 505 f. Schröder, ebd. S. 506, weist zudem darauf hin, dass die selbstgewählte *armuot* nicht mit der *armuot* der Armen verwechselt werden sollte: „Armut im Kloster bedeutet Verzicht auf Privateigentum, nicht Armsein mit den Armen draußen [...]."

187 Die Überblendung weltlicher und jenseitiger *rîcheit* zeigt exemplarisch Traulsen anhand der Legende *Barlaam und Josaphat* von Rudolf von Ems (Traulsen: *rîchheit*). Zur „binären Codierung des Preziösen" vgl. auch Manfred Kern: Heroische Pracht – Epochale Ambivalenz und textuelles Pathos des Luxuriösen in der hochmittelalterlichen Epik. In: Fremde – Luxus – Räume. Konzeptionen von Luxus in Vormoderne und Moderne. Hrsg. von Jutta Eming [u. a.]. Berlin 2015, S. 109–128, S. 117. Kern bezeichnet damit die doppelte Einsetzbarkeit materieller Opulenz im *Rolandslied*, die sowohl die „metaphysisch abgesicherte Pracht der Christenkämpfer" wie auch rein diesseitige Prachtentfaltung der heidnischen Gegner bezeichnen kann (ebd., S. 118). Diese binäre Codierung sei aber nicht in jedem Text nachzuweisen. Im *Tristan* Gottfrieds bestehe zwischen weltlichen und sakralen Reichtümern ein solcher Unterschied nicht, das Schema stehe aber im Hintergrund, vgl. Kern, ebd. S. 127: „Was Gottfrieds *Tristanroman* praktiziert, ist eine Poetologie der Immanenz, die ohne eine transzendente Relationierung von luxuriöser Schönheit und schönem Luxus auskommt, die aufgezeigten Verfahren der Negativierung aber im Sinne eines nicht fundamental ambivalenten, sondern fundamental indifferenten Spiels mit traditionellen sakralen Mustern der Bedeutsamkeit aufruft, anzitiert, ohne sie einzulösen."

188 Dies zeigt Schröder: Armuot, S. 505, auch an geistlicher Literatur des 12. Jahrhunderts selbst: „Die Dichtung der Weltflucht und Weltverachtung im Gefolge der monastischen Reformbewegungen von Cluny und Hirsau übt zwar heftige Kritik an den Reichen, dem Worte Jesu gemäß, das Heinrich von Melk in seiner ‚Erinnerung an den Tod' zitiert; *ein olbende muge baz / durch einer nadel œre gevarn / denne der riche chœm in Abrahams barn* (Er. 830 ff.), aber die *armuot* ist ihr dennoch kein Ideal, sondern eine Not, die der Linderung und des Schutzes bedarf."

189 Berges, Hoppe: Arm und reich, S. 123.

190 Cramer: Soziale Motivation, S. 102. Auch andere Figuren der höfischen Literatur können mit *armuot* verbunden werden. Schröder: Armuot, S. 501 f., diskutiert Forschungspositionen zur fran-

wodurch die weltliche Komponente deutlicher hervortritt. Grundsätzlich lösen sich diese Unterschiede in Christus aber auf, wie es in den Predigten des Franziskaners David von Augsburg, beispielhaft in *Kristi Leben unser Vorbild* deutlich wird: Neben einer Reihe weiterer Paradoxa sei Christus *arm rîche*, seine Menschwerdung habe die *rîcheit geermet*, doch *disiu armuot gît die übermæzigen rîcheit*.[191] An einem weiteren Beispiel des David von Augsburg lässt sich zudem ablesen, dass *armuot* nicht einen Leidenszustand bezeichnen muss, sondern das christliche Leben in allein durch Gott gesicherter Subsistenz anzeigen kann. Dies zeigt die folgende Ausführung Davids:

> Dû woltest in armuot leben unde niht eigens noch gewisses in dirre werlde haben. Dâ mit lêrtestû dîne volgære die gîtikeit hazzen und die sorge ûf got legen, wan der uns hât geschaffen, der weiz, daz wir spîse unde gewandes niht erbern mügen, der berâtet uns des selben gern, als er weiz, daz wir sîn bedürfen, ob wir ims getrouwen, wan der uns wil daz beste geben, der verzîhet uns niht das minnesten des uns nôt ist.[192]

Diese Perspektive auf *armuot* erinnert an die Vögel in Mt 6,26, die sich nicht ums Morgen zu kümmern brauchen. Dazu nutzt David den Verweis auf ein funktionierendes Lehensverhältnis von Gott und Menschen, also ein Reziprozitätsverhältnis, in dem der Markt nicht vorkommt. *Armuot*, so zeigt sich hier, kann in einem Gesellschaftssystem, das sich nicht primär um einen von Kaufkraft organisierten Markt dreht, argumentativ anders eingesetzt werden als in der merkantilen Sphäre.

Jenseits ethischer oder moralischer Zuschreibungen ist noch das enorme narrative Potential des Begriffspaares zu berücksichtigen. Die diskursgeschichtlichen Kontexte konnte zeigen, dass *arm* und *rîch* nicht immer die gleichen Konnotationen

---

ziskanischen Armut Gyburcs in Wolframs *Willehalm* (kritischer Kommentar Schröders zum Zusammenhang von Armut und Heiligkeit ebd., S. 523) Andererseits sollte das Armutsideal im höfischen Erzählen nicht überbewertet werden. Schröder, ebd., S. 510, widerspricht dem Armutsideal in höfischer Literatur, allerdings etwas zu krass: „Das Legendenideal, arm um Christi willen zu sein, hat bei den Rittern als der neuen literaturtragenden Schicht begreiflicherweise wenig Anklang gefunden und ist auch von den geistlichen Dichtern nicht weiter propagiert worden.“ Dass geistliche und höfische Literatur sich jedoch nicht in dieser Form trennen lassen, zeigen nicht zuletzt die unten angestellten Analysen, in denen Elemente beider Domainen im Bildbereich des Marktes sich überschneiden.

191 Der vollständige Passus S. 341,35–342,7 aus *Kristi Leben unser Vorbild* lautet: *Hie mite hâstû* [Christus, A.M.] *uns mêr dîner kraft gezeiget, daz dû kranc starc bist, und arm rîche, und klein michel, und kindisch wîse, danne ob dû grôziu dinc mit dîner magenkraft hêtest aleine volbrâht. Wir vinden an dîner menscheit die grœze kleine, die lenge gekürzet, die wîte geenget, die sterke gekrenket, die hœhe genidert, die rîcheit geermet, die wîsheit vertôret; und daz mêr ze wundern ist: disiu tôrheit ist diu hœhste wisheit, disiu armuot gît die übermæzigen rîcheit, disiu krankheit vüeget die êwigen krefte, disiu kürze die êwikeit, disiu kleine die gotlîchen michel.* Hier und im Folgenden zitiert nach: Deutsche Mystiker des vierzehnten Jahrhunderts, Bd. 1. Hrsg. von Franz Pfeiffer. Leipzig 1845.

192 *Kristi Leben*, S. 344,7–13.

tragen, von einer in Bezug auf einen Mittelwert gesetzten Wertung sind sie jedoch nicht zu befreien. Der sozialhistorische Hintergrund kann helfen festzustellen, ob eine Figur, die arm oder reich ist, in diesem Zustand auch sein *soll*, ob ein normativer Missstand vorliegt, der narrativ katalysierend wirken kann.

Beispielhaft möchte ich noch anhand einzelner Passagen zeigen, wie verschieden der narrative Mehrwert von *arm* und *rîch* in unterschiedlichen Kontexten sein kann. Nicht jede Nennung dieser Opposition muss narrativ katalysierend wirken, sie kann auch rein rhetorische Funktion haben und als formaler Topos für *alle* stehen. So beispielsweise in den Nennungen von Menschenmengen in der *Steirischen Reimchronik*: *swaz herren in dem lande wârn, / darzuo arm unde rîch* (StR, V. 14082 f.) oder *daz gegen Trieste hin / solden varen snelliclich, / si wæren arm oder rîch* (StR, V. 34133–34135). Diese Formeln zeitigen kein überschüssiges narratives Potential. Alt und Jung hätten ein vergleichbares Ergebnis gebracht, einziger Sinn ist die rhetorische Inszenierung von *jedermann*.[193] Einen nicht narrativen, aber formalen Mehrwert gegenüber *alt und jung* zeitigt *arm und rîch* jedoch angesichts rhetorischer Traditionen, in denen sich „*potentes* und *pauperes*" als Darstellungsmodus der Gesellschaft festigen konnte.[194]

Weniger frei ersetzbar wirkt das Begriffspaar im Märe *Die Rittertreue*: Wenn der Protagonist Willekîn bei einem Begräbnis *pfenninge* geben lässt (V. 388)[195] und der anschließende Vers bezüglich der anwesenden Gemeinde diese als *arm oder rich* (Rt, V. 389) beschreibt, so ist dies einerseits eine topische Beschreibung für *alle*.[196]

193 Dies kann auch im Althochdeutschen bereits belegt werden, allerdings mit der grundsätzlichen Doppeldeutigkeit von wirtschaftlicher und sozialer Axiologie: „In der Wortgruppe *arm unde rihhi* für ‚alle' kann sich *arm* auf den Mangel an Ansehen wie an Besitz beziehen." Schröder: Armuot, S. 503. Einige Stellen mit anderen Oppositionen zur Beschreibung einer Ganzheit finden sich zusammengetragen im Kommentar Kamiharas in dessen Ausgabe des *Pfaffen Amis*, vgl. Kamihara: Pfaffe Amis, S. 153. Eine diskursiv ausdifferenzierte Darstellung verschiedener Paarformeln für ‚jedermann' bietet Thielert: Paarformeln, S. 217. Die Kriterien belaufen sich auf Geschlecht, Alter, Wirtschaftskraft (darunter dann *arm/rîch*), Rechtsstatus sowie Religion.

194 Vgl. dazu Bumkes Beschreibung mittelalterlicher Gesellschaftswahrnehmung (Bumke: Höfische Kultur, S. 40): „Das deutsche Wort *stant* scheint erst im 14. Jahrhundert aufgekommen zu sein und wurde erst im 15. Jahrhundert für die Ständeordnung in den Ländern (*stende des lands*) verwendet. Der Wirklichkeit näher kam die Einteilung der Menschen in ‚Mächtige' und ‚Arme' (*potentes* und *pauperes*), die ebenfalls an biblischen Sprachgebrauch anknüpfen konnte. Auf deutsch sagte man dafür: *rîche und arme* oder *hêrren und knechte*."

195 Hier und im Folgenden zitiert nach: Deutsche Versnovellistik des 13. bis 15. Jahrhunderts, Bd. 1/2: Nr. 39–56. Hrsg. von Klaus Ridder, Hans-Joachim Ziegeler. Berlin 2020, S. 353–379 (Nr. 51).

196 In diesem Fall die Unterscheidung von *arm* und *rîch* zu machen, führt zur Frage nach der rechtmäßigen Anwendung von *milte*. Diese kann in Beurteilung und Anerkennung der beschenkten Person erfolgen, oder gerade in Absehung der Beschenkten. Wie *milte* vollzogen werden soll, muss am einzelnen Text, bzw. anhand definierter Textgruppen nachvollzogen werden. Als Eckpunkte seien hier nur Müller: Spielregeln, S. 348, genannt, der die „Fürstentugend" der *milte* im *Nibelungenlid* als ungerichtete Praxis beschreibt: „Geschenkt wird scheinbar absichtslos und ohne Ansehen der Person." Andererseits beschreibt Krause: Die *milte*-Thematik, S. 132, anhand mittelhochdeutscher Sangspruch-

Andererseits ist der Hinweis auch wichtig für den narrativen Verlauf der Erzählung, da gerade das Problem des Umganges mit Geld den Auslöser der Handlung darstellt. Hier wird die Topik des *arm oder rîch* durch den konkreten Inhalt der Erzählung semantisch erweitert und bezieht sich auf die narrative Verhandlung des spezifischen Problems vom Verhältnis von Besitz und Verausgabung. Die Nennung hier ist zwar nicht von Bedeutung für den weiteren Erzählverlauf, greift aber ein Thema des konkreten Textes auf und weist über die formale Topik hinaus.

Schließlich sei noch auf die narrativ bedeutsame Unterscheidung von *arm* und *rîch* hingewiesen, wie sie in Hartmanns von Aue *Iwein* hervortritt. Auf der Burg zum Schlimmen Abenteuer sieht Iwein ein Gebäude *daz was gestalt unde getan / als armer liute gemach* (Iw, V. 6188 f.).[197] Diejenigen, die dort arbeiten und Iweins Aufmerksamkeit erregen sind *ellende* [...] (Iw, V. 6234). Denn die dort arbeitenden dreihundert Frauen scheinen nicht von Standes wegen *arm* zu sein. Iweins Schlussfolgerung, die er gegenüber dem malevolenten Torwächter äußert, drückt sein Bewusstsein für den hier vorliegenden Missstand aus:

> den [gemeint sind die arbeitenden Jungfrauen, A.M.] sint die siten unde der lîp
> gestalt wol dem gelîche,
> wæren si vrô unde rîche,
> sô wæren si vil wol getân.
>
> (Iw, V. 6268–6271)

Iweins folgende *aventiure* wird, abgesehen davon, dass er zu dem Kampf gezwungen wird, auch so motiviert, dass Iwein diesen Missstand beheben möchte. Ganz explizit verhandelt diese Episode das Verhältnis von Stand und Besitz. Wie es bereits beim ebenfalls unrechtmäßig verarmten Koralus gezeigt werden konnte, denotiert die vorübergehende Armut der adeligen Jungfrauen eine normative Grenzüberschreitung, wie Jurij M. Lotman sie als Voraussetzung für sujethaftes Erzählen bestimmt.[198] Die Textstelle schöpft aus, wofür arm und reich sich in ihrer semantischen Differenz anbieten. Die Damen sollten eigentlich *vrô unde rîche* sein, aufgrund einer sozialen Verortung, die im Text nicht angezweifelt wird, ist ihre akute Armut als defizient markiert. Somit

dichtung ein eher kalkulierendes System von Richtlinien, wie *milte* richtig einzusetzen sei: „Walther [von der Vogelweide, A.M.] propagiert nicht die uneingeschränkte *milte* sondern gibt Kriterien an die Hand, die für die wahre *milte* unerläßlich seien. [...] Bei fehlenden Mitteln müsse man sich aufrichtig seinen Möglichkeiten anpassen, gegebenenfalls eine Bitte abschlagen und dürfe vor allem keine falschen Versprechungen machen." Eine christliche Begründung der Gabe, die in der ethnologisch orientierten Gabentheorie selten zum Ausdruck kommt, beschreibt Geerlings: Reichtum und Armut, S. 91: „Freigebigkeit konnte darum als Nachahmung Gottes interpretiert werden. Denn Gott teilt auf Grund seiner Menschenfreundlichkeit (Philanthropia) allen das Notwendige zu."

197 Hier und im Folgenden zitiert nach: Hartmann von Aue: Gregorius, Der arme Heinrich, Iwein. Hrsg. und übers. von Volker Mertens, Frankfurt am Main, 2008. Zur Armut im *Iwein* vgl. Schröder: Armuot, S. 513.

198 Vgl. Jurij M. Lotman: Die Struktur literarischer Texte. Hrsg. mit einem Nachwort und einem Register von Rainer Grübel. 3. Aufl. Frankfurt am Main 1973, besonders S. 347–350.

können die Damen, wie auch Koralus im *Ereck*, nicht an den Verhaltensstrukturen einer normierten höfischen Gesellschaft teilnehmen, ihr Reich-Sein wird auf die immaterielle Ebene verschoben: *wan dâ wonte in armuot, / bescheiden wille unde guot* (Iw, V. 6297 f.).[199] Iwein selbst verknüpft die Diskurse um Besitz und Herkunft in der Ansprache an die Damen:

> ist iuch disiu armuot an geborn,
> sô hân ich mînen wân verlorn,
> wand ich sihe wol daz iu wê tuot
> diu scham der selben armuot,
> unde versihe mich des dâ von:
> swer ir von kinde ist gewon,
> dern schamt sich ir sô sêre niht
> als man an iu hie siht.
> (Iw, V. 6307–6314)

Armut ist nicht beliebiges Akzidenz, sie prägt die betroffenen Charaktere grundlegend, so Iweins Ansicht, indem sie habitualisiert werden kann oder eben akute Notsituation ist, die nicht weiter geduldet werden sollte. *Rîch* hingegen werden unrechtmäßig diejenigen, die die Gewinne aus der in Armut stattfindenden Arbeit abschöpfen: *von unserm gewinne / sint si worden rîche* (Iw, V. 6404 f.).[200]

Mitglieder der höfischen Gesellschaft sollen also nicht arm sein – diesen Missstand setzt Hartmann sowohl hier im *Iwein* wie auch in der bereits diskutierten Koralus-Episode im *Ereck* narrativ wirksam ein. *Rîch* sein dürfen aber nicht nur Mitglieder eines höfischen Figurenkreises, wie sich bereits an den drei Gerharts von Köln gezeigt hat. Auch in Ottes *Eraclius* wird Miraidos, ein *edel purgære* (Erac, V. 178)[201] und Vater der Hauptfigur Eraclius, als *hart reiche* eingeführt (Erac, V. 182).[202] Da jedoch nach Miraidos' Tod, der selber nicht nur reich, sondern auch gottesfürchtig war,[203] von dessen Witwe der gesamte Besitz gespendet wird, greift hier ein divergentes Erzählmuster, das an den oben besprochenen Reichtum im Jenseits anknüpft (vgl. Kap. 3.4).

Auch im Kontext der Minnethematik spielt der Gegensatz eine Rolle, da so Glück oder Unglück der oder des Liebenden abgebildet werden können. So denkt

---

199 *Guot* scheint hier zwar eindeutig eine immaterielle Größe zu bezeichnen, doch mag die Tatsache, dass ausgerechnet *guot* und *armuot* als Reimwörter eingesetzt sind, auch gerade dessen wirtschaftliche Qualität betonen.

200 Zur Differenzierung des *gewin*-Begriffes vgl. Kap. 3.6.

201 Hier und im Folgenden zitiert nach: Otte: Eraclius. Hrsg. von Winfried Frey. Göppingen 1983.

202 Erac, V. 182. Auch hier werden *rîche* und *edel* in Verbindung gebracht, ebenso, wie Scheuble: *mannes manheit*, S. 113, es bereits für die Charakterisierung Kriemhilds im *Nibelungenlied* gezeigt hat. Ob die Eigenschaft, *rîche* zu sein, der sozialen Absicherung des Attributs *edel* bedarf, oder ob beide die gleiche Vortrefflichkeit innerhalb unterschiedlicher Register ausdrücken, muss im Einzelfall geklärt werden.

203 In Überlieferung A nach Frey heißt es: *Tugent gutes und sinne / Des heiligen geistes minne / Het im sin herz erzůndet / Und in des wol geschůndet / Daz er got vil sere vorhte* (Erac, V. 184–188).

Mauricius im anonym überlieferten *Mauricius von Craûn* über den Minnedienst nach, den er seit geraumer Zeit einer erwählten Dame leistet. Topisch gestaltet sich die *lôn*-Thematik im Denken über die *minne*, bis Mauricius sich im Zuge eines inneren Monologes selbst versichert: *getrôste mich ir süezer trôst, / sô wære ich endelîche / immer frô und rîche* (MvC, V. 502–504).[204]

Rîche passt sich ein in das „merkantilische Verständnis", das „sich wiederholt auch im Vokabular [verrät]."[205] Zudem ist es unzweifelhaft, dass *rîche*, besonders deutlich in der Kombination mit *frô*, eindeutig positiv zu lesen ist. Dass *rîche* hier überhaupt als Metapher verstanden werden kann, liegt – wie sich bereits im Kapitel zu *wert* gezeigt hat – nicht an der eindeutig materiellen Bedeutung des Wortes, sondern an der Terminologisierung durch die hinreichend dichte Einrahmung fachsprachlicher Termini (Kap. 3.1) wie *lôn* (MvC, V. 439, 440, 462, 471), *gelten* (MvC, V. 509), *zins* (MvC, V. 509). Hinzu treten die eindeutig metaphorische Nennung eines *beierischen schillinc* (MvC, V. 492) im Selbstgespräch des Protagonisten sowie der Erwähnung von *schulden* (MvC, V. 562, 576, 577), *miete* (MvC, V. 587) und erneut *lôn* (MvC, V. 569, 586, 603) im Gespräch mit der Dame.[206] Zudem bezeichnet diese sich selbst als *iuwers* [Mauricius'] *heiles kamerære* (MvC, V. 582). Das aufgerufene Wortfeld ist freilich nicht konkret dasjenige der merkantilen Praxis, sondern das der weiter gefassten materiellen Interaktion.[207] Hier zeigt sich ein Beispiel für die kulturelle Einbettung der Wirtschaft[208] im Sinne Polanyis:[209] Jenseits der genauen Unterschiede von Kompensationsformen wie *gewin*, *lôn* und *miete* (vgl. Kap. 3.6), ähneln die Begriffe sich alle darin, dass sie gemeinsam die große Bandbreite materieller Interaktionen aufrufen und an unterschiedliche soziale Beziehungen gekoppelt sind. Merkantile Praxis kann dann als Subsystem innerhalb dieser materiellen Metaphorik eingesetzt werden.

Dem Begriffspaar ist, wie die Beispiele gezeigt haben, eine grundlegende Asymmetrie eingeschrieben. Für Mitglieder moderner wie vormoderner Gesellschaften beschreibt *rîch* die gesicherte Verfügung über Macht und damit verbundenem Eigentum als Voraussetzung für eine aussichtsreiche Konfliktführung.[210] Wer innerhalb des

---

204 Hier und im Folgenden zitiert nach: Mauricius von Craûn. Mhd./nhd., nach dem Text von Edward Schröder. Hrsg., übers. und kommentiert von Dorothea Klein. Stuttgart 1999.

205 Dies.: ‚Mauricius von Craûn' oder die Destruktion der Hohen Minne. In: ZfdA 127 (1998), S. 271–294, S. 289.

206 Klein, Ebd., bemüht ebenfalls eine Zusammenstellung der Begriffe merkantilen und kompensatorischen Handelns. Ihr Fokus liegt jedoch weniger auf dem Grad der Metaphorizität, als vielmehr auf dem „‚Realismus des Schwanks'", der der ironisch gehaltenen Erzählung unterlegt sei. Auf die Differenzierung des *lôns* vom merkantilen Vokabular komme ich im Folgenden zu sprechen (Kap. 3.6).

207 *Lôn* ist kein Begriff des Marktes, wie sich unten, Kap. 3.6, noch zeigen wird.

208 Und damit einhergehend zeigt sich auch die Problematik der Heteronomie eines wirtschaftlichen Diskurses, vgl. Foucault 2017, S. 211 sowie grundlegend Todeschini: prezzo.

209 Polanyi: Great Transformation.

210 Vgl. Luhmann: Soziale Systeme, S. 542: „Wer Eigentum und/oder Macht besitzt, kann sich Konflikte leisten."

breiten mittelhochdeutschen Bedeutungsspektrums *rîche* ist, zeichnet sich daher im jeweiligen Wertesystem durch eine erhöhte Position aus.[211] Zwar können *arm* und *rîch* beide positiv besetzt werden, doch wenn jemand ‚positiv' arm ist, muss erklärt werden, woran er oder sie denn dann stattdessen reich sei. Die *rîcheit* von Gegenständen hingegen ist Merkmal ihrer hohen materiellen Werthaftigkeit, die unter anderem auf einem Markt erschlossen werden oder dort ihre Bedeutung entfalten kann.

3.6 *Gewin, lôn, miete*

Althochdeutsch und mittelhochdeutsch bezeichnet *gewinnen* allgemein eine Vergütung: „gewinnen ist erringen, erlangen, ob das ziel nun im kampf, wettstreit oder in arbeit und mühe errungen wird".[212] *Gewinnen* beschreibt also nicht, was durch Glück gewonnen wird. Andererseits ist es auch nicht nur das, was kaufmännisch eingefahren wird.

In seiner modernen wirtschaftstheoretischen Verortung[213] hängt Gewinn direkt mit einem spezifischen Konzept von Wert zusammen. Ohne Wertsteigerung oder Wertschöpfung lässt sich über *Gewinn* nicht eingehender reden.[214] Werner Hofmann

---

211 Dem liegt die bereits bekannte Vorstellung unterschiedlicher Kapitalarten zugrunde, wie Bourdieu sie ausformuliert hat (vgl. Bourdieu: Ökonomie, besonders S. 147). Dass aber auch mit dem materiellen Besitz bereits ein non-materieller Machtzuwachs verbunden ist, zeigt Luhmann anhand der Konfliktbereitschaft in vormodernen Gesellschaften: „Ausgestattet mit Konfliktfähigkeit, geht seine Position [i. e.: des Mitglieds der vormodernen Gesellschaft] über das hinaus, was sie unmittelbar beinhaltet. Ihm fällt außerdem noch ein Mehrwert an Eigentum und an Macht zu auf Grund eines Zusammenwirkens von Kredit und Abschreckungseffekt. Man hält sich gern in seiner Nähe auf. Er kann auswählen und so mehr erreichen, als der Besitz ökonomischer Güter oder die Verfügung über negative Sanktionen unmittelbar ermöglichen." (Luhmann: Soziale Systeme, S. 542).

212 Art. *Gewinn* m.. In: *DWB*.

213 Im *Wirtschaftslexikon* von Alfred Kyrer ist Gewinn sehr knapp definiert als: „Die positive Differenz zwischen Erträgen und Aufwendungen eines Unternehmens innerhalb eines Geschäftsjahres" (Alfred Kyrer: Wirtschaftslexikon. 4., völlig neu bearbeitete und stark erweiterte Aufl. München/ Wien 2001, S. 231). Eine genauere Erörterung desselben in der aktuellen Wirtschaftswissenschaft ist hier nicht zielführend.

214 Überlegungen zur Wertschöpfung durch Arbeit finden sich nach Joachim Heinzle: Geschichte der deutschen Literatur von den Anfängen bis zum Beginn der Neuzeit. Bd. 2: Vom hohen zum späten Mittelalter. Teil 2: Wandlungen und Neuansätze im 13. Jahrhundert. 2. Aufl. Königsstein im Taunus 1994, S. 73, bereits im 13. Jahrhundert. Dies geht soweit, dass, wie Heinzle es darstellt, in den Predigten des Franziskaners Berthold von Regensburg zum ersten Mal *arbeit* „nicht mehr nur wie früher: ‚Mühsal' oder ‚Not', sondern zunehmend auch schon ‚zweckgerichtete Tätigkeit'" bedeute. Heinzles anschließende Andeutungen, Bertholds „scharfer Blick für den gesellschaftlichen Wert produktiver Arbeit" (ebd.) nehme den Kommunismus des 19. Jahrhunderts voraus, mögen zwar die revolutionäre Wirkung der Franziskaner verdeutlichen, verleiten jedoch andererseits genau zu den Anachronismen der Wirtschaftsgeschichte, die in Kap. 2.1 besprochen wurden. Vgl. Heinzle: Wand-

stellt in der Einleitung zur „Lehre von der Wertbildung" seiner *Wert- und Preislehre* die enge Verzahnung von Wert und Gewinn im wirtschaftstheoretischen Denken dar. Dabei stellt er diachrone Veränderungen dieser Konzepte vom frühneuzeitlichen Merkantilismus hin zur modernen, subjektivistischen[215] Werttheorie fest:

> Die zunehmende Einsicht in das Wesen des Wertschöpfungsprozesses änderte auch die Vorstellung von den *Gewinneinkommen*. Erschienen diese den älteren Denkern als Ergebnis bloßer *Umverteilung* schon erzeugter Werte, als Resultat unsittlicher Übervorteilung auf den Märkten, der Bereicherung des einen zu Lasten des anderen Marktbeteiligten, so zeigte die Lehre von der wertbildenden Arbeit, daß in einer ‚wachsenden' Wirtschaft mehr oder minder *alle* Erwerbswirtschafter gleichzeitig Gewinn machen [...] können.[216]

Eine derartige Schwarzweiß-Zeichnung vor- und frühmodernen wirtschaftlichen Denkens bedarf der Differenzierung, wobei die Gleichsetzung von „unsittlicher Übervorteilung" mit merkantilem Gewinn eine unzulässige Verallgemeinerung bedeutet. Bereits im spätantiken und frühmittelalterlichen Christentum werden Kaufleute nicht unisono diskreditiert.[217] Dass die Argumentationszusammenhänge zum merkantilen Gewinn in der Vormoderne jedoch anders gelagert waren, trifft durchaus zu. Legitimationsstrategien für einen, wohlgemerkt moderaten,[218] merkantilen

---

lungen und Neuansätze, S. 73: „Es will scheinen, als würden hier – vor dem Hintergrund einer allmählichen Veränderung der Gesellschaft und in der Perspektive ursprünglich franziskanischer Ideale – Vorstellungen artikuliert, die Jahrhunderte später eine weltverändernde Sprengkraft entfalten sollten."

215 Besonders Simmel hat die Idee eines subjektiven Wertbegriffes philosophisch ausgeführt und macht dieselbe zur Grundlage seiner *Philosophie des Geldes*. Eine rezente Gegenposition, ohne dies hier zu weit auszuführen, besteht in der Annahme eines relationalen Objektivismus, wie Andrei Marmor ihn vertritt. Demnach bilden Werte relationale Eigenschaften von Objekten, sind also vom Standpunkt der Bewertung abhängig, verbleiben aber dennoch als eine gewisse Form von Eigenschaft des bewerteten Objektes. Vgl. Andrei Marmor: On the Objectivity of Values. In: Positive Law and Objective Values, von dems. Oxford 2001, S. 160–183, besonders S. 166.

216 Werner Hofmann: Wert- und Preislehre. 2. Aufl. Berlin 1971, S. 21 f.

217 Puttevils: Merchants, S. 1042: „When early medieval authors did write about merchants, they did not uniformly condemn all mercantile activity. Bede (672/673–735), for example, noted that the men whom Christ expelled from the Temple were not simply negotiators, but unjust negotiators (Bede 1955, 2,1, CCL, 122.39–43; [...]). The question of whether commerce was compatible with virtue was very much up for discussion: Tertullian (ca. 160–ca. 225) and Ambrose (ca. 340–397) argued that commerce was the root of all evil, but the majority of early Christian authors did not entirely condemn commerce. In distinguishing honest from dishonest commerce, early medieval thinkers built further on the work of classical writers such as Aristotle (384 B.C.E.–322 B.C.E.) and Cicero (106 B.C.E.– 43 B.C.E.). In the course of the ninth century, monks in various parts of Europe specified which particular commercial practices were acceptable or not in their jurisdictions and invoked the concept of the work invested by merchants to justify (potential) trading profits. Slave trading and grain hoarding were labeled as morally reprehensible [...]."

218 Besonders aufschlussreich ist ST II–II, qu. 77, art. 4, des Aquinaten. Immer wieder macht Thomas deutlich, dass es ihm in seiner scholastischen Diskussion von Kauf und Verkauf um die Rechtfertigung des *lucrum moderatum* geht.

Gewinn belaufen sich zumeist auf den Ausgleich des Risikos im Fernhandel, den Arbeitsaufwand der Kaufleute sowie deren Beitrag zum *bonum commune*.[219] Die Argumente beziehen stets Kriterien mit ein, die außerhalb des merkantilen Handelns liegen[220] und die damit die kulturelle Einbettung merkantilen Handelns verdeutlichen, die Polanyi als Gegenbild der autonomisierten ökonomischen Sphäre der Neuzeit bemüht.[221]

Ebenso wie im Neuhochdeutschen, gibt es aber wie gesagt mehr als den wirtschaftlichen Gewinn. Gewonnen werden können neben materiellem Reichtum auch Ehre, ein Wettkampf oder der militärische Sieg, ohne dass darin eine Metapher gesehen werden müsste: Man kann eine Aufgabe wie beispielsweise eine Turnierteilnahme *durch lobes gewin* und auch für *pris gewinne*[222] oder *eren gewin* auf sich nehmen.[223] Flores Vater Fenix in Konrad Flecks *Flore und Blanscheflur* gewinnt zu

219 Vgl. Oexle: Statik, S. 57 f., der die unterschiedlichen Rechtfertigungsargumente auch mit unterschiedlichen sozialen Strukturen in Verbindung setzt: Während seit dem 11. Jahrhundert angesichts weit reisender Kaufleute zumeist das Argument von Risiko und *labor* bemüht werde (ebd., S. 57), trete ab dem 13. Jahrhundert vermehrt das Argument des *bonum commune* auf den Plan, während die Kaufleute zunehmend „seßhaft“ werden (ebd. S. 58).

220 Ein interessanter Grenzfall findet sich bei Thomas von Aquin, der auf den Umstand hinweist, dass der auf dem Markt erzielte Preis ohnehin nur eine Näherung sein könnte, wodurch sich auch eine marktinterne Diskussion zum Preis dynamisieren ließe: *justum pretium rerum quandoque non est punctualiter determinatum, sed magis in quadam aestimatione consistit, ita quod modica additio vel minutio non videtur tollere aequalitatem justitiae.* (ST II–II, qu. 77., art. 1., S. 348. Übersetzung ebd.: „[D]er gerechte Preis der Sache [kann] zuweilen nicht auf den i-Punkt genau festgelegt werden [...], sondern [beruht] eher auf einer gewissen Schätzung [...], so, daß ein mäßiges Mehr oder Weniger das Gleichmaß der Gerechtigkeit nicht aufzuheben scheint.“). Die Bedeutung dieser Passage betont auch Kaye: Balance, S. 99 f.: „The modest phrasing of this conclusion disguises its import. Here, even within the constraints of reconciling economic observations with divine law, Thomas visualizes a true and just equality, one pleasing to God and consistent with the requirements of justice and virtue, not as a precise *point* but as a *range* along a continuum of value, however small he might wish that range to be. Moreover, estimation replaces knowing as the intellectual process through which this range is recognized.“ Die über den ‚wirtschaftlichen‘ Bereich hinausgehenden Konsequenzen dieser Unschärfe zeigt Kaye im Anschluss, vgl. ebd., S. 100.

221 Polanyi: Great Transformation. In seiner sozialhistorischen Einordnung des Kaufmanns im Hoch- und Spätmittelalter skizziert Brennig die Beziehung des Kaufmanns zu seinem Gewinn als Kriterium für die moralische Bewertung des Kaufmanns überhaupt: Aus Predigten Bertholds von Regensburg sowie aus einer spätmittelhochdeutschen Übertragung der *Summa Theologica* des Thomas von Aquin trägt Brennig, ebd., S. 104 f., anschauliches Material zusammen, das Gewinn besonders in Verbindung mit als unlauter angesehenen Praktiken perspektiviert: „Die Verwendung des Gewinns, die Absicht, mit welcher der Kaufmann seine Geschäfte ausübte, waren die maßgeblichen Kriterien seiner Beurteilung. Der Gewinn, der an sich wertneutral war, erfuhr seine Berechtigung, indem er als Lohn für geleistete Arbeit und Mühen gewertet wurde.“

222 Vgl. bspw. JT, V. 1337,1, 3047,2.

223 Ein Blick in die *MHDBDB* zeigt, dass die Suche nach *gewin* +[*lon, ere, pris*] weitaus weniger Ergebnisse liefert, als die Suche nach dem Verb *gewinnen* in gleicher Kombination (bei vollständig ausgewähltem Korpus). Die Ergebnisse sind bekanntlich nicht vollkommen zuverlässig, scheinen

Beginn der Binnenhandlung *grôze êre / unde grôzen gewalt* (V. 332 f.), während der Erzähler von Gottfrieds *Tristan* zeigt, dass gewinnen ebenso wie verlieren auch zum semantischen Feld des Kriegshandwerks gehört:

wan ze urliuge und ze ritterschaft
hoeret verlust unde gewin;
hie mite sô gânt urliuge hin;
verliesen unde gewinnen
daz treit die criege hinnen
(Tr, V. 366–370)[224]

Gewinnen und verlieren sind Komponenten gesellschaftlicher Reziprozität und damit nicht nur in wirtschaftlichem Kontext denkbar.[225] Anhand des für merkantile Metaphorik einschlägigen Kampfes zwischen Iwein und Gawein in Hartmanns *Iwein* lässt sich die Unschärfe der metaphorischen Qualität des *gewins* deutlich zeigen. Harald Haferland zitiert in seiner Monographie zur *Höfischen Interaktion* aus der Anfangspassage dieses Kampfes:

swer gerne lebe nâch êren,
der sol vil vaste kêren
alle sîn sinne
nâch ettelîchem gewinne
(Iw, V. 7175–7178)[226]

Kaufmannsgewinn und Gewinn im Kampf seien, so Haferland, aufgrund ihres Einsatzes nicht das Gleiche,[227] werden hier jedoch metaphorisch aufeinander bezogen: „Der Gewinn im Kampf ist zunächst einmal die Zahl und die Stärke der Schläge, die

in der Größenordnung jedoch zu stimmen: *gewin* + *ere*: 33 Tokens; *gewinnen* + *ere*: 292 Tokens *gewin* + *lon*: 14 Tokens, *gewinnen* + *lon*: 90 Tokens; *gewin* + *pris*: 17 Tokens, *gewinnen* + *pris*: 84 Tokens. Interessanterweise konzentrieren sich die substantivischen Konstruktionen besonders auf die Alexander- und Artusliteratur sowie auf Chroniken. *Gewinnen* verteilt sich über eine sehr viel größere Bandbreite an Texten. Die Frage nach der fachsprachenlinguistischen Terminologisierung stößt hier an ihre Grenzen: Ob es sich um eine stärkere Terminologisierung im Falle des Substantivs handelt, oder ob der häufigere Einsatz des Verbs syntaktisch-metrische Gründe hat, kann pauschal nicht entschieden werden.

224 Hier und im Folgenden zitiert nach: Gottfried von Straßburg: Tristan. Nach dem Text von Friedrich Ranke. Neu hrsg. und ins Nhd. übers., mit einem Stellenkommentar und einem Nachwort von Rüdiger Krohn, 3 Bde., 6. Aufl. Stuttgart 1993.

225 Eine Sonderstellung räumt Mersmann: Besitzwechsel, S. 29, dem ökonomischen Gewinn im Parzival ein, sofern es um die Metaphorik des Begriffes geht: „Metaphorisch bleibt *gewinnen* blaß, so daß es schwerfällt, bestimmte Vorstellungs- und Bildbereiche herauszukristallisieren; nur in der Kaufmetapher wird der Bildbereich etwas deutlicher, z. B. Pz, V. 404,23 ff. [...].“ Dass es schwierig sei, genaue Bildbereiche zur Markierung metaphorischen Gebrauchs zu identifizieren, entspricht genau den Befunden, die sich auch bei den anderen von mir behandelten Lexemen zeigen.

226 Der Einheitlichkeit halber zitiere ich weiter nach der Ausgabe von Mertens.

227 Haferland: Interaktion, S. 132.

man sich einhandelt. Dies ist die metaphorische Ebene."[228] Eine derart direkte Zuordnung und Aufteilung in metaphorische und benennende Ebene gibt der Text nicht zwingend vor. Zwar ist der Begriff des *gewinnes* in V. 7178 in den größeren Zusammenhang des pfandrechtlichen Handelns eingebettet, doch gerade die Verse vor und nach *gewinne* partizipieren an diesem Bild überhaupt nicht:

> [V]erlegeniu müezecheit
> ist got unde der werlde leit:
> dâ verlât sich niemen an
> niuwan ein verlegen man.
> swer gerne lebe nâch êren,
> der sol vil vaste kêren
> alle sîne sinne
> nâch ettelîchem gewinne,
> dâ mit er sich wol bejage
> unde ouch vertrîbe die tage.
> (Iw, V. 7171–7180)[229]

Anstatt der Frage nachzugehen, was dieser angeblich kaufmännische Gewinn im Vollzug des Kampfes metaphorisch bedeute, möchte ich die Frage aufwerfen, wie metaphorisch der Begriff denn eigentlich ist. Die hier gegebene Anweisung, man solle *nâch ettelîchem gewinne* streben, ist außerhalb eines merkantilen *gewin*-Verständnisses sehr viel leichter zu legitimieren, da nur für merkantilen Gewinn Argumente zur Rechtfertigung der kaufmännischen Profession in Stellung gebracht werden müssten. Das Aussetzen der markt- und pfandrechtlichen[230] Metaphorik wirkt daher durchaus absichtlich. Damit wird auch ambiguisiert, was eigentlich gewonnen wird. Erst durch die nach und nach wieder hervortretende Metaphorik der Szene wird *gewin* ‚re-terminologisiert' und damit zu einem Objekt metaphorischen Lesens: Indem der direkte Kontext unterdeterminiert ist, die gesamte Szene aber im Zeichen merkantiler und pfandrechtlicher Metaphorik steht, wird *gewin* in seiner semantischen Polyvalenz zum Vexierbild: fokussiert man nur die Verse zum positiv bewerteten Gewinnstreben, so fehlt dem *gewin* schlicht die Auffälligkeit, die für eine Metapher notwendig wäre. Weitet man den Blick jedoch auf die diskursive Ausrichtung der gesamten Szene, so steht Gewinn neben *borc* (Iw, V. 7156), *übergelt* (Iw, V. 7168), *koufe* (Iw, V. 7187), *karge wehselære* (Iw, V. 7190) und vielen ähnlichen Begriffen mehr. Mehr noch als die markt- oder pfandrechtliche Ebene des *discours*, wird hier also der breite Bedeutungshorizont des *gewinnes* ausgestellt, sodass beides gesehen werden kann, merkantiler Terminus und allgemeinsprachlicher Ausdruck des Kampfes.

---

228 Ebd., S. 133.

229 Entsprechend übergeht Pensel: Rechtsgeschichtliches, S. 195 f., genau diese Verse in seiner Analyse der metaphorischen Rechtssprache im *Iwein*.

230 Pensel, ebd., S. 194–198, kann zeigen, dass der Kampf mehrfach unterteilt ist und zuerst ein Leihgeschäft, dann ein Darlehen und schließlich ein Kauf geschildert werden.

Geht es hingegen in einer Erzählung explizit um Kaufleute, ist der *gewin* keineswegs derart ambig. Die Formulierung *durh gewin* findet sich dreimal in Konrad Flecks *Flore und Blanscheflur* und bezeichnet immer den kaufmännischen Gewinn, ohne dass näher darauf eingegangen werden müsste, was eigentlich gewonnen wird.[231] Die semantische Einbettung, dass es um den Gewinn von Kaufleuten geht, scheint auszureichen. Gleichermaßen wird im *Wigalois* bei der abschließenden Heerfahrt von der reichen Ausstattung des Zuges berichtet. *Gewin* steht auch hier nur für die Waren der Kaufleute:

> vil olbenden sluogen
> die koufliute vor in hin;
> die truogen rîcheit gewin,
> spîse und alsô rîch gewant
> daz man ninder bezzerz vant
> (Wig, V. 10710–10714)

Tritt *gewin* in Verbindung mit Kaufleuten und ihrem Gut auf, wird der Begriff terminologisiert: was ein Kaufmann gewinnen will, scheint jeder zu wissen. Thomasin von Zerklaere bringt es im *Welschen Gast* auf den Punkt: *Der ist ein koufman gar, der durch gewin gît, daz ist wâr* (WG, V. 14331 f.).[232] Thomasin von Zerklaere kommt zu dieser Minimaldefinition des Kaufmanns in seiner Erörterung des rechten Gebens im Sinne höfischer *milte.*[233] *Gewin* fungiert, so haben die vorgestellten Passagen gezeigt, zusätzlich zu seiner diskursübergreifenden Bedeutung, als Terminus für den Handelsgewinn im Bereich merkantiler Praxis, wobei der Terminus noch stärker in der zweiteiligen Konstruktion *durch gewin* gesehen werden muss. Gegenüber dem „universale[n] Vergesellschaftungsprinzip" der *milte*[234] aktiviert Thomasin hier das topische Wissen um den Kaufmann als Figur der expliziten Reziprozität.[235] Der Gesamtaussage, man sei ein

---

231 *den verkoufte durch gewin / diesen koufliuten ein diep.* (FuB, V. 1566 f.); *nâch koufliute site, / und daz sie wolten varn dâ mite / über mer durch gewin* (FuB, V. 2991–2993); *dâ hin wolte ich mîne wât, / die ich veile vüere durch gewin* (FuB, V. 3280 f.)

232 Zitiert nach: [Thomasin von Zerklaere:] Der Wälsche Gast des Thomasin von Zirclaria. Zum ersten Male hrsg. mit sprachlichen und geschichtlichen Anmerkungen von Heinrich Rückert, Quedlinburg/Leipzig 1852.

233 Zur Diskussion der *milte* und auch zu Philipowskis Argumentation unter anderem Gesichtspunkt vgl. Kap. 2.4.

234 Philipowski: diu gâb mir tugende gît, S. 456.

235 Dadurch wird der *koufman* bei Thomas in negativer Weise desambiguisiert. Der literarische wie auch theologische Topos ist dabei natürlich weitaus vielschichtiger. Vgl. Todeschini: prezzo, S. 167, der die Ambiguität des Kaufmanns zwischen „avidità egoistica (*avaritia*) e utilità pubblica" im lateinischen Schrifttum diskutiert und festhält, dass die Einstellungen gegenüber dem Kaufmannsberuf im alltäglichen Leben und in der Schrifttradition sich überkreuzen und gegenseitig modizifieren können. Thomasin stellt also keine „generica avversione al guadagno o alla professionalità economica" dar (ebd.), die außerliterarisch vorliegen würde, sondern wählt aus den Sinnangeboten zum Kaufmann ein spezifisches aus.

Kaufmann, wenn man nach *gewin* strebe, eignet zwar durchaus eine metaphorische Bedeutung, aber dies funktioniert nur, wenn ein terminologisierter *gewin* dem Kaufmann eindeutig zugeschrieben wird. Dass die *milte* allerdings als reziproke, soziale Handlung unter dem Postulat der „Interesselosigkeit“ zur Paradoxie führt, hat Philipowski bereits herausgestellt.[236] Der Unterschied zwischen *milte*-Handlung und *kouf*, so Philipowski, liege in der rechtlichen Bindung: „Die *milte* ist, anders als das *reht*, nicht einzufordern und kann ihrerseits nichts fordern. Sie ist ein Ideal, eine Tugend, die allerdings leicht durch Eigennutz verdorben werden kann und damit zum *kouf* degeneriert.“[237] Wie paradoxal sich die Gabe dann eigentlich ausnimmt, kann nun mit Blick auf den Grad der Terminologisierung betrachtet werden: Ist der *gewin* ein unspezifischer, gestaltet sich die Unterscheidung von der euphemisiert verpflichtenden Gabe komplexer, als wenn mit einem spezifischen Kaufmannsgewinn der Gewinn in merkantiler Praxis gemeint ist. Der *gewin* im *Welschen Gast* ist erst einmal ein spezieller Gewinn, es ist der Gewinn, für den Kaufleute arbeiten, anstatt grundsätzlich jegliche Form von Reziprozität zu verkörpern. Die Kaufleute werden dadurch weniger diskreditiert, als vielmehr sozial differenziert. Um der angeblichen Paradoxie der Gabe daher zu entgehen, scheint mir der Fokus bei Thomasin weniger auf der Tatsache der Reziprozität, als vielmehr auf der terminologisierten, materiellen Art des kaufmännischen Gewinns zu liegen. Thomasin verwendet hier eine synekdochische Verschiebung von allgemeinsprachlichem und terminologisiertem *gewin*, die diese Stelle rhetorisch erst so interessant macht.

Einen Zugewinn erhält man auch durch *lôn*, dieser sagt jedoch mehr über die zumeist hierarchische Beziehung der Beteiligten aus und stellt die Kompensation für eine Leistung – einen *dienst* – dar.[238] Nach Mersmann sei der Begriff des *lôns* besonders „in den drei großen Bereichen des Lehnswesens, des Verhältnisses des Menschen zu Gott und der Minne“ verortet.[239]

Die Reziprozität des Begriffes ist zwar immer präsent – ebenso wie beim *gewin* handelt es sich um eine Gabe für eine erbrachte Leistung. Jedoch unterscheiden sich beide Begriffe in der Akzentuierung der Geberposition, wodurch andere meta-

236 Philipowski: diu gâb mir tugende gît, S. 457: „Thomasin kommt also nicht umhin, sich im Rahmen seiner ‚Ethik des Gebens‘ mit jenem Dilemma auseinanderzusetzen, das auch die moderne philosophische Gabentheorie beschäftigt: Die Gabe setzt den, der sie empfängt, unter Druck, sie zu erwidern.“

237 Ebd., S. 456, vgl. auch ebd. für Thomasins Zitate zum *reht* in diesem Kontext.

238 Zum Bedeutungsfeld von *lôn* als Teil des „Wortschatz[es] für die Entlohnung einer Dienstleistung und für die Schadenerstattung“ vgl. besonders Mersmann: Besitzwechsel, S. 79–82. Mit weiter zurückreichendem etymologischem Hinweis vgl. Art. *Lohn*, m. In: *DWB*: „ein gemeingermanisches Wort [...] durchweg mit der bedeutung des verdienstes oder der entschädigung für eine gethane arbeit, die aber wol auf der vorstellung der beute oder des jagdertrags erwachsen ist.“

239 Mersmann: Besitzwechsel, S. 82, dort auch mit weiteren Anwendungsmöglichkeiten des Begriffs in der Literatur.

phorische Anwendungsfelder abgedeckt werden können. Handelt es sich beispielsweise um eine christliche Absicht, kann von Gott *lôn* in Aussicht gestellt werden: Im *König Rother* fordert Arnold, ein Parteigänger Rothers, eine Schar Kämpfer dazu auf, Rother zu helfen:

> uns sint gebotin zwei lon,
> wi mugin iz deste gerner ton
> daz ist sichirliche
> daz schone himelriche.
> (KR, V. 4127–4130)[240]

Da der *lôn* im ersten Fall von Gott, im zweiten Fall von einem erhofften Lehnsherrn kommt, lässt sich mit der Vorstellung des *lônens* eine asymmetrische Sozialbeziehung in Verbindung setzen.[241] Dies gilt nicht für den *gewin*, der gemeinhin nur denjenigen fokussiert, der ihn erhält, nicht aber die Geberinstanz berücksichtigt.[242] Der *lôn* durch Gott kann dabei als ein zentraler Anwendungsbereich des Begriffs erscheinen. Dies wird bereits durch die lateinische Überlieferung seit dem Frühmittelalter gestützt: „Die Überzeugung, daß das Gute belohnt wird, ist auf das kürzeste zusammengefaßt in der Formel *pro aeterna retributione*, für die sich allein bis zum Jahr 900 etwa 100 Belege finden lassen."[243] Die Konvertibilität weltlicher und himmlischer Güter stellt dabei in der Praxis des Frühmittelalters kein Problem dar, sie wird sogar in Form von Schenkungen urkundlich institutionalisiert.[244] Das *himelrich* zum *lon* zu erhalten mag zudem diskursiv in einem juristischen Kontext stehen, fällt doch, wie Arnold Angenendt u. a. zeigen konnten, der rapide Anstieg der

---

240 Zitiert nach: König Rother. Mhd. Text und nhd. Übersetzung von Peter K. Stein, hrsg. von Ingrid Bennewitz unter Mitarbeit von Beatrix Koll und Ruth Weichselbaumer. Stuttgart 2000. Der andere Lohn, der darauffolgend beschrieben wird, bestünde in den Zuwendungen und Belehnungen durch Rother, sollte man diesem nach dem hoffentlich gewonnenen Kampf folgen (KR, V. 4135–4138). Über einhundert Jahre nach *König Rother* wird in Ottokars *Steirischer Reimchronik* dann *durch des himelrîches gewin* (StR, V. 51515) eine Fahrt ins Heilige Land ausgeführt, ohne, dass dem Text hier kritischere Konnotationen zu entnehmen wären. Zuvor ziehen die Kreuzfahrer aber auch *got ze dienst umb sînen lôn* (StR, V. 48239) ins Heilige Land. Die Begriffe scheinen von Ottokar zu Beginn des 14. Jahrhunderts zumindest teilsynonym verwendet zu werden.

241 Mersmann: Besitzwechsel, S. 80: „Das Verhältnis von Vasall und Dienstherr hat seine Entsprechung im Verhältnis des Menschen zu Gott oder den Göttern". Ob von Rother oder von Gott den Kämpfenden also etwas gegeben wird, ist strukturell für diese gleichbedeutend.

242 Für die Werke Gottfrieds und Wolframs sieht Mersmann *gewinnen* sogar bloß in der Funktion eines allgemeinen Wortes für ‚nehmen' (Kap. B bei Mersmann: Besitzwechsel).

243 Angenendt [u. a.]: Frömmigkeit, S. 27.

244 Angenendt u. a., ebd., S. 28 f., verweisen auf die Arengen von Schenkungsurkunden, die Schenkungen gegenüber der Kirche als Entschädigung für begangene Sünden auszeichnen: „Damit wurde auch der in der patristischen Literatur verbreitete und in die Liturgie eingegangene *commercium*-Gedanke für die Schenkungsurkunden bedeutsam. Die Arengen stellen die Landschenkungen als irdisch-himmlischen Tausch dar, dem zufolge man sich mit vergänglichem Hab und Gut unvergänglichen Besitz erwerben könne." (ebd., S. 29).

pro aeterna retributione ausgewiesenen Schenkungen zeitlich mit dem Aufkommen endzeitlicher Gottesgerichtsdarstellungen zusammen.[245]

Wie auch bereits bei den Ausführungen zu *schaz* und *rîch* zu sehen war, werten neutestamentliche Botschaften nicht den Gedanken an Lohn oder Gewinn ab, sie verschieben ihn nur aus der immanenten Sphäre hinaus in die Erwartung derselben im Bereich der Transzendenz. Ebenso wie *rîch* implizieren *gewin* und *lôn* mit Verlust und Strafe eindeutige semantische Oppositionen, die es zu vermeiden gilt. Sie gehen jedoch durch die Implikation einer zeitlichen Dimension darüber hinaus: *rîch* kann man sein, auch wenn man es vorher immer schon war. Wer aber *gewin* macht oder *lôn* erhält, besitzt mehr als vor der entsprechenden Transaktion.

Da *gewin* jedoch sehr viel prominenter als *lôn* für den Erlös einer kaufmännischen Aktion verwendet wird, ist *gewin* tendenziell stärker an den Bildbereich merkantilen Handelns gebunden als *lôn*. Berthold von Regensburg nutzt die stärker ausgeprägte soziale Komponente von *lôn*, um den Gewinnen des Kaufmanns in einer Verteidigung dieses Berufsstands eine Rechtfertigung zu verschaffen:[246] *dâ von sullent sie ir lôn ze rehte haben: daz ist ir gewin, den sie ze rehte gewinnent.*[247] Die Verwendung von *lôn* entfaltet hier aber nur ihr argumentatives Potential, da die Arbeit der Kaufleute zuvor als Leistung beschrieben wird, die für die Gesellschaft erbracht wird (zum Verhältnis von Lohn und Sozialgefüge s. u.).[248] Berthold steht damit nicht alleine da, auch bei Thomas von Aquin findet sich die Rechtfertigung des *lucrum* des Kaufmanns, das ja der Sinn jedes Handels sei (*negotiationis finis*), insofern dieser Gewinn sein *stipendium laboris* darstelle und seinem Lebensunterhalt diene.[249] Auch in der mittelhochdeutschen fiktionalen Literatur kann diese Un-

245 Ebd., S. 27.

246 Gurjewitsch: Stumme Zeugen, S. 172, stellt passend zu der hier besprochenen Verwendung von *lôn* bezüglich der Predigt *Von den fünf Pfunden* fest: „Die Kategorie *amt* setzt folglich auch Arbeit voraus. Aber wir wollen betonen, daß die Arbeit nicht von der umfangreicheren Kategorie des ‚Dienstes' abgetrennt ist, denn in der Analyse, die Berthold in der Predigt ‚Von den fünf Pfunden' unternimmt, scheint nicht die Produktionstätigkeit im Vordergrund zu stehen, sondern der Dienst am Ganzen, an der Gesellschaft. Wichtig ist das Eingebundensein ins System der vielfältigen sozialen und zugleich ethischen und religiösen Funktionen."

247 Berthold von Regensburg, *Von den fünf Pfunden*, S. 19,4 f.

248 Vgl. ebd., S. 18,33–19,4. Saller: Predigtwandel, S. 196 f., macht darüber hinaus darauf aufmerksam, dass das Subsistenzargument, der Kaufmann beschaffe die nötigen Waren aus der Ferne, hier von Berthold in konvenienter Weise unterdeterminiert bleibe: „Die Handelstätigkeit des Kaufmanns legitimiert sich im deutschen Predigttext dabei über einen Nutzenaspekt des Handels für die Befriedigung der Bedürfnisse aller [...]. Erneut lässt der Text eine Leerstelle, indem er nicht aufführt, was zu den Bedürfnissen gerechnet wird. Einem Notwendigkeitsparadigma, wie ihn die scholastische Wirtschaftstheorie entwickelt, hängt der Text offensichtlich jedoch nicht an."

249 ST II–II, qu. 77, art. 4. Die Textstelle wurde vollständig zitiert in Kap. 2,2. Anhand frühmittelalterlicher Quellen hat Laurent Feller: Le vocabulaire de la rémunération durant le haut Moyen Âge. In: Rémunérer le travail au Moyen Âge. Pour une histoire sociale du salariat. Hrsg. von Patrice Beck, Philippe Bernardi, Laurent Feller. Paris 2014, S. 154–164, unterschiedliche Verwendungswei-

terscheidung gefunden werden, so beispielsweise in Rudolfs von Ems *Barlaam und Josaphat*:

> Ich wil dir hie ze lône geben,
> daz ich dich wîse ûf daz leben,
> daz iemer wert mit stætekeit,
> als dû selbe hâst geseit.
> wildû der lêre râmen,
> sô maht dû hie wol krâmen
> den unzerganclîchen gewin.
> (BuJ, V. 11103–11109)

Während *gewin* durch *krâmen* an den merkantilen Bereich angeschlossen und damit terminologisiert wird, bietet der zuvor genannte *lôn* einen argumentativen Ausweg, den kaufmännischen *gewin* zu rechtfertigen. Mit Blick auf diese Unterscheidung kann auch ein erneuter Blick auf die zur Zwangsarbeit verpflichteten Damen im *Iwein* geworfen werden:[250] Die Damen beklagen gegenüber Iwein ihre – rechtlich korrekte[251] aber schwer zu ertragende – Ausbeutung durch die Teufelsritter auf der Burg zum Schlimmen Abenteuer: *von unserm gewinne / sint si worden rîche* (Iw, V. 6404 f.). Anstatt aber den Gewinn für sich selbst zu fordern, sprechen sie nur von dem viel zu niedrigen *lôn*, der ihnen selbst zukomme: *man gît uns von dem pfunde / niuwan vier pfenninge / der lôn ist al ze ringe* (Iw, V. 6398–6400).[252] *Lôn* und *gewin* erhalten hier einen narrativen Rahmen, der seine Spannung daraus bezieht, dass *gewin* eher übermäßig hoch, der *lôn* jedoch problematischer Weise zu niedrig ist. Eine illegitime Grenzüberschreitung durch übermäßige Gier lässt sich also anhand von *gewin* leichter erzählen als durch *lôn*.

---

sen des lateinischen *stipendium* aufgezeigt. Anhand der *Formulae Imperiales* aus der Zeit Ludwigs des Frommen hält Feller, ebd., S. 158, fest: „Le mot *stipendium* ne désigne alors pas un paiement mais la relation d'echange assurément très inégale, que l'on pourrait dire de réciprocité dissymétrique, existant entre le seigneur et le paysan." Zudem fungiere *stipendium* in einem Kapitular Karls des Kahlen als „quasi-synonyme" (ebd., S. 163) für Almosen durch die Kirche.

250 Die abzuarbeitende Schuld ist dabei rechtlich im Text abgesichert. Die Damen berichten von ihrem Herrn, der den Teufelsrittern, denen Iwein sich im Folgenden selbst stellen muss, *gîsel und sicherheit* gab, *daz er in zinset sîn leben.* (Iw, V. 6364 f.). Als Zins für das Leben ihres Herren werden die arbeitenden Geiseln zum „Nutzpfand", wie Monika Schulz: *Swaz dû wilt daz wil ouch ich.* Loskauf, Schuldknechtschaft und *rehte ê* im ‚Guoten Gêrhart' Rudolfs von Ems. Zur Frage der Idealität des Protagonisten. In: *helle döne schöne.* Versammelte Arbeiten zur älteren und neueren deutschen Literatur. FS Wolfgang Walliczek. Hrsg. von Horst Brunner [u. a.]. Göppingen 1999, S. 1–28, S. 8, es auch für Irêne im *Guoten Gêrhart* feststellt.

251 Ob bereits die von den adeligen Damen hergestellten Produkte *gewinne* sind, oder ob in metonymischer Verschiebung der etwaige Erlös aus dem Verkauf dieser Produkte gemeint ist, muss offenbleiben.

252 Dieser Lohn ist ausgesprochen niedrig, wenn man bedenkt, dass ca. 240 Pfennige ein Pfund ausmachen.

Lôn hingegen begegnet oft in narrativen Texten, die ein *minne*-Verhältnis thematisieren. Hier findet sich der positive *lôn* gerade aufgrund seiner Betonung des asymmetrischen Verhältnisses zwischen Geber und Empfänger. Soll die – zumindest punktuell – non-hierarchische Anordnung zweier Interaktionspartner in einem Tauschprozess verbindliches Merkmal merkantilen Handelns sein, müsste der *lôn* also eigentlich aus dem Set dieser Begriffe herausfallen.[253] Denn der hierarchische Unterschied der aufeinander bezogenen Figuren bleibt in dem Verhältnis von *dienst* und *lôn* bestehen, ja konstituiert sich durch diesen erst zum Teil. Die „Ökonomie" der *minne* ist dennoch immer wieder in der Forschung untersucht worden. Philipowski sieht in der Tauschlogik der gegenseitigen Verpflichtung von *lôn* einerseits und *dienst* andererseits einen „ökonomische[n] Aspekt", da die höfische *minne* „die Singularität dessen garantieren [müsse], dem sie zuteilwird."[254] Es erscheint mir aber fraglich, ob die Singularität der Tauschpartner tatsächlich ein ökonomischer, geschweige denn ein merkantiler Aspekt ist. Die Herausbildung einer persönlichen, singularisierten Beziehung durch einen Tausch gilt aus Sicht der modernen Anthropologie als konstituierendes Element vormoderner Tauschsysteme, werde doch, so Karl-Heinz Kohl, in „gabentauschenden Gesellschaften [...] der Tauschgegenstand dazu verwendet, *persönliche* und zugleich *permanente* Beziehungen zwischen den Tauschpartnern zu stiften."[255] Das personalisierende *lôn-dienest*-Verhältnis wäre somit ein dezidiert nicht-merkantiles; zwar nicht bezüglich einer ‚Un-berechenbarkeit' der getauschten Wertträger oder Dienstleistungen, aber doch bezüglich der Un-Austauschbarkeit der Tauschpartner.

Die vermeintliche ‚Ökonomie' von Gabe und Gegengabe, wie sie in der *minne*-Metaphorik zum Einsatz kommt, muss eben keine solche sein. Friedrich Michael Dimpel schreibt ebenfalls in Verbindung zum *lôn*-Begriff über die *dienst*-Metapher:

> Gerade der Bereich des Bildspenders, das Lehnssystem, steht für ‚Reziprozität' wie kaum ein anderer Bereich der adeligen Welterfahrung: Für einen Dienst kann ein Dienender eine Gegengabe (Schutz, Unterhalt, Unterstützung) als Gegenleistung erwarten [...].[256]

Anhand der Verwendungsweisen von *lôn* und *gewin* wird deutlich, dass die durch Bourdieu angeregte Lesart agonaler und gleichzeitig euphemisierter Gabenbeziehungen nicht durchgängig für mittelalterliches Erzählen verfängt. Sowohl *lôn* wie auch *gewin* drücken, jenseits ihrer unterschiedlichen Akzentuierung von Hierarchien, doch

---

253 Philipowski: ich hete kranke sinne, S. 104, plädiert dafür, dass Reziprozität nicht zwangsläufig eine symmetrische Kategorie darstelle. Eine punktuelle und an die Performanz der Rolle des Tauschenden gebundene Symmetrie kann jedoch in einem reziproken Tausch nicht übergangen werden. Dies ist kein Argument gegen die soziale Differenz der Tauschenden *außerhalb* des Tauschs selber, doch innerhalb des Subsystems ‚Tausch' muss die Augenhöhe der Teilnehmenden vorausgesetzt werden.

254 Ebd., S. 117.

255 Kohl: Macht der Dinge, S. 143.

256 Fiedrich Michael Dimpel: ‚Des muoz ich ûf genâde lônes bîten' (MF 194,33). Ambivalenzen der Lohn-Metapher bei Reinmar und im ‚Mauritius von Craun'. In: ABäG 72 (2014), S. 197–228, S. 200.

beide eine gewisse Erwartungshaltung aus, die in einem intendierten Nehmen oder Annehmen kulminiert. Eine grundsätzliche negative Färbung dieser Begriffe besteht aber nicht, die Implikation der möglichen Akkumulation, die mit beiden einhergeht, muss also in einem mittelhochdeutschen Erzähltext nicht immer Anlass zur Kritik geben. Entscheidend für eine Wertung ist nicht, dass überhaupt *lôn* oder *gewin* erwartet werden, sondern in welcher Weise und was als eine Gegenleistung verlangt wird. Reichlin differenziert in ihrer Analyse des *Guoten Gêrhart* zwischen dem Wissen um Reziprozität und dem erwartenden Verlangen, wodurch die Erzählung vor ein darstellerisches Problem gestellt werde: „Wie ist ein Handeln möglich, das zwar um eine göttliche Reziprozität weiß, aber daraus keine Erwartung für das eigene Seelenheil ableitet?"[257] Im Text werde in Hinblick auf diese Differenzierung „durch auktoriale und göttliche Instanzen im Text ein Tun gefordert [...], das ohne Rezeptionserwartungen, aber im Wissen um ein göttliches Reziprozitätsversprechen, gute Werke tätigt."[258]

Eine solche Genauigkeit in der Darstellung der Erwartungshaltung, wie Reichlin sie für den *Guoten Gêrhart* herausarbeitet, lässt sich jedoch nicht verallgemeinern. Der primär auf die Struktur des Begehrens gerichtete Blick ethnologischer Theorien kann verschleiern, dass es für axiologische und semantische Implikationen wichtiger ist, inwieweit die Begriffe terminologisiert vorliegen. *Gewin* ist nicht gleichbedeutend mit dem Oberbegriff der Reziprozitätserwartung, sodass Gêrhart durchaus auf *lôn* aussein kann, ohne sich einer Erwartung von *gewin* schuldig zu machen. Dieser Sichtweise liegt zugrunde, dass *gewin*, besonders die substantivierte Form, einfacher in den Bereich merkantilen Handelns und die damit verbundenen narrativen Strukturen und Wertungen eingebunden werden kann.

Der Bedeutungsunterschied des *lôns* zur *miete* sei laut *DWB* im Mittelhochdeutschen bereits „verwischt",[259] da beide die Entschädigung für erbrachte oder zu erbringende Dienste bezeichnen.[260] Udo Reifner hingegen stellt dar, dass *miete* zuerst eine Bedeutung wie *Lohn* gehabt habe, dann aber durch die Nutzung in juristischen Zusammenhängen sich davon getrennt habe.[261] *Miete* stelle einen Begriff des agrarisch gedachten Zinswesens dar:

---

257 Reichlin: Gottvertrauen, S. 52.

258 Ebd.

259 Art. *Lohn*, m. In: *DWB*.

260 Der Unterschied, den es in vormittelhochdeutschen Sprachstufen noch gebe, liegt laut *DWB* in der Art des Dienstverhältnisses: *miete* bezeichne „wol mehr die entschädigung für in ständiges dienstverhältnis, *lohn* die für einmaligen oder unregelmäszigen dienst" (ebd.).

261 Dies entspricht auch der Darstellung von *Miete* im *DRW*, das für die Bedeutung „Gegenleistung für einen Gefallen oder für geleistete Dienste" nur zwei Belege aus *Beowulf* und *Heliand* anführt, die rechtlichen Bedeutungen verschiedener Verpflichtungen jedoch ab dem 12./13. Jahrhundert durchgehend belegt sind (vgl. Art. *Miete*, f., *Müte*, f. In: *DRW*). Mersmann: Besitzwechsel, S. 79, hingegen sieht zwar in *Lohn* die „ursprüngliche Bedeutung" der *miete*, macht aber zugleich deutlich, dass sie in den Werken Wolframs und Gottfrieds, wenn sie denn vorkomme, einen negativen Beige-

> Die Urform der Zinsen ist die Miete. Nach ihrer Wortbedeutung im Althochdeutschen (‚miata') bedeutet sie Lohn, aber auch Geschenk. Sie entspricht dem lateinischen pretium locationis. Da sich die Miete aus der landwirtschaftlichen Pacht ableitete, dominierte die Nutzung von Acker, Vieh und Sklaven, die alle in der Sicht der Römer Früchte hervorbrachten, an denen derjenige beteiligt sein konnte, der sie dem anderen lieh. Dass dann auch die Miete für ein Haus, das keine Früchte hervorbrachte, als Zinsen angesehen wurden, ebnete den Weg für das bis heute gültige Verständnis von Zinsen."[262]

Für das Mittelhochdeutsche muss dieser landwirtschaftliche Bedeutungszusammenhang nicht mehr durchscheinen, das sich darin ausdrückende Machtgefälle muss aber als zeitgenössisch bekannt vorausgesetzt werden. *Miete* und *lôn* unterscheiden sich hinsichtlich ihrer Pragmatik. Müller beschreibt *lôn*- und *miete*-Verhältnisse im *Nibelungenlied* als gleichermaßen negativ: in den Verhandlungen zwischen Siegfried und Gunter stelle *lôn* „das problematische Stichwort" dar, „das ein Abhängigkeitsverhältnis implizieren könnte."[263] Kurz darauf bietet Müller aber einige Einschränkungen, die *lôn* teilweise rehabilitieren:

> Freie Vereinbarungen mit ausbedungener Gegenleistung und zu belohnender Dienst sind nicht mit letzter Schärfe zu trennen. Nur unter den Ausnahmebedingungen der *minne* ist eine *dienest-lôn*-Beziehung am Platz, in der es eine materielle Belohnung gibt: Daß selbst dann *botenmiete* (557,4) diskriminieren könnte, veranlaßt Sivrit, sie gleich weiterzugeben. Auch der *verge* an der Donau lehnt das Gold für die Überfahrt, das Hagen ihm anbietet, als *lôn* ab (1551,1 f.). Vom Verwandten würde er es dagegen annehmen, denn da ist Gleichheit nicht in Frage gestellt.[264]

Schaut man über den Text des *Nibelungenliedes* hinaus, wird deutlich, dass *minne* keine „Ausnahmebedingung" darstellt,[265] sondern einen durch viele Gattungen hindurch stabilen Topos, in dem *lôn* positiv anzusehen ist. Kurz nach dieser Abwertung des *lônes* bietet Müller dann auch eine Erklärung für seine Sichtweise: „Allein für Belohnung etwas zu tun, gilt als minderwertig."[266] Problematisch ist damit nicht der *lôn*, sondern die motivationelle Fixierung auf denselben.[267]

Sowohl Müller als auch der Artikel zum *Lohn* im *DWB* legen somit nahe, der Unterschied zwischen *miete* und *lôn* sei, wenn überhaupt, dann nur „verwischt"

---

schmack haben könne: „Steht die *miete* vor der Leistung, kann darin ein Bestechungsversuch liegen [...]. Tadel erfährt das *miete bieten* der Heiden [...], das Giburg zur *überkêr* veranlassen soll."

262 Vgl. Reifner: Das Geld. Bd. 1, S. 183.

263 Müller: Spielregeln, S. 358.

264 Ebd., S. 359.

265 Da ein zentrales Thema des *Nibelungenliedes* gerade in der öffentlich sichtbaren Aushandlung von Machtkonstellationen zu sehen ist, kann dies viel eher als speziell im *Nibelungenlied* exponierte „Ausnahmebedingung" gesehen werden (Vgl. Monika Schausten: Der Körper des Helden und das „Leben" der Königin: Geschlechter und Machtkonstellationen im „Nibelungenlied". In: ZfdPh 118,1 (1999), S. 27–49).

266 Müller: Spielregeln, S. 359.

267 Diese Argumentation liegt auch der Analyse des *Guoten Gerhart* durch Reichlin: Gottvertrauen zugrunde.

auszumachen.[268] Im Folgenden möchte ich kurz auf zwei Beispiel eingehen, die einen klaren Unterschied im literarischen Gebrauch von *miete* und *lôn* aufweisen, der den „verwischt[en] [...] Bedeutungsunterschied“ (*DWB*) im Mittelhochdeutschen teilweise revidiert. Für die allermeisten angesprochenen Bereiche, in denen *lôn* als nicht- oder teil-metaphorischer Ausdruck für ein Verhältnis mit einer punktuellen und einer prolongierten Gabe steht, kann *miete* nicht ebenso einfach als Synonym eingesetzt werden. Durchaus finden sich Stellen in der mittelhochdeutschen Erzählliteratur, in denen beide Begriffe genutzt werden und eine semantische Differenz zur Geltung kommt.

Eine solche Gegenüberstellung unterschiedlicher Kompensationsbegriffe kann anhand der *minne*-Beziehung im *Mauricius von Craûn* deutlich werden, die oben bereits unter anderen Vorzeichen angesprochen wurde (Kap. 3.5). Dem inneren Monolog des Protagonisten und auch dem Gespräch mit der Minnedame liegt, wie Dorothea Klein bereits gezeigt hat, ein „merkantilische[s] Verständnis“ zugrunde, das sich „im Vokabular“ niederschlage.[269] Kurz vor dem inneren Monolog des Protagonisten und seiner anschließenden Aussprache mit der Minnedame ergeht sich der Erzähler jedoch in einem Exkurs über die *minne*, der ebenfalls eindeutig durch merkantile Praxis gezeichnet ist und argumentativ gleich mehrere Volten zwischen *gewin*, *lôn* und *miete* schlägt. Erster Schritt: Ein Mann, der *gît*, und eine Frau, die *nimet* (MvC, V. 376), bilden die Grundkonstellation. Ich stimme Kleins Kommentar zu diesem Vers zu, die hierin und im Folgenden die Beschreibung eines Prostitutionsverhältnisses sieht.[270] Auch der Mann erhält hier etwas: *ich tæte ouch durch miete / daz mir nie man geriete, / solt ich dar umbe geben guot* (MvC, V. 377–379). Die Gegengabe der Frau ist hier als *miete* bezeichnet, während das *guot* des Mannes eindeutig materieller Natur ist. Sich die Gegenleistung der Frau durch Gut zu erkaufen, sei jedoch ein doppeltes Verlustgeschäft, das nach merkantiler Logik keinen Sinn ergebe:

> sô ist ir laster zwivalt,
> der mit guote laster giltet:
> disen market maneger schiltet.
> deist reht, wan ez ist missetât
> swer êre durch gelüste lât.
> (MvC, V. 382–386)

Wer auf diesem ‚Markt‘ handle, so der Erzähler weiter, der *hât verlust für gewin* (MvC, V. 392). Defizitär ist dabei aber nicht insgesamt der Zusammenhang von

268 Art. *Miete*, f. In: *DWB*.
269 Klein: Dekonstruktion, S. 289.
270 Dies.: Kommentar. In: Mauricius von Craûn. Mhd./nhd., nach dem Text von Edward Schröder. Hrsg., übers. und kommentiert von ders.. Stuttgart 1999, S. 167–232, S. 185.

Markt und *minne*, sondern nur von *diesem* Markt[271] und *minne*. Der Erzähler fährt nämlich fort mit der merkantilen Metaphorik und beschreibt, wie man statt des doppelten Verlustes Gewinn machen könnte:

ich zalte ze gewinne
swenn ich vorderlîcher minne
von dienste oder êre durch mîn heil
erwürbe rehte lônes teil.
(MvC, V. 393–396)

Hier macht man(n) dann Gewinn, wenn dieser Gewinn noch im gleichen Moment als *lôn* umcodiert wird. Die gleiche Verschiebung ist oben bereits an später datierenden Texten Bertholds von Regensburg und Thomas' von Aquin sowie an *Barlaam und Josaphat* im religiös-ethischen Kontext dargestellt worden. Der *rehte lôn* kann in dieser Metapher dann erworben werden, wenn man sich der Qualität der ‚Ware *minne*' versichert hat, wenn diese *vorderlîche* ist. Die institutionalisierte Funktion der Qualitätssicherung durch merkantile Praktiken strukturiert hier die Metapher. Die Überformung als vergesellschaftender *lôn* verleiht diesem Handel auch im gesellschaftlichen Kontext jenseits des Marktes die Approbation; ohne Aufwertung hingegen bleibt es bei der *miete*.[272] Diese ist in kein Bedeutungsgeflecht der merkantilen Rechtmäßigkeit eingebunden und kann als landrechtliche Zwangsabgabe im Gegensatz zu *gewin* und *lôn* nicht für die richtige *minne* überformt werden. Ganz im Gegenteil assoziiert die Minnedame gegenüber Mauricius im Folgenden die *miete* sogar mit Kriminalität: *durch guoter miete liebe / wirt stæter man ze diebe* (MvC, V. 587).[273]

Es verwundert also nicht, wenn diese negative Sicht auf *miete* auch sonst zur Figurenzeichnung genutzt wird. Ein derartiges Beispiel findet sich am Schluss des

271 Die Vorstellung zweier unterschiedlich funktionierender Märkte findet sich auch ganz explizit im *bîspel* von den *Zwei Märkten* (Kap. 4.1.4).

272 Dimpel: Ambivalenzen, S. 220, stützt sich somit auf einen Übersetzungsfehler, wenn er *zins*, der genau wie *miete* eine feudale Abgabe bezeichnet, mit *lôn* gleichsetzt: „Die Beschreibungssprache, die auf eine vorgeblich reziproke Dienst-Lohn-Logik setzt, bringt es jedoch mit sich, dass Mauricius zuvor zu der Einschätzung gekommen ist, dass jemand, der einen großen Dienst geleistet hat, Lohn verdient (vgl. *daz mir mîn dienest giltet zins*, 509)." Anhand diesen Verses, so meine Deutung, kann vielmehr abgelesen werden, dass Mauricius nämlich nicht mehr auf Lohn, sondern auf eine Zwangsabgabe aus ist. Der Text zeigt damit gerade die Grenzen der lehnsrechtlichen Metaphorik für Minnebeziehungen auf (vgl. dazu ebd., S. 200 f.).

273 Zu V. 587 f. im *Mauricius von Craûn* schreibt Klein: Kommentar, S. 194: „Die sentenzhaften Verse stellen eine Variante der generalisierten Formel dar, wie sie sich etwa bei Freidank (V. 48,11 f.) findet: *Durch wîp und spiles liebe / wirt manic man ze diebe* [...]. Die Bemerkung, daß mancher treu Liebende um des erhofften Lohnes willen zum Dieb geworden ist, spielt dabei unzweideutig auf Ehebruch an." Der Dieb ist dabei nicht nur eine per se negative Figur weltlicher Warendistribution, sondern geradezu ein negativer Topos derselben, wenn man an die irdischen Schätze denkt, die durch Diebstahl verloren werden können (vgl. Mt 6,19 f.). Vgl. auch Kap. 4.1.2 zum *Marktdieb*, in dem ebenfalls das Regelsystem des Marktes mit der Kriminalität des Diebes kontrastiert wird.

Parzival bei der Taufe des Feirefiz. Dieser möchte aufgrund seiner Liebe zu Repanse den christlichen Glauben annehmen, um die Ehe mit ihr eingehen zu dürfen. Ein ernst gemeinter Übertritt Feirefiz' zum Christentum scheint aber in der „Burleske um seine Taufe"[274] gerade nicht ausgedrückt zu werden. Überreden Anfortas und Parzival zuvor Feirefiz zu der Hochzeit, indem sie auf *endelôsen gewinnes kouf* (Pz, V. 813, 30) durch die Taufe aufmerksam machen, ist Feirefiz an scheinbar kleinerem, weltlicherem Gewinn interessiert:[275]

> ist ez mir guot vür ungemach,
> ich gloube swes ir gebietet.
> op mich ir minne mietet,
> sô leiste ich gerne sîn gebot.
> (Pz, V. 818,2–5)

Der Lohn erfolgt aus Feirefiz' Perspektive nicht aus Gottes Hand in der Gewährung christlicher Erlösung, sondern als *miete* der geliebten Dame. Die ungewöhnliche Konstellation von *minne* und *miete* anstatt von *minne* und *lôn* deutet aber gerade nicht auf die Austauschbarkeit dieser Begriffe in ihrer metaphorischen Verwendung hin, sondern auf das defizitäre Verständnis, mit dem sich Feirefiz dem Ritual der Taufe nähert. *Miete* fehlt im Gegensatz zum durch das *sacrum commercium* legitimierten Bild vom *endelôsen gewinnes kouf* die Möglichkeit der Anbindung an eine transzendente Ebene. Diese spiegelt sich im stets abwertenden Gebrauch der *miete* gegenüber anderen Kompensationsformen.

Die schlaglichtartigen Betrachtungen der aufeinander bezogenen Einsatzmöglichkeiten von *gewin*, *miete*, und *lôn* anhand kurzer Textpassagen haben gezeigt, dass die Begriffe nicht austauschbar, wohl aber relational eingesetzt werden können. Besonders das Substantiv *gewin* kann dabei terminologisiert für einen merkantilen Gewinn stehen. Wie *gewin* im Textgefüge bewertet wird, hängt von dem Grad seiner Terminologisierung ab. *Lôn* und *miete* hingegen drücken sehr viel stärker eine soziale Bindung aus und können in ein spannungshaftes Verhältnis zum merkantil terminologisierten *gewin* treten: Anhand des *Iwein*, bei Berthold von Regensburg (und auch Thomas von Aquin) sowie im *Mauricius von Craûn* konnte argumentiert werden, dass es sich weniger problematisch

274 Joachim Bumke: Parzival und Feirefiz – Priester Johannes – Loherangrin. Der offene Schluß des *Parzival* von Wolfram von Eschenbach: In: DVjs 65,2 (1991), S. 236–264, S. 242. Daran anschließend erkennt auch Elke Brüggen: Belacâne, Feirefîz und die anderen. Zur Narrativierung von Kulturkontakten im *Parzival* Wolframs von Eschenbach. In: Figuren des Globalen. Weltbezug und Welterzeugung in Literatur, Kunst und Medien. Hrsg. von Christian Moser, Linda Simonis. Göttingen 2014, S. 673–692, S. 680, Feirefiz' „Übertritt zum Christentum als Farce" an.

275 Michaela Schmitz: Der Schluss des „Parzival" Wolframs von Eschenbach. Kommentar zum 16. Buch. Berlin 2012, S. 147, weist darauf hin, dass Feirefiz von Anfortas und Parzival „nicht *expressis verbis* korrigiert" wird, wenn er die Taufe „offensichtlich dem ritterlich-kämpferischen Minnedienst [zuzählt]." Die „Korrektur" könnte somit in den Begrifflichkeiten der Gegenleistung gesehen werden.

gestaltet, von *lôn* anstatt von *gewin* zu sprechen. Feirefiz' Taufe hingegen spielt mit dem Gegensatz des konventionalisierten Bildes des *sacrum commercium* und der demgegenüber nur weltlich gedachten *miete* der Minnedame.

3.7 *Gelten* und *schulden*

Markus Stock hat begriffs- sowie wortgeschichtliche Eckpunkte des *Geldes* für den mittelhochdeutschen Sprachraum bereits herausgearbeitet.[276] Das mittelhochdeutsche *gelt*, ursprünglich vom indogermanischen Verbstamm **gilda-* abgeleitet, stehe der neuhochdeutschen *Vergeltung* näher als dem materiellen Geld.[277] In Sprachstufen vor dem Mittelhochdeutschen handele es sich zuerst einmal um einen vertraglichen Begriff, der „grundsätzlich im rechtlichen Zusammenhang gebraucht" wird,[278] aber auch, nicht weit entfernt von der juristischen Bedeutung, das religiöse Opfer meinen kann.[279] Dementsprechend bezeichne dann auch noch mittelhochdeutsch *gelt* „eine Leistung zur Schuldbegleichung oder eine Gegenleistung, die zunächst ganz unabhängig von (Münz)Geld ist".[280] Auch in dezidierten Rechtstexten wie dem *Sachsenspiegel* zeigt sich, dass das Wort nicht als eindeutiger Terminus gebraucht wird. Das Glossar im Begleitband der *Sachsenspiegel*-Ausgabe Ruth Schmidt-Wiegands unterscheidet die vier Bedeutungsbereiche „Gewinn, Ertrag", „Geld, Preis", „Abgabe, Zahlung, Schuldforderung, Geldschuld" sowie „Entschädigung, Schadenersatz".[281] Da *gelten* sowohl im Bereich der „Schuldbegleichung" wie auch „im Sinne einer Einnahme, eines Ertrags verwendet" werden kann,[282] bietet es sich in seiner begrifflichen Ambiguität für metaphorische Rede in unterschiedlichen Zusammenhängen an. Dabei kann sowohl die Sicht des Schuldners, wie auch die des Gläubigers im Vordergrund stehen.[283]

276 Markus Stock: Von der Vergeltung zur Münze. Zur mittelalterlichen Vorgeschichte des Wortes *Geld*. In: Geld im Mittelalter. Wahrnehmung – Bewertung – Symbolik. Hrsg. von Klaus Grubmüller, Markus Stock. Darmstadt 2005, S. 34–51.

277 Ebd., S. 35.

278 Ebd. Vgl. zudem auch den Art. *gelten stV*. In: *MHDWB*. Die meisten der 13 hier aufgeführten Bedeutungen entstammen dem rechtlichen Bereich. Allgemeinere Bedeutungen menschlicher Interaktion werden im letzten Punkt unter „übertr. Verwendungsweisen, die teilw. an eine der voranstehenden Bed. angeknüpft werden können" subsumiert.

279 Stock: Vergeltung, S. 35.

280 Ebd., S. 36. Vgl. ebenso Mersmann: Besitzwechsel, S. 87, ebd. auch mit Angaben zu Spezialformen wie *übergelt* oder *dienstgelt*.

281 Peters, Scheele: Glossar, S. 267. Der Eintrag zum Verb *gelden* hingegen versammelt beinahe alle Belege unter der einen Sammelbedeutung „entgelten, bezahlen, ersetzen, zu einer Zahlung bzw. Leistung verpflichtet sein".

282 Stock: Vergeltung, S. 38.

283 Vgl. ebd. sowie ebd., S. 39, zum Zusammenhang von *gelten* und *lônen*: „Ebenfalls vom Gläubiger her gedacht ist die Verwendung von *gelt* als ‚Lohn'".

In der höfischen Literatur, speziell im höfischen Roman, werde *gelt* in seinem „ursprünglichen Wortsinn" reflektiert,[284] so Almut Schneider, da das Bedeutungsfeld hier den gesamten Bereich von Tausch und Akkumulation in seiner gesamten, besonders auch immateriellen Bandbreite in Form „gesellschaftlich zugesprochener Geltung" verhandelt werde.[285] Jenseits stark in eine feudale Gesellschaftsordnung eingebundener Bedeutungen sozialer Forderungen, spricht Stock dem Substantiv *gelt* eine im merkantilen Bereich einsetzbare Bedeutung zu: „*gelt* ist aber auch – ethisch und rechtlich neutral – zu erbringende Leistung für gelieferte Ware oder Dienstleistung im Sinne eines Ersatzes für die abgegebene Ware."[286] Zudem erscheint *gelten* ähnlich wie *wert* für den monetären Gegenwert einer Gabe, die nicht näher spezifiziert werden muss. So werden verschiedene Morgengaben im *Deutschenspiegel* je nach Rang des Ehemanns festgelegt: Fürsten geben *ze morgengâbe daz hundert marc gilt* [...]. *Die mittern vrîen mugen geben daz zehen marc giltet, die dienstman der fürsten daz fünf marc giltet.*[287] Ebenso wie *wert* kann *gelten* in diesem Zusammenhang eine preisliche Abstraktion befördern, ohne die tatsächliche Gabe zu spezifizieren.

Auch für den merkantilen Kauf kann *gelten* konkret angebracht werden: Der Pfaffe Amis bittet den von ihm betrogenen Tuchhändler, einen Preis für seine Ware zu nennen, *daz ir uns kunnet gesagen, / waz iu min herre gelten sol* (Amis, V. 1790 f.). In manchen Fällen kann *gelt* durchaus wie das moderne *Geld* eingesetzt werden, sodass eine Unterscheidung der Bedeutungen im Kontext kaum möglich ist. Einen Schwank später lässt ein Edelsteinhändler Amis wissen: *ich wils* [die Edelsteine, A.M.] *nindert tragen lan, / e ich daz gelt enphangen han* (Amis, V. 2141 f.). Dass *gelt* hier, wie es dem Forschungsstand entspräche, den Prozess der Gegenleistung meint, ist nicht bestreitbar. Impliziert die Praxis der merkantilen Vergeltung jedoch ein konventionalisiertes Zahlungsmittel, nämlich Münzen oder geprägtes Silber, so verschwimmt die Grenze von abstrakter Verpflichtungsleistung und konkretem Bezahlmittel durchaus auch im 13. Jahrhundert bereits.

Stock zeigt anhand des Kampfes zwischen Iwein und Gawein in Hartmanns *Iwein*, dass *gelten*, ebenso wie die oben besprochenen Begriffe, in seiner diskursiven Zuordnung nicht festgelegt sein muss und in literarischen Texten in rhetorischer Funktion eingesetzt werden kann:

---

284 Almut Schneider: Zwischen *avaritia* und *curiositas*: Wahrnehmungsweisen von Geld in Mittelalter und Früher Neuzeit. In: Geld. Interdisziplinäre Sichtweisen. Hrsg. von Susanne Peters. Wiesbaden 2017, S. 175–201, S. 181.

285 Ebd., S. 182.

286 Stock: Vergeltung, S. 40.

287 Zitiert nach: Deutschenspiegel und Augsburger Sachsenspiegel. Zweite neubearbeitete Ausgabe. Hrsg. von Karl August Eckhardt, Alfred Hübner. Hannover 1933, S. 96,3–6 (1. Landrechtsteil, Art. 22, § 3).

> In Hartmanns von Aue *Iwein* [...] wird das semantische Feld des Kampfes, in dem *gelt* im Sinne von ‚Vergeltung' eine Rolle spielt, mit dem Feld der Ökonomie, einem Hauptbereich für Verwendungen von mhd. *gelt*, spielerisch-rhetorisch verschmolzen: Die Kämpfer Gawan und Iwein ‚verleihen' sich als *karge wehselære* [...] gegenseitig Hiebe, um daraufhin das ihnen vom Schuldner nun jeweils zustehende *gelt* schneller und früher zurückzubekommen, als es ihnen lieb ist.[288]

Notwendig für diese Bedeutungsambiguität ist jedoch, dass auch im Kontext des *gelten* merkantil nutzbare Begriffe verwendet werden, da ansonsten die Terminologisierung verloren ginge und die Metapher schlicht nicht mehr hinreichend auffällig wäre. So steht Hagens Aufforderung im *Nibelungenlied* an seine Mitstreiter beim Kirchgang in Etzels Land nicht im Zeichen einer pfand- oder marktrechtlichen Terminologisierung, obwohl auch hier Schläge gegolten werden: *Leget, mîne friunde, die schilde für den fuoz, / unde geltet, ob iu iemen biete swachen gruoz, / mit tiefen verchwunden* (NL, V. 1858,1–3).

Durch eine Gott mit einbeziehende Dankesformel – man denke an *Vergelt's Gott!* – kann die binäre Struktur von Geber und Empfänger zudem rhetorisch aufgebrochen werden: So wird Gawein in der *Crône* auf seinem Weg von einem Gastgeber neu eingekleidet und bedankt sich: *daz ir mich sô sêre kleit, / daz müez iu got vergelten* (Cr, V. 5905 f.).[289] Gerade in solchen Wendungen scheint der Gebrauch von *gelten* stark konventionalisiert zu sein. Dies gilt jedoch vornehmlich für Gott in Verbindung mit dem Verb *gelten*.[290] Sehr viel materieller ist dagegen das Opfer, das Achilles in der *Weltchronik* des Johans von Wien seinem *abgot* macht: *er schuof dem abgot schœnen gelt / vil frümeclîch ze miet* (JvWWChr, V. 16452 f.).[291] Anhand dieses Beispiels bestätigt sich, dass im verbalen Ausdruck wie bspw. *daz müez iu got vergelten* (Cr, V. 5906), also bei Gott in betonter Geberrolle, *gelt* oder *gelten* ähnlich einem gewährten Lohn verstanden wird,[292] bei Betonung der menschlichen Geberrolle (Achilles) die pflichtgemäße Abgabe konnotiert wird. Wird in narrativen Texten etwas vergolten, spielt es also einerseits eine Rolle, ob mit *gelten* oder *gelt* der Vorgang oder das Bezahlmittel gemeint ist, und andererseits, narratologisch wichtiger, ob die Bewertung der Figuren mit der Betonung der Geber- und Empfängerrolle des *geltens* korreliert. Denkt man an Todeschinis Versuch, eine, freilich lateinische, ‚ethisch-ökonomische Sprache' des Mittelalters zu

---

288 Stock: Vergeltung, S. 37.

289 Hier und im Folgenden zitiert nach: Heinrich von dem Türlin: Diu Crône. Kritische mittelhochdeutsche Leseausgabe mit Erläuterungen. Hrsg. von Gudrun Felder. Berlin/Boston 2012.

290 Eine Durchsicht des vollständigen Korpus der *MHDBDB* nach „got + gelten" ist aufgrund der partiellen Ununterscheidbarkeit von *guot* und *got* sowie der mangelnden Differenzierung des Substantivs *gelt* und des Verbs *gelten* rein quantitativ nicht sehr verlässlich. Gerade in den verzeichneten Texten der Artus- und Antikenliteratur lässt sich die Formulierung aber immer wieder nachweisen.

291 Zitiert nach: [Johans von Wien:] Jansen Enikels Werke. Hrsg. von Philipp Strauch. Hannover/Leipzig 1900.

292 Stock: Vergeltung, S. 39.

skizzieren (vgl. Kap. 2.2), müssen solch unterschiedlich einsetzbare Asymmetrien in der Charakterisierung des ethisch-ökonomischen Vokabulars berücksichtigt werden.

Anhand gegenseitiger Verpflichtungen kann auch ein Teil der christlichen Anthropologie (nicht nur des Mittelalters) beleuchtet werden. Das soeben angesprochene Projekt Todeschinis ist um eben diese Relation herum organisiert:

> The credit relation, namely the social interplay performed through the act of lending and borrowing, namely through debts and restitutions, is at the core not only of western Christian economic way of living during the Middle Ages, but, more than that, at the core of western Christian way to symbolize the religious salvation and then the belonging to the world of those who can be defined as true, honest and trustworthy citizens both from a theological and juridical point of view.[293]

Auf der Suche nach mittelhochdeutschen Lexemen, die dieses Verhältnis von materieller Bezahlung und Verpflichtung gegenüber Gott abbilden können, kommt *gelten* zwar durchaus als Kandidat in Frage, darf aber von seinen nicht-religiösen, nicht-merkantilen und konventionalisierten Bedeutungen nicht getrennt werden. Es bedarf einer semantischen Einbettung wie im Kampf Iweins gegen Gawein, damit *gelten* metaphorisch als merkantiler und pfandrechtlicher Terminus erkannt wird.[294] Die starken Konventionalisierungen des *geltens* durch Gott oder des vergeltenden Grußes[295] im Minnesang können eine Identifizierung merkantiler Terminolo-

293 Todeschini: Credit, S. 139.

294 Besonders auffällig ist auch die über zwölf Verse gezogene *figura etymologica*, in der verschiedene Varianten des Geltens als Reimwort auftreten: *gelten/engelten*, *engiltet/giltet*, *engolten/vergolten*, *galt/engalt* sowie die Reime mit *schelten*: *gelten/schelten* und *scheltære/geltære* (Iw, V. 7153–7164). Handschrift D des *Iwein* weist noch zwei weitere Verse direkt davor auf, die ebenfalls auf *giltet/engiltet* reimen, vgl. den Stellenkommentar zu V. 7151 f., S. 1045.

295 Dass ein Gruß metaphorisch einfach vergolten werden kann, sieht Harald Haferland: Gabentausch, Grußwechsel und die Genese von Verpflichtung. Zur Zirkulation von Anerkennung in der höfischen Kultur und Literatur. In: Anerkennung und die Möglichkeiten der Gabe. Literaturwissenschaftliche Beiträge. Hrsg. von Martin Baisch unter Mitarbeit von Malena Ratzke und Britta Wittchow. Frankfurt am Main 2017, S. 67–120, in der Ähnlichkeit verankert, dass der „gratifikatorische" (zu dem der Gruß zählt) und „ökonomische" Austausch (ebd., S. 85) „frei" seien: „Als freier Austausch im Gegensatz zu einem gebundenen soll ein Austausch verstanden werden, der auf die freie Initiative der Partner bzw. zunächst des Initiators hin zustande kommt, ohne dass es eine vorgängige Vereinbarung gibt, die die Partner anhalten würde oder auch nur könnte, einer Satzung, Regelung oder vereinbarten Pflicht nachzukommen." (ebd., S. 86). Dass auch bei einem solchen freien Austausch die Partner sich einerseits Konventionen und Institutionen der Qualitätssicherung unterwerfen oder beim Gruß zwischen Minnedame und Ritter durch ihre konventionalisierten Rollenentwürfe sich gerade erst konstituieren, relativiert jedoch den von Haferland dichotomisch ausgesellten Unterschied zum gebundenen Austausch. Die Applikation figuren- und rollengebundener Erwartungen solch gratifikatorischer Leistungen (ohne diesen Begriff) diskutiert Dimpel: Ambivalenzen.

gie erschweren, machen gerade Themen wie die *minne* aber auch potentiell anschlussfähig für merkantile Bildlichkeit.[296]

Im Sinne der anhand lateinischer Texte gewonnenen Erkenntnis Todeschinis möchte ich mich noch einem weiteren Begriff zuwenden: der *schulde*. Aus moderner Perspektive steht dieser Begriff prototypisch für eine ‚ethisch-ökonomische Sprache', [297] aus mittelhochdeutscher Perspektive gestaltet sich diese Zuschreibung jedoch schwieriger. *Schult*, so Schmidt-Wiegand, gehöre bereits zum „Rechtswortschatz des Germanischen oder Vordeutschen", im deutschen Sprachraum einer der „ältesten ‚Fachsprachen' überhaupt."[298] Im fachlich-juristischen Kontext des *Sachsenspiegels* weisen Werner Peters und Friedrich Scheele der *schult* die Bedeutungen „Schuld, Verfehlung, Vergehen" sowie „Beschuldigung, Anklage, Anschuldigung" zu.[299] Für den literarischen Bereich muss dies erweitert werden: Schuld kann auch eine allgemeine Ursache, oder in der Formulierung *von schulde* einfach nur ‚mit Recht' bedeuten.[300] Indem man *schulde* auch durch Sünde auf sich laden kann, besteht zudem, ganz im Sinne der ‚ethisch-ökonomischen Sprache', eine Verbindung zwischen der rechtlich zu ahndenden Verfehlung und der Schuld gegenüber Gott.[301]

296 Die konzeptuellen Probleme, die eine gabentheoretische Dekonstruktion der Erwartungsansprüche und Reziprozitäten im Minnesang sowie im Tagelied mit sich bringt, hat Philipowski: diu gâb mir tugende gît herausgearbeitet.

297 Vgl. Todeschini: Credit, S. 140: „The Christ is normally described as a holy, heavenly merchant exchanging a commodity of inestimable price, the immortality namely the salvation and the eternal life, with the commodity shaped by the human condition of mortality and sinfulness. The blood of Christ, in this perspective, is depicted as a value, as a price, disbursed by Christ himself to acquire the salvation of the humankind through the cancellation of the dept (the original sin) pledging humankind to be in serfdom of the devil and death." Dieses „commercial image" fuße auf der Vorstellung von „Christ playing the role of the rich, omnipotent merchant" (ebd.). Ich zweifle Todeschinis Feststellung nicht an, denke aber, dass ein zusätzlicher analytischer Schritt notwendig ist, den Fokus von einer ethisch-ökonomischen auf eine ethisch-merkantile Sprache zu reduzieren.

298 Ruth Schmidt-Wiegand: Der Rechtswortschatz. In: Die Wolfenbütteler Bilderhandschrift des Sachsenspiegels. Aufsätze und Untersuchungen. Kommentarband zur Faksimile-Ausgabe. Hrsg. von ders. Berlin 1993, S. 219–232, S. 224.

299 Peters, Scheele: Glossar, S. 300.

300 Vgl. die Art. *schult* stf. in *Lexer* und *BMZ*.

301 In Rudolfs von Ems *Barlaam und Josaphat* wird gesagt, ein *sünder* (BuJ, V. 11205) solle *buoze nâch den schulden* leisten (BuJ, V. 11203). Die metonymische Verschiebung von der Sünde zur damit aufgeladenen Schuld vereinfacht die Applikation des Systems der „Tarifbuße", vgl. dazu Angenendt [u. a.]: Frömmigkeit, besonders S. 12–22, sowie Moritz Wedell: Zählen. Semantische und praxeologische Studien zum numerischen Wissen im Mittelalter. Göttingen 2011, S. 50–55. Vgl. zudem den mittelhochdeutschen Begriff der *houbetschulde* für ‚Todsünde', dessen Bedeutung Amina Šahinović: Ehe, *minne*, Schuld. Widersprüche in Hartmanns Gregorius. In: Poetiken des Widerspruchs in vormoderner Erzählliteratur. Hrsg. von Elisabeth Lienert. Wiesbaden 2019, S. 129–141, besonders S. 139–141, bezüglich der Frage diskutiert, welcher Art die Schuld/Sünde des nicht um seine Verfehlung wissenden Gregorius im Gegensatz zur Schuld/Sünde seiner wissentlich handelnden Mutter ist.

Auch, wenn natürlich über die Bedeutungskomplexe von messianischer Kaufmannstat und Erlösung/Rückkauf der Menschheit von der Erbschuld durch Christus die Begriffe *schulde* und der merkantile Bereich konzeptuell leicht aufeinander zu beziehen wären, finden sich jedoch nicht viele Belege für den Zusammenhang von *schulde* und merkantilem Bereich. Einer der wenigen findet sich in der Belehrung Parzivals durch den Einsiedler Trevrizent, der dem jungen Protagonisten von Gott zu erzählen weiß. Durch antike Seher sei bereits vorausgesagt worden, dass die Menschheit erlöst werden würde: *si sagten dâ vor manec jâr, / uns solde komen al vür wâr / vür die hôhsten schulde pfant* (Pz, V. 465,25–27). Der Verweis auf die Seher (Platon und Sybille) und die Idee des Pfandes betonen eine Ebene, die durch die Transaktionskonventionen des Marktes metaphorisch nicht gleichermaßen griffig dargestellt werden kann: die zeitliche Verzögerung. Durch Schuld und Pfand erhält die Erlösung ein Moment der zeitlichen Erwartung, die weder mit der direkten Kompensation auf dem Markt,[302] noch mit der „Euphemisierung"[303] der Gabe durch ein zeitliches Intervall funktionsgleich ist.

Wie es aber auch in der „ethisch-ökonomischen Sprache" nach Todeschini möglich ist, wird die zeitverzögerte Rückzahlung der Schuld mit dem Bildinventar des Marktes verschränkt, um aus beiden nah beieinanderliegenden Bereichen brauchbare Merkmale für die Erlösung des Menschen durch Christus zu gewinnen. Trevrizent fährt fort, von Gott, dem *wâren minnaere* (Pz, V. 466,1), zu erzählen:

der ist ein durchliuhtec lieht,
und wenket sîner minne niht.
swem er minne erzeigen sol,
dem wirt mit sîner minne wol.
die selben sint geteilet:
al der werlde ist geveilet
bêdiu sîn minne und ouch sîn haz.
nu prüevet wederz helfe baz.
der schuldige âne riuwe
vliuht die gotlîchen triuwe:
swer aber wandelt sünden schulde,
der dient nâch werder hulde.
(Pz, V. 466,3–14)

---

302 Auch, wenn dies im 13. Jahrhundert nicht mehr der Fall gewesen sein muss, so ist die direkte Bezahlung doch Teil aller in dieser Arbeit untersuchten narrativen Texte, die vom Markt erzählen. Bargeldlose Zahlungen, im Zuge der kommerziellen Revolution des Mittelalters waren ohnehin zuerst ein spezialisiertes Mittel der Fernhandelskaufleute, das bei den in Erzählliteratur beschriebenen Transaktionen, bei denen fast immer ein Nicht-Kaufmann beteiligt ist, nicht zu erwarten und auch narrativ schwieriger abzubilden wäre. Vgl. Markus A. Denzel: Das System des bargeldlosen Zahlungsverkehrs europäischer Prägung vom Mittelalter bis 1914. Stuttgart 2008, S. 52.
303 Vgl. Bourdieu: Ökonomie, S. 143.

Trevrizent evoziert hier das Bild eines binären Marktes, auf dem es nur zwei Waren gibt, die es in der Manier des Marktes gründlich zu prüfen gilt.[304] Sollte die *minne* Gottes mit der *gotlîchen triuwe* (Pz, V. 466,12) identisch sein, wird diesen beiden Waren auch jeweils eine spezifische Gruppe von Käufer:innen zugeteilt: Wer vor der *triuwe* flieht, hat Schuld/Schulden, er ist der *schuldige*. Die andere Gruppe aber *wandelt sünden schulde*, wobei *wandel* als Rechtsterminus für eine Wiedergutmachung stehen kann.[305] Trevrizent verbindet hier in seinem Bild die Warenauswahl des Marktes mit der Verpflichtung, eine Schuld zurückzuzahlen. Wer seine Schuld also eintauscht, erhält, wie die Seher es vorausgesagt haben, *vür die hôhsten schulde pfant*. Die unterschiedlichen Modalitäten einer zeitverzögerten Schuldbegleichung einerseits und des Marktes, auf dem man die Ware der Gottesgnade prüfen und wählen soll andererseits, bringen zwei unterschiedliche Teilaspekte der Beziehung zu Gott übereinander. Zudem suggeriert der Markt eine Form von Freiwilligkeit der Käufer:innen, während über die Schuld gegenüber Gott der rechtlich-bindende Aspekt stärker betont wird: aus der ethisch-ökonomischen wird eine ethisch-merkantil-juristische Sprache, die verschiedene Formen der Kompensation miteinander kombinieren kann.

Die enorm breite Anwendbarkeit von *gelten*, so stellt sich heraus, ist notwendig, um den merkantilen Bereich oder dessen metaphorische Verwendung an andere Formen gesellschaftlicher Kompensation anzuschließen. Als solch eine alternative Form der Entgeltung ist das Begleichen der Schuld zwar nicht häufig zu findender Bestandteil merkantiler Metaphorik und bringt auch andere *tertia comparationis* mit sich, kann aber gerade dann mit merkantilem Geschehen verbunden werden, wenn unterschiedliche Konstellationen der Akteure im Bild einer materiellen Be- oder Rückzahlung miteinander kombiniert werden sollen.

---

304 Mit gesprächsanalytischem Ansatz kann Dagmar Neuendorff: Das Gespräch zwischen Parzival und Trevrizent im IX. Buch von Wolframs Parzival. Eine diskursanalytische Untersuchung. In: Neophilologica Fennica: Société Néophilologique 100 ans. Neuphilologischer Verein 100 Jahre. Modern Language Society 100 Years. Hrsg. von Leena Kahlas-Tarkka. Helsinki 1987, S. 267–294, S. 282 f., zeigen, dass diese Verse in der Gesprächsführung zwischen Parzival und Trevrizent eine entscheidende Position einnehmen, da Trevrizent hier durch die notwendige Wahl des Menschen eine Verteidigung Gottes liefert, der nun nicht mehr als Schuldiger dargestellt werde. Parzival hingegen geht auf diese Argumentation nicht ein und „Trevrizent ist also im Grunde so weit wie am Anfang" (ebd., S. 283). Eine andere Form der Dichotomisierung liegt in der Doppelung des Marktes im *bîspel* von den *Zwei Märkten* vor (vgl. Kap. 4.1.4). Dort werden zwei Märkte am gleichen Ort beschrieben, auf denen jeweils nur eine Ware angeboten wird. Der argumentative Effekt ist dabei der gleiche wie hier.

305 Vgl. SaSp, Ldr. II,28, Z. 1–4: *wer holcz houwet oder gras snit oder vischet in eines andern mannes wassere an wilder wage, sin wandil, das sin dri schillinge.*

3.8 *Wegen*

Gerade in weniger standardisierten Märkten, als es heute der Fall ist, und vor der Autonomisierung eines ökonomischen Diskurses, muss die Bedeutung der Praxis des Wiegens hoch eingeschätzt werden. Die Waage reduziert nicht nur Transaktionskosten,[306] indem der Prozess materieller Wertung durch die externe Instanz der Waage objektiviert wird. Vielmehr generiert sie als Medium der Vergleichbarkeit erst einen bestimmten Modus von Tauschwerten.[307] Insbesondere Joel Kaye hat in seiner Darstellung der mittelalterlichen *aequalitas*-Vorstellung auf die besondere Bedeutung der Waage als Instrument der visuell eindeutigen Gleichheit und ihre damit einhergehende Prominenz in theologischen Konzeptionen von Gerechtigkeit auf dem Markt und jenseits dessen aufmerksam gemacht.[308]

Anders als der subjektiv vollzogene und in seiner Konkretheit nur schwer zu bestimmende Akt des Bewertens, beschreiben *wiegen* und *wägen* Handlungen, die mit der Waage auf ein Instrument bezogen sind, dessen Funktion in der Feststellung einer gerade nicht auf die Subjekte beschränkten Wertung besteht. Der Prozess des Abwiegens ist, anders als der interne Akt des Wertens, der sinnlichen Nachvollziehbarkeit zugänglich und verbürgt damit die intersubjektive Gültigkeit eines Messvorgangs.[309]

Judith Stieglbauer-Schwarz führt ihre sprachhistorische Untersuchung zu „*Wiegen*, *wägen* und *bewegen*“ unter anderem mit der „Sachgeschichte der Waage“ ein, die sie bis ins alte Ägypten, nach Griechenland, in die römische Antike und die vorchristliche Zeit nördlich der Alpen nachzeichnet.[310] Für den mittelalterlichen Ostseeraum hat Heiko Steuer die Entwicklung von Klappwagen detailliert beschrieben.[311] Von der allgemeineren Bedeutung von *(be)wegen* gelange man, so Stieglbauer-Schwarz, durch Begriffsverengung, die besonders die Bewegung der Waagarme fokussiert, zur Praxis des Wiegens: „Die ursprüngliche Bedeutung war also nach Grimm ‚auf der Waage auf- und

306 Freitag: Städtischer Markt.

307 Vgl. die in Kap. 2.3 vorgestellten soziologischen Überlegungen Luhmanns zur Deeskalation von Konfliktsystemen durch Desintegration der binären Konfliktsituation. Vgl. auch Kypta [u. a.]: Introduction, S. 121: „Before the modern state came into being, urban governments were central in providing formal regulations for the market. In successful market towns, they established common rules of exchange (such as certified weights and measures), monitored places for exchange (like the public scale and warehouses) and supervised brokers and money changers.“

308 Joel Kaye: A History of Balance, 1250–1375. The Emergence of a New Model of Equilibrium and its Impact on Thought. Cambridge 2014, vor allem Kap. 2.

309 Werner Scheltjens: Maße und Gewichte. Konvertierungsmöglichkeiten am Beispiel der Sundzollregister. In: Wiegen – Zählen – Registrieren. Handelsgeschichtliche Massenquellen und die Erforschung mitteleuropäischer Märkte (13.-18. Jahrhundert). Hrsg. von Peter Rauscher, Andrea Serles. Innsbruck/Wien/Bozen 2015, S. 455–479, S. 457.

310 Stieglbauer-Schwarz: Wiegen, S. 30–34. Zur europäischen und mediterranen Geschichte der Waage vgl. auch Dorothea Forstner: Die Welt der christlichen Symbole. 5. Aufl. Innsbruck/Wien 1986, S. 415 f.

311 Steuer: Feinwaagen.

niedergehen machen‘, woraus wohl zuerst *wägen* als Intransitivum entstanden sei.“[312] Im Althochdeutschen lassen sich das starke Verb *wegan* mit der Grundbedeutung *bewegen* und das schwache, kausative Verb *wegen* mit der Bedeutung *jmd.* oder *etw. bewegen* in der infiniten Form voneinander unterscheiden,[313] im „Mittelhochdeutschen sind nur noch die Vergangenheitsformen (Präteritum und Partizip Präteritum) und im Präsens die erste bis dritte Person Singular eindeutig als starkes oder schwaches Verb klassifizierbar.“[314] *Lexer* verzeichnet als erste Bedeutung *sich bewegen, die richtung nehmen* sowie *gewicht, zal, wert haben (ohne od. mit acc. d. masses, dat. d. p.).*[315] Ergänzt werden diese beiden Bedeutungen, die sich mit der allgemeinen und der spezifischen Ausprägung nach Stieglbauer-Schwarz decken, durch ähnliche neuhochdeutsche Übersetzungsmöglichkeiten, die diese beiden grundsätzlichen Grundbedeutungen verdeutlichen: *in bewegung setzen, richten, bringen* einerseits, sowie *wägen, schwer od. leicht (hôhe, swære, ringe, lîhte) an gewicht, an wert anschlagen, schätzen, erachten* und *mit dat. d. p. zuwägen, -teilen, geben* andererseits.[316] Zudem ist für die schwache Form des Verbs die Bedeutung *gewogen sein: helfen, sich verwenden für, beistehn* verbürgt, die im neuhochdeutschen *gewogen sein* ja auch noch nachvollziehbar ist.[317]

Eine neuhochdeutsch anmutende Ausdifferenzierung der Lexeme von *wiegen* und *bewegen* liegt im Alt- wie auch im Mittelhochdeutschen nicht in gleichem Maße vor. Diese im Mittelhochdeutschen vorliegende Polysemie muss also besonders unter Berücksichtigung der Auffälligkeit wirtschaftlicher Metaphorik behandelt werden: nicht jedes *wegen* ist ein Wiegen und muss entsprechend auch nicht eine Zuordnung zum Bereich wirtschaftlichen Handelns verbürgen.

Dies lässt sich bereits an althochdeutschen Textstellen zeigen. Stieglbauer-Schwarz‘ Analyse einer Passage aus dem *Altdeutschen Isidor* ist dabei besonders aufschlussreich: *In dhrin fingrum chiuuisso dher heilego forasago dhea dhrifaldun ebanchiliihnissa dhera almahtigun gotliihhin mit sumes chirunes uuagu uuac.*[318] Zur vorliegenden Einbettung des intransitiven *wegan* argumentiert Stieglbauer-Schwarz

---

312 Stieglbauer-Schwarz: Wiegen, S. 17. Ebendort weist sie zudem auf die Aussage Grimms hin, „die Bedeutungen ‚sich bewegen‘, ‚bewegen‘ und ‚Gewicht haben‘, ‚auf die Waage legen‘“ seien im Altgermanischen noch „vereinigt“ gewesen. Derartige Spekulationen führen semantische Überschneidungen in eine Zeit vor schriftlicher Überlieferung zurück, können hier also nicht validiert werden. An der Verwandtschaft der transitiven und intransitiven Verben *wegen* und *wegan* ändert dieses spekulative Argument jedoch nichts.

313 Vgl. Stieglbauer-Schwarz: Wiegen, S. 15.

314 Ebd., S. 74.

315 Art. *wegen* stv. In: *Lexer*.

316 Ebd.

317 Ebd.

318 Zitiert nach: Stieglbauer-Schwarz: Wiegen, S. 42, dort auch die Übersetzung: „Mit drei Fingern nämlich wog der heilige Prophet die dreifaltige Gleichheit der allmächtigen Gottheit mit der Waage eines gewissen Geheimnisses.“

in ähnlicher Weise, wie auch in der vorliegenden Arbeit bisher methodisch vorgegangen wurde:

> Interessant ist, daß im letzten Beleg [s. o., A.M.] ausdrücklich die Waage als Meßinstrument erwähnt ist, so daß nicht von einer allgemeinen Bedeutung wie ‚bewegen' oder ‚messen' ausgegangen werden kann. Gleichzeitig legt die bildliche Verwendung von *Waage* nahe, daß diese als Instrument bereits bekannt war, da die Metapher *Waage des gewissen Geheimnisses* sonst nicht verständlich wäre.[319]

Die Konstellation, dass mit der Waage ein konkretes Instrument des Bemessens genannt und somit die Auffälligkeit der Metaphorik des Wiegens erhöht wird, erinnert an die Häufung potentiell merkantiler Begrifflichkeiten in den bisher besprochenen Fällen wie *wert* oder *gewin*, durch die allgemeinsprachliche Begriffe terminologisiert werden. Allerdings muss auch einschränkend bemerkt werden, dass nicht jedes Bemessen wirtschaftlicher Natur ist, wie Dorothea Forstner anhand eines Zitats aus dem apokryphen Henochbuch zeigen kann. Dort heißt es: „Ich schwöre euch, meine Kinder: Bevor es Menschen gab, ward schon die Gerichtsstätte hergerichtet, ein Maß und eine Waage, womit der Mensch geprüft wird. Sie stehen dort schon bereit."[320]

Im Zuge der stark zunehmenden Anzahl von Weltgerichtsdarstellungen finden sich auch immer mehr Waagen in der christlichen Ikonographie.[321] Ob Waagen primär ein merkantiles oder ein juristisches Instrument sind, kann und soll aufgrund der ebenfalls juristischen Verfasstheit merkantiler Ordnungen nicht geklärt werden. Es ergibt sich vielmehr die Möglichkeit, über die Waage den Markt auch an andere Bereiche wie die Rechtsprechung anzuschließen, die das gleiche Instrument nutzen. Bereits in der *Ethik* des Aristoteles, so Kaye, stehe die „discussion of money and economic exchange in *Ethics* V at the center of his most detailed analysis of justice and the forms of equalization that comprise it."[322] Zentral für den merkantilen Tausch im Zentrum des juristischen Diskurses „is the mechanical scale (the traditional iconographic representation of *iustitia*), in which a subjective orderer adds and substracts weights to either side of the scale until a definable point of equality and balance is achieved."[323] In dieser Zusammenführung von abwiegender Alltagspraxis und philosophischer Reflexion sieht Kaye eine Brücke zwischen scholastischer Diskussion und Erfahrungswelt.[324] Es wird deutlich, dass die diskursive

319 Ebd.

320 Zitiert nach Forstner: Christliche Symbole, S. 416. Forstner ebd., S. 415, schreibt zudem, die Waage sei in Textstellen, in denen es nicht um den realen Gegenstand ginge, „auch in der Bibel öfters als Bild für die Abwägung vom Schicksal und Wert des Menschen gebraucht".

321 Ein Zunehmen von Weltgerichtsdarstellungen setzen Angenendt [u. a.]: Frömmigkeit, S. 27, für die letzten beiden Jahrhunderte des ersten Jahrtausends an.

322 Kaye: Balance, S. 88. Vgl. auch ebd., S. 103, zur Aufnahme des Bildes der zweiarmigen Waage in den Schriften Heinrichs von Gent.

323 Ebd., S. 89.

324 Vgl. Ebd., S. 88.

Beschäftigung mit Markt und Recht dieselben in diesem Fall nicht voneinander differenziert, sondern gerade über das Bild der Waage zusammenbringt.

Ein Unterschied besteht jedoch, zumindest in den meisten Fällen, im gewünschten Ergebnis: Treten Waagen in merkantilen Zusammenhängen in Erzähltexten auf, geht es zumeist um die Bestätigung besonders hoher Gewichtswerte.[325] Wer im Weltgericht jedoch seine Sünden aufwiegen lassen muss, der hofft auf ein möglichst niedriges Ergebnis, wie es am von Willehalm betrauerten Tod seines Neffen Vivianz bei Wolfram heißt: *waz möhte der marcrâve tuon, / dô der junge, sîner swester sun, / sô kleiner schulde dâ gewuoc.*[326] Indem sowohl die Schuld wie auch *gewuoc* juristisch-theologisch wie auch juristisch-materiell gedeutet werden können, kann die semantische Offenheit des Abwiegens hier voll zur Geltung kommen.

Die Polysemie, die bei Wolfram offengelassen und durch die Nennung der konkreten Waage bei Isidor zugunsten einer materiell-merkantilen Lesart eingeschränkt wird, veranschaulicht unterschiedliche Ebenen von Terminologisierung des Wiegens, die sehr fein abgestuft sein können. Die Prüfung dieses Bedeutungsspektrums anhand von mittelhochdeutschen Quellen gestaltet sich aufgrund der großen Anzahl an Belegen schwieriger als im Korpus althochdeutscher Texte, für das Stieglbauer-Schwarz eine auf Vollständigkeit angelegte Aufnahme der Belegstellen anstreben konnte.[327] Jenseits der teilweisen Homomorphie intransitiver und transitiver Verbformen[328] ist auch der Grad der Konkretheit bezüglich eines merkantilen oder juristischen Abmessens nur durch den Kontext zu bestimmen. Ausgehend von ihrem mittelhochdeutschen Korpus fiktionaler Literatur stellt Stieglbauer-Schwarz fest, dass *wegen* sich zumeist mit *bewegen* übersetzen ließe, „daß aber eine konkrete Bedeutungsbestimmung für das Verb aufgrund seiner Bedeutungsvielfalt und mangels eindeutigen Zusammenhangs auch mehrdeutige Ergebnisse liefern kann."[329]

Zum Bedeutungsfeld des Wiegens, das hier von Interesse ist, führt sie weiter aus:

---

325 Dies ist am konkreten Einsatz von Waagen bspw. im *Pfaffen Amis*, im *Guoten Gêrhart* oder in der *Rittertreue* zu sehen. Auch der *amiral* im *Flore und Blanscheflur* bestimmt den exorbitanten Preis für Blanscheflur durch eine Waage. Vgl. die jeweiligen Kapitel unten.

326 V. 67,2–4. Zitiert nach: Wolfram von Eschenbach: Willehalm. Hrsg. von Joachim Heinzle. Frankfurt am Main 2009.

327 Stieglbauer-Schwarz: Wiegen, S. 74, bespricht mittelhochdeutsche Belege daher, im Gegensatz zur althochdeutschen Überlieferung, nur noch exemplarisch.

328 Ebd.: „Wichtig, bezogen auf die Verbentwicklung ist, daß nicht mehr alle auftretenden Formen eindeutig klassifizierbar sind, wenn sie, wie dies der Fall ist, nur schriftlich vorliegen. So unterscheiden sich im Althochdeutschen z. B. die Infinitive des starken und des schwachen Verbs durch die Endung (*-an* gegenüber *–en*), gleiches galt für die Pluralformen des Präsens. Im Mittelhochdeutschen sind nur noch die Vergangenheitsformen (Präteritum und Partizip Präteritum) und im Präsens die erste bis dritte Person Singular eindeutig als starkes oder schwaches Verb klassifizierbar."

329 Ebd., S. 75.

> Relativ sicher lassen sich nur die Verwendungsweisen bestimmen, die sich vom Wägen mit der Waage ableiten. In wörtlichem Sinn kommt diese Bedeutung hier nicht vor, was aber sicherlich durch die vorgefundenen Texte begründet ist.[330] Da es sich bei den Quellen überwiegend um poetische Texte handelt, ist es nicht erstaunlich, daß in diesen übertragene Bedeutungen vorherrschen. Die wörtliche Bedeutung ‚wägen' existiert natürlich trotzdem. In den folgenden Beispielen meint das starke Verb allerdings ‚einschätzen, wertschätzen'.[331]

Die „folgenden Beispiele" sind eine ausgewählte Gruppe mittelhochdeutscher Texte, die vom 12. bis ins 14. Jahrhundert reichen und viele Gattungszugehörigkeiten abdecken,[332] große Felder wie Artusdichtung, Dietrichsepik oder Mären jedoch außen vor lassen. Die Aussage, dass in poetischen Texten der übertragene Gebrauch überwiege, ist zwar nicht von der Hand zu weisen, muss aber relativiert werden. Dass *wiegen* in seiner auf die Waage bezogenen wörtlichen Bedeutung nicht vorkomme, liegt weniger an dem Umstand der „poetischen" Quellen, als vielmehr an den vertretenen und ausgelassenen Gattungen. Gerade Mären, die häufig Tauschvorgänge in unterschiedlichen Zusammenhängen verhandeln,[333] sind bei der Aufarbeitung des *wegens* in den Blick zu nehmen. So findet sich ein durchaus zentraler Vorgang des Wiegens im Märe der *Rittertreue*, wobei der Vorgang die Objektivität der Wertbestimmung grundsätzlich verbürgt (Vgl. Kap. 4.6).

> er nam des wegens cleinen war:
> die wile der wirt daz silber wac,
> des knehtes man wol mit tranke pflac.
> do daz silber wart gewegen,
> des wirtes zorn was gelegen.
> (Rt, V. 356–360)

Die Waage als Instrument intersubjektiver Gewichts- und damit Wertbestimmung offenbart hier ihre schlichtende Funktion,[334] indem die Behauptungen zweier Figuren durch ein externes Messinstrument auf einen Nenner gebracht werden können. Ebenso erscheint die Waage im *Pfaffen Amis* des Strickers als Instrument, durch das zwei Akteure übereinkommen können. Amis verspricht dem Edelsteinhändler, den er im Folgenden selbstverständlich betrügen wird, dass dessen Silber ehrlich gewogen werden soll. Sein Wirt werde *daz silber wegen* (Amis, V. 1919), woraufhin der Edelsteinhändler sich auf den Vorgang einlässt und Amis bittet: *er bewar mich an der wage / so daz mir niht schaden widervar* (Amis, V. 2158 f.).

330 Die Werke, die Stieglbauer-Schwarz für die Diskussion der mittelhochdeutschen Sprachstufe heranzieht, finden sich in ihrem sehr hilfreichen Anhang mit allen aufgeführten Stellen.

331 Ebd., S. 75.

332 Vgl. die ausführliche Tabelle ebd., S. 79.

333 Reichlin: Ökonomien, S. 11, hält für Mären fest, dass in diesen Texten häufig „Leistungen" aus „unterschiedlichen Wertordnungen, die vordergründig nicht kommensurabel sind", gegeneinander getauscht werden, wodurch narrativ nutzbare Bewertungsgefälle entstehen.

334 Vgl. Luhmann: Soziale Systeme, S. 540, sowie oben, Kap. 2.3.

Ebenso wie der *gewin* ist die Waage integraler Bestandteil des Marktes, aber auch außerhalb dessen einsetzbar. Im Gegensatz zum *gewin* aber bedarf das Ergebnis der Waage keiner moralischen Rechtfertigung (wie es beim *gewin* als *lôn* dargestellt wurde), sondern stellt gleichsam selbst einen Modus der Rechtfertigung dar. Somit erklärt sich auch die häufige Verwendung der Waage in religiösen Kontexten, die einen unhinterfragbaren Gültigkeitsanspruch aufweisen müssen. Entsprechend dem komplexen Aufbau einer Metapher, in der sich Signifkat und Signifikant gegenseitig beeinflussen (vgl. Kap. 2.1), wird aber auch die Waage in ihrer Gültigkeit aufgewertet, da sie sich als alltägliches Bild für religiöse Wissensinhalte eignet. Besonders deutlich wird dies anhand des Bildmaterials der hochmittelalterlichen Predigt, in der eine Interdependenz transzendenter Wahrheiten und alltäglicher Praxis verankert ist, die Jörg Oberste für die Prediger des Dominikanerordens beschrieben hat:

> Die Prediger beziehen ihre Bilder aus der Lebenswelt ihrer Zuhörer, nicht nur um verständlich zu sein und Abstraktes zu konkretisieren, sondern auch um das göttliche Wirken in den alltäglichsten menschlichen Verrichtungen zu manifestieren [...].[335]

Bezieht man dies auf den Prozess des Wiegens, erfährt diese Praxis neben ihrer höchst nachvollziehbaren Evidenz eine transzendente Grundierung. Zwar nicht die konkreten Gewichte, wohl aber die Legitimität von Gewicht als Kriterium des Urteilens wird hier der reinen Immanenz enthoben. Dabei sei die Gültigkeit des Wiegens als Bild für die Beziehung zwischen Gott und Mensch freilich nicht „unangefochten" geblieben: „In vielfältiger Weise hat die mittelalterliche Frömmigkeit gezählt und gewogen, aber nicht unangefochten. Denn ebenso galt der Satz: *Non pensat Deus quantum, sed ex quanto.*"[336] Das Aufwiegen von Opfern und göttlichen Gegenleistungen, das „Religionsgesetz von Gabe und Gegengabe",[337] wird im frühen Christentum höchst subversiv variiert: Gott schenke und fordere „keine Rückgabe an seine Person", sondern die Weitergabe „an die Nächsten": „Mit dem Ausgleich von Gabe und Gegengabe zwischen Irdischem und Himmlischem wird hier gänzlich gebrochen und genau dadurch Sozialität freigesetzt."[338] Durch die Idee des *sacrum commercium* (vgl. Kap. 3.2) wird jedoch der

---

335 Oberste: bonus negotiator, S. 434.

336 Angenendt [u. a.]: Frömmigkeit, S. 7.

337 Ebd., S. 5: „Wo immer das Religionsgesetz von Gabe und Gegengabe gilt, entsteht ein System von absoluter Gerechtigkeit mit jeweils genauestem Ausgleich. Alle, sowohl die Himmlischen wie die Irdischen, sind verpflichtet, ihren je eigenen Anteil zu leisten. So entstehen klare Bemessungen von Vergehen und Schuld, von Gnade und Verzeihung. Nach vollbrachter Wohltat ist das Verdienst genauso berechenbar wie nach begangener Sünde die Buße. Religion besteht in diesem Denken überhaupt darin, immer genau auf den Ausgleich zu achten. Das Symbol dieser Religionsauffassung sind wiederum das Buch, die Liste und mehr noch die Waage."

338 Ebd.

Tauschgedanke bereits im Mittelalter wieder in die Frömmigkeitspraxis integriert.[339] Die Bestimmung von Wert bleibt aber auch für Theologen relevant, die eine theologisch fundierte Weltsicht von dem merkantilen Prozess der Wertbestimmung abzukoppeln gedenken. Im *tractatus de contractibus* des Petrus Johannis Olivi (Ende 13. Jhr.) beispielsweise stehen sich inhärenter Wert der Bestandteile der Schöpfung und der durch Tausch erzielte Marktwert exklusiv gegenüber.[340]

Insgesamt bietet die Waage, durch metaphorischen Einsatz, auch über den merkantilen Bereich hinaus ein positives Bild für die Rechtmäßigkeit von Zuständen im Allgemeinen. In seiner gesamten Komplexität möchte ich zum Schluss das Wiegen als Bild in einer Strophe von Walther von der Vogelweide aus der hier eröffneten Perspektive beleuchten:

> Junc man, in swelher aht dû bist,
> ich wil dich lêren einen list:
> dû lâ dir niht ze wê sîn nâch dem guote.
> lâ dirz ouch niht zunmære sîn.
> und volgest dû der lêre mîn,
> sô wis gewis, ez frumt dir an dem muote.
> Die rede wil ich dir baz bescheiden:
> lâst dû dirz ze sêre leiden,
> zergât ez, sô ist dîn fröide tôt.
> wilt aber dû daz guot ze sêre minnen,
> dû maht verliesen sêle und êre.
> dâ von volge mîner lêre.
> lege ûf die wâge ein rehtez lôt
> und wige ouch dar mit allen dînen sinnen,
> als ez diu mâze uns ie gebot.
> (Ton 10, VII)[341]

Die *wâge* tritt zuerst einmal eindeutig als Bild für das Einhalten der *mâze* hervor,[342] es geht nicht um eine diegetisch materielle Waage, sondern um das Abwägen als

---

339 Vgl. ebd., S. 6. Besonders anhand von Askese und Buße zeigen Angenendt [u. a.], ebd., dass die Transformation der Mensch-Gott-Beziehung „die unterschiedlichsten Frömmigkeitsakte geprägt und letztlich das Zählen begründet" habe.

340 Kaye: Balance, S. 113: „Olivi fully accepts the metaphysical position that everything in existence possesses a proper nature, and that these natures do indeed possess an inherent and determined degree of value or goodness (*bonitas*), which determines their place in the plan of creation. But while it is perfectly true and valid to grade inherent natures on an ontological scale, such gradation has, he asserts, *nothing* to do with how economic value is determined in exchange."

341 Zitiert nach: Walther von der Vogelweide: Leich, Lieder, Sangsprüche. Neu hrsg., mit Erschließungshilfen und textkritischen Kommentaren versehen von Thomas Bein. 15. Aufl. Berlin/Boston 2013.

342 Vgl. Jens Haustein: *mâze* und Lebenswelt bei Walther von der Vogelweide. In: Literatur & Lebenswelt. Hrsg. von Alexander Löck, Dirk Oschmann. Köln/Weimar/Wien 2012, S 73–81, S. 76: „Hier also ist die Mitte, das Vermeiden von Extremen, das Richtige. Zum Ende des Spruchs findet Walther dafür das Bild der Waage [...]."

metaphorische Operation. Durch die Ambiguität der *mâze* als höfische Tugend[343] und Abmessung weltlicher Werte[344] kann ausgerechnet die Güter wiegende Waage hier zum Bild der höfischen Verausgabung werden. Walther aber verschränkt dieses Bild so sehr mit dem *Thema* des materiellen Guts, dass das poetische Bild seine Wirkmächtigkeit gerade nicht nur aus der metaphorischen Ebene, sondern aus seiner Mittelposition zwischen Diegese und Diskurs bezieht. Denn die Waage ist nicht nur das Bild des mentalen Abwägens, sondern auch Instrument der Wertbestimmung des *guotes*, das in seinem Verhältnis zu dem *junc man* thematisiert wird. Jens Haustein hat sich dem Text mit Blick auf die Tugend der *mâze* genähert und festgestellt, dass die Waage mit ihrem „gewichtsmäßigen Ausgleich" ein sinnhaftes Bild für das Verlangen nach und das Desinteresse an weltlichem Gut darstelle, bleiben doch die Waagschalen bei Äquivalenz „in der Schwebe zwischen oben und unten", wodurch die transzendente Ebene des tugendhaften Verhaltens mit aufgenommen werde.[345] Zwei Punkte sind entsprechend den bisherigen Überlegungen zu ergänzen: Zum einen zeigt sich auch hier die metaphorische Stärke materieller Anschaulichkeit (vgl. Kap. 3.1). Denn auch wenn das Verhältnis zu weltlichen Gütern zwischen Begehren und Ablehnung verhandelt werde, so geschieht dies doch nur durch den metaphorischen Verweis auf das *materielle* Mittel der Wertbestimmung. Weiter kann eine zusätzliche Sinnebene der Waage als Instrument des Gleichgewichts identifiziert werden. Durch die Dependenz von Thema (*guot*) und Bild (*wâge*) wird nicht nur die Tugend des Maßhaltens diskutiert, sondern auch das Verhältnis von Diegese und Diskurs „in der Schwebe" gehalten, um an Hausteins Terminologie anzuknüpfen.

Von zentraler Bedeutung für diese Arbeit sind derartige Vorgänge der materiellen Wertermittlung, da diese in Handlung abgebildet werden können und gleichzeitig enormen Symbolgehalten haben, der das auch immaterielle Wertesystem eines Textes steuern kann. Gelingendes Wiegen als wirtschaftlich bekannte Praxis lässt sich, wie sich in den Analysen unten zeigen wird, als zumindest punktuelle Deeskalation auf die narrative Ebene projizieren.

---

343 *Mâze*, so Bumke: Höfische Kultur, Bd. 1, S. 418, gehöre zum „Begriffskanon der christlichen Kardinaltugenden". Das Bedeutungsspektrum der *mâze*, so Bumke weiter, gehöre „einerseits zur christlichen *temperantia* (‚Mäßigung') [...], andererseits zur *medietas*, der richtigen Mitte zwischen zwei Extremen." Vgl. grundlegend zur *mâze*, aber mit früherem zeitlichem Fokus Helmut Rücker: Mâze und ihre Wortfamilie in der deutschen Literatur bis um 1200. Göppingen 1975.

344 Die ausgesprochen hohe Anschaulichkeit des materiellen Begriffes der *mâze* ermöglicht nun die Übertragung in den moralischen Bereich, der in volkssprachiger Dichtung am häufigsten in Erscheinung tritt. Zur *Mâze* auch Bartsch: Programmwortschatz, S. 142: „Die Etymologie von mâze ist weitgehend ungeklärt. Sicher scheint allerdings, dass mâze im Sinne einer Grundtugend sowohl auf antiken als auch auf frühchristlichen Vorstellungen basiert. In der Rückführung auf Aristoteles ist mâze nur vordergründig quantifizierend und bezeichnet die Mitte zwischen den zwei Extremen des Übermaßes und des Mangels als anzustrebenden Zustand der Ausgewogenheit."

345 Haustein: *mâze* und Lebenswelt, S. 76.

3.9 Exkurs: Gewichts- und Prägeeinheiten

Im Folgenden steht nicht die poetisch oder rhetorisch einsetzbare Mehrdeutigkeit oder diskursübergreifende Signifikanz von Begriffen im Mittelpunkt. Da es aber in den folgenden Erzähltextanalysen häufig um Maße und Währungen gehen wird, und auch die Ausführungen zur Standardisierung von Werten auf Märkten etwas konkretisiert werden sollen, halte ich einen kurzen Exkurs zu Maßen und Einheiten bei Transaktionen im 13. Jahrhundert für sinnvoll. Der Exkurs ist weder vollständig, noch bietet er in irgendeiner Weise neue Erkenntnisse für die wirtschaftshistorische Forschung, sondern dient allein dem Zweck, Hintergrundinformationen zu einem mittelalterlichen Verständnis und Gebrauch von Einheiten zu versammeln.

Steht die Materialität in Erzähltexten im Fokus, muss auch die Kategorie des Gewichtes mit einbezogen werden. Sofern beschriebene Dinge bezüglich ihrer wirtschaftlichen Einsetzbarkeit interessieren, steht nämlich gerade ihr Gewicht, beziehungsweise ihr Gegenwert in einem konventionalisierten Währungssystem im Vordergrund.[346] Dies kann der Alptraum heutiger Literaturwissenschaftler:innen sein, da die Interpretation einer Währung aus dem 13. Jahrhundert nicht nur jenseits der üblichen Expertise der Literaturwissenschaft liegt, sondern auch methodische Probleme dies teilweise gar unmöglich gestalten. Denn zur regionalen und zeitlichen Unschärfe der Textproduktion tritt ein volatiles und regional variantenreiches Konglomerat unterschiedlichster Gewichts- und Münzbezeichnungen.[347] Auch eine Schwarz-Weiß-Zeichnung von ‚echtem' und ‚falschem' Geld ist kaum möglich. Ralf Wiechmann weist angesichts der weit reisenden Münzen im Frühmittelalter darauf hin, dass Münzen auch von Region zu Re-

346 Auffällig fehlt diese Komponente in dem aus neugermanistischer Perspektive verfassten Beitrag zu „Dinge[n] in Texten" von Dorothee Kimmich: Dinge in Texten. In: Handbuch Literatur & materielle Kultur. Hrsg. von Susanne Scholz, Ulrike Vedder. Berlin/Boston 2018, S. 21–28, S. 21: „Dinge in Texten sind keinem menschlichen Sinn unmittelbar zugänglich, sind weder fühlbar noch sichtbar, man kann sie weder hören noch riechen, sondern muss sie imaginieren [...]." Diese Zusammenstellung erscheint mir deswegen interessant, weil Dinge in Literatur hier stark von ihrer ästhetischen, beziehungsweise aisthetischen Qualität her gedacht werden. Die unmittelbare Funktionalisierung eines Gegenstandes durch sein Gewicht im Prozess der Wertkonstitution und die damit ebenfalls zu imaginierende Größe des bloßen Gewichtes gehen dabei unter.

347 Dies wird besonders deutlich an der Darstellung verschiedener Umrechnungen von Einheiten des 14. Jahrhunderts, die Harald Witthöft: Die Markgewichte von Köln und von Troyes im Spiegel der Regional- und Reichsgeschichte vom 11. bis ins 19. Jahrhundert. In: HZ 253,1 (1991), S. 51–100, S. 65, ausführt. Hinzu kommt ein grundsätzlich lückenhaftes Wissen über die Kaufkraft der entsprechenden Jahrhunderte: „It is obviously impossible to determine the amount of money in circulation, or the relationship between coins (cash) and cashless means of payment (credit, but some scholars maintain that credit affected the velocity of money, not its overall amount) in the overall monetary stock at any given point in time and in any particular society during the Middle Ages." (Philipp Robinson Rössner: Money, Banking, Economy. In: Handbook of Medieval Culture, Bd. 2. Hrsg. von Albrecht Classen. Berlin/Boston 2015. S. 1137–1166, S. 1142).

gion unterschiedlich bezüglich ihrer Gültigkeit bewertet werden konnten und teilweise imitiert wurden:

> So bilden offizielle Münzen, deren Imitationen und Fälschungen ein sich verzahnendes System. Dabei ist immer zu hinterfragen, welche Währung in welchen Regionen und Orten umlief, zugleich welches Geld akzeptiert wurde. Generell ist festzuhalten, dass alle Fälschungen Imitationen sind. Allerdings sind nicht alle Imitationen Fälschungen.[348]

Auch seien nicht alle angegebenen Einheiten mit tatsächlich geprägten Münzen gleichzusetzen.[349] Neben umlaufenden Münzen, die als Pfennig oder Penny dem römischen *denarius* entsprechend im Frühmittelalter kursierten, werden mit der karolingischen Geldreform 794 größere Ordnungen angegeben, so etwa „twelve pennies in a shilling and 240 pennies in a pound."[350] Wohlgemerkt angegeben, aber scheinbar nicht ausgegeben: Diese Vielfachen des Pfennigwertes – Shilling oder Groschen im Wert eines *solidus*, sowie das Pfund als *libra* – wurden nicht vor der zweiten Hälfte des 12. Jahrhunderts tatsächlich geprägt.[351] Auch dann aber dürfen Währungsangaben nicht mit geprägten Münzen gleichgesetzt werden, bleiben doch Silberbarren die Bezahlmethode erster Wahl für größere Transaktionen, sodass der Gesamtumfang des ‚Geld'aufkommens des 13. Jahrhunderts nicht am Ausstoß der Münzen bemessen werden kann.[352] Tatsächlich nimmt der Gebrauch von – vermutlich in Mark standardisierten[353] – Silberbarren im 13. Jahrhundert angesichts größerer verfügbarer Silbermengen sogar proportional zu.[354] Die im deutschsprachigen Raum dominante Gewichtsmark stellte die Kölner Mark dar, auf die zwölf *solidi* kamen.[355]

Das Münzen höherwertiger Geldstücke beginnt, um sich hier an die pointierte Darstellung Peter Spuffords anzulehnen, im Jahr 1201 mit einem historischen Sonderfall: Kreuzfahrer des vierten Kreuzzugs bezahlen 85.000 Mark Silber an Venedig für die Schiffspassage im folgenden Jahr. Um diese Menge auf die vielen einzelnen Löhne der venezianischen Dienstleister zu verteilen, lässt Doge Enrico Dandolo *grossi* im Wert von 24 *denari* prägen:

---

348 Ralf Wiechmann: Kupfer und Messing statt Silber. Münzimitationen des 11. und 12. Jahrhunderts aus Nordostdeutschland. In: Economies, Monetisation and Society in the West Slavic Lands 800–1200 AD. Hrsg. von Mateusz Bogucki, Marian Rębkowski. Szczecin 2013, S. 267–312, S. 268.

349 Rössner: Money, Banking, Economy, S. 1142.

350 Ebd.

351 Vgl. ebd.

352 Peter Spufford: Money and its Use in Medieval Europe. Cambridge 1988, S. 209.

353 Ebd. zitiert Spufford ein Beispiel aus dem Jahre 1204, bei dem der Kämmerer des Bischofs Wolfger von Passau auf dem Weg nach Rom Barren gegen lokale Währungen tauscht: „[I]n 11 transactions out of 13 the chamberlain was offering silver bars that weighed a complete number of marks, which strongly suggests that most of the bars that he was carrying weighed a mark or an exact multiple."

354 Ebd., S. 209.

355 Witthöft: Markgewichte, S. 52.

> This was no mere replacement of old denari by new ones, since the older denari [...] went on being struck alongside the new grossi. What had happened was that a complete new tier had been added to the monetary system.[356]

Diese *grossi* entsprechen somit "dem bislang nur als Recheneinheit existierenden *solidus*".[357] Mit der Zunahme von verfügbarem Silber wurden sowohl mehr als auch mehr unterschiedliche Münzen geprägt, wobei das Spektrum in Richtung größerer Prägewerte erweitert wurde.[358] Diese Entwicklung alleine macht aber noch keine „kommerzielle Revolution":[359] Neben den geprägten Münzen und genormten Silberbarren existierte ein System des bargeldlosen Zahlungsverkehrs, das in Netzwerken von Fernhandelskaufleuten seinen über lokale Begrenzungen hinausreichenden Ermöglichungsrahmen fand.[360]

Schließlich war auch nicht alles, was geprägt wurde, Silber oder Kupfer. Da in Europa kein Goldabbau betrieben wurde, musste Gold importiert werden. Byzantinische und arabische Goldprägungen gehen den europäischen dabei voraus.[361] Eigene europäi-

356 Zitat und Paraphrase zuvor ebd., S. 226.

357 Wittreck: Instrument der Gerechtigkeit, S. 143. Möglich war der erhöhte Einsatz von Silbermünzen jedoch nur wegen neu erschlossener Silbervorkommen seit dem 12. Jahrhundert. Vgl. Spufford: Money, S. 109–131.

358 Vgl. ebd., S. 225.

359 Zum Begriff der „kommerziellen Revolution" ebd., S. 251: „The increase in the demand for luxury goods, backed up by the newly liberated quantities of ready cash, arising from the revolution in rents, brought about an enormous quantitative change in the volume of international trade. Moreover, as the amount of business focussed on a limited number of particular places, or rather along a limited number of routes between those places, passed a critical mass, qualitative changes in the nature of commerce began to take place as well as merely quantitative ones. Such qualitative changes in the ways of doing business, have been dignified with the title 'commercial revolution' on the analogy of the title 'industrial revolution' for changes in the organisation of manufacture."

360 Vgl. dazu Denzel: Bargeldloser Zahlungsverkehr, S. 51: „Im Gefolge der Expansion des Handels, der mediterranen Seefahrt und der Geldwirtschaft wurde es für die Kaufleute – nicht zuletzt im Dienste der europaweit agierenden Kurie – im Europa im Zeitalter der Kreuzzüge in zunehmendem Maße erforderlich, Mechanismen für die Bereitstellung von Liquidität zu entwickeln, wo dies mit gemünztem oder ungemünztem Edelmetall allein nicht oder in nicht hinreichendem Umfang möglich war. Abhilfe schufen Formen des bargeldlosen Zahlungsverkehrs, die sich innerhalb Europas seit der zweiten Hälfte des 12. Jahrhunderts vermutlich in Genua herausbildeten." Vgl. auch Rössner: Money, Banking, Economy, S. 1142f., zum tatsächlich umlaufenden Münzgeld (*moneta effetiva*), transaktionsspezifischen Währungsangaben (*moneta numeraria*) und zum Buchgeld (*monete di conto*), die die drei unterschiedlichen Konzepte von Geld in „urban commercial environments" ausmachen. Auch die Rolle jüdischer Kaufleute und Geldgeber ist dabei nicht zu unterschätzen, fielen Juden doch zumeist nicht unter die gleichen Regularien bezüglich der Geldleihe wie christliche Kolleg:innen. Vgl. dazu Christian Scholl: Die Judengemeinde der Reichsstadt Ulm im späten Mittelalter. Innerjüdische Verhältnisse und christlich-jüdische Beziehungen in süddeutschen Zusammenhängen. Hannover 2012, S. 203 f.

361 Spufford: Money, S. 168: „West African gold obviously [...] reached Constantinople in the eleventh century, for when, in 1092, Alexis I reformed the gold coinage of th Byzantine Empire, he fixed on 20½ carats as the fineness for his new 'hyperpyron'. This was the natural fineness of the gold from West Af-

sche Goldprägungen setzen mit Florinen, Dukaten und Genovini erst Mitte des 13. Jahrhunderts in Italien wieder ein.[362] Kontinuitäten waren dabei jedoch ebenso am Werk wie Neuerungen:

> Den neuen Gold- und Silbermünzen des 13. Jahrhunderts – und folgender Jahrhunderte – lagen mit hoher Wahrscheinlichkeit weiterhin die alten Gewichtsverhältnisse zugrunde. Die Gulden aus Florenz oder dem Rheinland fügten sich dem gewohnten zählenden Umgang mit gewichtsbestimmten Münzen ein.[363]

Tritt zu den Rechnungsgrößen der Vielfachen eines Pfennigs ein System tatsächlich geprägter und in Umlauf gebrachter Münzen hinzu, ergibt sich also auch die Problematik der Doppelbenennung von rechnerischer Größe und den Auf- und Abwertungen[364] ausgesetzten realen Geldstücken, wie Harald Witthöft anhand der frühen schriftlichen Überlieferung der Kölner Mark illustrieren kann:

> Zwischen 1145 und 1170 wurde eine Mark bereits nach Lotgewicht geteilt, und 1174 rechnete man sie zu 12 solidi. Das Bild rundet sich mit dem eindeutigen Nachweis der Unterscheidung einer gezählten und einer gewogenen (Münz-)Mark aus dem Jahre 1215: ‚marcam autem ... 12 solidos coloniensis monete et non marce pondus'.[365]

Zu Beginn des 13. Jahrhunderts, so Witthöft weiter, trete der Einsatz spezieller „kaufmännischer Gewichte" hinzu.[366] Die bis hierhin zwar nicht dezimale, aber

rica." Neben Byzanz liege ein Berührungspunkt mit westafrikanischem Gold auch im direkten Handel im westlichen Mittelmeerraum. Vgl. ebd., S. 170: „By the end of the twelth century, West African gold was in use as coin in Christian Sicily and the Christian parts of Spain. West African gold, not necessarily coined, was also becoming available in Genoa, and presumably also in Pisa, whose merchants were engaged in the same range of commercial activities as the Genoese. Elsewhere in western Christendom gold was no more than a rare and particularly highly valued and desirable commodity."

362 Rössner: Money, Banking, Economy, S. 1143: „In 1252, gold coins in the value of one pound or Libra (worth 20 *solidi* or shillings) had begun to be minted in Florence and Genoa. They contained 3.53 grams (*Genovino*) and 3.54 grams (*Fiorentino*) of gold respectively and were named *florin* after the place they had been invented (Florence). The Venetian *Ducat*, containing 3.545 grams of gold, broadly corresponded to the standard and monetary segment represented by the florin or gulden; it remained in existence as a 'European' currency standard by denomination until 2001."

363 Witthöft: Markgewichte, S. 60.

364 Besonders scholastische Autoren haben sich mit dem Problem der Münzabwertung befasst. Thomas von Aquin scheint eine eher ‚entspannte' Haltung zum Metallgehalt zu vertreten. Vgl. Wittreck: Instrument der Gerechtigkeit, S. 394: „Tatsächlich taucht der Gedanke, daß es bei der Zahlung mit Geld auf einen bestimmten Reinheitsgrad des Metalls ankommt, bei Thomas lediglich ein einziges Mal auf. Die Stelle in der Summa entpuppt sich jedoch als bloßes Zitat aus dem kanonischen Recht, mit dem Thomas dartun will, daß Geldstrafen eine angemessene Sanktion für ein Sakrileg sind." Bei Albertus Magnus stellt Wittreck ebd., S. 293, zudem Widersprüche bezüglich der metallistischen oder nominalistischen Perspektive heraus, die sich durch Vergleich seiner Kommentare und seiner Entscheidungen in den Kölner Schiedssprüchen ergeben. Zu kleinem und großem Schied vgl. ebd., S. 303–314.

365 Witthöft: Markgewichte, S. 52 f.

366 Ebd., S. 53. Ebd. zitiert Witthöft auch entsprechend eine lateinische Passage zum Beleg: „per marcam mercatorum, que vulgariter koufmansmarc dicitur".

doch zuverlässig erscheinende Umrechnung verschiedener Einheiten ist also auf vielen Ebenen einzuschränken.[367] Hinzu kommt, dass das moderne Verständnis eines abstrakten Gewichtes, das auf eine Welt der Objekte bezogen wird, relativiert werden muss:

> Die abstrakten Einheitsnormen des metrischen Systems verstellen heute den unmittelbaren Zugang zum Verständnis von Maß und Gewicht des Mittelalters. Im neuzeitlichen naturwissenschaftlichen Denken ist kein Platz mehr für die Einsicht, daß eine meßbare Fußlänge oder Elle eine vielfältigere Bedeutung haben konnte als nur die, eine Strecke ebendieser Länge real darzustellen. Es ist eine Folge dieser Denkgewohnheit, daß der Symbolwert von Zahlen und Zahlenrelationen des Mittelalters diskutiert wird, ohne Raum für die Möglichkeit zu lassen, daß auch reale Einheiten ihrerseits Symbolcharakter gewinnen konnten. Ein Fußmaß von etwa 35 cm erhält erst dann seinen komplexen Sinn zurück, wenn man seinen Ableitungszusammenhang und seine Anwendungsbereiche kennt.[368]

Es liegen also nicht nur unterschiedliche Maßeinheiten vor, sondern auch spezifische Anwendungsbereiche für einzelne Maßeinheiten: Das Maß verliert an Abstraktion, wenn man sich vergegenwärtigt, dass die Verwendung von Maßen von mehr als physikalischen Größen abhängig war und immer auch impliziert hat, *was* mit dem Maß gemessen wurde.[369]

---

367 Ein weiteres Beispiel ist die Doppelbesetzung von Begriffen wie dem karolingischen Pfund und der Wiederverwendung desselben im Hoch-/Spätmittelalter. Vgl. dazu Witthöft: Maßgebrauch, S. 251–256.

368 Ebd., S. 234. Vgl. auch ebd., S. 245: „Es gehört zu den unumstrittenen Sätzen der historischen Metrologie, daß Größen- und Leistungsverhältnisse von Mensch und Tier sich in bestimmten Maßeinheiten und Maßrelationen wiederfinden – in Fuß oder Elle, in Fuder oder Last, in Handvoll oder Scheffel, in Pflug, Haken, Joch oder Morgen Land." Die neuzeitliche Scheidung von Quantifizierung und gemessenem Gegenstand beschreibt auch Simmel: Philosophie des Geldes, S. 168: „Die fortschreitende Differenzierung unseres Vorstellens bringt es mit sich, daß die Frage des Wieviel eine gewisse psychologische Trennung von der Frage des Was erfährt – so wunderlich dies auch in logischer Hinsicht erscheint." Simmel dient diese Feststellung bei der Entwicklung des Geldbegriffes im Sinne eines abstrahierten Wertbestimmungsmittels.

369 In gewissen Bereichen ist dies ja bis heute noch so, man denke besonders an die Feingewichte von Edelmetallen. Wedell: Zählen, S. 111 f., fasst den Forschungsstand zum epistemologischen Status von Maßzahlen vor dem Mittelalter zusammen und fokussiert dabei nicht nur die Konkretion des Maßes, sondern auch die konkrete Bedeutung von Zahlen: „Zahlwörter [sind] nicht schon immer gegenstandsklassen-abstrakte Ausdrücke [...]. Es gibt Hinweise darauf, dass die frühen Zahlbegriffe visuelle Gestalteindrücke formuliert haben. In diesem Sinne sind Zahlworte ursprünglich Ausdrücke, die Kardinalität als Eigenschaft des Auftretens von bestimmten Gegenständen bennen. Sie bestimmen in erster Linie den zu benennenden Gegenstand und erst in zweiter Linie die Anzahl, in der er auftritt. Reste einer solchen Mengenauffassung finden sich heute in den Kollektivbegriffen wie *Zwilling* [...] oder *Drell/Drillich* [...] und, wenn auch etwas aus der Mode gekommen, in gegenstandsklassen-gebundenen Mengeneinheiten, die vorgeben, dass Eier in *Mandeln* (15 Stück), *Stiegen* (20 Stück) oder *Schock* (60 Stück) gehandelt werden, aber nicht im *Zug* (100 Stück) wie Fische oder nach *Lagen* wie Wolle."

BMZ verweist im Eintrag zu *mâze* entsprechend auf den materiellen Bedeutungsbereich, der von der höfischen *mâze* als Tugend zu unterscheiden ist: „eine bestimmte grösse, mit der eine andere verglichen wird, eine abgegrenzte ausdehnung in raum gewicht kraft, das mass, sowohl allgemein, wie von bestimmten, eingeführten, massen jeglicher art."[370] Interessant ist der Nachsatz: „beide klassen von beispielen habe ich nicht gesondert, da sie ja principiell zusammenfallen."[371] Gewicht oder Ausdehnung einer Sache sind begrifflich nur schwer von dem „bestimmten, eingeführten" Maß zu trennen, in dem sie ihren Ausdruck finden.

Dass überhaupt gewogen worden ist und dass dies auch wichtig für einen Erkenntnisgewinn über die Welt ist, mag der sensuellen Nachvollziehbarkeit des Vorgangs entspringen, wie es bereits zum Prozess des Wiegens herausgearbeitet wurde (vgl. Kap. 3.8), das Festsetzen eines konkreten Maßes erscheint aus moderner Sicht aber kontingent. Hier kann eine weitere Verbindung zur ethisch-ökonomischen Sprache im Sinne Todeschinis identifiziert werden.[372] Kaufleute sind nicht die einzigen, die mit Maßen und Gewichten umgehen, bereits die Schöpfung der Welt steht im Zeichen der „Triade *mensura, numerus, pondus*".[373] Daraus ergibt sich nicht nur eine alternative diskursive Einbindung für das Wiegen als Vorgang, sondern auch ein möglicherweise anderer Anspruch an die Willkürlichkeit oder Natürlichkeit von Gewichtseinheiten. Im Anschluss an Israel Peri formuliert Witthöft:

> Gott hat die Ordnung der Dinge bestimmt. Maß, Zahl und Gewicht sind Medien der Erkenntnis. Mit ihrer Hilfe erfaßt der Mensch die Welt als göttliche Schöpfung, überträgt er naturgegebene Verhältnisse auf die Ebene seines Verstehens. Maß und Gewicht können auf eine urtümliche Weise die Natur der Dinge spiegeln, von denen wir sagen, daß sie gemessen oder gewogen wurden.[374]

Im 14. Jahrhundert dann unterscheidet der Scholastiker Gerard von Siena *ponderabilia* oder *mensurabilia*, die ihren Wert *a natura* haben, von *numerabilia*, die ihren Wert *ab arte* erhalten haben: dies sind für Gerard Münzen.[375] Gemessene Größen sind daher mehr als physikalische Einheiten im modernen Sinn, sondern konstituieren vielmehr die Möglichkeit einer geordneten Welt, die sich anhand der Gesichtspunkte Material und Gewicht auch im zeitgenössischen Münzwesen niederschlägt. Ist im Folgenden also von konkreten Währungen wie byzantinischen Goldmünzen (*bisanden*), *mark*,

---

370 Art. mâze. In: *BMZ*.

371 Ebd.

372 Vgl. Todeschini: prezzo, besonders S. 117.

373 Israel Peri: *Omnia mensura et numero et pondere disposuisti*: Die Auslegung von Weish 11,20 in der lateinischen Patristik. In: Mensura. Maß, Zahl, Zahlensymbolik im Mittelalter, Bd. 1. Hrsg. von Albert Zimmermann. Berlin/New York 1983, S. 1–21, S. 1.

374 Harald Witthöft: Städtisches Gewicht – Ordnung, Amt, Zeichen. In: Anzeiger des Germanischen Nationalmuseums und Berichte aus dem Forschungsinstitut für Realienkunde (1993), S. 117–131, S. 117.

375 *Tractatus de restitutione*, S. 208.

pfunt und *pfenningen* die Rede, ist diesseits einer Diskussion des spezifischen Wertes immer auch der Anspruch einer standardisierten Wertzuweisung zu berücksichtigen. Diese Einheiten mögen zwar institutionalisiert sein, *dass* der Markt aber überhaupt als Ort einer solchen Wertbestimmung angesehen wird, ist jedoch viel eher ein Ergebnis konventionalistischer Setzung, die sich im Geltungsanspruch von Präge- und Gewichtseinheiten niederschlägt.

4 Marktgeschichten

„Jedwede wissenschaftliche Auseinandersetzung kann über die, in diesem Sinne kanonischen Texte hinausgehen, darf sie aber nicht außer Acht lassen.“[1] Einen derartigen normativen Anspruch diagnostiziert Bartsch bei Karl Lachmann, der als einer der ersten Akteure der germanistischen Mediävistik an der Zementierung des kanonischen Stellenwerts von Hartmann von Aue, Wolfram von Eschenbach und Gottfried von Straßburg mitgewirkt habe. Bei der Formalisierung einer historischen Narratologie von Marktgeschehen muss dieser Grundsatz jedoch ignoriert werden. Es kann bereits als erster Befund der Korpusauswahl gelten, dass die höfischen Romane des altgermanistischen Kanons ihre zentralen Narrative nicht durch Konventionen und Vokabular des merkantilen Geschehens aufbauen.[2] Über das von Brennig herausgearbeitete Auftreten des Kaufmanns als Reisehelfer, Gastgeber, Verkleidung oder Indikator für politische Stabilität[3] gehen diese Texte scheinbar kaum hinaus.

In den bisherigen Kapiteln sind unterschiedliche Aspekte besprochen worden, die das Erzählen von wirtschaftlichen Zusammenhängen in mittelhochdeutscher Literatur aus unterschiedlichen Perspektiven beleuchten. Mithilfe der kulturwissenschaftlich anschlussfähigen Wirtschaftstheorie der *économie de conventions* konnte dargelegt werden, dass es übereilt wäre, von der modernen Denkfigur der individuellen Gewinnmaximierung ausgehend direkt auf einen ökonomischen Diskurs zu schließen. Der Ausweg, der daraufhin vorgeschlagen wurde, also die Frage nach der Repräsentation merkantiler Prozesse, Utensilien und Orte in erzählender Literatur, prägt die im Folgenden analysierten Texte.

1 Bartsch: Programmwortschatz, S. 17.

2 Entsprechende Strukturprinzipien und dominante Wortfelder in höfischen Romanen wurden jedoch durchaus bereits untersucht. So schließt die Arbeit Pensels zu rechtssprachlichen Termini in Texten Hartmanns von Aue und Gottfrieds von Straßburg Begriffe des reziproken Tauschs natürlich mit ein (Pensel: Rechtssprachliches). Auch Bartschs Untersuchung zum Programmwortschatz beleuchtet ein spezifisches semantisches Feld (vgl. Bartsch: Programmwortschatz), mit dem die hier verhandelten Fragen jedoch weniger Berührungspunkte aufweisen.

3 Die ersten drei Punkte fassen grob die Betätitgungsfelder und literarischen Anwendungen zusammen, mit denen Brennig sich befasst (Brennig: Kaufmann). Mit Bezug auf den Kaufmann Wimar in Wolframs *Parzival* ist zusätzlich noch die Funktion der Konstruktion einer friedlichen und wohlhabenden diegetischen Welt angesprochen, die in der vorliegenden Arbeit nicht berücksichtigt wurde, auf die Brennig gegen Ende seiner Arbeit zu sprechen kommt. Brennig: Kaufmann, S. 407: „Die Präsenz von Kaufleuten Wimarschen Formats setzt nämlich nicht nur das Vorhandensein einer hinreichend großen Anzahl zahlungskräftiger, kultivierter, luxusorientierter, an aufwendiger Repräsentation interessierter Personen (etwa höfisch-ritterliche Kreise) voraus, sondern [...] die Beziehungen zwischen Kaufmann und potentiellen Kunden (vor allem dem Adel) können nur wirksam und fruchtbar werden, wenn die politischen, wirtschaftlichen und sozialen Verhältnisse des Raumes, in dem sich beide begegnen, stabil sind, Friede herrscht und (bestenfalls) festlich gestimmte Freude.“

https://doi.org/10.1515/9783110776188-004

Alle ausgewählten Texte[4] weisen also ein entscheidendes narratives Moment auf, das mit einem Marktort oder den zu diesem Ort gehörigen Praktiken in Verbindung steht. Solche merkantilen Interaktionen im größeren Kontext anderer Prozesse von Tausch und Gabe gilt es im Folgenden zu beleuchten, ohne den Markt dabei mit dem als Anachronismus identifizierten ‚ökonomischen Prinzip' gleichzusetzen.

4.1 Am Rande der Erzählliteratur: Der Markt in drei *bîspeln* des Strickerkorpus

Mittehochdeutsche Erzählliteratur besteht nicht im luftleeren Raum. Nicht nur überwinden Motive, Erzählkerne und narrative Schemata Sprachgrenzen.[5] Angesichts gemeinsamer Überlieferungen und populärer Motive dürfen auch Gattungsgrenzen nicht zu scharf gezogen werden, nicht einmal die heuristische Unterscheidung zwischen Erzählliteratur und einem davon getrennten Außenbereich erscheint unverrückbar. Werden im Folgenden ausschließlich volkssprachige narrative Texte analysiert, so muss doch auch die schriftliche Umgebung derselben Beachtung finden. Dies ist einzugrenzen auf Texte, die ebenfalls das Thema *Markt* verhandeln und bei denen aufgrund formaler oder überlieferungsgeschichtlicher Nähe ein Bezug zur Erzählliteratur angenommen, bzw. nicht ausgeschlossen werden kann. Da die mittelhochdeutsche Erzählliteratur also in einen weit größeren Kontext der Schriftlichkeit des 13. Jahrhunderts eingebettet ist, sollen diese *Ränder der Erzählliteratur* hier vorab beleuchtet werden.[6] In Texten wie

4 Die Texte, die in den einzelnen Kapiteln behandelt werden, werden in Zitaten dabei nicht mit Siglen versehen. Für alle weiteren Texte wird das Siglensystem aus Kap. 3 weiterverwendet.

5 Auf die große Bandbreite an Literatur zum Sprachkontakt in Gattungen wie dem Artusroman, dem Antikenroman oder den *chanson de geste* kann hier nicht eingegangen werden. Im Bereich kleinerer Erzähltexte, besonders des Strickers, sei nur auf Maryvonne Hagby: man hat uns fur die warheit ... geseit. Die Strickersche Kurzerzählung im Kontext mittellateinischer ‚narrationes' des 12. und 13. Jahrhunderts. Münster 2001 und Klaus Grubmüller: Die Ordnung, der Witz und das Chaos. Eine Geschichte der europäischen Novellistik im Mittelalter: Fabliau – Märe – Novelle. Tübingen 2006 sowie auf die fruchtbare Diskussion des Gattungsbegriffs im Vergleich zur Novelle Boccaccios bei Andreas Hammer: Boccaccio und die ‚Einfache Form'. Vom literarischen Aufbrechen mittelalterlicher Erzählformen in den Novellen I,1 und II,1 und einem Vergleich zum Stricker. In: Giovanni Boccaccio. Italienisch-deutscher Kulturtransfer von der Frühen Neuzeit bis zur Gegenwart. Hrsg. von Ingrid Bennewitz unter Mitwirkung von Laura Auteri und Michael Dallapiazza. Bamberg 2015, S. 25–52, verwiesen.

6 Was zu einem literarischen und was zu einem nicht-literarischen Schrifttum gehört, kann nicht ahistorisch festgelegt werden. In seiner Diskussion einer historischen „‚Literarizität' bzw. ‚Poetizität'" (S. 15) verweist Tobias Bulang: Enzyklopädische Dichtungen. Fallstudien zu Wissen und Literatur in Spätmittelalter und früher Neuzeit. Berlin/Boston 2011, S. 20, auf den historischen Umstand, dass immer wieder „die konventionellen Grenzen der Dichtung neu abgesteckt werden." Vgl. auch Hans-Jochen Schiewer: Narrative Exempla in der frühen deutschen Predigt. In: Erzählungen in Erzählungen. Phänomene der Narration in Mittelalter und Früher Neuzeit. Hrsg. von Harald Haferland. München 1996, S. 199–219, S. 202, zum Gebrauch von Exempeln in deutschsprachigen Predigten: „In die

bîspeln und Predigten finden sich zeitgenössische Reflexionen zum Markt, die durch eine große Anzahl an Quellenbegriffen und explizite Wertungen modernen Rezipient:innen ein Regulativ an die Hand geben, in welchem Kontext Märkte auch in größeren Erzähltexten zu bewerten sind.

4.1.1 *Bîspel*: Eine lehrhafte Gattung und ihre literarische Umgebung

Bîspel stehen als Gattung bereits im Mittelalter in einer langen, Sprachgrenzen übergreifenden schriftlichen Tradition.[7] Es handelt sich um Erzählungen, „deren Sinn nicht im Erzählten selbst liegt",[8] sondern die zumeist durch ein Epimythion eine eigentliche Bedeutung des narrativen Teils ausbreiten, bzw. diesen allegorisch erst mit einer Bedeutung versehen.[9] Einem Erzählteil muss nicht immer das gleiche Epimythion zugeordnet sein,[10] doch kann die Existenz eines solchen als Konstituens

Predigt, die den Status von ‚Rede' hat, wird eine Prosaerzählung inseriert. Somit werden wir zwar keine Märensammlung aus der frühen deutschen Predigt herausfiltern können, aber eine Sammlung von Prosaerzählungen, die am Beginn deutschsprachiger Erzählprosa steht."

7 Folgt man Grubmüller, kann der Tradition nicht widersprochen werden (vgl. Grubmüller: Ordnung, S. 13 f.). Ob das Exempel jedoch eine eigene Gattung bilde, sei nicht so eindeutig. Gemeinsam mit Anekdote, Fabliau, Märe und Novelle zähle das Exempel zum Typus der „pointierte[n] Kurzerzählung", die „belehrend [...] oder witzig unterhaltend [...]" wirken (ebd.). Dennoch scheint für Grubmüller das Exempel nicht den gleichen Status wie andere literarische Kurzformen einzunehmen, vgl. Grubmüller: Ordnung, S. 106: „Das Exempel hat für sich genommen keine Struktur. Es ist, zumeist erzählend aufgebautes, episodisches Material, das zur Illustration von Aussagen geeignet ist. Überliefert ist es entweder in dieser unselbständigen, dienend-illustrierenden Funktion (z. B. in der Predigt) oder – in den Sammlungen – als zur Verwendung bereit gestelltes Material, als potentieller Textbaustein, der der Form seines Trägertextes mühelos eingepaßt werden kann. Das Exempel ist ein unselbständiger Text ohne formale Prägung. Es konstitutiert seinen Sinn nicht aus sich, sondern mit Hilfe des Kontextes, den es illustriert." Vgl. an Grubmüller anschließend auch Armin Schulz: Erzähltheorie in mediävistischer Perspektive. Studienausgabe. Hrsg. von Manuel Braun, Alexandra Dunkel, Jan-Dirk Müller. 2., durchgesehene Aufl. Berlin/Boston 2015, S. 135 f. Zum Einsatz von *exempla* als Bausteine in Predigten des 13. Jahrhunderts vgl. Hans-Jochen Schiewer: Predigt als Textsorte. Bettelorden und volkssprachige Prosa im 13. Jahrhundert. In: Textsorten deutscher Prosa vom 12./13. bis 18. Jahrhundert und ihre Merkmale. Akten zum internationalen Kongress in Berlin, 20. bis 22. September 1999. Hrsg. von Franz Simmler. Bern [u. a.] 2002, S. 275–287, S. 282.

8 Reinhard Dithmar: Art. Fabel. In: *EM Online*.

9 Neben dem Epimythion kann auch ein Promythion Teil des Textes sein, ohne das Epimythion zu ersetzen. Vgl. Franz-Josef Holznagel: Gezähmte Fiktionalität. Zur Poetik des Reimpaarbispels. In: Die Kleinepik des Strickers. Texte, Gattungstraditionen und Interpretationsprobleme. Hrsg. von Emilio González, Victor Millet. Berlin 2006, S. 47–78, S. 70. Durch die Zusammengehörigkeit von Narration und Epimythion verschiebt sich auch der selbständige „Anspruch auf eine Geltung der Literatur" (Bulang: Enzyklopädische Dichtungen, S. 22), so dass *bîspel* in ihrem kommunizierten Selbstverständnis von Gattungen stärkerer poetischer Reflexion unterschieden werden können.

10 Die Herstellung von Bedeutung durch Interpretation im Epimythion hat Michael Schwarzbach-Dobson: Narration – Argumentation – Epimythion. Zum rhetorischen Potential exemplarischer Kurz-

der Textgruppe gelten.[11] Die Anknüpfung des mittelhochdeutschen *bîspels* an lateinische Erzähltraditionen ist begrifflich nicht einfach zu fassen. Michael Schwarzbach-Dobson hat auf Forschungsergebnissen Päivi Mehtonens[12] aufbauend umfangreich dargestellt, wie die antiken Mittel der Rhetorik von *fabula, argumentum* und *historia* im Mittelalter als Erzählkategorien adaptiert werden[13] und wie schwierig sich anhand der zeitgenössischen Quellen die Unterscheidung und Übersetzung dieser Begriffe bestimmen lässt.[14]

Daneben ist nicht nur zu beachten, in welcher literarischen oder rhetorischen Tradition *bîspel* sich verorten lassen, sondern auch in welchem überlieferungsgeschichtlichen Zusammenhang sie stehen. Die drei unten besprochenen *bîspel* aus dem Strickerkorpus[15] sind unter anderem in Sammelhandschriften kleinerer Texte

erzählungen des Mittelalters (Fabel, Gleichnis, historisches Exempel). In: *narratio* und *moralisatio*. Hrsg. von Björn Reich, Christoph Schanze. Oldenburg 2018, S. 69–99, anhand des Strickerschen *bîspels Der Waldschrat* deutlich gemacht, vgl. S. 89–91. Die Wechselwirkung von narrativem und diskursivem Teil, so schlussfolgert Schwarzbach-Dobson ebd., S. 91, kann produktiv auf den Rezeptionsprozess des Textes wirken: „Die Gestaltungsmöglichkeiten in der Relation von Erzählung und Epimythion sind Resultat eines unabgeschlossenen rhetorischen Prozesses, der je nach Bedarf andere Schwerpunkte setzen kann."

11 Auf die zentrale Bedeutung des Epimythions verweist Fritz Peter Knapp: Mittelalterliche Erzählgattungen im Lichte scholastischer Poetik. In: Exempel und Exempelsammlungen. Hrsg. von Walter Haug, Burghart Wachinger. Tübingen 1991, S. 1–22, S. 3, da „der Bildteil in seinem Verhältnis zum Auslegungsteil im Prinzip offen, d. h. bivalent ist. Derselbe Bildteil kann offenkundig im Typ B1 und im Typ B2 auftreten, erst der verschieden strukturierte Auslegungsteil entscheidet über die Typenzugehörigkeit." Die „konstitutive Verbindung aus Erzählteil und Auslegungsteil" nennt auch Holznagel: Gezähmte Fiktionalität, S. 49, als eines der fünf Kriterien für die Bestimmung von „Reimpaarbispeln".

12 Päivi Mehtonen: Old concepts and new poetics. historia, argumentum, and fabula in the twelfth- and early thirteenth-century Latin poetics of fiction. Helsinki 1996.

13 Vgl. Schwarzbach-Dobson: Exemplarisches Erzählen, besonders S. 52 u. 55.

14 Eine genaue Eingrenzung mit Bezug zu mittelalterlichen Gattungsvorstellungen ist jedoch nicht möglich, wie Schwarzbach-Dobson, ebd., S. 61, zeigen konnte: „[Das Mittelalter] stellt [...] ein breites Spektrum an eigenen Begrifflichkeiten parat, deren Uneinheitlichkeit jedoch eine feste Definition erschwert: Für die Fabel *apologus, fabula, fabella, exemplum* im Lateinischen, *bîspel* und *fabel* im volkssprachigen Raum; für das Gleichnis *argumentum, parabola, similitudo, exemplum* im Lateinischen, *glîchnis, bilde, bîspel* im volkssprachigen; für das historische Exempel *historia* und *exemplum* im Lateinischen, *bîspel* und *bilde* in volkssprachigen Texten." Zusätzlich ist noch die Beobachtung Schiewers zu nennen, der für alttestamentliche Exempla in mendikantischer Literatur auch den Begriff der *urkunde* belegt (Schiewer: Predigt als Textsorte, S. 282).

15 Die Zuschreibung der Texte zum Strickerkorpus spiegelt hier einerseits editorische Entscheidungen wieder, zum anderen aber auch die diesen Entscheidungen zugrundeliegenden überlieferungsgeschichtlichen Befunde, dass sowohl *Der Marktdieb* wie auch *Die zwei Märkte* und *Der Krämer* (unter anderem) im Überlieferungsverbund der großen Sammelhandschriften stehen. Fragen der Autorschaft hier eingehend zu diskutieren halte ich für nicht zielführend. Wird im Folgenden vom Strickerkorpus gesprochen, wird dieser Begriff konventionell für das editorisch damit bezeichnete Konvolut verwendet.

überliefert und finden sich somit in direkter Nachbarschaft zu Formen kleinepischen Erzählens.[16] Zur Trennung von *bîspeln* und anderen Kleinformen hat Franz-Josef Holznagel sechs Kriterien zusammengestellt, die das *bîspel* in seiner Form als „Reimpaarbispel“ genau bestimmen. Diese sechs Kriterien belaufen sich auf die „stichische Form“, die relative Kürze des Textes, die „konstitutive Verbindung aus Erzählteil und Auslegungsteil“, die analogische Beziehung dieser beiden Ebenen „bei gleichzeitiger Generalisierung“, die „relative Eigenständigkeit“ sowie das Vorhandensein eines heterodiegetischen Erzählers im Auslegungsteil.[17] Diese Abgrenzung ist offensichtlich ausschließlich formaler Natur, sagt jedoch nichts über die inhaltliche Ausrichtung der Texte aus. Ungeachtet der mal weltlichen, mal geistlichen Interpretationsrahmen dieser Texte, kann jedoch für alle kleineren Textgattungen gelten, dass weltlicher Besitz häufig thematisiert wird und auch die Erzählanlässe mitbestimmt.[18]

Die Bedeutung eines *bîspels*, die im Epimythion ausgebreitet, bzw. diskursiv hergestellt wird, ist, wie Sabine Böhm es für das Strickersche Korpus festhält, häufig eine religiöse, die „anhand zwischenmenschlicher Beziehung“ oder anhand „anderer Alltagsbilder“ verdeutlicht wird.[19] Diese anderen Alltagsbilder sind „z. B. der Handel, der Markt und das Wirtshaus, die Jagd und das Sozialgefüge.“[20] Von besonderer Bedeutung für diese Arbeit sind *bîspel*, bzw. Exempla deswegen, da sie helfen können, jenseits der narrativen Konventionen literarischer Langformen den Blick auf Narrativierungsmöglichkeiten vordiskursiver Praktiken wie das Marktgeschehen zu erweitern. Aaron J. Gurjewitsch schreibt dem Exemplum des Mittelalters aufgrund der aus rhetorischen Gründen gewollten Anschlussfähigkeit an das Alltagsleben der Rezipient:innen sogar historischen Quellenwert zu, da in diesem „Mikrokosmos des mittelalterlichen Bewußtseins“ profane Alltagswelt und überirdische Einwirkung miteinander verschränkt seien.[21]

---

16 Der Oberbegriff der „Kleinepik“ für die kürzeren Texte des Strickers wird in der recht weiten Art benutzt, wie er im Titel des Sammelbandes Emilio González, Victor Millet (Hrsg): Die Kleinepik des Strickers. Texte, Gattungstraditionen und Interpretationsprobleme. Berlin 2006 erscheint. Zur Verwandtschaft der Gattungen *bîspel* und Schwank vgl. Hans Jürgen Scheuer: Schwankende Formen. Zur Beobachtung religiöser Kommunikation in mittelalterlichen Schwänken. In: Literarische und religiöse Kommunikation in Mittelalter und Früher Neuzeit. DFG-Symposion 2006. Hrsg. von Peter Strohschneider. Berlin/New York 2009, S. 733–770.

17 Holznagel: Gezähmte Fiktionalität, S. 49.

18 Für Mären und deren literarisches Umfeld hat dies Reichlin deutlich herausgearbeitet (Reichlin: Ökonomien).

19 Sabine Böhm: Der Stricker – Ein Dichterprofil anhand seines Gesamtwerkes. Frankfurt am Main 1995, S. 36. Vgl. auch Gurjewitsch: Stumme Zeugen, S. 117: „Gleichgültig, woher die Verfasser der *Exempla* ihr Material nahmen, sie beabsichtigten, es in Form von Szenen aus dem Alltagsleben zu präsentieren. Und dieses Leben hat tatsächlich auf den Seiten der *Exempla*-Sammlungen seinen Niederschlag gefunden [...].

20 Böhm: Der Stricker, S. 36.

21 Gurjewitsch: Stumme Zeugen, S. 118. Diese Nähe zum Alltag hat das Exemplum laut Gurjewitsch mit der Predigt gemein, in der ja auch Exempla zum Einsatz kommen können. Vgl. ebd., S. 152:

Bîspel sind also teils Erzählung, teils Auslegung. Nicht nur die verhandelten Themen sind dabei zumeist religiös, das „exemplarische Erzählen“[22] kann auch, so Schwarzbach-Dobson, mit „den Gleichnissen Jesu“ auf Texte zurückgreifen, „die sich zwar in einem der Wahrheit zugeschriebenen Text, der Bibel, finden, gleichzeitig jedoch von ihrem intradiegetischen Erzähler selbst als nicht-historisch [...] gekennzeichnet werden.“[23] Der epistemische Status des Erzählten unterscheidet sich also durch Auslegung und literarische Tradition von dem des epischen Erzählens.

Eine solche Erzählerposition findet sich sowohl in volkssprachigen und lateinischen Exempla, wie auch in Predigten, die auf derartige Exempla zurückgreifen.[24] Die *artes praedicandi* des 12. und 13. Jahrhunderts eröffnen solche Spielräume für die Exegese weltlicher Wissensinhalte.[25] Die darauf aufbauende intensive Nutzung allegorischer Verfahren[26] in Predigten des 13. Jahrhunderts ist von Oberste bereits beschrieben worden:

> Hatte in der theologischen Tradition der alten lateinischen Homelie die Erkenntnis Gottes für den Predigenden quasi den Charakter einer Introspektion, an der seine Mitbrüder teilhaben konnten, die aber dem Verständnis und Erfahrungsraum von Laien a priori entzogen war, so übernahm die neue Volkspredigt nicht allein den nach außen gerichteten Dienst der menschlichen

„Man sollte nicht vergessen, daß es kaum ein anderes Genre aus dem vielfältigen, reichen literarischen Erbe des Mittelalters an Universalität mit der Predigt aufnehmen kann. Universalität in dem Sinne, daß die Predigt auch die reale Erfahrung der Menschen umfaßt und religiöse und andere Werte, die in der Gesellschaft herrschten oder ihr von der Kirche vorgegeben wurden, betrachtet.“ Zur Alltagstauglichkeit interdiskursiver Kollektivsymbole, die fachdiskursives Spezialwissen vermitteln können, vgl. Link: Interdiskursanalyse, S. 288 f.

22 Der Begriff ist von Schwarzbach-Dobson: Exemplarisches Erzählen übernommen, um das schwer zu unterscheidende Feld von Fabel, Gleichnis und (historischem) Exempel zusammenzufassen.

23 Ebd., S. 57.

24 Über die Figur des Strickers, so ungesichert ihre literarische Arbeit auch sein mag, ist viel gesagt worden bezüglich ihrer klerikalen Verortung. Folgt man Böhm: Der Stricker, S. 21, darf die Verbindung des Strickers zur mendikantisch geprägten Predigtliteratur des 13. Jahrhunderts nicht überbewertet werden: „Trotz der weitgefächerten Gelehrsamkeit, die in seinen Texten deutlich zutage tritt, hat der Stricker nicht wirklich in die theologischen Diskussionen seiner Zeit eingegriffen. Seine geistlichen Lehren reflektieren im großen und ganzen nur den mittelalterlichen Gemeinbesitz der kirchlich-dogmatischen Lehre, wie sie vor allem durch die Predigt vermittelt wurde.“ Jenseits einer problematischen Autorgestalt kann aber durchaus die Nähe der einzelnen Texte zu klerikalen Strömungen ermessen werden.

25 Zur Öffnung der Predigtpraxis hin zu außerbiblischen Stoffen, vgl. Michael Menzel: Predigt und Geschichte. Historische Exempel in der geistlichen Rhetorik des Mittelalters. Köln 1998, besonders S. 48 f.: „Wo die *ratiocinatio* alle möglichen Inhalte in die Theologie hineingebracht hat, dort kann man nun umgekehrt über alles mögliche auch theologisch reden. Viel mehr als nur die Bibel kann zum Gegenstand der Exegese gemacht werden. Alles beruht auf der Schöpfung Gottes, alles ist daher in irgendeiner Weise theologisch interessant, aussagekräftig und verwendbar.“

26 *Bîspel* und Predigt machen dabei beide regen Gebrauch von der *permixta allegoria*, die didaktisierend sowohl die auszudeutende Erzählung, wie auch explizit ihre Bedeutung vermittelt. Vgl. Gerhard Kurz: Zu einer Hermeneutik der literarischen Allegorie. In: Formen und Funktionen der Allegorie. Symposion Wolfenbüttel 1978. Hrsg. von Walter Haug. Stuttgart 1979, S. 12–24, S. 15 f.

> Seelenrettung, sondern sie diente insgesamt und in beidseitigem Nutzen der Zusammenführung von theologischer und laikaler Erfahrung, von göttlichen Invisibilia und profanen Geschäften, von Kirche und Gesellschaft.[27]

Die basale rhetorische Figur der Predigt und im Speziellen der hier beschriebenen Volkspredigt besteht in der Operation metaphorischer Verschiebung, genauer der Allegorisierung des Erzählten. Ein Teil dieser laikalen Erfahrung, die Oberste anspricht, bestand nun im „städtischen Markttreiben[...]",[28] das daher auch einen wichtigen Platz im metaphorischen Repertoire mittelalterlicher Predigten einnehme.[29] Zusätzlich gewinne die merkantile Metaphorik in franziskanischer Predigt an Bedeutung, gerade weil der Hl. Franziskus selbst einem kaufmännischen Hintergrund entstammte.[30] Besonders Oberste und Nicole Bériou haben die Verwendungen solch merkantiler Metaphorik in Predigten dargestellt:[31] Es finden sich sowohl Predigten über „christliches

---

27 Oberste: bonus negotiator, S. 434.

28 Ebd., S. 435.

29 Dies gilt bereits für das Frühmittelalter und auch für weitere theologische Textformen jenseits der Predigt. Dies hat Quaas: Market Exchange ausführlich zeigen können. Diese Interdependenz fordert auch, dass Mitglieder der Kirche sich damit vertraut machten, wie die Prozesse des Marktes genau ablaufen. Ganz praktisch ergibt sich dieses Problem bei der klerikalen Bewertung von Wucher im 13. Jahrhundert, der von anderen Formen der Preissetzung unterschieden werden muss. Vgl. Kaye: Balance, S. 40 f.: „For Pope Innocent, the test became wether the terms agreed to (i. e., the sum of the annual payment in proportion to the sum originally given) fell within the price bounds of 'common estimation,' and if they exceeded those bounds, the contract was to be judged unequal and illicit. But how was a judge or priest or confessor to make this determination? From the mid thirteenth century at the latest, those who were called upon to judge the liceity of such contracts were required to make themselves intimately familiar with the vagaries of the marketplace if they were to be knowledgeable about 'common prices' and their variation over time. They were, in effect, required to recognize the complex and ever-shifting workings of commercial agreement and exchange, required to consider the changing relations between parties to a contract and their varying chances of gaining or losing, and required to comprehend the intricate movement of prices and its causes. The capacity to comprehend these subjects, in turn, required observers, whether lawyer or theologian, to 'think' with probabilities, proportionalities, estimations and sliding scales. As they did so, not only did their determinations concerning which contractual forms conformed to the requirement of equality change, but so too did their very sense of what *aequalitas* might look like."

30 Lester K. Little: Religious Poverty and the Profit Economy in Medieval Europe. Ithaca 1978, S. 200: „The friars further reflected the society they entered by their frequent use of a marketplace vocabulary, a practice that gained authority and impetus from that one-time cloth merchant, Francis of Assisi." Vgl. ebd. auch zum franziskanischen Werk des *Sacrum Commercium*.

31 Vgl. Nicole Bériou: L'esprit de lucre entre vice et vertu. Variations sur l'amour de l'argent dans le predication du XIIIe siècle. In: L'Argent au Moyen Âge. XXVIIIe Congrès de la S.H.M.E.S. (Clermont-Ferrand 1997). Hrsg. von der Société des Historiens Médiévistes de l'Enseignement Supérieur Public. Paris 1998, S. 267–287 sowie Oberste: bonus negotiator. Weitere Entwicklungen des 13. Jahrhunderts, die an die Verwendung merkantilen Vokabulars gekoppelt sind, ließen sich nennen. So hat Adam J. Davis: The Medieval Economy of Salvation. Charity, Commerce, and the Rise of the Hospital. Ithaca 2019 die Gründung von Hospitälern im Mittelalter beleuchtet und diesen Vorgang mit einer diskursi-

Handeln und das Glaubensgeheimnis des göttlichen Wirkens in den Termini ökonomischer Austauschbeziehungen",[32] als auch „das kirchliche Lasterschema, die Schliche des Teufels und die schädlichen Konsequenzen für das Seelenheil" in der Bildsprache „des städtischen Markttreibens".[33] Ihre rhetorischen Bilder beziehen Predigten dabei nicht zuletzt aus Exempelsammlungen.[34]

Während für Predigten jedoch lateinische Exempelsammlungen häufig als thematische Fundgruben dienten, seien volkssprachige Exempel nach Nicole Eichenberger auch direkt auf die Rezeption eines an der Textgestalt interessierten Publikums ausgerichtet:[35]

> Durch diese Unterschiede bezüglich der Rezeptionssituation verschiebt sich der Autoritätsanspruch bei den volkssprachigen Erzählungen zum Text selbst und kommt v. a. in seiner formalen Gestalt zum Ausdruck. Dieser ästhetische Anspruch wird umgesetzt durch die Anknüpfung an die höfische Literaturtradition. Während das lateinische (Prosa-)exempel den Charakter des vorläufigen, prinzipiell unfesten und für Neuaktualisierungen offenen Textes hat, ist die volkssprachige Verserzählung ein ‚endgültiger', zu einem Ganzen geformter Text, dessen Anspruch gerade in dieser Form liegt.[36]

Zwar werden die volkssprachigen Exempel somit besonders anschlussfähig für literaturwissenschaftliche Betrachtungen, der didaktisch-moralische Anspruch der Texte darf dabei aber nicht außer Acht gelassen werden. Eichenbergers starke Zweiteilung muss daher relativiert werden. Romy Günthart konnte mit Verweis auf Überlieferungszusammenhänge und Überlegungen zum Gattungsbewusstsein zeigen, dass die Autonomie narrativer Kleinformen im zeitgenössischen Rezeptionshorizont nicht überbewertet werden sollte.[37] Zudem hat Hans-Jochen Schiewer im überlieferten Korpus deutschsprachiger Predigten von 1150 bis 1210 (wohlgemerkt also vor der Zeit der

---

ven „‚laicization of charity'" in Verbindung gebracht, die die vorbildliche, da caritativ ausgerichtete Verwendung weltlicher Güter beschreibt. Dabei steht stets die angestrebte Konversion weltlicher in himmlische Güter im Hinter- oder sogar Vordergrund, die der Praxis des Almosengebens zugrunde liegt (vgl. ebd., S. 36–48).

32 Oberste: bonus negotiator, S. 434.

33 Ebd., S. 435.

34 Nicole Eichenberger: Geistliches Erzählen. Zur deutschsprachigen religiösen Kleinepik des Mittelalters. Berlin/Boston 2015, S. 97. Eine weitere Schicht bildet die Beziehung von Exempel zu Sprichwort. Vgl. dazu mit Fokus auf lateinische Exempelsammlungen den Sammelband Hugo O. Bizzarri, Martin Rohde (Hrsg.): Tradition des proverbes et des exempla dans l'Occident médiéval / Die Tradition der Sprichwörter und exempla im Mittelalter. Berlin/Boston 2009, darin besonders den Beitrag Marie Anne Polo de Beaulieu, Jacques Berlioz: ‚Car qui a le vilain, a la proie'. Les proverbs dans les recueils d'exempla (XIIIe-XIVe siècle), S. 25–66.

35 Natürlich bestehen Überschneidungen zwischen volkssprachigen und lateinischen Exempeltraditionen. Ausführliche Analysen solcher Erzähltraditionen auf beiden Seiten der Sprachgrenze finden sich besonders bei Hagby: Strickersche Kurzerzählung und Eichenberger: Geistliches Erzählen.

36 Ebd., S. 98.

37 Vgl. Romy Günthart: Mären als Exempla. Zum Kontext der sogenannten „Strickermären". In: ABäG 37 (1993), S. 113–129, S. 125–128.

Mendikantenorden!) 48 narrative Exempla in 829 Predigten ausmachen können.[38] Generalisierende Aussagen über eine Scheidung von deutschen und lateinischen Predigten und Exempla sollten also eher mit Vorsicht genossen werden.[39]

Werden im Folgenden drei mittelhochdeutsche *bîspel* des Strickers untersucht, sind also sowohl geistliche wie auch laikale Erzähl- und Diskurstraditionen zu beachten, die den Stoff, die Form und die Argumentationsweise des Textes beeinflussen. Um aber den Produktions- und Rezeptionsrahmen von *bîspeln* gleich welcher Sprache vor Augen zu stellen, soll hier näher auf die Predigt im 13. Jahrhundert eingegangen werden; stellt doch, folgt man Ariane Czerwon, die Predigt „die zentrale literarische Gattung innerhalb der christlichen Welt des europäischen Mittelalters" dar.[40] Dies gilt zumindest insofern, als dass das Konzept der franziskanisch geprägten Volkspredigt zu Beginn des 13. Jahrhunderts Karriere macht und damit auch die orale und literale Kultur einschneidend verändert. Lester K. Little schlägt zudem vor, die neue Popularität der Volkspredigt in sozialhistorischem Sinne an eine veränderte Kommunikationskultur in den von Verhandlungen und Disputen bestimmten Städten zurückzubinden: „Urban society fostered a need for a spirituality that would express itself in speech."[41]

38 Vgl. Schiewer: Narrative Exempla, S. 203 f. Mit der aufkommenden mendikantischen Predigtpraxis und den programmatischen *artes praedicandi* kann eine Steigerung des Einsatzes des Exempels in der Predigt angenommen werden, vgl. dazu ebd., S. 206.

39 Ariane Czerwon: Predigt gegen Ketzer. Studien zu den lateinischen Sermones Bertholds von Regensburg. Tübingen 2011, differenziert noch mit Verweis auf Beverly Mayne Kienzle: Introduction. In: The Sermon. Hrsg. von ders. Turnhout 2000, S. 143–174, dass die Schriftpredigt als literarische Gattung vom performativen Predigtereignis unterschieden werden muss. Schriftpredigt und Predigtvortrag können grundlegend voneinander abweichen, beispielsweise in der Sprache. Vgl. Czerwon: Predigt gegen Ketzer, S. 66 f.: „Ein denkbarer Unterschied zwischen Sprechakt und schriftlicher Version kann allein darin bestehen, daß die Sprache des Textes nicht mit der Sprache des Vortrages übereinstimmt, etwa dann, wenn – wie in den meisten Fällen der (franziskanischen) Volkspredigt – der Prediger in der Volkssprache predigte, während für die Schriftform das Lateinische benutzt wurde. In der Volkssprache überlieferte Predigten können ihrerseits wieder Übertragungen oder Bearbeitungen einer oder mehrerer lateinischer Vorlagen bilden, wie dies bei den deutschen Predigten Bertholds von Regensburg der Fall ist." Vgl. zur Schriftlichkeit der Predigt auch Kienzle: Introduction, S. 158–168. Grundlegend zur Predigt im 13. Jahrhundert auch Heinzle: Wandlungen und Neuansätze, Kap. Literatur und Frömmigkeit, Menzel: Predigt und Geschichte, Hans Jürgen Schiewer: German sermons in the Middle Ages. In: The Sermon. Hrsg. von Beverly Mayne Kienzle. Turnhout 2000, S. 861–961 (enthalten in diesem Sammelband finden sich auch europäische Predigten in verschiedenen Volkssprachen sowie die lateinische Tradition inklusive einiger Beispieltexte), Schiewer: Predigt als Textsorte, Christoph Fasbender: Worte und Werke. Stationen und Funktionen eines Toposgeflechts in der Predigtliteratur des Mittelalters. In: Predigt im Kontext. Hrsg. von Volker Mertens [u. a.]. Berlin/Boston 2013, S. 281–295.

40 Czerwon: Predigt gegen Ketzer, S. 65.

41 Little: Religious Poverty, S. 199. Ähnlich auch jüngst Davis: Economy of Salvation, S. 34, zur Situation der Volkspredigt in der Champagne des 13. Jahrhunderts: „Perhaps in an effort to appeal to commercially minded listeners, mendicant preachers and theologians used a vocabulary that

Zwar liegen bereits früher mit Werken wie der *Summa de arte praedicatoria* des Alanus ab Insulis Kompendien zur Kunst des Predigens vor,[42] doch beginnt mit der Institutionalisierung der franziskanischen Predigt ein neues Kapitel der christlichen Unterweisungspraxis: 1209 erteilt Innozenz III. „der Gemeinschaft des Franziskus" die Erlaubnis, „sich in der Bußpredigt in der Form der einfachen Laienexhorte zu engagieren."[43] 1215 dann wird auf dem Vierten Laterankonzil[44] vom selben Papst die „Bedeutung der Predigt als zentrale[s] Medium der religiösen Unterweisung [...] unterstrichen."[45] Diese neue Form der *exhortatio*, der zur Buße auffordernden Mahnrede, sollte sich „durch eine einfache, spontane und lebensnahe Art der Verkündigung" auszeichnen."[46] Da es also zum Programm der neuen Predigtpraxis des 13. Jahrhunderts gehörte, „auf die Überzeugungskraft und die Vermittlungsleistung des Vertrauten [...], d. h. auf die Feinabstimmung zwischen Exemplum und Lebenswirklichkeit der Rezipienten" zu setzen,[47] erscheint auch der gewählte praxeologische und konventionalistische Ansatz für das Verständnis merkantiler Zusammenhänge gerechtfertigt: die Bemühung um ein praxeologisches Verständnis erzählter Handlung ist nicht weit von der strukturierenden Grundlage zeitgenössischer argumentativer Texte entfernt. Um der zunehmenden Professionalisierung der franziskanischen Predigt gerecht zu werden, entwickelte sich kurz darauf ein vielschichtiges Universum an unterstützender Literatur zu Predigten, das sich im neuen pragmatischen Kontext weiterentwickelte:

---

was replete with market terminology to describe redemptive almsgiving as a kind of usurious loan to God that would be repaid a hundredfold."

42 Zum Inhalt des Traktats vgl. Czerwon: Predigt gegen Ketzer, S. 79 f. Noch weiter zurück greift Fasbender: Worte und Werke, S. 282 f., der unter anderem eine frühmittelalterliche Geschichte der *artes praedicandi* nachzeichnet: Zum einen ist da die *Doctrina christiana* von Augustinus. Sie „ist auf absehbare Zeit das letzte Werk, in dem ein christlicher Verfasser aus voller Kenntnis der säkularen Literatur und der forensischen Rhetorik eine explizite und ausführliche Auseinandersetzung mit der antiken *techné* des Redens führt." Ergänzend dazu erwähnt Fasbender, ebd., S. 283, dann die *Regula pastoralis* Gregors des Großen. Dieser greife „weniger die Qualität der Verkündigung als das Anforderungs- und Persönlichkeitsprofil des Verkündigers auf." Zum Bezug des Alanus ab Insulis auf die Schrift Gregors des Großen vgl. ebd., S. 285.

43 Czerwon: Predigt gegen Ketzer, S. 77. Zu Bestrebungen ähnlicher Armutsbewegungen zu Beginn des 13. Jahrhunderts vgl. Little: Religious Poverty, besonders S. 126–128.

44 Zur Problematik der Umsetzung einzelner Beschlüsse des Konzils vgl. Jeffrey M. Wayno: Rethinking the Fourth Lateran Council of 1215. In: Speculum 93,3 (2018), S. 611–637. Zur kulturellen Einordnung des Vierten Laterankonzils vgl. den Sammelband Michele C. Ferrari, Klaus Herbers, Christiane Witthöft (Hrsg.): Europa 1215. Politik, Kultur und Literatur zur Zeit des IV. Laterankonzils. Köln 2018. Zur Auswirkung des Vierten Laterankonzils auf die Predigtpraxis vgl. Menzel: Predigt und Geschichte, S. 90–112.

45 Czerwon: Predigt gegen Ketzer, S. 77.

46 Ebd.

47 Schiewer: Narrative Exempla, S. 206. Vgl. zur Alltagsbindung der ‚neuen' Predigt im 13. Jahrhundert auch Saller: Predigtwandel, S. 192–194.

> Dadurch, daß diese Handreichungen immer wieder neu benutzt und verwertet wurden, entstand allmählich eine ordenseigene Produktion von systematischer Ratgeberliteratur, wie z. B. biblische Wörterbücher, Exempla-Sammlungen und Zusammenstellungen passender Zitate der Kirchenväter und klassischer Autoren.[48]

Durch die Entwicklung einer schriftlich stark verbreiteten und an Alltagsinhalten interessierten geistlichen Literatur konnte sich eine Vorstellung des Marktes in volkssprachigen Erzähltexten formen, die denselben, wie Oberste gezeigt hat, als allegorische Figur aufgreift und argumentativ wie narrativ einsetzt. Dabei steht immer die Frage nach strukturellen Ähnlichkeiten von Markt und theologischen Inhalten im Raum, die rhetorisch ausgelotet werden. Oberste bietet dafür das anschauliche Beispiel des *bonus negotiator Christus*,[49] dessen „Kaufmannschaft im übertragenen Sinne“ mit einer „tatsächliche[n] Kaufmannschaft“ allegorisch in Verbindung gesetzt werde.[50] Oberste verweist hier innerhalb der Rhetorik der Predigt auf den metaphorologisch interessanten Fall der Übertragung des auszulegenden Vokabulars in den diskursiven Bereich. Ute Schwab hat diesbezüglich bereits 1958 auf den rhetorischen Einsatz des „Exemplum[s] in der Schulpredigt“[51] aufmerksam gemacht. Das eigentliche Thema der Rede werde „aus den Begriffen [...], die vorher im einleitenden Exemplum auftraten“ entwickelt.[52] Der reziproke Prozess merkantilen Handelns, sofern er im Exemplum dargelegt wird, kann somit allegorisch in die vertikale Verbindung von Menschheit und Gott verschoben werden.[53] So begegne in unterschiedlichen Predigten der Topos „des Gabentauschs irdischer und himmlischer Güter“,[54] wobei der Kaufmann, im Gegensatz zum Wucherer,[55] nicht nur negativ als Beispielfigur herangezogen werde. In Kreuzzugsaufrufen werden diejenigen, die das Kreuz nehmen sollen, mit Kaufleuten verglichen, denen sich „reiche Märkte“ eröffnen[56] und Bernhard von Clairvaux benutze den „alten Kaufmannstopos [...], der

48 Czerwon: Predigt gegen Ketzer, S. 84. Für den Dominikanerorden hält Menzel: Predigt und Geschichte, S. 103, fest: „Die Bibel, ein Buch *historiae* und eines mit Sentenzen bilden die drei grundlegenden Werke, mit denen jeder dominikanische Student von seiner Ordensprovinz auszustatten ist.“ Zur Professionalisierung des Predigerbetriebs vgl. auch Menzel: Predigt und Geschichte, S. 100–112.

49 Weitere Beispiele der spätantiken und frühmittelalterlichen lateinischen Literatur zu Christus als *mercator* und zur „Idee vom *sacrum commercium*“ finden sich bei Quaas: Sakralität und Handel, S. 115–119.

50 Oberste: bonus negotiator, S. 435.

51 Ute Schwab: Zur Interpretation der geistlichen *Bîspel*rede. In: Annali. Sezione Germanica 1 (1958), S. 153–181, S. 171.

52 Ebd., S. 172.

53 Schwab, ebd., S. 172 f., zeigt dies anhand des Themas „Ackerwirtschaft“ in einem Beispiel des Strickers.

54 Oberste: bonus negotiator, S. 436.

55 Vgl. ebd.

56 Ebd., S. 436 f., weitere Beispiele ebd., S. 438.

bereits bei Matthäus im Sinne klugen, vorausschauenden und ertragsorientierten Handelns verwendet wird.“[57]

Mit dem Aufkommen mendikantischer Orden[58] verfestige sich aber nach Oberste zunehmend ein Bildbereich, der gerade auch die negativ konnotierte Materialbezogenheit des Kaufmannsstandes herausstelle:

> [D]ie Allegorien der ewigen Stadt und des guten Kaufmanns verdichten sich um 1200 und endgültig bei den Mendikanten zu einem Gegenbild jener mehr und mehr von der städtischen Wirtschaft heraufbeschworenen Gefahr des materiellen, säkularen, profitorientierten Denkens.[59]

Christus, aber auch andere Figuren wie der Heilige Franziskus, denen heilsgeschichtliches Wirken zugeschrieben wird, werden mit dem Attribut des *bonus negotiator*, des guten Kaufmanns, belegt. Der *bonus negotiator* stehe dabei für ein Gegenmodell zum tatsächlichen Kaufmann, da in diesem Sinne die „üblichen kommerziellen Praktiken“ im Gegensatz zu „Nächstenliebe, Gerechtigkeit, Ehrlichkeit und Freigebigkeit“ erscheinen.[60] Auf der anderen Seite werde der realweltliche Kaufmann vom Teufel als *malus negotiator* flankiert, als Kaufmann oder Wucherer,[61] bei dem man immer nur Verlust mache (Weiteres dazu unten, Kap. 4.1.4).[62] Zwischen diesen beiden Polen kann aber auch der Kaufmann, sofern er ehrlich handelt, seinen gerechten weltlichen wie himmlischen Lohn erhalten. Ganz explizit findet sich eine solche franziskanische Verteidigung des ehrlichen Kaufmanns bei Berthold von Regensburg in seiner Predigt *Von den fünf Pfunden*:

---

57 Ebd., S. 437.

58 Zu den ersten Akteuren franziskanischer Literaturproduktion in Augsburg und Regensburg vgl. Heinzle: Wandlungen und Neuansätze, S. 66–78.

59 Oberste: bonus negotiator, S. 439. Die franziskanische Abkehr von der weltlichen Gesellschaft zugunsten der in der Einöde lebenden Armut findet sich auch als Teil des Plots im frühen franziskanischen Mysterienspiel *Sacrum commercium Sancti Francisci cum domina paupertate*. (Sacrum Commercium Sancti Francisci cum Domina Paupertate. Hrsg. vom Kollegium S. Bonaventurae. Florenz 1929, S. 37). Ein deutsche Übersetzung liegt vor in: Der Bund des Heiligen Franziskus mit der Herrin Armut. Hrsg. und übers. von Kajetan Eßer OFM, Engelbert Grau OFM. Werl/Westfalen 1966). Durch die übersetzerische Entscheidung im Titel, *commercium* durch *Bund* wiederzugeben, wird die bereits angesprochene Weite des lateinischen Begriffes deutlich, die sich nicht auf den merkantilen Bereich einschränken lässt. Zur Einordnung des Textes als Mysterienspiel sowie zu dessen narrativen Anteilen vgl. J. Patrick Quinn: Narrative Theology as a Hermeneutic for the further Understanding of the „Sacrum Commercium Beati Francisci cum Domina Paupertate“. In: Analecta TOR 21 (1989), S. 9–41.

60 Vgl. Oberste: bonus negotiator, S. 441.

61 Giacomo Todeschini: The Incivility of Judas: “Manifest” Usury as a Metaphor for the “Imfamy of Fact” (*infamia facti*). In: Money, Morality and Culture in Late Medieval and Early Modern Europe. Hrsg. von Juliann Vitullo, Diane Wolfthal. Farnham 2010, S. 33–52, S. 34, macht auf den Teufel als „usurer par excellence“ in den Schriften des Ambrosius von Mailand aufmerksam.

62 Vgl. Oberste: bonus negotiator, S. 442 f.

> Unde der koufman: swaz im ze gewinne gevellet an dem koufe, daz er durch gewin koufet âne geværde (daz mein ich: daz er niht für hât gekoufet ûf die lenge der zît, ûf das næher, unde niht gedinges gît ûf daz jâr umbe daz tiurre),[63] oder dâ mite dû nieman betriugest, daz hâstû mit rehte, wan man dînes amtes in keine wîse gerâten mac. Wir möhten der koufliute niemer enbern, wan sie füerent ûz einem lande in daz ander daz wir bedürfen, wan ez ist in einem lande dáz wolveile, sô ist in einem andern lande jenz wolveile: unde dâ von sullent sie diz hin füeren und jenz her, dâ von sullent si ir lôn ze rehte haben: daz ist ir gewin, den sie ze rehte gewinnent.[64]

In diesem Rahmen eines pragmatischen Schrifttums, das die Begriffe des Marktes nutzt, sie einerseits in ethische Zusammenhänge einordnet, diese aber andererseits auch durch die merkantilen Begriffe erhellt, muss die Analyse der *bîspel* erfolgen. Die *bîspel* bilden in gleich doppeltem Sinne eine hybride Gattungsform. Erstens, da sie nach den Kriterien Holznagels sowohl narrativ wie auch diskursiv verfahren, und zweitens, weil sie auch zwischen den – von der Forschung (re)konstruierten – mittelalterlichen Gattungen stehen: Die formale wie thematische Nähe zur Predigt ist von der Forschung genauso deutlich herausgestellt worden, wie die überlieferungsgeschichtliche Verortung der *bîspel*, die vielmehr die Ähnlichkeit zu anderen kleinen Textsorten wie dem Märe nahelegt.[65]

4.1.2 *Der Marktdieb* (Moelleken, Nr. 103)

Wie bereits festgehalten wurde, weisen *bîspel*, speziell geistliche *bîspel*,[66] grundsätzlich eine Zweiteilung auf, bei der ein narratives Geschehen durch eine diskursiv präsentierte und eben geistliche Deutung ergänzt wird. Böhm hat darauf aufmerksam gemacht, dass es im Strickerkorpus auch zwei *bîspel* gebe, die durch einen religiösen

63 Die Verfehlungen eines Kaufmanns wie Vor- und Aufkauf waren als „Form des Warenwuchers [...] wichtiger Gegenstand kommunaler Polizei- und Wirtschaftsgesetzgebung“ (Isenmann: Die deutsche Stadt, S. 957). Vgl. auch Kap. 3.2 zum Lexem *kouf*.

64 *Fünf Pfunde*, S. 18,33–19,5. Zum Verhältnis der Begriffe *lôn* und *gewin* vgl. Kap. 3.6.

65 Vgl. Günthart: Mären als Exempla, S. 117–120. Die Gattung des Märe ist dabei eigentlich gar keine valide Abgrenzung. Günthart, ebd., konnte zeigen, dass der Märenbegriff Fischers sich im zeitgenössischen Gattungsbewusstsein gar nicht abbilden lässt und auch diejenigen Texte, die unter dem Label *Märe* diskutiert werden, vermutlich im Kontext des Gebrauchs der Predigt nahestanden: „Der Schluß liegt nahe, analog zur Fabel auch für das Märe eine intendierte Verwendung in Predigt und Unterricht zu postulieren und den Strickermären den den Fabeln zuerkannten Status als rhetorische Sonderform des *exemplum* zu gewähren.“

66 Zu diesen zählt Hans-Joachim Ziegeler: Beobachtungen zum Wiener Codex 2705 und zu seiner Stellung in der Überlieferung früher kleiner Reimpaardichtung. In: Deutsche Handschriften 1100–1400. Oxforder Kolloquium 1985. Hrsg. von Volker Honemann, Nigel F. Palmer. Tübingen 1988, S. 489–526, S. 492, den *Marktdieb* als Teil einer größeren Gruppe geistlicher *bîspel* in der Wiener Handschrift 2705: Der Abschnitt „Strickersche[r] geistliche[r] Exempla“ beinhalte die Texte A 108–137/138. *Der Marktdieb* trägt die Nummer A 112. Zu den geistlichlichen *bîspeln* des Strickers vgl. Schwab: Geistliche Bîspelrede.

Bildbereich eine weltliche Aussage veranschaulichen sollen.[67] *Der Marktdieb*[68] stellt einen interessanten Grenzfall dar, der aus der bisherigen Klassifizierung herausfällt: durch einen weltlichen Bildbereich wird ein anderer weltlicher Sachbereich mit religiöser Dimension ausgedrückt;[69] dabei stehen die beiden Komponenten des *bîspels* sich thematisch so nahe, dass es inhaltliche Überschneidungen gibt. Das *bîspel* vom *Marktdieb* zeigt durch die allegorischen Bedeutungsebenen in herausragender Weise die sehr genauen Differenzen, die im 13. Jahrhundert den Bildbereich des Marktes von einer modernen Verallgemeinerung des Ökonomisierungsprinzips unterscheiden.

Der Marktdieb findet sich überliefert in fünf Handschriften,[70] wobei neben den üblichen Handschriften, die die Strickersche Kleindichtung beinhalten, Handschrift *s*[1], die Freiburger „Schwabenspiegelhandschrift" hervorzuheben ist, die den *Marktdieb* sowie zwei weitere Strickertexte gemeinsam mit dem Rechtstext des *Schwabenspiegels* überliefert. *Der Marktdieb* ist dabei thematisch an den Landrechtsartikel 160 zum Wucher angebunden.[71] In der vielbeachteten Wiener Handschrift 2705 findet der

---

67 Vgl. Böhm: Der Stricker, S. 36. Bei den beiden *bîspeln* handelt es sich um *Der Juden Abgott* sowie um *Die Königin vom Mohrenland*). Für die Verwendung von *exempla* in Predigten hingegen ist der Bezug eines weltlichen mit einem transzendenten Bereich von entscheidender Bedeutung. So schreibt Oberste: bonus negotiator, S. 433, zur Verwendung von Beispielgeschichten in Predigten des 13. Jahrhunderts: „In diesem kognitiven Prozeß stellte die Suche nach Ähnlichkeiten (*similitudines*) freilich nicht nur eine mnemotechnische Hilfe dar, sondern naturhafte *similitudo* galt als entscheidendes Indiz für einen transzendenten Zusammenhang zwischen den Dingen, als Verbindungsglied des weltlichen mit dem göttlichen Kosmos."

68 *Der Marktdieb* sowie die nachfolgenden *bîspel Die zwei Märkte* und *Der Krämer* werden zitiert nach der Ausgabe [Der Stricker:] Die Kleindichtung des Strickers. Gesamtausgabe in fünf Bänden. Hrsg. von Wolfgang Wilfried Moelleken. Göppingen 1973–1978. Auch bei anderen zitierten Kleindichtungen des Strickers wird durch die Angabe „Moelleken" in Klammern auf diese Ausgabe verwiesen.

69 Um ein rein weltliches *bîspel*, wie es unten in Kap. 4.1.4 noch in Form des *Krämers* gezeigt wird, handelt es sich jedoch nicht, da die Argumentation gegen den Wucher vor allem in Bahnen der religiösen Perspektivierung verläuft.

70 Nach dem Apparat in der Ausgabe Moellekens: ÖNB, Codex 2705 (A); Universitätsbibliothek Heidelberg, cpg. 341 (H); Bibliotheca Bodmeriana, Codex Kalocsa I (K), Stadtarchiv Freiburg/Breisgau, Codex H 199 (s[1]); Deutsche Staatsbibliothek, Fragment 95 (t). Die Bezeichnung des *bîspels* als *Der Marktdieb* bildet zudem nicht den gesamten Text ab, da nur die ersten 61 Verse (von 196) tatsächlich vom Dieb und seiner Bedeutung handeln (in Handschrift *t*, so Moelleken im Apparat zum *Marktdieb*, fehlen die ersten 47 Verse sogar, sodass die eigentliche Erzählung vom Markt gänzlich fehlt). In die Allegorese ist ein zweites Bild eingelassen, das von einem Hofhund erzählt, der sich vor der Züchtigung durch seinen Herrn zu drücken sucht.

71 Norbert H. Ott: Bispel und Mären als juristische Exempla. Anmerkungen zur Stricker-Überlieferung im Rechtsspiegel-Kontext. In: Kleinere Erzählformen im Mittelalter. Paderborner Colloquium 1987. Hrsg. von Klaus Grubmüller, L. Peter Johnson, Hans-Hugo Steinhoff. Paderborn [u. a.] 1988, S. 243–252, S. 250: „Unmittelbar an den Landrechtartikel 160 der ‚Schwabenspiegel'-Fassung des Freiburger Codex anschließend, verweist die Überschrift – *wir wellin ü von wuocher unn roube ain guot bispel sagen* [...] – auf die exemplarische Funktion des Stricker-Texts." Ediert ist die Einbindung des *Marktdiebs* in den *Schwabenspiegel* in der Edition Der Schwabenspiegel oder Schwäbisches Land- und Lehen-Rechtbuch.

Marktdieb sich inmitten einer Gruppe von 72 Texten „verschiedensten Inhalts und verschiedenster Zielsetzung".[72] Jedoch hat das *bîspel* jenseits weniger Erwähnungen keine Berücksichtigung seitens der Forschung erfahren.[73] Böhm widmet ihm eine halbe Seite, die in eine Diskussion des Strickerschen *milte*-Begriffs eingeordnet ist. Da es Böhm an dieser Stelle um die Besonderheit verschiedener Texte des Strickers geht, die die *milte* aufgrund der vorab notwendigen Ressourcenbeschaffung möglicher Kritik aussetzen, gerät für Böhm *Der Marktdieb* thematisch in die Nähe des *Pfaffen Amis*.[74] Hans-Joachim Ziegeler verweist auf den überlieferungsgeschichtlichen Zusammenhang des Textes, durch den deutlich wird, dass *Der Marktdieb* in Handschrift N in direkter Nachbarschaft zur Rede vom *Wucherer* überliefert ist, die sich ebenfalls dem Problem des Wucherverbots widmet.[75] Die Kontextualisierung des *Marktdiebs* in der Schwabenspiegelhandschrift s^1 hat Norbert H. Ott dargestellt.[76]

Inhaltlich tritt der Markt im Text jedoch weniger in Erscheinung, als der Titel es vermuten lassen könnte. Er findet *zeiner zit* statt und ist *groz, lanc und wit* (V. 1 f.). Beschrieben wird nun aber kein Akteur, der den praktischen Normen eines solchen Ortes entsprechen würde, sondern ein *vil charger diep* (V. 3). Im komplexen Verhältnis von Markt und Akteuren muss mitbedacht werden, dass der Dieb zwar nicht der primäre Akteur des Marktes, der Markt aber als primärer Betätigungsort des Diebes gelten kann. Dies gilt zumindest topisch für Verweise auf den Markt in Predigten, in denen das Thema des *Marktdiebes* ebenfalls verhandelt wird: „Die Beschreibung [bei Jakob von Vitry, A.M.], auf den Märkten könne man alles verlieren und nichts gewinnen, da

Nach einer Handschrift vom Jahr 1287. Hrsg. von Dr. F. L. A. Freiherrn von Lassberg. Tübingen 1840, S. 76–78, der auch die *Schwabenspiegel*-Zitate im Folgenden entnommen sind.

72 Ziegeler: Wiener Codex 2705, S. 474.

73 Im Beitrag von Holznagel: Gezähmte Fiktionalität, der einen Großteil der Überlieferung aus dem Wiener Codex 2705 versammelt, wird das *bîspel* vom Marktdieb nicht erwähnt. Eine Einordnung des Textes nach Gesichtspunkten der Geistlichkeit oder Weltlichkeit des Textes findet bei Holznagel somit nicht statt. Ziegeler: Wiener Codex 2705, S. 492, ordnet den *Marktdieb* in seiner Strukturierung der Wiener Handschrift 2705 den geistlichen Strickerexempla zu, ohne jedoch tatsächlich näher auf den *Marktdieb* einzugehen.

74 Böhm: Der Stricker, S. 53, folgt dabei der Einschätzung, der Stricker bilde auch gerade diejenigen Strukturen ab, die der „‚wirklichen Welt'" angehörten und damit aus der traditionellen Idealisierung eines Artusromans herausfielen. Sie baut damit auf der bereits älteren Forschungsmeinung nach Gustav Rosenhagen: Art. Der Stricker. In: ^{1}VL, Bd. 4, Sp. 292–299, Sp. 293, auf, des Strickers Blick sei „weiter, aber auch niedriger". Böhms Interpretation der Kleindichtung des Strickers dient als „möglichst solide Folie für die Bewertung der umstrittenen Aussagen im AMIS." (S. 52). Die biographische Verortung einer Stricker-Gestalt muss kritisch gesehen werden, die thematische Nähe zum Amis lässt sich aber dennoch diskutieren.

75 Vgl. Ziegeler: Wiener Codex 2705, S. 490. Zum Wucher und besonders zum *Wucherer* vgl. Ragotzky: Materielle Bedeutung, S. 510–514.

76 Ott: Juristische Exempla. Auch hier nimmt die Beschreibung der relevanten Freiburger Handschrift aber nur drei Seiten ein (S. 248–250), und der *Marktdieb* wird ausschließlich auf seine Stellung in der Handschrift befragt, nicht aber auf narrative Zusammenhänge.

zu viele Diebe und unehrliche Kaufleute dort ihr Unwesen trieben, machte durchaus auch im Alltagsverständnis Sinn [...].“[77] In der gleichen Predigt, so Oberste, wandele auf dem Markt die „*avaritia* mit einem großen Sack umher, in dem sie, gleich einem nächtlichen Dieb, alles zusammenrafft und verschwinden läßt [...].“[78] Der Markt ist über seine räumliche Integrität präsent, die eine große Dichte an wertvollen Waren und wertbesitzenden Käufern und Verkäufern verspricht.[79] Hier gliedert der *diep* sich ein, nicht als Fremdkörper, wohl aber als jemand, der nicht nach den Spielregeln der Anderen agiert. Er stiehlt, bis er befürchtet, verfolgt zu werden (V. 5–7) und dreht seinen Mantel, der als *zwivalt* beschrieben wird (V. 9), herum. Da dieser Mantel *einhalp anders gestalt* ist, *denne er anderthalben wære* (V. 10 f.), wird er von seinen Verfolgern nicht mehr erkannt. Durch die tarnende Einkleidung verändert sich der Dieb aber natürlich nicht, vielmehr stiehlt er *noch als vaste alsam e* (V. 21).[80]

77 Oberste: bonus negotiator, S. 443.

78 Ebd., S. 444.

79 Vgl. Kap. 2.3 zum Markt als semantischem Raum.

80 Im narrativen Zentrum des *Marktdiebs*, so könnte man etwas überspitzt festhalten, stehen weder Markt noch Dieb, sondern der *mantel*. Versteht man Kleidung nicht nur als funktionelle Körperbedeckung, sondern als „vestimentären Code“, wird mit der Umstülpung des Mantels mehr als nur ein Tarnmanöver ausgedrückt. Zum „vestimentären Code“ mit Bezug auf Barthes vgl. Andreas Kraß: Geschriebene Kleider. Höfische Identität als literarisches Spiel. Tübingen 2006, S. 8 f., zur Kleidung als Distinktionsmerkmal in der Vormoderne vgl. zudem Silke Geppert: „narratio per vestimentum“. Sichtbarmachung des Unsichtbaren im Kleiderwechsel. In: Kleiderfragen. Mode und Kulturwissenschaft. Hrsg. von Eva Hausbacher, Christa Gürtler. Bielefeld 2015, S. 81–95, besonders S. 82. Zur Kleidung in der höfischen Literatur vgl. grundlegend Elke Brüggen: Kleidung und Mode in der höfischen Epik des 12. und 13. Jahrhunderts. Heidelberg 1989, Kraß: Geschriebene Kleider, sowie Stiebritz-Banischewski: Hofkritik, hier mit Bezug auf Kleidung als sozialem Distinktionsmarker besonders S. 183–185. Der Dieb versucht, eine neue Identität anzunehmen, sein Umkehren des Mantels wird zur „Maskerade“ im Sinne einer sozialen Grenzüberschreitung durch Kleiderwechsel, wie Kraß: Geschriebene Kleider, den Begriff in Kap. C.I.2 für die mittelalterliche Literatur definiert. Im Anschluss an Kraß geht auch Manfred Kern: Exzellente Kleidsamkeit. Vestimentäre Ästhetiken in Dichtung und Kunst des Mittelalters. In: Kleiderfragen. Mode und Kulturwissenschaft. Hrsg. von Eva Hausbacher, Christa Gürtler. Bielefeld 2015, S. 59–79, besonders S. 64 f., auf die Maskerade ein. Aus der Antike stammende Ansichten, nach denen der Kleidung, besonders der rituellen Kleidung, eine starke Verbindung zur Identität der Person zugeschrieben wird, beschreibt Forstner: Christliche Symbole, S. 417: „Im symbolischen Denken und Empfinden der antiken Menschen war das Kleid nicht etwas Zufälliges, Gleichgültiges, sondern Bild der oder, besser, Realität eines neuen Menschen, den man mit dem Kleiderwechsel anzog.“ Im *Marktdieb* wird dem entgegen jedoch festgehalten: *er was doch, der ez ê was* (V. 20). Die vestimentäre Umcodierung wird somit als Farce entlarvt, die vor den vorgestellten Überlegungen zur Bedeutung von Kleidung umso bedeutsamer erscheint. Speziell der Mantel mag zudem einen beinahe ironischen Verweis auf die „Mantelheilige“ Maria tragen, deren „Schutzmantel“ seit dem frühen 13. Jahrhundert populär wurde. Vgl. Ulrike Lehmann-Langholz: Kleiderkritik in mittelalterlicher Dichtung. Der Arme Heinrich, Heinrich ‚von Melk‘, Neidhart, Wernher der Gartenaere und ein Ausblick auf die Stellungnahmen spätmittelalterlicher Dichter. Frankfurt am Main 1985, S. 90.

Soweit die Erzählung. Der Übergang zur Auslegung erfolgt mit Vers 23: *dem marchet ist diu werlt gelich.*[81] Mit dieser kurzen, allegorischen Zuordnung wird die sehr knappe Narration in die Auslegung überführt, die sich jedoch erstaunlich nah am vorab ausgeführten narrativen Teil entfaltet:

> in der werlde flizet manger sich,
> daz er gwinne werltlichez gu(o)t,
> also man uf den mærchten tu(o)t.
> manger wirbet o(u)ch nach gu(o)te
> mit vil ungetriwem mu(o)te,
> mit wucher, mit steln und mit rouben
> (V. 24–29)

Wie genau also gestaltet sich der Bezug von Narration und Epimythion? Der Markt ist die Welt; eine Welt, in der sich die Teilnehmenden alle an ein bestimmtes Set von Regeln halten, die die Interaktion ermöglichen. Dass der Markt sich für einen solchen Bezug ausgezeichnet eignet, konnte anhand der Konventionen fokussierenden Darstellung in Kap. 2.3 gezeigt werden. Damit wird aber auch die Welt zu einem Gefüge der Ordnung und des geregelten Ablaufs.[82] Rémi Brague beschreibt das mittelalterlich-philosophische Verständnis von *Welt* als ein ganzheitliches, das, anders als das moderne Verständnis, auch die supralunaren Sphären mit einbeziehe.[83] Der Stricker hingegen, auch wenn er in seinen Texten religiöse Inhalte vermittelt, scheint hier mit *werlt* aber doch diejenige Welt zu meinen, in der der Mensch lebt. Sowohl für die mittelalterliche Philosophie nach Brague wie auch für den Stricker ist jedoch ihr jeweiliger Weltbegriff mit einer Vorstellung von *ordo* verbunden.[84] Es geht aber auch um eine weitere Form der Ordnung, die Brague für das

---

81 Udo Friedrich: Topik und Rhetorik. Zu Säkularisierungstendenzen in der Kleinepik des Strickers. In: Literarische Säkularisierung im Mittelalter. Hrsg. von Susanne Köbele, Bruno Quast. Berlin/Boston 2014, S. 87–104, S. 95, sieht in der Ausdeutung „die Zwei-Reiche-Lehre [...] in eine Marktszene" transformiert, geht darüber hinaus aber nicht auf den Text ein.

82 Diese Ordnungsvorstellung beläuft sich eher auf einen Markt, wie er sein sollte. Quaas: Market Exchange, S. 38, zeigt anhand patristischer und frühmittelalterlicher lateinischer Texte, dass der Markt vor allem ein lauter und unordentlicher Ort ist: „A direct connection between ‚market' and laziness, noise, turmoil, disorder, and the presence of vices and sins was not confined to theological discourse but also affected sociopolitical realities, as manifested in the provisions of the Carolingian capitularies, which in certain respects served the objective of a re-establishment of order." Vgl. auch ebd., S. 33.

83 Vgl. Rémi Brague: Die Weisheit der Welt. Kosmos und Welterfahrung im westlichen Denken. München 2006, S. 138.

84 Für Brague, ebd., S. 138, ist die Ordnung Eigenschaft des nach modernem Verständnis *Über*weltlichen: „Die Ordnung ist bei weitem mehr eine Erscheinung des Supralunaren als des Sublunaren." Die sublunare Welt mit ihren Kämpfen und Ordnungsstörungen sei „weniger Regel als Ausnahme. Da, wo die Welt wirklich das ist, was sie ist, existiert dieser Kampf nicht. Dieser Ort [...] ist die himmlische Welt" (ebd.). Die „‚verchristlicht[e]'" Lesart einer höfischen Kultur beim Stricker arbeitet Daniel Rocher: Hof und christliche Moral. Inhaltliche Konstanten im Œuvre des Strickers. In:

mittelalterliche Weltverständnis als konstitutiv ansieht: Da der Markt Teil der Welt und zugleich Bild der Welt ist, erfüllt er die Kriterien, um mit der Welt in ein Verhältnis von Mikro- und Makrokosmos zu treten.[85] Tatsächlich entfaltet der Stricker hier vielmehr eine pars-pro-toto-Beziehung von Markt und Welt, als dass weltliche Güter mit himmlischen in ein allegorisches Verhältnis träten, wie Oberste es für die Predigtliteratur beschrieben hat (Kap. 4.1.1). Der Markt ermöglicht hier nicht die Allegorisierung einer „gezählten Frömmigkeit", [86] bei der himmlische Güter durch weltliche Metaphorik ausgedrückt würden. Auch die Allegorese des Marktes verbleibt in der Immanenz. Entscheidend für die Verwendung der Metapher des Marktes scheint dabei die verbürgte Rechtmäßigkeit des Besitzerwerbs zu sein, ohne die der Regelbruch des Diebes nicht denkbar wäre.

Der Dieb ist eine Ausnahme in der Ordnung des Marktes. Er bewegt sich zwar in der räumlichen Struktur des Marktes, verschreibt sich aber nicht den Konventionen und Institutionen dieses Ortes. Die oben zitierten Verse 24–29 zeigen, dass die Tätigkeit, auf einem Markt nach *wertliche*[*m*] *gu(o)t* zu streben, nicht das gleiche darstellt wie die Methoden von Wucher, Diebstahl und Raub,[87] die einer zweiten Gruppe von Leuten zugeordnet werden.[88] Sowohl in der Erzählung wie auch im Epi-

Mittelalterliche Literatur und Kunst im Spannungsfeld von Hof und Kloster. Ergebnisse der Berliner Tagung, 9.-11. Oktober 1997. Hrsg. von Nigel F. Palmer, Hans-Jochen Schiewer. Tübingen 1999, S. 99–112, S. 111, heraus. Der Stricker, so Rocher, wettere nicht aus klerikaler Perspektive gegen die höfische Gesellschaftsstruktur, sondern unterziehe diese einer radikalen, aber dennoch geordneten Umdeutung, sodass höfische Tugenden mit christlichen Tugenden konvergieren (besonders deutlich wird dies ebd., S. 107, an der Überblendung von *milte* und *caritas*). Zudem wäre es möglich, die Stadt, in der der Markt stattfindet, als Symbol für den Menschen zu lesen, wie es Schwab: Geistliche Bîspelrede, S. 170, als bekanntes Bild mittelalterlicher Predigten und Exempel beschreibt. Dazu ausführlicher auch in Kap. 4.1.4 zu den *Zwei Märkten*.

85 Brague: Weisheit der Welt, S. 120–124, zeichnet die Tradition vom Menschen als Mikrokosmos auch jenseits der christlichen Gesellschaft für das Mittelalter nach.

86 Vgl. Angenendt [u. a.]: Frömmigkeit.

87 In der Rede vom *Wucherer* eröffnet der Stricker ebenfalls den Zusammenhang von Wucher und Raub, hier jedoch in klarer Abstufung. Während der Räuber bereits dadurch *mâze* zeige, dass er zum Rauben wach und unbeschäftigt sein müsse, mache der Wucherer zu jeder Zeit Gewinn: *ein roubær uf der straze / der hat doch etlich maze. / der enroubet, swenne er izzet, niht, / und swenne er sinen friunt siht; / ern roubet ouch niht die zit, / swenne er slafende lit. / so ist der wu(o)cherære / der werlt so schadebære, / daz er in dem slafe roubet* (Moelleken, Nr. 138, V. 141–149). Wie oben bereits erwähnt wurde, verweist Ziegeler: Wiener Codex 2705, S. 490, darauf, dass *Wucherer* und *Marktdieb* in der Handschrift N in direkter Nachbarschaft überliefert vorliegen.

88 Bei der Diskussion, welche Gruppe von Sündern hier angesprochen wird, müssen ein paar klärende Worte zu mittelalterlichem Antijudaismus fallen: Mit der Bezeichnung Wucherer sind nicht zwangsläufig Juden gemeint. Das soll jedoch nicht bedeuten, dass die Anschuldigungen deswegen frei von antijudaistischen Zügen wären. Todeschini: Incivility of Judas konnte zeigen, dass der Vorwurf des Wucherers, der irdische Reichtümer eher verfolgt als himmlische, besonders im 13. Jahrhundert jeden treffen konnte. Allerdings spricht die Bild- und Erzähltradition weiterhin die Sprache des Antijudaismus, da in der Figur des biblischen Erzwucherers Judas gleichermaßen seine Gier

mythion des *bîspels* geht es um materielle Werte und deren unrechtmäßige Beschaffung, namentlich auch durch *rouben* und *steln* (V. 29).[89] *Der Marktdieb* bemüht somit, wie auch die von Oberste in den Predigten identifizierten Allegorien des *bonus negotiator*, sich überschneidendes Vokabular in Allegorie und Allegorese. Dies unterscheidet den *Marktdieb* auch von anderen allegorischen Texten im Strickerkorpus, die die Einstellung des Menschen zu seinem Besitz thematisieren, dafür aber kein Bild aus demselben Bereich verwenden – beispielhaft seien hier nur *Der Schalk und die beiden Könige* (Moelleken, Nr. 40), *Die Tochter und der Hund* (Moelleken, Nr. 134) oder *Die Äffin und ihre Kinder* (Moelleken, Nr. 100) genannt, deren narrativer Teil begrifflich so verschieden vom Signifikat der Erzählung ist, dass eine Verwechslung nicht möglich erscheint. Um überhaupt eine Allegorie darzustellen, muss der Markt von unrechtmäßigen Formen der Bereicherung diskursiv weit genug entfernt sein, damit die konstitutiv zweiteilige Gattung des *bîspels* ihre Bedeutung entfalten kann. Die Lösung dieses poetologischen Problems kann darin gefunden werden, den Markt nicht als Bühne für notorisch korrupte Kaufleute zu aktivieren,[90] sondern als

wie seine Zugehörigkeit zur jüdischen Gemeinschaft gesehen werden konnten. Die mittelalterliche diffamierende Nutzung des Begriffs ‚Jude' stellt Todeschini, ebd., S. 43, heraus: „Actually, Judas as a type of carnal Jew hinting at the infidelity of pagans and imperfect Christians was replaced in large part in the thirteenth century by Judas as a figure of an unworthy and therefore untrustworthy people [...]. Greed and the lack of spiritual intelligence, defined by canonists and jurists since 1180 as the main characteristic of 'ordinary people', were perfectly summed up by Judas' incapacity to maintain his apostolic and authoritative condition. Peter the Chanter in his *Verbum abbreviatum* could therefore define the Christian usurers through the expression *Judaei nostri* ('our Jews'). The phrase did not signify, as historians mainly interpret, that Peter (even in the Paris of the beginning of the thirteenth century) considered usury as a typical Jewish profession. Instead, Peter affirmed the way that Jewish civic infamy, depicted by theologians as a visible and daily allusion to Judas' and Jewish spiritual greed and incomprehension of Christian values, was the specific attribute of Christians, who earned their living by usurious transactions, that is by economic transactions beyond the control of landlords and ecclesiastical powers [...]." Eine sehr quellenreiche Darstellung des Judenbildes im Mittelalter bis zum 12. Jahrhundert bietet auch Hans-Werner Goetz: Die Wahrnehmung anderer Religionen und christlich-abendländisches Selbstverständnis im frühen und hohen Mittelalter (5.-12. Jahrhundert). Berlin 2013, Kap. 3.

89 Zum Begriffsfeld gewaltsamer Besitzaneignung, vor allem im höfischen Roman, vgl. Mersmann: Besitzwechsel, S. 95–99.

90 Alternativ lässt sich der Markt auch als Ort des gefährlichen Gedränges finden. Diese argumentative Verwendung des Marktes findet sich beispielsweise mit auch religiöser Dimension in einer Publikumsanrede in Bertholds von Regensburg *Von drin lâgen*. Vgl. dazu Almut Suerbaum: Formen der Publikumsansprache bei Berthold von Regensburg und ihr literarischer Kontext. In: Predigt im Kontext. Hrsg. von Volker Mertens [u. a.]. Berlin/Boston 2013, S. 21–33, S. 24: „Männer und Frauen sollen als Eltern Sorge dafür tragen, daß neugeborene Kinder nicht ungetauft sterben und damit die ewige Seligkeit verwirken, etwa weil die Mutter beim Tanz oder im Gedränge des Marktplatzes gestoßen werde und so eine Frühgeburt erleide [...]." Zudem widmet sich Quaas: Sakralität und Handel, S. 109–111, der Bewertung des Marktes als Ort des Müßiggangs in „antiken und mittelalterlichen Quellen, in denen der ‚Markt' in seiner Bedeutung als tatsächlicher Marktplatz in Erscheinung tritt" (Zitat S. 109). Diese literarischen Stilisierungen bilden die Multifunktionalität des Marktes durchaus ab. Vgl. Kypta [u. a.]: Introduction, S. 111: „The

Ort konventionell und institutionell geregelter Prozesse, der aber auch solche anzieht, die sich ohne Gegenleistung zu bereichern versuchen. Dabei werden hier, anders als in der Strickerschen Rede vom *Wucherer*, Raub und Wucher in parallelisierenden Konstruktionen genannt, wenn man sich *mit wucher, mit steln und mit rouben* (V. 29) bereichern möchte oder zu denen zählt, *die roubes und wuchers pflegen* (V. 33).[91] Durch die Gruppierungen dieser Begriffe kann in Opposition dazu der Markt als Ort reziproker Verpflichtungen argumentative Wirkung entfalten.

Im direkten Vergleich der beiden Verse 29 und 33 fällt bereits auf, dass *steln* beim zweiten Mal ausgelassen wird. Jemanden, der stiehlt, in der auszudeutenden Erzählung als Dieb zu beschreiben, ist nun gerade keine Allegorie. Der Aspekt des Raubes und erst recht der des Diebstahls, treten immer weiter zurück.[92] Übrig bleibt der Dieb als Wucherer. Kurz darauf wird anhand eines Dialogs zwischen einem Reichen und jemandem, der leihen möchte, deutlich, dass die Person, die sich wie der Dieb verhält, dem Reichen gleicht, der nicht *uf pfant* [*lihen*] will (V. 37), sich aber durch den Erlös einer Pacht durchaus Gewinn zu sichern vermag (Vgl. V. 35–49).[93] Hier wird szenisch also nicht das Wuchern selbst, sondern die Umgehung des Wucherverbots dargestellt.[94] Die Absage des Reichen begründet sich durch die Angst,

premodern market was not only a place to buy and sell goods, however. Masschaele has characterised English marketplaces as 'public social gatherings' [...]. News and gossip were shared between market participants. Royal writs as well as ecclesiastical and local proclamations were read out during market times, so that urban dwellers as well as peasants who had come to the market could hear them. Public punishments, both civil and ecclesiastical, were also carried out on the marketplace for everyone to see."

91 Todeschini: Incivility of Judas, S. 34 u. 39, macht deutlich, dass anhand mittelalterlicher patristischer Quellen die Identifikation des Judas als Wucherer, Dieb oder Simonist nicht ganz eindeutig ist. Den Marktdieb hier aber speziell als Judas anzusehen lässt sich am Text nicht festmachen, die Allusion steht aber eventuell im Hintergrund. In Rechtshandschriften des 13. Jahrhunderts wie dem *Sachsenspiegel* oder dem darauf zurückgehenden *Deutschenspiegel* sollen Diebe bei einem Diebstahl von unter drei Schillingen in gleicher Weise bestraft werden, wie es auch für *unrehte wâge und über unrehte mâze und über valschen kauf* vorgesehen ist (DtSp, S. 11–13, hier und im Folgenden zitiert nach: Deutschenspiegel und Augsburger Sachsenspiegel. Zweite, neubearbeitete Ausgabe. Hrsg. von Karl August Eckhardt und Alfred Hübner. Hannover 1933). Vgl. ebenso Kap. XIII des Landrechts im *Sachsenspiegel* (SaSp, S. 170, 17–30). Landrecht ist natürlich nicht Stadtrecht. Da aber nicht davon ausgegangen werden kann, dass die Literatur sich ausschließlich an Stadtbewohner:innen gerichtet hat, ist die weit verbreitete Kenntnis eines rechtlichen Tatbestandes wichtiger als die korrekte Applikation auf den städtischen Rechtsraum.

92 *Steln* erscheint im weiteren Verlauf überhaupt nicht mehr, *roup* wird noch ein weiteres Mal in der Kombination *roup und wcher* als besonders sündhaftes Verhalten gebrandmarkt (V. 139).

93 *so im denne einer zugat / und weiz wol, daz er gut hat, / und bittet im lihen uf pfant: / „nein ich," sprichet er zehant. / „man brediget von wucher so vil, / daz ich immer miden wil. / welt ir ein hube hin geben, / die chouffe ich ane wider streben." / so sprichet der ander iesa: / „ich setze iu drie oder zwa; / si sint mir noch niht veile." / des giht er zeinem heile, / daz er im die hube setzen wil. / der geniuzet er vil und vil / und wil sin gu(o)t doch druffe han.*

94 Zum Wucherverbot vgl. Langholm: Wealth, Wittreck: Instrument der Gerechtigkeit, S. 111–139, ders.: Münzmanipulation, ders.: Zinsverbote sowie Kaye: Balance, Kap. 1, aus Sicht der Stadtgeschichtsschreibung zudem Isenmann: Die deutsche Stadt, Kap. 9.7.2. Reifner: Das Geld, Bd. 1, streift an unter-

Wucher zu praktizieren: *man brediget von wucher so vil, / daz ich immer miden wil* (V. 39 f.).[95] Stattdessen weiß der reiche Mann sich in Form eines Pfandvertrages[96] zu helfen, sodass er während der Leihfrist die Erträge des Schuldners nutzen darf – eine angesichts der landwirtschaftlichen Ursprünge des verwandten Zinsbegriffs nicht fernliegende Lösung:[97]

> so sprichet der ander [der zukünftige Schuldner, A.M.] iesa:
> „ich setze iu dri oder zwa;[98]
> Si sint mir noch niht veile.“[99]
> des giht er zeinem heile,
> daz er im die hube setzen wil.
> der geniuzet er vil und vil
> und wil sin gu(o)t doch druffe han.
>
> (V. 43–49)

Wucher und *steln* werden im Folgenden dann im Sinne von Allegorie und Allegorese aufeinander bezogen, anstatt weiterhin als gleichwertige Grenzüberschreitungen nebeneinander zu stehen:

---

schiedlichen Stellen immer wieder das historische Problem des Zins- und Wucherverbots, vgl. besonders S. 126–128 zum Wucherverbot bei Aristoteles sowie S. 181 f. zur Geschichte des Begriffs im Deutschen.

95 Zu formalen und überlieferungsgeschichtlichen Argumenten bezüglich der Nähe von Strickertexten zur mendikantischen Predigt tritt ein inhaltliches hinzu: Günthart: Mären als Exempla, S. 126, weist darauf hin, dass der Stricker „kaum zufällig statt des allgemeinen *pfaffe* mehrmals die speziellere Vokabel *brediger* [verwende], die ‚Prediger' oder ‚Predigermönch' heißen kann und oft synonym für die Mitglieder des *ordo fratrum praedicatorum* verwendet wird.“ Dass die augenscheinliche Umkehr des Wucherers also mit dem häufigen Predigen gegen den Wucher begründet wird, kann als Reflexion der zeitgenössisch omnipräsenten Tätigkeit ermahnender Volksprediger gelesen werden.

96 Zur Rechtspraxis der Umgehung des Wucherverbots in der Rede vom *Wucherer* aus dem Strickerkorpus vgl. Ragotzky: Materielle Bedeutung, S. 513 f.

97 Vgl. Reifner: Das Geld, Bd. 1, S. 182 f.

98 Ebenso wie im *Pfaffen Amis* ändern die Handschriften HK hier die Menge der Wertgüter, wie dem Apparat Moellekens zu entnehmen ist. Dabei scheint es sich um eine Korrektur zu handeln. Anstatt von der ungewöhnlichen Reihenfolge von *dri ode zwa* zu sprechen, bietet der Schuldner in HK *eine oder zwa*. In den *Gauhühnern* des Strickers hingegen, die ebenfalls in den Handschriften AHK überliefert sind, findet sich die Formulierung *driu oder zwei* in allen überlieferten Versionen (V. 120/154). Zu den *Gauhühnern* vgl. Jan Mohr: Verselbständigte Metaphorik. Zur semantischen Organisation des Bîspels *Die Gauhühner* von dem Stricker. In: Archiv 239 (2002), S. 266–275, besonders S. 270.

99 *Veile* kann auch ein aus dem Französischen oder Lateinischen übernommenes Lehnwort für *mantel* sein (vgl. Art. væle, vêle, vêl, veile, faile swstf. In: *Lexer*). Ob es sich dabei um ein Wortspiel handelt, ist vorstellbar, eine konstitutive Bedeutung für den Text kann hier aber nicht ausgemacht werden. Zudem ist es das einzige Wort dieser Textpassage, das nicht dem Bereich der Geldleihe, sondern dem Kauf entnommen ist (vgl. zu *veile* im höfischen Roman Mersmann: Besitzwechsel, S. 73). Da es hier aber gerade um die Offenlegung des Mechanismus der Zinsverschleierung geht, ist hier auch ein Begriff aus diesem Wortfeld zu erwarten.

so hat er sam der diep getan,
der den mantel umbe cherte
und sin steln da mit merte
swer den wcher hat verlan
und wil doch satzunge han,
der hat den wucher gemeret
und hat den mantel umbe gecheret
und wil sich heln sam der diep.
(V. 50–57)

Während für den Markt vorher nur ein einziger Satz der Beschreibung zur dort ausgeübten Tätigkeit gefallen ist (*in der werlde flizet manger sich, / daz er gwinne werltlichez gu(o)t, / also man uf den mærchten tu(o)t*; V. 24–26), wird nun sehr viel mehr Spezialvokabular bemüht, um die ‚finanzwirtschaftlichen' Zusammenhänge zu beschreiben. Der Begüterte soll *lihen uf pfant* (V. 37), will aber lieber eine *hube* [...] *chouffe*[*n*] (V. 41 f.). Die Landhufen werden *gesetzt* (vgl. V. 44 u. V. 47), sind aber nicht *veile* (V. 45).[100] Im Sinne des problematischen Pfandvertrags erhält der Gläubiger also nicht das Land, sondern nur die Gewinne, die aus diesem hervorgehen, welche aber die ursprüngliche Kreditsumme überschreiten.[101] Im Rückbezug auf die Figur des Diebes mit dem Mantel fügt der Erzähler dann noch, weiterhin Spezialvokabular nutzend, hinzu, dass *satzunge* (V. 54) doch das gleiche sei wie Wucher,[102] man gebe dem Kind nur einen neuen Namen.

Pfandrecht und Wucherverbot sind zudem Thema im *Schwabenpiegel*, der im Falle der Freiburger Handschrift Hb 199 zusammen mit dem *Marktdieb* überliefert ist (Stricker-Handschrift *s*[1]). Auf die thematische Einordnung des *Marktdiebs* in der Freiburger Handschrift hat Ott bereits aufmerksam gemacht (s. o.). Das rechtliche Problem und die dabei verwendete Sprache weisen eine auffällige Konvergenz mit den entsprechenden Versen im *Marktdieb* auf, wie der Beginn des Landrecht-Artikels 160 verdeutlicht:

100 Zwischen HK und der restlichen Überlieferung liegt hier wieder ein Unterschied vor, da in HK nicht *doch niht veile*, sondern *aber niht veile* zu lesen ist.

101 Vgl. Christian Neschwara: Art. Pfandrecht. In: *HRGDigital*: „Schon in fränkischer Zeit ist auch das Liegenschaftspfand als Nutzungspfand konstruiert. [...] Dem Gläubiger kommen die Nutzungen bis zur Einlösung zugute, ohne auf das geschuldete Kapital angerechnet zu werden – sie fungieren daher gleichsam als Entgelt für die Nutzung des gegen Pfandsetzung dem Schuldner hingegebenen Kapitals. Da bei Darlehensgeschäften eine Rückzahlung oft nicht beabsichtigt ist, steht eine solche Ewigsatzung aber als Zins[pfandrecht] dem kanonischen Zinsverbot entgegen." Zur als Wucher verstandenen Landpfändung, jedoch nicht im europäisch-mittelalterlichen Kontext vgl. auch Bourdieu: Theorie der Praxis, S. 336 f.

102 Im *DRW* wird als vierte von neun bzw. zehn möglichen Bedeutungen von *Satzung* „Verpfändung, Versetzen eines Gutes; das daraus erwachsene Pfandrecht; das gepfändete Gut; tw. mit negativer Konnotation" angegeben.

> Unde swer ich einem man wv̊cher zegebenne . also . er lihet mir sin gv̊t vf mine hv̊be oder vf anders geltendez gv̊t . oder vf andriv phant . vnd er wil mir sin gv̊t nicht lihen . ich swer im einen eit zenheiligen . daz ich daz gv̊t nimer me wider gevorder daz ich im ze sv̊che gibe . nv daz tvn ich . vnd er hat daz gv̊t also lange inne . vnz er sin me genivzet danne ez im stv̊nde.[103]

Auch ohne den juristischen Überlieferungskontext kann aber *Der Marktdieb* als Text gelesen werden, der das juristisch nicht einfach greifbare Problem des Wucherverbots mit einem komplexitätsreduzierenden *argumentum* verdeutlicht.[104] Immerhin muss jenseits der Ergebnisse Otts zur Freiburger Handschrift betont werden, dass der *Schwabenspiegel* nur einen von fünf Überlieferungszusammenhängen des *Marktdiebs* darstellt. Durch den heuristischen Bezug der Einzelteile, also die Erzählung eines konkreten Diebes auf einem konkreten Markt einerseits und dem konkreten Gespräch zwischen zwei Figuren, die eine verbotene Handlung planen, andererseits, gerät auch das *bîspel* vom *Marktdieb* selbst zu einer Form des juristischen Erzählens.[105] Erzählung und Ausdeutung sind zwar durch den Vers *dem marchet ist diu werlt gelich* (V. 23) eindeutig in zwei Teile gegliedert. Doch durch die fehlende Verallgemeinerung[106] und die thematische Nähe von Narration und Epimythion bleiben diese beiden in spannungsreicher Nähe zueinander.

Dies geht so weit, dass im Sinne einer „poetischen Gerechtigkeit“[107] die Narration auf das ausgedehnte Epimythion sogar angewiesen ist. Schließlich wird der Dieb zwar in seinem Tun vom Erzähler durchschaut, eine intradiegetische Sanktion

---

103 *Schwabenspiegel*, S. 75. Ähnlichkeiten zwischen dem Strickerschen *bîspel* und dem *Schwabenspiegel* gehen jedoch auch weiter über die direkte Nachbarschaft in der Überlieferung hinaus. So erinnert der Aufbau des Dialogs an die häufiger zu findenden szenischen Andeutungen im *Schwabenspiegel*, beispielsweise in L81 (S. 40): *Sprichet ein man gvͥt an. vnd wirt er dar abe gewiset mit rehte. er belibet ane bůzze vnd ane gewette die wile er sich des gůtes (nit) vnderwindet.*

104 Zur Tradition des rhetorischen *argumentum* in mittelalterlicher Literatur vgl. Mehtonen: Old Concepts, S. 91–117.

105 Zum Zusammenhang von „Juristischem Argumentieren und Erzählen“ vgl. Udo Friedrich: Juristisches Argumentieren und Erzählen in den „Gesta Romanorum“. In: Rechtsnovellen. Rhetorik, narrative Strukturen und kulturelle Semantiken des Rechts in Kurzerzählungen des späten Mittelalters und der Frühen Neuzeit. Hrsg. von Pia Claudia Doering, Caroline Emmelius. Berlin 2017, S. 27–50. Auch in der lateinischen Überlieferung findet dieser Befund Rückhalt. Dazu ebd., S. 29. Vgl. auch insgesamt den Sammelband Pia Claudia Doering, Caroline Emmelius (Hrsg.): Rechtsnovellen. Rhetorik, narrative Strukturen und kulturelle Semantiken des Rechts in Kurzerzählungen des späten Mittelalters und der Frühen Neuzeit. Berlin 2017 zu Rechtsnovellen in der europäischen vormodernen Literatur.

106 Damit wäre *Der Marktdieb* eigentlich kein einwandfreies „Reimpaarbispel“ mehr nach Holznagel: Gezähmte Fiktionalität, S. 49. Allerdings müssen zum einen auch Holznagels Kriterien im Zweifelsfall gegeneinander abgewogen werden, zum anderen ist *Der Marktdieb* hier, wie bereits erwähnt, noch nicht am Schluss, nicht einmal bei der Hälfte.

107 Harald Haferland: Poetische Gerechtigkeit und poetische Ungerechtigkeit. In: Techniken der Sympathiesteuerung in Erzähltexten der Vormoderne. Potentiale und Probleme. Hrsg. von Friedrich Michael Dimpel, Hans Rudolf Velten. Heidelberg 2016, S. 181–226, S. 199: „Poetische Gerechtigkeit kommt in einem elementaren Sinne ins Spiel, wenn das Siegen gerecht erscheint und das Unterlie-

erfährt er aber nicht. Bestraft wird die im auslegenden Textabschnitt auf Pfand leihende Figur nun auch nicht direkt, doch wird dem Gläubiger, der einen finanziellen Nutzen aus dem Pseudo-Wucher zieht, die ewige Seligkeit verweigert: Der *herre christ* (V. 106) kommt selbst zu Wort und verwehrt dem Sünder den Weg *hince himel* (V. 120) – darauf soll im Folgenden noch eingegangen werden.

Die Unwilligkeit, sein unrechtmäßig erworbenes Gut wieder abzugeben, wird nach dem Dialog noch einmal durch eine zweite Erzählung verdeutlicht. Dabei wird der Sünder mit einem Hofhund verglichen, dem mit einer *stange* (V. 65) gedroht wird (oder der damit abgerichtet werden soll) und der vergeblich versucht, durch einen Sprung über den Zaun zu entkommen (V. 70–73).[108] Die notwendige, aber schmerzhafte Konsequenz für den Hofhund besteht darin, sich der *stange* zu stellen. Diese offenbart nun den Schlüssel für die Buße desjenigen, der unrechtes Gut behalten will: denn die *grulichiu stange* bedeutet *das widergeben und daz gelten* (V. 86 f.). Damit verweist der Text geschickt zurück auf sein Eingangsbild, den großen und weiten Markt. Denn auf diesem, so wurde ja ausgeführt, wird *wertlichez gu(o)t* verfolgt, ohne dabei auf die Abwege von Raub, Diebstahl und Wucher zu gelangen. In besonderer Weise insistiert der Erzähler im Folgenden darauf, dass die Rückerstattung des unrechtmäßigen Gutes die einzige Möglichkeit für den Sünder darstellt. Die Form der Reziprozität, die mit *widergeben* und *gelten* aufgerufen wird, entspricht dem Grundsatz von Handel, wie er auf dem Markt stattfindet. *Gelten und widergeben* oder sehr ähnliche Kombinationen treten viermal im Text auf,[109] flankiert von elf Formen von *gelten* in unterschiedlichen Zusammenhängen gegen Ende des Textes.[110] Der Reichtum

gen ungerecht." Poetische Ungerechtigkeit ist dabei nach Haferland, ebd., S. 218–222, für Texte wie Mären oder auch den *Pfaffen Amis* konstitutiv.

108 Hofhunde finden sich recht häufig in kleineren Dichtungen des Strickers. Erwähnung finden sie außer im *Marktdieb*, nach der Zählung Moellekens, in den Strickerschen Kurzdichtungen Nr. 7, 59, 71, 73, 84, 87, 101, 107. Insgesamt ist die Stelle im *Marktdieb* eher unklar, da durch den sehr knappen Erzähleinsatz nicht ganz deutlich wird, wie sich in diesem Bild die Sympathien verteilen, bzw. wie der Hofhund grundsätzlich zu bewerten ist. Zur Diskussion der hier behandelten Frage des ‚merkantilen Erzählens' ist eine genauere Erörterung dieses Textabschnitts jedoch nicht notwendig.

109 Vgl. *widergeben und* [...] *gelten* (V. 86), *gelten und wider geben* (V. 121), *unrehtes gutes vil* [...] *wider geben* (V. 147 f.), *daz er gelte und wider gebe* (V. 153). Wörtlich spricht auch Berthold von Regensburg in der Predigt *Von den fünf Pfunden* über *gelten unde widergeben* (S. 23,30) als einzige Möglichkeit der Wiedergutmachung. Hier geht es aber gerade darum, dass auch diejenigen, die mit dem unrechten Gut in Berührung kommen, es selbst zurückzahlen müssen. Es handelt sich um eine Art sündhaftes Schneeballsystem, das durch das Weitergeben von *unrehte[m] guote* (S. 23,27) generiert wird. Besonders prominent findet sich die Formulierung *gelten und widergeben* auch in der Predigt *Von zwein wegen, der buoze unde der unschulde*, S. 73,20–74,24. Hier faltet Berthold den Prozess der Restitution breit aus und fingiert ein Gespräch mit einem Zuhörer, dem er Anweisungen zum *gelten und widergeben* gibt.

110 Vgl. *swie si dem gelte wider stan* (V. 159), *si werdent geltes niht erlan* (V. 160), *daz si gelten mit dem gute* (V. 162), *zegelt hin cehelle geben* (V. 165), *der arme vergiltet ouch wol* (V. 167), *zegelt fur das gut geben* (V. 174), *git er cegelt, swaz er hat* (V. 176), *er sol mit weinen gelten* (V. 184), *sit mans*

des Wucherers ist zudem *wider got gewnnen* (V. 105), *unreine[z] gut* (108) und *unreht gut* (V. 157).[111] Und so lässt sich auch Christus nicht auf einen Tausch mit dem Wucherer ein, wodurch dieser seine Sanktion im Text erfährt. Christus spricht also zum Wucherer:

> Mir ist leit, daz du zu mir gast.
> sit du umbe unreine gut gigeben hast
> din sele und diner sele heil
> und gist mir dines gutes ein teil,
> dun darft mirs nimmer niht gigeben.
> din gu(o)t und din leben,
> der wil ich nimmer niht gigern,
> sit ich diner sele muz enbern.
> (V. 107–114)[112]

Christus selbst spricht hier durch das Vokabular des Marktes, wenn er betont, die Seele sei *umbe* das *unreine gut gigeben.*[113] Es zeichnet sich hier ab, dass das Vokabular des Marktes und das der korrekten Wiedergutmachung, die die (Er)lösung für den Wucherer bieten könnte, sich überschneiden.[114]

---

geltes niht erlat (V. 193), *so gelten hie! daz ist min rat* (V. 194), *swer mit der sele gelten mu(o)z* (V. 195).

111 Im Gegensatz dazu findet sich in den *Fünf Pfunden* des Berthold von Regensburg der Gewinn des Kaufmanns, sofern er ihn ohne Betrug einfährt, als *lôn ze rehte* und *ir gewin, den sie ze rehte gewinnent* (*Fünf Pfundem*, S. 19,4 f.).

112 Weite Teile der zweiten Hälfte werden von derartigen Drohungen durchzogen, die folgenden werden jedoch vom Erzähler, nicht von Christus selbst geäußert. Vgl. V. 115–122, 135–140 u. 163–166.

113 Mersmann: Besitzwechsel trennt die Lexeme *koufen* und *geben* deutlich voneinander, sei *koufen* doch eben eine merkantile Handlung, *geben* hingegen drücke „eine Hinwendung zum Mitmenschen" aus und offenbare „Gebärdencharakter" (S. 19). Diese Zweiteilung kann hier aber nicht bestätigt werden. *Geben umbe* steht dem *koufen* sehr viel näher, wird damit doch der Akt einer Bezahlung bezeichnet und primär keine „Gebärde". Problematisch gestaltet sich zudem das Wort *gigern* (V. 113). Ob es sich hier um einen auch merkantil besetzten Terminus handelt, müsste eingehender diskutiert werden. Dass im Bereich der scholastischen Aristotelesrezeption *indigentia* nicht mit einem modernen Nachfragekonzept gleichgesetzt werden sollte, hat bereits Langholm: Wealth, S. 185–187, mit Bezug zu Albertus Magnus und ebd., S. 229, mit Bezug zu Thomas von Aquin hervorgehoben. Vgl. dazu auch Wittreck: Instrument der Gerechtigkeit, S. 327 f.

114 Die Forderung geht allerdings vermutlich über die bloße Restitution der überschüssigen Gewinne hinaus. Bériou: L'esprit de lucre, S. 269, macht auch auf den bei Predigern des 13. Jahrhunderts häufig zu findenden Appell zum Almosengeben aufmerksam, wenn die betreffende Person zu große Reichtümer anhäuft: „Le bon usage des richesses et la pratique de l'aunôme, antidote de l'amour de l'argent, faisaient alors partie de l'éducation morale élémentaire que tout prédicateur cherchait à inculquer à ses auditeurs."

Durch die Klassifizierung des Guts als *unrein* wird der Mechanismus merkantiler Reziprozität zudem an den Bedeutungshorizont eines religiösen oder kultischen Gebrauchs des Guts angebunden.[115] Auf dem Markt wäre eher die Minderwertigkeit des Gut von Interesse (dazu Kap. 4.1.4 zum *Krämer*). Die materielle Bewertung der Ware, die durch den Markt gesichert werden könnte, gerät somit aus dem Blick. Stattdessen wird durch die Verschränkung von unrechtmäßigem Erwerb und dadurch unrechtmäßiger Verwendung die Kategorie der ‚Objektbiographie' aufgerufen, die im Bereich dingtheoretischer Forschung bereits Aufmerksamkeit gefunden hat.[116] Der Erzähler und Christus hybridisieren somit die merkantile Verhaltensform von *gelten*, *geben umbe* und *widergeben* mit einem objektbiographisch überformten Gegenstandsverständnis.

Ohne weiteren Kontext könnte dieses vermeintlich merkantile Vokabular aber auch generell als juristisch bezeichnet werden, ohne auf den Markt als Konventionsraum zurückgreifen zu müssen.[117] Ausschließlich durch die Eingangsszene des merkantilen Treibens bis Vers 26 wird der Markt als konkreter Anwendungsort solcher Praktiken ins Bewusstsein gehoben.[118] Der Markt, auf dem der Dieb sein Unwesen zu Beginn getrieben hat, stellt nicht nur den Signifikanten des allegorischen Inhalts dar, sondern auch einen Interpretationsrahmen, in dem die Möglichkeit der Wiedergutmachung gespiegelt wird: Der Markt, der zuerst nur den Ort beschreibt, an dem der Dieb agiert, wird durch die Betonung zurückzahlender und vergeltender Interaktion (*gelten* und *wider geben*) zur Metapher des Lösungsangebots der im Wucher bestehenden Verfehlung.

Zudem sollen die hier nur textintern verhandelten Zusammenhänge auch jenseits des Strickerkorpus nachvollzogen werden. Wirft man einen Blick auf die bereits mehrfach angesprochene Predigt *Von den fünf Pfunden* Bertholds von Regensburg,[119] so wird zudem deutlich, dass Markt und Wucherer tatsächlich auch in einer realwelt-

115 Böhm: Der Stricker, S. 34 f., interpretiert den *Marktdieb* als Text gegen eine Ablasspraxis, die zu sehr auf weltliche ‚Opfer' schaut, ohne dass der Sünder „vom ganzen Besitz und den Beschaffungsmaßnahmen Abschied nehmen [müsste], also einen völlig neuen Lebenswandel zu beginnen" habe.

116 Vgl. grundlegend die Studien Appadurai: Commodities und Kopytoff: Biography.

117 Tatsächlich würde die hier vorgestellte Interpretation weniger für die in der Freiburger *Schwabenspiegel*-Handschrift überlieferte Version verfangen. Dort muss nämlich der merkantile Bildbereich des *bîspels* mit dem Vokabular des *Schwabenspiegels* konkurrieren, das gerade in Artikel 160 *gelten* in verschiedenen Zusammenhängen und auch *wider geben* aufweist (vgl. *Schwabenspiegel*, S. 75 f.). Auch hier fungieren *gelten* und *wider geben* stets als mögliche Remedien, die dem wuchernden Sünder als Ausweg bleiben.

118 Dies entspricht genau der in Kap. 3.1 vorgestellten These, dass diskursiv nicht ausformulierte Wissensfelder durch die Nennung konkreter Praxisfelder geschärft werden können und ein belastbares Dispositiv für die Interpretation bestimmter Lexemgruppen darstellen.

119 Die Predigten Bertholds von Regensburg stellen die Thematik von Wucher, Vorkauf und Markthandel in Fülle aus. Ich verweise nur auf einzelne Beispiele im Folgenden, ähnliche Stellen könnten im gesamten Korpus der Predigten gefunden werden.

lichen Relation zueinanderstehen können. In der Predigt des Franziskaners nämlich wird genau der umgekehrte Weg beschrieben: Der rechtmäßig handelnde Marktteilnehmer, dessen Existenz Berthold voll und ganz anerkennt,[120] findet im Wucherer die korrumpierte Form seiner selbst, wenn er versucht, durch Pfandleihe und Zinsgeschäfte statt durch Warenhandel sein Geld zu verdienen.[121] Der Wucherer im *Marktdieb* könnte also durch die merkantile Reziprozität von *gelten* und *wider geben* die schadhafte Objektbiographie seiner Gewinne richtigstellen und tatsächlich wieder ein tadelloser Teilnehmer auf dem großen Markt werden, der für die Welt steht. Diese Nähe von Kaufmann und Wucherer erscheint umso interessanter, als dass der Wucherer sowohl beim Stricker wie auch bei Berthold von Regensburg Teil der Allegorese ist,[122] der Kaufmann aber nicht, beziehungsweise nur in seiner korrumpierten Version.

Die vielen komplexen Verweise und Rückbezüge zwischen narrativen und diskursiven Teilen zeigen, dass *Der Marktdieb* kein simples *bîspel* darstellt. Bereiche, die sich modern mit Finanz- und Warenwirtschaft[123] beschreiben ließen, erscheinen ausdifferenziert genug, um allegorisch aufeinander bezogen zu werden, und werden auch durch unterschiedliche Wortfelder repräsentiert: *lihen, satzunge, setzen, geniuzen* vs. *gelten, wider geben* und *geben umbe, gewinnen.*[124] Die Teilung in rechtmäßig und unrechtmäßig gewonnenes Gut, die für die Erzähllogik konstitutiv ist, befreit bei konsequent durchdachter diegetischer Ordnung die ehrlich agierenden Kaufleute auf dem Markt von dem Vorwurf, dass sie ihren Besitz *zesere minnent* (V. 158). Diese Lesart erscheint umso wahrscheinlicher, wenn man den *Marktdieb* in der literarischen Umgebung geistlicher Literatur, besonders der franziskanischen Predigt ernst nimmt. Wie Berthold von Regensburg in seiner Predigt *Von den fünf Pfunden* nahelegt, ist der Kaufmann dem Wucherer einerseits gegenübergestellt,

---

120 Vgl. *Fünf Pfunde*, S. 18,33–19,4. Zum Verhältnis von *lôn* und *gewin* in der Textpassage vgl. Kap. 3.6.

121 Vgl. ebd. Insgesamt wendet sich Berthold in vielen Predigten an einen dämonisierten Gierigen: *Pfî, gîtiger unde wuocherer unde fürköufer unde satzunger!* (*Von den sieben Planeten*, S. 55,1 f.). Vgl. auch *von den dri lagen*, S. 40,3–5. (Beide Predigten zitiert nach: Berthold von Regensburg: Vollständige Ausgabe seiner Predigten. Mit Anmerkungen und Wörterbuch von Dr. Franz Pfeiffer, Bd. 1. Wien 1862).

122 Dies wird bei Berthold von Regensburg besonders an der Predigt *Von den dri lagen* deutlich. Eine alttestamentliche *historia* wird von Berthold ausgelegt als Kampf zwischen guten Christen und Teufeln. Eine Gruppe von Leuten seien dabei diejenigen, die sich durch *wuocher, fürkoufe, phantunge, dingezgeben unz inz jâr, trügenheit an sîme koufe* und *diepheit* vom Heer der Christen absetzen (*Von den dri lagen*, S. 40,3–5).

123 Für *Warenwirtschaft* wurde in der Arbeit konsequent der Begriff des Merkantilen genutzt. Wie der gegenübergestellte Bereich der *Finanzwirtschaft* unter Berücksichtigung einer praxeologischen Historisierung neu gefasst werden muss, oder ob dies überhaupt geschehen muss, stellt ein durch die Differenzierung entstandenes Desiderat dar.

124 Ein einziges Mal erscheint im Text das Gegenteil von *gewinnen*, nämlich *verliesen*: *durch daz man brediget und saget / die roubes und wuchers pflegen / daz si verliesen gotes segen* (V. 32–34).

andererseits kann der Kaufmann selbst zum Wucherer werden, wenn er einer der vielen wird, die sich auf dem Markt, dem *diu werlt geliche* ist, als Dieb betätigen. Der Kaufmannsbegriff ist in seinen Konnotationen hier ein gänzlich anderer als beispielsweise bei Thomasin von Zerklære. Wertet dieser jeden, der *durch gewin* gebe, als *koufman* gegenüber höfischen Verhaltensweisen ab (WG, V. 14321 f.), so stellt der Kaufmann bei Berthold wie auch beim Stricker das positive Gegenbild zum Wucherer dar. Als rechtschaffener Kaufmann, als *bonus negotiator*, kann er sogar an einer allegorischen Beschreibung Christi partizipieren. Die komplexe Anlage des *bîspels* vom *Marktdieb* bildet in ihrer vielschichtigen Verweisstruktur zwischen Narration und eng verwandter, aber begrifflich geschiedener Ausdeutung diese ausbalancierte Gleichzeitigkeit von Opposition und möglicher Identität von Kaufmann und Wucherer[125] poetisch ab.

4.1.3 Exkurs: Pfand, Wucher und Diebstahl bei Gerard von Siena

Ausblickend möchte ich zudem auf Parallelen zwischen dem *bîspel* vom *Marktdieb* und einer Gruppe juristischer Schriften des Scholastikers und Augustinereremits Gerard von Siena aufmerksam machen. Diese ‚Parallelen' sind nicht als Abhängigkeitsverhältnis aufzufassen, sondern als beispielhafte Überschneidung volkssprachiger und lateinischer Diskurse. Gerard, der 1336 stirbt,[126] stellt sich mit seinen Traktaten zu Wucher, Restitution und Verjährung (Präskription) in eine lange Tradition der Wucherkritik, die auf der Rezeption von Aristoteles' *Politeia* aufbaut.[127] Gerade im zweiten Traktat dieser Gruppe,[128] dem *Tractatus de Restitutione*,[129] behandelt er Fragen unter rechtlichem Gesichtspunkt, die im *Marktdieb* die Faktur des Textes mitbestimmen. So wird in *articulus IV*[130] die Frage aufgeworfen, ob ein Wucherer all

125 Auf solch eine mögliche Identität macht auch Mersmann: Besitzwechsel, S. 68, in Wolframs *Willehalm* aufmerksam.

126 Zu biographischen Informationen bezüglich Gerard von Siena vgl. Armstrong: Introduction, S. 6.

127 Zur Rezeption der aristotelischen Argumente bezüglich Geld und Wucher in der Scholastik vgl. beispielsweise Langholm: Wealth, S. 8 f., sowie ders.: Wealth and Money in the Aristotelian Tradition. A Study in Scholastic Economic Sources. Bergen 1983 und mit Blick auf die weitere wirtschaftliche Entwicklung Nutzinger, Hecker: Gerechtigkeit in der Ökonomie.

128 Zur Überlieferung der drei Traktate und der damit verbundenen Frage der Gattungszuschreibung vgl. Armstrong: Introduction, S. 6–11.

129 Zur Restitution von Wuchergewinnen in der Scholastik vgl. Wittreck: Instrument der Gerechtigkeit, S. 136 f.

130 *Tractatus de restitutione*, S. 204: *Quartus articulus, in quo ostenditur quod usurarius tenetur restituere quandoque non solum usuram extortam sed eciam id quod per eam lucratus est, quandoque vero non tenetur.* (Übers. Armstrong: „The Fourth article, in which it is demonstrated that a usurer is sometimes obliged to restore not only the usury he extorted but also the profit he gained from it, sometimes not.")

seine durch den Wucher erwirtschafteten Gewinne zurückgeben müsse. Die Antwort: Nicht immer. Muss bei monetärer Rückzahlung nur die reine Wuchersumme rückerstattet werden,[131] so sieht es gerade bei der Übertragung einer *hube* jedoch anders aus: erhält der Wucherer *agrum vel* [...] *vineam*, so muss er alle daraus gewonnen Früchte zurückzahlen, denn niemand dürfe Früchte aus etwas gewinnen, was jemandes anderen Eigentum ist.[132] Ausgerechnet der Fall der Landübertragung, der im *Marktdieb* als Ausweg gewählt wird, erfährt bei Gerard von Siena die weitreichendste Sanktion.

Zwei weitere Punkte sind zudem zu nennen, die sich im dritten Traktat der Gruppe, *Questio de prescriptione*, finden.[133] Präskription, die gewohnheitsrechtliche

---

131 *Tractatus de restitutione*, S. 208: *Si vero accipiatur usura secondo modo, scilicet prout est de genere illarum rerum que non possunt lucrificare vel quia habent determinatum valorem a natura, ut ponderabilia et mensurabilia, vel quia habent determinatum valorem ab arte, ut numerabilia, sicut denarii, sic dicendum est quod usurarius tenetur restituere solam usuram quam extorsit et non id quod per eam lucratus est* [...]. (Übers. Armstrong: „But if usury is obtained in the second way, namely, from the class of things that cannot bear fruit either because they have a value assigned by nature, such as weighable or measurable things, or because they have a value assigned by skill, such as countable things, for example, coins, it must be said that the usurer is obliged to restore only the usury that he extorted and not any profit he gained by it [...].“

132 Ebd.: *Si ergo accipiatur usura primo modo, sic dicendum est simpliciter quod usurarius tenetur restituere non solum usuram sed eciam id quod per talem usuram lucratus est, nam res que de sui natura habet lucrum et fructum est restituenda cum suo lucro et fructu, et ideo si usurarius per suum mutuum extorsisset agrum vel vineam, deberet restituere non solum illum agrum vel illam vineam sed eciam omnes fructus quos inde percepisset, deductis tamen expensis* [...]. *Primo, quia nullus debet recipere fructum de re non sua* [...]. (Übers. Armstrong: „If usury is obtained in the first way, it must be said that the usurer is obliged to restore not only the usury but also whatever he gained by means of it, for a thing that by nature generates a profit and fruits must be restored along with the profit and fruits. Therefore, if a usurer has extorted a field or vineyard by means of a loan, he should restore not only the field or vineyard but also any fruits he derived from it, minus expenses [...]. First, because nobody may receive fruit from something which is not his own.“)

133 Präskription ist auch Gegenstand des Canon 41 der Beschlüsse des IV. Laterankonzils (hier und im Folgenden zitiert nach Constitutiones Concilii quarti Lateranensis una cum Commentariis glossatorum, hrsg. von Antonius García y García, Vatikan 1981, S. 82): *Quoniam ‚omne quod non est ex fide peccatum est‘, synodali iudicio diffinimus ut nulla ualeat absque bona fide prescriptio tam canonica quam ciuilis, cum sit generaliter omni constitutioni atque consuetudini derogandum que absque mortali non potest obseruari peccato. Vnde oportet ut qui prescribit in nulla temporis parte rei habeat conscientiam aliene* (Übers. nach: Disciplinary Decrees of the General Councils: Text, Translation and Commentary. Hrsg., übers. und kommentiert von H. J. Schroeder. St. Louis 1937, zitiert nach der Onlineversion https://sourcebooks.fordham.edu/basis/lateran4.asp, zuletzt eingesehen: 03.04.2021, 02:11: „Since all that is not of faith is sin (Rom. 14: 23), we decree that no prescription, whether canonical or civil, is valid unless it rests on good faith; because in a general way a prescription that cannot be maintained without mortal sin is in conflict with all law and custom. Wherefore it is essential that he who holds a prescription should at no time be aware of the fact that the object belongs to another.“).

Erlangung von Besitzrechten durch Verjährung,[134] liegt juristisch dem im *Marktdieb* geschilderten Pfandvertrag zugrunde, bei dem der Schuldner verspricht, sein Land nicht zurückzufordern. Im *articulus* V der *Questio de prescriptione* behandelt Gerard das Problem, das der oben behandelten Frage, ob Dieb und Wucherer nicht eigentlich zu ähnlich seien, um sie allegorisch aufeinander zu beziehen, genau entspricht: *Quintus articulus, in quo ostenditur quod prescibens mala fide equipollet furi vel raptori quantum ad actum intencionis et conscienciе.*[135] Zur Lösung der Frage, in welchem Verhältnis Dieb, Räuber und Wucherer stehen, entwirft Gerard ein hyponymisches Verhältnis der drei Begriffe: Diebstahl sei umfassender als Raub und Raub wiederrum umfassender als Wucher.[136] Unterstellt man dem Verfasser des *Marktdiebs* eine ähnliche Auffassung, wie Gerard sie hier 70 bis 100 Jahre später ausdrückt, wird deutlich, dass sich die Nähe von Allegorie und Allegorese des Diebes durch die synekdochische Beziehung von Diebstahl und Wucher erklärt.

Diese Nähe, so ist bereits gezeigt worden, hängt auch mit der „poetischen Gerechtigkeit" des Textes im Sinne Haferlands zusammen. Gerard behandelt in *articulus* V auch die Frage danach, ob derjenige, *qui mala fide possedit vel mala fide prescripsit,*[137] auch ebenso schuldig gesprochen werden kann wie der Dieb oder Räuber. Auch hier differenziert Gerard, sodass er den Schaden an der *res publica* nicht gegeben sieht, solange der zivile Frieden außerhalb dieser Beziehung nicht in gleicher Weise gestört würde, wie es bei unbestraftem Raub der Fall wäre.[138] Da nur das Gewissen, nicht aber die Gesellschaft jenseits der Präskription Schaden nähme, schließt Gerard: *Et ideo patet quod pro tali peccato non debet a legibus pena infligi,*

---

134 Zur *praescriptio* als juristisches Verteidigungsargument im Gewohnheitsrecht vgl. Hermann Krause, Gerhard Köbler: Art. Gewohnheitsrecht. In: *HRGDigital.*

135 *Questio de prescriptione*, S. 290 (Übers. Armstrong: „The fifth article, in which it is shown that a prescriber in bad faith is equivalent to a thief or robber so far as intention and conscience are concerned."). Hier und im Folgenden zitiert nach: Gerard von Siena: Questio de prescriptione. In: The Idea of a Moral Economy. Gerard of Siena on Usury, Restitution and Prescription. Hrsg. Von Lawrin D. Armstrong. Toronto 2016, S. 222–311.

136 Ebd., S. 290: *Sciendum ergo quod prefata tria se habent per ordinem, quia furtum se habet in plus quam rapina et rapina in plus quam usura.* (Übers. Armstrong: „It must be understood, therefore, that these three are arranged in an order, for theft is more comprehensive than robbery, and robbery more comprehensive than usury.").

137 Ebd., S. 296 (Übers. Armstrong: „[...]who possesses or prescribes in bad faith.").

138 Ebd.: *Si enim fures et raptores non punirentur, civilis societas passim totaliter tolleretur, quia pauci vel nulli possent rem suam pacifica possidere. Peccatum autem possidencium et prescribencium mala fide, quamvis conscienciam inficiat, rem tamen publicam non commaculat, qua nullius hominis pax ex hoc racionabiliter turbari debet contra illum qui prescripsit* [...]. (Übers. Armstrong: „For if thieves and robbers were not punished, civil society everywhere would be utterly destroyed, because few or none could enjoy their property in peace. But the sin of possessors and prescribers in bad faith, although it corrupts the conscience, does not pollute the commonwealth, because no man's peace is disturbed by the prescriber.

immo debet divine providencie puniendum relinqui [...].[139] Das Ausbleiben einer weltlichen Strafe unter Berufung auf ein göttliches Urteil entspricht exakt der Implementierung von Gerechtigkeit in den beiden Ebenen von Erzählung und Epimythion im *Marktdieb*.

Die Zugehörigkeit eines Autors, der unter der Bezeichnung ‚Der Stricker' gefasst wird, zum franziskanischen Orden, muss weiterhin Spekulation bleiben. Die Anlage des *Marktdiebs* legt jedoch nahe, dass der oder die Verfasser:in sehr genaue theologische Unterscheidungen bezüglich des von ihr/ihm aufgeworfenen Themas in die Anlage dieses *bîspels* hat einfließen lassen.

4.1.4 *Die zwei Märkte* (Moelleken, Nr. 150) und *Der Krämer* (Moelleken, Nr. 54)

Anders als beim *Marktdieb*, stellen *Die zwei Märkte* und *Der Krämer* zwei *bîspel* dar, die ihre allegorische Struktur tatsächlich über die handelnden Akteure des Marktes gewinnen. Beide Texte nutzen Erzählkonstellationen, in denen die als hoch oder niedrig empfundenen Preise eines Händlers ein Irritationsmoment bieten, anhand dessen dann die allegorische Bedeutung entwickelt wird.

Widmen wir uns zuerst *Den zwei Märkten*. Das achtmal überlieferte *bîspel* teilt die Handschriften AHKN mit *Dem Marktdieb*.[140] *Die zwei Märkte* stellt nun viel eher als *Der Marktdieb* ein Beispiel für die Beobachtung Oberstes dar, dass horizontale, also zwischenmenschliche Tauschbeziehungen zur Darstellungen der vertikalen Beziehung Mensch – Gott genutzt werden.[141]

Der Texteingang ähnelt dem des *Marktdiebs*: *Ein stat* stellt die Szenerie dar (V. 1). Hier findet sich nun aber nicht nur *ein* Markt, sondern *zwen marchet alle wege* (V. 3). Während im *Marktdieb* jedoch eine vollkommen nachvollziehbare Situation beschrieben wird, scheinen die Märkte in dieser Stadt gar nicht den Erwartungen zu entsprechen. Wer hier kauft, findet zwar eine verlässliche Ordnung vor (*daz was ein uf gesazt dinc*, V. 7). Der Markt erfüllt damit seine grundsätzliche Funktion der Sortierung von Kaufs- und Verkaufsangeboten.[142] Doch die Funktionstüchtigkeit des Marktes wird für jede:n Rezipient:in mit praktischer Erfahrung auf einem Marktplatz gleich darauf gestört.[143] Denn die in Vers 7 angesprochene Ordnung die-

---

139 Ebd. (Übers. Armstrong: „And so it is clear that the law should impose no penalty on this sin, but rather leave punishment to divine providence [...].").

140 Die zusätzlichen Überlieferungsträger sind: Bibliothek des Benediktinerstiftes Melk, Codex R 18 (M), Biblioteca Apostolica Vaticana, Regin. Lat. 1423 (V), ÖNB, Codex 2884 (W), Badische Landesbibliothek Karlsruhe, Codex St. Georgen 86 (C).

141 Vgl. Oberste: bonus negotiator, S. 434 f. sowie auch Quaas: Market Exchange, besonders S. 38–43 (alternativ Quaas: Sakralität und Handel).

142 Vgl. Kap. 2.3 zum Markt als Ort konventionalisierter Warenpräsentation.

143 Gemessen an der oben ausgebreiteten programmatischen Nähe von Alltagspraxis und rhetorischen Bildern in mendikantischen Predigten (vgl. Kap. 4.1.1), darf das Irritationsmoment einer

ses Marktes besagt: *des gab man umbe einen pfenninc / wol hundert pfenninge wert* (V. 8 f.). Noch ist nicht deutlich, wer gibt und wer nimmt,[144] auch dies wird aber sofort aufgelöst: *die da chouften stætechlich, / die wrden alle riche* (V. 11 f.). Die Irritation dieses Marktes liegt in der transzendenten Anlage desselben begründet, die im Übergang von Narration zu Epimythion beschrieben wird:

> den einen market, den hat got.
> swer behaltet sin gebot
> und furhtet daz und minnet,
> der choufet daz und gwinnet
> da ewige himelriche:
> der choufet vil wisliche.
> christ hat uns selbe fur gezalt,
> got geltez allez hundertvalt,
> swaz man im diene oder gebe.
> (V. 27–35)

Narrativ wird hier ein christlicher Glaubensinhalt dargestellt, der sich durch eine über Jahrhunderte konstante Metaphorik an den Bereich des Marktes anlehnt: Das *sacrum commercium* Christi (der heilige Bund, aber eben auch Tausch oder Vertrag),[145] das bei einigen Kirchenvätern im merkantilen Sinne ausdeutet wird,[146] soll von gläubigen Christen imitiert werden.[147] Dabei wird Christus als derjenige verstanden, der die Menschheit durch den Kreuzestod erlöst – oder eben freigekauft habe: *christ hat uns selbe fur gezalt* (V. 33). Der Markt, auf dem Gott alles hundertfach vergilt, aktiviert das Wissen der Rezipient:innen um den „Schatz im Himmel“, also die Gnade Gottes, die sich durch die Opferung Christi und durch die ihm

---

nicht funktionierenden Praxis der Herstellung von Wertgleichheit in der Wirkung auf die intendierte Zuhörer- oder Leserschaft nicht unterschätzt werden. Das Bild vom Markt kann hier im rhetorischen Sinne als *fabula* bezeichnet werden, da nach den Regeln eines Genres ein Fall vorgestellt wird, der sich so nach der Alltagserfahrung nicht abspielen kann. Vgl. zur *fabula* in mittelalterlichen Poetiken Mehtonen: Old Concepts, besonders S. 134–142.

144 Zum Gebrauch von *geben* und *nemen* als Wörter des Besitzwechsels vgl. Mersmann: Besitzwechsel, S. 17–32.

145 Sollte der Text tatsächlich in der Nähe franziskanischer Literatur stehen, erweist sich hier die Dehnbarkeit theologischer Metaphorik. In einem der frühesten franziskanischen Texte (*Sacrum Commercium S. Francisci cum domina paupertate*), muss Franziskus die Stadt gerade verlassen, um in der Verbindung mit Frau Armut den Weg Christi zu gehen – die Stadtbewohner:innen sprechen nicht einmal mehr die gleiche Sprache wie Franziskus Vgl. *Sacrum Commercium Sancti Francisci*, S. 37 (vgl. dazu Quinn: Narrative Theology, S. 19).

146 Vgl. dazu die Zusammenstellung liturgischer und patristischer Belege bei Quaas: Market Exchange, S. 39–43.

147 Vgl. Quaas: Market Exchange, S. 45. Der Nachvollzug des Handels zwischen Erde und Himmel, so Quaas, ebd., weiter, trete im Neuen Testament besonders in der in Mt 6,19–21 erzählten Geschichte vom Händler, der all seinen Reichtum für eine Perle hingibt, hervor.

folgenden Märtyrer unendlich akkumuliere.[148] Denn wer hier kauft, der kauft, *daz got veile hat: / diu gnade, diu nimmer zergat* (V. 39 f.).[149] Kleine hat auf die bei Augustinus aufkommende Perspektive aufmerksam gemacht, Gott als „himmlischen Bankier (*argentarius*)" der „spirituellen Reichtümer des gläubigen Christen" darzustellen.[150] Hier wird die rhetorische Stärke der merkantilen Wertzuschreibung offensichtlich: Ein in einer Währung festgesetzter Wert sagt etwas über die Ware aus, ohne zu verraten, was die Ware ist. Indem also der Erzähler zuerst darlegt, man bekäme als Käufer auf diesem Markt den Gegenwert von einhundert Pfennigen für einen einzigen Pfennig Bezahlung, wird ein absurdes Marktszenario aufgerufen. Durch die nachgereichte Information, es handele sich um den Markt Gottes, wird die transzendente Deutung gleichsam als Lösung präsentiert.[151] Und erst durch die Benennung der Ware als *diu gnade, diu nimmer zergat*, wissen die Rezipient:innen, wie dieser Markt, dessen Logik sich der weltlichen Ordnung entzieht, doch weiter-

---

148 Darstellungen zur Entwicklung des „Schatzes im Himmel", der seinen Ursprung in Mt 6,20 hat (*Thesaurizate autem vobis thesauros in caelo | ubi neque erugo neque tinea demolitur | et ubi fures non effodiunt nec furantur*; „Häuft aber Schätze auf für euch im Himmel, wo weder der Grünspan noch die Motte sie zerstört und wo die Diebe (sie) nicht ausgraben und nicht stehlen."), belaufen sich grob auf zwei Stationen. Angelegt, so Burkart: Blut der Märtyrer, S. 55–59, sei die Ausweitung der Schatzidee bereits in den *Enarrationes in Psalmos* des Augustinus und werde schließlich um 1230 erweitert bei Hugo von St. Cher. Vgl. dazu auch Herz: Sacrum Commercium, S. 211, sowie mit besonderem Fokus auf Spätantike und Frühmittelalter Quaas: Market Exchange, S. 45–47, und Brown: Schatz im Himmel sowie zum Ablasshandel, der sich aus dem „Schatz im Himmel"-Gedanken entwickelt, Paulus: Geschichte des Ablasses, Philippe Cordez: Schatz, Gedächtnis, Wunder. Die Objekte der Kirche im Mittelalter. Regensburg 2015, S. 41–55, sowie Laudage: Sünde.

149 Cordez: Schatz, Gedächtnis, Wunder, S. 48, schlussfolgert nach seinen Ausführungen zum *thesausus ecclesiae*, die Idee des Gnadenschatzes sei „vor allem eine Gelehrtentheorie geblieben, die gelegentlich von diversen Akteuren je nach ihren eignen Bedürfnissen und Absichten erwähnt oder angepasst wurde." In den Wortlaut der tatsächlichen Ablasspraxis sei diese Argumentationsfigur kaum eingegangen (ebd., S. 47). Die eindeutigen Formulierungen im *bîspel* von den *Zwei Märkten* zeigen aber, dass bereits im 13. Jahrhundert die Idee des Gnadenschatzes so weit verbreitet war, dass sie in volkssprachiger geistlicher Erzählliteratur die narrative Logik beeinflusst.

150 Kleine: Heilige Ökonomie, S. 46 f.: „Bei [Augustinus] verdichtete sich die Metapher von der Akkumulation spiritueller Güter zum Modell ‚eines eschatologischen Gütertausches im Schatz'. Augustinus imaginierte Gott als Hüter (*custos*) eines geistlichen Schatzes, als himmlischen Bankier (*argentarius*), bei dem die spirituellen Reichtümer des gläubigen Christen besser aufgehoben und angelegt seien als in den irdischen Speichern und Schatztruhen. Denn die fortgegebenen irdischen Güter bildeten einen kollektiven Schatz von himmlischen Gütern, dessen Reichtümer durch die Gnade Gottes wieder an die Gläubigen zurückverteilt werden könne."

151 Zwar könnte argumentiert werden, dass die Gattungskonvention geistlicher *bîspel*, nach der ein weltlicher Inhalt auf ein geistliches Thema bezogen werde (Böhm: Der Stricker, S. 36.), diese Deutung ohnehin bereits von Beginn an nahelegt. Doch zeigt das im Anschluss untersuchte *bîspel* vom *Krämer*, dass merkantile Ungleichgewichte auch weltlich ausgelegt werden können. Wer seinen irdischen Reichtum als Almosen fortgebe, der zahle in die himmlische Bank ein, wo sich der Reichtum der Gläubigen zu einem Depot aggregiere, das zur Quelle des kollektiven Heils werde.

bestehen kann. Denn die Gnade Gottes ist aufgrund des „Gnadenüberschuss[es] durch die Tugenden der Märtyrer“ über alle Maße vorhanden.[152]

Eine zweite Geschichte von ‚zwei Märkten‘ bestätigt zudem die Relevanz der offensichtlichen Funktionsuntüchtigkeit der Märkte. Hugo von Trimberg beschreibt im *Renner* ein ganz ähnliches Szenario: *Zwên merkte diu werlt hât ûf erden, / Ûf den man rîch und arm mac werden* (Ren, V. 6331 f.). Die Aussage dieser kurzen allegorischen Passage ist identisch mit derjenigen in den *Zwei Märkten*. Der Unterschied liegt jedoch darin, wie beschrieben wird, *warum* die Märkte Gewinn und Verlust für die Käufer bieten. Im *Renner* heißt es:

> Swer den bœsen im hât erkorn,
> Der gewinne oder verliese, der hât verlorn,
> Swer ûf den andern leit sînen sin,
> Er gewinne oder verliese, der hât gewin:
> Der êrste market ist gîtikeit,
> der ander gein gote verstandenheit.
> (Ren, V. 6335–6340)

Hier gewinnt oder verliert man nicht auf dem Markt, sondern man kann auf beiden gewinnen und verlieren, es gibt aber beide Möglichkeiten noch zusätzlich auf einer weiteren Ebene, wie die zweiteiligen Parallelismen in V. 6336 u. 6338 verdeutlichen. Hier wird nicht der Gewinn auf dem Markt transzendent metaphorisiert, sondern in seiner Weltlichkeit belassen. Der Markt bleibt damit die Ordnung der diesseitigen Welt (wie auch im *Marktdieb*, Kap. 4.1.2), während der ‚eigentliche‘ Gewinn oder Verlust auf eine zweite Ebene verschoben wird.

Auch die Ware in den *Zwei Märkten*, also die Gnade, bzw. *daz ewige leben* (V. 54), *den ewigen tac* (V. 72) oder das *ewige himelriche* (V. 31, auch V. 65) gilt es nicht nur zu erstehen, es bedarf auch der Einhaltung gewisser Gebote Gottes:

> swer behaltet sin gebot
> und furhtet daz und minnet
> der choufet daz und gwinnet
> da ewige himelriche
> (V. 28–31)

Das konventionalistische Verständnis des Marktes als Ort der „symbolischen Kommunikation“ (Kap. 2.3) offenbart an dieser Stelle eine Besonderheit der Kaufmannsware Gottes: Es werden nicht nur spezielle Formen und Regeln benötigt, um zum Kauf verschiedener Waren berechtigt zu sein. Vielmehr *ist* das Einhalten der Gebote hier bereits der Kaufakt: *swer behaltet sin gebot* [...] *der choufet daz*. Indem die Ware mit der regelbasierten Partizipation gleichgesetzt wird, wird die durch den Markt ermöglichte Flüchtigkeit der Beziehung zwischen Käufer und Verkäufer durch eine

152 Cordez: Schatz, Gedächtnis, Wunder, S. 45.

dauerhafte Beziehung ersetzt.[153] Genau wie im *Marktdieb*, geht die christliche Allegorisierung des Marktes dadurch auch mit einer Hybridisierung der Interaktionsform einher, die den Markt in Richtung einer gabentheoretisch fassbaren Verstetigung der Reziprozität öffnet.[154]

Dieser Markt findet seinen Gegenpart im Markt des Teufels. Hier ist alles umgekehrt:

swer an den andern marcht wolde,
swaz er da choufen solde,
des wart er nimmer gewert;
er gabe umbe isliche phenninch wert
gu(o)ter pfenninge hundert.
(V. 15–19)

Auffällig ist die parallele Konstruktion, dass x (hier: *man* oder *er*) für jeden Pfennig im Gegenzug einhundert Pfennige gibt. Der Markt Gottes und der des Teufels sind von der Konstruktion her identisch, obwohl doch der Unterschied für den Menschen enorm ist.[155] Indem die Geberposition in beiden Fällen nur pronominal markiert ist, erscheint die Anlage beider Märkte geradezu verwirrend ähnlich. Auch erscheint das Verb *gelten* nur zweimal im Text:[156] Einmal vergilt Gott *hundertvalt* (V. 34), das andere Mal aber vergilt der Mensch die *ewigen not / mit der ewigen froude* (V. 56 f.). Der Teufel ist an keiner Stelle in der Position zu geben oder zu vergelten. Indem nicht nur die Richtung des Gewinns, sondern auch die markierten Geberpositionen vertauscht sind, entspricht der Gnade Gottes auf dem ersten Markt nicht die Versuchung durch den Teufel auf dem zweiten, sondern der *tumbe* Mensch, der selbst schuld ist: Entsprechend häufig finden sich Verweise auf die *tumpheit* des Menschen oder dessen Bezeichnung als *tor*, die nach Böhm im gesamten Strickerkorpus beide eine moraltheologische Dimension aufweisen, indem sie von Gottesferne zeugen:[157]

---

153 Dies ist Ergebnis der „Transaktionskostenreduktion" durch qualitätssichernde Mechanismen des Marktes, vgl. dazu die in Kap. 2.3 dargestellten Überlegungen von Freitag: Städtischer Markt.

154 Zum Gabentausch als Sozialisationsmechanismus und dessen Nutzung aus literaturwissenschaftlicher Perspektive vgl. Kap. 2.4.

155 Man vergleiche *des gab man umbe einen pfenninc / wol hundert pfenninge wert* (V. 8 f.) auf dem Markt Gottes mit *er gabe umbe isliche phenninch wert / gu(o)ter pfenninge hundert* (V. 18 f.) auf dem Markt des Teufels.

156 Zudem einmal in Verneinung: *swer des choufes so sere engiltet* (V. 58), dies steht aber direkt nach dem auf den Menschen bezogenen *giltet* in V. 57 mit gleichem Subjektbezug.

157 Böhm: Der Stricker, S. 70 f.: „Mit *tump* kennzeichnet der Stricker jenes Nicht-Wissen und Verhalten, welches das Seelenheil vernichtet. Alle Sünder sind *tump* [...]. Neben dem Sünder ist es vor allem der Teufel, der *tump* ist, und hier zeigt sich wohl am deutlichsten die religiöse Dimension, die diesem Begriff anhaften kann und die sich auch in Redewendungen und herabsetzenden Vergleichen äußert."

die dar begunden cheren,
daz sie toren lop erwrben
und in toren wis verdurben
(V. 22–24)

swer des choufes so sere engiltet,
der choufet rehte in torn wis
(V. 58 f.)

er ist tump, der hince helle vert
(V. 67)

so mage er wol von schulden iehen,
daz er der toren marchet chos
(V. 82 f.)

Diese besondere Verschiebung sowie der ungewöhnliche Umstand zweier Märkte in einer Stadt erlauben eine Interpretation der dargestellten Szenerie, die über die Auslegung des Epimythions hinausgeht.

Dass zwei Märkte ungewöhnlich seien, bedarf dabei einer Spezifizierung. Isenmann beschreibt die mittelalterliche Stadt zunächst sogar als ein Nebeneinander vieler Märkte:

> Durch Zusammenwachsen von Siedlungen oder im Zuge der Stadterweiterung erhielt die Stadt häufig einen zweiten Markt, sodass dann vom Neumarkt im Unterschied zum Altmarkt gesprochen wurde. Intensivierung und Wachstum des Nah- und Fernhandels machten in vielen Städten den Ausweis weiterer Marktflächen neben dem Hauptmarkt erforderlich und führten zu einer Differenzierung in verschiedene spezielle Nebenmärkte.[158]

Die zwei Märkte im gleichnamigen *bîspel* sind viel eher ungewöhnlich, weil sie beide *alle wege* sind (V. 3). Die räumliche Trennung verschiedener Märkte, die Isenmann als konstitutiv für die städtische Topographie beschreibt, wird hier untergraben.[159] Damit sind die beiden Märkte vom räumlich gedachten Marktrecht her gar nicht zwei verschiedene Märkte. Anstatt nun einen räumlichen Marktbegriff aufzugeben, halte ich es für sinnvoller, die Ungewöhnlichkeit dieser Beschreibung anzuerkennen und auf mögliche Deutungen hin zu befragen. Eine Deutung ergäbe sich daraus, der Stadt nicht, wie es im *Marktdieb* mit Stadt und Welt geschieht, eine ebenfalls topographisch gedachte Entsprechung zuzuordnen, sondern vielmehr die Stadt für den Mikrokosmos des Menschen anzusehen. Schwab hat herausgestellt, dass „die Stadt als Bild für den Menschen" in geistlichen *bîspeln* durchaus verbreitet war.[160] Auch die Zuordnung von einerseits Gott, andererseits dem Menschen als

158 Isenmann: Die deutsche Stadt, S. 127.
159 Vgl. auch Kap. 2.3 zum Markt als Ort festgelegter Konventionen.
160 Schwab: Geistliche Bîspelrede, S. 170. Schwab bietet dabei keine Belege für mittelalterliche Texte, in denen dies zu finden wäre. Allerdings nennt sie ebd. die Bibelstelle Lk 10,38 *Intravit Jesus in*

Gebern und Vergeltern auf den beiden Märkten spiegelt eine christliche Anthropologie wider, die den Menschen als Geschöpf Gottes, den Teufel aber als diesem Bund äußerlich ansieht.[161] Vollständig außer Acht gelassen wird bei diesem *bîspel* die konstitutiv zum Markt gehörige Konvention der Prüfung der Waren. Die *tumbe* Interaktion des Menschen mit dem Teufel impliziert, dass der Markt eigentlich die Sicherungsmechanismen zur Verfügung stellen könnte, die den Menschen vor solch einer Torheit bewahren. Der Markt, der hier für die Zwecke christlicher Metaphorik eingesetzt wurde, kann diese Funktion nur erfüllen, da die Konventionen der bestätigten Wertgleichheit oder auch der Warenprüfung verzerrt, beziehungsweise auf dem Markt des Teufels ausgesetzt wurden.

Anders gestaltet sich diese Zuschreibung von bezahltem Preis und Torheit nun im *bîspel* vom *Krämer* (Moelleken, Nr. 54). Das nur dreimal überlieferte *bîspel*[162] verbindet das Setting des Marktes mit einer rein weltlichen Ausdeutung im Epimythion, da hier die richtige Auswahl eines Ehemannes durch die als Käufer stilisierte Frau beschrieben wird.[163]

Zu Beginn des *bîspels* vom *Krämer* steht eine superlative Warenbeschreibung, biete der *chramer* (V. 1) doch *von golde solich chramgwant, / daz man niht bezzers envant* (V. 3 f.). Auch hier wieder begegnen die Rezipient:innen einer ungewöhnlichen Situation. Ein Krämer verkauft gewöhnlich keine teuren Gegenstände: „Kramwaren wurden im Hinblick auf die kleinhändlerische Detaillierung und die geringen Einzelwerte *Pfennwerte* (Pfennigwerte) genannt. Pfennwerte wurden vor allem an den gemeinen Mann verkauft."[164] Der Krämer, der teures Kaufmannsgut anbietet, ist

---

castellum, auf der solche Zuordnungen aufbauen sollen. Auch die Stadt kann in christlicher Symbolik positiv – Jerusalem – oder negativ – Babylon – besetzt sein. Vgl. zur Stadt im christlichen Kontext im Mittelalter Theresia Heimerl: Zwischen Babylon und Jerusalem. Die Stadt als locus theologicus im Mittelalter. In: Repräsentationen der mittelalterlichen Stadt. Hrsg. von Jörg Oberste. Regensburg 2008, S. 13–24.

161 Eine Übersicht zum Menschen als „Abbild Gottes" (S. 122) und als Mikrokosmos im vormodernen Denken bietet Brague: Weisheit der Welt, S. 117–136. Böhm sieht sogar ein symmetrisches Verhältnis des Menschen zu Gott und dem Teufel: *Die zwei Märkte* gehöre, so Böhm: Der Stricker, S. 30, zu einer Gruppe von *bîspeln* mit der Aussage: „Gott und der Teufel haben keine ‚Schuld' an der Entscheidung für die willentliche Sünde." Geht der Mensch allerdings einmal eine der beiden ‚Handelsbeziehungen' ein, so konnte die Analyse hier zeigen, offenbaren sich durchaus Asymmetrien, indem dem Menschen von Gott gegeben wird, dem Teufel aber geben muss.

162 Genau wie *Der Marktdieb* und *Die zwei Märkte*, findet sich *Der Krämer* in den großen Sammelhandschrift AHK.

163 ‚Rein weltlich' ist für die Texte des Strickerkorpus ein schwieriger Begriff. Böhm: Der Stricker sieht die gesamte Textsammlung von einem recht stabilen Tugendsystem unterfüttert, sodass sie über die *bîspel*, die ein Geschlechterverhältnis beschreiben (inklusive *Krämer*), urteilt: „Das angestrebte Ziel des Strickers scheint mir auch hier wieder das Herstellen von tragfähigen zwischenmenschlichen Bindungen zu sein, eines Lebens, das *got unde der werlde* gefällt." (ebd., S. 64 f.).

164 Isenmann: Die deutsche Stadt, S. 881.

nach Isenmann ungewöhnlich, aber nicht unmöglich.[165] Zwar wird nicht davon gesprochen, dass der *chramer* auf einen Markt fahre, doch „unterlag [Kleinhandel] dem Marktzwang",[166] sodass von merkantilen Verhaltensprotokollen ausgegangen werden muss. Tatsächlich spielt im *Krämer* die Prüfung der Waren eine weitaus größere Rolle. Während die potentiellen Kunden aber noch prüfen, bestätigt der Erzähler, seinen Wissensvorsprung ausdrückend, die Qualität der Ware noch einmal:

> daz liut im vaste zu giench
> durch schowen und versuchen.
> die da cho(u)fes wolden ruchen,
> den bot erz tiur; daz was reht
> (V. 8–11)

Die sich anschließende Unterhaltung zwischen Krämer und Kunden verdeutlicht, dass sie nicht der gleichen Meinung wie Krämer und Erzähler sind. Um *so tiur* zu sein (V. 13) sei seine Ware *zesleht* (V. 12) – das Reimpaar *reht-zesleht* stellt die unterschiedlichen Einschätzungen aufs Schärfste gegeneinander. Die Ware werde *da von*, nämlich vom hohen Preis, *verswachet* und *un maere* (V. 14 f.), sprich unbeliebt. Der Krämer beharrt aber darauf, sein Gut sei *hohes geldes wert* (V. 19) und entsprechend kommt es zu keiner Einigung.

Durch einen zweiten Krämer, der nun hinzustößt, erhält der erste Konkurrenz und die Kunden wandern ab. Der zweite aber, so weiß der Erzähler direkt zu sagen, habe *chramgwant*, das nur *golt var*, aber *von chopfer geworht* sei (V. 26 f.).[167] Die Freude der Städter:innen (V. 35) bringt dieselben dazu, ohne weitere Prüfung das günstigere *chramgwant* zu kaufen (V. 36: *si s(o)umten sich niht mere*) und schon bald hat der Händler mit dem vergoldeten Kupfer durch Mundpropaganda *vercho(u)fet al sin kram gwant* (V. 44). Auch der Erzähler gibt dem Vorgehen des zweiten Krämers vorübergehend Recht, bietet dieser doch *als er solde* (V. 32) seine Ware *umbe chleine gut* (V. 33). Daraufhin entwickelt sich ein Konflikt zwischen den *burgæren*, die sich über den billigen Kauf freuen, und einem *wise[n] man* (V. 45), der von der preiswerten Ware nichts hält. Er kritisiert nicht den Markt an sich, sondern argumentiert mit der marktinternen Opposition von *gewin* und *verlust*. Denn, so prophezeit er

165 Vgl. ebd., S. 882: „Trotz obrigkeitlicher und zünftiger Reglementierung gab es ganz erhebliche Unterschiede in der qualitativen und quantitativen Zusammensetzung des Warenlagers, infolgedessen auch beträchtliche Umsatz- und Einkommensunterschiede innerhalb des Berufsstandes."

166 Isenmann macht auch ebd. darauf aufmerksam, dass der Marktzwang „durch die Errichtung von Kramläden an anderen Orten und durch den Verkauf im eigenen Hause durchbrochen" wurde. Da der *chramer* im *bîspel* jedoch *in eine stat* (V. 2) fährt, kann davon ausgegangen werden, dass er seine Waren unter Marktrecht feilbietet.

167 Zum Gegensatz von wertvollem Gold und wertlosem Kupfer in der Bibel vgl. Karl Helmut Singer: Die Metalle Gold, Silber, Bronze, Kupfer und Eisen im Alten Testament und ihre Symbolik. Würzburg 1980, S. 113. Bronze oder Kupfer gelten „in der Heiligen Schrift als Ersatzmetalle für Gold" (ebd., S. 109).

seinen Mitbürger:innen: *ir gwinnet lutzel dar an, / swie wol iu der cho(u)f gevalle* (V. 50 f.). Das Kollektiv der Kunden weiß sich argumentativ zu wehren, indem sie zwei Argumente verbinden: Zum einen sei durch den billigeren Kauf weniger Gut verloren, falls die Ware nicht hält, was sie verspricht, und zum anderen sei die Ware des ersten Händlers ohnehin teurer als alle Angebote der letzten zwei Jahre.[168] Der weise Mann, der sich die teurere Ware selbst ansehen will, ist von deren Qualität auch nach Prüfung überzeugt (V. 71–74) und schreitet sogleich zum Kauf: er nimmt, *swaz er vergelten chunde* (V. 83). Die Käufe des Kollektivs werden dabei durch unterschiedliche Begriffe aus dem Feld der Reziprozität markiert. Die Menge spricht immer nur vom *chouf* in unterschiedlichen Varianten[169] und sieht jegliche Bezahlung grundsätzlich als Verlust an.[170] Der Weise schließt nun begrifflich an die Anpreisung des teuren Händlers an, der zu Beginn verkündete: *„swerz cho(u)fen sol, / der mu(o)z mirz gelten harte wol. / ez ist wol hohes geldes wert.* (V. 17–19). Der Wille zum Kauf führt zur Verpflichtung, die Ware zu *gelten*. Entsprechend wird beim Kauf durch den weisen Mann *choufen* durch *gelten* eingerahmt und somit neu codiert:

> ezn [die Kramware, A.M.] solde niemen schelten,
> man solde ez hohe gelten.
> er wolde sin cho(u)fen ein teil
> und wold ez haben fur ein heil,
> [...]
> er truc vil fro(u)liche dan,
> swaz er vergelten chunde
>
> (V. 73–83)

Zwar sind *kouf* und *koufen* mögliche Metaphern für die Erlösungstat Christi,[171] doch gestaltet sich der Begriff wenig anschlussfähig für Verhandlungen vergemeinschaftender Reziprozität. Dieser Aspekt wird von *gelten* stärker betont.[172] Durch den hohen Grad an Reziprozität, der im *gelten* zum Ausdruck kommt, stellt der Erzähler die Gegenleistung heraus, die der Weise für seinen monetären Einsatz erhält. Und

---

168 *„habe wir denne verlorn alle," / begunden die burgære iehen, / „so ist uns harte wol geschehen, / daz wir so lutzel haben verlorn / und den andern cho(u)f han verborn, / da michel mære verlorn wære. / da ist ouch ein chramære; / des chramgwant ist bo(e)ser vil. / swaz man des sinen cho(u)fen wil, / daz biutet er so tiure, / daz uns weder vert noch hiure / nie cho(u)f so hohe wart gelopt."* (V. 52–63).

169 *swaz man da cho(u)fen wolde* (V. 31); *si gesæhen nie so guten cho(u)f* (V. 41); man fragt den Weisen, *wie im der chof behagete* (V. 48) und spricht über das Angebot des teuren Krämers als den *andern cho(u)f* (V. 56) und darüber, *swaz man des sinen cho(u)fen wil* (V. 60).

170 Vgl. V. 55 u. 57.

171 Vgl. Kap. 3.2 sowie die Ausführungen zum *sacrum commercium* (ebd. sowie Kap. 4.1.1). Beispielhaft für deutschsprachige Texte sei nur an das besonders anschauliche Beispiel im *Rennewart* erinnert, in dem *kouf* allein in Ren, V. 17404–17410 fünfmal in Bezug zur Erlösung genannt wird. Vgl. auch Kap. 3.2 zu *koufen* in *Barlaam und Josaphat*.

172 Vgl. Kap. 3.7.

tatsächlich: diejenigen, die bei dem günstigen Angebot zugeschlagen haben, machen Verlust, da das *ubergulde* [...] *verswant* und alles *wart als ein chopfer wirt* (V. 86 f.). Der Weise hingegen wird für seinen Kauf bewundert, seine Ware wird sogar immer besser: *si sahen wol, daz sin golt / iê schoner und schoner wart* (V. 94 f.).

An diesen recht ausführlichen narrativen Teil schließt sich nun ein Epimythion an, das nicht auf eine Beziehung zu Gott abzielt, sondern das eheliche Verhältnis von Mann und Frau beschreibt. Dass für den vernünftigen Kauf des Weisen also nicht das theologisch anschlussfähige *choufen*, sondern das vergesellschaftende *gelten* gewählt wurde, wird mit Blick auf die Ausdeutung der Geschichte somit sinnvoll eingelöst:

> swa des valschen mannes lip
> wirbet umbe ein rehtez wip,
> dem ist vil not und gu(o)t,
> daz er daz herze und den mu(o)t,
> diu chopher und untriwe sint
> und aller guter dinge blint,
> mit schonem golde scho(e)ne
> (V. 103–109)

Damit entspräche der günstige Händler dem *valschen man*, der *daz herze und den mu(o)t* unrechtmäßig vergoldet. Die Beschreibung der Eigenschaften und Tugenden eines Menschen als Kupfer, die dem Vergleich mit Gold nicht standhalten, findet sich auch im *Pfaffen Amis* des Strickers, hier jedoch umgekehrt auf eine Gruppe von Frauen bezogen, die ihr Ansehen ‚vergolden' möchten.[173] Die Falschheit der Männer darf hier jedoch nicht als eine seltene Instanz einseitiger Misandrie verstanden werden. Stehen die Krämer mit ihrer Ware jeweils für ehrliche und unehrliche Männer, so spiegeln sich die Frauen, die sich für solche Männer entscheiden, in der Stadtbevölkerung. Derjenige, der *diu wip triegen* will (V. 126), erreicht sein Ziel nur, weil *diu tumben wip* (V. 127) dem Erzähler zufolge ausschließlich auf *schone rede*, *schonen lip* und *schone gebarde* achten (V. 128 f.). *Tumbe* waren auch die, die den Markt des Teufels im *bîspel* von den *Zwei Märkten* gewählt und sich damit selbst schuldig gemacht haben. Auch hier wird die Schuld also auf die Stadtbevölkerung (in der Narration), beziehungsweise auf die Frauen (im Epimythion) abgewälzt. Die üblicherweise an Frauen gerichtete Kritik an der Verführung des anderen Geschlechts wird hier herumgedreht und den Männern zur Last gelegt – ohne freilich die Schuldzuschreibung mit umzukehren. Dieser Wechsel wird nicht unter vollständiger Verkehrung der Vorzeichen vollzogen, sondern durch Gebrauch eines Ersatz-Vorwurfs an das weibliche Geschlecht: Als die *tumben* seien sie nicht in der Lage, den Wert von auf dem Markt angebotenen Waren richtig einzuschätzen. Dafür braucht es in der Logik des Textes dann doch wieder einen Mann: Die einzige mit einem Geschlecht markierte Figur ist

173 Dies ist beim Kirchweihschwank der Fall, vgl. dazu Kap. 4.2.1.

der *wise man*,[174] der das Kundenkollektiv auf die Qualitätsunterschiede der Waren hinweist.[175] Die Frauen der Erzählung können deswegen betrogen werden, weil sie, gemäß der Bildwahl des *bîspels*, ausgerechnet auf dem Markt, dem Ort, auf dem die Warenkontrolle institutionalisiert ist, einem Mindestmaß an Einschätzungsvermögen nicht nachkommen. So schreibt der Erzähler auch nur den Frauen *schulde* zu (V. 150), sollten sie einen ehrlichen Mann nicht erwählen.[176]

Den zumeist männlichen Akteuren der Marktszenen in anderen Erzähltexten werden so über die allegorische Ausdeutung des *bîspels* Frauen als Käufer gegenübergestellt[177] – ansonsten erscheinen Frauen zumeist als Ware, wie Blanscheflur in *Flore und Blanscheflur* (Kap. 4.4) oder Irêne in *Der Guote Gêrhart* (Kap. 4.5) eindrucksvoll belegen.[178] Als Käuferinnen zeichnen sich die Frauen hier aber gerade durch das Attribut merkantiler Inkompetenz aus, sodass die Erzähl- und Verweisstrukturen des Textes, trotz des falschen Spiels der ‚vergoldeten' Männer, doch wei-

---

174 Zudem ist auch die Erzählinstanz in der Lage, die Waren richtig einzuschätzen. Versteht man aber die Erzählstimme im Sinne einer monologisch männlichen Erzählkultur (Vgl. Simon Gaunt: Gender and Genre in Medieval French Literature. Cambridge 1995), so handelt es sich auch hier um eine männliche Einschätzung der Lage.

175 Zwei Möglichkeiten ergäben sich für die Beziehung der Genderzuschreibungen in Narration und Epimythion: Einerseits wird die eine Frau, die nicht auf den betrügerischen Mann hereinfällt, durch die allegorische Projektion des *wisen mannes* aufgrund ihrer richtigen Entscheidung männlich codiert. Damit würde das *bîspel* sich als ‚monologisch maskuliner' Text erweisen (vgl. Gaunt: Gender and Genre, S. 22 f.), der die richtige Einschätzung nur einem männlich markierten Akteur zuschreiben kann – auch wenn dieser im Epimythion einer Frau entspräche. Die andere Möglichkeit, eine homosoziale oder homosexuelle Exklusion des weiblichen Geschlechts, sehe ich im Text nicht angelegt, da im Epimythion wiederholt darauf bestanden wird, dass es um die Verbindung von *man* und *wip* geht, die als *der minne kint* (V. 189) in einem heterosexuellen Verhältnis idealisiert werden.

176 Anders gestaltet es sich bei Ginover in Heinrichs von dem Türlin *Diu crône*, die sich zwischen Gasoein und ihrem Ehemann Artus entscheiden soll. Gasoein, der sie bittet, sich mit ihm abzusetzen, entgegnet sie ablehnend: *sô het ich vür daz golt gelesen / daz kupfer und den messinc.* (Cr, V. 11358 f.).

177 Ca. 250 Jahre später (sofern man eine Strickersche Autorschaft annimmt), begegnet im *Lalebuch*, Kap. XXXIII, die Geschichte einer Lalin, die sich auf dem Weg zum Markt ihre großen Gewinne ausmalt. In ihrer Euphorie wirft sie den Korb mit ihren Eiern, die sie zu verkaufen gedenkt, in die Luft und steht mit leeren Händen da. Vgl. Das Lalebuch. Nach dem Druck von 1597 mit den Abweichungen des Schiltbürgerbuchs von 1598 und den zwölf Holzschnitten von 1680. Hrsg. von Stefan Ertz. Stuttgart 1998, S. 116–118. Eine Untersuchung zu Markt und Gender gerade in der Frühen Neuzeit wäre hier notwendig, erste Untersuchungen zur männlichen Verfügungsgewalt über finanzielle Mittel bietet Schallenberg: Gabe, Geld und *gender* anhand spätmittelalterlicher Novellistik.

178 Die ‚Ware' kann dabei durchaus teuer sein und hoch geschätzt werden, wie es in den besprochenen Texten auch der Fall ist. Dies ändert aber nichts an dem hierarchischen Verhältnis, das durch Kommodifizierung der Frau verfestigt wird. Eine Synopse feministischer Forschung zur kulturgeschichtlichen Zementierung dieser Hierarchie durch Eigentumsansprüche bietet Gaunt: Gender and Genre, S. 12–15. Die Repräsentation solcher Differenzen in kulturellen Artefakten kann wiederum innerhalb der Kultur ideologisch eingesetzt werden und ist nicht an eine mimetische Abbildung gebunden (vgl. ebd., S. 15).

terhin auf der misogynen Vorstellung weiblicher Unzulänglichkeit basieren. Denn nicht nur kann in vielen Fällen für die mittelalterliche Erzählliteratur von einer „monologischen Männlichkeit“ gesprochen werden.[179] Fabian David Scheidel konnte darüber hinaus kürzlich anhand der *Ars versificatoria* des Matthäus von Vendôme zeigen, dass die Zeichnung einer tugendhaften Frau über die Herausstellung maskulin konnotierter Eigenschaften erfolgt, einer positiven Frauenfigur also die „Überwindung der weiblichen Natur selbst“ zugrunde liege.[180] Es verwundert daher nicht, dass der weise Käufer auf dem Markt, auch wenn er in der Logik des Epimythions ebenfalls für eine Frau steht, im narrativen Teil als Mann erscheint.

Die Kritik an den Käufer(inne)n ist hier größer als die an den Verkäufern, da die Fehleinschätzung der Käufer im institutionellen Rahmen von merkantilem Prüfen, Messen und Wiegen umso sichtbarer ist. Die Regulierungsverfahren des Marktes führen somit nicht nur objektive Unterschiede der Ware vor Augen, sondern verfestigen mit Blick auf die gegenderten Akteure auch geschlechtliche Unterschiede.

Die drei *bîspel* aus dem Strickerkorpus nutzen alle den Markt in ihren narrativen Teilen, um daraus anschließend jedoch gänzlich unterschiedliche Deutungsmuster zu generieren. Diskurse des Pfandrechts (mit stark religiöser Dimension), der geistlichen Erlösung sowie der Geschlechterverhältnisse werden alle anhand des Marktes narrativiert. Dabei bringt der Markt als Metapher ein stabiles Wort- und Praxisfeld mit sich, das um eine konventionalisierte und objektifizierbare Reziprozität herum organisiert ist. Die Hoch- und Herabsetzung von Preisen und die daraus entstehenden Irritationen sowie besonders das vollständige Missachten der Marktkonvention der Warenprüfung erzeugen eine Spannung, die das Problem marktexterner und immaterieller Wertzuschreibungen wirkungsvoll in den Funktionsraum des Marktes übersetzt. Die dominante Regelhaftigkeit des Marktes, die sich in allen drei *bîspeln* als bedeutungsgenerierend erwiesen hat, strukturiert den Markt als „Kollektivsymbol“ im Sinne Jür-

---

179 Zur monologischen Männlichkeit vgl. Gaunt: Gender and Genre, S. 23: „[I]deals of the masculine gender are not constructed in relation to the feminine, but in relation to other models of masculinity.“ Indem die kluge Frau als *wiser man* imaginiert wird, wird hier ein monologisch männliches Umfeld geschaffen, obwohl über Frauen gesprochen wird.

180 Vgl. Fabian David Scheidel: Schönheitsdiskurse in der Literatur des Mittelalters.Die Propädeutik des Fleisches zwischen ‚aisthesis‘ und Ästhetik. Berlin/Boston 2022. Scheidel zeigt dies anhand der *descriptio*-Reihe Papst – Cesar – Ulixes – Davus – Marcia – Helena – Helena – Beroe in der *Ars Versificatoria* des Matthäus von Vendôme. Die dabei tugendhafteste Frau Marcia partizipiere durch ihre hohe Tugendhaftigkeit an der Zuschreibung männlicher Attribute. Ebd., Kap. IV.1.1: „Marcia, die tugendhafte Frau des Cato [...] ist [...] zwar eine Frau, jedoch ein Grenzfall, insofern sie ob ihrer Tugendhaftigkeit eine männlich attribuierte Figur ist. [...] Die Tugendhaftigkeit, die hier als männliche Eigenschaft konnotiert ist, führt zu einer Überwindung der weiblichen Natur selbst, welche also *per se* mit Untugend verbunden wird.“ Zur Weiblichkeit als kategorial unterlegener Geschlechtszuschreibung in vormoderner Literatur vgl. auch Schausten: Körper des Helden, S. 46–48.

gen Links,[181] das, ohne selbst die Komplexität eines Diskurses entwickeln zu müssen, doch unterschiedliche Diskurse zusammenzuführen in der Lage ist.

4.2 Der Stricker: *Der Pfaffe Amis*

Der Schwankroman[182] *Der Pfaffe Amis*[183] vom Stricker liegt in zehn vollständigen Handschriften, drei Fragmenten und einem Druck vor.[184] Zwischen einem initialen Konflikt und dem Tod des Pfaffen entfalten sich zwölf Schwänke,[185] in denen der Pfaffe Amis sich durch unterschiedlich skalierte Betrügereien monetäre Mittel für seine persönliche Haushaltung sichert.

> Nach einer *laudatio temporis acti* im Prolog wird der Protagonist Amis als Ahnherr des Betrugs eingeführt. Dies wird in Streitigkeiten mit seinem Bischof auch direkt vor Augen gestellt: Da Amis zu großzügig ist, muss er sich Fragen und Prüfungen unterziehen, von denen die letzte darin besteht, einem Esel das Lesen beizubringen. Amis überlistet seinen vorgesetzten Bischof und begibt sich nach dessen Tod auf Reisen, um seine großzügige Bewirtung vieler Gäste weiter gewährleisten zu können. Amis überlistet eine Gruppe von Zuhöherinnen bei einer rhetorisch manipulierenden Kirchweihpredigt, gaukelt dem König von Frankreich vor, er würde Wandgemälde für ihn anfertigen und heilt angeblich alle Kranken in einer Stadt in Lothringen. Es folgen weniger ausgeschmückte Schwänke, bei denen Amis Stadtbewohner:innen, einem Wirtsehepaar und der Landbevölkerung gegenübersteht. Stets macht Amis aufgrund seiner Betrügereien Gewinn, bis er schließlich für noch größere Einnahmen in die Kaufmannsmetropole Konstantinopel reist. Auch dort führt Amis in zwei Episoden Listen aus, die ihm große Wert-

---

181 Link: Interdiskursanalyse, S. 286: „Unter *Kollektivsymbolen* möchte ich *Sinn-Bilder* (komplexe, ikonische, motivierte Zeichen) verstehen, deren kollektive Verankerung sich aus ihrer sozialhistorischen, z. B. technohistorischen Relevanz ergibt, und die gleichermaßen metaphorisch wie repräsentativ-synekdochisch und nicht zuletzt pragmatisch verwendbar sind." Auf eine ausführlichere Diskussion der Anwendung des Begriffs werde ich im Fazit (Kap. 5) zurückkommen.

182 Zur Gattungsdiskussion vgl. Johannes Melters: „ein frölich gemüt zu machen in schweren zeiten ... ". Der Schwankroman in Mittelalter und Früher Neuzeit. Berlin 2004, S. 36 f.

183 Ich zitiere, wenn nicht anders angegeben, nach der Ausgabe Der Stricker: Pfaffe Amis. Hrsg. von K[in'ichi] Kamihara. Göppingen 1978. Diese folgt der Handschrift R. Die im Folgenden relevanten Stellen der Parallelüberlieferung H entsprechen der Ausgabe Der Stricker: Der Pfaffe Amis, nach der Heidelberger Handschrift cpg 341. Hrsg., übers. und kommentiert von Michael Schilling. Stuttgart 1994.

184 Vgl. dazu Michael Schilling: Nachwort. In: Der Stricker: Der Pfaffe Amis, nach der Heidelberger Handschrift cpg 341. Hrsg., übers. und kommentiert von Michael Schilling. Stuttgart 1994, S. 177–206, S. 180–182. Eine Zusammenstellung der Überlieferung inklusive Hinweisen zur Forschung findet sich bei Werner Röcke: Die Freude am Bösen. Studien zu einer Poetik des deutschen Schwankromans im Spätmittelalter. München 1987, S. 301 (Endnote 4). Eine hilfreiche Synopse der Überlieferung hat Hansjürgen Linke: Strukturvarianten der „Amis"-Überlieferung. In: FS Heinz Engels. Hrsg. von Gerhard Augst, Otfrid Ehrismann, Hans Ramge. Göppingen 1991, S. 23–45, erarbeitet.

185 Die Leithandschrift R der Ausgabe Kamiharas kennt noch den zusätzlichen Schwank von der Messe, vgl. dazu Kap. 4.2.1.

mittel einbringen. Zum Schluss tritt Amis in ein Zisterzienserkloster ein und übernimmt dort die Haushaltung, nachdem er seine verbliebenen finanziellen Mittel dem Kloster vermacht hat.

Die Erforschung der narrativen Struktur des *Pfaffen Amis* eröffnete – mit Wirkung bis heute – Hanns Fischer 1957, indem er argumentierte, die Schwänke, die sich von der anfänglich „defensiven Rolle" des Pfaffen über „Wortbetrug" und „Tatbetrug" hin zum „Gewaltbetrug" steigern, ließen ein rudimentäres Syntagma erkennen.[186] Durch weite Teile der Forschung ziehen sich zudem Überlegungen zu Strukturparallelen zwischen dem *Pfaffen Amis* und dem arturischen Roman, die sich auf die drei Punkte „Ausgangskonflikt", „Hauptakteur", „Reiseschema"/„Episodenreihung" herunterbrechen lassen.[187]

Jenseits der Ordnungsvorschläge Fischers oder der gesuchten Anlehnung an die Artusliteratur plädiert Peter Strohschneider hingegen für die vollständige Austauschbarkeit der Schwänke.[188] Strohschneider bringt das Sujet mit der Erzählstruk-

186 Hanns Fischer: Zur Gattungsform des ‚Pfaffen Amis'. In: ZfdA 68 (1957), S. 291–299, S. 293.

187 Melters: Schwankroman, S. 118. Melters hält ebd. jedoch auch fest, dass eine „finale Struktur" im *Pfaffen Amis* nur „rudimentär festzustellen" sei. Barbara Könneker: Strickers *Pfaffe Âmîs* und das Volksbuch von *Ulenspiegel*. In: Euphorion 64 (1970), S. 242–280, S. 244, bezieht sich auf Argumente Rosenhagens (Gustav Rosenhagen: Der Pfaffe Amis des Strickers. In: Vom Werden des deutschen Geistes, FS Gustav Ehrismann. Hrsg. von Paul Merker, Wolfgang Stammler. Berlin 1925, S. 149–158) und Fischers (Fischer: Gattungsform), möchte die Strukturparallelen aber sogar noch weiterziehen als diese beiden. Am stärksten für Strukturparallelen zum Artusroman spricht sich Jürgen Egyptien: Höfisierter Text und Verstädterung der Sprache. Städtische Wahrnehmung als Palimpsest spätmittelalterlicher Versromane. Würzburg 1987, S. 53, aus: „Ich fühle mich berechtigt, diesen Strickerschen Schwankroman im Rahmen einer Studie über die epische Dichtung im Gefolge des Artus- und Âventiureromans zu behandeln, da er sowohl inhaltlich wie auch von seiner Form her aufs engste auf die arturische Tradition bezogen und auch nur aus diesem Bezug heraus zu verstehen ist." Dieser hermeneutische Exklusivitätsanspruch muss bestritten werden, wie auch die im Folgenden vorgestellten Sinnstrukturen im Text belegen. Nicht haltbar scheint mir zudem die versuchte Parallele zwischen *Amis* und *Iwein* anhand der Bedeutung von *höfischeit* und *milte* im Prolog, die Guido Schneider: er nam den spiegel in die hant, als in sîn wîsheit lêrte. Zum Einfluß klerikaler Hofkritiken und Herrschaftslehren auf den Wandel höfischer Epik in groß- und kleinepischen Dichtungen des Strickers. Essen 1994, S. 24–30, belegen möchte.

188 Peter Strohschneider: Kippfiguren. Erzählmuster des Schwankromans und ökonomische Kulturmuster in Strickers ‚Amis'. In: Text und Kontext: Fallstudien und theoretische Begründungen einer kulturwissenschaftlich angeleiteten Mediävistik. Hrsg. von Jan-Dirk Müller, Elisabeth Müller-Luckner. München 2007, S. 163–190, S. 181: „In der Serie werden die Schwänke also paradigmatisiert. Sie sind eine richtungslose Suite immer neuer Übertölpelungen [...] in einem Handlungsraum, dessen interne Strukturierungen, so es sie überhaupt gibt, jedenfalls narrativ irrelevant sind. Einzig auf die Akkumulation von Reichtum gerichtet, laufen die Schwänke in endlichen, doch unabschließbaren Wiederholungen stets sozusagen wieder in sich selbst zurück." Die Argumente Fischers werden meines Erachtens dabei nicht entkräftet. Eine differenzierte inhaltliche Auseinandersetzung zur Schematisierung nach Fischer unternimmt Hansjürgen Linke: Beobachtungen zur Form des „Pfaffen Amis". In: Sprache in Gegenwart und Geschichte. FS Heinrich Matthias Heinrichs. Hrsg. von Dietrich Hartmann, Hansjürgen Linke, Otto Ludwig. Köln/Wien 1978, S. 307–319.

tur in Verbindung, indem er das inhaltliche Motiv von Erwerb und Investition auf die rein paradigmatische Häufung von Schwänken bezieht.[189] Neu in den Blick genommen wurde die kumulative Häufung der Einzelepisoden von Maria E. Müller, die im Sinne seriellen Erzählens aus den narrativ scheinbar überschüssigen „Einzelelemente[n]" der späten Schwänke auf ein durch „Unerwartbarkeiten" aufgebautes „Steigerungsprinzip"[190] im Dienste der angestrebten Komik schließt.[191] Somit handele es sich durchaus um eine Form von Zyklik, jedoch eine, die zwar narrativ paradigmatisch wirke, bezüglich der eingesetzten Effekte aber auf sich steigernde Syntagmatik setze.[192]

Elizabeth A. Andersen hingegen, die Komik als „die Dominante des Textes" ansieht, verbindet diese mit der Erzähllogik des Textes.[193] Komik fungiere als Mittel der Sympathiesteuerung, um bei den gewinnbringenden Betrügereien des Pfaffen das Mitleid der Rezipient:innen gegenüber den Betrogenen einzudämmen.[194] Eine derartige narrative Einbindung der Komik kann ebenso entschärfend eingesetzt

189 Sehr problematisch stufe ich Strohschneiders Diktum ein, die einzelnen Episoden im *Pfaffen Amis* „prätendier[t]en bloß einen Zusammenhalt zwischen den Einzelgeschichten, den es in Wahrheit nicht gibt" (Strohschneider: Kippfiguren, S. 181). Auf welcher Ebene diese „Wahrheit" liegen soll, wird nicht deutlich.

190 Maria E. Müller: Vom Kipp-Phänomen überrollt. Komik als narratologische Leerstelle am Beispiel zyklischen Erzählens. In: Historische Narratologie – Mediävistische Perspektiven. Hrsg. von Harald Haferland, Matthias Meyer. Berlin/Boston 2010, S. 69–97, S. 88.

191 Die ebd. besprochene poetische Logik der Komik weist eine gänzlich andere Stoßrichtung auf als die als intellektuelle Leistung besprochene Komik bei Walter Köppe: Komik im ‚Pfaffen Amis'. In: Wolfram-Studien VII. Hrsg. von Werner Schröder. Berlin 1982, S. 144–153. Vgl. zur Komik auch Fulvio Ferrari: Der *Pfaffe Amis* und die Vieldeutigkeit der Komik. In: Satire – Ironie – Parodie. Aspekte des Komischen in der deutschen Sprache und Literatur. Hrsg. von Klaus Amann, Wolfgang Hackl. Innsbruck 2016, S. 117–126. Ferrari beschreibt ebd., S. 125, das Entstehen von Komik im Text durch die „Inkohärenz mit der extratextuellen Wirklichkeit", indem eine literargeschichtlich positiv konnotierte *milte* mit problematischen und kasuistisch anmutenden Einzelfällen der Mittelbeschaffung kontrastiert werde. Dabei sieht Ferrari, ebd., jedoch die ordnungsgemäße Ausführung der *milte* nicht als gestört an: „Dem Pfaffen Amis gilt die *milte* als höchste Tugend; die Zuhörerschaft ist vermutlich damit einverstanden, dass die *milte* eine höchst lobenswerte Tugend ist, und der Erzähler konstruiert eine Reihe von fiktiven Zusammenhängen, wo das Streben danach, sich als *milt* zu erweisen, die Hauptperson zu immer brutaleren Verbrechen treibt."

192 Die Debatte um paradigmatisches oder syntagmatisches Erzählen zum *Pfaffen Amis* halte ich in Maria E. Müllers Sinn für sehr elegant zwar nicht zu Ende gebracht, doch um eine sehr gewichtige Perspektive erweitert. Die Verknüpfung syntagmatischer Steigerung der erzählerischen Mittel und paradigmatischer Verkettung der Einzelepisoden wird innerhalb des nicht angezweifelten biographischen Rahmens des Pfaffen so verhandelt, dass die im Begriff des „Kipp-Phänomens" zum Ausdruck gebrachte Ambivalenz der Komposition auf mehreren narrativ wirksamen Ebenen deutlich wird (Müller: Kipp-Phänomen, S. 77).

193 Elizabeth A. Andersen: Die Norm des Komischen im *Pfaffen Amis*. In: Text und Normativität im deutschen Mittelalter. XX. Anglo-German Colloquium. Hrsg. von Elke Brüggen [u. a.]. Berlin/Boston 2012, S. 321–332, S. 322.

194 Ebd., besonders S. 330 f., zur Sympathiesteuerung vgl. auch Hans Rudolf Velten: Schwankheld und Sympathie. Zu Strickers *Der Pfaffe Amis* und Frankfurters *Des pfaffen geschicht und histori vom*

werden, wie es für unterschiedliche Techniken zur Rechtfertigung von *gewin* in Kap. 3.6 angesprochen wurde.[195]

Die Diskussion um die aktive Sympathiesteuerung im *Pfaffen Amis* ist relevant für gattungstheoretische Fragen.[196] Schwänke als überlieferungsgeschichtliches *Pluraletantum* bauen im Zusammenhang des Schwankromans auf der biographischen Kohärenz einer Identität stiftenden Hauptfigur auf, der beliebige Schwänke angehängt werden können.[197] Dessen Eigenschaften und moralische Bewertung sind also von zentraler Bedeutung für die Rezeption des Textes.[198] Das zwielichtige

---

Kalenberg. In: Techniken der Sympathiesteuerung in Erzähltexten der Vormoderne. Potentiale und Probleme. Hrsg. von Friedrich Michael Dimpel, Hans Rudolf Velten. Heidelberg 2016, S. 97–123.

Fragen der Sympathiesteuerung und Erzähllogik jenseits sozialhistorischer Anknüpfungspunkte finden sich vermehrt in jüngeren Forschungsbeiträgen. Neben Andersen und Velten sind hier besonders Müller: Kipp-Phänomen, Matthias Däumer: Was man neu erfinden kann, darüber muss man schweigen. Die Mären des Strickers als Fiktionalitäts-Kompensatoren. In: Mären als Grenzphänomen. Hrsg. von Silvan Wagner. Berlin [u. a.] 2018, S. 57–72, und Ferrari: Vieldeutigkeit der Komik zu nennen.

195 In dieser Funktion sieht auch Röcke: Freude am Bösen, S. 154, die Komik in Schwankromanen generell: „Die komische Ästhetisierung des Teufels und der Bedrohung durch das Böse bedeutet nicht dessen Negation, sondern seine Integration". Röcke nähert sich der Komik damit diskurstheoretisch, allerdings unter der Annahme, dass Anomalien auch durch Inklusion und Zurschaustellung diskursiv verarbeitet werden können. Ebd., S. 155: „Die abweichenden, da normsprengenden Verhaltensweisen und Grenzerfahrungen werden hier nicht, wie es Michel Foucault für die Neuzeit gezeigt hat, verdrängt, ausgegrenzt, verteufelt, sondern integriert, abgeschwächt und diskutabel. Sie unterliegen einem Verfahren der ‚Inklusion', nicht der Exklusion, werden dem heiteren Vergnügen gestattet und keineswegs in die ‚unterirdische Geschichte' des Verdrängten und Unbotmäßigen abgeschoben. Das aber hat Konsequenzen für Struktur und Intention der Komik. Da die ‚Entübelung der Übel' deren Integration, nicht ihre Tilgung zur Folge hat, bleiben sie, wenn auch in veränderter Form, im Komischen erhalten und führen zu jener Verbindung von Bedrohung und Lachen, Freude und Aggression, Bösartigkeit und Heiterkeit, wie sie sich außer im Schwankroman auch in anderen ‚niederen' Gattungen der mittelalterlichen Literatur findet [...]." Aktueller hat sich auch Haferland aus der Perspektive der poetischen Gerechtigkeit dem Konnex von Komik und Billigung des Figurenhandelns im Schwank genähert. Vgl. Haferland: Poetische Gerechtigkeit, besonders S. 185.

196 Peter Strohschneider: Art. Schwank. In: [1]Killy, Bd. 14, S. 354 f., S. 354, spricht von den „traditionsbildenden Schwankmären des Strickers". Ob er dabei auch den Schwankroman vom Pfaffen Amis einschließt, wird nicht deutlich, zumindest wird der Stricker jedoch an den Beginn der Schwanktradition gestellt.

197 Vgl. Werner Röcke: Art. Schwankroman. In: RLW, Bd. 3, S. 410–412, S. 410. Vgl. auch Herbert Kolb: Auf der Suche nach dem Pfaffen Amis. In: Strukturen und Interpretationen. Studien zur deutschen Philologie. FS Blanke Horacek. Hrsg. von Alfred Ebenbauer, Fritz Peter Knapp, Peter Krämer. Wien/Stuttgart 1974, S. 189–211, S. 195, der den Stricker nur als Kompilator heterogener Einzelepisoden ansieht, die durch die Figur des Pfaffen zusammengehalten werden.

198 Die vermutlich verurteilendste Deutung der Figur des Pfaffen findet sich in der kirchenrechtlich ausgelegten Analyse durch Wolfgang W. Moelleken: Der Pfaffe Amis und sein Bischof. In: *In hôhem prîse*. FS Ernst S. Dick. Hrsg. von Winder McConnell. Göppingen 1989, S. 279–293. Aktueller zur Sympathiesteuerung vgl. Velten: Schwankheld und Sympathie.

Treiben des Protagonisten ist somit nicht idiosynkratischer Charakter, sondern Teil der gattungsbegründenden narrativen Problematik des Schwankromans: „dominant ist der Versuch der einen Figur, die andere in ihren Rechten durch Lüge, Betrug, Täuschung zu schädigen [...].“[199] Die zugrundeliegende „ambivalente Erzählweise“[200] des Textes konturiere den Protagonisten somit als Ausführenden der Täuschung, die als „Mittel des Verstandes“ interpretiert wird.[201]

Barbara Könneker sieht in der Implementierung dieser Fähigkeit die Bedeutung der nach Fischer „defensiven“ Auseinandersetzung mit dem Bischof zu Beginn des Textes.[202] Die defensive Einführung des Pfaffen wirke sich, so Könneker, auf die

---

199 Hans-Joachim Ziegeler: Art. Schwank$_2$. In: RLW, Bd. 3, S. 407–410, S. 408. Vgl. dazu auch die Charakterisierung des Schwankschemas „als agonales Prinzip“ bei Schulz: Erzähltheorie, S. 136 f.

200 Ursula Peters: Stadt, ‚Bürgertum‘ und Literatur im 13. Jahrhundert. Probleme einer sozialgeschichtlichen Deutung des „Pfaffen Âmîs“. In: Von der Sozialgeschichte zur Kulturwissenschaft. Aufsätze 1973–2000. Hrsg. von Susanne Bürkle, Lorenz Deutsch, Timo Reuvekamp-Felber. Tübingen/Basel 2004, S. 19–35 (Wiederabdruck des gleichnamigen Aufsatzes in: LiLi 7 (1977), S. 109–126.), S. 32. Auf die „ambivalente Erzählweise“ gehen auch Karl-Ernst Geith, Elke Ukena-Best, Hans-Joachim Ziegeler: Art. Der Stricker. In: ^{2}VL, Bd. 9, Sp. 417–449, Sp. 437, ein: „Die im Genus übliche Besetzung der Schelmenrolle mit dem *clerc*, dem Pfaffen, begründet zwar die intellektuelle Überlegenheit des Schelms, legitimiert aber nicht den Betrug, der zwar mit der gefeierten *milte* motiviert ist, aber keinen Stand verschont und je nach erzählerischer Begründung auch die Komik problematisch werden läßt.“

201 Christine Ackermann: *How come, he sees it and you do not?* Die Rationalität der Täuschung im ‚Pfaffen Amis‘ und im ‚Eulenspiegel‘. In: Wolfram-Studien XX. Reflexion und Inszenierung von Rationalität in der mittelalterlichen Literatur. Hrsg. von Klaus Ridder. Berlin 2008, S. 387–413, S. 391. Ebd., S. 387, kommt die Autorin zu dem Schluss, dass die Missstände der Gesellschaft zwar offengelegt, aber in keiner Weise gelöst werden können. Der epistemische Gewinn des Betrugs, „im narrativen Eilverfahren[...] der Wahrheit auf die Sprünge zu helfen“, zeitigt somit keine Lösungsangebote. Zur Diskussion des Begriffes vgl. ebd., besonders Anm. 11, einen Überblick über die ältere Forschung bieten Stephen L. Wailes: Stricker and the Virtue Prudentia. A Critical Review. In: Seminar 13,3 (1977), S. 136–153, und Böhm: Der Stricker, S. 77–81. Prominent verhandeln die Frage der *prudentia* als Handlungsrationale in den Werken des Strickers Wolfgang Spiewok: Der Stricker und die Prudentia. In: Wissenschaftliche Zeitschrift der Ernst-Moritz-Arndt-Universität Greifswald 13 (1964), S. 119–126, und auf dessen Ergebnissen aufbauend Hedda Ragotzky: Gattungserneuerung und Laienunterweisung in Texten des Strickers. Tübingen 1981. Wolfgang Spiewok: Parodie und Satire im ‚Pfaff Amis‘ des Stricker. In: Acta Universitatis Szegediensis de Attila József Nominatae. acta germanistica 1 (1987), S. 5–23, S. 12, (und ähnlich Könneker: Strickers Pfaffe Âmîs) spannt den Bogen zum Forschungsinteresse an der Analogie zum Artusroman und vergleicht den „Schelmen-Kleriker [...]“ Amis mit dem auf Aventiure ziehenden Artusritter: „Ist das entscheidende Bewährungskriterium des Artusritters heroische Kampfesleistung, so ist das des Schelmen-Klerikers [...] situationsgerechte, zunächst vorausschauend geplante, aber auch in blitzschnellem, intellektuell-federndem Reagieren sich äußernde Verstandesleistung.“ Zudem widmet sich Christoph Huber: ‚Ars et prudentia‘. Zum ‚list‘-Exkurs im „Daniel“ des Strickers. In: Ars und Scientia im Mittelalter und in der frühen Neuzeit. Ergebnisse interdisziplinärer Forschung, FS Georg Wieland. Hrsg. von Cora Dietl. Tübingen 2002, S. 155–171, dem Komplex von ‚ars und prudentia‘ im *Daniel* des Strickers.

202 Hier werde die „Entdeckung von der unschlagbaren Waffe der geistigen Überlegenheit“ gemacht, die Amis „in der Stunde höchster Bedrängnis“ dienlich sei (Könneker: Strickers Pfaffe Âmîs,

axiologische Orientierung im nachfolgenden Geschehen aus.[203] Nach Müller steht Amis auf „beide[n] Seiten des binären Moralschemas", das in der *laudatio temporis acti* des Prologs ausgefaltet wird, indem er „sowohl die idealisierte Vergangenheit wie deren Korruption in der Gegenwart" epitomisiere.[204] Denn der Pfaffe ist als ambiguer Protagonist nicht nur Lügner und Betrüger,[205] sondern auch ein Vorbild der

S. 251). Wichtig ist dieses Argument für Könneker auch in der Bewertung der Figur des Pfaffen. In der Verschränkung von *list* des Pfaffen und „Kunst als Lebenshilfe und Lebensrezept" (Könneker: Strickers Pfaffe Âmîs, S. 248) stimme ich ihr zu. Anhand der Parallelisierung mit dem prekären Produktionsprozess eines literarischen Textes einerseits und der konventionalisierten Gattungsbindung der Figur des Pfaffen andererseits betont Könneker, ebd., S. 248, die positive Deutung des Protagonisten: „Betrachtet man unter diesem Aspekt die Gestalt des listigen Pfaffen, so sieht man sich zunächst vor einen offenbar erheblichen Widerspruch gestellt. Denn fest steht auf der einen Seite, daß der Pfaffe Âmîs trotz seiner unbezweifelbaren moralischen Schwächen wie jeder andere Schwankheld im Grund auch als eine positive, ja innerhalb gewisser Grenzen sogar vorbildhafte Figur gezeichnet ist." Velten: Schwankheld und Sympathie, S. 110, spricht in ähnlicher Weise von einer „Mangelsituation", die es zu überwinden gelte. Im Gegensatz zur Notwehr ist Mangel hingegen nicht so gut geeignet, sich durch die Bedrohung einer aktiven Aggression zu rechtfertigen. Notwehr entsteht im direkten Kontakt mit einem Aggressor, Mangel hingegen ist ein Zeichen einer systemischen Verwerfung, die über den Augenblick hinausgeht. Des Weiteren verbindet Velten, ebd., S. 111 f., auch die ‚Tugend' des Lügens mit dem herausgestellten Fiktionalitätsgrad schwankhaften Erzählens. Dadurch übersteige die Lüge die Ebene der *histoire* und erscheine auch im *discourse*, werde „nicht als Sünde verstanden, sondern als kunstreiches Mittel, seinen Vorteil gegenüber anderen zu erlangen." Kolb: Suche nach dem Pfaffen Amis, S. 193, argumentiert hingegen, die erste Szene könne „ohne Schaden an ihrem Zusammenhang" aus der Geschichte entfernt werden. Er sieht stattdessen die Funktion der ersten Szene in der literarischen Verarbeitung des Hofastrologen Michael Scotus, der unter Anderem in ähnlichen Frage- und Antwortsequenzen mit seinem Dienstherren Heinrich II. in Erscheinung trete, wie der Erzähltext es zwischen Amis und seinem Bischof imaginiert. Entsprechend versteht Kolb Michael Scotus zwar nicht als biographische, aber doch als motivische Vorlage für Amis, sodass die Einzelepisoden als literarische Überformung dieser als listenreich geltenden Persönlichkeit gelesen werden können.

203 Könneker: Strickers Pfaffe Âmîs, S. 251, sieht Amis sogar dann als Opfer, wenn die „Leute von allen Seiten" herbeiströmen und ihn „dabei aufgrund seiner schrankenlosen Freigebigkeit [ausplündern]."

204 Müller: Kipp-Phänomen, S. 78. Entsprechend dem zeitlichen Ablauf des Erzählens selbst ist auch die Bewertung des Pfaffen dabei an sukzessive Verschiebungen gebunden. Von einer allgemeinen Bewertung des Pfaffen zugunsten einer sich im Verlauf des Textes neu zu justierenden Einordnung des Protagonisten rückt auch Andersen: Norm des Komischen, S. 327, ab: „Hinter der Freude am Schwankhaften verschwindet die positive Bewertung von Amis' Handeln." Zur Ambivalenz der Figur vgl. auch Geith, Ukena-Best, Ziegeler: Art. Der Stricker (^{2}VL), Sp. 437. In der Überlieferung zeigt sich zudem, dass es auf eine Form von Vollständigkeit des Tugendkatalogs scheinbar nicht ankam. Im Karlsruher Codex 408 (Handschrift C) fehlen insgesamt sechs Verse der Vorrede zur Lage der Tugenden. Entsprechend der Verszählung nach Kamihara handelt es sich um die Verse 23–28. Vgl. Codex Karlsruhe 408. Bearbeitet von Ursula Schmid. Bern 1974, S. 631. Codex C wird im Folgenden nach dieser Edition zitiert.

205 Velten: Schwankheld und Sympathie, S. 102 f., bemerkt in seinem Beitrag zur Sympathiesteuerung im *Amis*, dass die erste Namensnennung des Protagonisten von einer Auflistung positiver Ei-

milte: Aus dieser Verschränkung von *milte* als Motivation zur Ressourcenbeschaffung einerseits und der Überlegenheit des Pfaffen andererseits entwickele sich eine handlungsauslösende Transgressionslust, die sich, so Helmut Brall, in „Machtanmaßung, Gewinnstreben und Eigensucht" äußere.[206]

Diese transgressive Zurschaustellung kognitiver Überlegenheit wurde von der sozialhistorisch ausgerichteten Forschung vielfach genutzt, den Pfaffen Amis als Baustein einer Geschichte der ‚bürgerlichen' Rationalität zu verstehen: Mit besonderer Vorliebe für das Epitheton „bürgerlich" ist der Text oftmals im Sinne einer sozialhistorischen Umbruchsgeschichte gelesen worden.[207] Der Stricker partizipiere

---

genschaften gefolgt wird, wodurch ein positiver *„primacy effect"* (ebd., S. 103) entstehe. Von einer „latenten Voreingenommenheit" für jeglichen Protagonisten geht auch Haferland: Poetische Gerechtigkeit, S. 185, aus. Patrick del Luca: Das Motiv der Torheit im *Pfaffen Amis* und in einigen Kurzerzählungen des Strickers. In: Der Narr in der deutschen Literatur im Mittelalter und in der Frühen Neuzeit. Kolloquium in Nancy (13.-14. März 2008). Hrsg. von Jean Schillinger. Bern 2009, S. 29–45, S. 31, vergleicht zudem Amis mit Kain als erstem Mörder. Der immer wieder betonten expliziten Ambivalenz des Textes ist es zuzuschreiben, dass Bärbel Schwitzgebel: Noch nicht genug der Vorrede. Zur Vorrede volkssprachiger Sammlungen von Exempeln, Fabeln, Sprichwörtern und Schwänken des 16. Jahrhunderts. Tübingen 1996, S. 148, zu einem vollständig konträren Ergebnis kommt: Amis werde „kompromißlos als Negativfigur eingeführt." Diese Einschätzung decke sich aber nicht mit dem positiv bewerteten Erzählverlauf: „[Man muss] aufgrund des Prologs davon ausgehen, dass im folgenden ein Märe erzählt werden soll, das darauf abzielt, zu zeigen, wie durch falsches Verhalten die gesellschaftliche Ordnung zerstört wurde. Doch diese Erwartung löst der Text nicht ein." Geith, Ukena-Best, Ziegeler: Art. Der Stricker (^{2}VL), Sp. 437 f. beschreiben im Anschluss an Peters, dass die Erzählweise des Textes „sich eindeutiger Kommentare über die Berechtigung von des Pfaffen *list* und *kündekeit* [enthalte]," wodurch die Rezipient:innen „an den Prolog [zurückverwiesen]" werden.

206 Helmut Brall: „Wahrlich, die Pfaffen sind schlimmer als die Teufel!". Zur Entstehung der deutschen Schwankdichtung im 13. Jahrhundert. In: Euphorion 94,3 (2000), S. 319–334, S. 333. Mit Betonung der geistlichen Dimension schließt Brall an einen Themenkomplex an, wie er bereits bei John Margetts: Non-Feudal Attitudes in Der Stricker's Short Narrative Works. In: NPhM 73,4 (1972), S. 754–774, diskutiert wird. Kurz widmet sich auch Ulrich Ernst: *Homo mendax*. Lüge als kulturelles Phänomen im Mittelalter. Einleitung. In: Das Mittelalter 9,2 (2004), S. 3–11, S. 7, dem *Pfaffen Amis* als erstem *homo mendax* der deutschsprachigen Literatur. Dabei attestiert er Amis auch eine ambivalente Position zwischen der Sünde der *fallacia*/*avaritia* einerseits und dem *milte*-Handeln andererseits. Diese Ambivalenz bilde eine Form von Minimalkonsens der Forschung, pointiert formuliert bei Rupert Kalkofen: Der Priesterbetrug als Weltklugkeit. Eine philologisch-hermeneutische Interpretation des ‚Pfaffen Amis'. Würzburg 1989, S. 142: „Das Negative der Aggression wird zum Positiven der Leistung, die durch sie entsteht und in der sie verschwindet."

207 Als „Angehörigen des bürgerlichen Standes" beschrieb Rosenhagen: Art. Der Stricker (^{1}VL), Sp. 293, den Stricker in der ersten Auflage des *Verfasserlexikons* und auch seitdem ist seine nichtadelige Herkunft nicht ernsthaft angezweifelt worden. In der Neuauflage des *Verfasserlexikons* wird der anachronistische Begriff des ‚bürgerlichen' jedoch vermieden, sowie auch insgesamt sozialhistorische Schlüsse zum Stricker weitaus vorsichtiger ausfallen. Vgl. diesbezüglich Geith, Ukena-Best, Ziegeler: Art. Der Stricker (^{2}VL), Sp. 418 f.: „Über den sozialen Stand herrscht ziemliche Einigkeit. Aus einer Stelle der ‚Frauenehre' [...] hat man auf niedere und unfreie Herkunft und auf die Existenz eines Fahrenden geschlossen. Auch wird der St[ricker] allgemein als Berufsdichter angesehen." Im Falle der Spekulationen zum Publikum und Wirkungskreis des Strickers hat sich die An-

nicht am höfischen Habitus, beobachte diesen aber mit kritischem Abstand,[208] wodurch er sich in die Lage versetze, ansonsten abgeblendete Zusammenhänge auszudrücken – oder in Gustav Rosenhagens Worten: „So ist sein Blick weiter, aber auch niedriger."[209]

Wie viel oder eher wenig man mit einer sozialhistorischen Perspektive dem Text entlocken kann, ist aber besonders seit Ursula Peters' eindrücklicher Kritik diskutabel geworden. Peters dekonstruiert stereotype Zuschreibungen angeblich städtischer und nicht-adeliger Verhaltensweisen als geschichtsteleologische Anachronismen, die für die Beschäftigung mit dem 13. Jahrhundert unbrauchbar seien.[210] Vielversprechender

---

nahme sogar von ‚bürgerlichen' Kreisen entfernt, vgl. ebd., Sp. 419, weiter: „Als Auftraggeber und Publikum des St[ricker]s können aufgrund der Themen der Werke sowie der Anspielungen auf politische oder religiöse Gegebenheiten landesfürstliche, adlige und klerikale Kreise [...] angenommen werden."

208 Dieser kritische Abstand ist nach Margetts aber weniger „antihöfisch", wie Könneker: Strickers Pfaffe Âmîs, S. 246, es bezeichnet, als vielmehr „non-feudal" und klerikal: „Der Stricker [...] produces [...] works which, although they use a subject matter which reflects the social structure of the times, strikes as being different as regards their lack of (a total) feudal position, because they are rooted in the theological view that stresses that which unites all men, their sin, their need for penance and forgiveness from their God [...]" (Margetts: Non-Feudal Attitudes, S. 771 f.). Ganz anders sieht Rocher: Hof und christliche Moral, S. 111, gerade eine Symbiose höfischer und klerikaler Kultur im Strickerkorpus angelegt: „Der Stricker ‚verchristlicht' also sein Idealbild der höfischen Kultur so weit wie möglich". Vgl. zu einer höfischen Gesellschaft mit christlichen Werten beim Stricker auch Dieter Vogt: Ritterbild und Ritterlehre in der lehrhaften Kleindichtung des Strickers und im sog. Seifried Helbling. Frankfurt am Main 1985, S. 139. Dass bereits das Genre des Schwanks an „religiöser Kommunikation" partizipiere, zeigt Scheuer: Schwankende Formen. Eine weitere Alternative, die sich mit „non-feudal" verbinden lässt, stellt die Fokussierung der Berufsgruppe der Fahrenden dar. Bumke zufolge hängen literarische Gattungen auch konventionell mit dem gesellschaftlichen Stand des Autors zusammen. Anhand der Heidelberger Liederhandschrift kommt Bumke: Höfische Kultur, S. 685, zu dem Schluss: „Den Adligen gehörte der Minnesang, den Fahrenden die Spruchdichtung." Den Fahrenden scheint Bumke, ebd., S. 686, dann auch den Stricker zuzurechnen. Bumke, ebd., S. 691, bietet zudem eine Diskussion des Begriffs des ‚Bürgerlichen', die der bereits früheren Kritik Peters' nahesteht: „Über die Standesverhältnisse der Fahrenden ist nichts Genaues auszumachen. [...] Für die meisten Spruchdichter wird ‚bürgerliche' Abkunft in Anspruch genommen: ein gänzlich irreführender Begriff, weil das Wort Bürger in rechtlichem Sinn damals nur diejenigen Stadtbewohner bezeichnete, die das Bürgerrecht besaßen, was für keinen Spruchdichter erweisbar ist."

209 Rosenhagen: Art. Der Stricker ([1]VL), Sp. 293. Vgl. auch jünger Grubmüller: Ordnung, S. 109, zum Weltbezug der Dichtungen des Strickers: „Der Stricker erzählt dem Anspruch nach ‚realistisch'. Die Welt, in der er seine Figuren agieren läßt, ist eine ‚wirkliche Welt', das ist er seinen Demonstrationszielen schuldig."

210 Zum Begriff des ‚Bürgerlichen' schreibt Peters: Stadt, ‚Bürgertum' und Literatur, S. 27: „Dieses ‚Bürgertum' des 13. Jahrhunderts ist keine Leistungsgemeinschaft im Sinne neuzeitlicher Vorstellungen, sondern eine Herrenschicht mit adeligen Lebensformen, für die der auf Handelsgeschäfte und Kaufmannsgesinnung ausgerichtete Begriff ‚bürgerlich' irreführend ist." Damit kann die problematische ständische Unterscheidung von Bürger- und Adeltum von einer klaren Binarität von Sparsamkeit und Freigebigkeit abgelöst werden. Verknüpft mit einem sozialhistorischen Argument findet sich die *milte* auch noch bei Röcke: Freude am Bösen, S. 37 (Anm. 2, als Endnote auf S. 300):

erscheint mir dagegen die kirchenrechtliche Einordnung, die Wolfgang W. Moelleken vornimmt, indem er das Verhalten des Pfaffen gegenüber seinem Bischof im Lichte des IV. Laterankonzils und den damit einhergehenden Reformbewegungen des 13. Jahrhunderts bewertet.[211]

Im Folgenden sollen zuerst die zehn Schwänke des Pfaffen besprochen werden, die sich vor seiner Reise nach Konstantinopel zutragen. Diese können, so hoffe ich zu zeigen, als ein angeordneter Erzählverlauf angesehen werden, dem ein starkes Bewusstsein für materielle Werte eingeschrieben ist. Aus diesem erklärt sich dann der Aufbruch zu den beiden finalen Episoden in die sagenhafte Kaufmannsstadt Konstantinopel. Ich möchte vorschlagen, genau angeordnete materielle Wertangaben bei den Schwänken des Pfaffen als Motivation für den Besuch in der Stadt der *kriechen* und gleichzeitig als Argument gegen eine vollständige Paradigmatik des Textes (Strohschneider) zu verstehen. Die Frage des Protagonisten vor seiner Ausfahrt nach Konstantinopel zeigt, wie er selbst über seine bisherigen Unternehmungen denkt: *waz hilfet min ringen / nach also kleinen dingen?* (V. 1567 f.). Wenden wir uns nun zuerst diesen *kleinen dingen* zu.

4.2.1 *Sus wart der phaffe riche*: bilanzierendes Erzählen

Die zu Beginn des Textes im Mittelpunkt stehende *milte* birgt ein narratologisches Problem, das das weitere Geschehen auslöst: Amis gehen die Mittel aus. Durch einen Registerwechsel im Vokabular wird entsprechend der materielle Fokus der folgenden Schwänke geschärft:[212]

„Ob für den landsässigen Adel, wofür die *milte*-Problematik des ‚Pfaffen Amis', oder auch für eine geistliche Institution, wofür die auch im ‚Pfaffen Amis' erkennbare Nähe des Strickers zu kirchlichen Reformbemühungen im Umfeld des IV. Laterankonzils sprechen könnte [...], ist nicht sicher zu entscheiden." Röcke kritisiert Peters für ihre Verabschiedung einer sozialhistorischen Herangehensweise. Vgl. Röcke: Freude am Bösen, S. 43, dazu auch Melters: Schwankroman, S. 24. Ausführlich aufgearbeitet findet sich die Diskussion zu vermeintlich ‚bürgerlichen' Elementen bei Ragotzky: Gattungserneuerung in der drei Seiten langen ersten Fußnote.

211 Moelleken: Bischof. Mit kirchenrechtlichen Bezügen sind auch die *bîspel* in Kap. 4.1 besprochen worden. Die Identität eines gemeinsamen biographischen Autors ist dabei nicht notwendig vorausgesetzt. Entscheidend ist, dass das sogenannte Strickerkorpus in überlieferungsgeschichtlichem Zusammenhang steht. Zur Distribution der konziliaren Beschlüsse im deutschsprachigen Bereich Paul B. Pixton: The German Episcopacy and the Implementation of the Decrees of the Fourth Lateran Council 1216–1245. Leiden/New York/Köln 1995. Dass das IV. Laterankonzil durchaus Spuren in volkssprachiger Literatur hinterlassen hat, zeigt Wendy R. Larson: Confessing Something New: The Twenty-First Canon of the Fourth Lateran Council and English Literature. In: Literary Echoes of the Fourth Lateran Council in England and France, 1215–1405. Hrsg. von Maureen B. M. Boulton. Toronto 2019, S. 229–270, anhand mittelenglischer Texte des 13. und 14. Jahrhunderts.

212 Der Registerwechsel von höfischer Welt inklusive Tugendkatalog in der *laudatio temporis acti* hin zu narrativ transgressiven Begriffen wie *gewin* entspricht der Zweiteilung von stabiler Hofhal-

ich waere so gerne dar inne.
swie ich daz guot gewinne,
also gewinne ich ez e
danne ich dem huse abe ge:
ich wil nach guote werben.
min hus sol nicht verderben.
(V. 331–336)

Bedenkt man die zumindest potentiell stabilisierende Praxis der *milte* und die stets auf Grenzüberschreitung ausgelegte Verfolgung von *gewin* (Kap. 3.6), scheint hier im Text eine Markierung vorzuliegen, dass Amis nun selbst aktiv werden muss – anstatt „defensiv“, wie Fischer es genannt hat, die Konfrontation mit dem Bischof über sich ergehen zu lassen.[213] Flankiert wird die Suche nach *gewin* von weiteren juristischen Begriffen des merkantilen Waren- und Geldverkehrs: Amis kann für die Verpflegung nicht mehr aufkommen, denn weder kann er angemessen *vergelten* (V. 323), noch sich die Mittel dazu *borgen* (V. 325).[214]

Nach der Examination durch den Bischof ist somit aus dem *milteclîchen* Pfaffen, der eine vorbildliche Hofhaltung aufzuweisen hat, ein Geistlicher geworden, der sich *sorgen* (V. 326) macht und daher nach *gewinne* strebt. Damit steht der Pfaffe aber nicht allein: Um einem Esel in der letzten Probe durch den Bischof das Lesen beizubringen, versteckt Amis Hafer in einem alten Buch, welches vom Esel, begie-

tung und mobiler Ressourcenbeschaffung, wie Strohschneider sie vorschlägt (Vgl. Strohschneider: Kippfiguren, S. 184 f.).

213 Vgl. Fischer: Gattungsform, S. 293.

214 Es ließe sich diskutieren, ob bereits die theologischen Fragen des Bischofs, deren Antwort stets eine Form des Ab- und Bemessens beinhalten, auf das im Folgenden vorgestellte ‚bilanzierende Erzählen‘ hinweisen. Hans Jürgen Scheuer: Eselexegesen. Spielräume religiöser Kommunikation im Schwankexempel des Mittelalters und der Frühen Neuzeit. In: ZfG 25,1 (2015), S. 42–57, S. 44, macht auf diese Fokussierung der Prozesse des Messens aufmerksam: „Der erste Teil besteht aus fünf Fragen, die sich sämtlich auf die Quantifizierbarkeit der Welt beziehen: auf das Fassungsvermögen des Ozeans, auf das Alter der Welt und ihren Mittelpunkt, auf den Abstand zwischen Erde und Himmel und auf den Durchmesser des Himmelsgewölbes. Immer geht es um eine genaue Bezifferung räumlicher oder zeitlicher Ausdehnung nach der Maßgabe: ‚Sagt ir mir minner oder me, / ich tun euh sulchen zorn schin, / daz die kirche muz verlorn sin‘ (V. 104–106). Und stets gibt Âmis eine endliche, der Unermesslichkeit der Schöpfung offensichtlich inadäquate Zahl an, verbunden mit dem Appell, der Bischof möge sie doch durch Nachmessen selbst überprüfen.“ Kolb: Suche nach dem Pfaffen Amis, S. 197, zufolge sei die Auswahl der kosmologischen Fragen auf den Fragenkatalog zurückzuführen, den Friedrich II. an seinen Hofastrologen Michael Scotus richtet. Auch, wenn die Zuordnung einer historischen Vorlage im Sinne Kolbs kritisch gesehen werden muss, so passt doch seine Erklärung der einzig unsinnig anmutenden Antwort des Pfaffen zum Schema, wie Scheuer: Eselexegesen es vorgestellt hat. Vgl. Kolb: Suche nach dem Pfaffen Amis, S. 199: „Insofern als die nicht meßbare Menge alles Wassers im Meer (annähernd) konstant bleibt, ist die Antwort des Pfaffen: *Des ist ein vuoder* (V. 109) nicht so verblüffend, wie es zunächst scheinen mag; indem sie ein festes, sich gleich bleibendes Maß angibt, zielt sie nicht so sehr auf die Menge – so verstanden, wäre sie absurd – als viel mehr auf die Konstanz der Menge.“

rig, an den Hafer zu gelangen, auf der Suche nach Futter umgeblättert wird. Dreimal erscheinen in der Beschreibung des gierigen Esels Formen von *gewin*. Wie diese eingesetzt werden, illustriert das Verfahren der Häufung potentiell metaphorischer Begriffe, wie es in Kap. 2.1 dargestellt wurde. Die erste Stelle weckt noch nicht das Interesse einer merkantilen Lesart:

> so stuont der esel unde las
> in dem buoche unz an die stunt,
> daz im die liste wurden kunt,
> wie er den habern uz gewan.
> (V. 246–249)

Dies ändert sich im weiteren Verlauf schleichend. Bei der tatsächlichen Prüfung setzt Amis dem Esel ein Buch vor, das vom Tier durchgeblättert werden soll: *do er* [der Esel, A.M.] *des buoches wart gewar, / do greif er sa durch gewin / nach dem habern dar in.* (V. 274–276). *Durch gewin*, so ist in Kap. 3.6 gezeigt worden, kann ohne weiteren Zusatz für das Handlungsziel der kaufmännischen Profession stehen.

Der Trick funktioniert, weil sich diesmal, anders als bei der Konditionierung zuvor, kein Hafer in dem Buch befindet und der Esel es vollständig durchblättert:

> nuo enwas da [in dem Buch, A.M.] niht inne.
> do warf er nach gewinne
> her umbe ein ander blat
> und vant ouch niht an der stat.
> (V. 279–282)

Wenn Amis nun daraufhin nach *gewin* strebt, um sein *hus* nicht verderben zu lassen, ist der ‚lesende' Esel die soweit einzige andere an *gewin* interessierte Figur.[215] Neben der „kausale[n] Verbindung zu den folgenden Schwänken"[216] aufgrund der Zunahme an schaulustigen Gästen, bietet der Esel somit auch eine motivische Einleitung für den nun an *gewin* interessierten Pfaffen. Neben die geistliche Lektüre

---

215 Ein gutes Argument für die Ähnlichkeit zwischen Amis und Esel bestünde in der von Hans Jürgen Scheuer: Topos ‚asinitas'. Editorial. In: ZfG 25,1 (2015), S. 8–13, S. 11, kondensierten Darstellung der Überlappung einiger Charakteristika von Eseln und Trickstern: Der „Topos ‚asinitas' deck[e] sich mit der klassischen Definition des Tricksters: einer liminalen, halb animalisch-diabolischen, halb dem Göttlichen zugehörigen Schalkgestalt, die an der Schwelle zwischen Immanenz und Transzendenz kauernd und lauernd jene Grenze ebenso bewacht wie unterläuft und die, in alle möglichen Lebens- und Denkräume diesseits und jenseits eindringend, durch ihr widerspruchsgesättigtes Handeln und Sprechen die elementaren kulturellen Unterscheidungen hervortreibt, die das darin gebundene Weltwissen bestimmen und es vom Naturzustand bzw. vom göttlichen Wissen scheiden." So passend diese Beschreibung Scheuers auch für die Figur des Amis erscheint, so scheue ich mich doch, dies auch für die nur sehr kurze und recht passive Rolle des Esels im *Pfaffen Amis* anzuwenden.

216 Andersen: Norm des Komischen, S. 327.

des Esels als „Grenzgänger" zwischen Transzendenz und Immanenz[217] tritt der Esel als Gieriger,[218] dessen Streben nach *gewin* die sich stets wiederholenden Streifzüge[219] des Priesters auf der Suche nach mehr *guot* präfiguriert.[220] Beide folgen dabei einer Form von Notwendigkeit: Ist der Esel durch seine *natura* und die deswegen funktionierende Konditionierung durch den Pfaffen an *gewin* interessiert, so muss der Pfaffe aufgrund der Gattungskonventionen des Schwankhelden und seiner narrativ superioren Position als „Meta-Akteur" ebenfalls dergestalt handeln.

Die Strukturposition des „Meta-Akteurs" definiert Joachim Theisen eigentlich für die narrative Einbindung verschiedener Fortuna-Figurationen, ich halte die Übertragung auf den Schwankhelden Amis aber für sinnvoll:[221] Als Meta-Akteur kann er zwar aktiv gegenüber anderen Figuren handeln, von diesen jedoch keine

217 Scheuer: Topos ‚asinitas', S. 8.

218 M. Meyer: Vom Lachen der Esel, S. 98, konnte zeigen, dass auch im *Daniel von dem Blühenden Tal* des Strickers die Artusritter, die alle gleichzeitig *ja* zu einer *âventiure* sagen, durch ihre Gier nach Herausforderung ein komisches Element in der Erzählung hervortreten lassen, indem das *ja* als zweisilbiges *IA* eines Esels gelesen werden könne.

219 Möchte man die steile These verfolgen, dass der ‚lesende' Esel tatsächlich als eine Art erfolgloses Spiegelbild des Pfaffen Amis fungiert, ließe sich in dem immer gleichen Prozess des Umblätterns eine Reflexion des Textes bezüglich des Problems von Paradigma und Syntagma des schwankhaftes Erzählens ableiten. Eine derartige Selbstreflexivität müsste jedoch an weiteren Textstellen erprobt werden.

220 Ähnlich findet sich der Esel dann wieder in einer Nachahmung durch Amis, wenn dieser im nur in R überlieferten Schwank von der Messe ebenfalls eine wunderhafte Literarisierung durchmacht. Vgl. dazu Stephen L. Wailes: The Tale of the Credulous Provost in der Stricker's „Der Pfaffe Amis". In: JEGP 97,2 (1998), S. 168–176, S. 169: „The audience first encounters the central motif of „Der Probst," that of miraculous learning, in the climax of the contest between Amîs and his bishop, when the bishop requires him to teach an ass to read in order to validate his answers to the bishop's questions." Wailes, ebd., sieht diese Wiederholung als „*Steigerung* in the repetition of a motif" an, da es sich beim Esel um einen vermeintlich natürlichen Vorgang handele, im Messschwank jedoch ein Wunder vorgegaukelt werde.

221 Joachim Theisen: Fortuna als narratives Problem. In: Fortuna. Hrsg. von Walter Haug, Burghart Wachinger. Tübingen 1995, S. 143–191, S. 148. Theisen zeigt, wie diese narrative Position auch auf andere Akteure überspringen kann, in Theisens Fallbeispiel auf Fortunatus im gleichnamigen Prosaroman. Vgl. ebd., S. 177: „Er [Fortunatus, A.M.] wird nicht mehr fraglos auf einer Ebene mit den (normalen) Akteuren stehen, er ist ausgezeichnet und gezeichnet [...] und er wird deshalb einsam sein; auf der Ebene Fortunas und ohne sie zur Seite zu haben, wird er selbst zum Meta-Akteur." Diese Einsamkeit und damit auch wirtschaftliche ‚Unbehandelbarkeit' ist laut Theisen, ebd., der „Preis, den Fortunatus für den Säckel zu zahlen hat", der ihm unendlichen Reichtum und damit die Exklusion aus den Logiken tauschzentrierter Interaktion beschert. Die Einzigartigkeit des Protagonisten, verbunden mit dem Motiv der Klugheit, die für Amis ja häufiger hervorgehoben wurde, findet sich bei Kalkofen: Priesterbetrug, S. 143, der den *Pfaffen Amis* in Bezug zu anderen Werken des Strickers interpretiert: „Wenn die aggressive Verstandesleistung des Helden ihn überlegen macht und alle anderen zu Dummen distanziert, dann wird der Held in ähnlicher Einsamkeit gezeigt wie im *DANIEL*."

Gegenleistung erfahren.[222] Das materielle *guot*, das Amis seinen Gästen zukommen lässt, wird somit durch keine „normative Öffentlichkeit“ mehr so geschätzt, dass sich eine reziproke Struktur der Anerkennung entwickeln könnte.[223]

Die Gemeinschaft, die die *milte* des Pfaffen empfängt, besteht aus anonymen, nicht-narrativierbaren und dennoch stets bleibenden Gästen und bildet eine somit dysfunktionale Öffentlichkeit, in der es aufgrund mangelnder Reziprozitätsmöglichkeiten keine funktionale *milte* mehr geben kann. Der Ausweg besteht für Amis also in den nachfolgend narrativierten Schwänken, die nicht die als dysfunktional zurückgelassene Verausgabung, sondern die Akquise der Mittel beleuchten.

Der erste Schwank, zu dem Amis auszieht,[224] spielt sich zwischen ihm und einer großen Gruppe Frauen ab, denen er eine Kirchweihpredigt hält. Amis verspricht seinem örtlichen Kollegen im Priesteramt *halbez* [...] *swaz er dâ gewünne* (V. 356 f.), wenn dieser ihn predigen lasse und es kommt zu einer Abmachung.[225] Doch der eigentliche

222 Wieder spielt die Gattungsproblematik bei der Beschreibung der Interaktion eine Rolle, da, wie Strohschneider herausgearbeitet hat, im Schwank ohnehin ein Ungleichgewicht zwischen manipulierendem Helden und manipulierter Umwelt bestehe. Amis oder auch Eulenspiegel wären also nach Strohschneider: Kippfiguren, S. 178, per se Meta-Akteure, da sie bereits zu Beginn der Erzählung alles können, „was er als Held der Erzählung überhaupt können muß, alles nämlich, was die Welt für ihn transparent, umgekehrt aber sein Agieren für die Welt ganz undurchschaubar macht.“

223 Ragotzky: Materielle Bedeutung, S. 508: „Hat das Prinzip der Wertbewährung seine Geltung verloren, stellt sich keine normative Öffentlichkeit her, ist die Gesellschaft im Kern ihres Funktionierens gestört. Die Wertschätzung, die die Gesellschaft dem Einzelnen zuteil werden läßt, beruht dann nicht mehr auf seinem tatsächlichen Wert-Sein. Trugbilder treten an die Stelle sozial gesicherter Erkenntnis. In einem solchen Fall wird die Verselbständigung der materiellen Bedeutung von ‚guot‘ zum Krisensymptom.“

224 Die ersten Auszüge werden auch im Text festgeschrieben durch die Vorbereitungen des Pfaffen: *Nuo bereite der phaffe sich / und sehs knappen herlich, / die machet er geriten wol. / swaz ein phaffe haben sol / an libe und an muote, / der predigen wil nach guote, / daz vuort der phaffe Amis.* [...] *swes ein maler bedarf, / des vuort er michel rat, / und dar zuo swes ein arzat / ze siner erzenie gert / des was er alles gewert. / hie mit vuor er in ein lant* (V. 337–351). Die nötigen Utensilien zeigen also, dass Amis mehr als nur ein windiges Geschäft plant. Dies ist beispielsweise von Hedda Ragotzky: Das Handlungsmodell der list und die Thematisierung der Bedeutung von guot: Zum Problem einer sozialgeschichtlich orientierten Interpretation von Strickers ‚Daniel von dem blühenden Tal‘ und dem ‚Pfaffen Amis‘. In: Literatur – Publikum – historischer Kontext. Hrsg. von Gert Kaiser. Bern 1977, S. 183–203, S. 198, als Zeichen seiner intellektuellen Überlegenheit gesehen worden. Narratologisch lässt sich diese Voraussicht auch als Eigenschaft des Pfaffen als Meta-Akteur verstehen, der sich nicht in einer strukturierten Situation zurechtfinden muss, sondern selbst strukturierend wirkt. Stärker soziologisch, auf Kategorien Luhmanns aufbauend, nähert sich auch Strohschneider der strukturierenden Funktion der Figur des Pfaffen (vgl. Strohschneider: Kippfiguren, S. 178).

225 Dass die gefälschte Kirchweihpredigt direkt den ersten Schwank darstellt, kann besondere Aufmerksamkeit auf das Geschehen lenken. Kanon 62 des IV Laterankonzils geht ausdrücklich gegen möglichen Missbrauch falscher Reliquien vor (vgl. *Constitutiones Concilii quarti Lateranensis*, S. 101 f.). Zur Diskussion bezüglich der Nähe des Strickers zu franziskanischen Reformen des 13. Jahrhunderts hat sich Moelleken geäußert (Moelleken: Bischof), mit Blick auf *bîspel* und Predigt-

Betrug wird dann an den Frauen begangen, die zum Opfer für eine neue Kirche des heiligen Brandan aufgefordert werden. Da nur jene geben sollen, die keinen Ehebruch begangen haben, schicken sich alle Anwesenden an, dieses Opfer tunlichst vor versammelter Öffentlichkeit zu entrichten. Ruth Sassenhausen konnte deutlich machen, dass diese Voraussetzungen für das Opfer die Grundmodalitäten der Messe als Ritual neu konfigurieren: „Amis substituiert den eigentlichen, der Natur des Ritus entsprechenden, religiösen substantiellen Inhalt durch einen säkularen: Der Sinn besteht nun darin, dass die spendenden Frauen sich gleichsam ihre Ehre erkaufen.“[226]

Amis stiehlt nicht, er bringt andere Menschen dazu, ihm ihre Warenwerte geben zu wollen.[227] Entsprechend heißt es zum Schluss der Episode auch, sie alle hätten *vil gerne* geopfert (V. 438). Durch die Gaben werde in der Performanz des Rituals eine immaterielle Wahrheit hergestellt,[228] die den Partizipierenden nicht weniger wertvoll erscheint:

diu niht phenninges hate,
diu entlehent in vil drate
oder ophert ein vingerlin
guldin ode silberlin.
si gahten dar so sere.
als ob si alle ir ere
da mit solten lœsen.
(V. 409–415)

Präsentiert wird hier eine Menge mit nicht beziffertem Wert, doch mit einer exakten Materialität. Die Ungenauigkeit der Werthaftigkeit wird am Ende der Episode wieder aufgegriffen, wenn es heißt: *Sus wart der phaffe riche* (V. 459). Auch die Materialität wird nun in den folgenden Versen rhetorisch wieder aufgegriffen, um die Äquivalenz des Tausches zu betonen. Denn die zu „‚Assistentinnen‘“[229] des Betrugs gewordenen Frauen sind weiterhin in Personalunion auch Kontrollinstanz der performativ hergestellten Wahrheit:[230]

---

literatur ist das Thema auch oben in Kap. 4.1 angesprochen worden. Zudem widmet sich Röcke: Freude am Bösen, S. 37 (Anm. 2, als Endnote auf S. 300) diesem Thema.

226 Sassenhausen: Ritual als Täuschung, S. 67; neben den geistlich deutbaren Inhalten ist in der Forschung auch der Frage nach der Performanz geistlicher Rituale nachgegangen worden: so spricht Spiewok: Parodie und Satire, S. 12, von „Scheinerlösungen, die eigentlich zum Schaden der Erlösten ausschlagen.“ Zu Ritualen im *Pfaffen Amis* vgl. auch Meyer: Crossing the line.

227 Sassenhausen: Ritual als Täuschung, S. 67, sieht in der Forderung des Pfaffen eine „Erpressung“ der Frauen. Dies mag strukturell stimmen, der Text lastet dies dem Pfaffen jedoch nicht an.

228 Zum Verhältnis von Ritual und Wahrheit vgl. die Forschungsdiskussion ebd., S. 55–60.

229 Ebd., S. 67.

230 Kalkofen: Priesterbetrug, S. 159, macht zudem auf den stark misogynen Zug der Szene aufmerksam. Die Szene fuße auf der Grundvoraussetzung, dass alle Frauen „klatschsüchtig sind, begierig, übel nachzureden. Die böse Begierde tritt als solche gerade aufgrund der Tatsache hervor, daß sich die

si namen vlizeclichen war,
swelh man niht ophern sæhe,
daz man ir immer jæhe,
ir triuwe wære kopher.
(V. 418–421)

Metaphorisch wird durch die *triuwe* aus *kopher* eine Ebene der Materialität eingezogen, die den gespendeten Schmuckstücken von Gold und Silber ein Gegengewicht liefert. Anders als Gold und Silber ist Kupfer für weniger wertvolle Münzen verwendet worden[231] und nimmt topisch den Platz des minderwertigen Metalls neben Gold ein, wie es sich in einer Vielzahl mittelhochdeutscher Texte und auch in der Bibel finden lässt.[232] Die metaphorische Funktion des Kupfers in solchen Zusammenhängen liegt stets in seiner minderen Werthaftigkeit gegenüber den anderen Edelmetallen.

Wenn die Ehre der Frauen nun doch nicht bloß Kupfer wert sein soll, sondern mit den Opfergaben in Gold und Silber aufgewogen wird, konstituiert sich damit der Wert einer immateriellen Eigenschaft, der durch materielle Relationen verschiedener Edelmetalle objektiviert wird. Der Betrug erfährt somit eine andere Stoßrichtung: weniger betrügt Amis hier die opfernden Frauen, als vielmehr alle gemeinsam das sensuell fragile System immaterieller Werthaftigkeit.[233] Sowohl die Frauen wie auch Amis erhalten, was sie brauchen,[234] wobei durch die metallisch-materielle Metaphorik der kupfernen *triuwe* ein Anspruch der Objektivität aufgestellt wird, der die Verrechenbarkeit des Tausches garantiert.[235]

Frauen über das Scheinhafte aller aus dem Opferverhalten abgeleiteten Urteile im klaren sein müssen. Ganz in diesem Sinne wird das Interesse am üblen Nachreden zu einer der beiden Bedingungen, die verhindern, daß die Frauen den ihnen offenkundigen Betrug aufdecken." Gerade weil der Selbstbetrug innerhalb der Gruppe von Frauen also wirkt, werde, so Kalkofen, ebd., S. 160, die „anfängliche Unterscheidung guter und böser Frauen [...] zugunsten der Bosheit aller Frauen aufgegeben."

231 Vgl. Wiechmann: Kupfer und Messing. Vgl. auch den Kommentar in Kamiharas Ausgabe des *Pfaffen Amis*, demnach Kupfer grundsätzlich für „Unechtes" stehe (S. 146). Zu Kupfer im Alten Testament vgl. Singer: Metalle, S. 113: „Bei Kupfer sind die Attribute wie unedel und anfällig als Vergleichspunkte angesehen."

232 Es ist bezeichnend, dass die meisten Einträge im *Lexer* zu *kupfer* genau dieses Verhältnis zu Gold thematisieren, Kupfer also eventuell so stark semantisch aufgeladen ist, dass es bereits für sich genommen eine Qualität von Minderwertigkeit ausdrücken kann, vgl. Art. kupfer, kopfer stn. In: *Lexer*.

233 Die tatsächliche Herstellung von Unschuld durch den Tauschakt wird auch zum Schluss noch betont, wenn es heißt, die Frauen seien nun *vro* (V. 465) und *unschuldic valscher minnen* (V. 467). Amis zieht daraufhin weiter zu anderen Kirchen, in denen ihm auf gleiche Weise Frauen freundlich begegnen, *wand er die vrouwen erte* (V. 473).

234 Es handelt sich somit um ein klassisches Beispiel für die Herstellung Simmelscher Äquivalenz, die subjektgebunden als Gewinn gelesen wird. Vgl. Simmel: Philosophie des Geldes, S. 79: „Der Ausdruck nämlich, daß der Tausch Wertgleichheit voraussetze, ist vom Standpunkt der kontrahierenden Subjekte aus nicht zutreffend."

235 Diese rhetorische Ebene, auf der durch die Edelmetalle eine generelle Konvertierbarkeit materieller und immaterieller Werte hergestellt wird, lässt Röcke: Freude am Bösen, S. 62, außen vor, wenn er die materiellen Opfer der Frauen der nicht sichtbaren Wahrheit von Treue oder Untreue

Die Handlung stockt nun aber motivationell, da Amis die notwendigen Mittel für sein *hus* ja hat aufbringen können.[236] Der Auszug des Pfaffen um *gewin* wird nun durch das Erreichen des angestrebten materiellen Ziels als abgeschlossen dargestellt:

> mit den selben sinnen
> gewan er guotes zehant,
> daz er erloste siniu phant
> und solhes richtuomes wielt,
> daz er sin hus wol behielt
> (V. 468–472)

Der Schluss der Episode nimmt somit direkten Bezug auf die Probleme des Pfaffen zuvor, dass er weder die Verkostung seiner Gäste selbst *vergelten* (V. 323), noch das nötige Gut *geborgen* (V. 325) könne.[237] Er *erlost* nur das *phant*, das er aufnehmen musste, der gemachte Gewinn wird somit als Begleichung einer zuvor aufgenommenen Verschuldung präsentiert. Darin zeigt sich ein Mechanismus der narrativen Entschärfung von Gewinnstreben: die semantische Grenze, die durch den Gewinn überschritten werden würde, wird neutralisiert, indem der Gewinn kein Zugewinn, sondern nur die Rückgewinnung eines Zustandes ist, der zuvor geherrscht hatte. Nichts deutet hier darauf hin, dass es weitere Geldsorgen geben könnte.

Die Verse 489 f. schließen den ersten Schwank ab, indem die Verknüpfung von *gewin* und Notwendigkeit der Einnahmen noch einmal betont wird: *des gewan er guotes solhe kraft, / daz er wart gar unnothaft*. Der Gewinn ist also hier kein Überschuss, sondern die Wiederherstellung stabiler Verhältnisse.[238] Die dadurch gewonnene Stabilität der Situation wird jedoch zugunsten des Willens nach mehr aufgegeben:

---

gegenüberstellt: „[D]ie tatsächliche Tugend und das tatsächliche Laster verschwinden hinter einem Dritten, das beiden äußerlich bleibt und mit ihnen nurmehr äußerlich verbunden bleibt: das Opfer, die Gabe, der angebliche Beweis, der des Blicks auf die wirkliche Wahrheit enthebt und Unwahrheit als Wahrheit, Schande als Ehre erscheinen lassen kann." Röcke nimmt dies im Folgenden zum Anlass, um die materielle Grundlogik der Szene als „Anstoß für den *mundus perversus* selbst" anzusehen (ebd., S. 63). Dem ist jedoch entgegenzuhalten, wie Sassenhausen: Ritual als Täuschung es bereits herausgearbeitet hat, dass es sich eher um eine Entdifferenzierung denn um eine Verkehrung handelt. Untugend werde zwar zur Tugend, Tugend aber nicht zur Untugend.

236 Zu den Gaben der Frauen heißt es: *da war daz richist opher / daz man e oder sit / ze so getaner hohzit / deheinem phaffen ie gegap*. (V. 422–425).

237 Kanon 59 des IV. Laterankonzils verbietet Geistlichen das Aufnehmen von Krediten *ultra summam communi prouidentia constitutam* (*Constitutiones Concilii quarti Lateranensis*, S. 99, Übers. nach Schroeder: „ [...] beyond an amount fixed by common agreement [...]."). Das Problem der fehlenden Mittel kann also auch kirchenrechtlich seine Begründung finden.

238 Zu Rechtfertigungsmechanismen des *gewins* vgl. Kap. 3.6, besonders die Überlegungen des Aquinaten (ST II-II, qu. 77, art. 4) zum Unterhalt des eigenen Hauses.

> Do der phaffe riche wart,
> do gewan er solhe hohvart,[239]
> daz er mit sinem sinne
> nach grœzerem gewinne
> iesa begunde ringen.
> (V. 491–495)

Zwischen den Handschriften H und R zeigt sich nun ein Unterschied bezüglich der Verfolgung weiterer Gewinne. Während R von *groezerem gewin* spricht, lässt H Amis *grozen gewinnen* nachjagen. Die komparative Formulierung in R legt nun eine eskalative Erzähllogik nahe,[240] während durch die *grozen gewinne* die folgenden Episoden dem gerade abgeschlossenen Schwank paradigmatisch nebengeordnet werden.[241] In beiden Fällen aber wird ein Erzählanlass für das kommende Geschehen geschaffen. Im damit eingeleiteten Schwank von den unsichtbaren Bildern stellt Amis sich dem französischen König als Maler vor und appelliert an dessen Großzügigkeit.[242] Anstatt ein Angebot des Königs für die Bilder abzuwarten, nennt Amis seinen Preis: *driu hundert marc*[243] sollen es sein (V. 545). Der König überbietet

239 Christoph Fasbender: *Hochvart* im ‚Armen Heinrich', im ‚Pfaffen Amis' und im ‚Reinhart Fuchs'. Versuch über redaktionelle Tendenzen im Cpg 341. In: ZfdA 128,4 (1999), S. 394–408, S. 400, hat in seiner Untersuchung zum Begriff der *hochvart* im cpg 341 bereits festgestellt, dass hier nicht mehr gesagt werde, der Pfaffe ziehe mit dem Ziel der *milte*-Ausübung los. Wie Fasbender zudem herausarbeiten konnte, sind dem für den *Pfaffen Amis* verantwortlich zeichnenden Schreiber in cpg 341 (Handschrift H, auf der Schillings Ausgabe basiert), intentionale Eingriffe in die Verwendung des Begriffes *hochvart* in mehreren Texten zuzuschreiben. Vgl. ebd., S. 406: „Man wird aber kaum noch davon auszugehen haben, daß die *hôchvart*-Eingriffe von β spontan erfolgten oder ausschließlich stilistisch motiviert waren. Klar geworden sein dürfte, daß der Schreiber vor allem eine Bedeutung von *hochvart* kannte und zuließ. Eine Harmonisierung der Stellen im Vorfeld ihrer Verschriftlichung im Cpg 341 können wir nicht erkennen; mit einer ‚semi-oralen Handschriftenkultur', die für frühe Mehrfachfassungen der Texte verantwortlich sei, haben die textlichen Differenzen nichts zu tun." Denn die Verse 491 f. (nach R) fehlen in H, sodass der Pfaffe nicht aus *hohvart* handelt. Stattdessen findet sich in H: *Des gewan er gutes die kraft, / daz er wart unnothaft, / daz er mit sinen sinnen / nach grozen gewinnen / zehant begunde ringen.* (H: V. 491–495).

240 Diese wurde häufig als Strukturmerkmal des Textes reklamiert, von Fischers strukturellen Überlegungen der Betrugsmethoden (Fischer: Gattungsform) bis hin zu Andersens narratologischen Ausführungen zur Eskalation als Mittel seriellen Erzählens (Andersen: Norm des Komischen).

241 Vgl. V. 468–472, die den Gewinn durch die Kirchweihpredigt ein erstes Mal beschreiben. Diese Überlieferung würde eher Strohschneiders Ansatz unterstützen (Strohschneider: Kippfiguren), demnach jegliche syntagmatische Anordnung der Schwänke durch die paradigmatische Reihung überschrieben wird.

242 *man lobt so sere in allen wis / beidiu iuwer lip und iuwer leben, / daz ir mir lihte mugt gegeben.* (V. 542–544).

243 Handschrift H zeigt hier vollständig andere Werte, wird doch zuerst von sechshundert und am Ende der Episode von siebenhundert Mark gesprochen. Zwar ändert der Schreiber des *Pfaffen Amis* in H auch an späterer Stelle den Betrag des Gewinns erheblich (eine Mark in allen anderen Handschriften, sechzig in H und K; Verwunderung darüber äußert auch Kamihara im Kommentar seiner

die Forderung und wahrt damit seine „Rollensouveränität“[244] und seinen herrscherlichen Habitus:

> der künic sprach: „welt ir me,
> entriuwen, ich gib ez iu e,
> danne wir uns scheiden nu zehant.“
> sit et vil vaste gemant
> daz ir ez schier getuot.
> ich engab nie gerner dehein guot.“
> (V. 549–554)

Ebenso wie die Frauen, die Amis ihre Opfer bei der Kirchweihpredigt darbringen, so ist auch der König hier selbst an dem Austausch interessiert, bei dem seine eigene Leistung explizit und gewünschtermaßen aus materiellem *guot* besteht. Die zusätzliche Bezahlung, die der König verspricht, wird auch sogleich konkretisiert, indem alle Mitglieder des Hofes zu einer Bezahlung des ‚Malers‘ verpflichtet werden (V. 574–582). Sollten sie nicht die *miete* an Amis entrichten (V. 692 f.), wird ihnen ihr Lehen entzogen (V. 695). Amis erhält *gewant, phenninge, phært* und *swert* (V. 697–699), wodurch der Pfaffe gleich doppelt gewinnt, er wird *riche unde wert* (V. 700). Die explizite Nennung nicht nur üblicher Bezahlmittel, sondern auch klar erkennbarer Statussymbole (Gewänder, Pferde und Schwerter), sprechen dafür, dass *riche* und *wert* hier nicht als Hendiadyoin genutzt werden, sondern dass Amis hier auch mit den Symbolen eines symbolischen Kapitals ausgestattet wird, das eigentlich der höfischen Sphäre eignet.[245]

Eine interessante Änderung der Bezahlung wird in der Karlsruher Handschrift C vorgenommen, in der statt des *phærdes* ein *pfant* gegeben wird (C: V. 690). Auch die rhetorisch starke Paarformel von *riche* und *wert* im Anschluss wird durch *So wart der meinster gewert* (C: V. 692) ersetzt. Statt der Beschreibung des Pfaffen, der in H wie auch in R selbst ‚reich und wert‘ wird, scheint die Formulierung in C ausschließlich „so wurde der Meister bezahlt“ zu heißen. Entsprechend ist auch die tatsächliche Bilanzierung des Gewinns am Ende eher als rein finanzielle Beziehung zu verstehen als bei den älteren Handschriften R und H: *Sein sold was so starck, / Das er wol dreẅ hundert marck / Do er worben het.* (C: V. 723–725). Anstatt der *saelde* (vgl. H: V. 729; R: V. 737), die *sô starc* war (R: V. 737), dass Amis mit erheblichem Gewinn aus der Situation hervorgeht, beschreibt der Erzähler in Handschrift C die Bezahlung damit als reine Bilanz, nicht als Fügung des Glücks.

Es folgt ein weiterer, narrativ ausgestalteter Betrug, bei dem Amis durch Todesandrohung alle Kranken einer Stadt ‚heilt‘, und sich mit der ebenfalls stattlichen

Ausgabe zu V. 1021, S. 154), wie diese Änderung zu bewerten ist, kann aber nicht abschließend geklärt werden.

244 Zum Konzept der Rollensouveränität vgl. Ragotzky: Die *kunst der milte*, S. 81.

245 Als heterogene Menge an verschiedenen Gegenständen wird auch die Bezahlung für Blanscheflur in *Flore und Blanscheflur* beschrieben, vgl. Kap. 4.4.2.

Summe von einhundert abgewogenen Mark (V. 907 f.) aus dem Staube macht.[246] Die Doppelung materiellen Reichtums und immateriellen Ansehens, wie es sich in der vorangegangenen Episode in *riche* und *wert* ausgedrückt hat, wird mit anderen Begriffen wiederaufgenommen, wenn es heißt, der Pfaffe Amis habe *an guot* [...] *so grozen pris* erworben (V. 806). Wie auch bereits beim König von Frankreich bietet Amis sich hier dem Herrn der Stadt, dem Herzog von Lothringen, in der Verkleidung einer Profession an, diesmal als Arzt, um Lohn für außergewöhnliche Dienste erringen zu können. Erneut sticht auch die Bereitwilligkeit des Auftraggebers hervor, Amis im Falle der Heilung aller Kranken fürstlich zu entlohnen: *daz ir die machet gesunt, / ir werdet riche in kurzer stunt* (V. 821 f.).

Es schließen sich eine Reihe von Schwänken an, die weitaus weniger narrativ ausgestaltet sind und sich nicht selten wie ausgebaute Versuchsanordnungen lesen:[247] Im Sinne der Arbeit interessiert dabei auch weniger die Art und Weise, wie Amis seine Opfer genau übervorteilt, als vielmehr die bisher kaum beachtete Höhe der Einnahmen in Relation zueinander.

Immer wieder erreicht der Pfaffe einen Ort und hat zuvor Vorkehrungen getroffen oder tut dies bei Ankunft, damit er gegenüber seinen Opfern in Vorteil gerät.[248]

---

246 Diese drei Schwänke machen die von Fischer als „Wortbetrug" erfasste Gruppe aus (vgl. Fischer: Gattungsform, S. 293). Die zusammenhängende Logik dieser drei Schwänke hat Kalkofen: Priesterbetrug, S. 153, herausgestellt: „In den Episoden 5 bis 10 wird den Opfern der für sie überwältigende Augenschein des Wunderbaren demonstriert, der vollständig und von ihnen unbemerkt auf seine Veranstaltung durch den Helden zurückgeht. In den Episoden 3 und 4 wird dieser Augenschein durch den Helden nicht mehr erzeugt. Hier sind es die Opfer, die durch einen vom Helden veranstalteten indirekten Zwang vielmehr dazu gebracht werden, noch die offenkundige Abwesenheit des Augenscheins als seine Anwesenheit auszugeben."

247 Ragotzky: Handlungsmodell, S. 198, spricht von einer „wohl durchdachte[n] Experimentieranordnung". Röcke: Freude am Bösen, S. 71 f., möchte in der Anordnung der Schwänke eine soziale Rangordnung feststellen: „Entsprechend der ständischen Gliederung von Strickers ‚Amis' folgen auf die Stände der *coniugati* und *principes* nun die *agricolae*, d. h. – nach Lambels Zählung und Bezeichnung – die Schwänke ‚Der Hahn' (Nr. V), ‚Amis als Wahrsager' (Nr. VIII) und ‚Der Fischfang' (Nr. VII). Neben ihrer Zuordnung zum Stand der *gebure* ist ihnen auch Amis' Betrugsverfahren gemeinsam. Mit einfachsten Vorbereitungen und auf jeweils recht ähnliche Weise knüpft er an den naivsten Mirakelglauben, an volksfromme Überzeugungen und an die Bereitschaft an, seine Betrügereien als Wunder Gottes, bzw. als Zeichen für ihre Wunderkraft eines *heilic man* (V. 959), anzuerkennen." Auch, wenn die mittleren Schwänke als Gruppe erscheinen, verfängt die soziale Zuordnung meines Erachtens nicht. Der Kirchweihbetrug wird ja an den zuhörenden Frauen, nicht an einem Geistlichen begangen und die nachfolgenden Episoden mit den Kaufleuten können nach den *agricolae* auch nicht erklärt werden.

248 Es wäre genauer zu prüfen, ob die Formelhaftigkeit der Gattung ‚Schwank", für die ein Auftreten als *Pluraletantum* festgestellt wurde, sich auf die „zunehmend standardisierte mikrostrukturelle Organisation von Sprache" (Lang: Wirtschaften, S. 81) in der mittelalterlichen Buchführung beziehen ließe. Die Repitition der erzählerischen Elemente würde sich dabei in der Gleichförmigkeit der informationsorientierten Buchführung, sprich in einer finanziell-pragmatischen Terminologisierung des mittelalterlichen Handels spiegeln.

Dabei handelt es sich jedes Mal um Betrug, nie um Raub, seine Opfer sind gewillt, ihm die Wertgegenstände zu geben, was, ganz in Einklang mit den bisherigen Analysen, stets als stabilisierender Ausgang einer Episode, nie als handlungsgenerierender Konflikt fungiert.[249]

Durch die im Hintergrund andauernde Hofhaltung des Pfaffen entsteht im Textverlauf die von Strohschneider beschriebene narratologische „Kippfigur" von Syntagma des Festes einerseits und Paradigma der Schwankreihung andererseits.[250] Während Strohschneider sich jedoch hauptsächlich dafür interessiert, *dass* Ressourcen zum *hus* geschickt werden, soll im Folgenden der Blick dafür geschärft werden, *was* eigentlich vom Pfaffen eingenommen wird. Wie kaum ein anderer Erzähltext nämlich, operiert der *Pfaffe Amis* in seiner Aneinanderreihung unterschiedlich hoher Gewinne wie ein ‚Rechnungsbuch'.[251] Damit wird die Verschränkung von erzählter Zeit und verfügbarem Geld, die Coralie Rippl in der *Suche nach dem glücklichen Ehepaar* Heinrich Kaufringers ausmacht, im *Pfaffen Amis* bereits vorweggenommen. Bei Kaufringer, so Rippl, werden die Zeitkonzepte der Erzählung „über die Kodierung von Zeitraum mit Geld" vermittelt: „das heißt, Geld wird zur Determinante für die ablaufende Aventiurezeit."[252] Dies erscheint hier etwas anders, indem der Verbrauch des Geldes im Hintergrund zum nächsten Schwank nötigt, die Verschränkung von Zeit und Geld ist aber durchaus vergleichbar.

Denn die meisten Episoden berichten nicht nur, dass *irgendein* Erlös nach Hause geschickt wird, sondern beziffern diesen Gewinn auch genau. Entsprechend der Reihenfolge der Riedegger Handschrift sieht dies bis zu den Abenteuern in Konstantinopel aus wie folgt: Die erste Episode ‚außer Haus' des Pfaffen – die Kirchweihpredigt – bringt ihm noch recht ungenau *guotes solhe kraft* (V. 489), dass er sorgenfrei leben kann (s. o.). Nach diesem Schwank wird die Präsenz monetärer Werte im Text nun erheblich ausgebaut. Die Gewinne des Pfaffen möchte ich hier einmal kondensiert dar-

249 Selbst im Schwank um das brennende Tuch (V. 1029–1164) scheint die Reaktion des verärgerten Ritters über die Freigebigkeit seiner Frau ja geplant oder zumindest als Option bedacht gewesen zu sein.

250 Strohschneider: Kippfiguren.

251 Der *Pfaffe Amis* als ‚Rechnungsbuch' nach zeitgenössischem Standard ist dabei gar nicht so unwahrscheinlich, ist die doppelte Buchführung, die den Ausgleich auf Null im Auge hat, zur Zeit der Abfassung des Schwankromans im oberdeutschen Raum noch nicht bekannt, vgl. Lang: Wirtschaften, S. 76 f.

252 Coralie Rippl: Geld und *âventiure*. Narrative Aspekte der Zeit-Raum-Erfahrung bei Heinrich Kaufringer. In: PBB 134 (2012), S. 540–569, S. 555. Rippl kontrastiert die budgetgebundene Zeitwahrnehmung des Protagonisten mit der „objektiv realistische[n] Zeitzählung", die durch den Erzähler vermittelt werde (ebd.). Eine solche objektive, außerhalb des Protagonisten verlaufende Erzählzeit kann im *Pfaffen Amis* jedoch nicht beobachtet werden. Die Umsetzung eines bilanzierenden Erzählens ist beim Stricker damit eher noch radikaler als bei Kaufringer.

stellen: Im dritten Schwank (nach Überlistung des Bischofs und Kirchweihpredigt), der von Amis als Maler beim französischen König handelt, fordert Amis in Handschrift R *driu hundert marc* (V. 545). Die Forderung wird erfüllt und vom König um den Bonus der Abgaben einzelner Ritter erweitert. Handschrift R lässt Amis dann freilich mit *wol zwei hundert marc* (V. 738) vom Hof scheiden. Das Verhältnis der Zahlen ist dann in allen anderen Handschriften vertauscht, sodass sich die logische Abfolge einer Forderung nach zweihundert und einem tatsächlichen Gewinn von dreihundert *marc* ergibt.[253] H lässt Amis mit siebenhundert Mark davonreiten (H: V. 730).

Der nächste Schwank von den Kranken zeigt, dass es sich bei der Bezahlung wohl nicht um gezählte, sondern um gewogene *marc* handelt, also nicht um eine derart bezeichnete Münze, sondern um die Gewichtseinheit:

> do hiez er silbers da zestunt
> dem phaffen hundert marc geben.
> da wart dehein widerstreben,
> ez wart im iesa gewegen.
> (V. 906–909)

Gleich, ob die Episode zuvor je nach Handschrift zweihundert, dreihundert oder siebenhundert Mark eingebracht hat, der Gewinn war auf jeden Fall größer. H und K ersetzen den Gewinn wieder durch größere Zahlen, sodass dem Pfaffen nach den siebenhundert Mark in der vorigen Episode diesmal *drey hundert mark* abgewogen werden (H: V. 901). Dieser Trend setzt sich in der folgenden Episode fort, wenn es am Ende in R heißt, der Pfaffe *gewan* [...] *einer marc wert ode me* (V. 1019–1021). Nur die Handschriften H und K setzen hier wieder einen ungleich höheren Betrag von *sechzick mark oder me* (V. 1013), der im Lichte der hier vorgeschlagenen bilanzierenden Ordnung wie eine Korrektur wirkt.[254] Einig sind sich alle überlieferten Versionen dann in den folgenden Bezahlungen: zweimal *zehen phunt* und zwei unbestimmte Aussagen.[255] Erstaunlicherweise hat der/die Schreiber:in von H es nur für nötig gehalten, diejenigen Wertangaben zu ändern, die in *marc* vorliegen. Zudem sind alle Angaben in *marc* mit einem Hinweis versehen, dass sie abgewogen oder geschätzt sind, während dies bei den zweimal genannten *zehen phunt* nicht

---

253 Handschrift C zeigt einen Unterschied von zweihundert, nicht einhundert *marc*, da Amis *ytzünt hundert marck* anstatt zweihundert *marc* fordert (C: V. 537).

254 Der niedrige Betrag der übrigen Überlieferung hat auch Kamihara verwundert, sodass im ansonsten recht ausführlichen Kommentar der Edition zu Vers 1021 nur zu lesen ist: „Nur *einer marc* Wertsachen! zu lesen mit H wenigstens *sehzic marc*?“

255 Zum brennenden Tuch heißt es: *do versatzt sie allez ir gewant / und gewan dem phaffen zehen phunt* (V. 1158 f.), als Resultat des wundersamen Fischfangs schließt der Erzähler: *si heten sich beraten / daz si im gæben zehen phunt* (V. 1236 f.). Die unbestimmten Angaben erfolgen einerseits als Ende des Hellseher-Schwanks, wenn es heißt, das betrogene Paar habe Amis so viel gegeben, *daz ez in schatte zehen jar* (V. 1281) und nach der Tätigkeit des Pfaffen als Wunderheiler heißt es, die Städter:innen brächten *opher vlizecliche* (V. 1311).

der Fall ist. Die Größen der gemeinten Einheiten sind schwierig zu ermitteln, da, worauf bereits hingewiesen wurde (vgl. Kap. 3.9), ausschlaggebende zeitliche und regionale Unschärfen hinsichtlich der monetären Systeme wie auch der Abfassung oder Abschrift eines Textes belastbare Aussagen beinahe unmöglich machen. Es ist bereits dargestellt worden, dass sich sowohl Mark wie auch Pfund vorrangig nicht als Münzen, sondern als Gewichtsangaben verstehen lassen, die das Vielfache eines Pfennigs, Pennys oder Denarius bilden, wobei Pfund eigentlich die größere Einheit darstellte.[256] Bereits vor dem 13. Jahrhundert „entwickelten sich Zähl- und Gewichtspfund auseinander“, da „240 Pfennige weiter als Pfund gezählt wurden, aber oft keins mehr wogen“.[257] Das gleiche Schicksal teilt auch die *marc*. Wenn die Mark-Angaben im *Pfaffen Amis* also stets mit dem Hinweis auf das Abwiegen gegeben werden, die Pfunde hingegen nie, so lässt sich fragen, ob in der spezifischen Zeit und Region der Abfassung dieser Unterschied Bedeutung generieren konnte. Wäre die gewogene Mark also eine zuverlässigere Einheit als die nur ausgezahlten Pfunde, würde Amis somit einen Weg von (hohen) Bezahlungen in Mark über geringere in nicht gewogenen, sondern nur abgezählten Pfunden, hin zu ungenauen, nicht bezifferten Einnahmen vollziehen. Die Änderung von einer auf sechzig Mark in H und K könnte somit, wie gesagt, als Korrektur im Sinne einer zu den Pfundangaben hin abfallenden Wertreihe verstanden werden. Die grundsätzliche Irritation, wieso von hohen Mark zu niedrigen Pfundbeträgen gewechselt wird, lässt sich damit aber nur spekulativ lösen.

Aber auch jenseits der Höhe der Bezahlungen, die sich, wie nun deutlich wurde, einer abnehmenden Serie einfügen, muss ausgelotet werden, welche Bedeutung die Reihung exakter Wertangaben für den Text haben kann. Edith Feistner hat in ihrer Untersuchung zu narrativen Anteilen vormoderner Rechenaufgaben das Verhältnis von Zahlen und erzählten Welten zusammengefasst:

> Die ‚eigenweltliche‘ Relationalität der Zahlen relativiert auch die narrativ konstruierten ‚außenweltlichen‘ Bezüge […]. Das schließt die narratologisch bekanntermaßen so wichtige Frage nach dem Wirklichkeitsstatus im Spannungsfeld von Faktualität und/oder Fiktionalität ein und betrifft noch über das Erzählte hinaus (das ‚Was‘ des Erzählens, die *histoire*) die Ebene des Erzählens selbst (das ‚Wie‘ des Erzählens, die diskursive Vermittlung) […].[258]

Dies trifft hier insofern zu, als dass mit den genannten Gewichtseinheiten der Erfolg der einzelnen Episoden anhand eines Maßstabs bewertet werden kann, der nicht im Textgefüge verbleibt, sondern eine objektivierbare Anordnung erlaubt. Auch der Beobachtung Dieter Kartschokes, dass im *Pfaffen Amis* die moralischen und ethi-

256 Vgl. Witthöft: Markgewichte, S. 65, Rössner: Money, Banking, Economy, S. 1143, sowie oben, Kap. 3.9.

257 Niklot Klüßendorf: Numismatik und Geldgeschichte. Basiswissen für Mittelalter und Neuzeit. Peine 2015, S. 80.

258 Edith Feistner: Relativierte Referentialität: Überlegungen zu einer Kulturgeschichte der Interaktion von Erzählen und Rechnen. In: Erzählen und Rechnen. Mediävistische Beiträge zur Interaktion zweier ungleicher Kulturtechniken. Hrsg. von ders. Oldenburg 2018, S. 7–40, S. 10.

schen Ziele eines höfischen Protagonisten durch „exakte Wertangaben über die Beute" ersetzt werden, ist in diesem Sinne zuzustimmen.[259]

Es zeigt sich, dass materielle Werte nicht nur irgendwelche Werte sind, sondern aufgrund ihrer sensuellen Ermittlung durch kulturelle Praktiken des Wiegens und Abzählens einen Sonderstatus im breiten Bedeutungsspektrum des Werthaften einnehmen. Narrativ entfaltet sich dies so, dass messbare Werte für ihre Gültigkeit keiner Handlung bedürfen, moralische Werte hingegen sich gerade in ihrer Performanz konstituieren.[260] Ob die Schwänke verwerflich sind oder nicht, ob es sich um Perversionen arturischer *aventiuren* handelt oder nicht, ist angesichts dieser Tatsache zuerst einmal nicht von Belang. Die narratologische Sicht auf materielle Werte zeigt, dass diese *unabhängig* von Handlungen bestehen. Anders als die moralischen und ethischen Werte einer höfischen Gesellschaft, die Kartschoke hier ausgetauscht findet, müssen sich materielle Werte nicht in einer jenseits des Wiegens ausgeführten Performanz herstellen: Der ‚Mehrwert' am Ende der Erzählung wird somit vom eigentlichen Handeln entkoppelt. Dadurch ergibt sich für den Pfaffen Amis eine Funktionalität der Schwänke, die sich an einem Endergebnis misst, ohne, dass bereits über die Vorbildlichkeit oder Verwerflichkeit der Vorgehensweise des Protagonisten geurteilt werden müsste. Erfolgreich ist er aber stets, denn dieser Erfolg lässt sich messen. Das ‚bilanzierende Erzählen' ist dabei noch nicht zwangsläufig eine merkantile Praxis, da Buchführung nicht spezifisch dem Markt zuzuordnen ist. Tatsächlich kann gerade die Geistlichkeit im Mittelalter eine gewisse Expertise für buchhaltende Schriftlichkeit beanspruchen.[261] Bedenkt man, dass Rechnungsbücher unter anderem bei Visitationen von Filialklöstern, also bei der auch monetären Erfassung von geistlichem Besitz eine

259 Dieter Kartschoke: Weisheit oder Reichtum? Zum Volksbuch von Fortunatus und seinen Söhnen. In: Literaturwissenschaft und Sozialwissenschaften 5. Literatur im Feudalismus. Hrsg. von Dieter Richter. Stuttgart 1975, S. 213–259, S. 234: „Wo im Artusroman von den Rittertugenden die Rede ist, dort sind die Beweggründe des Pfaffen Amis durchaus materieller Natur. Die Tugendreihen des höfischen Romans werden im *Pfaffen Amis* kontrafiziert durch exakte Wertangaben über die jeweilige Beute: da ist dann die Rede von Pfennigen in wechselnder Zahl, von einer Mark, zehn, zwölf, dreißig, sechzig, hundert, zweihundert, dreihundert, sechshundert und tausend Mark, von zehn, hundert, zweihundert und dreihundert Pfund." Dass Kartschoke die Werte hier aufsteigend und nach Einheit neu anordnet zeigt deutlich, dass ihm in seiner Interpretation nicht an einer genauen Betrachtung gelegen ist, wie diese Werte eigentlich im Text verteilt sind.

260 Vgl. auch *Rittertreue*, Kap. 4.6.

261 Bettina Marietta Recktenwald konnte zeigen, dass auch im 13. Jahrhundert „die Zisterzienser erstaunlich oft Mönche oder Konversen an weltliche und geistliche Interessenten ‚ausgeliehen' haben, um diesen mit wirtschaftlichem Wissen unter die Arme zu greifen." (Bettina Marietta Recktenwald: Das Handbuch des Pfisters aus dem Zisterzienserkloster Salem am Bodensee. In: Wirtschafts- und Rechnungsbücher des Mittelalters und der Frühen Neuzeit. Formen und Methoden der Rechnungslegung: Städte, Klöster, Kaufleute. Hrsg. von Gudrun Gleba, Niels Petersen. Göttingen 2015, S. 45–59).

besondere Rolle gespielt haben,[262] übernimmt das bilanzierende Erzählen hier eine Funktion für die Leser:innen, die der Bischof zu Beginn vergeblich durchsetzen wollte: Die Angaben über die Einkünfte des Pfaffen bieten genau jenes Element der monetären Kontrolle, das vom Bischof eingefordert, in der Eingangsszene des Textes vom Pfaffen jedoch abgeschlagen wurde.

Einzig R kennt noch vor der Reise nach Konstantinopel den Schwank von der Messe, in dem Amis, hier wieder in einem elaborierteren narrativen Rahmen,[263] als Verwalter eines Klosters angestellt wird, und wieder eine hohe Summe in *marc* erbeutet. Dieser Gewinn besteht aus Opfern, die ihm dargebracht wurden, nachdem er dem Probst des Klosters eine wundersame Konversion vom illiteraten Wandermönch zum liturgisch versierten Priester vorgespielt hat:

> do hiez der phaffe uz tragen
> silber und golt drate,
> swaz man im geophert hate,
> daz des niht vergezzen wart.
> sus braht er mit im an die vart
> wol zwei hundert marke.
> (V. 1528–1533)

Zwar wird nicht gesagt, diese *zwei hundert marke* seien abgewogen worden, doch scheint mir das adverbial vorangestellte *wol* darauf hinzuweisen (wie auch schon am Schluss des Schwanks der unsichtbaren Bilder), dass es sich eher um die Angabe einer geschätzten Gewichtsgröße handelt und nicht um abzählbare Prägewerte.

Die Bilanzierung des materiellen Gewinns am Ende der einzelnen Schwänke offenbart nun ein Muster, dass die Frage der Paradigmatik der Schwänke in neuem Licht erscheinen lassen kann. Wären die Schwänke insgesamt gegeneinander aus-

---

262 Vgl. Julia Bruch: Die Kunst, Daten in Informationen umzuwandeln. Zur Auswertung eines zisterziensischen Rechnungsbuchs aus dem 13. und 14. Jahrhundert und den Herausforderungen in der Analyse serieller Wirtschaftsquellen. In: Wirtschafts- und Rechnungsbücher des Mittelalters und der Frühen Neuzeit. Formen und Methoden der Rechnungslegung: Städte, Klöster, Kaufleute. Hrsg. von Gudrun Gleba, Niels Petersen. Göttingen 2015, S. 13–44, besonders S. 16. Die Rechnungsbücher, über die Bruch spricht, beinhalten mehr als nur monetäre Einträge, auch Besitz im weiteren Sinn wie Vieh oder die Personenzahl im Konvent werden dadurch erfasst. Die Einschränkung auf den monetären Bereich im *Pfaffen Amis* sehe ich aber nicht als Argument gegen eine solche Rechnungsbuch-Struktur, sondern als Komplexitätsreduktion auf ein Kriterium, wobei die dahinterstehende außerliterarische Praxis aber weiterhin erkennbar bleibt.

263 Der Mangel an narrativer Dichte zwischen den Anfangsepisoden und dem Schwank von der Messe hat Wailes: Credulous Provost, S. 174, dazu veranlasst, die kurzen Zwischenepisoden als „*Zusatzschwänke*" zu bezeichnen. Die ebd. vorgebrachte Behauptung Wailes', es müsse sich bei dem Messschwank um eine genuin vom Stricker komponierte Episode handeln, wird nur über narrative Beziehungen zu vorherigen und nachfolgenden Schwänken untermauert. Wieso dies ein Grund für die Gleichzeitigkeit der Produktion des Textes sein soll, wird nicht erläutert.

tauschbar, wie es nach Strohschneiders Lesart der Fall sein müsste,[264] dürfte auch nicht von einer sortierbaren Anordnung der Gewinngrößen auszugehen sein. Die Durchsicht der einzelnen Schwänke hat jedoch ergeben, dass es durchaus eine sinnvolle Reihe gibt, in der mit der Kirchweihpredigt eine Art ‚Versuchsschwank' vorangestellt wird, wobei das Augenmerk der Rezipient:innen durch die Inkorporation materieller Rhetorik speziell auf eben diesen Bereich materieller Werthaftigkeit gelenkt wird. Anschließend zeigt sich eine Betrugsreihe, in der narrative Ausfaltung, hohe Zahl sowie Angabe in Gewichtsmark auffällig miteinander korrelieren. Je kürzer der erzählte Schwank, so zeigt sich in der Tendenz, desto kleiner der Gewinn. Zudem nimmt die Genauigkeit der Angaben ab, bis es schließlich im Schwank um Amis als Wunderheiler nicht einmal mehr heißt, der Pfaffe wäre dadurch *rich* geworden:

> die liute zuo drungen
> mit opher vlizecliche,
> beide arm und riche.
> die liute in der stat gar
> brahten alle ir opher dar.
> als er daz enphangen hate,
> do kert er danne drate.
> (V. 1310–1316)

Die narrative Entfaltung, *rich* machender Gewinn sowie Genauigkeit der Wertangabe erreichen hier einen Tiefpunkt.[265] Der Messschwank, für den angenommen wurde, er sei nachträglich „mit Rücksicht auf ein [klösterliches] Publikum gestrichen worden",[266] durchbricht dieses Muster. Ob es sich beim Fehlen des Messschwanks in späteren Handschriften tatsächlich um eine redaktionelle Entscheidung aus moralischen Gründen handelt, wenn der Schwank nur in R und an anderer, meiner Meinung nach sinnvollerer Stelle,[267] in Z erscheint, kann nicht abschließend geklärt werden. Die Sicherheit, mit der beispielsweise Stephen L. Wailes den Messschwank an dieser Stelle im Text als autornah identifiziert, muss aber relativiert werden. Denn tatsächlich

---

264 Strohschneider: Kippfiguren.

265 Der Schwank um die Wunderheilung ist der kürzeste von allen und umfasst gerade einmal 28 Verse (V. 1291–1316).

266 Schilling: Nachwort, S. 185, Anm. 23.

267 Benecke schreibt im kurzen Vorwort zu seiner Ausgabe des *Pfaffen Amis* (Der Stricker: Der Pfaffe Amis. In: Beyträge zur Kenntniss der altdeutschen Sprache und Litteratur. Hrsg. von Georg Friedrich Benecke. Göttingen 1832, S. 493–608), der Messschwank sei aus Gründen klerikaler Zensur gestrichen worden. Ebd., S. 496: „[D]ass der Strickäre betriegereyen eines geistlichen herren erzählte, fand man nicht anstössig, denn sie bereichern am ende ein kloster; aber dass ein geistlicher herr sich prellen lässt, das schien ehrenrührig, das sollte nicht bekannt werden." Belege für ein derartig zensierendes Vorgehen bietet Benecke jedoch nicht. Schilling sieht den Einsatz des Messschwanks in Z potentiell als Nachtrag, da er „im Anschluß an die Konstantinopel-Abenteuer eingefügt" sei (Schilling: *Pfaffe Amis*, S. 135). Aus Sicht eines ‚bilanzierenden Erzählens' ergibt der Schwank wie gesagt nach Konstantinopel mehr Sinn.

würde der erneute Anstieg des Gewinns die bis zu diesem Punkt entwickelte narrative Logik der fallenden Einnahmen rückgängig machen. Die Hauptmotivation für die Konstantinopel-Episoden, die sich direkt an die Messe (in R), beziehungsweise an die Wunderheilung (in den anderen Handschriften) anschließen, wird von Amis in einem inneren Monolog formuliert:

> waz hilfet min ringen
> nach also kleinen dingen?
> biz mir ein wenic widervert,
> daz ist in minem huse verzert.
> ich muoz sus immer arm sin.
> (V. 1567–1571)

Wird der letzte Coup, den Amis in R im Kloster ausführt, mit *wol zwei hundert marc* Beute angegeben, erscheint diese Klage als unglaubwürdig, zumal vorherige Gewinne in dieser Größenordnung den Pfaffen angeblich *rich* gemacht haben. Mit dem Messschwank würde sich somit das Bild eines Pfaffen ergeben, dessen Vorstellung von *arm* und *rîch* ins Unverhältnismäßige gestiegen sind. Ohne denselben Schwank schlügen sich stattdessen die abnehmende Effizienz der Unternehmungen und die damit erneut aufflammende Angst zu verarmen nieder. In beiden Fällen ist es die semantische Opposition von *arm* und *rîch*, die hier handlungsauslösend wirkt (vgl. Kap. 3.5) und die den Rahmen für die dazwischen offene Kontingenz der zu quantifizierenden Werte vorgibt.[268] Was der Pfaffe aber damit meint, hängt von der tatsächlichen Höhe der Gewinne ab. Es zeigt sich also, dass eine Lesart, die gerade die im Text verhandelten Mengen materieller Bezahl- und Wertmittel fokussiert, die Einschätzung der Figuren wie auch Beobachtungen zur Erzähllogik sowie die Organisation des Textes grundlegend beeinflussen kann.[269]

4.2.2 Den Markt betrügen I: Amis und der Tuchhändler

Als Abschluss dieses ‚bilanzierenden Erzählens' macht Amis sich in den letzten beiden Episoden auf, um in Konstantinopel als *koufman* seinen Gewinn zu mehren

268 Wedell: Zählen, S. 42–46, referiert den Befund Ludolf Kuchenbuchs anhand frühmittelalterlicher Eigentumsverzeichnisse, bei denen im genauen Protokoll Quantifizierung nur zwischen *nihil* und *sufficiens* eine Rolle spiele: „Quantifiziert wird nur im Mittelfeld." (ebd., S. 44).

269 Natürlich soll nicht behauptet werden, dass die hier vorgestellte Sicht das einzige organisierende Prinzip des Textes darstelle. Auch motivische Verbindungen sind möglich, wie Schilling: Nachwort, S. 185, es vorschlägt. Vor dem Hintergrund der ‚bilanzierenden Ordnung', wie sie hier vorgestellt wurde, kann die Messe aber als Störung angesehen werden. Ob sie in anderen Handschriften zugunsten dieses Erzählprinzips gestrichen oder in Handschrift R ohne Berücksichtigung desselben eingeschoben wurde, lässt sich nicht klären.

(V. 1562).[270] Die dabei offenbarte Raison der Hauptfigur stellt nun die motivische Verbindung vom bisher im Text beleuchteten Handeln *durch gewin* und dem Verhalten eines Kaufmanns pointiert heraus. Ebenfalls als *list*, aber als eine, *da mit er mer gewan*, wird die Rolle des Kaufmanns beschrieben, in die Amis nun schlüpft (V. 1561). Bezüglich der Fähigkeit, Reichtum zu akkumulieren, erscheint der Kaufmann den bisherigen Rollenspielen des Pfaffen überlegen. Dies drückt sich zumindest in Amis' eigener Vorstellung aus:

> ich wil ein koufman
> werden nach gewinne
> und wil mit minem sinne
> michel guot erwerben
> oder benamen sterben.
> (V. 1562–1566)

Amis handelt nun in Konstantinopel aber gar nicht wie ein Händler und auch seine Überlegung offenbart, dass er sich nicht den Bedingungen kaufmännischer Interaktion unterzuordnen gedenkt: *michel guot* zu erwerben soll *mit minem sinne*, also entsprechend seiner bisherigen Vorgehensweise erfolgen, nicht nach den Praktiken der Kaufleute. Daher ist auch die etwas schiefe Alternative zum *guot erwerben*, der Hinweis auf den Tod, nicht die merkantil nachvollziehbare Alternative. Nichtsdestoweniger finden die nun folgenden Schwänke durch das Setting der kommerziellen Metropole Konstantinopel vor einem deutlich marktbezogenen Hintergrund statt. Dies ist auch wichtiger, als dass Amis tatsächlich wie ein Kaufmann handeln würde. Entscheidend ist ja nur, dass seine Opfer über das notwendige Gut verfügen, um das er sie bringen kann. Dass sich Amis dazu in das Milieu der Kaufleute begibt, reicht vollkommen aus, um großen Reichtum mit dieser Berufsgruppe zu assoziieren.

Amis stattet sich also mit schweren Reisetaschen, Knechten und Saumtieren aus, die ihn als Kaufmann auszeichnen sollen.[271] Zwar füllt er die Taschen mit wertlosem Plunder (V. 1587: *er leit drin er enruochte waz*), doch gibt er für die Tiere, die diese schleppen müssen, *zwei hundert phunde* aus (V. 1584) – verglichen mit den bisherigen Einnahmen also keine geringe Summe. Die Verkleidung als Kaufmann leitet sich nun natürlich nicht nur aus dem bisher beschriebenen latenten Marktbezug durch die Zunahme kaufmännischer Begriffe und der textstrukturierenden Bilanzierung der Gewinne ab, sondern stellt auch ein wichtiges literarisches Motiv dar, das durch viele Gattungen hindurch immer wieder in ähnlicher Weise aktualisiert wird. Doch für die meisten Figuren, die in die Rolle des (Fernhandels)kaufmanns

270 Diese effektiveren Episoden seien auch laut Fischer: Gattungsform mit einem höheren Maß an Gewaltausübung verbunden. Dem widerspricht Linke: Beobachtungen, S. 316 f., wenn er die „Ruchlosigkeit" der früheren Episoden untersucht und diese den Konstantinopel-Abenteuern diesbezüglich nebenordnet.

271 V. 1580–1596

schlüpfen, bewegt sich die Aufwendung materieller Güter in einem unproblematischen Rahmen: Der *Guote Gêrhart* ist tatsächlich Kaufmann, führt die Handelsgüter also ohnehin mit sich,[272] Flore verfügt als Königssohn von Geburt an über die Mittel, die im Text entsprechend des Habitus der Verschwendung angeordnet werden,[273] und Tristan versteht es – typischerweise – sich einzig durch seine Kenntnisse, aber ohne materiellen Einsatz als Kaufmann auszugeben.[274] Die Situation der risikoreichen Investition, in der Amis sich befindet, unterscheidet sich von den genannten Beispielen.[275] Es ist das erste und einzige Mal im Text, dass die Ausgaben des Pfaffen genannt werden. Dadurch wird die Logik des Rechnungsbuchs fortgesetzt und generiert eine materielle Fallhöhe, die zu einer neuen Form von Spannung führen kann: der Schwank wird nicht mehr nur zwischen den Polen von Gelingen und Nicht-Gelingen verhandelt, sondern auch als Kasus von Gewinn und Verlust materiellen Reichtums dargestellt.

Um den Gewinn also entsprechend hoch ausfallen zu lassen, bedarf es besonderer Akteure, die auch glaubhaft über diese Mittel verfügen. Die Kaufleute von Konstantinopel erscheinen gleich doppelt markiert, indem sie einerseits am Ende des Schwankromans stehen, andererseits aber auch durch ihren exorbitanten Reichtum mit einem Grund versehen werden, warum Amis sich gerade an diese wenden sollte. Strohschneiders egalisierende Darstellung, Amis bediene sich an einer Welt mit „niedrigerem Strukturierungsniveau“,[276] reihen den Kaufmann somit in ein Kontinuum von Berufen und Ständen ein, dem mit Blick auf merkantile Handlungen widersprochen werden muss: Seine bisherigen Opfer findet Amis an zufälligen Tagen und zu zufälligen Zeiten: ein Bauer begegnet ihm *an einem vritage* (V. 1168) und *von einer stat sagen* (V. 1289) hört Amis ohne näheren Zusammenhang und auch ohne, dass die Rezipient:innen den Namen dieser Stadt erfahren würden. Selbst die Höfe von Lothringen und Frankreich werden zwar zu Beginn genannt, aber nicht mit einer Begründung im Text versehen, wieso Amis ausgerechnet hier auf großen Gewinn hoffen kann. Nun aber arrangiert Amis sein listiges Vorgehen aufgrund des *common knowledge* vom Reichtum der *Kriechen* (V. 1597):

---

272 Zu Gêrharts Lüge, die keine ist, vgl. Hartmut Bleumer: Klassische Korrelation im ‚Guten Gerhart‘. Zur Dialektik von Geschichte und Narration im Frühwerk Rudolfs von Ems. In: Dialoge. Sprachliche Kommunikation in und zwischen Texten im deutschen Mittelalter. Hrsg. von Nikolaus Henkel [u. a.]. Tübingen 2003, S. 95–112, S. 102 f.

273 Vgl. FuB, V. 2652–2659, vgl. dazu Brennig: Kaufmann, S. 284 f.

274 Tr, V. 3097–3120, vgl. dazu Brennig: Kaufmann, S. 209.

275 Ebd., S. 268: „Zwar sind Vorbereitung und Ausführung der Kaufmannslist meist mit erheblichen materiellen und organisatorischen Aufwendungen verbunden, aber grundsätzlich ‚funktioniert‘ sie auch ohne diese.“ Die Aufwendung der Mittel, so wird aus Brennigs Schlussfolgerung deutlich, ist also eigentlich irrelevant und spielt in den meisten Fällen nicht in die narrative Logik des Erzählens hinein.

276 Strohschneider: Kippfiguren, S. 189.

‚nu saget diu werlt gemeine',
daht er in sinem muote,
‚von dem grozen guote
daz ze Kunstenopel si'
(V. 1600–1603)

Der Reichtum der Stadt wird in Amis *muote* direkt wieder mit seinem persönlichen Handlungsantrieb in Verbindung gemacht, werde doch der Reichtum Konstantinopels es ihm ermöglichen, *lihte sorgen vri* zu werden (V. 1604). Ein so umfassendes finanzielles Erlösungsversprechen hat es bisher nicht gegeben. Wie dies vonstattengehen soll, wird dann anschließend auch wieder in den narrativen Strukturen der Überbietung und Unverhältnismäßigkeit erzählt, wie es auch beim *Guoten Gêrhart* in der Präsentation der Waren in Marokko der Fall ist (Vgl. Kap. 4.5.2). Zwar bleibt Konstantinopel vorerst nur eine weit berühmte und reiche Händlerstadt, die Amis erkundet (*die stat und daz vil groze guot*, V. 1613), die superlative Struktur der Einmaligkeit entfaltet sie aber dann, wenn Amis die Waren eines speziellen Händlers näher in Augenschein nimmt:

nu kom er in ein koufgaden,
da sach er phelle me,
danne er ir sit oder e
ie gesæhe bi sinen tagen.
daz begund im harte wol behagen.
si waren so manger slahte
und so hoher ahte,
daz sin herze des verjach,
den besten, den er ie gesach
in den landen anderswa,
so wære der bœste tiurer da.
(V. 1616–1626)

Die Überlegungen zum Markt als Ort des konventionalisierten Warenvergleichs (vgl. Kap. 2.3) können hier produktiv in die Lektüre eingebunden werden.[277] Dem superlativischen Wert der Handelswaren geht ein Auswahlprozess durch Amis voraus, durch den die schließlich ausgewählten Stoffe einer möglichen Substitution

277 Auf das kaufmännische Handeln, das sich in kontingenzreduzierenden Konventionen ausdrücke, hat auch Röcke: Freude am Bösen bereits aufmerksam gemacht. Für das einfache Übertölpeln durch „Zeichen und Wunder" sei in der auf „Mißtrauen, Vorsicht, kluge[m] Abwägen" basierenden Welt des Handels kein Platz mehr (ebd., S. 76). Stattdessen, so Röcke, ebd., S. 77, weiter, gelten nun „geregelte Verfahrensweisen, wie Verkaufsgespräch, Preisangebot, Vertragsabschluß, Übergabe von Ware und Geld, Geld und Ware." Mit Bezug auf Röcke spricht Sassenhausen: Ritual als Täuschung, S. 77, der Edelsteinhänder-Episode eine manipulierte Ritualität zu, die „nach einem festen Muster" verlaufe und somit einen Bezug zu den vorherigen manipulierten Ritualen aufweise. Daran anschließend konkretisiert Meyer: Crossing the line, S. 28, mit Blick auf Handschlag und gemeinsames Weintrinken von Amis und Händler die Szene als „Rechtsritual".

durch andere, gleichartige Waren preisgegeben werden: „[A] product could not be qualified before being embedded into the whole series of rival object."[278] Der hybride Charakter der narrativen Marktszene zeigt sich in der Gleichzeitigkeit von Auswahlmöglichkeit und nicht hinterfragter Unüberbietbarkeit der ausgewählten Stoffe. Daran zeigt sich das Problem der Repräsentation merkantilen Handelns, wenn es mit der behaupteten Einmaligkeit der Objekte kollidiert. Der größte Reichtum durch Handeln kann nicht in einer Reihe guter, aber letztlich kontingenter Geschäfte erzählt werden, sondern muss in einer einzelnen, in ihrer Einmaligkeit geradezu mythisierten – da unersetzbaren – Handlung kondensieren. Amis hat natürlich nicht die Mittel, die von ihm selbst als so exzeptionell wertvoll erkannten Stoffe zu erstehen, weshalb er listig einen wildfremden Maurer zum ‚Bischof' erklärt,[279] als dessen Bediensteter er sich im Folgenden ausgibt. Amis tritt nun an den Tuchhändler heran und bittet um eine Einschätzung des Wertes der gesamten Auslage. Amis' Einschätzung scheint korrekt gewesen zu sein, denn auch in der Beschreibung des Händlers zeigt sich das Bewusstsein, der Wert aller Waren zusammen sei vollkommen inkomparabel zu jeder möglichen Bezahlung:

> ir [Der Waren, A.M.] ist so vil,
> daz ich des gelouben wil,
> gæbe ichs ze halbem werde,
> daz alliu tiutschiu erde[280]
> deheinen man so richen hete,
> der mich ir ane tete.
> seht, wa mir der quæme,
> ders nach ir wirde næme.
> (V. 1729–1736)

Bereits die Hälfte des eigentlich zu veranschlagenden Preises befände sich also oberhalb der Zahlungsfähigkeit des reichsten Mannes auf *alliu tiutschiu erde*. Diese Zuschreibung signalisiert, dass Amis gar nicht als Akteur des Marktes an den Tuchhändler herantritt, sondern eine Handlungslogik bedient, die die Kontingenz und Iterierbarkeit einzelner Kaufakte übersteigt. Indem Amis ausschließlich alles auf einmal kaufen möchte, stilisiert er sich als der kommerzielle Heilsbringer,[281] von

---

278 Favereau, Biencourt, Eymard-Duvernay: Where do markets come from, S. 224. Vgl. auch Kap. 2.3.

279 Amis macht einen glatzköpfigen fränkischen Maurer aus, der in der Stadt lebt. Diesem erzählt er, er könne die Position eines angeblich kürzlich verstorbenen Bischofs einnehmen. Amis schwört den Maurer darauf ein, in seiner neuen Rolle als Bischof immer nur *deiswar* (das ist wahr) zu sagen, jegliche Konversation aber ihm zu überlassen.

280 Handschrift H hat nicht *tiutschiu*, sondern *Romisch erde* (H: V. 1506). Einen Unterschied scheint dies aber nicht zu machen, wenn sich *tiutschiu* und *Romisch* gleichermaßen auf das mittelalterliche Reich beziehen.

281 Der hier etwas saloppe Begriff des ‚Heilsbringers' mag übertrieben sein, verdient jedoch angesichts der in Kap. 3.2 u. 4.1.1 dargestellten engen Verbindung von merkantiler Logik und christli-

dem der Tuchhändler glaubt, er könne nicht existieren (*seht, wa mir der quæme, / ders nach ir wirde næme*) und beweist bezüglich des Interaktionssystems des Marktes seine bereits angesprochene Stellung als Meta-Akteur, die in seiner Protagonistenrolle als Schwankheld begründet ist. Dies gelingt gerade deswegen, weil Amis sich als Akteur durch den angeblichen Dienst für den ‚Bischof' selbst zurücknimmt. Das bisherige Ersetzungsverfahren, demnach Amis nicht für sich, sondern für sein *hus* umherziehe, wird nun auch Teil der List. Durch die Installation einer Herrenfigur ist Amis in der Lage, ohne eigene Intentionalität aufzutreten, sodass Bekundungen, der Bischof werde schon zahlen (V. 1792 f.), ausreichend sind, um den Tuchhändler zum Handel zu bewegen. Die Verschiebung der Intentionalität, die auch im *Guoten Gêrhart* zu beobachten ist (für den Sohn statt für ihn selbst, Kap. 4.5.1), dient hier aber nicht nur der Legitimation des Gewinns, sondern der Umsetzung der List, die die Marktprozesse zu umgehen hilft.[282]

In Erweiterung des Credos der „gefährlichen Brautwerbung", dass der „Beste die Schönste" erhalte,[283] möchte ich die Zuordnung zweier Spitzenpositionen unterschiedlicher Axiologien hier als ‚Spitzenäquivalenz' bezeichnen.[284] Um die zugrundeliegende Struktur und ihr Symptom in die richtige Anordnung zu bringen, wäre es eigentlich korrekt, die Logik der Spitzenäquivalenz als grundlegende Denkfigur zu bezeichnen und die Brautwerbung nur als eine gegendert asymmetrische Ausformung dessen zu betrachten. Im Sinne einer solchen Spitzenäquivalenz, wie sie im vorliegenden Fall erscheint, wird dem reichsten Käufer die teuerste Ware zugeordnet. Den – vor allem älteren – Urteilen der Forschung, der Stricker habe den Blick auf „niedriger[e]"[285] Angelegenheiten gerichtet als die Dichter der höfischen Artusliteratur, muss daher entgegengehalten werden, dass hier zwar der Handlungsort des Marktes im Zentrum steht, die Logik der Interaktion jedoch ein Hybrid von aus-

cher Erlösung eine genauere Betrachtung. Für vielversprechender halte ich jedoch die Ähnlichkeit zum ‚Mahrtenähnlichen Investor', wie er in der *Rittertreue* auftritt (vgl. dazu Kap. 4.6).

282 Diese Form von diegetischer Verschiebung konnte auch bereits bei der Kirchweihpredigt beobachtet werden, die ja auch bezüglich der Struktur des Betrugs eine Sonderstellung einzunehmen scheint (vgl. Kap. 4.2.1).

283 Corinna Dörrich: Die Schönste dem Nachbarn. Die Verabschiedung des Brautwerbungsschemas in der ‚Kudrun'. In: PBB 133,1 (2011), S. 32–55, S. 32. Vgl. zudem grundlegend zur gefährlichen Brautwerbung Christian Schmid-Cadalbert: Der *Ortnit AW* als Brautwerbungsdichtung. Ein Beitrag zum Verständnis mittelhochdeutscher Schemaliteratur. Bern 1985.

284 Zur Asymmetrie von verkauften Frauen und kaufenden Männern vgl. die Überlegungen zu *Flore und Blanscheflur*, Kap. 4.4.3.

285 Rosenhagen: Art. Der Stricker ([1]VL), Sp. 293. Vgl. auch in der jüngeren Forschung Grubmüller: Ordnung, S. 109. Hier wird der starke Weltbezug der Dichtungen für seine Charakterisierung der Strickerschen Mären stark gemacht: „Der Stricker erzählt dem Anspruch nach ‚realistisch'. Die Welt, in der er seine Figuren agieren läßt, ist eine ‚wirkliche Welt', das ist er seinen Demonstrationszielen schuldig."

wählender Marktlogik zu Beginn und darauf folgender literarischer Konvention der ‚Spitzenäquivalenz' darstellt.

Entsprechend dieser literarischen Konvention stimmt der Tuchhändler auch in den Tausch ein. Übertreibungen wie jene, die Ware sei gar nicht von einer einzelnen Person zu erwerben, werden nun zugunsten großer, aber eben doch endlicher Beträge verabschiedet. Amis leitet diesen Übergang mit seinem hybriden Verhalten ein, indem er nach H zwar einerseits die repräsentativ-höfische Verwendungsweise der Stoffe für das Pfingstfest des ‚Bischofs' ausführt (H: V. 1515–1519),[286] andererseits aber in einem Prozess des Feilschens[287] bereits den Modus der Verschwendung verabschiedet und damit seine Eignung als Einkäufer auf dem Markt unterstreicht.[288] Wie viel genau die Waren tatsächlich wert sind, erfährt man nicht, wohl aber, dass Amis angeblich *driu tusent phunt* Silber mit sich führe (V. 1794), die als finanzieller Rahmen der Transaktion auszureichen scheinen. Der Text hält also das Versprechen, Amis werde nun größere Summen umsetzen, hat doch bisher keine Aktion in vierstelliger Größenordnung stattgefunden.

Nach den Konventionen vormodernen merkantilen Verhaltens wie Warenpräsentation, Warenbeschau und Feilschen wird nun ein letztes Instrument materieller Preisbestimmung auf den Plan gerufen, wenn Amis den Tuchhändler anweist, zur Abwicklung des Geschäfts eine Waage zu besorgen. Die Waage als „Instrument der Gerechtigkeit"[289] soll helfen, so Amis, *daz wir niht dürfen bagen* (V. 1815). Der große Betrug von Konstantinopel, der einem Diebstahl auch sehr viel nähersteht als die

---

286 *der ist ein bisschof riche / und wil vil herliche / dise pfingesten leben / und sol vil rittern geben / kleider, ors und swert.* Zudem dreht Amis die Verhältnisse im Sinne der repräsentativen Politik der Verschwendung sogar um, und hält den Befürchtungen des Kaufmanns entgegen, dass, wenn er dem Bischof einmal freie Hand lasse, der Kaufmann nicht genügend Waren habe, um dessen Wünsche zu befriedigen (H: V. 1520–1523).

287 Nach dem sehr kurzen Auskundschaften und auch adäquaten Bewerten der Ware (vgl. Fontaine: Kaufen als soziale Praxis, S. 334 f.) zeigt Amis hier erneut, dass er sich als Teilnehmer des Marktes angemessen verhalten kann. Indem Amis hier eine Minimalform des Feilschens beschwört, ruft er eine Praxis auf, die eigentlich gerade dazu dienen soll, Betrug zu vermeiden. Fontaines Überlegungen zur Struktur des Feilschens in der Frühen Neuzeit können auch auf den *Pfaffen Amis* übertragen werden. Vgl. ebd., S. 335: „Wegen des für jene Zeit [i. e.: die Frühe Neuzeit] charakteristischen Fehlens einer Standardisierung, dem Mangel an praktisch jeder Information und verbindlichen Regeln, ist das Feilschen in ein System integriert, das darauf abzielt, hierfür einen strengst möglichen Rahmen zu setzen. Es geht darum, den Betrug soweit wie möglich zu erschweren und die Spielräume dafür weitestgehend einzuengen."

288 Anders sieht dies Linke: Beobachtungen, S. 318, der den hohen Anfangspreis des Seidenhändlers nicht als ehrlichen Ausdruck besserer Qualität, sondern als Schwindel ansieht, der in Kontrast zur angeblichen Erfindung des Betrügens durch den Pfaffen Amis stehe. Da dem jedoch die kompetente Einschätzung der Qualität der Ware durch Amis vorausgeht, halte ich den Einwand Linkes für entkräftet.

289 Als „Instrument der Gerechtigkeit" bezeichnet Wittreck das Geld, wie es in den Schriften des Thomas von Aquin erscheint (Wittreck: Instrument der Gerechtigkeit). Auch von der Waage als „Instrument der Gerechtigkeit" zu sprechen, halte ich angesichts ihrer auch und gerade auf dem Markt

bisherigen Schwänke,[290] wird so präsentiert, dass Amis augenscheinlich die Mechanismen des Vertrauens- und Qualitätsmanagements des Marktes nicht umgeht, sondern im Gegenteil aufs Genaueste befolgt.

Der Waage kommt nun einerseits Bedeutung als Requisit einer kaufmännischen Umgebung zu, an ihr lässt sich aber auch ein poetischer Wechsel festmachen. Denn der bisher nur als prospektives Opfer erscheinende Kaufmann möchte selbst zum Täter werden:

> ein silberwage er [der Tuchhändler, A.M.] gewan
> und ein gelœte also starc,
> daz ez wol die zwelften marc
> in die einleften wac.
>
> (V. 1838–1841)

Wortwörtlicher kann man gegen die Forderung, nicht mit zweierlei Maß zu messen, wie sie beispielsweise in Deut 25,13–16 zu finden ist, nicht verstoßen.[291] Auch Amis' Gegenspieler wird somit als ethisch defizient markiert, wie auch Hansjürgen Linke bereits erkannt hat.[292] Die objektifizierende Symbolik der Gerechtigkeit, die in der Waage zum Ausdruck kommt, wird also nicht nur von Amis zur „selbst- bzw. fremdgesteuerte[n] Regression von Konfliktsystemen [...]"[293] und damit zur Reduktion des Misstrauens missbraucht, sondern wird auch vom betrügerisch abwiegenden Händler selbst unterlaufen. Der Vorwurf Linkes (s. o.), die Händler in Konstantinopel seien ähnlich dem Pfaffen Amis, dem angeblichen Erfinder des Betrügens, bereits vom rechten Weg abgekommen, muss entsprechend ergänzt werden. Die Betrügereien der Kaufleute be-

---

wirksamen rechtsprechenden Funktion aber für vollkommen legitim. (vgl. Kap. 3.8). Zur „Praxis des Zuwiegens" bei Thomas von Aquin vgl. Wittreck: Instrument der Gerechtigkeit, S. 395.

290 Dass in der Praxis ausgerechnet auf dem Markt die Nähe zum Diebstahl aufgebaut wird, unterstreicht noch einmal die latente Beziehung der beiden Interaktionssysteme ‚Diebstahl' und ‚Markthandeln', wie sie auch im *Marktdieb* herausgearbeitet worden sind, vgl. Kap. 4.1.2.

291 Deut 25,13–16: [13] *Non habebis in sacculo diversa pondera maior et minor* [14] *Nec erit in domo tua modius maior et minor* [15] *pondus habebis iustum et verum | et modius aequalis et verus erit tibi | ut multo vivas tempore super terram quam Dominus Deus tuus dederit tibi* [16] *abominatur enim Dominus eim qui facit haec | et aversatur omnem iniustitiam.* („[13] Du wirst nicht verschiedene Gewichte im Beutel haben, ein größeres und ein kleineres, [14] noch wird es in deinem Haus einen größeren und einen kleineren Scheffel geben. [15] Du wirst ein gerechtes und richtiges Gewicht benutzen, und ein gleichmäßiger und richtiger Scheffel wird dir gehören, damit du lange Zeit auf dem Land lebst, das der Herr, dein Gott, dir geben wird. [16] Denn der Herr verabscheut den, der dies tut, und weist alle Ungerechtigkeit zurück.").

292 Linke: Beobachtungen, S. 318: „[D]as [*liegen und triegen*] zeigt sich [...] besonders deutlich in der offenkundig schon vor dem Zusammentreffen mit Amis geübten Praxis des [Seidenhändlers], seine Geschäftspartner mittels falscher Gewichte seiner Geldwaage übers Ohr zu hauen (V. 1838–1841)."

293 Ansgar Thiel: Soziale Konflikte. Bielefeld 2003, S. 78. Thiel referiert die Forschung Luhmanns zur Deeskalation von Konfliktsystemen, die in Kap. 2.3 auf die merkantile Konvention des Wiegens bezogen wurde. Die Konstellation wiederholt sich variiert auch in der anschließenden Episode vom Edelsteinhändler (vgl. Kap. 4.2.3).

laufen sich auf Manipulationen *innerhalb* des Systems merkantilen Handelns, während Amis tatsächlich der einzige ist, der die Interaktion zu seinen Gunsten verschiebt, indem er die Regeln dieses Interaktionssystems transzendiert. Sassenhausen und Sylvia Meyer haben jeweils ausführlich auf die manipulierende Kraft der merkantilen Konventionen aufmerksam gemacht, die bei Amis „in den falschen Händen" liege.[294] Amis betrügt jedoch nicht wie der Tuchhändler *durch* Preis und Waage, sondern an diesen vorbei.[295] Erneut zeigt sich somit die Unvereinbarkeit von auf Äquivalenz ausgerichteter Interaktion, die grundsätzlich auf dem Markt möglich wäre und auch als Normhorizont im Hintergrund steht, und der strukturellen Position des Pfaffen als Meta-Akteur: Amis kann mit den Mitteln des Marktes nicht beigekommen werden, da sein *sinne* (V. 1564) grundsätzlich einzelne soziale Mechanismen und Konventionen übersteigt.

Die Waage, deren Funktion als materiellen Wert zumessende Instanz durch die beidseitigen Betrugsabsichten unterminiert wird, kann jedoch auf anderer Ebene die Funktion zuteilender Gerechtigkeit einlösen. Haferland folgend ließe sich sagen, dass, da auch der Gegenspieler betrügen möchte, Amis als Protagonist bestätigt wird und er auch weiterhin das erzählerische Recht genießt, mit seiner Form des Betrugs erfolgreich zu sein. An der doppelt, aber nicht symmetrisch zum Betrug genutzten Waage, kristallisiert sich die punktuelle „poetische Gerechtigkeit" des siegreichen Pfaffen heraus.[296] Die diegetische Funktionalität der Waage wird somit durch ihre poetische Symbolhaftigkeit überschrieben.

Der weitere Verlauf der Szene ist aus Sicht der merkantiler Interaktion nicht von Belang, da Amis mit seinen erbeuteten Stoffen flieht und den als Bischof verkleideten Maurer neben dem Tuchhändler zum eigentlichen Opfer des Betrugs werden lässt.[297]

4.2.3 Den Markt betrügen II: Amis und der Edelsteinhändler

Amis begibt sich nach kurzem Verweilen in seinem *hus* wieder nach Konstantinopel, diesmal aber in der Absicht, seine kaufmännische Verkleidung auch in Konstantinopel

294 Meyer: Crossing the line, S. 32. Vgl. auch Sassenhausen: Ritual als Täuschung, S. 77, die erst bei der tatsächlichen Flucht des Pfaffen mit dem Diebesgut von einem „Normbruch" spricht, nicht aber die Überlegenheit des Protagonisten als Meta-Akteur zuvor mit einbezieht.

295 Linke: Beobachtungen, S. 318.

296 Haferland: Poetische Gerechtigkeit. Kurz geht Haferland dabei auch auf den *Pfaffen Amis* ein, attestiert hier jedoch nur dem Gesamtgeschehen „poetische Ungerechtigkeit, indem sich für den zuletzt bösartigen Pfaffen alles zum Guten wendet" (ebd., S. 222). Die poetische Gerechtigkeit der einzelnen Szenen wird dabei nicht ausdifferenziert.

297 Zur weiteren Handlung vgl. del Luca: Das Motiv der Torheit, S. 38–44.

selbst zum Zuge kommen zu lassen.[298] Dabei wird nicht mehr von möglichen Investitionen berichtet, Amis lässt sich nur *an har und an wat* wie ein Kaufmann herausputzen (V. 2056). Die Ausgangslage in Konstantinopel wird nun geradezu wiederholt: Amis sucht einen Wirt (V. 2066), beschaut die in der Stadt ausgelegten Waren (V. 2076–2079), findet einen reichen Händler (V. 2080 f.) und nähert sich diesem mit ausdrücklichem Kaufinteresse. Das Interesse wird, wie auch schon in der Episode zuvor, durch die Einmaligkeit der Waren ausgelöst, da diese im Gesamt keinen Gegenwert zu haben scheinen:

> nuo vand er aber als e
> einen man der riches koufes phlac,
> und sach ouch wa vor im lac
> so vil edeler steine,
> er enkouf sie denne alleine,
> daz ez nieman entöhte,
> dêr si vergelten möhte.
> (V. 2080–2086)[299]

Entsprechend ungläubig reagiert der Edelsteinhändler, wenn Amis fragt, wie viel alle gemeinsam kosten würden, obwohl doch laut Händler ein einzelner bereits *zehen marc* entsprechen würde:[300] *der koufman sprach: „die rede lat. / ir müget si, so ich wænen wil, / niht alle vergelten, ir ist ze vil.“* (V. 2096–2098).

Die vom Kaufmann ausgedrückte und ja auch vorher bereits vom Erzähler verbürgte Uneinholbarkeit des Gesamtpreises wird nun durch Amis ironisch gebrochen, wenn er den Kaufmann überreden möchte, ihn als Geschäftspartner ernst zu nehmen:

> nu stet doch iuwer dinc also,
> daz iu si got hat gegeben;
> als wol mac ein man leben
> der als riche ist als ir:
> ich trouwe des wol. nu saget mir,
> waz man iu drumbe geben sol.
> (V. 2100–2105)

---

298 Dass seine Verkleidung als Kaufmann als gänzliche Neuheit behandelt wird, mag eine erzählerische Inkonsistenz sein, da ja auch die Reisevorbereitungen zur ersten Episode in Konstantinopel ähnliche Präparationen beinhalteten.

299 Diese Passage zur werthaften Einmaligkeit fehlt in H.

300 Die Mechanik der Wertzuschreibung unterscheidet sich zwischen R und H. In Handschrift H ist es Amis, der bei sich denkt: *Hie liget der eine, / der ist wol zwelf mak wert* (H: V. 1860 f.). Die Analyse Linkes, der Edelsteinhändler verliere bereits durch zu hoch angesetzte Preise seine Glaubwürdigkeit (Linke: Beobachtungen, S. 318), muss überlieferungsgeschichtlich eingeschränkt werden, da die erste Einschätzung in H ja durch Amis erfolgt.

Das Argument des Pfaffen entlarvt hier die vorab beschriebene Unvereinbarkeit von Unikalisierung und warenhafter Einordnung. Gleichzeitig aber wird der vorab gepriesene Reichtum des Kaufmanns relativiert, wodurch die merkantile Logik zwar gewinnt, die narrative Spitzenstellung aber in gleichem Maße geschmälert wird. Die Kontingenz der Handelspartner entlarvt die Unerreichbarkeit des Preises als hyperbolische Konstruktion. Der Kaufmann willigt ein und beginnt sogleich zu erklären, *wie si alle wæren genant* (V. 2111).[301] Noch schärfer als in der Episode zuvor unterbricht Amis sein Gegenüber (*lat ander rede stan*, V. 2113), und will sofort einen Preis wissen. Anders als der Tuchhändler, der sich durch die manipulierten Gewichte selbst ins moralische Abseits manövriert, besiegelt der Edelsteinhändler sein Schicksal vielmehr durch Missachtung wirtschaftlicher Konventionen.[302] Die Warenbeschau wird durch Amis explizit unterbunden und die anschließende Bitte *sagt mir, wie sol ich si han* (V. 2114), zeigt das gewünschte Überspringen des Feilschens an. Wenn der Edelsteinhändler also im Folgenden ins Hintertreffen gerät, so nicht aufgrund angeblich moralisch defizienter Berufsmerkmale der Kaufleute, sondern weil er sich gerade nicht an die üblichen Sicherungsmechanismen seiner Zunft hält.[303] Er unternimmt einen weiteren Anlauf, seinen geforderten Preis von *tusent marc* (V. 2115) zu rechtfertigen (V. 2115–2120), wird jedoch erneut von Amis aufs Schärfste unterbrochen: *sehs hundert marc* soll der Preis sein, und zwar *ane widerstreben* (V. 2127 f.). Antwortet der Kaufmann darauf *ir dunket mich* [...] *so vrum* (V. 2131 f.), so wird eindeutig nicht der angeblich von Natur aus betrügerische Kaufmannsstand, sondern eine Leichtgläubigkeit vorgeführt, die durch absichernde Kon-

301 Dass der Edelsteinhändler seine Ware durch Benennung zu authentifizieren wünscht, mag auch einen Reflex auf einen latenten Vorwurf gegenüber dem Edelsteinhandel widerspiegeln. Sowohl Ottes *Eraclius* (Erac, V. 1007–1039) wie auch die Strickersche Rede *Von Edelsteinen* (Moelleken, Nr. 127) führen deutliche Kritik an der Glaubhaftigkeit von Edelsteinen aus. Berücksichtigt man also die beiden Marktszenen zum Edelsteinhandel im *Pfaffen Amis* und im *Eraclius*, so muss Ulrich Engelen: Die Edelsteine in der deutschen Dichtung des 12. und 13. Jahrhunderts. München 1978, S. 392, widersprochen werden, wenn er festhält, die „scharfe Kritik an der Mystifizierung der Edelsteine“ in *Von Edelsteinen* stehe „ganz allein“ da. Die Kritik am Marktpreis ist auch eine Kritik an der Exorbitanz der Edelsteine.

302 Hier kann sogar eine gewisse didaktische Exemplarität gesehen werden, die durch die Missachtung der Marktkonventionen ausgedrückt werden soll. Die Episode erfüllt – *mutatis mutandis* – jene Kriterien, die Kleeberg: Gewinn maximieren, S. 138, als charakteristisch für modernes Erzählen im wirtschaftlichen Diskurs beschreibt: „Negativszenarien handeln von den ruinösen Folgen der Missachtung ökonomischer Handlungsmaximen, haben eine pädagogische Funktion, indem sie auf falsche Lageeinschätzung, fehlenden Überblick über Handlungsoptionen oder falsche Wahl der Mittel verweisen [...].“

303 Vgl. die Konventionen und Institutionen des Marktes zur Senkung der Transaktionskosten und zur punktuellen Stabilisierung beidseitig anonymer Geschäftsbeziehungen, wie sie von Freitag: Städtischer Markt, Neu: Symbolische Kommunikation oder auch Fontaine: Kaufen als soziale Praxis beschrieben werden (Vgl. Kap. 2.3).

ventionen des Marktes hätte unterbunden werden können.[304] Wenn der Kaufmann sich dann ein letztes Mal gegen einen Vorschlag des Pfaffen stellt, da er nicht möchte, dass seine Steine ohne Bezahlung fortgetragen werden (V. 2141 f.), so kommt erneut die finale Praxis des Abwiegens ins Spiel, indem Amis behauptet, alles müsse zum Wiegen zu seinem *wirt* geschafft werden:

> ich han hie bi einen wirt,
> dar lat mir tragen die steine.
> der dunket mich so reine,
> daz er da silber wegen sol.
> ich weiz in so getriuwen wol,
> daz er uns beiden rehte tuot.
> ich han allez min guot
> an sine triuwe verlan.
> (V. 2146–2153)

Die Kontrollpraxis des Wiegens, noch dazu durchgeführt von einer unbeteiligten Person,[305] erscheint hier wieder als systemische Maßnahme zur, im Sinne Luhmanns, Desintegration des Konfliktsystems.[306] Die Funktionalität wird jedoch durch den betrügerischen Einsatz beim Wirt und damit erkennbar jenseits des Markes konterkariert, weshalb diese vermeintliche Kontrollpraxis die List des Pfaffen überhaupt erst ermöglicht.[307]

---

304 Die konventionalistische Sicht auf mittelalterliches Marktgeschehen kann hier einer Deutung widersprechen, die latenten Betrug und Marktgeschehen gleichsetzen würde. Im Text gibt es keine Anzeichen für Betrug vonseiten des Edelsteinhändlers. Dennoch meint Ragotzky: Handlungsmodell der list, S. 199, der Edelsteinhändler gehöre „qua Beruf selbst zu denen […], die sich der *list* bedienen."

305 Hier steht, anders als in der Verhandlung mit dem Tuchhändler, nicht nur die Waage für die Deeskalation der Konfliktsituation ein, sondern tatsächlich eine weitere Figur.

306 Vgl. Luhmann: Soziale Systeme, S. 540, sowie Kap. 2.3.

307 Die wörtliche Rede in den Versen 2156–2174, in der es weiterhin um Verfrachtung und Auswiegen der Waren geht, hat den bisherigen Herausgebern des Textes Schwierigkeiten hinsichtlich der Redeanteile bereitet. Kamihara und im Anschluss an diesen auch Hermann Henne (Der Stricker: Der Pfaffe Amis. Ein Schwankroman aus dem 13. Jahrhundert in zwölf Episoden. Hrsg. und übers. von Hermann Henne. Göppingen 1992) sehen die Verse 2157–2159 (*nu sprichet er, des bin ich vro / er bewar mich an der wage so / daz mir niht schaden widervar.*) nach Amis' Äußerungen zu weiteren Kaufabsichten als Teil eines langen Monologs des Pfaffen. Schilling hingegen übersetzt das *Do sprach er* der Vers 2157 entsprechenden Stelle in H (H: V. 1927) als Inquit für einen Einwurf des Edelsteinhändlers. Demnach sei dieser *vro*, an der Waage nicht betrogen zu werden. Beide Deutungen erscheinen aufgrund der jeweiligen Tempora von *sprichet* und *sprach* nachvollziehbar. Dies bedeutet aber, dass, nimmt man R als die ältere Version an, im Text von H eventuell eine Korrektur vorgenommen wurde, sodass nun die für den Handel nicht unerhebliche Zustimmung des Edelsteinhändlers auch mit Bezug auf den Prozess des Wiegens ausgedrückt werden kann (ob die in R erhaltene Version tatsächlich älter oder autornäher ist, ist bereits mit Hinblick auf den Einschub des Messschwanks diskutiert worden). Ich stimme auch Meyer: Crossing the line, S. 31, insofern zu, als dass dies nur funktioniert, da ein beträchtlicher Teil der Marktkonventionen bereits hinter den

Wieso dies nicht am Stand des Händlers geschehen kann, geht in der Begründung des Pfaffen Hand in Hand mit einer geradezu aggressiven Rhetorik der Überbietung. Die nicht ganz haltlose Abundanz der Werte, die der Edelsteinhändler anbietet, wird von Amis durch falsche Behauptungen in den Schatten gestellt: Um die Vertrauenswürdigkeit des Wirtes zu belegen, schildert Amis, dass sein Gut, das sich in der Obhut des Gastgebers befinde, den Wert der Steine weit übersteige: *daz ich umb iuch gedinget han, / des ist niht halbe also vil, / so daz ich noch koufen wil.* (V. 2154–2156). Amis strukturiert die Szene bezüglich der Hierarchien neu: nicht mehr ein besonders reicher oder sogar der reichste Edelsteinhändler wartet hier auf den einen Kunden, der alle seine Waren zu kaufen vermöchte. Vielmehr stilisiert Amis sich als Käufer mit geradezu mythischer Liquidität. Anders als beispielsweise in der Konstantinopel-Episode im *Fortunatus* wird hier jedoch kein Spannungsbogen aus der Habgier der Mitmenschen aufgebaut.[308]

Die Überlieferung zeigt auch, dass der von Amis beschworene Reichtum variiert worden ist, sodass genauer beziffert werden kann, wie viel er nach eigener Aussage eigentlich besitze. R kennt bloß die Angabe, *zehen soumære* (V. 2166) könnten die Finanzmittel kaum tragen und H folgt R darin (H: V. 1936). Handschrift C hingegen, der Karlsruher Codex 408, behält die *zehen savmer* bei (C: V. 1910), lässt Amis zuvor jedoch von *Silbers wol vier taussent marck / Vnd goldes einen knollen starck* sprechen (C: V. 1889 f.). Gold kennt R insgesamt nicht als Zahlungsmittel. In H versichert Amis dem Händler, er sei *des goldes unverirt* (H: V. 1915), spricht danach jedoch wieder davon, dass der Wirt das *silber wegen sol* (H: V. 1919). Aufgrund des zeitlichen Abstandes zwischen R und den weiteren Handschriften könnte man die Erwähnung beider Metalle der verstärkten Präsenz eines im 13. Jahrhundert entstehenden bimetallischen Währungssystems zuschreiben. Dies würde für die Aktualisierung von Geldwerten in Texten bei gleich oder ähnlich bleibendem Narrativ sprechen, kann aber aufgrund der in Kap. 3.9 besprochenen Unsicherheiten bezüglich Währungssystem und Ort und Zeit der Abfassung/Abschrift nur mit Vorsicht erfolgen.

Amis kann sein Gegenüber überzeugen: Da er so viele Mittel hat und der Edelsteinhändler das Recht erhält, Widerspruch gegen abgewogenes Silber einzulegen, sollte ihm dessen Qualität nicht zusagen, die genaue Menge an benötigtem Silber

---

Akteuren liegt und das Abwägen nur noch den letzten Schritt, den tatsächlichen Austausch von Ware und Bezahlung darstellt.

308 Vgl. Fortunatus. Studienausgabe nach der Editio Princeps von 1509. Hrsg. von Hans-Gert Roloff. Stuttgart 1996, S. 65–80. Zur existentiellen Bedrohung des Protagonisten in Konstantinopel vgl. Nina Knischewski: Die Erotik des Geldes. Konstruktion männlicher Geschlechtsidentität im ‚Fortunatus'. In: Genderdiskurse und Körperbilder im Mittelalter. Eine Bilanzierung nach Butler und Laqueur. Hrsg. von Ingrid Bennewitz, Ingrid Kasten. Münster 2002, S. 179–198, S. 186 f., sowie Florian Kragl: *Fortes fortuna adiuvat?* Zum Glücksbegriff im ‚Fortunatus'. In: Mythos – Sage – Erzählung. Gedenkschrift für Alfred Ebenbauer. Hrsg. von Johannes Keller, Florian Kragl. Göttingen 2009, S. 223–240, S. 227 f.

also nicht bekannt ist, erscheint der Transport der Edelsteine einfacher; zumal damit ein scheinbar unparteiischer Schiedsrichter an der Waage gewonnen wird. Verschränkt werden diese merkantilen Konventionen jedoch mit literarischen, eröffnen die zehn *soumaere*, die den Reichtum kaum tragen können, den Bildbereich der *hundert kanzwägene* des Nibelungenschatzes (NL, V. 92,2) und stellen den – freilich nur erfundenen – Reichtum des Pfaffen in die Kategorie mythischer Herrscherschätze, die sich durch Unzugänglichkeit und die oben bereits ermittelte extensive Integrität auszeichnen, die es zu bewahren gilt.[309] Dennoch, eine solche Übertreibung wäre für die Mechanik des Betrugs nicht zwingend notwendig gewesen. Wie viel ironische Brechung des sagenhaften Reichtums in den aufgegriffenen literarischen Konventionen stecken mag, kann nicht abschließend ermittelt werden, würde dem Grundton des Textes jedoch nicht entgegenstehen.

Der Rest der Episode zeigt erneut, genau wie bei der vorangehenden, dass das kaufmännische Setting und einige Handlungslogiken dieses Raumes für die Kontaktaufnahme und Wertermittlung zwar vonnöten sind, im weiteren Verlauf aber kaum mehr aufgerufen werden. Es zeigt sich zwar noch, dass grundsätzlich Handlungen nur gegen Geld erfolgen,[310] eine Engführung von Geld oder Geldgier mit dem Aktionsbereich des Marktes wird aber gerade nicht unternommen. Gierig sind vielmehr diejenigen Figuren, die anschließend auf den Plan treten: der von Amis beauftragte Arzt, der den hilflosen Edelsteinhändler ‚behandelt',[311] die Ehefrau des Händlers, nicht zuletzt natürlich auch der Pfaffe Amis selbst. Der Markt als Ort regulierender Konventionen hingegen böte Mechanismen (Warenschau, Feilschen, Wiegen), die dem daraus resultierenden Ungemach Einhalt hätten gebieten können.

Von Beginn an ist die Einstellung zu und das Erwerben von materiellen Gütern zentrales Thema des Textes. Die unterschiedlichen Textvarianten des *Pfaffen Amis*, die sich besonders an den edierten Handschriften H und R zeigen, bezeugen, dass der

309 Vgl. Kap. 3.4 zur literarischen Beschreibung von Schätzen.

310 Dies beginnt mit dem Edelsteinhändler selbst, der für *zwo marc* (V. 2176) extra Amis in seinen eigenen Untergang folgt. Der Arzt schließlich bietet seine Dienste für die durchaus stattliche Summe von *sehzec marc* (V. 2267) an und die zum Schluss zur Hilfe gerufene Frau des Edelsteinhändlers interessiert sich mehr für den Verlust der sechshundert Mark durch den Schwindel des Pfaffen als für ihren notleidenden Ehemann (V. 2434–2437).

311 Die Behandlung des Arztes, bei der der Händler im wahrsten Sinne Haut und Haare verliert, lehnt sich möglicherweise an die Strafe *ze hût unde ze hâre* für Diebe und Betrüger an (DtSp, S. 203,5). Im 2. Landrechtsteil des *Deutschenspiegels*, § 3, heißt es zu dieser Strafe: *Ditz selbe gerihte gât über unrehte wâge und über unrehte mâze und über valschen kauf, ob man dar ane funden wird* (DtSp, S. 203,11–13; beinahe wörtlich ebenso in Kap. XIII des Landrechts im *Sachsenspiegel*, SaSp, S. 170,28–30). Da der Tuchhändler in der Episode zuvor mit falschen Gewichten wiegen will (V. 1838–1841), der Edelsteinhändler aber die Strafe erhält, kann diese Verschiebung im Sinne Haferlands als weiteres Spiel mit der „poetischen Ungerechtigkeit" bezeichnet werden (Vgl. Haferland: Poetische Gerechtigkeit).

Umgang mit monetären Werten unterschiedlich in das Textgefüge eingebunden und redaktionell verändert werden konnte. Besonders die Handschriften H und K ändern oftmals die Menge an erbeuteten Geldwerten und bezeugen damit ein aktives Interesse an der Änderung finanzieller Werte.[312] Gerade solche Bearbeitungstendenzen verleihen dem bewussten Umgang mit Wertgrößen im Sinne eines „bilanzierenden Erzählens" Bedeutung.

Die Besonderheiten der Episoden elf und zwölf, also derjenigen in Konstantinopel, liegen nun nicht darin, dass der Kaufmann an die Spitze einer nach Korruption und Betrug gestaffelten Gesellschaft gestellt würde. Aus der Ferne mag dies so erscheinen: Amis ist auf der Suche nach Geld und nimmt einzelne Mitglieder der Gesellschaft aus, die er nach beruflichen und/oder persönlichen Dispositionen auswählt, um maßgeschneiderte Betrügereien zu begehen. Schließlich begibt Amis sich auf einen Markt, der als krönender Abschluss des Motivs des Betrugs inszeniert wird. Das Bild ändert sich aber grundlegend, wenn man die narrativen Konstellationen mit einbezieht: Der Markt wird nicht ausgewählt, damit Amis, der schon immer ein Betrüger war, als Kaufmann quasi zu sich selbst kommen könnte. Vielmehr wird der Markt ausgewählt, weil hier die größte Aggregation beweglicher Güter vorliegt, die jedoch von einem System konventioneller und institutioneller Interaktionsregeln vor betrügerischen Übergriffen geschützt werden sollen: Es gilt das „Gebot der Gleichheit und Gerechtigkeit im *market*."[313] Amis hat nur deswegen Erfolg, weil er die Vertrauens- und Kontrollmechanismen des Marktes *umgeht*, weil er nicht falsch wiegt, wie der erste betrogene Kaufmann es versucht, sondern weil für ihn der gesamte Prozess des Wiegens nur ein Vorwand ist. Die Aussicht auf größeren Reichtum als bisher, sowie Amis' etwas übertriebene Ansage, sowohl er wie auch seine *knehte* müssten nun in diesen finalen Episoden *den lip wagen* (vgl. V. 1576 u. 1593), unterstreichen den Markt als Ort der narrativen Eskalation im *Pfaffen Amis*. Als offene Frage bleibt jedoch, wieso es zwei Konstantinopel-Episoden gibt.[314] Die verwendete List, das Versprechen des gerechten Abwiegens, doppelt sich somit erzählerisch und betont zusätzlich das Agieren des Pfaffen auf dem Markt im Gegensatz zu den nur einmal besuchten Orten im bisherigen Verlauf.

Der Markt ist nicht der betrügerischste aller Orte, sondern gerade der am schwierigsten zu betrügende, da der im Habitus der *milte* begründete gesellschaftliche Vertrauensvorschuss durch Kontrollmechanismen wie Warenschau, Feilschen

---

312 Dass es im Falle der Handschrift H grundsätzlich einen reflektierten Umgang mit den Vorlagen gegeben hat, schließt an die Erkenntnisse in Fasbender: *Hochvart* an.

313 Röcke: Freude am Bösen, S. 77. Röcke nähert sich dieser Auffassung des Marktes aber weniger institutionenökonomisch oder konventionalistisch, sondern eher über den Diskurs ethischer Ermahnung an die Kaufleute.

314 Ich danke an dieser Stelle Elias Friedrichs, der diese Frage bei der Lektüre meines Kapitels aufgeworfen hat.

und Wiegen unterbunden wird. Der literarischen Konvention der ‚Spitzenäquivalenz' kann sich der erzählerisch ausgefaltete Markt dann aber, wie gezeigt wurde, dennoch nicht entziehen.

4.3 Johans von Wien: Die Josefsgeschichte in der *Weltchronik*

4.3.1 Der Anfang der Josefsgeschichte: Gen 37 und die *Weltchronik* (V. 4907–5087)

Die Josefsgeschichte[315] des Alten Testaments spielt nicht im eigentlichen Sinne auf einem Markt, präsentiert aber Kaufleute, die nicht nur als Agenten des Ortswechsels, sondern auch dezidiert als Käufer auftreten. Anhand der Überlegungen der Söhne Jakobs, was mit dem ungeliebten Bruder Josef anzustellen sei, lässt sich zudem auf kleinem Raum zeigen, wie Erwägungen, die nicht zwangsläufig den merkantilen Bildbereich aufrufen, in ebenjenen überführt werden können.

Vorab sollen jedoch einmal die ersten Ausschnitte der biblischen Josefsgeschichte (Gen 37,5–26) erinnert werden, damit deutlich wird, vor welcher Vorlage das hier vorgestellte Motiv des ‚Menschenhandels als Deeskalation' in mittelhochdeutscher Erzählliteratur variiert wird.

Josef ist der zweitjüngste und meistgeliebte Sohn Jakobs. Seine älteren Brüder, allesamt die Söhne anderer Frauen, sind fortgeschickt worden, um die Schafherden auf entfernteren Feldern zu hüten. Jakob sendet Josef seinen Geschwistern hinterher. Diese sind durch die Träume des Jüngeren verärgert, da sich in diesen die kommende Herrschaft Josefs auszudrücken scheint. Sie fühlen sich bedroht, geraten in Wut und verschwören sich, Josef aus dem Weg zu schaffen:

> 20 „[...] Kommt! Lasst uns ihn töten und in eine alte Zisterne werfen! Und wir werden sagen: ‚Ein schreckliches wildes Tier hat ihn verschlungen!' Und dann wird sich zeigen, was ihm seine Träume nützen." 21 Als Ruben dies hörte, bemühte er sich, ihn aus ihren Händen zu befreien und sagte: 22 „Lasst uns seine Seele nicht töten, und ihr sollt sein Blut nicht vergießen! Aber werft ihn in diese Zisterne, die in der Einöde ist, und bewahrt eure Hände schuldlos." Er sagte dies aber, weil er ihn ihren Händen entreißen und seinem Vater zurückgeben wollte.[316]

---

315 Vgl. grundlegend zur Komposition des Kapitels Gen 37 Matthew C. Genung: The Composition of Genesis 37. Incoherence and Meaning in the Exposition of the Joseph Story. Tübingen 2017, Kap. 2. Zudem muss darauf hingewiesen werden, dass es sich bei der „Josefsgeschichte" um einen „Terminus der Lektüre- und Auslegungsgeschichte" handele (Jürgen Ebach: Josef und Josef: Literarische und hermeneutische Reflexionen zu Verbindungen zwischen Genesis 37–50 und Matthäus 1–2. Stuttgart 2009, S. 31), da der Fokus der Erzählung, besonders im Gesamtkontext von Altem und Neuem Testament eher auf den Söhnen Jakobs als Gruppe und besonders auch auf Juda liege (vgl. ebd.).

316 Gen 37,20–22: [20] *venite occidamus eum | et mittamus in cisternam veterem | dicemusque fera pessima devoravit eum | et tunc apparebit quid illi prosint somnia sua.* [21] *audiens hoc Ruben nitebatur*

Die Brüder hören auf Ruben und werfen Josef in den leeren Brunnen. Kurz darauf ergreift mit Juda neben Ruben ein zweiter Bruder Josefs das Wort:[317]

> [25] Und als sie saßen, um Brot zu essen, sahen sie ismaelitische Reisende, die aus Gilead kamen, und ihre Kamele, die Gewürze und Harz und Myrrhenöl nach Ägypten trugen. [26] Juda sagte also zu seinen Brüdern: „Was nützt es uns, wenn wir unseren Bruder töten und sein Blut verbergen? [...]“[318]

Dessen Vorschlag kann Josef zwar das Leben retten, führt aber auch zu dessen Versklavung:[319]

> [27] „[...] Es ist besser, dass er den Ismaelitern verkauft wird und unsere Hände nicht beschmutzt werden. Er ist nämlich unser Bruder und unser Fleisch.“ Die Brüder stimmten seinen Worten zu, [28] und als die midianitischen Kaufleute vorbeikamen, zogen sie ihn aus der Zisterne und verkauften ihn den Ismaelitern für zwanzig Silbermünzen. Diese führten ihn nach Ägypten.[320]

Ob es sich mit Ismaelitern und Midianitern um zwei verschiedene Gruppen handelt, oder ob die gleiche Gruppe mit zwei Bezeichnungen belegt wird, wird auch in der heutigen christlichen Theologie noch besprochen,[321] beschäftigt aber auch besonders jüdische Kommentatoren seit dem Mittelalter. Dazu Athalya Brenner-Idan:

> To add to this problem, the sale of Joseph is particularly confusing. He is picked up by Midianite merchants (37:28) but sold to the Ishmaelites (37:27, 28). He is then sold to Egypt by the Medanites (37:36), but also by the Ishmaelites (39:1). [...] Rashi (1040–1105), for example, suggests that Joseph was sold twice: the brothers sold Joseph to the Ishmaelites who then resold

---

liberare eum de manibus eorum et dicebat [22] non interficiamus animam eius nec effundatis sanguinem | sed proicite eum in cisternam hanc quae est in solitudine | manusque vestras servate innoxias | hoc autem dicebat volens eripere eum de manibus eorum et reddere patri suo.

317 Zum Problem der unterschiedlichen Perspektiven, die entweder pro Ruben oder pro Juda sind, vgl. Athalya Brenner-Idan: The Historical and Literary Complexity of the Joseph Story. 2014 (https://www.thetorah.com/article/the-historical-and-literary-complexity-of-the-joseph-story, zuletzt eingesehen: 16.03.2021, 13:54), S. 2.

318 Gen 37,25 f.: [25] *Et sedentes ut comederent panem | viderunt viatores Ismahelitas venire de Galaad et camelos eorum portare aromata et resinam et stacten in Aegyptum [26] dixit ergo Iudas fratribus suis | quid nobis prodest si occiderimus fratrem nostrum et celaverimus sanguinem ipsius.*

319 Zumindest für die christlichen Rezipient:innen des Mittelalters muss Versklavung als tatsächliche Alternative gegolten haben, war doch, wie sich auch noch in der Analyse des *Guoten Gêrhart* zeigen wird, der Verkauf in die Sklaverei besonders im Mittelmeerraum nicht unüblich. Vgl. dazu Kap. 4.5.3.

320 Gen 37,27 f.: [27] *melius est ut vendatur Ismahelitis et manus nostrae non polluantur | frater enim et caro nostra est | adquieverunt fratres sermonibus eius [28] et praetereuntibus Madianitis negotiatoribus extrahentes eum de cisterna | vendiderunt Ismahelitis viginti argenteis | qui duxerunt eum in Aegyptum.*

321 Zur Darstellung aus christlich-theologischer Sicht vgl. grundlegend Horst Seebass: Genesis III. Josephgeschichte (37,1–50,26). Neukirchen-Vluyn 2000, S. 15–29.

> him to the Midianites. Rashi's grandson, Rashbam (1085–1158), suggests that the brothers never actually sold Joseph, but that while they were deliberating, a group of Midianites came, pulled Joseph out of the pit and sold him to the Ishmaelites.[322]

Es ist also nicht einmal gesichert, ob die Brüder in der biblischen Version überhaupt am Verkauf beteiligt waren. Grundsätzlich ist aber zumindest in der christlichen Kommentar- und Erzähltradition nicht angezweifelt worden, dass es die Brüder waren, die Josef verkauft haben.[323] Nach dem Verkauf zumindest – ganz gleich von wem an wen – tauchen Josefs Brüder dessen vom Vater erhaltenen bunten Umhang in Ziegenblut und bringen ihn so Jakob. Dieser glaubt zu verstehen und trauert um seinen meistgeliebten Sohn, ohne sich von den anderen trösten zu lassen. Josef wird an einen hohen Beamten in Ägypten namens Potiphar verkauft (Gen 37,36). Erst sehr viel später findet die Familie unter Josefs Regie wieder zusammen. Die Abweichungen vom biblischen Text in der Erzählung von Josef als ‚Ernährer', wie Thomas Mann den vierten Band seiner Josefstetralogie genannt hat, sind jedoch so gravierend, dass auf diese noch gesondert eingegangen werden soll (Kap. 4.3.3).

Johans' von Wien *Weltchronik*[324] bietet in besonderem Maße eine *dilatatio materiae* der alttestamentlichen Josefsgeschichte und verändert narrative Zusammenhänge, die in anderen mittelhochdeutschen Nachdichtungen der Erzählung näher am Bibeltext geblieben sind.[325] Die *Weltchronik* vollzieht damit in besonderem Maße eine „Öffnung" des rituellen Textes im Sinne Bruno Quasts, sodass die „symbolisch kodierte[n] ‚Botschaften'" des Textes im Interesse einer vom Ritus des Textvollzugs losgelösten

---

322 Brenner-Idan: Joseph Story, S. 2. Eine ausführliche Diskussion unterschiedlicher Positionen zur Konstruktion der Josefsgeschichte und der darin agierenden Personengruppen findet sich in Genung: Composition of Genesis 37, Kap. 2.

323 Hugo von St. Victor, der nur die Identität der Midianiter und Ismaeliter diskutiert, geht auf die Beteiligung der Brüder überhaupt nicht ein: *idem populus, vel si diversi, de utroque populo erant mercatores, qui vendiderunt Joseph* (Hugo von Sankt Victor: Exegetica. – I- In Scripturam sacram. In: PL Bd. 175, Sp. 9–634, Sp. 57).

324 Die Ausgabe durch Philipp Strauch bevorzugt die Handschriften München, cgm. 11 sowie Regensburg, Fürstl. Thurn und Taxische Hofbibl., Ms. Perg. III, die beide dem 14. Jahrhundert entstammen. Wo es nötig ist, wird auf den Apparat in der Ausgabe Strauchs verwiesen. Vgl. https://handschriftencensus.de/werke/5585 (zuletzt eingesehen: 31.03.2021, 13:43) zur Gesamtüberlieferung.

325 Alttestamentliche Stoffe sind jedoch auch außerhalb der historiographischen und erzählenden Literatur zu finden. Schiewer: Predigt als Textsorte, S. 279 f., hat darauf aufmerksam gemacht, dass in einer „Gruppe bedeutender Prosadenkmäler [...], deren Entstehung im franziskanischen Kontext" verortet werden kann, sich „in bisher unbekanntem Ausmaß Prosa-Paraphrasen alttestamentlichen Geschehens" finden lassen (ebd., S. 280). Dieses Korpus besteht aus zum größten Teil religiösen Texten sowie den Rechtstexten *Schwabenspiegel* und *Deutschenspiegel*. Im Zuge aktueller Überlegungen zur narrativen Operation der „Renarrativierung" hat auch Olga Lorgeoux anhand spätanti-

Rezipient:innengemeinschaft größerer Variation preisgegeben werden.[326] Der Text des Wieners Johans oder Jans[327] wurde frühestens 1272 verfasst, und wird entsprechend zumeist im letzten Viertel des 13. Jahrhunderts angesiedelt.[328] Johans von Wien bedient sich als Autor einer *Weltchronik* unterschiedlicher Quellen, die die Kenntnis des Bibeltextes ergänzen. Neben der mittelhochdeutschen *Kaiserchronik* sind sowohl lateinische theologische und historiographische Texte sowie jüdische Erzähl- und Kommentartraditionen in Betracht gezogen worden.[329]

Der Text beginnt mit Geschehnissen des Alten Testaments und gestaltet im Zuge dessen auch die Josefsgeschichte stark um. Diese nimmt dabei weitaus mehr Raum ein, als es in anderen Versdichtungen des 13. Jahrhundert wie Rudolfs von

---

ker Quellen beispielhaft zeigen können, wie die alttestamentliche Davidserzählung (2Sam 11,12) durch Auslassungen und Änderung der Handlungsmotivation neu arrangiert wurde. Vgl. Olga Lorgeoux: Die (Wieder-)Erzählung von 2. Sam 11–12 im spätantiken Christentum. In: Renarrativierung in der Vormoderne. Funktionen, Transformationen, Rezeptionen. Hrsg. von Thorsten Glückhardt, Sebastian Kleinschmidt, Verena Spohn. Baden-Baden 2019, S. 127–148. Zur Samson-Geschichte speziell bei Johans von Wien Barbara Fleith, Martina Backes: De- und Rekontextualisierungen biblischer Erzählstoffe am Beispiel der Samson-Geschichte. In: Daphnis 40 (2011), S. 115–164, S. 149–154.

326 Bruno Quast: Vom Kult zur Kunst. Öffnungen des rituellen Textes in Mittelalter und Früher Neuzeit. Tübingen/Basel 2004, S. 27 f.

327 Im Folgenden werde ich ausschließlich von Johans von Wien sprechen, da dies der Name ist, wie er im Prolog der *Weltchronik* erscheint (V. 84). Auch, wenn der Eintrag im ^{2}VL unter *Enikel, Jans* zu finden ist (Ingrid Kasten: Art. Enikel, Jans. In: ^{2}VL Bd. 2, Sp. 565–570), so heißt es in der online verfügbaren *Verfasser-Datenbank*: „Als Name sollte Jans von Wien angesetzt werden. Enikel ist kein Familienname, vielmehr bezeichnet sich der Autor als *enikel* (Enkel) eines älteren Jans." (Karl-Ernst Geith: Art. Enikel, Jans. In: *Verfasser-Datenbank*. Berlin/New York 2012. https://www.degruyter.com/document/database/VDBO/entry/vdbo.vlma.0955/html, zuletzt eingesehen: 16.03.2021, 15:45). *Jans von Wien* entstammt dem *Fürstenbuch*, meine Entscheidung begründet sich darin, dass ich im Folgenden ausschließlich die *Weltchronik* behandeln werde.

328 *Terminus post quem* bildet das erste Jahr des Pontifikats Gregors X. (1271), der Verweis darauf muss aber nicht absolut zeitnah durch den Autor erfolgt sein. Vgl. dazu Fritz Peter Knapp: Geschichte der Literatur in Österreich, Bd. 2.1: Die Literatur des Spätmittelalters. Graz 1999, S. 237.

329 Zur strukturellen Bedeutung der *Kaiserchronik* für die Anlage der Weltchronik vgl. Geith: Art. Enikel, Jans (*Verfasser-Datenbank*). Die Kenntnisse lateinischer Werke sind seit Philipp Strauch diskutiert worden. Neben der Bibel und der *Kaiserchronik* verweist dieser besonders auf die *Imago mundi* des Honorius Augustodunensis (Philipp Strauch: Einleitung. In: [Johans von Wien:] Jansen Enikels Werke. Hrsg. von Philipp Strauch. Hannover/Leipzig 1900, S. I-C, S. LXIII f.). Der Einfluss der *Historia Scholastica* des Petrus Comestor hingegen wird von Knapp: Geschichte und Literatur in Österreich, S. 243, als „minimal" und von Horst Wenzel: Höfische Geschichte. Bern 1980, S. 87, als „mehr indirekt" bezeichnet, von Martin Przybilski: Kulturtransfer zwischen Juden und Christen in der deutschen Literatur des Mittelalters. Berlin/New York 2010, S. 222, vollständig verneint.

Ems *Weltchronik*[330] oder der *Christherre- Chronik* üblich ist.[331] Mit Blick auf die Gesamtlänge der *Weltchronik* von 28588 Versen kommt der 1250 Verse langen Josefsgeschichte (V. 4907–6156) jedoch kein sonderlich prominenter Platz zu.[332]

Die Josefsgeschichte in der *Weltchronik* des Johans von Wien hat daher auch bisher kaum die Aufmerksamkeit der Forschung wecken können. Ausführlich besprochen wird die Josefsgeschichte in Raymond Graeme Dunphys Monographie zur „Presentation of Old Testament Material in Jans Enikel's *Weltchronik*".[333] Dunphy

330 Rudolf bleibt in seiner in den 1250ern entstandenen *Weltchronik* (vgl. Wolfgang Walliczek: Art. Rudolf von Ems. In: ^{2}VL, Bd. 8, Sp. 322–345, Sp. 324) gerade durch die Kürze und durch die Beibehaltung der zwei Figuren Ruben und Juda näher am biblischen Text, stellt aber keine Narrativierung des Geschehens dar, die den Verkauf mit Spannung aufladen würde: *‚si sprachin sa zer selbin vrist: / ‚seht wa der trŏmer komen ist! / den slahin! lazin im fúr komen / was sine troime im súllin vromen!' / diz rietens al gemeine / wand Judas alleine / und Ruben: die rieten das, / si tetin daran baz / das si umbe eteslichin gewin / lebindin virkouftin in / und ir vater tetin kunt, / in hete bi in an der stunt / ein úbil tier erbizzin do. / der rat volle fůr also. / si gabin in an dén ziten / dén Ismaheliten, / die kouften unde fůrten in / virkouften gein Egipte hin.* (RvEWchr, V. 7090–7107, hier und im Folgenden zitiert nach: Rudolf von Ems: Weltchronik. Hrsg. von Gustav Ehrismann. Berlin 1915). Rudolf, der also in seinem ersten überlieferten Werk, dem *Guoten Gêrhart*, reges Interesse am Motiv des Menschenhandels bewiesen hat, übergeht dies in der Weltchronik vollständig, sodass nicht einmal der Preis genannt wird. Zur Nähe Rudolfs von Ems zum Bibeltext in der Erzählung um Joseph und die Frau Potiphars vgl. auch Ute von Bloh: Sagen und Zeigen: Joseph (Gn 39) und Susanna (Dn 13) in biblischen Geschichten des Mittelalters. In: Inkulturation. Strategien bibelepischen Schreibens in Mittelalter und Früher Neuzeit. Hrsg. von Bruno Quast, Susanne Spreckelmeier unter Mitarbeit von Fridjof Bigalke. Berlin/Boston 2017, S. 221–252, S. 232 f.

331 Die *Christherre-Chronik* behält die List Rubens bei und vereindeutigt die Benennung von Midianitern und Ismaelitern dahingehend, dass beide Bezeichnungen die gleiche Gruppe meinen (hier und im Folgenden zitiert nach: Christherre-Chronik: Text der Göttinger Handschrift Cod. 2° Philol. 188/10 (olim Gotha, Membr. I 88). Transkription von Monika Schwabbauer. DFG-Projekt „Christherre-Chronik" unter der Leitung von Kurt Gärtner am Fachbereich II der Universität Trier. Trier 1991). Die Brüder werfen Joseph *in di cisterne* (ChChr, V. 9229). *Daz sach Ruben uil ungerne* (ChChr, V. 9230) und entfernt sich von seinen Brüdern. Daraufhin erblicken die verbleibenden Brüder die *Ysmaheliten / Ein volc als ich gelesin han / Von dem geslechte Madyan* (ChChr, V. 9236–9238). Der Verkauf gestaltet sich als anschließend von Juda gefasste Idee: *Als in di wurden irkant / Do sprach der edele Iudas / Der dirre brude(re) einir was / Diz sin di Ysmaheliten / Vnd ouch di Madyaniten / Den sul wir in nu gebin / Zu koufene. vnd lazen in lebin / Bezzir ist daz ir also tut / Er ist unse vleisch und unse blut / Daz icht werde vnsir hant / An im sus schuldig irkant* (ChChr, V. 9246–9256). Die diskursive Ausweitung der Verhandlungsszene und das Kalkül der Kaufleute erscheinen also im Vergleich mit anderen Bearbeitungen des 13. Jahrhunderts durchaus als Auffälligkeit im Text des Johans von Wien.

332 Zur Einordnung in den Gesamtzusammenhang, bzw. zum Abgleich mit den anderen Abschnitten vgl. Geith: Art. Enikel, Jans (*Verfasser-Datenbank*).

333 Raymond Graeme Dunphy: *Daz was ein michel wunder.* The presentation of Old Testament material in Jans Enikel's *Weltchronik*. Göppingen 1998. Auch Dunphy entwickelt seine Interpretation des Textes anhand eines paraphrasierenden Nachvollzugs des Geschehens. Da er jedoch andere Foki wählt, werde auch ich die Handlung recht kleinschrittig vorstellen, ohne mich dabei an Dunphys Gewichtungen zu orientieren.

greift dabei eine Sichtweise der älteren Forschung auf, der er auch weitgehend folgt.[334] Demnach erkläre sich die Textgestalt der *Weltchronik* aus einem städtischen Interesse für merkantile Werte, das die soziale Herkunft und Umgebung des Autors widerspiegele.[335]

Johans gibt der Episode des Verkaufs an die midianitischen Kaufleute sehr viel mehr Raum, seine Änderungen gegenüber dem biblischen Originaltext belaufen sich vor allem auf die Darstellung der unterschiedlichen Kalküle der in den Tausch involvierten Parteien. Zudem gibt er Josef, der zwar nicht als gleichberechtigter, zumindest aber als berücksichtigter Handlungsteilnehmer in den Blick gerät, eine Stimme in der Tauschszene. Prozesse der Kommunikation und der intersubjektiven Validierung von Werten stehen im Mittelpunkt der Episode. Die Herstellung eines finalen Szenarios, in dem jeder mit dem zufrieden ist, was er erhalten hat, ist Zielpunkt dieser narrativen Ausweitung. Der Inhalt der Verse 4907–5168, die hier den Anfang der Josefsepisode bilden, stellt sich wie folgt dar:

> Josef, der jüngste Sohn Jakobs, sieht in einem Traum seine Herrschaft über alle Geschwister, Vater und Mutter prophezeit. Die Eltern freuen sich ob der vorhergesagten Karriere, die Brüder dagegen nicht. Beim Austrieb des Viehs beschließen sie, Josef in einem Brunnen zu ertränken, seinen Mantel in Lammblut zu tauchen und dem Vater zu erzählen, ein Tier habe seinen Jüngsten gefressen. Ruben, der einzige beim Namen genannte Bruder Josefs, rät vom Mord ab und überredet seine Brüder, Josef zu verkaufen. Diese stimmen zu und sofort erscheinen Kaufleute am Horizont, denen man Josef anbieten kann. Die Brüder machen das Angebot, Josef für dreißig Silberlinge zu verkaufen und die Kaufleute nehmen an. Anschließend folgt eine Introspektion in die Überlegungen eines der Kaufleute zu Gewinnmöglichkeiten in Ägypten und ein kurzes Gespräch desselben mit Josef, der ebenfalls seine Freude über den Kauf ausdrückt. Die Kaufleute und Josef ziehen davon, während die Brüder die List des blutigen Mantels für den Vater vorbereiten. Jakob weint um den Verlust seines Lieblingssohnes.

Johans verändert bereits die Ausgangssituation des Handels, indem er den Brüdern neue Motivationen zuschreibt und Ruben als einzigen Fürsprecher eines schonenden Umgangs mit dem jüngeren Bruder installiert:[336]

---

334 Dunphy: michel wunder, S. 159: „It has been pointed out that Enikel displays his interest in trade in this passage in the canny way that the merchants examine their prospective purchase before agreeing a price, and especially in their glee at the prospect of a quick profit […].“ Dies bezieht sich auf Strauch: Einleitung und Wenzel: Höfische Geschichte, die beide, in Dunphys Worten, legitimerweise „the author's patrician background“ im gesteigerten Interesse am Handel gespiegelt sehen (Dunphy: michel wunder, S. 159). Meine eigene Lesart und Historisierung des Wirtschaftsbegriffes ermöglichen darüber hinaus eine stärker an narratologischen und metaphorologischen Fragen ausgerichtete Perspektive, die über den hundertjährigen Forschungskonsens von Strauch bis Dunphy hinausgehen soll.

335 Ebd.

336 Dunphy, ebd., S. 158, verweist zurecht darauf, dass der Vorschlag Rubens, Josef zu verkaufen, anstatt ihn wie in der Bibel zu Jakob zurückzubringen, nur als positiv gedeutet werden kann, wenn man die ebenfalls positive Darstellung der Transaktion und auch die Zustimmung Josefs mit einbezieht.

> ‚nein, lieber bruoder, red niht alsô.‘
> der selb was Ruben genant.
> hei wie tiur er si mant!
> ‚wir süln sîn bluot vergiezen niht,
> oder uns von got vil wê geschiht.
> wir süllen im helfent wesen,
> daz er noch lenger müg genesen.‘
> er klagt des bruoder ungemach,
> wan er ûz grôzen triuwen sprach:
> ‚wir süln in hie niht tœten
> noch in des tôdes nœten.
> wir werden an der sêl verlorn
> und müezen dulden gotes zorn.
> uns geschæch als Cain geschach,
> der an sînem bruoder sîn triu zebrach.
> recht alsô müest uns geschehen.
> des muoz ich von der wârheit jehen.
> vil lieben bruoder, lât in genesen.
> welt ir sîn aber niht entwesen,
> so verkouft in in Egyptenlant,
> so wirt er uns nimmer mêr bekannt.
> (V. 5004–5024)

Im Detail handelt es sich nun um eine durchaus andere Situation als im Alten Testament. Gen 37 erzählt von Ruben und seinen Brüdern, die darüber streiten, ob man Josef umbringen oder – nach Rubens Vorschlag – in einem leeren Brunnen festsetzen sollte. Ruben plant, Josef zum Vater zurückzubringen und sich selbst somit als Retter zu inszenieren.[337] In der *Weltchronik* fallen Mord und Versenken im nun scheinbar gefüllten Brunnen zusammen[338] und Ruben bittet seine Brüder direkt, Josef zu verkaufen, um so den Brudermord zu unterbinden. Dass die Möglichkeit des Verkaufs der Szene bereits so früh eingeschrieben wird (V. 5023), kann als Zeugnis für eine Rezeption gelesen werden, die den Akt des Verkaufs als zentralen Erzählkern der Geschichte versteht. Um seine Geschwister zu überzeugen, nutzt Ruben nun Argumente,

---

337 Es ist allerdings unwahrscheinlich, dass die symbolisch-politischen Bedeutungen, die sich mit den zwölf Brüdern Josephs und den zwölf Stämmen Israels verbinden, beim neuen Arrangement eine Rolle gespielt haben. Zur Bedeutung der zwölf Brüder als Personifikationen der politischen Verbände im Heiligen Land vgl. Yigal Levin: A Tale of Twelve Brothers: Historical Symbolism and the Position of the Tribe of Benjamin. 2014. (https://www.thetorah.com/article/a-tale-of-twelve-brothers-historical-symbolism-and-the-position-of-the-tribe-of-benjamin, zuletzt eingesehen: 02.11.2020, 16:17).

338 Ob der genaue Sinn des Versenkens in der Zisterne, in der *piscinam*, wie es in der *Weltchronik* heißt, im Mittelalter noch bekannt war, ist fraglich. Zum ambivalenten Sinn des Vorhabens im biblischen Text schreibt Seebass: Genesis III, S. 23: „Zisternen waren flaschenartig; ein Mann verschwand darin […]. Mit V.22a wandelte Ruben also ein Element des Tötungsplans (V. 20) ab: In der leeren Zisterne konnte Joseph ohne Blutvergießen verdursten oder gerettet werden."

die auf den potentiellen Verlust der Seele im Falle des Fratrizides hindeuten und untermauert seine Sichtweise durch Verweis auf die Geschichte von Kain und Abel (V. 5017 f.). An die Stelle des Plans, sich selbst beim gemeinsamen Vater durch die Errettung des Lieblingssohnes gutzustellen, tritt ein Argument, das als abwägendes Kalkül erkannt werden kann. Die *sêl* zu verlieren (V. 5015), nur um Josef zu beseitigen, scheint ein zu hoher Preis zu sein. Möglich wird diese Abwägung, weil Gott als dritte Partei im Sinne Luhmanns die Desintegration der zuvor klar definierten Konfliktsituation befördert.[339]

Die Alternative des Verkaufs lässt sich nicht mehr kausal aus dem Auftreten der Kaufleute herleiten. Stattdessen wird deren Auftreten final motiviert, da der bereits zuvor gefasste Plan des Verkaufs auch irgendwie umgesetzt werden muss.[340] Das Vorhaben, Josef zu verkaufen, entwickelt sich damit nicht mehr aus der konkreten Situation, sondern leitet diese erst ein.[341]

Die folgende Verhandlungsszene, in der Josef von seinen Brüdern an die midianitischen Händler verkauft wird, nimmt im ersten Buch Mose nur einen Vers ein (Gen 37,28): „und als die midianitischen Kaufleute vorbeikamen, zogen sie ihn aus der Zisterne und verkauften ihn den Ismaelitern für zwanzig Silbermünzen. Diese führten ihn nach Ägypten." Auf die offensichtlichen Probleme, die Handlungen der einzelnen Akteure an dieser Stelle genau zu bestimmen, kann hier nicht näher eingegangen werden. Es wird jedoch deutlich, dass die *Weltchronik* Johans', ebenso wie alle anderen mittelhochdeutschen Josefsadaptationen, die Rollenzuweisungen vereindeutigt und auf die Konfrontation zweier Parteien, der Brüder und einer Gruppe von Kaufleuten, reduziert.[342] Die Brüder werden dadurch zu den unzweifelhaften Verkäufern

339 Vgl. Luhmann: Soziale Systeme, S. 540.

340 Erst, nachdem Ruben vorgeschlagen hat, Josef solle nach Ägypten verkauft werden (V. 5023), erscheinen die Kaufleute und die Brüder nähern sich diesen: *Nû merket, ze der selben zît / kom zuo in ein wagen wît, / der truoc koufliut rîch. / die bruoder kômen gemeineclîch / zuo dem wagen gegangen* (V. 5033–5037).

341 Die Materie der Erzählung scheint also auch gegenüber Änderungen in der Handlungsmotivierungen recht resistent zu sein. Zur Differenzierung von Materie und Gestalt im Prozess mittelalterlichen Wiedererzählens vgl. Franz Josef Worstbrock: Wiedererzählen und Übersetzen. In: Mittelalter und frühe Neuzeit. Übergänge, Umbrüche und Neuansätze. Hrsg. von Walter Haug. Tübingen 1999, S. 128–142.

342 Auch die entsprechende Miniatur der Regensburger Handschrift Ms. Perg. III zeigt, wie Strauch: Einleitung, S. X, es beschreibt, „[l]inks vier brüder des Joseph und diese[n] selbst, rechts die drei kaufleute, denen er verkauft wird." Es fällt auf, dass die *Frühmittelhochdeutsche Genesis* bei der Wiedervereinigung Josefs und seiner Brüder Vers Gen 45,4 auslässt, in dem Josef explizit sagt, er sei von seinen Brüdern nach Ägypten verkauft worden. In der *Frühmittelhochdeutschen Genesis*, V. 4846–4851, heißt es hingegen nur: *Nune furhtet îu nieht! / ich pin iz ioseph. / nu saget mir rehte / mînis uater mahte, / ub er lebe / oder welich sîn sine hêbe* (hier und im Folgenden zitiert nach: Die frühmittelhochdeutsche Genesis. Synoptische Ausgabe nach der Wiener, Millstätter und Vorauer Handschrift. Hrsg. von Akihiro Hamano. Berlin/Boston 2016). Der ausgelassene Vers ist eines der stärksten Argumente für die Beteiligung der Brüder, die sich aus der grammatischen Kon-

ihres Bruders und die mögliche Uneindeutigkeit des Bibeltextes ist in der literarischen christlichen Rezeption nicht aufgegriffen worden. Darauf aufbauend weitet Johans allerdings die Interaktion rund um den Verkauf sehr aus, sodass die Begegnung der Brüder mit den Kaufleuten und die Interaktion zwischen diesen unterschiedlichen Parteien in den erzählerischen Fokus gerät. Die Brüder beginnen die Interaktion, anders als im biblischen Text, mit der An- und Bepreisung der Ware:

si sprâchen: ‚welt ihr koufen reht
zwâr einen frumen kneht,
den geb wir iu ringe
umb drîzic pfenninge.
(V. 5041–5044)

Das Angebot, Josef den Kaufleuten *ringe*,[343] also für wenig Gegenwert zu überlassen, ist ein Novum gegenüber der biblischen Erzählung. Die Brüder müssen nun versuchen, die Realität an ihre Wünsche anzupassen. Durch die Verschiebung, einen Verkaufswunsch zu äußern, *bevor* potentielle Käufer auf den Plan treten, muss die Erzähllogik um ein Motiv erweitert werden, das sich anachronistisch mit ‚Angebot und Nachfrage' bezeichnen ließe. Die *Weltchronik* datiert spät genug, um die Überlegung anzustellen, Johans könnte mit Überlegungen vertraut sein, die der ausgefeilten Werttheorie der Scholastiker in Köln und Paris ähneln: Albertus Magnus schenkt beispielsweise in seiner „Aristotelian ‚demand theory of value'" der *indigentia* als „active ‚demand'" seine Aufmerksamkeit.[344] Dass die Brüder Josef als Ware erst einmal schmackhaft machen müssen, könnte somit diese *indigentia* als aristotelische Ursache für den Tausch reflektieren.[345]. Dabei weisen sie Josef nach eigener Aussage einen niedrigen, *ringen* Preis zu (V. 4043), der jedoch in der Weltchronik *drîzic pfenninge* statt zwanzig Silberstücken beträgt.[346] Anhand dieser typologischen Verschiebung, die den Verkauf Josefs mit dem Verrat an Christus parallelisiert,

struktion während der Errettung aus dem Brunnen eigentlich gar nicht ergibt. Vgl. dazu Genung: Composition of Genesis 37, S. 38–40, besonders den Schluss des Teilkapitels, ebd., S. 40: „On the other hand, speaking against this is Gen 45,4–5, where Joseph states that the brothers had sold him into Egypt. The problem at the heart of the chapter is the question about who sold Joseph." Auch in lateinischen Nacherzählungen wie der *Historia Scholastica* des Petrus Comestor wird der Verkauf als Verkauf durch die Brüder beschrieben. Direkt nach der Rede des Juda, Josef solle verkauft und nicht ermordet werden, heißt es: *Et vendiderunt eum Madianitis viginti argenteis* (Petrus Comestor: Historia Scholastica. In: PL, Bd. 198, Sp. 1045–1722, Sp. 1126).

343 Als Adverb bedeutet *ringe* nicht nur *leicht* oder *unbeschwert*, sondern auch *günstig* im Kauf. Vgl. Art. ringe, ring adj. In: *Lexer* sowie Art. ringe, ring adv., ebd.

344 Langholm: Wealth, S. 185.

345 Vgl. ebd., S. 186: „When Aristotle in the *Ethics* states that money measures objects in exchange *ad indigentiam*, this need not mean anything more specific than that need caused men to exchange and to invent a monetary measure."

346 Die Erhöhung auf die typologische Zahl 30 entspringt jedoch nicht erst einem Einfall Johans' von Wien. Der Bezug von Josef zu Christus durch Anpassung des Preises findet sich in vielen volks-

lässt sich prototypisch zeigen, wie über den Preis, gleichsam von außen in den Markt hineinreichend, semantische Systeme die merkantile Transaktion überschreiben oder begleiten können. Dies beeinflusst jedoch ausschließlich die Extra-Diegese, die Akteure sind sich der negativen Symbolik der dreißig Silberlinge natürlich nicht bewusst.[347]

Im biblischen Text spielt der Preis keine Rolle, er wird nur genannt, ohne jedoch als hoch oder niedrig gewertet zu werden. Und auch die mittelhochdeutsche Bibelepik vor Johans von Wien zeigt kein Interesse am Preis für Josef.[348] Indem die Brüder den Preis nun aber als *ringe* bezeichnen, wird über das Verhaltensspektrum des Feilschens die Spannung evoziert, dass der Kauf gar nicht zustande kommen könnte, die Käufer könnten ablehnen.[349] Der Kaufmann, der in der *Weltchronik* die Verhandlung führt, besteht daher auf der absichernden Marktkonvention, die Ware vor Zustimmung in Augenschein nehmen zu dürfen.[350] Entscheidend für den Kaufmann ist dabei, ob er sich *gewinnes müg versehen* (V. 5048). Der Anblick Josefs übertrifft die Erwartungen des Kaufmanns, sodass er die *drîzic pfenninge [...] gern* zu geben bereit ist (V. 5054 f.). Die Zufriedenheit des Kaufmanns wird dann wenige Verse darauf noch einmal betont: *daz dûht den koufman guot gewin* (V. 5060). Anschließend drücken die Karawanenmitglieder ihre Freude über den Kauf auch in direkter Figurenrede aus:

sprachlichen wie lateinischen Quellen des Mittelalters, von denen Edgar Harvolk: Judaslohn und Judaskuss. Ein Beitrag zur mittelalterlichen Legendenüberlieferung. In: Bayerisches Jahrbuch für Volkskunde (1985) S. 86–95, einige exemplarische Vertreter diskutiert. In Endnote 7 (S. 93) schließt er zudem verallgemeinernd: „Daß Joseph nach Mos. 37,28 nicht für 30, sondern für 20 Silberlinge verkauft wurde, war offensichtlich kein Hindernis für die Legendenbildung."

347 In einer Fußnote der Edition durch Strauch, S. 99, heißt es diesbezüglich: „Die zahl 30 stammt aus der Judas-Ischariot-legende, die die 30 Silberlinge, um die Christus verraten ward, mit dem erlös aus dem verkauf Josephs identificierte [...]." Zur patristischen und mittelalterlichen Tradition um Judas vgl. Todeschini: Incivility of Judas.

348 Die *Frühmittelhochdeutsche Genesis* nennt zumindest den Preis von *zueinzig phennige*[*n*] (FmhdG, V. 3626) und verweist darauf, dass die *zehen iungelinge* (FmhdG, V. 3627) den Erlös unter sich aufteilen. Rudolf von Ems nennt überhaupt keinen Preis (RvEWchr, V. 7104–7107: *si gabin in an dén ziten / dén Ismaheliten / die kouften unde fůrten in / virkouften gein Egipte hin.*).

349 Entgegen der älteren Forschung setze ich also nicht dabei an, die weitschweifenden Einfügungen zu Preis und Ware durch das angeblich merkantile Interesse Johans' von Wien zu erklären (vgl. Strauch: Einleitung, S. LXXI, Wenzel: Höfische Geschichte, S. 88, sowie Dunphy: michel wunder, S. 158 f. u. 168). Vielmehr setzt die hier gebotene Sichtweise bei der erzähltheoretischen Wirkung an, die beim Schreibprozess berücksichtigt werden muss, der dann ein passendes Sujet, in diesem Fall die Qualität der Ware, funktional zugeordnet wird.

350 Durch die Opposition zum zwar königlichen, aber oft als unvernünftig markierten Verhalten des *rash boon*, stellt sich die merkantile Konvention der Warenschau nicht als im negativen Sinne kalkulierende Praxis dar, sondern als Kontrollmechanismus, der geregeltes gesellschaftliches Handeln erlaubt.

wir haben guoten gewin
an disem jüngelinge.
silber und pfenninge
wirt uns umb in schôn ze solt.
ich wæn, man geb uns golt
umb disen hübschen knaben.
daz wil ich für die wârheit sagen:
wir haben gar reht getân
daz wir in gekoufet hân.
(V. 5068–5076)

Das repetitive Beharren auf der Vorteilhaftigkeit der Transaktion für die Kaufleute projiziert das Unrecht der Brüder auf die Ebene merkantiler Interaktion. Obwohl ihre Bezahlung mit dreißig Pfennigen statt zwanzig Silberlingen gemessen an der genannten Zahl höher ausfällt als im Originaltext, so wird doch über die typologische Beziehung deutlich, dass sie eigentlich nichts gewonnen haben.[351] Ihr offensichtlicher Verlust beim merkantilen Geschäft ist auch ein Verlieren auf narrativer Ebene. Die Kaufleute behalten mit ihrer Überlegung recht und können Josef in Ägypten für ein Vielfaches weiterverkaufen:[352] *er wart gegeben umb manic marc, / des si frum muosten hân* (V. 5082 f.).

351 *Phenninc* scheint hier in der Übertragung vom Lateinischen ins Mittelhochdeutsche keine Besonderheit darzustellen. In der Vulgata wird Josef für *viginti argenteis* verkauft (Gen 37,28) und in Mt 27,9 erhält Judas *triginta argenteos*. Auch Konrad von Heimesfurt spricht in *Diu urstende* Judas die Bezahlung von *drîzig phennige[n]* zu (V. 139, zitiert nach: Konrad von Heimesfurt: „Diu urstende". Hrsg. von Kurt Gärtner, Werner J. Hoffmann. Tübingen 1991). Es kann also davon ausgegangen werden, dass aus Sicht zeitgenössischer Rezipient:innen die höhere Anzahl an Münzen auch einen höheren Preis bedeutete.

352 Die handschriftliche Überlieferung zeigt, dass der Grund für den Verkauf in Ägypten nicht eindeutig zu bestimmen ist. Der in der Edition erscheinende Vers 5081 *wan er was vil starc* kann sich sowohl auf den Pharao beziehen, der Josef kauft, wie auch auf Josef selbst. Entsprechend ist die Überlieferung geschieden: Folgt man an dieser Stelle dem Apparat der Ausgabe Strauchs in der MGH, so hat die Wolfenbüttler Handschrift 452 anstelle des Personalpronomens *er* die explizite Nennung *der knabe der*, während in der Leipziger Handschrift CX nicht nur von *starc*, sondern von *junkch und starc* gesprochen wird. Beide Versionen beziehen sich auf Josef. Die Handschriften Cod. vindob. 2921, Cgm 250 und Msc. Germ. fol. 480 jedoch nennen das Subjekt des Satzes *reich und starc*, was sich auf den Pharao zu beziehen scheint. Die kausale Relation, ob Josef dem Pharao verkauft wird, weil dieser besonders reich ist, oder ob man dem Pharao Josef nur anbieten kann, weil dieser so jung und kräftig ist, ist anhand der Überlieferung also nicht zu entscheiden.

4.3.2 Josef in Ägypten: Argumente für den Gewinn der Kaufleute

Die Kapitel Gen 40–50 berichten weiter vom Schicksal Josefs in Ägypten:[353]

> Josef wird in Ägypten vom Pharao in den Kerker geworfen, da er sich den Annäherungen seiner Herrin widersetzt und Opfer ihrer anschließenden Verleumdung wird. In Gefangenschaft deutet Josef die Träume zweier Insassen, die kurz darauf wieder freigelassen werden und behält mit den Deutungen ihrer Träume recht. Auch der Pharao hat einen Traum, den er nicht deuten kann und lässt Josef rufen. Dieser deutet den Traum von sieben vollen und sieben leeren Ähren, sowie von sieben fetten und sieben mageren Kühen dahingehend, dass Ägypten sieben gute Erntejahre bevorstehen, gefolgt von sieben Jahren Hungersnot. Der Pharao vertraut Josef und folgt seinem Rat, ein Fünftel der landesweiten Ernten einzutreiben. Im zweiten Jahr der Not werden auch Josefs Brüder durch den Mangel nach Ägypten getrieben, um dem unerkannt bleibenden Josef, der zum obersten Verwalter Ägyptens aufgestiegen ist, Getreide abzukaufen. Josef bringt seine Brüder noch weiter in die Defensive, indem er ihnen Diebstahl vorwirft und erlegt ihnen die Bedingung auf, nur wiederzukehren, wenn sie ihren jüngsten Bruder, Benjamin, mitbrächten. Dies tun sie und Josef gibt sich nach einer weiteren Intrige zu erkennen. Auch der Vater Jakob wird nach Ägypten geholt und Josefs gesamte Verwandtschaft lässt sich mit dem Segen des Pharaos dort nieder. In den folgenden Jahren treten die Bauern des Landes vor Josef, um Getreide zu erbitten, wofür sie erst mit ihrem Vieh, dann mit ihren Äckern und sogar mit sich selbst bezahlen. Die gesamte Entwicklung wird als Ursprungserzählung dargestellt, die erklärt, wieso alle Bauern in Ägypten dem Pharao ab diesem Zeitpunkt mit einem Fünftel ihrer Ernte tributpflichtig sind. Eingeflochten werden Informationen zur Eheschließung und Nachkommenschaft Josefs.

Johans von Wien verlässt an vielen Stellen die narrativen Vorgaben der Bibel und ersetzt diese durch Varianten, die beispielsweise Philipp Strauch in seiner Ausgabe zum Kommentar „*V.* 6061 *bis* 6165 *sind freie erfindung Enikels*“ bewogen haben.[354] Ebendiese Verse verdienen im Folgenden besondere Aufmerksamkeit, da Johans von Wien hier die Geschichte eines Lehnsverhältnisses von Pharao und Bauern, wie die Bibel sie vorgibt, verabschiedet und durch narrative Verhandlungen merkantiler Preisentwicklung ersetzt.

---

353 Wie bereits beim Verkauf, halten sich Rudolfs von Ems *Weltchronik* und die *Christherre-Chronik* genauer an den biblischen Ablauf als Johans. Die im *Buch der Könige*, dem historiographischen Prolog zum *Deutschenspiegel*, enthaltene Version der Josefsgeschichte hingegen reduziert die Erzählung weitgehend auf die Hauptfiguren Josef und seinen Vater Jakob und berichtet nicht einmal, wie die Hungerjahre nach Ankunft der Familie in Ägypten verlaufen. Vgl. DtSp, S. 4–30. *Das Buch der Könige*, die *Weltchroniken* Rudolfs von Ems und Johans' von Wien sowie die *Christherre-Chronik* überschneiden sich auch in ihrer späteren Überlieferungsgeschichte, was einen spezifischen Vergleich der Josefsgeschichten lohnenswert erscheinen lässt. Zum *Buch der Könige* und dessen Überlieferungsgeschichte vgl. Gisela Kornrumpf: Das ‚Buch der Könige'. Eine Exempelsammlung als Historienbibel. In: FS Walter Haug und Burghart Wachinger, Bd. 1. Hrsg. von Johannes Janota [u. a.]. Tübingen 1992, S. 505–527.

354 Apparat der Edition nach Strauch, S. 118. Auch die *Historia Scholastica* des Petrus Comestor kennt keine Abweichung dieser Art. Petrus behält, nah am Bibeltext bleibend, die Erzählung von der Entstehung der ägyptischen Leibeigenschaft bei. Vgl. Petrus Comestor: Hist. Schol., Sp. 1134 f.

Wie schon in der Geschichte um den Verkauf an die Ismaeliter, spielt die wahrgenommene Angemessenheit eines gezahlten Preises in der biblischen Version keine Rolle, für den Erzähler der *Weltchronik* hingegen durchaus. Der Empfehlung, einen großen Vorrat „für den kommenden siebenjährigen Hunger, der Ägypten niederdrücken wird" (Gen, 41,36),[355] anzulegen, die Josef dem Pharao erteilt, wird ein monetär gewendetes Argument hinzugefügt, werde man das Getreide doch nun *umb lützel pfenninge* erstehen können (V. 5711). Vom Fünftel, das in festgesetztem Maße eingetrieben werden soll, ist nicht mehr die Rede. Stattdessen verschiebt Johans die Maßlosigkeit des *gesammelten* Getreides, das in Gen 41,49 mit dem Sand am Meer verglichen wird, hin zur Maßlosigkeit des *zu sammelnden* Getreides: Der Pharao soll *korn und weizen vil* (V. 5699) zurückhalten, seine *schaffær und kneht* sollen das Korn *ân zal* erstehen (V. 5708 f.) und entsprechend füllen Pharao und Josef *kasten alsô vil, / daz ich der zal niht sagen wil* (V. 5741 f.). Gen 41,47–49, fasst die Umsetzung der Maßnahmen, die Josef dem Pharao vorgeschlagen hat, nur sehr kurz zusammen:

> [47] [U]nd eine Fruchtbarkeit von sieben Jahren kam, und die zu Garben gebündelten Saaten wurden in den Speichern Ägyptens gesammelt. [48] Auch jeder Ernteüberschuss wurde in den einzelnen Städten gespeichert, [49] und die Menge an Weizen war so groß, dass sie dem Sand des Meeres gleichkam und der Vorrat das Maß überschritt.[356]

Johans von Wien scheint auf eine Ebene merkantilen Wissens aufmerksam zu machen, die er gegenüber dem alttestamentlichen Text entschieden verstärkt: Josef weist auf die Unterschiede in der Preisentwicklung hin, die sich durch Mangel und Fülle ergeben. So überzeugt er den Pharao von seinem Plan, indem er auf die niedrigen Kosten verweist, die sich durch den sieben Jahre andauernden Überfluss werden ergeben haben:

> ir sült die kasten gar
> füllen an daz sibent jâr.
> daz sibent jâr wirt ez unwert,
> daz nieman niht des korns gert
> (V. 5715–5719)

Die weiteren Überlegungen, die Johans von Wien durch Erzähler und Figurenrede installiert, werfen erneut Fragen nach Bezügen zu lateinischen Traditionen des Denkens über Gewinn und Kaufleute auf. Denn der Rat Josefs an den Pharao, seine Vorrats-

355 *[F]uturae septem annorum fami quae pressura est Aegyptum.*

356 [47] *venitque fertilitas septem annorum | et in manipulos redactae segetes congregatae sunt in horrea Aegypti* [48] *omnis etiam frugum abundantia in singulis urbibus condita est* [49] *tantaque fuit multitudo tritici ut harenae maris coaequaretur | et copia mensuram excederet.* Entsprechend verfahren auch die *Frühmittelhochdeutsche Genesis* (FmhdG, V. 4190–4203), die *Weltchronik* Rudolfs von Ems (RvEWchr, V. 7446–7467) und – sehr knapp – die *Christherre-Chronik* (ChChr, V. 9771–9777).

kammern zu füllen, wirkt wie die narrative Umsetzung des Argumentes vom Gemeinwohl, dem *bonum commune*, das der Kaufmann durch seine Arbeit befördere:[357]

und heizt ez füllen als ein man,
der di liut nern sol,
sô wirt iu schrîn und kasten vol
von silber und von golt,
dar zuo den liuten holt.
(V. 5720–5724)

Die vorsorgende Klugheit Josefs wird nun aber, im Gegensatz zur biblischen Version, in Frage gestellt. Denn was Josef und der Pharao unternehmen, sieht ohne das providentielle ‚Insiderwissen' dumm, als *fürkouf* (vgl. Kap. 3.2) sogar illegal aus. So beschreibt zuerst der Erzähler, das Korn sei im siebten Jahr *unwert* (V. 5745), und auch die schönsten Ähren werfe man nur noch *für diu swîn* (V. 5748). Josef aber wird dadurch gerade nur noch bestärkt und gebietet seinen Knechten:

kouft mir das korn ring
den müt[358] umb fünfzehen pfenning.
nemet mînen gelt, den ich hân,
und mîn silber, daz ich ie gewan,
dâ kouft mir korn umbe.
(V. 5751–5755)

Ebenso, wie Josef *ringe* verkauft wurde, soll nun das Korn bei günstigem Marktwert erstanden werden. Josef und dem Korn ist gemeinsam, dass sie in der Zukunft weitaus mehr wert sein werden, als sie es zum Zeitpunkt der Transaktion sind. Ein vom Erzähler als *tumbe* diffamierter Diener Josefs äußert dann auch offene Kritik, die auf die Unverhältnismäßigkeit von Wert und Kauf aufmerksam macht:

mîn herr ist ein unwîser man,
der kann sîn guot niht legen an.
diu swîn begernt niht der korn.
dâ von hât er sîn guot verlorn.
(V. 5757–5760)

357 Vgl. Oexle: Statik, S. 58: „In den Mittelpunkt der Überlegungen tritt jetzt [im 13. und 14. Jahrhundert, A.M.] der Gedanke des *bonum commune* und des öffentlichen Nutzens: Der Gewinn des Kaufmanns sei eine angemessene Entschädigung nicht bloß für seine Arbeit, sondern weil diese Arbeit im allgemeinen Interesse liege (Thomas von Aquin)." Vgl. auch die Predigt *Von den fünf Pfunden* des Berthold von Regensburg, S. 18, sowie zum *bonum commune*-Argument als Teil eines politischen Diskurses Kap. 2.2. Das *bonum commune* als gemeinsamer Referenzpunkt für merkantiles wie auch für politisches Handeln kann durch die „protoökonomische Semantik" abgebildet werden, in der Plumpe: Homo oeconomicus, S. 330–332, beide Bereiche miteinander verschränkt sieht. Vgl. auch Stein, Boele, Blockmans: Whose Community?

358 *Müt* bezeichnet ein regional unterschiedliches Trockenmaß, das als Zins an Klöster und Kirchen gebraucht wurde und aus lat. *modius* entlehnt wurde (vgl. Art. *Mütt, mutt*, m. n. In: *DWB*).

Neben dem *bonum commune*, das für Kaufleute wie auch für Fürsten gelten kann und das zuvor bereits in den Erzähltext eingeflochten wurde, tritt hier das Risiko als eine weitere Kategorie hervor, die die Arbeit eines Kaufmanns charakterisiert.[359] Seit dem Verkauf Josefs durch die Brüder sind keine Kaufleute mehr im Text aufgetreten. Die Handlungsmuster von Josef und Pharao sowie das verwendete Vokabular legen jedoch nahe, auch den Teil über Josef in Ägypten im Lichte eines merkantil gebundenen Praxiswissens zu verstehen. Dies setzt sich in der bei Johans von Wien einmaligen Erzählung von den Dürrejahren verstärkt fort.

4.3.3 Josef der Ernährer: Die Praxis des gerechten Preises

Johans von Wien verschiebt die Ankunft der Brüder vom zweiten ins vierte Jahr der folgenden Hungersnot. Dieses Jahr ist dann auch das erste, in dem sich die Investitionen Josefs auszahlen. Den *müt*, für den Josef zuvor noch *fünfzehen pfenning* (V. 5752) gezahlt hat, erhält man nun *niht wan umb zehen pfunt* (V. 5776). Die erste Reaktion des Pharaos fällt positiv aus, kann er sich doch angesichts der Hungersnot eines stattlichen Gewinns sicher sein:

der künic sprach: ‚gip hin,
wir haben nû schœnen gewin.
ich wil di liut niht enlân,[360]
di mir sint dienstes untertân.‘
(V. 5783–5786)

Dieser Verkauf veranlasst den alten Jakob wiederum dazu, seine Söhne nach Ägypten zu schicken. Es folgt die Passage von der zweimaligen Fahrt der Brüder und der anschließenden Enthüllung der Identität Josefs. Dies geschieht freilich nur mit erneutem Verweis auf den typologischen Preis von 30 Pfennigen, der auch jetzt von Josef in direkter Rede als (zu) niedriger Preis aufgegriffen wird:

dô Joseph wart von iu gesant
und ir in gâbt vil ringe
umb drîzic pfenninge.

359 Mit dem Risiko verbindet sich eine Argumentationsstruktur, die auch für die über das Mittelalter hinausgehenden Positionen relevant ist. Bereits im 12. Jahrhundert werde, so Oexle: Statik, S. 57, „der Gewinn des Kaufmanns gerechtfertigt, indem man kasuistisch die Risiken seiner Arbeit würdigt, zum Beispiel das Risiko eines Verlusts der Waren, das Risiko der instabilen Währungen, den ungewissen Ausgang der Unternehmungen.“ Zum Risiko in mittelhochdeutschen Erzählungen vgl. auch Susanne Reichlin: Risiko und *aventiure*. Die Faszination für das ungesicherte Wagnis im historischen Wandel. In: Kulturen des Risikos im Mittelalter und in der Frühen Neuzeit. Hrsg. von Benjamin Scheller. Berlin/Boston 2019, S. 13–31.

360 Strauch gibt in seiner Edition, S. 113, andere Lesarten im Apparat an, die besser passen als *entlan*. Alternativen zur Version der Edition sind *ane korn lan*, *verlan* oder *lon*.

des müget ir gelougen niht.
daz was ein jæmerlîch geschiht
(V. 6020–6024)

Das Thema des Preises, sogar des unangemessenen Preises, wird somit präsent gehalten[361] und dient für die letzten drei Hungerjahre als Leitmotiv, anhand dessen die Notlage des Landes auserzählt werden kann. Innerhalb von ca. 100 Versen wird Geschehen nun mit der Entwicklung von Preisen verknüpft,[362] die an die Bilanzierung der Betrügereien im *Pfaffen Amis* erinnern.

Es folgt das fünfte Jahr der Dürre und die Preise steigen. In den ersten vier Jahren sind die Ägypter:innen *ân spîs und ân gewin* geblieben (V. 6064) und nun kostet der *mut* Getreide bereits *zweinzic pfunt pfenning.*[363] Mit steigender Not verstärkt sich aber auch die Intervention des Pharaos,[364] der nun einen Preis festsetzt, zu dem das

361 Vgl. dazu auch unten die Diskussion der Zahl 30 im Gesamtgeschehen.

362 Auf diese Änderung ist natürlich auch bereits die Forschung eingegangen, die nach einem Nachweis für das kaufmännische Interesse Johans' suchte. Dunphy: michel wunder, S. 169, lässt am Zusammenhang von Autorherkunft und Narrativ keinen Zweifel: „The rising prices in the last years of the famine are charted, again with the merchant's interest in the state of the economy." An Dunphys Kommentar wird deutlich, wieso eine sozialhistorische Lesart nicht genügend über den Text auszusagen vermag. Zu schnell führt die Suche nach realweltlichen Entwicklungen aus dem Textgefüge heraus, als dass eine intertextuell so vernetzte Erzählung in ihrer narrativen Logik beschrieben werden könnte. Der Verweis auf „the merchant's interest in the state of the economy" ist, egal ob er angenommen wird oder nicht, keine Antwort auf die Frage, wie genau sich die wiedererzählte Handlung der Josefsgeschichte bezüglich ihrer narrativen Logik und ihrer Bedeutungssysteme ändert.

363 Strauch merkt im Apparat zu V. 6068 an, dass *pfunt* im Wolfenbütteler Codex 417 Helmst. fehlt. Diese einmalige Abweichung kann jedoch als Schreibfehler abgetan werden. Vor allem das erzähllogische Argument der kontinuierlichen Preissteigerung spricht dafür, dass von einem Pfund Pfennigen die Rede sein muss.

364 Der Pharao, darauf insistiert die Erzählinstanz, ist zwar *heide* [...] / *doch was im daz vil swære* (V. 6071 f.). Der Verweis macht deutlich, wie einfach es ist, die Festsetzung von Preisen an gesellschaftliche Sujets wie die Religionszugehörigkeit zu koppeln. Stephanie Seidl, Julia Zimmermann: Jenseits des Kategorischen. Konzeptionen des ‚Heidnischen' in volkssprachigen literarischen und chronikalischen Texten des 13. Jahrhunderts. In: Integration und Desintegration der Kulturen im europäischen Mittelalter. Hrsg. von Michael Borgolte [u. a.]. Berlin 2011, S. 325–381, S. 360–364, haben auf den Stellenwert des Begriffs des Heidnischen in der *Weltchronik* aufmerksam gemacht. So handele es sich bei den Heiden vorerst nicht um eine Diffamierung von Bevölkerungsgruppen, sondern um eine deskriptive und neutrale Charakterisierung (vgl. besonders ebd., S. 361). Beim Verkauf Josefs fungiere der Begriff als „geographische Abgrenzungsebene" (S. 362). Erst in der sich anschließenden Moseserzählung werde der Begriff negativ verwendet. Es lässt sich aber diskutieren, ob die in V. 6071 f. gebotene Darstellung des Pharaos als Heide, der *trotzdem* Gnade zeigt, nicht gerade *gegen* die Kategorie des Heidnischen spricht. Betrachtet man eher den Einzelfall des Pharaos, ist Seidl, Zimmermann: Jenseits des Kategorischen aber ansonsten zuzustimmen (vgl. besonders S. 362, Anm. 140).

Korn erschwinglich unters Volk gebracht werden soll. Zu seinem *schaffær* (V. 6075), also vermutlich Josef, sagt er:

> fünfzic stedel sint dir undertân
> dar inn lît korns vil,
> daz ich den liuten teilen wil.
> den mut gip umb sehs pfunt,
> sô werdent si vrô und gesunt.
> (V. 6078–6082)

Die Ausgabe des Korns erhöht das Ansehen des Pharaos (V. 6079 f.), hilft aber nur für den Moment. Direkt im Anschluss spricht der Erzähler vom *sehst jâr* (V. 6085), während dessen die Bevölkerung erneut und in noch größerem Maße auf die vollen Speicher des Herrschers angewiesen ist. Bis auf den Preis für Korn – ein *mut* kostet nun *drîzic pfunt* (V. 6089), ändert sich aber im sechsten Jahr nichts, auch der Normpreis von sechs Pfund wird beibehalten (V. 6099). Erneut erscheint die Zahl *drîzic*, sodass auch hier wieder an den Verkauf Josefs zu Beginn erinnert wird. Dies folgt nach zwei weiteren Nennungen der Zahl 30 in anderen Zusammenhängen: Josef weist seine Brüder darauf hin, dass sie auch, wenn sie *drîzic stunt als vil* wären (V. 6035), unter seiner Obhut *freud und spil* hätten (V. 6036) und *gar ân schande* bei ihm leben könnten (V. 6037). Auch der goldene *kopf*,[365] den Josef in Benjamins Getreidesack legen lässt, wiegt *drîzic marc* (V. 5977). Zwar lässt sich aus der Wiederaufnahme der Zahl 30 hier keine eindeutige Kompositionslogik folgern, doch steigert es die Aufmerksamkeit für die Zahl, bzw. allgemein für Zahlen als Teil der Erzählung.[366] So offenbart sich das Potential von Zahlen, Erzählung paradigmatisch zu organisieren, denn, so Lotman: „Wiederholung ist gleichbedeutend mit Äquivalenz".[367] Die

---

365 Der *kopf* ist erst bei Johans golden, in der biblischen Geschichte handelt es sich um einen silbernen Pokal. Vgl. V. 5974 sowie Gen 44,2.

366 Zu Zahlen und Zählen in kulturwissenschaftlicher Perspektive vgl. grundlegend die Sammelbände Moritz Wedell (Hrsg.): Was zählt: Ordnungsangebote, Gebrauchsformen und Erfahrungsmodalitäten des „numerus" im Mittelalter. Köln/Weimar/Wien 2012 sowie Edith Feistner (Hrsg.): Erzählen und Rechnen. Mediävistische Beiträge zur Interaktion zweier ungleicher Kulturtechniken. Oldenburg 2018.

367 Lotman: Struktur literarischer Texte, S. 131. Durch die paradigmatische Wiederholung der Zahl 30 öffnet der Text sich zu einer in der biblischen Erzählung so nicht angelegten „korrelativen Sinnstiftung", wie sie von Markus Stock: Kombinationssinn. Narrative Strukturexperimente im ‚Straßburger Alexander', im ‚Herzog Ernst B' und im ‚König Rother'. Tübingen 2002, S. 17–33, beschrieben werden. Stock interessiert sich für das paradigmatische Phänomen der korrelativen Sinnstiftung aber vor allem in einer zweigeteilten Textstruktur, in der Einzelelemente quer zum Syntagma eben dadurch miteinander verbunden werden (vgl. ebd., S. 28). Dieser strenge Anwendungsrahmen muss freilich für die hier vorgeschlagene Verwendung aufgegeben werden. Vgl. zur korrelativen Sinnstiftung im Sinne Stocks auch Armin Schulz: Erzähltheorie, S. 323–325. Auch Simmel: Philosophie des Geldes, S. 168, beschreibt bereits etwas wie die paradigmatische Ordnungsfunktion von Zahlen, sobald die „Frage des Wieviel eine gewisse psychologische Trennung von der Frage des

immer gleiche Zahl kann je nachdem, welche Einheit sie quantifiziert oder in welchem Zusammenhang sie steht, den Text strukturieren, ohne dass die somit abgezählten Dinge einander irgendwie ähnlich sein müssten. Die Zahl 30 offenbart hier somit nicht nur ihre referentielle Besonderheit, „auf ein a priori gedachtes System" zu verweisen, „auf das alle Rezipienten gleichermaßen verpflichtet werden können."[368] Sie verbindet auch unterschiedliche Wissensbereiche, ist sie doch gleichzeitig „typologisches Prinzip der heiligen Schrift" wie auch „Signum der neuen Kraft der ökonomischen Strategien".[369]

Schenkt man den Zahlen und Verhältnismäßigkeiten im Text erst einmal eine solche Aufmerksamkeit, so erscheinen die Handlungen des Pharaos im fünften und sechsten Jahr zudem wie die Narrativierung einer Passage aus dem 13. Buch von Augustinus' *De Trinitate*: Im dritten Kapitel bezieht Augustinus sich auf einen Schauspieler, der der Gesellschaft den Spiegel vorzuhalten glaubt, wenn er sagt, jeder wolle günstig kaufen und teuer verkaufen.[370] Dem widerspricht Augustinus, indem er auf Beispiele verweist, in denen Menschen aus einem gewissen Gerechtigkeitssinn heraus einen niedrigeren Preis veranschlagen, als sie könnten. Einem Beispiel über einen Codex, dessen hoher Wert vom Verkäufer nicht erkannt worden sei, folgt ein kurzer Satz über Leute, die aus Gründen der gerechten Verteilung Korn billiger verkauften als kauften.[371] Aus diesem einen Satz auf die Kenntnis des

---

Was erfährt [...]. In der Bildung der Zahlen geschieht dies zuerst und am erfolgreichsten, indem aus den so und so vielen Dingen das So und Soviel herausgehoben und zu eigenen Begriffen verselbständigt wird."

368 Karl Brunner: [Er]zählen. Zahlen als Mittel der Narration. In: Was zählt: Ordnungsangebote, Gebrauchsformen und Erfahrungsmodalitäten des „numerus" im Mittelalter. Hrsg. von Moritz Wedell. Köln/Weimar/Wien 2012, S. 335–344, S. 339.

369 Wedell: Zählen, S. 2. Vgl. mit Bezug auf Wedell zum Zusammenhang von Zählen und Erzählen auch Claudia Lauer: Literarisches Er-Zählen. Ein theoretisches Experiment zum mittelalterlichen Erzählen im Spannungsfeld von Quantität und Qualität. In: Erzählen und Rechnen. Mediävistische Beiträge zur Interaktion zweier ungleicher Kulturtechniken. Hrsg. von Edith Feistner. Oldenburg 2018, S. 65–89.

370 Hier und im Folgenden zitiert nach: Augustinus: De Trinitate. In: Library of Latin Texts – Series A (clt.brepolis.net/lltadfg/pages/Toc.aspx?ctx = 706194). Hier Lib. XIII, cap. 3, lin. 6: *uili uultis emere et caro.*

371 *De trinitate*: Lib. XIII, cap. 3, lin. 41: *largitionis etiam gratia nouemus quosdam emisse frumenta carius et uilius uendidisse suis ciuibus.* Die Übersetzungen des ersten Teils – *largitionis autem gratia* – lässt durchaus Raum für verschiedene Varianten. Während die deutsche Übersetzung, die in der *Bibliothek der Kirchenväter* verfügbar ist, den Teilsatz mit „um Geschenke zu machen" wiedergibt (vgl. https://bkv.unifr.ch/works/7/versions/17/divisions/106196, zuletzt eingesehen: 31.03.2021, 12:55), wählt die englische Übersetzung in der Ausgabe Gareth B. Matthews': „for the sake of distribution" (Augustinus: On the Trinity. Books 8–15. Hrsg. von Gareth B. Matthews, übers. von Stephen McKenna. Cambridge 2002, S. 110). Übersetzung der vollständigen Passage durch Stephen McKenna in der Ausgabe nach Matthews, S. 110: „We also know of certain ones who for the sake of distribution paid a higher price for corn, and sold it to their fellow-citizens at a lower price."

augustinischen Textes durch Johans von Wien zu schließen wäre voreilig. Anhand einer späteren Stelle der *Weltchronik* lässt sich indes zumindest ablesen, dass Johans mit Augustinus als weltgeschichtlicher Person (vgl. V. 21883)[372] sowie teilweise mit dessen Schriften und deren Rezeption vertraut war.[373] Deutlich wird aber, dass die Diskussion eines angemessenen Kornpreises über den Text der *Weltchronik* hinaus einen gängigen Topos darstellte. Speziell Brot- und Kornpreise sind beispielsweise in Fränkischen Kapitularien reglementiert,[374] sodass die Diskussion von Brotpreisen zum einen auf eine gewisse Tradition aufbauen kann, zum anderen aber auch in Quellen des 13. Jahrhunderts ausdifferenziert wird, wenn in lateinischen Quellen dieser Zeit neben dem Effekt des flächendeckenden Hungers auch die abstraktere Beobachtung der Teuerung (*caristia*) erstmals ihren Niederschlag findet.[375]

Die Bemerkung zum günstig verkauften Korn bei Augustinus folgt, wie bereits erwähnt, der Schilderung vom Verkauf eines Buches, das zu einem zu niedrigen Preis verkauft werden soll. Der Käufer des Buches, der sich des Wertes bewusst ist, zahlt einen höheren, vom Verkäufer gar nicht erwarteten Preis und bezahlt, so Augustinus, das *iustum pretium* für die Handschrift.[376] Es ist also gar nicht nötig, die scholastische Diskussion um das *iustum pretium*, die so prominent bei Thomas von Aquin in seiner *Summa Theologica* (ungefähr zeitgleich mit der *Weltchronik* des Johans von Wien) unter Berufung auf Aristoteles geführt wird, auf den Text des auch geographisch entfernten Johans von Wien zu beziehen.[377] Dieser mag die Stelle aus

372 Gesine Mierke: Riskante Ordnungen. Von der Kaiserchronik zu Jans von Wien. Berlin 2014, S. 45, führt diesen Vers auch in der Diskussion möglicher Quellen des Wiener Chronisten an.

373 Besonders deutlich wird dies, wie Mierke, ebd., S. 96–104, gezeigt hat, an der Einschätzung der Frau als Verführerin im alttestamentlichen Teil der *Weltchronik*.

374 So z. B. durch die „fürsorgliche Höchstpreisgesetzgebung Karls" im Frankfurter Kapitular von 794. Vgl. Harald Witthöft: Über Korn und Brot – Geld und Münze. Rechte Zahl und *aequalitas* als gerechter Preis in Mittelalter und Neuzeit. In: VSWG 93,4 (2006), S. 438–479, Zitat S. 446.

375 Ebd., S. 450: „In fränkischer Zeit konnte eine Teuerung als ökonomischer Prozess noch nicht abstrakt gefasst werden. In der dominant materiellen Kultur des frühen Mittelalters erfuhr man konkret nur „*fames*" und dachte an den alltäglichen Hunger. Eine begrifflich ordnende Reflexion des Wirtschaftens war fremd. Erst im frühen 13. Jahrhundert tauchte ein Begriff „*caristia*" mit der Bedeutung der Teuerung in den Quellen auf. Ansätze zur normativen Beschreibung wirtschaftlicher Erfahrung begleiteten die Entfaltung einer jüngeren, dominant geistlichen Kultur."

376 De trinitate: Lib. XIII, cap. 3, lin. 31: *nam scio ipse hominem cum uenalis codex ei fuisset oblatus pretii que eius ignarum et ideo quiddam exiguum poscentem cerneret uenditorem, iustum pretium quod multo amplius erat nec opinanti dedisse.* Nach der recht freien Übersetzung durch McKenna (Edition durch Matthews): „For I myself know the following case. A manuscript, that was for sale, was offered to a man who realized that the seller was unaware of its value and, therefore, asked for only a trifling sum; yet this man gave the just price that was much greater, and which the seller did not expect."

377 Diesbezüglich geht meines Erachtens auch die Interpretation des *Sperbers* bei Reichlin: Ökonomien, S. 91, zu weit, wenn sie argumentiert, in dem Märe sei „von einem ‚gerechten Preis' die Rede". Dies ist wörtlich nicht der Fall. Dass das Märe, konfrontiert mit Aristoteles und dessen scho-

De Trinitate gekannt haben oder auch nicht, die späteren Bezüge auf Augustinus lassen eine Referenz hier aber nicht als haltlose Spekulation erscheinen. Die Stelle im Text des Kirchenvaters ist ein Beleg dafür, dass unter dem Label des *iustum pretium* auch lange vor der späteren scholastischen Diskussion desselben der Gedanke diskutiert werden kann, dass durch den Gerechtigkeitssinn eines beteiligten Akteurs die merkantile Übervorteilung eines anderen verhindert wird und dass dies auch anhand von günstig verkauftem Korn dargestellt werden kann. Für Thomas von Aquin, so Wittreck, sei das *iustum pretium* „schlicht der übliche Marktpreis“,[378] sodass die narrative Ausgestaltung desselben bei Johans von Wien dem augustinischen Begriff tatsächlich näher steht.[379]

Nun bietet die Josefsgeschichte des Alten Testaments eigentlich keine Projektionsfläche für solch eine Verhandlung des gerechten Preises, Johans von Wien aber macht sie dazu. Dunphy offeriert eine eindeutige Lesart dieser Reihe von Geschehnissen, die im klassischen Sinne sozialgeschichtlich verortet werden kann:

---

lastischer Rezeption, vielleicht mit einem Übermaß an Theorie überfrachtet wird, bedeutet jedoch nicht, dass es nicht jenseits der ausgefeilten Theorie des gerechten Preises eine *Praxis* desselben geben kann, die sich auf die Handlungslogik des Märe auswirkt. Farber: Anatomy of Trade, wendet das Konzept des gerechten Preises zudem auf Texte Chaucers an, die zeitlich eher in Frage kämen, für die aber auch geprüft werden muss, inwieweit tatsächlich eine theoretische Reflexion des Konzeptes vorliegt.

378 Wittreck: Instrument der Gerechtigkeit, S. 83. Das *iustum pretium* fungiere als Ausdruck einer „natürliche[n] oder konventionelle[n] Preisbestimmung“ (ebd., S. 325), und sei somit Gegenstand des *ius naturale* (vgl. ebd.). Zum *ius naturale* bei Thomas von Aquin vgl. David E. Luscombe: Natural morality and natural law. In: The Cambridge History of Later Medieval Philosophy. From the Rediscovery of Aristotle to the Disintegration of Scholasticism 1100–1600. Hrsg. von Norman Kretzmann, Anthony Kenny, Jan Pinborg. Cambridge 1980, S. 705–720, S. 709–713. Dass es sich beim Zitat Wittrecks um eine, wenn auch nicht unzulässige, Verkürzung handelt, kann anhand der Darstellung bei Farber: Anatomy of Trade, S. 65 f., deutlich werden: Thomas setze den gerechten Preis zwar nicht mit dem Marktpreis gleich, dies liege jedoch nur am Mangel positiver Aussagen des Aquinaten zu diesem Thema, die bei direkter Identifikation der beiden Preise theologische und ethische Probleme generieren würde. „Nevertheless“, so Farber ebd., S. 66, weiter, „these difficulties do not mean that either Robert [of Courson] or Aquinas failed to accept that, according to the law, the current price was the just price. Rather, both sought a way around the problems Kaye suggests, not by rejecting the connection between justice and market price, but by trying to link the market price to a larger idea of what justice in pricing might require.“

379 Farber, ebd., S. 42, stellt den Einfluss des augustinischen Wertgedankens für mittelalterliche Rechtsordnungen heraus. Augustinus' Unterscheidung zwischen einem absoluten Wert und dem auf dem Markt bestimmten Preis führe zu einem normativen Problem des Marktes, das auch spätere Autoren präge: „When discussing what adds value to an object, medieval legists, canonists, and theologians do not consider any form of absolute or natural value but only economic value. This economic value is based on how people do measure value rather than how they should ideally measure it.“

> Enikel, then, has not exactly altered the biblical order of events, but he has brought out the businessman in Joseph earlier and more forcefully, and of course he has brought the details of trade up to date, with thirteenth century currencies being used throughout.[380]

Ob Johans von Wien tatsächlich aus seinem Protagonisten einen Kaufmann macht, möchte ich in Frage stellen. Aus einer metaphorologischen Perspektive aber können wir Dunphy ein Stück weit folgen. Johans von Wien bemüht sich durch Argumente, die der Rechtfertigung des Kaufmannsstandes dienen, sowie durch eine eigens ersonnene Erzählung vom gerechten Preis des Korns, Strukturen zu reflektieren, die dem Marktgeschehen zugeordnet werden können. Josef ist damit selbst kein Kaufmann und auch der Pharao wird nicht als solcher bezeichnet – beide stehen sie aber in metaphorischem Verhältnis zu Praktiken des Merkantilen. Besonderes Augenmerk wird auf diese Praktiken gelenkt, indem Johans von der ersten Verkaufsszene an die Ismaeliter bis zum siebten Jahr der Dürre dem Geschehen einen Fokus auf die Verhältnismäßigkeit von Werten und Zahlen einschreibt. Dies zeigt beispielhaft, dass Gewinnmaximierung und merkantile Praktiken nicht deckungsgleich sind und man anerkennen muss, dass die Version mit dem angeblich größeren kaufmännischen Interesse durchaus auch diejenige ist, die dem Pharao gegenüber der biblischen Version den geringeren Gewinn vergönnt.

Denn die Änderungen des Geschehens, die bisher als sozialhistorisch motivierte Verschiebung des Interesses gewertet wurden, kulminieren bezüglich des Verhältnisses von Pharao und Josef einerseits und den Bauern Ägyptens andererseits im genauen Gegenteil des biblischen Textes.[381] Während der alttestamentliche Pharao für sein letztes Korn den höchsten Preis verlangt, nämlich die Leibeigenschaft seiner Bauern, so verzichtet er in der *Weltchronik* auf jegliche Bezahlung. Von einem Preis für den Scheffel Weizen wird nun nicht mehr gesprochen, doch der Pharao zeigt Mitleid:

> ich wil in geben, daz si brôt
> gewinnen von dem korn mîn.
> des süllen si ân angst sîn.
> der hunger wert niur ditz jâr,
> daz sagt mir Joseph für wâr.
> (V. 6116–6120)

Die Großzügigkeit wird hier mit dem Wissen um das baldige Ende der Hungersnot und nicht mit christlicher Selbstaufopferung begründet. Johans schafft es, das göttliche Wissen um die Dauer der Hungersnot so darzustellen, dass es zu immanentem Wissen wird. Es handelt sich nicht um einen besonderen Bezug zur Transzendenz, aus dem heraus der Pharao oder Josef auf einen himmlischen Lohn hoffen könnten,

380 Dunphy: michel wunder, S. 166.

381 Von der Großzügigkeit Josefs im Dienste des Pharaos, die der Eigenleistung Johans' von Wien zuzurechnen ist, spricht auch bereits Dunphy: michel wunder, S. 169.

wenn sie ihr Korn umsonst verteilen.[382] Somit handelt es sich auch nicht um eine Verzichtsaktion, wie sie im *Guoten Gêrhart* beschrieben wird (Kap. 4.5). Vielmehr wird die Vision Josefs narrativ als Information zum Marktgeschehen verwertet.

Johans ist damit auch nicht der Letzte, der sich dem Bibeltext auf diese Weise nähert. Simone Loleit hat darauf hingewiesen, dass Martin Luther die Josefsgeschichte ebenfalls als Schnittstelle von merkantilem und politischem Handeln ansieht.[383] Es wird schnell deutlich, dass Luther in *Von Kaufshandlung und Wucher* in sehr viel genaueren Termini über merkantile Vorgänge spricht, als es die Erzählliteratur des 13. Jahrhunderts vermag: Sein Hauptanliegen bezüglich der Josefsgeschichte betreffe die Unterscheidung von „erstrebenswerte[r] obrigkeitliche[r] Maßnahme" einerseits und einer von Luther „kritisierten Monopolbildung" andererseits.[384] Das Monopol sei eigen-, die gute herrscherliche Praxis uneigennützig.[385] Josef, so Loleit weiter, sei gleichzeitig „Exempel für den christlichen Stadt- und Landesvater" wie auch „sein Handeln zum Prototyp ökonomischer Praxis" werde.[386]

Ein Urteil wie das Strauchs, Johans erzähle besonders von käufmännischen Szenen „mit behagen", da hier sein eigener städtischer Bürgerstand Niederschlag finde, geht einerseits spekulativ zu weit, andererseits erklärt es nicht die narrativen Verschiebungen, die in der Reorganisation des Textes tatsächlich stattfinden.[387] Zudem lässt sich der direkte sozialhistorische Schluss, Johans selbst stehe dem Kaufmannsstand nahe, im Text nicht belegen, wenn man von einer gesellschaftlich weit verbreiteten Kenntnis merkantiler Praktiken ausgehen kann.

Wie also kann die Fokussierung auf merkantile Praktiken die Lektüre eines so voraussetzungsreichen Textes wie dieser umgedichteten Josefsgeschichte leiten, ohne sich einer sozialhistorisch motivierten Vereinfachung der Erzählzusammenhänge schuldig zu machen? Die radikalen Veränderungen der Ägyptenpassage durch Johans von Wien können sozialhistorisch als Aktualisierung der Handlungsweisen beschrieben werden. Diese Perspektive blendet jedoch die literarhistorische

---

382 Zur Erwartung himmlischer Bezahlung vgl. grundlegend Angenendt [u. a.]: Frömmigkeit, sowie Kap. 4.1.4.

383 Simone Loleit: Das Verhältnis von Geld und Ware als Übersetzungsproblem. Luthers Schrift *Von Kaufshandlung und Wucher* im Spiegel seiner Vorlesung zu Genesis 41. In: OBST 81 (2012), S. 245–263, besonders S. 247–256.

384 Ebd., S. 248.

385 Vgl. ebd.

386 Ebd. Der in dieser Arbeit vermiedene Begriff des ‚Ökonomischen' kann hier nicht genau diskutiert werden, da diesbezüglich eine entsprechende Aufarbeitung der Quellen bis ins 16. Jahrhundert nötig wäre. Es sollte jedoch deutlich geworden sein, dass eine vormoderne ‚Geschichte der Josefsgeschichte' ein durchaus lohnendes Desiderat der Forschung darstellt. Erinnert sei auch an die sich überschneidenden Überlieferungen verschiedener Chroniken bei Kornrumpf: Das ‚Buch der Könige', die ja auch eine Überschneidung unterschiedlicher Josefsgeschichten bedeutet.

387 Strauch: Einleitung, S. LXXI.

Verortung des Textes aus. Immerhin ist es ebenso wichtig, dass die Figuren als biblische Figuren erhalten bleiben, da sie ansonsten ihre Exempelfunktion verlören. Daher möchte ich vorschlagen, die durch Johans von Wien erfolgte Renarrativierung nicht als sozialhistorische, sondern als *sozialmetaphorische* Verschiebung zu verstehen, um deutlich zu machen, dass die sozialen Umstände nicht einfach die Logik des Textes überschreiben, sondern als Signifikat an die Erzählung angehängt werden. Das Bedeutungssystem von „Chance und Gewinn"[388] sowie die merkantile Fokussierung auf gewichtsbasierte Preisentwicklung werden durch die Figuren Josef und Pharao näher beleuchtet und an die stark ausgebaute Szene des Verkaufs an die Ismaeliter angeschlossen. Anders als das erste Buch Mose, lateinische Nacherzählungen wie die *Historia Scholastica* des Petrus Comestor oder die älteren mittelhochdeutschen Bibelversdichtungen, wirft Johans die Frage nach der Angemessenheit des Preises auf, die vom Verkauf Josefs bis zum letzten Jahr der Dürre durch Bewertungen der Preise als hoch oder *ringe* präsent gehalten wird. Die biblischen Figuren verbleiben in den sozialen Positionen, in denen sie auch in der Bibel erscheinen, ihre Handlungsweisen entsprechen jedoch merkantilen Praktiken, wodurch die Josefsgeschichte nicht nur in ihrem Handlungsverlauf, sondern besonders in ihrem Bedeutungshorizont massiv verändert wird.

Es sei an die Ergebnisse der Betrachtungen zur historischen Semantik und Metaphorik merkantiler Begriffe in Kap. 3 erinnert. Demnach erscheinen merkantile Teilbedeutungen aufgrund ihrer in Praxis verankerten Anschaulichkeit fast immer als Signifikant, nicht jedoch als Signifikat einer Metapher. Mit dem „Kollektivsymbol"[389] des Marktes können Inhalte anderer Wissensordnungen – Frömmigkeit, *minne*, Ehre oder die Welt – beschrieben werden, diese eignen sich jedoch aufgrund der ihrerseits geringeren Anschaulichkeit nicht, die konkret materiell gedachten Praktiken des Marktes auszudrücken.

Die Josefsgeschichte in der *Weltchronik* des Johans von Wien stellt diesbezüglich nun eine Herausforderung dar: Die Handlungen Josefs, seiner Brüder und des Pharaos sowie die jährliche Preisentwicklung spiegeln in der Fokussierung auf die Aushandlung eines Preises sowie auf die Rechtfertigung des materiellen Gewinns durch Verkauf Praktiken des Marktes wider. Der Markt selbst als rechtlicher Sonderraum tritt jedoch nicht in Erscheinung. Daher stellt sich die Frage, ob Johans von

388 Wenzel: Höfische Geschichte, S. 88: „Neu ist das Interesse am Handwerk, und ausgebaut sind auch die Kaufmannsszenen, überhaupt die Dimension von Chance und Gewinn." Dass man Wenzel dabei allerdings nicht in seinem Verständnis von Johans als bürgerlichem Autor folgen muss, muss eigens betont werden. Hier, wie auch in der Diskussion zum *Pfaffen Amis*, sei auf die grundlegende Diskussion des Begriffes des „Bürgerlichen" im Hochmittelalter bei Peters: Stadt, ‚Bürgertum' und Literatur verwiesen.

389 Link: Interdiskursanalyse, S. 286.

Wien es hier gelungen ist, eine Erzählung so zu gestalten, dass der renarrativierten[390] Geschichte aus dem Alten Testament nun eine Verweisstruktur eingeschrieben wird, die sie zur metaphorischen Projektionsfläche merkantiler Prozesse macht. Die Josefsgeschichte wird somit zu einem *exemplum*, genauer zu einer *historia*,[391] die die merkantilen Praktiken vor Augen stellen kann. Die *sozialmetaphorische* Lesart, die somit vorgeschlagen wird, lässt sich an die Diskussion einer „literarische[n] Säkularisierung" anschließen, wie Friedrich sie anhand des Korpus mittelhochdeutscher Novellen und Mären perspektiviert.[392] Denn die Akteure der Erzählung sind biblische Figuren, die keine Kaufleute sind (mit Ausnahme der Ismaeliter/Midianiter), aber topisch für solche stehen können. Damit wird der eigentliche Einsatz der *historia*[393] herumgedreht, da hier nicht weltliches für christliches Handeln steht, wie es beispielweise bei einer *imitatio Christi* der Fall wäre.[394] Vielmehr wird die biblische Erzählung genutzt, um exemplarisch auf zeitgenössische, merkantile Praktiken zu verweisen. Dazu bedient Johans sich so unterschiedlicher Techniken wie der *dilatatio* von Verhandlungsszenen und Werteinschätzungen, genau verfolgten Preisentwicklungen und dem paradigmatisch-typologischen Einsatz der Zahl 30, die alle gemeinsam eine merkantile Restrukturierung narrativer Zusammenhänge erzeugen.

---

390 Zum Prozess der Renarrativierung vgl. den Sammelband Thorsten Glückhardt, Sebastian Kleinschmidt, Verena Spohn (Hrsg.): Renarrativierung in der Vormoderne. Funktionen, Transformationen, Rezeptionen. Baden-Baden 2019, besonders die einleitenden methodischen Aufsätze dies.: Renarrativierung in der Vormoderne. Zur Einleitung, ebd., S. 7–38, und Achim Aurnhammer: Variation, Transformation, Korrektur. Literaturwissenschaftliche Konzepte der narrativen Wiederholung, ebd., S. 39–63.

391 Zur *historia* als argumentativ wirksamer Beispielgeschichte vgl. Friedrich: Topik und Rhetorik, S. 92.

392 Ebd., S. 90.

393 Die Bibel als Fundgrube für rhetorische *historiae* (vgl. dazu vor allem Menzel: Predigt und Geschichte) verbürgt die Autorität der erzählten Geschichte. Schwarzbach-Dobson: Exemplarisches Erzählen, S. 55, fasst den Geltungsanspruch der *historia* wie folgt zusammen: „Wenn Natur und Geschichte, also die intelligible und erfahrene Wirklichkeit, wahr sind, da sie von Gott erschaffen wurden, dann ist auch die Erzählung von diesen Begebenheiten wahr, denn sie ist schlicht sprachliches Abbild der Wirklichkeit. *Historia* wird somit häufig als *narratio rei gesta* verstanden, was u. a. die Bibel, Bibel-Exzerpte oder Legenden von Heiligen umfasst." Um dem Fakt Rechnung zu tragen, dass die Josefsgeschichte von Johans von Wien massiv verändert wurde, ist jedoch mit Mehtonen: Old Concepts, S. 49, zu ergänzen: „Like *fabula* and *argumentum*, *historia* is also tied to the rules of linguistic and even poetic narration. Historical material is inseparable from the art of narration and, therefore, it could be used in school exercises in the reading and interpretation of *auctores*. Nevertheless, unlike the two other modes, history is not a product of poets' imagination, but is subject to laws and authorities governing the perception and value of past deeds – which are not, however, to be identified with the 'facts' of received history."

394 Ein eindrückliches und leicht greifbares Beispiel dafür bietet Hagby: Strickersche Kurzerzählung, S. 183 f.

4.4 Konrad Fleck: *Flore und Blanscheflur*

Die aus der Josefsgeschichte bekannte Konstellation einer Gruppe von Figuren, die eine andere Figur verkaufen, anstatt sie zu ermorden, liegt der handlungslogisch zentralen Szene im gesamteuropäischen Erzählstoff von *Flore und Blanscheflur* zugrunde,[395] der in der mittelhochdeutschen Version von Konrad Fleck nun im Zentrum stehen soll:[396]

---

395 Dass Flecks Version Teil einer umfangreicheren Erzähltradition ist, wird zwar im Folgenden von Relevanz sein, wie genau sich dies gestaltet, ist jedoch nicht so wichtig. Ich fasse hier die Ergebnisse aus Johan H. Winkelman: Florisromane. In: Höfischer Roman in Vers und Prosa. Hrsg. von René Pérennec, Elisabeth Schmid. Berlin/Boston 2010, S. 331–367, zusammen, der die Unterschiede und Gemeinsamkeiten der mittelalterlichen Versionen nachgezeichnet hat: Die ältesten Versionen liegen auf Französisch vor und wurden ins Maasländische (*Trierer Floyris*) und Deutsche (Konrad Flecks *Flore und Blanscheflur*) übersetzt. Woher genau der Stoff der französischen Texte stammt, ist nicht sicher, die Anerkennung von Antikenrezeption und Elementen nahöstlicher Erzähltraditionen gehören aber zur *communis opinio* der Forschung (ebd., S. 332 f.). Zudem wird zwischen den Versionen *aristocratique* und *populaire* unterschieden, die auch Winkelman referiert, jedoch als „irreführende Bezeichnungen" relativiert (ebd., S. 335). Die deutsche Version Konrad Flecks sowie auch die niederländische von Diederic van Assenede (um 1260) gehören, bleibt man pragmatisch bei diesen Begriffen, der Überlieferungstradition der *version aristocratique* an. Auch in der Romania verbreitet sich der Stoff in Gestalt der zweiten Version, sodass ab dem 14. Jahrhundert zwei italienische Versionen vorliegen, eine davon *Il Filocolo* von Giovanni Boccaccio, der, so Ingrid Kasten: Boccaccios *Filocolo*. Zur Rezeption des Flore-Stoffs in der italienischen Frührenaissance. In: Giovanni Boccaccio. Italienisch-deutscher Kulturtransfer von der Frühen Neuzeit bis zur Gegenwart. Hrsg. von Ingrid Bennewitz unter Mitwirkung von Laura Auteri und Michael Dallapiazza. Bamberg 2015, S. 1–23, S. 2, „als erster Prosaroman in italienischer Sprache eine nachhaltige Wirkung entfaltet." Diese Version wird auch wieder ins Deutsche übertragen. Daneben exisitert ab dem 16. Jahrhundert auch eine spanische Version. Eine kritische Übersicht der Forschungsergebnisse zu den Beziehungen der einzelnen Fassungen (die noch mehr als die bisher genannten einschließen) bietet Roland Lane: A critical review of the major studies of the relationship between the Old French *Flore et Blancheflor* and its Germanic adaptations. In: Nottingham medieval studies 30 (1986), S. 1–19. Das zugrundeliegende Erzählmotiv sieht Kasten: Boccaccios *Filocolo*, S. 2 (Anm. 4), auch noch in Wolfgang Amadeus Mozarts *Entführung aus dem Serail* am Werk (vgl. diesbezüglich auch Alfred Ebenbauer: Flore in der Unterwelt. Eine Spekulation. In: „swer sînen vriunt behaltet, daz ist lobelîch". FS András Vizkelety. Hrsg. von Márta Nagy, Lászlo Jónácsik in Zusammenarbeit mit Edit Madas und Gábor Sarbak. Budapest 2001, S. 87–103).

396 Die mittelhochdeutsche Version ist zweimal vollständig (H: Heidelberg, Universitätsbibliothek, cpg 362; und B: Berlin, SBPK, Ms. germ. fol. 18) und in zwei Fragmenten (P: Národni knihovna, Cod 24.C.6 und F: Frauenfeld, Archiv der katholischen Kirchengemeinde, III Bg 3) überliefert. Christine Putzo: Konrad Fleck ‚Flore und Blanscheflur'. Texte und Untersuchungen. Berlin/Boston 2015 bietet mit den Untersuchungen, die ihre Edition begleiten, zum Autor, zu Schreiber:innen, Handschriften, Datierung und Stofftradition eine erschöpfende überlieferungsgeschichtliche Darstellung (Alle Zitate aus *Flore und Blanscheflur* folgen dem normalisierten Text dieser Ausgabe). Zur Überlieferung vgl. auch Albrecht Classen: Suffering in Konrad Fleck's *Flore und Blanscheflur* as a Catalyst in the Meeting with the Foreign: Emotional Bonds with the Orient in a Late-Medieval Sentimental Romance. In: Neophilologus 95 (2011), S. 605–645, S. 606.

Der heidnische König Fênix unternimmt einen Feldzug ins christliche Spanien und entführt aus einer aufgegriffenen Schar Pilgerinnen eine besonders edel erscheinende Dame, die er seiner Ehefrau als Zofe zu schenken gedenkt. Die Königin wie auch die Zofe, beide bleiben namenlos, sind zeitgleich schwanger und fassen Zuneigung zueinander. Die Kinder der beiden werden am selben Tag geboren und wachsen gemeinsam auf. Flore, der Königssohn und Blanscheflur, die Tochter der christlichen Zofe, verlieben sich bereits im Kindesalter ineinander, was seinen literarisch reflexiven Ausdruck in gemeinsamen Lektüre antiker Liebeserzählungen findet. Da Fênix mit der Beziehung nicht einverstanden ist, lässt er Flore vom Hof entfernen und möchte Blanscheflur töten. Die Königin aber schreitet ein und wirbt mit Erfolg für den Verkauf Blanscheflurs an Kaufleute auf dem nächstgelegenen Markt. Diese führen Blanscheflur als menschliche Ware zu einem zweiten heidnischen Herrscher, dem *amiral*, der Blanscheflur in seinen ‚Frauenturm' einsperrt. Für Blanscheflur bedeutet dies, dass sie nach Gutdünken vom *amiral* als Ehefrau ausgewählt werden könnte und nach einem Jahr dann umgebracht werden würde. Als Flore aus der Verbannung zurückkehrt, berichten seine Eltern ihm vom angeblichen Tod Blanscheflurs. Beweis dafür ist ein Scheingrab der Geliebten. Nach Androhung des Selbstmordes seitens Flores offenbart dessen Mutter ihm den Verkauf und Flore macht sich mit Kaufmannszeug ausgerüstet und in Begleitung der beiden Kaufleute, die Blanscheflur im Auftrag des Königs verkauft hatten, auf den Weg zur Stadt des *amirals*. Dort wird ihm von einem freundlichen Gastgeber geraten, wie man an dem Wächter des Frauenturms vorbeigelangen könnte. Flore setzt den ungewöhnlichen Plan um und gelangt an sein Ziel. Er besiegt den spielsüchtigen und gierigen Turmwächter immer und immer wieder im Schach und schenkt ihm jedes einzelne Mal seinen Einsatz. Zum Schluss überlässt er dem Wächter einen *kopf*, ein goldenes und verziertes Trinkgefäß, das zum Preis für Blanscheflur zu Beginn der Erzählung gehört hatte. Der Wächter begibt sich aus Dankbarkeit in Flores Dienst und lässt diesen passieren. Flore gelangt zu Blanscheflur, gemeinsam im Bett liegend wird das Liebespaar jedoch ertappt und dem *amiral* vorgeführt. Dieser lässt sich ob solcher Liebe erweichen und schenkt beiden das Leben. Flores Vater Fênix stirbt unterdessen und Flore, der sich hat taufen lassen, kehrt als König mit der ohnehin christlichen Blanscheflur als Königin an seiner Seite in das Reich seines Vaters zurück. Die Tochter der beiden wird die Mutter Karls des Großen werden.

Die Forschung zu Konrad Flecks Version des Romans beleuchtet zumeist einige wenige Themenkomplexe. Im Fokus steht dabei oftmals die *minne*. Ihr Verhältnis zu Komplexen wie den höfischen Künsten, insbesondere Bildlichkeit und Schriftlichkeit,[397] oder

397 Beispielhaft sei nur auf die jüngste Forschung verwiesen: Margit Dahm-Kruse: *diu valschen minner nieman lât/ komen dar sie kâmen* – Minne zwischen christlicher Fügung und künstlerischer Verhandlung in Konrad Flecks ‚Flore und Blanscheflur'. In: Euphorion 110,3 (2016), S. 355–387, Christoph Schanze: Dinge erzählen im Mittelalter. Zur narratologischen Analyse von Objekten in der höfischen Epik. In: KulturPoetik 16 (2016), S. 153–172, zu *Flore und Blanscheflur* S. 167–171, Silvia Reuvekamp: *sô kêre doch herz und vernunst/ ûf edele dœne und edeliu wort*. Überlegungen zum Verhältnis von Liebes-, Kunst- und Sprachreflexion im mittelhochdeutschen Liebes- und Abenteuerroman. In: ZfdPh 133,1 (2014), S. 49–65, Florian Kragl: Betrogen? Eindruckslose Listen und gleichmütige Verlierer in „Flore und Blanscheflur" und anderswo. In: Verstellung und Betrug im Mittelalter und in der mittelalterlichen Literatur. Hrsg. von Matthias Meyer, Alexander Sager. Göttingen 2015, S. 113–141.

auch der Kaufmannssphäre,[398] dies kann als Forschungskonsens gelten, stellt das thematische Zentrum des Romans dar.[399]

Den einschlägigsten Beitrag zum Zusammenhang von *minne* und Prozessen materieller Abgeltung hat soweit Elisabeth Schmid vorgelegt:[400] *Flore und Blanscheflur*, so Schmid, verhandle die Frage nach der „Konvertibilität von unveräußerlichen und veräußerbaren Werten".[401] In der erzählerisch überbrückten Differenz von Einzigartigkeit und Irreversibilität einerseits und Aufhebbarkeit von Kauf und Verkauf[402] an-

---

398 Vgl. Brennig: Kaufmann, Elisabeth Schmid: Über Liebe und Geld. Zu den Floris-Romanen. In: Der fremdgewordene Text. FS Helmut Brackert. Hrsg. von Silvia Bovenschen [u. a.]. Berlin/New York 1997, S. 42–57, Egidi: Schrift und ‚ökonomische Logik', Katja Altpeter-Jones: When Wealth Was Good and Poverty Sin: Profit, Greed, Generosity, and the Creation of the Noble Merchant in Konrad Fleck's *Flôre und Blanscheflûr*. In: JEGP 110,1 (2011), S. 1–21.

399 Vgl. auch die Forschungsdiskussion bei Putzo: Konrad Fleck ‚Flore und Blanscheflur', S. 27–33. Ich stimme Putzo zu, wenn sie zum Zeitpunkt der Veröffentlichung meint, die rezente Forschung spiegele die „aktuellen Wissenschaftstrends wie etwa Emotions-, Gender-, Visualitäts- und Bildlichkeitsforschung" ab (ebd., S. 33). Der kulturwissenschaftlichen Emotionsforschung ist auch der neuere Beitrag Dina Salama: „Emotional turn" zwischen Ästhetisierung und Ethisierung. Konrad Flecks Versroman „Flore und Blanscheflur" und die arabische Qasside „Afrā" des ʻUrwa ibn Hizām – eine komparatistische Studie. In: Komparative Ästhetik(en). Hrsg. von Ernest W. B. Hess-Lüttich, Meher Bhoot, Vibha Surana. Bern 2018, S. 153–170, zuzuordnen. Neue Impulse kommen besonders aus dem Bereich der Narratologie und Poetologie, indem die Reflexionen der Erzählstofftradition sowie diegetischer und metadiegetische Erzählrahmen verstärkt diskutiert werden. Vgl. dazu Laura Velte: Vom Erzählen wiedererzählen. Selbstreferentielle Erzählstrategien in *Floire et Blancheflor*, Konrad Flecks *Flore und Blanscheflur* und Giovanni Boccaccios *Filocolo*. In: Renarrativierung in der Vormoderne. Funktionen, Transformationen, Rezeptionen. Hrsg. von Thorsten Glückhardt, Sebastian Kleinschmidt, Verena Spohn. Baden-Baden 2019, S. 149–178, Amelie Bendheim: Wechselrahmen. Medienhistorische Fallstudien zum Romananfang des 13. Jahrhunderts. Heidelberg 2017 sowie dies., Dominik Schuh: Gekreuzte Lebenswege, gebrochene Identitäten. Intersektionale Betrachtungen zu Konrad Flecks „Flore und Blanscheflur". In: Abenteuerliche ‚Überkreuzungen'. Vormoderne intersektional. Hrsg. von Susanne Schul, Mareike Böth, Michael Mecklenburg. Göttingen 2017, S. 99–121.

400 Auch Egidi: Schrift und ‚ökonomische Logik' widmet sich dem Verhältnis von Liebe und „ökonomischer Logik", nutzt dabei aber einen sehr weiten Ökonomiebegriff, wie er als strukturelle Opposition in der Gabentheorie verwendet wird (Vgl. Kap. 2.4). Entsprechend ist Egidis Stellenauswahl hier nicht im gleichen Maße von Interesse wie diejenige bei Schmid: Liebe und Geld.

401 Ebd., S. 44: „Es zeigt sich, daß diese Erzählung auf äußerst vielfältige Weise mit dem Thema der Käuflichkeit befaßt ist; mit dem Verhältnis von Liebe und Geld, genauer oder allgemeiner: mit der Konvertibilität von unveräußerlichen und veräußerbaren Werten, mit der Frage, ob und auf welche Weise sich Inkommensurables durch Kommensurables abgelten läßt." Ergänzt man den Vorschlag Ebenbauers, Flore mit Orpheus in Verbindung zu bringen und den *amiral* am Ende der Erzählung als mythischen „Herr[n] des Todes" (Ebenbauer: Flore in der Unterwelt, S. 96) zu verstehen, dann wird allerdings sogar der Tod reversibel.

402 Vgl. diesbezüglich auch Ingrid Kasten: Der Pokal in ‚Flore und Blanscheflur'. In: Erzählungen in Erzählungen. Phänomene der Narration in Mittelalter und Früher Neuzeit. Hrsg. von Harald Haferland, Michael Mecklenburg. München 1996, S. 189–198, S. 196, die die Reversibilität des Verkaufs Blanscheflurs im Schachspiel mit dem Turmwächter explizit durchgeführt sieht: „Mit dem Tausch

dererseits verbinde der Text Themen wie Tod[403] und Affekt[404] mit der Logik des Marktes. Dabei zeige sich, so schließt Schmid, „daß inkommensurable Werte, wie Schönheit, Liebe, Treue zwar nicht eine Währung sind wie jede andere, aber eine Währung eben doch."[405] Ich möchte diese Lesart durch einige Punkte ergänzen, die sich aus der kritischen Beleuchtung des Marktverständnisses ergeben. Schmid trennt die höfische Sphäre der *triuwe*[406] von der der „Geldgeschäfte" und beschreibt die erzählte Welt als eine, „in der der ethische *triuwe*-Begriff – Geldgeschäfte hin oder her – idealiter funktioniert."[407] Dass aber gerade auch die merkantilen Geschäfte funktionieren, halte ich für die Erzähllogik für ebenso wichtig.

Auslöser des Großteils der Handlung von *Flore und Blanscheflur* ist der Verkauf Blanscheflurs, die alternativ hätte umgebracht werden sollen. Erst dadurch ist es möglich, dass Flore sich zur Rückgewinnung seiner Geliebten auf den Weg macht. Dass einer Beziehung von Josefsgeschichte und *Flore und Blanscheflur* bisher nicht nachgegangen wurde, liegt einerseits vermutlich an den unterschiedlichen Erzählstrukturen, in die die Verkaufsszenen eingebettet sind: Während der Verkauf Josefs diesen von seinen Brüdern für viele Jahre trennt und keine Partei an einem Wiedersehen interessiert ist, löst der Verkauf Blanscheflurs eine Rettungsaktion Flores aus, der ihr mit der Ausrüstung eines Kaufmanns nachreitet. Andererseits ist zudem anzuerkennen, dass sich das Erzählschema von der verkauften Geliebten auch aus dem „Strukturmuster" des antiken Liebesromans ableiten lässt.[408] Es spricht jedoch meines Erachtens nichts gegen eine doppelte, gleichsam ineinandergreifende Genealogie des Stoffes.[409] Im Folgenden soll es daher nicht nur um die merkantilen

---

[*kopf* gegen Treue] gelingt es Flore, den Verkauf rückgängig zu machen und zu Blanscheflur zurückzugelangen."

403 Schmid: Liebe und Geld, S. 45: „[N]icht getötet wurde Blanscheflur, sondern vermittels einer Transaktion in die ungewisse Ferne entrückt. Der Tod, das irreversible Faktum, die unentgeltliche Qualität schlechthin, wird ermäßigt zum Verkauf, eine Tat, die sich zwar nicht ungeschehen, ein Akt jedoch, der sich – möglicherweise – rückgängig machen läßt."

404 Schmid, ebd., beschreibt sowohl den kaum bezahlbaren Hass des Königs gegenüber Blanscheflur (S. 45), wie auch die im semantischen Mehrwert des *kopfes* aufgefangene *minne* Flores (S. 47).

405 Ebd., S. 57.

406 vgl. dazu auch Kap. 4.6 zur *Rittertreue*.

407 Schmid: Liebe und Geld, S. 57.

408 Vgl. Armin Schulz: Kontingenz im mittelhochdeutschen Liebes- und Abenteuerroman. In: Kein Zufall. Konzeptionen von Kontingenz in der mittelalterlichen Literatur. Hrsg. von Cornelia Herberichs, Susanne Reichlin. Göttingen 2010, S. 206–225, S. 206: „Die mittelalterlichen Minne- und Aventiureromane sind die historischen Erben eines Erzählgenres, das sich durch narratives Ausstellen und Ausspekulieren von Kontingenz geradezu zu konstituieren scheint. [...] Michael Bachtin hat für das topische Intervall zwischen der erzwungenen Trennung und der glücklichen Wiedervereinigung zweier Liebenden den Begriff der ‚Abenteuerzeit' geprägt."

409 Eine Überschneidung unterschiedlicher Erzählschemata, gerade bei Reisebewegungen, ist für den *Guoten Gêrhart* von Bleumer: Klassische Korrelation, S. 103, gezeigt worden.

Strukturen, sondern zumindest teilweise auch um eine literarhistorische Beziehung zur Josefsgeschichte gehen, der so noch nicht nachgegangen wurde.

4.4.1 Fênix und die Königin: Raubzug und Verkaufsabsicht

Der Text beginnt weder mit einem Markt noch mit *minne*: Den diegetischen Rahmen stellen die christenfeindlichen Machenschaften des heidnischen Königs Fênix dar, des Vaters Flores, der als mächtiger Herrscher inszeniert wird.[410] Nach einem erfolgreichen und brutalen Raubzug[411] auf der iberischen Halbinsel soll die Beute verladen werden:

> dar nâch îlten sie verzern
> mit roube und ouch mit brande
> die stete in dem lande
> innewendic zwênzic mîlen.
> sie vourten underwîlen
> den roup an die kiele
> (V. 384–389)

Eigentlich bereits auf dem Rückweg,[412] überfallen Fênix und seine Armee noch eine Schar Pilgerinnen, wovon eine, die spätere Mutter Blanscheflurs, durch ihr *edelich* (V. 470) Erscheinen dem Herrscher besonders ins Auge fällt. Er wählt sie aus, die Zofe seiner Frau zu werden und führt sie mit dem übrigen Plündergut heim. In einem Atemzug wird die Gefangene mit *silber unde golt* (V. 501) erwähnt, welches ebenfalls erbeutet wurde. Dabei gewinnt die vorab martialische Aktion des Raubs auch eine vergesellschaftende Funktion, indem eine gerechte und rechtmäßige Distribution des Beuteguts beschrieben wird:[413]

---

410 Markiert wird dies über den geographischen Machtbereich des Königs – *Ungern unde Vergalt / dar zuo Kriechen das lant* (V. 334 f.) – sowie seine militärische Überlegenheit gegenüber der Christenheit (V. 359–363).

411 Bendheim, Schuh: Gekreuzte Lebenswege, S. 106. machen auf die Fortschreibung literarischer Modelle zur Abwertung von ‚Heiden' aufmerksam. Diese werden „durch die Darstellung ihres brutalen Agierens im Kampf negativ gezeichnet", was besonders durch die „unbewaffnete und wehrlose Schar christlicher Pilger" in der Opferrolle noch einmal unterstrichen werde.

412 Im Vergleich mit der zentralen Marokko-Szene im *Guoten Gêrhart* fällt auf, dass in beiden Fällen der sujethafte *gewinne* erst *nach* der eigentlich intendierten Ausfahrt, sei sie kriegerisch oder kaufmännisch, erlangt wird. Vgl. Kap. 3.6.

413 Es kann bereits als besonderer Umstand angesehen werden, dass überhaupt der König selbst an der Plünderung des Pilgerzugs beteiligt ist, denn, so leitet Michael Jucker: Alles für den König? Erste Überlegungen zu königlichem Beutebesitz und ökonomischer Güterverteilung vom Früh- zum Spätmittelalter. In: Der König als Krieger. Zum Verhältnis von Königtum und Krieg im Mittelalter. Hrsg. von Martin Clauss, Andrea Stieldorf, Tobias Weller. Bamberg 2015, S. 65–87, S. 65, seinen Artikel zum König als Regulator von Plünderungen ein: „Könige, die selbst in den zahlreichen Kriegen

des teilte er in [den Gefolgsleuten, A.M.] ze lône
beidiu silber unde golt
(daz ist ein riterlîcher solt)
und ander sîn gewinne.
dô wart der küniginne
diu kristenvrouwe vür ir teil
(V. 500–505)

Gewin, so konnte bereits gezeigt werden (Kap. 3.6), impliziert eine Zustandsänderung, deren Auswirkungen narrativ nutzbar sind. Als *gewinne* werden hier Edelmetalle und versklavte Menschen über eine narrative wie geographische Grenze geführt.[414] Diese – unfreiwillige – Überschreitung der Grenze in das Reich des Herrschers Fênix gefährdet die Stabilität des nun betretenen Raumes des heidnischen Königreiches. Denn die verschleppten Christen stellen narratologisch gesehen eine Gefährdung ihrer neuen Umgebung dar, die durch eine „Ordnungstransformation", und das heißt hier: Christianisierung des gesamten Herrschaftsraumes wieder in Stabilität überführt werden kann.[415] Der *gewin*, also die Verschleppung der Mutter Blanscheflurs, kann somit als initiale sujethafte Handlung verstanden werden kann.[416] Gleichzeitig wird durch die Verwendung des Gewinnes *ze lône* (V. 500) deutlich, dass

des Mittelalters plünderten, sind selten belegt." Auch, wenn sie Sympathie in der Passage bei den Christen, und damit bei den Verlierern liegt (vgl. Bendheim, Schuh: Gekreuzte Lebenswege, S. 106), bedeutet dies nicht, dass mit der Verteilung des Plünderguts nur der hämische Genuss des Raubguts ausgebreitet würde. Vielmehr geht der König seinen Pflichten nach, ist es doch nicht nur seine Aufgabe, Beute zu akkumulieren, sondern auch „die erneute Distribution der Beute zu regeln, zu organisieren und zu delegieren." (Jucker: Alles für den König, S. 70).

414 Zum sujethaften Erzählen in der Vorgeschichte vgl. Margreth Egidi: Der Immergleiche. Erzählen ohne Sujet: Differenz und Identität in ‚Flore und Blanscheflur'. In: Literarische Leben. Rollenentwürfe in der Literatur des Hoch- und Spätmittelalters. FS Volker Mertens. Hrsg. von Matthias Meyer, Hans-Jochen Schiewer. Tübingen 2002, S. 133–158, S. 135 f.

415 Zur Transformation des narrativen Raumes durch die Grenzüberschreitung vgl. Karl Nikolaus Renner: Grenze und Ereignis. Weiterführende Überlegungen zum Ereigniskonzept von Jurij M. Lotman. In: Norm – Grenze – Abweichung. Kultursemiotische Studien zu Literatur, Medien und Wirtschaft. FS Michael Titzmann. Hrsg. von Gustav Frank, Wolfgang Lukas. Passau 2004, S. 357–381 (zitiert nach der online verfügbaren Version: https://www.kultursemiotik.com/wp-content/uploads/2015/01/Renner_Grenze-und-Ereignis.pdf, zuletzt eingesehen: 14.01.2022, 09:45). Renner erläutert die narrativen Operationen sehr anschaulich anhand von Werbespots (ebd., S. 15): „Betrachtet man [...] die hierarchische Ordnung des Raums, so ist diese Ordnungstransformation jener Figur vorbehalten, die den Extrempunkt dieses Raums markiert." Den hierarchischen Extrempunkt im Königreich des Fênix stellt ebendessen Königswürde da.

416 Nur an dieser Stelle wird etwas genommen, ohne dass im Gegenzug gegeben wird. Das hergestellte Ungleichgewicht durch das eine Asymmetrie implizierende Wort *gewinne* begründet somit die Sujetjaftigkeit des Textes. Liest man *Flore und Blanscheflur* entlang der Tausch- beziehungsweise Raubprozesse, offenbart der Text also durchaus Sujet. Dies hat bereits Egidi: Der Immergleiche, S. 136, beobachtet und mit dem weiteren Verlauf kontrastiert: „Präsentiert sich die Vorgeschichte um Blanscheflurs Mutter als höchst ereignisreich, so läuft die hierdurch aufgebaute Spannung insofern ins Leere, als ihr mit der Liebesidylle der Kinder eine auffallend ‚sujetlose' Erzählung folgt."

dieser Grenzüberschreitung auch eine gewisse Legitimität eignet. Denn die Grenzüberschreitung, die Flore und Blanscheflur letztlich zusammenführt, kann nicht nur unter negativen Vorzeichen stehen. Fênix, unzufrieden mit der sich anbahnenden Mesalliance zwischen Flore und Blanscheflur, trennt die beiden Nachkommen jedoch in ihrer Jugend. Als Blanscheflur umgebracht werden soll, hält die Königin ein Plädoyer für das Überleben der Tochter ihrer Zofe:[417]

> Herre, sît daz alsô stât,
> daz ir des niht habent rât,
> sî enmüeze verderben,
> sô lânt mich erwerben
> ein dinc daz uns beidiu vrumet
> und ze unsern êren kumet
> und uns erwendet bœsiu wort.
> daz liut spræche, ez wære ein mort,
> ob wir die maget erslüegen.
> dâ von mac uns benüegen,
> ob sî würde versant
> verre in ein ander lant,
> dâ niemen weiz wer sî sî.
> ze Lunquît in die stat hie bî
> rûeten niuwelîche
> koufliute harte rîche
> von Babilônje ist mir geseit.
> durch iuwer selbes vrümekeit
> den heizent sî geben
> ze koufende und lânt sî leben
> nû waz solt uns ir lîp?
> (V. 1501–1521)

Die argumentativen Parallelen zum Verkauf Josefs fallen deutlich ins Auge: Blanscheflur stört die Integrität der sozialen Gruppe (bei Josef: die Brüder, hier: die heidnische Königsfamilie), weshalb sie entfernt werden soll. Die Idee, sie in Abwesenheit ihres engsten Vertrauten (hier: Flore, im Falle Josefs sein Vater Jakob) umzubringen, wird durch den Verkauf – sogar konkret nach Ägypten, genau wie Josef – und täuschende Signifikanten – ein leeres Scheingrab für Blanscheflur, respektive den blut-

417 Das Verhalten der Königin ist sehr unterschiedlich bewertet worden. Amelie Bendheim: *Iuwers zornes unmâze / missevellet uns sêre* – Legitimität von Maßlosigkeit im mittelalterlichen Erzählkosmos. In: Das Mittelalter 23,1 (2018), S. 11–28, S. 23, sieht im Verkauf eine „abgeschwächte Form der Bestrafung", eine Aufforderung der Königin als Agentin höfischer *mâze*. Johan H. Winkelman: *Want grote list behort ter minnen.* (*Florisroman*, v. 1430). Listmotieven in de Middelnederlandse *Floris ende Blancefloer* van Diederic van Assenede. In: ABäG 67 (2011), S. 473–496, S. 478–480, hingegen identifiziert die Königin anhand der – diesbezüglich nicht zu weit entfernten – mittelniederländischen Version Diederics von Assenede als mittelmäßig erfolgreiche Intrigantin.

befleckten Mantel Josefs – ersetzt.[418] Wie im Falle des Bibeltextes[419] und anders als in der später datierenden Josefsgeschichte in Johans' von Wien *Weltchronik*, ist die Anwesenheit der Kaufleute *vor* Unterbreitung des Vorschlags bekannt (vgl. Kap. 4.3.1), die Idee speist sich also aus den realen Möglichkeiten, die der Frau des Königs Fênix bekannt sind (in Johans' Text *folgt* das Auftreten der Kaufleute finaler Motivierung entsprechend Rubens Idee des Verkaufs[420]).

Andererseits steht der Text ganz offensichtlich in der literarischen Tradition des antiken Liebesromans.[421] Mehrere Parallelen können beispielhaft an Charitons *Kallirhoë* festgemacht werden: Kallirhoë verliebt sich in Chaireas und damit über eine gesellschaftliche Grenze hinweg (die Väter liegen in Fehde),[422] man schmückt ihr ein Grab,[423] sie wird auf ihrer unfreiwilligen Reise verkauft[424] und gelangt sogar

418 Das Scheingrab gehört allerdings dabei eher zur Tradition des antiken Liebesromans, weist aber auch in Richtung früharabischer Literatur (vgl. Salama: Emotional turn). Charitons Protagonistin Kallirhoë allerdings wird tatsächlich für tot gehalten und wird in der Familiengruft beigesetzt (Vgl. Chariton: Kallirhoe. Hrsg., übers. und kommentiert von Christina Meckelnborg und Karl-Heinz Schäfer, Darmstadt 2006, S. 18. Im Folgenden zitiert nach dieser Ausgabe). Blanscheflurs Grab und der Umhang Josefs ähneln sich jedoch insofern mehr, als dass beide als Memorialgegenstände einen vorgetäuschten Tod beglaubigen sollen.

419 Gen 37,25–27: [25] *Et sedentes ut comederent panem | viderunt viatores Ismahelitas venire de Galaad et camelos eorum portare aromata et resinam et stacten in Aegyptum* [26] *dixit ergo Iudas fratribus suis | quid nobis prodest si occiderimus fratrem nostrum et celaverimus sanguinem ipsius* [27] *melius est ut vendatur Ismahelitis et manus nostrae non polluantur | frater enim et caro nostra est | adquieverunt fratres sermonibus eius.* („[25] Und als sie saßen, um Brot zu essen, sahen sie ismaelitische Reisende, die aus Gilead kamen, und ihre Kamele, die Gewürze und Harz und Myrrhenöl nach Ägypten trugen. [26] Juda sagte also zu seinen Brüdern: ‚Was nützt es uns, wenn wir unseren Bruder töten und sein Blut verbergen? [27] Es ist besser, dass er den Ismaelitern verkauft wird und unsere Hände nicht beschmutzt werden. Er ist nämlich unser Bruder und unser Fleisch.' Die Brüder stimmten seinen Worten zu [...].") Diese Form der kausalen, oder zumindest chronologisch einer Kausalität nicht entgegenstehenden Motivierung des Verkaufs findet sich auch in der *Frühmittelhochdeutschen Genesis* wieder (nach Handschrift W): *Ich weiz si in allen gahen / chouflûte sahen. / si fůrten mislich guant, / si wolten ze egypte lande / Do sprach iudas / der der bezziste was / zewiu ist uns gůt? / tůn wir unserem brůdere den tot / so uorderot got / zů uns sin blůt / Vvelt ir iz an minen rât lazen, / ir mugget sin baz geniezzen: / gebet in den choufliuten!* (FmhdG, V. 3606–3618).

420 In Johans' von Wien *Weltchronik* (vgl. auch Kap. 4.3.1) gibt zuerst Ruben den Rat, Josef nach Ägypten zu verkaufen (V. 5023). Die Kaufleute, die für diesen Vorschlag unabdingbar sind, treten jedoch erst wenig später auf: *Nû merket, ze der selben zît / kom zuo in ein wagen wît, / der truoc koufliut rîch.* (JvWWchr, V. 5033–5035).

421 Vgl. Schulz: Kontingenz, besonders S. 206–212.

422 *Kallirhoe*, S. 2. Worin genau die entscheidende gesellschaftliche Differenz in *Flore und Blanscheflur* besteht, ist in der Forschung diskutiert worden. Zuletzt hat Felix Urban: Gleiches zu Gleichem: Figurenähnlichkeit in der späthöfischen Epik. ‚Flore und Blanscheflur', ‚Engelhard', Barlaam und Josaphat', ‚Wilhalm von Wenden'. Berlin/Boston 2020, S. 224–228, dazu unter besonderer Berücksichtigung der „Geschlechterdifferenz" (S. 228) Stellung genommen.

423 *Kallirhoe*, S. 18.

424 Ebd., S. 36.

an den Hof eines Großkönigs, der sich ebenfalls in sie verliebt und sogar, genau wie bei Konrad Fleck, in Babylon residiert.[425] Nimmt man solche Ähnlichkeiten im Sinne einer literarischen Inspiration ernst, so fällt aber auch auf, dass gerade der intendierte Verkauf durch die Königin sich weniger in diese Vorlage einpasst. Angesichts des stark an die Rede Judas angelehnten Plädoyers der Königin halte ich speziell für diese Stelle einen Rückgriff auf die biblische Erzählung für wahrscheinlich.

Damit Blanscheflur verkauft und nicht umgebracht wird, verweist die Königin gegenüber ihrem Mann zudem auf eine Ebene des symbolischen Kapitals im Sinne Bourdieus: *êre* und *vrume* (vgl. V. 1505 f.) sind zu verfolgen, *bœsiu wort* (V. 1507) hingegen sollen abgewendet werden.[426] Die Angst vor Ehrverlust kann vor dem Hintergrund der Josefsgeschichte als säkulare Version der von den Brüdern Josefs beschworenen Angst vor göttlichen Sanktionen verstanden werden. Durch die gegen Ende des Monologs aufgeworfene Frage *nû waz solt uns ir lîp?* stellt die Königin die Indifferenz heraus, mit der Verkauf und Mord betrachtet werden sollen – nur, dass der Verkauf eben bei gleicher Funktion keine negativen Nebenwirkungen auf sozialer Ebene zeitigt. Judas Frage *quid protest* scheint hier im Hintergrund zu stehen. Erst jetzt wird aber ein weiteres Problem offenbar, das den Verkauf erschwert. Blanscheflur ist nicht nur ob ihrer Schönheit von besonderem Wert, sondern aus Sicht des Königs alles andere als gleichgültig. Blanscheflur ist das Ziel seines ausdrücklichen Hasses und unterliegt somit einer komplexeren Axiologie, als sie sich in einem simplen Preisfindungsprozess ausdrücken ließe.

> nû sehent wie rehte kûme
> der künic daz gelobete,
> wan er von zorne tobete.
> er was sô grimme und sô starc,
> er hæte goldes tûsent marc
> niht genomen vür ir leben,
> möhte ez mit êren sîn begeben
> (alsô was er ir gehaz)
> (V. 1526–1533)[427]

---

425 Ebd., Buch 5.

426 Dass es vor allem das soziale Argument des Ehrverlustes ist, das den König überzeugt, haben auch Classen: Suffering, S. 612, für den französischen und Winkelman: Listmotieven, S. 478, für den niederländischen Text herausgestellt.

427 Vgl. die entsprechende Stelle in der altfranzösischen Überlieferung: Hier beträgt der Preis nur einhundert Mark: *ne le fist pas par couoitise / vendre li rois en nule guise: / mix amast il sa mort à uoir / que ne fesist cent mars d'auoir.* (V. 427–430, zitiert nach: Flore und Blanceflore. Altfranzösischer Roman. Nach der Uhlandischen Abschrift der Pariser Handschrift N. 6987. Hrsg. von Immanuel Bekker. Berlin 1844). Eine direkte Abhängigkeit der Fleckschen Version vom altfranzösischen Text kann Schmid: Liebe und Geld, S. 46, zufolge allerdings nicht angenommen werden kann.

Auf den Hass des Königs, der sich aus der Exorbitanz und der damit verbundenen dynastischen Gefährlichkeit Blanscheflurs speist, hat Schmid bereits aufmerksam gemacht:

> Die Erzählung, die den Vater hypothetisch eine (vermutlich gerade noch vorstellbare) verführerisch hohe, allerdings begrenzte Summe ablehnen läßt, setzt die Unverkäuflichkeit des reinen Gefühls immerhin zur Kaufkraft des Geldes in ein Verhältnis. Damit eröffnet die Erzählung die Differenz zwischen der prinzipiell meßbaren Quantität und der Unermeßlichkeit der Qualität.[428]

Die Tausend Mark Goldes begegnen in der mittelhochdeutschen Erzählliteratur nicht selten, zumeist in konjunktivischem Kontext, welcher entweder irreale Verhältnisse oder die Unzulänglichkeit der *tûsent marc* widerspiegeln soll.[429] Alternativ erscheinen sie als topisch festgesetzter Lohn[430] oder beim Handel auf dem Markt oder mit Kaufleuten, bei denen durch eintausend Goldmark ein hoher, aber gerechtfertigter Wert abgebildet wird, wie beispielsweise in Ottes *Eraclius* sowie in den *Gesta Romanorum*.[431] Hier in *Flore und Blanscheflur* aber findet sich beides: Der topischen Angabe der *tûsent marc* im Konjunktiv folgt eine Verkaufsszene auf *histoire*-Ebene, also eine durch Marktkonventionen abgesicherte Preisaushandlung.[432]

428 Schmid: Liebe und Geld, S. 45. Ich stimme Schmid auch in ihrer Überlegung (ebd.) zu, dass hier eine gestalterische Absicht des Verfassers festgemacht werden kann, da „der Text […] nicht: ‚um kein Geld der Welt' [sagt], was im mhd. zweifellos möglich wäre."

429 Vgl. den Schild im *Nibelungenlied*, den Hagen sich als Geschenk ausbittet, der aber natürlich nicht zum Verkauf steht. Die Beschreibung endet mit: *wer sîn hete gegert / ze koufen, an der koste was er wol tûsent marke wert.* (NL, V. 1702,3 f.). Die Unzulänglichkeit zeigt sich beispielsweise in der *Weltchronik* des Johans von Wien, der insgesamt zehn Mal von der Summe Gebrauch macht. So sind *tûsent marc* (allerdings ohne Materialangabe) beispielsweise nicht so gut wie die Gnade/ Hilfe Gottes (JvWWchr, V. 32), der Prophet Habakuk würde *tusent marc golt* geben, um wieder in Judäa zu sein (JvWWchr, V. 17670) und Trajan lässt sich in seinen Urteilen auch von *tûsent marc / von lûterm golde* nicht bestechen (JvWWchr, V. 24588 f.). Interessant sind auch die Verschränkungen von Preis und Funktionalität im *Renner* Hugos von Trimberg: *Und koste ein glocke tûsent marc, / Swie guot si wêre, swie grôz, swie starc, / Doch wêr irs lobes prîs enwiht, / Hête si eins kleinen îsens niht / An dem der swengel hangen sol* (Ren, V. 2103–2107) sowie von Preis und Vernunft im *Jüngeren Titurel*: *swer umb ein ei git tusent mark von golde, / ob er bi witzen were, den selben kouf er selten prise solde!* (JT, V. 3871,3 f.).

430 Der Pharao bietet in der *Weltchronik* des Johans von Wien demjenigen *tûsent marc* (JvWWchr, V. 5584), der seinen Traum deutet. Bekanntlich tut Josef genau dies und steigt danach auch schnell die Karriereleiter Ägyptens hinauf. *Tûsent marc*, hier vermutlich aber in Silber gedacht, bietet zudem Kaiser Otto dem guten Gerhard an, damit dieser ihm seine Geschichte erzähle (GG, V. 1067).

431 Vgl. Erac, V. 745–750. In der Erzählung Nr. 103 in den *Gesta Romanorum* bezahlt ein König eintausend Florin für eine Weisheit, die ihm, da er sie auf ein Tuch sticken lässt, das er um den Hals trägt, seinen Barbier davon abhält, ihn umzubringen: *Rex dedit pro qualibet sapiencia mille florenos*. (Gesta Romanorum. Hrsg. von Hermann Oesterley. Berlin 1872, S. 431,37). Zur „Verdinglichung" der Ware ‚Weisheit' in dieser Erzählung vgl. Friedrich: Verdinglichung, S. 260 f.

432 Schmid: Liebe und Geld, S. 45, erwähnt zudem auch hier die mögliche Reversibilität einer Kaufentscheidung. Dies werde besonders daran deutlich, dass die *tusent marc* in den Versen

In den luftigen Höhen, in denen der Hass gegenüber Blanscheflur verhandelt wird, zeigt sich auch ein Unterschied zur Josefsgeschichte – ein Unterschied, der zwar nicht die Parallelen überdeckt, insgesamt jedoch eine differente Erzähllogik generiert. Während die Bezahlung in Silber für die Brüder Josefs in jedwedem Maße schon ein willkommenes Extra der Verkaufsoption gegenüber dem Mord darstellt, so kreiert der Hass gegenüber der zu verkaufenden Figur eine Exorbitanz derselben, die auch den Verkäufern bewusst ist. Dies wächst sich erzählerisch zu einem veritablen Problem aus, indem der Verkauf nicht mehr – im wahrsten Sinne des Wortes – um jeden Preis abgewickelt werden kann.[433] Zudem ist, im Gegensatz zu den Brüdern in der Josefsgeschichte, König Fênix selber nicht kompetent, den Handel abzuschließen:[434]

> dô sande er sie ûz ze der porte
> bî burgæren zwein,
> die er wol wiste âne mein
> ze koufe listic unde starc.
> (V. 1536–1539)[435]

Es reicht nicht aus, Blanscheflur einfach zu verkaufen, das höfische Merkmal der Vortrefflichkeit muss auf die beiden handeltreibenden *burgære* übertragen werden.[436] Im Sinne einer Erweiterung der bereits erwähnten narrativen Logik der ‚Spitzenäquivalenz'[437] kann die schönste Frau für den höchsten Preis nur von den besten Kaufleuten verkauft werden. Die Vorzüge der *burgære* auf ihrem Betätigungsfeld werden konkret benannt: Das zuerst genannte Merkmal, die Ehrlichkeit (*âne mein*), ist dabei von zentraler Bedeutung – und zwar nicht nur für die moralische Bewertung der Stadtbewohner oder die Bezahlung, die tatsächlich bei Fênix ankommt. Vielmehr ist auch die Bewertung Blanscheflurs von der Ehrlichkeit der Kaufleute abhängig. Da der Markt, in Kongruenz mit seiner in Kap. 2.3 aufgezeigten

---

2614–2617 erneut in Bezug auf Fênix genannt werden: *er hæte goldes tûsent marc / umbe sî gegeben ê / dan sî verkoufet würde mê / iemen an der porte.*

433 Nur, weil es eine untere Preisgrenze gibt, heißt dies jedoch nicht, dass Fênix nun, wie Schmid: Liebe und Geld, S. 45, es formuliert, „nach maximalem Gewinn wie jeder Händler auch" strebe. Ein solcher Wunsch kann im Text nicht ermittelt werden, weder für Fênix noch für die beiden *burgære*.

434 Dies mag natürlich auch daran liegen, dass preisliche Verhandlungen nicht zum Habitus des Herrschers gehören. Den stärksten Ausdruck dessen stellt das Motiv des *rash boon* dar.

435 Die Information, dass die beiden Bürger ohne Hinterlist agieren, stellt einen Zusatz der deutschen Bearbeitung dar. Vgl. dagegen: *Par un borgois au port l'envoie, / Qui de marcie estoit moult sages / Et sot parler de mains langages.* (FetB, V. 414–416)

436 Einerseits soll mit dem Quellenbegriff vermieden werden, dem Text einen Begriff des ‚Bürgerlichen' zu unterlegen, der weitreichende Implikationen mit sich bringen würde. Ist hier im mittelhochdeutschen Text von *burgæren* die Rede, so können damit nur rechtsfähige und wehrpflichtige Stadtbewohner gemeint sein. Andererseits grenzt *burgære* die Figuren auch von den „[e]chte[n] Kaufleute[n]" ab (Schmid: Liebe und Geld, S. 45), die Blanscheflur schließlich weiterverkaufen.

437 Vgl. Kap. 4.2.2 zur Zuordnung von bester Ware und reichstem Käufer im *Pfaffen Amis*.

Faktur, in seiner literarischen Funktion nicht den Raum einer vermeintlich kaufmännischen Gewinnmaximierung darstellt, sondern sich besonders durch seine Tauschprozesse regulierende Funktion auszeichnet, muss die Ehrlichkeit der Verkäufer betont werden, um die Rechtmäßigkeit des hohen Preises für Blanscheflur zu garantieren.[438] Auch die Fähigkeit, *ze koufe listic unde starc* zu sein, muss keine angestrebte Gewinnmaximierung bedeuten, sondern exponiert die Idoneität der beiden *burgære*, einen unanzweifelbaren Preis für Blanscheflur zu erhalten.

4.4.2 Der Preis für Blanscheflur

Die ausgesandten *burgære* haben, gemessen an den bisherigen Bedenken des Königs nur eine einzige Aufgabe: Sie müssen Blanscheflur teuer genug verkaufen. Durch den Hinweis des Königs, wie viel Gold zu wenig wäre, Blanscheflur vor dem Tod zu bewahren sowie durch die eigens herausgestellte Expertise der *burgære*, erzeugt der Text eine Form von Spannung, wogegen Blanscheflur denn nun eingetauscht werden soll. Diese hervorgerufene Spannung wird dann weiter ausgereizt, nimmt die Bezahlung für Blanscheflur doch sonderbar viel Platz ein[439] und schließt mit der Beschreibung eines *kopfes*, eines kleinen, stiellosen Gefäßes,[440] das bezüg-

438 Auf die beiden Nebenfiguren, die Blanscheflur verkaufen, trifft die angeblich durchweg negative Bewertung des Kaufmanns in der Literatur des Mittelalters, wie Rißmann: Art. Kaufmann (*EM Online*) sie nachzeichnet, überhaupt nicht zu.

439 Angesichts des bekannten Erzählschemas dürfte es sich allerdings um eine ‚Wie-Spannung' im Sinne Lugowskis handeln. Vgl. Clemens Lugowski: Die Form der Individualität im Roman. Frankfurt am Main 1976, S. 40. Die Verwendung dieser Begriffe aus Lugowskis Werk von 1932 halte ich durchaus für möglich, da sie von einer ideologisch geleiteten Literaturwissenschaft nicht affiziert zu sein scheinen. Zur Problematik der Theorie des späteren NSDAP-Mitglieds Lugowski, die sich um Begriffe des Kollektiven und der ‚Zersetzung' narrativer Formen organisiert, vgl. Jan-Dirk Müller: Der Prosaroman – Eine Verfallsgeschichte? Zu Clemens Lugowskis Analyse des ‚Formalen Mythos' (mit einem Vorspruch). In: Mittelalter und frühe Neuzeit. Übergänge, Umbrüche und Neuansätze. Hrsg. von Walter Haug. Tübingen 1999, S. 143–163.

440 Bei einem *kopf*, im Gegensatz zu einem Kelch, Becher oder Pokal, handelt es sich um ein stielloses, rundes Trinkgefäß mit Fuß, das nicht wie der Kelch in den Bereich von Eucharistiepraktiken spielt, sondern als Objekt sozialen Gabentauschs häufig Verwendung fand (vgl. Art. *kopf* m. In: *DWB*). Verzierte *köpfe* aus Edelmetall sind bisweilen in mittelalterlichen Schatzfunden erhalten. Gotische Einzelstücke, sogenannte „Doppelköpfe" aus Erfurt, Lingenfeld und Colmar stellt Astrid Pasch: Zur Herstellungstechnik der Schatzfundobjekte. In: Die mittelalterliche jüdische Kultur in Erfurt. Bd. 2: Der Schatzfund. Analysen – Herstellungstechniken – Rekonstruktionen. Hrsg. vom Thüringischen Landesamt für Denkmalpflege und Archäologie Weimar durch Sven Ostritz. Weimar 2010, S. 226–437, S. 237–249, vor. Allgemeiner zur Geschichte von *köpfen* und *Doppelköpfen* im Mittelalter auch Maria Stürzebecher: Der Schatzfund aus der Michaelisstraße in Erfurt. In: Die mittelalterliche jüdische Kultur in Erfurt. Bd. 1: Der Schatzfund. Archäologie – Kunstgeschichte – Siedlungsgeschichte. Hrsg. vom Thüringischen Landesamt für Denkmalpflege und Archäologie Weimar durch Sven Ostritz. Weimar 2010, S. 60–323, hier S. 70–80.

lich des Preises auch den Fokus der bisherigen Forschung bildet.[441] Die Beschreibung des *kopfes* erschöpft sich nämlich nicht in der Darstellung seines Materialwertes, sondern hebt auf dessen Objektbiographie und die auf ihm abgebildete Geschichte Trojas ab. Schmid sieht den Verweis auf die überschüssigen Semantiken, die den Materialwert dieses *kopfes* überlagern, als hinreichend an, die Unvereinbarkeit von Einzigartigkeit und Warenhaftigkeit zu überbrücken:

> [D]ie edle, unvergleichlich schöne Blanscheflur, Flores Liebste und sein unschätzbares Gut, erzielt auf dem Markt sehr wohl einen Preis. Aber die Erzählung ist bemüht, in Gestalt des Pokals, in dem die immateriellen Werte der antiken Rarität, des Bildungsgutes und der ästhetischen Qualität zusammentreten, eine Art Äquivalent zu schaffen; Blanscheflurs Gegenwert ist ein Unikat, das ebenfalls mit Geld nicht zu bezahlen ist.[442]

Diese Unvereinbarkeit von superlativer Singularität und Austauschbarkeit stellt das Grundproblem der Szene um den Verkauf Blanscheflurs dar. In diesem kommt das Konzept der ‚Spitzenäquivalenz' nun voll zum Tragen:[443] Als solche bezeichne ich, wie bereits angesprochen, eine behauptete Äquivalenz, die nicht an der Zuordnung merkantil ermittelter Gleichwertigkeit ausgerichtet ist, sondern die sich in der diskursiven Zuordnung zweier Gegenstände (oder Figuren) als jeweils beste ihrer eige-

---

441 Auch wenn das Grabmal Blanscheflurs insgesamt mehr Aufmerksam auf sich ziehen konnte (vgl. beispielsweise die älteren Publikationen Klaus Ridder: Ästhetisierte Erinnerung – erzählte Kunstwerke. Tristans Lieder, Blanscheflurs Scheingrab, Lancelots Wandgemälde. In: LiLi 27,1 (1997), S. 62–85, Michael Waltenberger: Diversität und Konversion: Kulturkonstruktionen im Französischen und im Deutschen Florisroman. In: Ordnung und Unordnung in der Literatur des Mittelalters. Hrsg. von Wolfgang Harms [u. a.]. Stuttgart 2003, S. 25–43, und Egidi: Implikationen, besonders S. 179–185, sowie aktueller Ulrich Hoffmann: Griffel, Ring und andere *ding*. Fetischisierung und Medialisierung der Liebe in Floris-Romanen des Mittelalters und der Frühen Neuzeit. In: Dingkulturen. Objekte in Literatur, Kunst und Gesellschaft der Vormoderne. Hrsg. von Anna Mühlherr, Heike Sahm, Monika Schausten. Berlin/Boston 2016, S. 358–388, und Miriam Strieder: Der staunende Blick auf das weit entfernte Fremde. Das Spanien der Mauren in Konrad Flecks *Flore und Blanscheflur* (um 1220?). In: Spanische Städte und Landschaften in der deutschen (Reise)Literatur/Ciudades y paisajes españoles en la literatura (de viajes) alemana. Hrsg. von Berta Raposo, Walther L. Bernecker. Bern 2017, S. 183–195), so hat doch auch der *kopf* bereits einige Beachtung gefunden: Kasten: Pokal, Egidi: Der Immergleiche, S. 152–154, Heiko Wandhoff: Ekphrasis. Kunstbeschreibungen und virtuelle Räume in der Literatur des Mittelalters. Berlin/New York 2003, S. 244–250, und ders.: Bilder der Liebe – Bilder des Todes. Konrad Flecks Flore-Roman und die Kunstbeschreibung in der höfischen Epik des deutschen Mittelalters. In: Die poetische Ekphrasis von Kunstwerken. Eine literarische Tradition der Großdichtung in Antike, Mittelalter und früher Neuzeit. Hrsg. von Christine Ratkowitsch. Wien 2006, S. 55–76, besonders S. 59 f. In Anlehnung an Kasten: Pokal spricht auch Wandhoff: Bilder der Liebe, S. 64 u. 68, wiederholt vom *kopf* als „Substitut" für Blanscheflur.

442 Schmid: Liebe und Geld, S. 47. Dass Gegenstände (oder in diesem Fall Figuren) beliebig kommodisiert und wieder entkommodisiert werden können, haben besonders Appadurai: Commodities und Kopytoff: Biography gezeigt.

443 Bereits erwähnt wurde die Spitzenäquivalenz in der Analyse des *Pfaffen Amis* (Kap. 4.2.2), hier betrifft sie aber tatsächlich zwei gegeneinander getauschte Werteinheiten und nicht nur die Zuordnung von Käufer und gekauftem Gut.

nen Kategorie konstituiert. Die Rechtmäßigkeit einer solchen spitzenäquivalenten Zuordnung muss von diesbezüglich kompetenten Sprecherpositionen vorgenommen werden, wobei es sich gleichermaßen um den Erzähler[444] wie auch um Figuren handeln kann.[445]

Dies ändert aber nichts daran, dass gleichwohl auch diese spitzenäquivalente Zuordnung auf dem Markt ermittelt wird.[446] Das Ergebnis der Verhandlungen ist dann nicht bloß eine hohe Summe im Sinne der *tûsent marc*, sondern eine Aufzählung verschiedener Münzen,[447] Stoffe und Kleidungsstücke[448] sowie höfischer Tiere[449] und eben des für die spätere Handlung relevanten *kopfes*, der ausführlich beschrieben wird. Angesichts der Fülle der kostbaren Stoffe und Tiere scheint die Mindestauflage von eintausend Goldmark zumindest poetologisch übererfüllt zu sein.[450]

---

444 Bezüglich der Kompetenz einer Werteinschätzung durch den Erzähler muss zudem ein gendertheoretisches Problem angesprochen werden. Wie in Kap. 4.1.4 herausgearbeitet wurde, gibt es in erzählender Literatur durchaus Hinweise auf ein gegendertes Verständnis von Marktkompetenz. Urban: Gleiches zu Gleichem, S. 215, macht darauf aufmerksam, dass durch die in der Rahmenhandlung eingesetzte weibliche Erzählinstanz nicht sicher sein kann, ob es sich um eine männliche Erzählstimme handelt. Konsequent spricht Urban also von der „Erzähler*in" des Romans (S. 215). Um der Uneindeutigkeit des Erzählers/der Erzählerin in diesem Fall aber Rechnung zu tragen, werde ich im Folgenden von ‚Erzählinstanz' sprechen.

445 Dieses Kriterium ist schwächer als es klingen mag, wird doch jeder Stimme, die Auskunft über die erzählte Welt gibt, zuerst einmal geglaubt, sofern deren Urteilsvermögen nicht durch widersprüchliche Zuschreibungen im Text relativiert werden. Wird ein Wert im Text denotiert, ist dieser Angabe erst einmal zu trauen. Diese Annahme entspricht dem „Minimalkriterium der Benanntheit", wie Christ es in seiner *Narratologie der Dinge* für die Existenz von Gegenständen in erzählten Welten annimmt. Vgl. Valentin Christ: Bausteine zu einer Narratologie der Dinge. Der „Eneasroman" Heinrichs von Veldeke, der „Roman d'Eneas" und Vergils „Aeneis" im Vergleich. Berlin/Boston 2015, S. 14.

446 Schmid: Liebe und Geld, S. 47, stellt die umgekehrte Situation der Preisfindung dar, wie sie sich in einem deutschen Druck von 1500 findet. Hier kommen die Kaufleute zum König: „Als die Kaufleute Bianceffiore erblicken, erschrecken sie ob *irer unaussprechlicher schone* und sind im Zweifel, *ob daz ain irdischen creatur oder himelische were*. Sie sehen sich außerstande, dem König ein angemessenes Angebot zu machen: *Edeler her [...] nemet von unßerm schatz was euch lieben ist dann wir sollichs schœn klainet nicht schatzen*. Nachdem der König aus ihren Waren ausgewählt hat, was ihm gefällt, lassen sie es sich nicht nehmen, ihm als Dreingabe einen goldenen Pokal (*ain schœnen guldin kopff*) zu schenken (vgl. LVIII)." Eine komparatistische Arbeit zum Vergleich der verschiedenen europäischen Versionen durch die Jahrhunderte könnte interessante Parallelen und Differenzen in der Darstellung der Verkaufsszene offenbaren.

447 *die nâmen umb sî zwei hundert marc / und drîzic pfunt bisande* (V. 1540 f).

448 *und pfeller von ir lande / hundert harte wol gemacht / und hundert vêche mentel wol bedacht. / âne die dâ wâren hermîn, / die niht bezzer möhten sîn, / und zwênzic bliâte guot / rehte rôt als ein bluot / und zwênzic zendâle / meisterlîche wol gemâle* (V. 1542–1550).

449 *unde zwênzic hebeche wunneclich / (zwelfe mûzeten sich), / pferde und rosse hundert*, (V. 1551–1553).

450 Den Versuch zu unternehmen, einen ungefähren Wert der Gegenstände zu ermitteln, halte ich für müßig. Die bloße Nennung höfischer Objekte und Tiere mag auch im zeitgenössischen Rezeptionsprozess dabei wichtiger gewesen sein, als eine konkrete Vorstellung des erzielten Preises in Sil-

Denn hätte es eine reine Nennung des Silber- oder Goldpreises in Gewichtseinheiten (*marc*) gegeben, wie Fênix es zuvor als nicht ausreichend für Blanscheflurs Überleben verwirft, so wäre die hier präsentierte raumgreifende Ausfaltung nicht möglich gewesen. Die Vielfalt der Güter, die für Blanscheflur auf dem Markt aufgebracht werden, folgen einer weiteren als der reinen Gewichtslogik.[451] Durch die *enumeratio* nimmt der Preis – ohne den noch sehr viel genauer beschriebenen *kopf* – allein dreiundzwanzig Verse der Erzählung ein, die das Hauptgeschehen in Form einer syntaktisch ausgestalteten Liste anhalten.[452] Als rhetorischer Effekt stellt sich ein, dass durch die Aufhäufung der unterschiedlichsten Wertgegenstände (inklusive Tiere) die Werthaftigkeit Blanscheflurs noch potenziert wird: es reicht nicht, für sie zu bezahlen, man muss ganz wörtlich – dies wird im sukzessiven Aufzählen erfahrbar – immer *noch mehr* bieten, um Blanscheflur eintauschen zu können. Ob die *enumeratio* dabei einer syntagmatischen Steigerung folgt,[453] halte ich für unwahrscheinlich, vor allem aber für irrelevant, da stilistisch der paradigmatische Charakter der Aufzählung sehr

ber- oder Goldgewicht. Dass hier für Blanscheflur geradezu ein *schaz* hingegeben wurde, spiegelt sich in den unterschiedlichen Gegenständen wieder, die alle zum Standardrepertoir eines Königsschatzes gehören. Vgl. dazu Hardt: Gold und Herrschaft sowie Kap. 3.4.

451 Die Möglichkeit, dass einzelne Teile dieses Preises gereicht hätten, wird dabei überhaupt nicht zur Disposition gestellt. Im Kontrast zur Bepreisung Blanscheflurs sei an die Verhandlung zwischen Ritter und Dame im *Gürtel* Dietrichs von der Glezze erinnert, bei der der Ritter erst einen Habicht (Gür, V. 220), dann zwei Jagdhunde (Gür, V. 233), sein Pferd (Gür, V. 253) sowie schließlich seinen magischen Gürtel setzt (Gür, V. 279), um mit der Dame schlafen zu dürfen. Vgl. Dietrich von der Glezze: Der Gürtel. In. Deutsche Versnovellistik des 13. bis 15. Jahrhunderts, Bd. 1.2. Hrsg. von Klaus Ridder, Hans-Joachim Ziegeler, Berlin 2020, S. 103–126.

452 Zwar handelt es sich nicht um eine rein elliptische, „prototypical list" (Eva von Contzen: The Limits of Narration: Lists and Literary History. In: Style 50,3 (2016), S. 241–260, S. 245), aber um eine Liste nicht minder. Das oppositionelle Verhältnis von Aufzählung und Narration ist zudem in der Literaturwissenschaft relativiert worden (vgl. ebd.). Dennoch können Listen in Narration die Aufmerksamkeit steuern und das reflektierte Zuhören/Lesen der Rezipient:innen anregen: „Lists are one of the most obvious elements in narrative texts that remind us of the constructedness of the discourse, and with it its potential problematic aspects" (ebd., S. 246). Zudem stelle die Liste als „beschreibende[...] Aufzählung" nach Sabine Mainberger: Die Kunst des Aufzählens. Elemente zu einer Poetik des Enumerativen. Berlin/New York 2003, S. 108, den Versuch dar, „die Subjektivität soweit wie nur irgend möglich zurückzunehmen." Allerdings werde hier, so Waltenberger: Diversität, S. 39, durch die „zahlreich inserierten Autorenkommentare[...] explizit argumentierend und wertend die Rezeptionsperspektive [ge]lenkt."

453 Dies würde eine genaue Einschätzung der jeweils eingetauschten Materialien erfordern. Klaus Schöpsdau legt dar, dass eine *enumeratio* in Form einer „‚plurium rerum congeries' (Anhäufung mehrerer Sachen)" keine Steigerung ausbilden muss, als Redeschmuck aber natürlich dennoch „eine Methode der Steigerung (*amplificatio*)" darstellt, „welche der Rede größeren Nachdruck, Schärfe und Stoßkraft verleiht (Klaus Schöpsdau: Art. Enumeratio. In: *HWBR Online*, https://www.degruyter.com/document/database/HWRO/entry/hwro.2.enumeratio/html, zuletzt eingesehen: 04.04.2021, 09:52).

viel stärker ins Auge springt.[454] Im rechtlichen Sonderraum des Marktes wird somit der niedrige Status Blanscheflurs bei Hofe (Sklavin) in Form des enorm hohen und aus höfischen Gegenständen bestehenden Preises korrigiert.

Scheinbar übertroffen aber wird all dies von dem mit Objektbiographie[455] versehenen *kopf*. *Enumeratio* und *kopf*-Beschreibung werden dabei durch einen kurzen Erzählerkommentar (s. u.) getrennt, wodurch die paradigmatisch referierten Bestandteile des Preises – Edelmetall, (höfische) Tiere, Kleidung und Stoffe – eine hierarchisch nicht zu gliedernde Kulisse bilden, vor der der *kopf* umso wertvoller erscheint.[456] Im Anschluss an die Aufzählung wird die Beschreibung dieses *kopfes* geboten, über dessen enormen Wert selbst die Erzählinstanz irritiert zu sein scheint: *und einen kopf des mich wundert, / daz in daz mære tiurer hât / dan den pfeller und al die wât* (V. 1554–1556).

Der rhetorische Topos des *Mehr und Minder* mag hier helfen, die Wertzuschreibungen zu verdeutlichen. Weder *kopf* noch übrige Bezahlmittel werden in ihrem Preis degradiert, sondern verstärken sich gegenseitig. Propositionen wie „wenn x schon so viel wert ist, ist y noch viel wertvoller"[457] setzen Stoffe, Metall und Pelze einerseits und den *kopf* andererseits in ein Verhältnis, das über bloße Binarität hinausgeht: Beide sind besonders wertvoll, weil das jeweils andere so viel wert ist.

Einen derartigen, über einen materiellen Wert reflektierenden Kommentar kennt die französische Version des Textes nicht.[458] Um den Kommentar in seiner Bedeu-

---

454 Vgl. Egidi: Der Immergleiche, S. 152: „Die Liste der Kostbarkeiten erhält, gerade aufgrund ihrer Kleinteiligkeit und Präzision, die Funktion, die Kontrastfolie zur emphatischen *descriptio* dieses einen begehrenswerten Objekts zu bilden. Meßbares und Inkommensurables durchkreuzen sich jedoch auch im Pokal selbst."

455 Auf diese soll hier nicht näher eingegangen werden, Egidi, ebd., S. 153, hat bereits eine überzeugende Interpretation dargelegt, in der sie das Problem von Tausch und Diebstahl in der Trojageschichte auf die Biographie des *kopfes* wie auch auf die Handlungen der Figuren in *Flore und Blanscheflur* bezieht.

456 Ähnlich ist auch der *Waise*, der Edelstein in der Kaiserkrone, den Herzog Ernst findet (in *Herzog Ernst B*), einer von vielen Edelsteinen, der scheinbar heraussticht. Ernst und seine Gefährten dringen in einen Berg ein, der sich durch seine Fülle an Edelsteinen auszeichnet: *dô schein der berc inner gar / von maniger hande steine. / die wâren al gemeine / schœne unde wol gevar.* (HE, V. 4450–4453). Nur ein Stein zieht aber die Aufmerksamkeit des Protagonisten auf sich, der diesen dann mit sich nimmt: *Ernst der edele wîgant / einen stein dar under sach / den er ûz dem velse brach.* (HE, V. 4456–4458) Zitiert nach: Herzog Ernst. Ein mittelalterliches Abenteuerbuch. In der mittelhochdeutschen Fassung B nach der Ausgabe von Karl Bartsch mit den Bruchstücken der Fassung A. Hrsg., übers. und mit Anmerkungen und einem Nachwort versehen von Bernhard Sowinski. Stuttgart 1979. Insgesamt gilt natürlich auch die Ähnlichkeit zu Konstellationen wie der Präsentation der norwegischen Prinzessin im *Guoten Gêrhart* (Vgl. Kap. 4.5).

457 Zum „Topos aus dem Mehr und dem Weniger" vgl. Hans Georg Coenen: Art. Hierarchien. In: *HWBR Online*, https://www.degruyter.com/document/database/HWRO/entry/hwro.3.hierarchien/html, zuletzt eingesehen: 04.04.2021, 09:57.

458 Die Nennung der Stoffe geht im Französischen Text direkt in die Beschreibung des *coupe d'or* über (vgl. FetB, V. 440–442).

tungsvielfalt einordnen zu können, muss kurz auf die Rahmenerzählung der Diegese zurückgegriffen werden, in der der Erzähler selbst Zuhörer ist und die Geschichte um Flore und Blanscheflur erzählt bekommt.[459] In Flecks Version bildet eine Baumgartenszene vor Einsatz der Handlung um Fênix diese Metadiegese, in der dem Erzähler von einer Königstochter aus Karthago die Geschichte vorgetragen wird.[460] Indem die Erzählung um Flore und Blanscheflur diese metadiegetische Rahmung zu Beginn erhält, ist der Erzähler, bzw. die Erzählerin von *Flore und Blanscheflur* als heterodiegetische Instanz der Geschichte um das Liebespaar markiert.[461] Durch die Installation einer zusätzlichen Ebene behält sich die Erzählinstanz des Narrativs um Flore und Blanscheflur eine begründbare Distanz vor, die auch in solchen Szenen wie dem Verkauf Blanscheflurs hervorzutreten scheint. Diese Konstellation stellt jedoch nur eine Möglichkeit der Distanzierung innerhalb des Spiels mit verschiedenen Erzählebenen dar. Dass die Erzählinstanz sich überhaupt eigenmächtig zur *matière* der Vorlage positionieren kann, wird bereits aus dem spezifisch mittelalterlichen Verständnis einer „Retextualisierung" deutlich, einem „Verfahren des ‚Wiedergebrauchs'", den mittelalterliche Autoren selbstbewusst „immer wieder unterstreichen".[462]

Die dadurch entstehenden Effekte gestalten sich mit Blick auf materielle Wertkonstitution äußerst vielschichtig.[463] Geben sich die meisten Erzählinstanzen um-

---

459 Zum komplexen Verhältnis von Rahmen und Erzählung in *Flore und Blanscheflur* Vgl. Ludger Lieb, Stephan Müller: Situationen literarischen Erzählens. Systematische Skizzen am Beispiel von ‚Kaiserchronik' und Konrad Flecks ‚Flore und Blanscheflur'. In: Wolfram-Studien XVIII. Erzähltechnik und Erzählstrategien in der deutschen Literatur des Mittelalters. Hrsg. von Wolfgang Haubrichs, Eckart Conrad Lutz, Klaus Ridder. Berlin 2004, S. 33–57, S. 46–56, Egidi: Implikationen sowie Bendheim: Wechselrahmen, S. 109–125.

460 Zuerst wird dabei von zwei Frauen gesprochen: *die selben vrouwen wâren / von grôzer pârâge / eines küniges tohter von Kartâge* (V. 256–258). Als eigentliche Erzählerin tritt aber nur eine der beiden hervor: *dô diu vrouwe gemeit / sô guote state gewan, / der rede sî alsus began* (V. 270–272). Vgl. dazu Egidi: Implikationen, S. 174.

461 Zur Verschiebung zwischen französischer und deutscher Version vgl. Waltenberger: Diversität.

462 Joachim Bumke, Ursula Peters: Einleitung. In: ZfdPh 124 (Sonderheft) (2005), S. 1–5, S. 1. Ausdifferenziert wird dieses „Verfahren des ‚Wiedergebrauchs' im sich anschließenden Artikel Joachim Bumke: Retextualisierungen in der mittelalterlichen Literatur, besonders in der höfischen Epik, ebd., S. 6–46. Vgl. speziell zur Retextualisierung, bzw. Renarrativierung in *Flore und Blanscheflur*, aber ohne Bezug zur hier genannten Textpassage Velte: Vom Erzählen wiedererzählen. Zudem eröffnet Worstbrock: Wiedererzählen, S. 128, noch ein mögliches Problem dieser Interpretation: „Keiner der mittelalterlichen Erzähler, der lateinischen, romanischen, deutschen, hat beansprucht, eigenmächtig ersonnene Geschichten zum besten zu geben, keiner eine erste und ausschließliche Urheberschaft an seiner *historia*, seinem *conte*, seinem *mære* geltend gemacht." Angesichts dieser Selbstverständlichkeit könnte natürlich auch von einer rhetorischen Unauffälligkeit des Erzählerkommentars ausgegangen werden. Ich halte die Verwunderung über den Wert des *kopfes* aber für so herausgehoben, dass das „metanarrative und metafiktionale Verfahren" (Velte: Vom Erzählen wiedererzählen, S. 173) des Erzählers hier besonderes Gewicht erhält.

463 Schmid: Liebe und Geld, S. 46, bezeichnet das von der Erzählinstanz erwähnte *mære* als Verweis auf den französischen Text (womit nicht der uns überlieferte Text gemeint ist).

fassend kompetent bezüglich der Wert-Schätzung edlen Materials, so wird diese Kompetenz hier umstandslos abgegeben.[464] Neue Autorität der Wertermittlung ist nun *daz mære*, wobei die Kriterien, nach denen der Wert bestimmt wird, vorerst opak bleiben. Das Unverständnis belegt, zusätzlich zur bereits aufgezeigten Balance des Preises für Blanscheflur zwischen Superlativ und Kontingenz, dass die Wertbestimmung hier nicht so geradlinig erfolgt, wie angenommen werden könnte. Gründe für diese Irritation können nun gleich mehrere sein. Zum einen handelt es sich, wie bereits ausgeführt wurde, um die deutschsprachige Bearbeitung eines französischen Stoffes. Die Opazität mancher Setzungen innerhalb des Erzählgefüges können somit als reflektierende Verweise der Erzählinstanz gelesen werden, die den Prozess der Retextualisierung betonen. Die Bedingung der Möglichkeit des Wiedererzählens, also die Präexistenz der für gültig befundenen und damit wiederholt zu formenden Stoffe, kann zum Garanten der Werthaftigkeit werden.[465] Denn wenn der Wert eines Objektes von der *matière* verbürgt wird und nicht erst durch die Erzählinstanz behauptet werden muss, schreibt dies den Objekten der Diegese eine ontische Qualität der Werthaftigkeit zu, die kaum hintergangen werden kann, hier aber durch den skeptischen Kommentar des Erzählers überhaupt einmal sichtbar wird.

Auf Ebene der Fiktion hingegen ist die Rezeption der Erzählung kein außerliterarischer Übergang von französischem zu deutschem Text, sondern eine ebenso fiktionale Rezeption innerhalb der initialen Baumgartenszene, in der der Erzähler die Geschichte zu hören bekommt. Lässt man auch die Rahmenhandlung außen vor, so markiert das Unverständnis der Erzählinstanz über die Werthaftigkeit den Übergang von materiellem zu semantischem Wert.[466] Natürlich handelt es sich bei dem *kopf* um ein materiell teures Objekt (dies wird noch seine Auswirkungen in der spä-

464 Dies passt zur Beobachtung, dass der Erzähler sich in Gestalt eines Unfähigkeitstopos zu Beginn des Textes als insuffizient beschreibt, die Geschichte von Flore und Blanscheflur zu erzählen, da ihm die nötige Erfahrung in Liebesangelegenheiten fehle. Vgl. V. 93–103 und dazu Egidi: Implikationen, S. 170. Nicht als Moment der evaluierenden Unsicherheit, sondern als quellenkritischen Kommentar liest Schmid: Liebe und Geld, S. 46, den Kommentar der Erzählinstanz: „Obwohl die überlieferte französische Fassung (sie kann allerdings nicht die direkte Quelle Konrad Flecks gewesen sein) überhaupt nichts hierzu bemerkt, äußert der Erzähler in der deutschen Version auf engem Raume wiederholt seine mißbilligende Verwunderung darüber, daß die Vorlage den Pokal als den eigentlichen Kaufschatz ansieht. *Daz mære*, sagt er, schätzt ihn höher als die Sachwerte [...].“

465 Denn die gesamte Dichtung hat ja einen Wert, der jenseits des Bearbeiters zu liegen scheint, so Worstbrock: Wiedererzählen, S. 129: „Die Hörer wurden versichert, eine Geschichte gehört zu haben, die unabhängig von ihrem gegenwärtigen Erzähler bestehe und ohne willkürliche Erfindungen von diesem weitergegeben worden sei.“

466 Auch, wenn es nicht genuin in den Bereich der materiellen Werthaftigkeit gehört, soll doch kurz das Verhältnis von Reichtum und Liebe anhand des *kopfes* erörtert werden. Immerhin hat die Troja-Thematik bereits mehrfach das Interesse der Forschung auf sich gezogen, da die Entscheidung des Paris die Favorisierung der Liebe durch Flore vorwegzunehmen scheint. So Wandhoff, Ekphrasis, S. 246: „Und wie bei dem trojanischen Königssohn ist auch beim heidnischen Thronfolger Flore die Entscheidung für die weite und gefährliche Fahrt übers Meer eine Entscheidung für

teren Schachspielszene zeitigen, s. u.), aber eine sinnvolle Überbietung der exorbitanten Materialien und Tiere, die bisher als Preis aufgelistet wurden, ist nur auf einer die Materialität gerade transzendierenden Ebene möglich. Indem die Erzählinstanz anschließend genau berichtet, wie der *kopf* beschaffen sei und das er *vierzic marke goldes* wiege (V. 1569), zeigt sie durchaus genaueres Wissen über das Gefäß; das Unverständnis bezüglich der enormen Wertigkeit wird also im vollen Wissen um die materiale Beschaffenheit des *kopfes* geäußert. Dadurch ergibt sich auch der rhetorische Effekt, der oben unter dem Stichwort des „Topos aus dem Mehr und dem Weniger" angesprochen wurde: Obwohl der enorme Wert des *kopfes* vollständig bekannt ist, wird dessen werthafte Überlegenheit von der Erzählinstanz angezweifelt – dies wertet wiederum die anderen Objekte als ebenfalls werthaften Hintergrund auf.

Beachtenswert erscheint mir zudem, dass hier eine Logik der Wertkonstitution durch eine zweite überschrieben wird: Erstens wird der Wert Blanscheflurs bis zu einem gewissen Maß der Kontingenz preisgegeben, da ganz besonders versierte Kaufleute geschickt werden müssen, dieses Geschäft abzuwickeln.[467] Der Aushandlungsbedarf des Preises für Blanscheflur wird somit impliziert, da es nicht notwendig zu sein scheint, dass für die schönste Frau auch der höchste Preis gezahlt wird. Die beiden *burgære* sind damit nicht mehr nur notwendige Agenten eines Austauschs, der sich ohnehin auf diese Weise vollziehen würde, sondern sind im Vollzug der Verhandlungen erst für den exorbitant hohen Preis für Blanscheflur verantwortlich. Hinzu tritt, dass es keine absichernden Erzählerkommentare an dieser Stelle gibt, die den hohen

---

die Liebe und gegen andere Optionen. So wie Paris Reichtum und Weisheit zugunsten der Liebe zu Helena verworfen hat, schlägt auch Flore die Ersatzangebote aus, die seine Eltern ihm anbieten, damit er auf die christliche Geliebte verzichten möge." Folgt man jedoch Kasten, zeigt sich in *Flore und Blanscheflur* das alternative Modell, Reichtum (Hera) und List (Athene) einzusetzen, um die Geliebte zurückzuerobern. Der Weg zur Geliebten führe nicht an Reichtum und Weisheit vorbei, sondern vielmehr durch diese hindurch, er instrumentalisiert die Gaben der Hera und Athene geradezu, die der „Superiorität der Liebe" untergeordnet sind (Kasten: Pokal, S. 198). Fungieren die Abbildungen auf dem *kopf*, wie Kasten es beschrieben hat, als „Leitbildfunktion, die das Liebeskonzept des Floreromans und sein Erzählprogramm maßgeblich bestimmt" (ebd., S. 192), dann weder als Kontrast (zur Liebe Flores und Blanscheflurs im Kontrast zum Trojastoff vgl. Wandhoff: Ekphrasis, S. 248) noch als Imitation, sondern vielmehr als Optimierung, in deren Vollzug eine vollständige Verabschiedung von Reichtum und Weisheit als defizient ausgestellt werde. Der Fortgang der Erzählung zeige, dass die drei Gaben zwar hierarchisiert, aber nicht als Alternativen auftreten sollen.

467 Schmid: Liebe und Geld, S. 45, bezeichnet erst die Kaufleute, die Blanscheflur schließlich über das Meer zum *amiral* verschiffen, als „[e]chte Kaufleute", da die beiden Gesandten des Königs keine „selbständigen Zwischenhändler", sondern eben nur zwei Untertanen des Königs seien, die sich auf den merkantilen Handel verstehen. Dem wäre besonders mit Blick auf den weiteren Textverlauf zu widersprechen, da die beiden *burgære* durchaus über das praktische Wissen von Kaufleuten zu verfügen scheinen. In wessen Dienste die beiden stehen, ist für den Bildbereich des Marktes letztlich gleich, solange sie sich an die performativen Strukturen des Marktes halten.

Wert Blanscheflurs diegetisch-ontologisch festlegen könnten.[468] Die einzige Untergrenze des Preises – Fênix' *goldes tûsent marc* (V. 1530) – ist figurengemacht und drückt keine Wertschätzung aus, die aus Praktiken des Marktes resultieren würde, sondern eine persönliche Aversion des heidnischen Königs – *alsô was er ir gehaz* (V. 1533).[469] Da es aber tatsächlich zu einem Tausch von materiellen Gütern gegen Blanscheflur kommt, schwindet der Unterschied zwischen topischer Übertreibung – *er hæte goldes tûsent marc / niht genomen vür ir leben* – und merkantiler Handlungsoption. Blanscheflur um einen gewissen hohen Preis nicht leben lassen wollen und dies um einen anderen Preis dann doch tun, führt die Taxierung der christlichen Sklavin aus dem rein topisch-rhetorischen Rahmen der *tûsent marc* heraus und hinein in den diegetisch realen Praxisbereich der Wertbemessung auf dem Markt.

Dass mit einer stereotypen Zweiteilung von kleinlich-berechnender Kaufmannspraxis einerseits und adeligem Nicht-Beachten materieller Werte andererseits hier nicht operiert werden kann, zeigt auch das Verhältnis von möglicher Verausgabung und der Logik eines tatsächlichen Kaufpreises. Versteht man Fênix' Erwähnung der eintausend Goldmark als Chiffre für eine unwahrscheinlich große Menge Goldes, so zeigt sich, dass sich diese Potlatch-hafte Geste, diese „totale Leistung",[470] dem realen Verkauf unterordnen muss: Das höfische Versprechen, materiellen Verzicht zu üben, verliert durch den ausgeführten Handel an wirklichkeitskonstituierender Bedeutung.[471] Stattdessen wird der topisch anmutende Verzicht auf tausend Goldmark ernst genommen. Und wie es die Praxis des Marktes vorgibt, muss einem potentiel-

---

468 Eine darauffolgende Wertschätzung, ironischerweise oder gerade folgerichtig ebenfalls durch Fênix arrangiert, begegnet im Scheingrab, das zum Zweck der Täuschung Flores angelegt wird. Dieses ist als Kunstobjekt und aufgrund der sich bewegenden Figuren als Automat von der Forschung ausgiebig beschrieben worden (vgl. besonders Wandhoff: Ekphrasis, S. 302–304, sowie Strieder: Der staunende Blick). Neben der ausgiebigen und auch topisch ausgestalteten Pracht des Grabes, wird dieses zudem durch Fênix mit Edelsteinen gefüllt, die den Raum einnehmen, an dem eigentlich der Leichnam gebettet sein müsste: *Noch sulnt ir von dem grabe wizzen. / sich hâte der künic gevlizzen / umb gesteine aller slahte, / sô er beste erwerben mahte. / daz hiez er in daz grap senken. / ich wæne nieman erdenken / der gezierde kunne / und der manicvaltigen wunne, / diu dâ was ergraben.* (V. 2099–2107). Die Ersetzung des toten Körpers durch Edelsteine erinnert an die Praxis des Aufwiegens, wie es zentral ist für ökonomisches Handeln, das auf Gewichtseinheiten basiert. Eine genaue Ermittlung des Wertes gegenüber den anderen Preisen, die im Text für Blanscheflur geboten werden, ist kaum möglich, da *gesteine* als Angabe nicht ausreicht, um das Grab beispielsweise in Beziehung zum zwanzigfachen Goldgewicht zu setzen, das der *amiral* für Blanscheflur bereit ist zu zahlen.

469 Die übermäßige Abneigung durch Fênix korreliert natürlich mit der gesamten Exorbitanz Blanscheflurs – nur wer so schön und höfisch ist, verdient es auch, so gehasst zu werden.

470 Mauss: Die Gabe, S. 27, vgl. zum Potlatch besonders ebd., S. 23–26.

471 Der Verzicht wird sogar explizit durch die Verwahrung der Erlöse überschrieben: Fênix fügt die Gewinne der beiden *burgære* seinem persönlichen Vermögen hinzu: *Dô des küniges boten kâmen, / den schatz sie umb die maget nâmen, / den brâhten sie ze hove gar. / des hiez der künic nemen war / sînen kameræere.* (V. 1867–1871).

len Tauschpartner, sollte er mit dem Preis unzufrieden sein, ein höherer geboten werden, sofern der Handel weiterhin realisiert werden soll.

Zweitens aber könnte eine superlative Zuordnung hier auch die Logik der guten Verhandlungskunst überschreiben. Im Zentrum stünde dann nicht mehr die Kontingenz des Preises, sondern die Nicht-Kontingenz der Verhandelnden: Der Preis für die schönste Frau kann eben nur von den besten Kaufleuten erzielt werden. Die Konstellation um König Fênix, der eintausend Goldmark nicht für Blanscheflurs Überleben annähme, die *burgære*, deren Kompetenz in Verhandlungen besonders betont wird, sowie die diegetisch-reale Überbietung der topischen Tausend Goldmark im Kaufpreis stellen die Notwendigkeit heraus, dass, egal welche Wertigkeit Blanscheflur aufgrund ihrer Schönheit, ihrer adeligen Abkunft oder ihrer Position als Flores Geliebten auch zukommen mag, eine Übertragung in den Bereich des materiellen Wertes, also eine Preisbestimmung, stets einen Überschuss an Kontingenz generiert. Denn die beschriebene Spitzenäquivalenz markiert zwar eine relationale Wertigkeit innerhalb der eigenen Kategorie – die schönste Frau unter Frauen, der höchste Marktpreis aller Marktpreise –, eine numerische Zuordnung mittels einer verallgemeinerbaren Instanz, einer Währung nämlich, wird hier gerade nicht vollzogen. Blanscheflur hat zwar einen Preis, doch ist dieser nicht durch Praktiken des Merkantilen, sondern axiologisch festgelegt. Und gerade diese Unschärfe eröffnet einen Verhandlungsspielraum, der in *Flore und Blanscheflur* wieder und wieder ausgefüllt wird: Von den tausend Goldmark, die Fênix erwähnt, über die Stoffe und Tiere bis zum einzigartigen und mit besonderen Fähigkeiten und einer besonderen Provenienz ausgestatteten *kopf*, operiert der Text mit der Logik der Überbietung, auf ein wägbares Gleichgewicht wird nicht geachtet. Zwar wird Blanscheflur also auf einem Markt verkauft, ihre exponierte Einzigartigkeit sperrt sich jedoch der für den Markt notwendigen Zuordnung zu einer „whole series of rival objects", durch die die Kategorie der Ware und damit auch der Markt erst ihre Bedeutung gewinnen.[472] Dem Markt bleibt nur die hier paradox wirkende institutionalisierte Funktion, als Autorität der Wertbestimmung diese Einzigartigkeit zu bestätigen.

Selbst der Preis, den der *amiral* bezahlt, bezieht sich zwar auf die merkantile Praxis des Wiegens, doch handele es sich, in Schmids Worten, um einen „Liebhaberpreis", den er „wie ein Sammler antiker Kunst" bereit sei zu zahlen:[473]

---

472 Favereau, Biencourt, Eymard-Duvernay: Where do markets come from, S. 224. Vgl. dazu auch Kap. 2.3. Dabei ist der Einwand bei Schmid: Liebe und Geld, S. 47, zu bedenken, dass es hier nicht um Menschenwürde, sondern um die „Schönheit" geht, „der die adlige Gesellschaft des Mittelalters, jedenfalls in den literarischen Deutungen der mittelalterlichen Kultur, wie einer Göttin huldigt."

473 Ebd. Die finanzielle Unerreichbarkeit des *amirals* qualifiziert diesen zudem auch als Brautvater im Sinne des Schemas von der gefährlichen Brautwerbung Vgl. dazu Schmid-Cadalbert: Brautwerbungsdichtung, S. 86: „Der Brautvater ist ein dem Werber an Macht und Reichtum ebenbürtiger bzw. überlegener Herrscher. Er widersetzt sich dem Verlangen des Werbers. Aufgabe des Werbers ist es, ihn zu bezwingen und, falls er Heide ist, zu bekehren und zu taufen."

der [amiral, A.M.] widerwac sî âne zal
mit golde wol zwênzic stunt.
ir angesiht tet ime kunt
daz sî edel wesen mehte
an geburt und an geslehte,
und daz sî sîme lîbe
wol gezæme ze einem wîbe.
(V. 1680–1686)

Stärker noch als durch den zwar opulenten, aber erratisch daherkommenden Preis von Stoffen, Tieren, Edelmetallen und *kopf*, wird durch die Praxis des Wiegens, durch eine beiden Tauschpartnern äußere Instanz, der Wert Blanscheflurs objektifiziert. Die *contradictio in adiecto* der abgewogenen Unbestimmtheit des Wertes, die in *der widerwac sî âne zal* zum Ausdruck kommt, betont auch hier wieder die Hybridität des Kaufpreises. Der *amiral* ersteht Blanscheflur, da er ihr *edel wesen* (V. 1683) erkennt und verweist so zurück auf den initialen Raub der Mutter Blanscheflurs, die Fênix ja aus denselben Gründen ausgewählt hat:

Der künic dô betrahte
in sînes herzen ahte
sî wære einer vrouwen glîch,
wan ir geschaft was edelich
und ir gebærde lobesam,
alsô ez einer vrouwen zam,
und geviel im deste baz.
(V. 467–473)

Zum Ende der Erzählung hin erbarmt sich der *amiral*, der Flore und Blanscheflur eigentlich umzubringen gedachte, aufgrund ihrer zur Schau gestellten Liebe zueinander und führt die beiden als Mann und Frau zusammen: *ich gibe iuch diese vrouwen ze der ê / und iuch, vrouwe, in ze man* (V. 7490 f.). Bereits die ersten Gastgeber Flores auf der Fahrt zum *amiral* sind sich sicher, dass nur Flore selbst als Gegenwert für Blanscheflur in Betracht kommt: *wan sî ist guotes vriundes wert* (V. 3118) sowie *swaz ir von rehtem muote / durch sî getuont ze guote! / des ist sî wert, des wil ich jehen.* (V. 3201–3203) heißt es da. Die ansonsten metaphorisch nicht auffälligen Konstruktionen mit *wert* erscheinen hier ganz im Lichte der bevorstehenden Wiedergewinnung Blanscheflurs durch den Pseudo-Kaufmann Flore.[474] Die letzte ‚Transaktion' Blanscheflurs erfolgt somit ohne Bezahlung, bzw. Flore selbst ist der Gegenwert. Der Verkauf Blanscheflurs auf zwei Märkten steht in seiner hybriden höfisch-merkantilen Form somit zwischen einem anfänglichen Raub[475] und einem abschließenden Ge-

474 Vgl. zur begrifflichen Polyvalenz von *wert* Kap. 2.1.
475 Über die verschiedenen Transaktionsmodelle lässt sich also eine Brücke zum sujethaften Raub der Mutter Blanscheflurs schlagen. Egidi: Der Immergleiche, S. 135, bezeichnet die Liebesgeschichte gegenüber der anfänglichen Spanienepisode als sujetlosen „Fremdkörper".

schenk, das keine Gegengabe mehr erfordert. Der Markt als Ort der Reziprozität steht damit zwischen Gewalt und Gnade.

4.4.3 Jenseits des Marktes

Der merkantile Kauf und die Beschreibung einzutauschender Wertgegenstände stehen im Gesamtkontext des Romans nicht isoliert da. Drei Punkte möchte ich herausgreifen, die auf die ein oder andere Weise eine Beziehung zum merkantilen Geschehen aufweisen.

Erstens ist der übermäßige Glaube an Reversibilität seitens des Königs zu nennen. Schmid hat in ihrer Diskussion der „Differenz zwischen der prinzipiell meßbaren Quantität und der Unermeßlichkeit der Qualität" darauf hingewiesen,[476] dass Fênix nicht nur zu Beginn *tûsent marc* in Verbindung mit Blanscheflurs Leben ins Spiel bringt, sondern auch um die selbe Summe den Verkauf gerne wieder rückgängig machen würde, um Flore das Leid zu ersparen (V. 2614–2617). Zudem überinterpretiert Fênix die Bedeutung merkantil getauschter Objekte. Der Vorschlag an Flore, er könne Blanscheflur ja gegen den *kopf* einfach zurücktauschen, unterstützt die Lesart Ingrid Kastens, der *kopf* bilde das „Substitut" für Blanscheflur:[477] *dû maht sî wider gewinnen / dâ mite ob dû sî vindest* (V. 2720 f.). Die Idee der schlichten Rückgabe, die gabentheoretisch ein gewaltiges Problem darstellte, da dies einer aggressiven Ablehnung einer Gabe gleichkäme,[478] wird hier vom König, der sich mit der merkantilen Logik des Verkaufs arrangiert hat, als sinnvollste und einfachste Lösung vorgeschlagen. Da Blanscheflur jedoch, wie gezeigt wurde, niemals vollständigen, sondern nur hybriden Eingang in die merkantile Logik findet, realisiert sich diese Handlungsanweisung der ‚Reklamation' nicht im weiteren Erzählverlauf.

Zweitens ist Flores Reise als Kaufmann zu nennen. Flore verkleidet sich als *koufman*, um in fremden Ländern nicht erkannt zu werden (V. 2703–2706). Dazu bittet er seinen Vater, ihm eine Reihe von Zaumtieren zur Verfügung zu stellen, die mit Wertgegenständen beladen werden, welche an Blanscheflurs Preis erinnern: *silber* und *golt*, *köpfe*, *rîchiu vaz*, goldene *bisanden* (V. 2668–2677) und eine illustre Reihe teurer Textilien.[479] Der Route Blanscheflurs folgend, lässt Flore auch, im

476 Schmid: Liebe und Geld, S. 45.

477 Vgl. Kasten: Pokal, S. 197.

478 Zu gabentheoretischen Überlegungen zur „Pflicht des Nehmens", die sich aus einer metonymischen Beziehung von Objekt und Geber erklärt, vgl. Mauss: Die Gabe, S. 31–39. Wie das Ablehnen von Gaben in mittelhochdeutscher Literatur agonal eingesetzt werden kann, haben beispielsweise Oswald: Gabe und Gewalt, S. 258–275, und Schausten: Agonales Schenken dargelegt.

479 V. 2678–2682: *zwêne sullen zobel tragen, / vêher mentel und hermîn; / zweier last sol pfeller sîn / schœniu kleit und rîche wât, / samît unde zendât.*

Sinne der Tarnung, in der ersten Stadt auf dem Weg verbreiten, *sie vuorten veile wât / nâch koufliute site* (V. 2990 f.). Von beiden Gastgebern auf seinem Weg wird Flore aber sehr schnell durchschaut. Brennig hat entsprechend die ‚Kaufmannsfahrt' Flores als eine besondere Form der topischen Verkleidung als Kaufmann beschrieben, wie sie häufig in der Literatur zu finden ist:[480] Allerdings seien „Person und Persönlichkeit Flores [...] ungeeignet zur Durchführung dieser anspruchsvollen List."[481] Flore wird nämlich von all seinen Gastgebern durchschaut, seine Jugend, die ausgestellte *minne* und die wiederholt praktizierte *milte* markieren ihn immer wieder als weder *koufman noch koufmans kint* (V. 3434). Aufbauend auf Brennig hat besonders Katja Altpeter-Jones auf die Verkleidung aufmerksam gemacht, die zwar einerseits immer wieder durchschaut werde, andererseits aber ausreichend sei, da sich im Rahmen der finanziellen Entwicklung des 12. und 13. Jahrhunderts wohlhabende Adlige und wohlhabende Kaufleute in ihrem Auftreten so weit anzunähern vermochten, dass sie die soziale Gruppe der *rîchen liute*[...] bildeten (V. 2985).[482] Mit Blick auf den verfolgten *koufschatz* Blanscheflur (V. 3909)[483] möchte ich dem eine dritte Perspektive hinzufügen: Die schlechte Umsetzung der Kaufmannsverkleidung durch Flore stellt nicht einfach dessen höfische Herkunft heraus; vielmehr entspricht sie der niemals zur Gänze vollzogenen Warenhaftigkeit Blanscheflurs: So, wie diese nie wirklich nach den Gesetzen des Marktes weiterverkauft wird, eine hybride Ware darstellt, so ist Flore nie ganz Kaufmann. Die zuletzt besonders von Felix Urban betonte Gleichheit der beiden Hauptfiguren durchkreuzt eine hierarchisierende Metaphorik von aktivem Kaufmann und passiver Ware.[484]

Drittens ist noch abschließend auf das Schachspiel zwischen Flore und dem gierigen Turmwächter einzugehen. Angesichts der klaren Werteverteilung in der Szene bietet sich hier kaum Freiraum für Interpretation: So ist sich die Forschung

480 Brennig: Kaufmann, S. 284–306.

481 Ebd., S. 306.

482 Altpeter-Jones: When Wealth was Good, S. 10–15. Anders funktioniert die Engführung im *Tristan* Gottfrieds von Straßburg, insofern hier nicht nur Reichtum, sondern auch Tugendhaftigkeit als verbindendes Element angegeben wird. Tristan, der sich als Kaufmannssohn ausgibt, erzählt vom *tugentlîche*[*n*] *muote*[...] seines erfundenen Vaters (Tr, V. 3106). Dazu Brennig: Kaufmann, S. 209: „Edle Gesinnung aber, verbunden mit Besitz und Reichtum, sind auch die Elemente, die die Qualität eines Adeligen notwendig bestimmen. Tristan nimmt sie, von den Jägern unwidersprochen, für seinen (kaufmännischen) Vater in Anspruch und dokumentiert damit, daß sie nicht an aristokratische Standesschranken gebunden sind."

483 Schmid: Liebe und Geld, S. 53, sieht in der Metaphorisierung der Rede über Blanscheflur den eigentlichen, nämlich poetischen Nutzen der Kaufmannsverkleidung.

484 Vgl. Urban: Gleiches zu Gleichem, S. 242 f.: "[D]ie jeweiligen Gastgeber [erkennen] an den körpersprachlichen Zeichen der Trauer [...], dass die beiden zusammengehören [...]. Der gleiche Sinn, das gleiche Streben führt [...] zu einer Übereinstimmung des Äußeren [...], die hier zugleich als Zeichen des gleichen inneren Tugendadels und des gleichen inneren Christentums fungiert, das die fehlende Taufe Flores und den fehlenden Geburtsadel Blanscheflurs überbrückt. Dabei nimmt die Ähnlichkeit der schönen Körper zu, je näher Flore seiner Geliebten kommt."

dann auch einig, dass hier anhand der materiellen Wertmittel auserzählt werde, wie „der merkantile Modus des Kaufens und Verkaufens überboten wird durch den aristokratischen Modus der *milte*.“[485] Es ist das erklärte Ziel Flores, den Turmwächter durch immer höhere Spieleinsätze zu locken, damit dieser am Ende ihm die Treue schwöre (V. 5262–5269). Dabei reproduziert Flore durch merkantile Begriffe und die gleichzeitige Absage an den Einsatz des *kopfes* die hybriden Marktsituationen, die im bisherigen Verlauf der Erzählung identifiziert wurden, in denen ein Unikat in den Handlungsraum des Merkantilen gestellt wird:

> er ist umb schaz niht veile.
> er wart mir sô ze teile
> daz mir harte missezæme
> ob ich iuwer golt næme
> umb alsô lützel dinges.
> des koufes und des gedinges
> wil ich uns beide erlân.
> (V. 5255–5261)

Ein drittes Mal begegnen im Text *goldes wol tûsent marc* (V. 5251), da nun der Turmwächter diese Summe für den *kopf* bietet. Und erneut wird der Wert desselben angezweifelt, indem Flore das Gold nicht *umb alsô lützel dinges* nehmen möchte. Auch setzt Flore bis zu diesem letzten Spiel seinen gesamten Besitz im Spiel gegen den Turmwächter ein. Die Szene des ersten Verkaufs wird somit in vielerlei Hinsicht

485 Wandhoff: Ekphrasis, S. 248. Vgl. auch Kasten: Pokal, S. 196: „Uneigennützig ist diese großmütige Gabe [des *kopfes* an den Turmwächter, A.M.] jedoch nicht, denn Flore handelt nach der feudalen Logik des Schenkens und fordert als Gegenleistung die Hilfe des Wächters, sofern er sie benötige.“ Ebenso Schmid: Liebe und Geld, S. 51: „Dem Geld eignet die Macht, eine endliche Geschäftsverpflichtung in eine unendliche personale Verpflichtung zu verwandeln: die bedingungslose Treue. Bezeichnenderweise traut die Erzählung den Gesinnungswandel des Torhüters nicht dem Geld als Tauschwert zu, sondern dem spekulativen Einsatz der Gabe. Es ist *Flôren milte*, diese Säule des feudalen Gesellschaftsvertrags, diese eigentümliche Mischung aus Berechnung und Ethik, die auf die absolute Bestechlichkeit wie auf die absolute Verläßlichkeit von seinesgleiches vertraut, welche die Transsubstantiation von Quantität in Qualität bewirkt.“ Auch Altpeter-Jones: When Wealth was Good, S. 18, identifiziert die *milte* des Protagonsiten an dieser Stelle als ausschlaggebende Qualität: „Flôre we might say is thus portayed not only as clever but as fundamentally *generous*.“ Altpeter-Jones bemüht sich dabei allerdings um eine Auflösung stark ständisch gedachter Qualitäten und diskutiert die Figur Flores tatsächlich als jemanden, der zumindest partiell als Kaufmann ernst genommen werden muss. (Damit einher geht auch die Übertragung der *milte* auf nicht-adelige Kreise. Zur Vermittlung des Wissens um ein richtiges, nämlich freimütiges Schenken durch didaktische Texte und Antikenromane an eine breitere laikale Rezeptionsgemeinschaft vgl. Lars Kjær: The Medieval Gift and the Classical Tradition. Ideals and the Performance of Generosity in Medieval England, 1100–1300. Cambridge 2019, Kap. 6.). Kragl ergänzt die Situation zudem um eine gewinnbringende Diskussion des mittelhochdeutschen *list*-Begriffes und perspektiviert die Szene stärker als Betrug seitens Flores, wobei den Akteuren jegliche Form von Häme und Wut fehle (Kragl: Betrogen).

gespiegelt: Sie findet zwar nicht auf einem Markt statt, aber das merkantile Vokabular hält diesen Raum präsent und der *kopf* ist einerseits das Finale der Wertgegenstände, andererseits *lützel dinc*. Dadurch wird auch die diskursiv wertsteigernde Interdependenz von *kopf* und wertvollem ‚Hintergrund'-Schatz wieder aktiviert. Es lassen sich aber auch Unterschiede zum Verkauf Blanscheflurs ausmachen, angefangen mit der fehlenden Rahmung des Marktes als Ort der Wertkonstitution. Der größte Unterschied in der Preisbeschreibung besteht in der Verschiebung von Paradigmatik und Syntagmatik: Aus der paradigmatischen, unsortierten Liste der Wertgegenstände auf dem Markt entsteht kein Sujet. Werden Werte hingegen in ein Syntagma der Wertsteigerung überführt,[486] weicht die merkantile Akkumulation der Wertgegenstände einer auslöschenden Ersetzungsoperation: Nur noch das teuerste Ding ist genug wert. Zudem ist hier einer der Akteure von vornherein als unterlegen markiert, während die merkantile Begegnung zu Beginn durch Symmetrie der Verhandlungspartner gekennzeichnet war.

An kaum einem anderen Text können Modi der Wertdarstellung so gut gezeigt werden, wie an *Flore und Blanscheflur*: Der Markt ist nicht der einzige Ort der Wertzuschreibung, aber er ist der narrativ zentrale Raum dafür und alle Wertungs- und Transaktionsprozesse vom Raub zu Beginn bis zur Übergabe Blanscheflurs als Braut durch den *amiral* gruppieren sich um diesen. Die Überblendung höfischer und merkantiler Erzählkonstellationen, die im einmaligen Preis, in der ‚Verkleidung' Flores als Kaufmann, in den Akkumulations- und Steigerungsbeschreibungen oder im Schachspiel um materielle Werte ihren Niederschlag finden, generieren die stets implizite und manchmal explizite merkantil-metaphorische Faktur des Geschehens.

4.5 Rudolf von Ems: *Guoter Gêrhart*

Die Text beginnt mit Kaiser Otto, der als Krönung seines frommen Lebenswandels das Bistum Magdeburg stiftet. Da ihm zugetragen wird, er werde für seine Verdienste allseits gelobt, stellt er sich selbst die Frage, wie sein himmlischer Lohn aussehen möge. Ein Engel verweist ihn jedoch an Gêrhart aus Köln, der sich weitaus löblicher verhalten habe. Es wird schnell deutlich, dass Gêrharts Tugend nicht zuletzt in dessen Demut liegt, die mit der Erwartungshaltung des Kaisers kontrastiert wird. Gêrhart möchte dem Kaiser auch nach wiederholten Nachfragen nicht von seinen Taten erzählen, erklärt sich aber schließlich nach vehementen Aufforderungen seitens des Kaisers doch dazu bereit. Sein Bericht erfolgt dann in erster Person: Als reicher Kaufmann begibt sich Gêrhart mit der Hälfte seines Vermögens auf Handelsfahrt nach Osteuropa und in den Nahen Osten, bevor ein Sturm ihn ungewollt nach Marokko verschlägt. In der großen Marktstadt Castelgunt bietet der Stadthalter Stranmûr Gêrhart an, ihm im Tausch für

486 Eine Alternative zur paradigmatischen Präsentation findet sich auch in der syntagmatischen Nennung der Geschenke an Dido im französischen *Roman d'Eneas*, die, so Kjær: The Medieval Gift, S. 130, die Funktion erfülle, Dido und ihr Gefolge als „troublingly materialistic and flighty in their affections" zu charakterisieren.

dessen gesamte Handelsware einige adelige Geiseln zu überlassen, die, ebenfalls durch einen Sturm gestrandet, eingekerkert ihr Dasein fristen. Durch die Aufforderung eines Engels in einer Vision bestärkt, lässt Gêrhart sich auf den Handel ein und führt die Geiseln zurück nach Europa, ohne dafür Kompensation zu verlangen. Ausschließlich die norwegische Prinzessin Irêne, Verlobte des englischen Thronfolgers Willehalm, verbleibt bei Gêrhart in Köln. Da Willehalm verschollen bleibt, bereitet Gêrhart die Hochzeit Irênes mit seinem ebenfalls Gêrhart genannten Sohn vor. Willehalm erscheint in letzter Sekunde, die Hochzeit wird abgesagt, und Gêrhart ermöglicht Irêne und Willehalm die Rückkehr nach England. Dort wird Gêrhart von den Regenten, die sich als die anderen Adeligen im Gefängnis von Castelgunt herausstellen, die Krone angeboten, er schlägt jedoch jede Würdigung und Bezahlung aus und hilft Willehalm, seinen rechtmäßigen Thron zu besteigen. Ohne materiellen Lohn kehrt Gêrhart nach Hause zurück. Kaiser Otto erkennt seine eigene *superbia* und lässt Gêrharts Lebensgeschichte aus didaktischen Zwecken aufschreiben.

Als einziger größerer mittelhochdeutscher Erzähltext des 13. Jahrhunderts, der einen Kaufmann zum Protagonisten hat,[487] ist der *Guote Gêrhart* Rudolfs von Ems aus mentalitäts- und sozialgeschichtlicher Perspektive bereits mehrfach besprochen worden. Der sowohl an christlichen[488] wie an sozialen[489] Werteordnungen partizi-

487 Diese Sonderstellung in der Literaturgeschichte ist bisher nicht angezweifelt worden. Vgl. Helmut Brackert: Rudolf von Ems. Dichtung und Geschichte. Heidelberg 1968, S. 40: „Der Held der Geschichte, ein Kölner Handelsherr, ist der erste Kaufmann, der in der deutschen Dichtung des Mittelalters als Hauptperson einer Erzählung auftritt. In den literarischen Werken der früheren Zeit gehört dem Vertreter dieses Standes allenfalls eine Episode, wenn nicht überhaupt Kaufmannskleid und Kaufmannswesen nur als Maske und Verstellung dienen, um mit ihrer Hilfe gänzlich unkaufmännische Absichten und Pläne zu verwirklichen."

488 Ältere Forschung hat sich vor allem mit der sozialhistorischen Frage nach der Vereinbarkeit von Kaufmannsstand und christlicher Lehre beschäftigt. Dabei wird Gêrhart zumeist ein positives Zeugnis ausgestellt. Vgl. Werner Wunderlich: Der „ritterliche" Kaufmann. Literatursoziologische Studien zu Rudolf von Ems' „Der guote Gêrhart". Kronberg 1975, S. 160: „Gêrhart demonstriert, daß es nicht notwendig ist, Glaubensgrundsätze oder kanonisches Recht zu verletzen, um im Beruf erfolgreich zu sein, was Reichtum und Ansehen erwerben heißt. In diesem Sinne ist Gêrhart ein ‚guoter', d. h. erfolgreicher Kaufmann." Nikola von Merveldt: „Sinn-Stiftung": Erzbistum und Erzählung im *Guoten Gêrhart* des Rudolf von Ems. In: Euphorion 94,3 (2000), S. 293–317, interpretiert Gêrhart gar als Christusfigur, worauf ich noch eingehen werde (Kap. 4.5.5). Vgl. mit verwandtem Forschungsanliegen Werner Wunderlich: „ ... des koufmannes güete". Rudolfs von Ems *Der guote Gêrhart*. In: Der literarische Homo oeconomicus. Vom Märchenhelden zum Manager. Beiträge zum Ökonomieverständnis in der Literatur. Hrsg. von dems. Bern/Stuttgart 1989, S. 41–56, Dieter Kartschoke: Der Kaufmann und sein Gewissen. In: DVjs 64 (1995), S. 666–691, sowie Sonja Zöller: Von *zwîfel* und *guotem muot*. Gewissensentscheidungen im ‚Guten Gerhard'? In: ZfdA 130,3 (2001), S. 270–290.

489 Wunderlich: Der „ritterliche" Kaufmann sieht in der narrativen Entwicklung Gêrharts den Versuch einer Amalgamierung im weitesten Sinne ‚oberschichtlicher' Werte. Vgl. ebd., S. 231: „Die ritterlichen Leitbegriffe erfahren im Zusammenhang mit den patrizischen Wertnormen, die auf kaufmännischen Maximen beruhen, Verinnerlichung und Verallgemeinerung." Dieses Amalgam schlage sich, so Wunderlich, ebd., S. 234, in der Ansprache der *werden liute* nieder, die „das Rittertum und die patrizischen Schichten seiner Zeit" gleichermaßen bezeichne. Zu Gêrhart als höfisierter Figur vgl. auch Christoph Cormeau: Rudolf von Ems: „Der guote Gerhart". Die Veränderung eines Bauelements in einer gewandelten literarischen Situation. In: *Werk – Typ – Situation.* Studien zu

pierende Kaufmann wurde hinsichtlich realhistorischer gesellschaftlicher Umwälzungen des 13. Jahrhunderts eingehend beleuchtet. Juristische Diskurse[490] wie auch politisches Zeitgeschehen wurden dabei berücksichtigt:[491] Der Kölner Kaufmann, der sich hier nach dem Vollzug ostwärts führender Handelswege[492] einer besonderen Beziehung zum englischen Königshaus widmet, wird somit zur Projektionsfläche realpolitischer und wirtschaftlicher Beziehungen, die Köln im Spannungsfeld von englischer Krone, Reichspolitik[493] und frühhanseatischen Wirtschaftsinteressen zeigen.[494]

Auch strukturell hat sich der *Guote Gêrhart* aufgrund seiner Gattungs-, Erzählebenen- und Schemahybridisierungen als lohnendes Forschungsobjekt erwiesen.[495]

---

poetologischen Bedingungen in der älteren deutschen Literatur. FS Hugo Kuhn. Hrsg. von Ingeborg Glier. Stuttgart 1969, S. 80–98.

490 Vgl. Schulz: Loskauf, S. 20, die den *guoten Gêrhart* als *casus* „konfliktiver eherechtlicher Konstellationen" interpretiert. Vgl. auch dies.: Eherechtsdiskurse. Studien zu *König Rother*, *Partonopier und Meliur*, *Arabel*, *Der guote Gêrhart*, *Der Ring*. Heidelberg 2005. Ebenfalls auf den kasuistischen Charakter des Textes abhebend, dieses Mal jedoch aus moraltheologischer Perspektive, nähert sich Kartschoke dem Text (Kartschoke: Gewissen).

491 Vgl. grundlegend zum Konnex von „Dichtung und Geschichte" im Werk Rudolfs von Ems Brackert: Rudolf von Ems.

492 Zu den Handelsrouten Wunderlich: Der „ritterliche" Kaufmann, S. 140: „Der Orienthandel ist alt und geht in Deutschland und besonders Italien bis auf die Anfänge der Kreuzzüge zurück. Der Handelsverkehr mit den Baltikumsgebieten an der Ostsee nimmt um die Jahrhundertwende ganz gewaltig zu und mehr als jede andere Stadt war es Köln, das gleichzeitig an den zwei großen Handelsstraßen Nordeuropas beteiligt war: der rheinischen von Italien nach England und der (später hansischen) entlang der Linie Novgorod-Lübeck-Brügge." Auch zur Entstehungszeit des *Guoten Gêrharts* spielt der Begriff der Hanse jedoch bereits eine Rolle. Hanse, so Michael North: Zwischen Hafen und Horizont. Weltgeschichte der Meere. München 2016, S. 112, „bezeichnete im 12. Jahrhundert die genossenschaftlich zusammengeschlossenen Fernhändler, die meist aus einem gemeinsamen Heimatort stammten." Vgl. auch zum Mittelmeerhandel William Crooke: *Der guote Gêrhart*: The power of mobility in the medieval Mediterranean. In: Postmedieval 4 (2013), S. 163–176.

493 Hier sind besonders die umfangreichen Arbeiten Zöller: Macht des Geldes sowie mit Fokus auf Kaiser Otto Otto Neudeck: Erzählen von Kaiser Otto. Zur Fiktionalisierung von Geschichte in mittelhochdeutscher Literatur. Köln/Weimar/Wien 2003, besonders S. 197–215, zu nennen.

494 Gêrhart als literarischer Projektion des Kölner Kaufmanns Gêrart Unmaze widmet sich besonders Zöller: Macht des Geldes, dem Thema „Dichtung und Geschichte" im Werk Rudolfs von Ems widmet sich Brackert: Rudolf von Ems. Zudem äußert sich Wunderlich: Der „ritterliche" Kaufmann, S. 128 f., zur Darstellung Kölns.

495 Ein (kritischer) Bezug zum arturischen Erzählschema ist erstmals eröffnet worden von Walter Haug: Der ‚Guote Gerhart' Rudolfs von Ems. Die programmatische Absage an das klassische Korrelationskonzept. In: Literaturtheorie im deutschen Mittelalter. Von den Anfängen bis zum Ende des 13. Jahrhunderts. Von dems. 2., überarb. und erw. Aufl. Darmstadt 1992, S. 288–298, besonders S. 293 f. Kritisch dazu Bleumer: Klassische Korrelation, S. 100 f. Armin Schulz: Erzählungen in der Erzählung. Zur Poetologie im ‚Guoten Gêrhart' Rudolfs von Ems. In: *helle döne schöne*. Versammelte Arbeiten zur älteren und neueren deutschen Literatur. FS Wolfgang Walliczek. Hrsg. von Horst Brunner [u. a.]. Göppingen 1999, S. 29–59, sieht, ebenso wie Bleumer, miteinander verschränkte Erzählschemata am Werk, erarbeitet das Verhältnis von Artusroman und *Guotem Gêrhart* jedoch vornehmlich anhand des Problems der Erzählinstanz (vgl. ebd., besonders S. 54 f.). Albrecht Classen: Rabbi Nissim and

Es handele sich, so Armin Schulz, um eine „Liebesgeschichte, die durch Strukturzitate aus der Brautwerbungsepik [...] und dem hellenistischen Roman [...] organisiert wird."[496] Otto Neudeck betont zudem die komplexitätssteigernde Verschränkung des Schemas von Trennung und Wiedervereinigung mit der Gesamtstruktur eines „romanhaften Makroexemplum[s]."[497] Zusätzlich gewinnt der Text Komplexität auch durch die Mehrdimensionalität von Schema und Erzählebene und, damit verschränkt, durch Reflexionen zur richtigen „Redeordnung"[498] sowie damit verbundenen (religiösen) Erwartungshaltungen.[499] Besonders die Fähigkeit, sich selbst zurückzunehmen, ist dabei beleuchtet worden. Reichlin hat dies für die Erwartungshaltung gegenüber

---

His Influence on Medieval German Literature: Rudolfs von Ems's *Der guote Gêrhart* and Heinrich Kaufringer's „Der Einsiedler und der Engel". In: Ashkenas 27 (2017), S. 349–369, hat zudem den Einfluss jüdischer Literatur genauer beleuchtet, der sich im Komplex um die freigekaufte Braut niederschlage. Gesehen wurde die Verbindung jedoch auch zuvor schon von Cormeau: Rudolf von Ems, S. 96, Xenja von Ertzdorff: Rudolf von Ems. Untersuchungen zum höfischen Roman im 13. Jahrhundert. München 1967, S. 167, sowie Zöller: Macht des Geldes, S. 176 f. Zur *bîspel*-Funktion des Romans, die jedoch keine direkte Gattungszuordnung erzwingt, vgl. Hans-Joachim Ziegeler: Erzählen im Spätmittelalter. Mären im Kontext von Minnereden, Bispeln und Romanen. München 1985, S. 450–452. Als religiöse Beispielerzählung diskutiert auch Zöller: Macht des Geldes den Roman (ebd., Kap. II.1). Das gattungstheoretische Spektrum, das bis heute nicht gänzlich zu schließen ist, stellt Wolfgang Walliczek: Rudolf von Ems. ‚Der guote Gêrhart'. München 1973, S. 158, dar.

496 Schulz: Erzählungen, S. 30.

497 Neudeck: Erzählen von Kaiser Otto, S. 223.

498 Vgl. Christina Lechtermann: *Von wem, ze wem, waz, wie und wenne*. Redeordnungen. In: Ordnung und Unordnung in der Literatur des Mittelalters. Hrsg. von Wolfgang Harms [u. a.]. Stuttgart 2003, S. 81–95. Christiane Krusenbaum, Christian Seebald: *ze guote jehen*. Pragmatisches und literarisches Sprechen im *Guoten Gêrhart* Rudolfs von Ems. In: Formen und Funktionen von Redeszenen in der mittelhochdeutschen Großepik. Hrsg. von Nine Miedema, Franz Hundsnurscher. Tübingen 2007, S. 297–314, S. 306, betiteln den *Guoten Gêrhart* gar als „Handbuch der idealtypischen Redesituationen". Die rahmengebende dialogische Struktur des Romans hat Zöller: Macht des Geldes, S. 264, auch als Anhaltpunkt genommen, den *Guoten Gêrhart* als besonders lange Variante von Streitnovelle oder Exemplum zu verstehen.

499 Die Bedeutung der Zurückhaltung im politischen Diskurs beleuchtet Britta Wittchow: Rhetorik der Zurückhaltung. Der *Guote Gêrhart* des Rudolf von Ems. In: Oratorik und Literatur. Politische Rede in fiktionalen und historiographischen Texten des Mittelalters und der Frühen Neuzeit. Hrsg. von Malena Ratzke, Christian Schmidt, Britta Wittchow. Bern 2019, S. 243–272. Der religiös perspektivierten Erwartungshaltung widmet sich Reichlin: Gottvertrauen. Anhand struktureller Ähnlichkeiten zwischen Predigten und Rudolfs von Ems *Barlaam und Josaphat* konnte Volker Mertens: Sprechen mit Gott – Sprechen über Gott. Predigt und Legendendichtung im frühen 13. Jahrhundert (Rudolf von Ems, *Barlaam und Josaphat*). In: Sprechen mit Gott. Redeszenen in mittelalterlicher Bibeldichtung und Legende. Hrsg. von Nine Miedema, Angela Schrott, Monika Unzeitig. Berlin 2012, S. 270–283, zudem zeigen, dass Rudolf sich selbst als Autor geistlicher Texte inszeniert. Diese Redesituation auf die Erzählinstanz Gêrharts zu übertagen, könnte eine weitere lohnende Perspektive auf den Text darstellen.

einer Gegenleistung Gottes gezeigt,[500] Britta Wittchow dagegen für die politische Kommunikationsform der Ratsszenen.[501]

Für Reichlin besteht die Eignung Gêrharts als Protagonist aber nicht nur in seiner erwartungslosen Haltung, sondern auch in der Eigenschaft des Kölners, „verschiedene Tausch- und Wertordnungen miteinander zu verknüpfen, ohne über zu hohe Transaktionskosten zu stolpern."[502] Damit wird der narrativen Dynamik des Textes, die nach Reichlin aus der Verschränkung unterschiedlicher Tauschsysteme generiert werde, eine Denkfigur unterlegt, die aufgrund ihrer aus heutiger Perspektive ‚ökonomischen' Lesbarkeit für einen Kaufmannsroman durchaus verlockend ist. Dass im Text Intentionen auf unterschiedlichen Ebenen gegeneinander ausgespielt werden, ist nicht zu bestreiten. Dieser modernen ‚Ökonomisierung' der Tauschsysteme möchte ich aber eine Lesart zur Seite stellen, die vielmehr die merkantilen Elemente hervorhebt, und damit danach fragen, in welche Erzähllogiken der Rechtsraum und das Vokabular des Marktes eingebettet werden. Anhand der im Folgenden untersuchten zentralen Szene in Castelgunt soll gezeigt werden, wie einzelne Elemente merkantilen Handelns in ihrer konventionalistisch gerahmten Funktionalität dargestellt, hybridisiert und metaphorisch erweitert werden, bzw. wie diese die Erzählung ihrerseits formen.

4.5.1 Der selbstlose Kaufmann und seine Familie

Bereits in der Rahmenerzählung um Gêrhart und Kaiser Otto wird deutlich, dass Gêrhart nicht einfach nur ein Kaufmann ist, sondern vielmehr ein literarischer Topos: Als *guoter koufman* (V. 555) wird Gêrhart von einem Engel gegenüber Kaiser Otto gepriesen. Einerseits wird die Einführung der Hauptfigur damit an die Varia-

500 Zur religiös motivierten „einfachen Erwartungspraktik" vgl. Reichlin: Gottvertrauen. (Mit ebendieser Thematik beschäftigt sich zudem Philipowski: diu gâb mir tugende gît, S. 461, in einer Fußnote. Zur Analyse des von ihr gewählten Korpus lyrischer Texte fasst Philipowski, mit Verbindung der *milte*-Theorie bei Thomasin von Zerklaere und moderner Gabentheorie nach Mauss und Bourdieu, bisherige Ansätze der gabentheoretisch interessierten Altgermanistik zusammen. Nur zur Veranschaulichung kommt sie in Anm. 19 auf den *Guoten Gêrhart* zu sprechen, beschäftigt sich hier aber *in nuce* mit eben jener Problematik, der Reichlin dann ihren Artikel gewidmet hat.). Ganz besonders, so hat Reichlin: Gottvertrauen, S. 54, zeigen können, gelingt es dem Text, das theologische Problem der „Unterscheidung zwischen dem sicheren Wissen um Heilstatsachen [...] und der weniger sicheren Erwartung spezifischer Heilsmöglichkeiten für den einzelnen Gläubigen" erzählerisch erfahrbar zu machen.

501 Wittchow: Rhetorik der Zurückhaltung. Ausführlicher zu den Ratsszenen im *Guoten Gêrhart* Walliczek: Rudolf von Ems, S. 85, der das deliberative Moment der Erzählung erstmals besonders betont und in den vielfältigen Ratsszenen die „prinzipielle Entscheidbarkeit" von Konfliktsituationen gespiegelt sieht.

502 Reichlin: Ökonomien, S. 98.

tion über *guot* zurückgebunden, wie sie den Prolog prägt.[503] Andererseits wird Gêrhart als *guoter koufman* zum *bonus negotiator*, wie er in Predigten als Metapher für Christus begegnet, der durch seinen Tod die Menschheit erlöst.[504] Die von Reichlin konstatierte *imitatio Christi*, die durch den Verzicht auf materielle Werte im Laufe der Erzählung deutlich werde, wird also hier bereits durch die Einordnung Gêrharts als Exempelfigur angelegt.[505] Auf Gêrharts Rolle als *bonus negotiator* werde ich in Kap. 4.5.5 zurückkommen.

Wenn Gêrhart gegenüber dem Kaiser seine Erzählung beginnt, trägt er bereits die Signatur einer exempelhaften Autorität. Als solche stellt er dem Kaiser und den Rezipient:innen höfischer Erzähltexte ein sonst nicht so deutlich formuliertes Anliegen vor Augen:

> lieber herre, dô tet ich
> als ieglîcher gerne tuot:
> ich vleiz mich des daz ich mîn guot
> ze bezzerunge kêrte[506]
> und mit gewinne mêrte
> (V. 1144–1148)

---

503 Zum Prolog und dessen literarischer Nähe zum Prolog in Gottfrieds *Tristan* vgl. von Ertzdorff: Rudolf von Ems, S. 173. Vgl. zudem Kap. 3.3 zu *guot*.

504 Genauer zum *bonus negotiator* Kap. 4.1.1, einschlägig dazu Oberste: bonus negotiator. Gänzlich profan deutet Wunderlich: Rudolf von Ems, S. 160, das Epitheton: Gêrhart verstehe es, Gewinnstreben nicht in Widerspruch zu seinen Glaubensgrundsätzen oder dem Kirchenrecht zu bringen: „In diesem Sinne ist Gêrhart eine ‚guoter', d. h. erfolgreicher Kaufmann."

505 Reichlin: Gottvertrauen, S. 60: „Am Ende steht so der materielle Verzicht, der jegliche Reziprozität negiert und sich stattdessen am Modell der Verinnerlichung äußerer Leistungen [...] und der *imitatio christi* orientiert." Vgl. auch Rüdiger Schnell: Rudolf von Ems. Studien zur inneren Einheit seines Gesamtwerkes. Bern 1969, S. 81: „Wenn Rudolf dennoch von Gerhard sagen läßt, er habe auf weltliches Ansehen und Gut ‚durch der sele heil' (6712) verzichtet, so will er ihn wahrscheinlich am Schluß der Erzählung noch in der Haltung eines typischen Legendenheiligen und Märtyrers zeigen." Dass auch der äußere Rahmen der Erzählung, nämlich der auf Kaiser Otto zurückgehende Erzählanlass und die Verschriftlichung des Erzählten, auf religiöse Exempelliteratur verweist, hat von Ertzdorff: Rudolf von Ems, S. 171, bereits gezeigt. Nach von Ertzdorff (ebd.) sei der Inhalt jedoch weniger mit Predigtexempeln, als vielmehr mit einer „literarisch anspruchsvollen Schicht geistlicher Erzähltradition" verbunden, der auch *Barlaam und Josaphat* angehöre. Als „Makroexemplum" bezeichnet auch Neudeck: Erzählen von Kaiser Otto, S. 223, den *Guoten Gêrhart* (Zur Exempelstruktur vgl. ebd. S. 216–233). Vgl. zudem zum *Guoten Gêrhart* als Exempel, das „auch ohne den historisch-außerliterarischen Bezug sehr gut aufgeht und funktioniert" Regine Weber: Die Inszenierung der *Divina Providentia* im Oeuvre Rudolfs von Ems. Hofkirchen 2012, S. 81.

506 Zwar kann *bezzerunge* auch für die christliche Buße stehen, doch geht beispielsweise Kartschoke in seiner Interpretation mit Fokus auf das Gewissen des Kölner Kaufmanns nicht auf diesen Vers ein (Kartschoke: Gewissen). Walliczek hingegen knüpft ausschließlich an Brackerts Begriff der *bezzerunge* im Sinne einer ethisch motivierten Literaturrezeption an, bezieht dies aber nicht auf den zitierten Vers (Walliczek: Rudolf von Ems, S. 9, 70, 113, 146, 162). Zudem tritt *bezzerunge* noch zwei weitere Male im Text auf, dann aber innerhalb der Rahmenerzählung um Gêrhart und den Kai-

Materieller Gewinn stelle für jeden ein vernünftiges Anliegen dar. Das *guot* sowie seinen Besitz *mit gewinne* zu mehren, könnte bereits den Wirkungsbereich eines Kaufmanns markieren, befördert allerdings durch den Verweis auf die Ubiquität dieser Bestrebung gerade die Auflösung eines autonomen Bereiches kaufmännischen Handelns.[507] Da in diesem Fall der Kaiser Adressat der Aussage ist und er nicht widerspricht, wird diesem nun stillschweigend unterstellt, materielles Gewinnstreben, durch welche Mittel auch immer, verfange auch für ihn als Handlungsmotivation. Über den Bereich konventionellen Verhaltens hinaus wird ein ebensolches Verhalten von Gêrhart nicht nur als gesellschaftlich gefordert beschrieben, sondern auch als eine Tätigkeit, die jeder sogar *gerne tuot*. Zum Vergleich: Die *âventiure*-Definition im *Iwein* beispielsweise führt dagegen in den Normhorizont einer spezifischen gesellschaftlichen und kommunikativen Gruppe ein,[508] in der Ritter sich bewähren, indem sie mit anderen kämpfen und der Sieger dadurch generierten *prîs* davonträgt. Gêrharts Erklärung für seine Kaufmannsfahrt besticht dagegen durch ihre gesamtgesellschaftliche, ja selbstverständliche Nachvollziehbarkeit. Wie aus der Diskussion des mittelhochdeutschen Begriffs *gewin* aber deutlich wurde (vgl. Kap. 3.6), ist hier in der angestrebten Mehrung des Besitzes bereits eine potentiell sujethafte Grenzüberschreitung angelegt, die *en passant* durch die behauptete gesellschaftliche Allgemeingültigkeit als weniger schlimm dargestellt wird. Als Legitimation des Gewinnstrebens wird hier also die unwidersprochene Konventionalität, emphatischer vielleicht sogar noch – im Sinne einer zweiten Natur – die selbstverständliche Gewohnheit des Gewinnstrebens ins Feld geführt.[509]

---

ser. Einmal spricht Kaiser Otto von einer christlichen *bezzerung der sælikeit* für sich selbst (V. 6671) und ein weiteres Mal beauftragt Otto einen Schreiber, Gêrharts Lebensbericht schriftlich festzuhalten, stelle dieser doch *ein bezzerunge* [...] *der kristenheit* dar (V. 6802 f.). Hier ist der christliche Kontext nicht zu negieren, in beiden Fällen bedeutet *bezzerunge* jedoch nicht *Buße* im Sinne einer religiösen Praxis. Ob sich ein Bogen von der *bezzerunge* der ökonomischen Mittel zu den beiden Fällen am Ende der Rahmenerzählung nachzeichnen lässt, wage ich zu bezweifeln.

507 Zur Naturalisierung eines auf Gewinn bedachten Verhaltens als narrative Strategie vgl. Kleeberg: Gewinn maximieren, S. 148.

508 Joseph M. Sullivan: Kalogreant/Calogrenant, Space and Communication in Hartmann's *Iwein* and Chrétien's *Yvain*. In: Seminar 42,1 (2006), S. 1–14, S. 11: „Although Kalogreant's explanation of a knight's raison d'être is perhaps ‚primitive' [...], lacking any sense of charity or service to others [...], one should [...] not see the definition as fully negative [...]. Indeed, viewed in its communicative context, the statement serves to highlight Kalogreant's respect for the dignity of his conversation partner, whom he deems worthy to have an understanding of the knight's role in the world."

509 Für die zahlreichen Belege der Verbindung von Gewohnheit (*usus, consuetudo*) und ‚zweiter Natur' (*altera natura*) vgl. Art. Gewohnheit. In: *TPMA* Bd. 5, S. 1–12, S. 8 f. Wie Gêrhart dies jedoch einbindet, entspricht das Wissen um die gewinnorientierte Gewohnheit gerade nicht einer grundlegenden Annahme eines *homo oeconomicus* im modernen Sinne, sondern vielmehr einer enthymemischen Argumentationsfigur. Da nämlich nicht davon gesprochen wird, dass jeder immer nach Gewinn strebe, sondern dass *gerne* Gewinn verfolgt wird, drückt sich hier eher ein akzidentielles Wissen aus, das Gewinn machen an eine Willensentscheidung knüpft, anstatt strukturell eine „öko-

Dieses somit durch Gewohnheit verständlich gemachte Verhalten ergänzt Gêrhart direkt um ein zweites Argument, wenn er ausführt, nicht für sich selbst, sondern *durch einen sun, den gab mir got* (V. 1149) ausgefahren zu sein. Ziel des Gewinnstrebens liegt hier bereits nicht mehr in der Figur Gêrharts, sondern in seiner Genealogie.[510] Sein Sohn soll den Beinamen *der rîche* tragen dürfen, den bereits Gêrharts Vater, wie dessen Sohn und Enkel ebenfalls Gêrhart genannt, erworben hatte. Der Beiname sei dadurch bereits *alte*[...] *site* (V. 1164) geworden.[511] Genealogie als Mittel der Herrschaftslegitimierung ist vielfach untersucht worden, im altgermanistischen Kontext sei hier besonders auf die Arbeiten Beate Kellners hingewiesen.[512] Die An-

---

nomische Erklärung menschlichen Verhaltens" nachzuweisen (vgl. Becker: Ökonomische Erklärung). Zu weiteren möglichen Legitimationsstrategien der Gewinnmehrung vgl. Oexle: Statik, besonders S. 57, sowie Puttevils: Merchants, S. 1053–1055.

510 Mit Bezug auf die Schriften Heinrichs von Gent stellt auch Altpeter-Jones: When Wealth was Good, S. 3, heraus: „Personal enrichment was not an acceptable motive. Benefiting one's family and the common good was. In other words, intention mattered." Dass Gêrhart durchaus mit Blick auf seine Dynastie ausfährt, ist bereits gesehen worden, eine narrative Funktion ist diesem Bestand bisher jedoch nicht beigemessen worden. Beispielhaft dazu die Zusammenfassung bei Cormeau: Rudolf von Ems, S. 83: „Die Handlung beginnt mit Gerharts Ausfahrt: Ein Handelsunternehmen, um den Besitz zu mehren und dem Sohn die gesellschaftliche Reputation – der Großvater hieß *der rîche Gêrhart* (1165) – zu erhalten." Die Mehrung des Besitzes und der Bezug zur Familie werden parallel genannt, nicht jedoch miteinander in Beziehung gesetzt. Als eine Form von Argument liest hingegen Wunderlich: Der „ritterliche" Kaufmann, S. 148, die Stelle bereits, hier aber als Legitimierungsmechanismus einer sich dynastisch gebärdenden Kaufmannsfamilie, liegt Wunderlichs Fokus doch rein auf der sozialhistorischen Perspektive des Textes.

511 Es ließe sich an dieser Stelle mit Assmanns Funktionalisierung der *floating gap* in Erinnerungskulturen weiterarbeiten. Vgl. Jan Assmann: Das kulturelle Gedächtnis. Schrift, Erinnerung und politische Identität in frühen Hochkulturen. 7. Aufl. München 2013, S. 48–56.

512 Beate Kellner: Kontinuität und Herrschaft. Zum mittelalterlichen Diskurs der Genealogie am Beispiel des ‚Buches von Bern'. In: Mittelalter. Neue Wege durch einen alten Kontinent. Hrsg. von Jan-Dirk Müller, Horst Wenzel. Stuttgart/Leipzig 1999, S. 43–62, dies.: Schwanenkinder – Schwanenritter – Lohengrin. Wege mythischer Erzählungen. In: Präsenz des Mythos. Konfigurationen einer Denkform in Mittelalter und Früher Neuzeit. Hrsg. von Udo Friedrich, Bruno Quast. Berlin/New York 2004, S. 131–154, dies.: Ursprung und Kontinuität. Studien zum genealogischen Wissen im Mittelalter. München 2004 sowie dies.: Zur Konstruktion von Kontinuität durch Genealogie. Herleitungen aus Troja am Beispiel von Heinrichs von Veldeke ‚Eneasroman'. In: Gründungsmythen – Genealogie – Memorialzeichen. Hrsg. von Gert Melville, Karl-Siegbert Rehberg. Köln/Weimar/Wien 2004, S. 37–59. Dies.: Kontinuität und Herrschaft, S. 13 f., formuliert den Geltungsanspruch genealogischer Strukturen sogar unter Verwendung des Begriffes der Institution, wodurch der Genealogie weiträumige gesellschaftliche Ordnungsansprüche zugewiesen werden: „Zwar gibt es auch im Hoch- und Spätmittelalter noch nicht den Pluralismus institutioneller Gefüge wie in der Moderne, doch wird der Geltungsbereich von Verwandtschaft durch sich zum Teil mit ihr überschneidende, zum Teil konkurrierende hochorganisierte staatliche und kirchliche Institutionen bereits soweit eingeschränkt, daß sie keinesfalls als ‚totale', das gesamte gesellschaftliche Leben bestimmende Ordnung betrachtet werden kann. Andererseits erweist sich der segmentär-familiale Organisationsmodus der Gesellschaft noch als so bedeutsam, daß Genealogien durchaus ein instutioneller Charakter zugeschrieben werden kann."

wendung von Genealogie als Legitimationsstrategie auf Kaufleute stellt allerdings bei normalerweise nur punktuell organisierten Handelsfahrten mitnichten den Normalfall dar.[513] Mit drei sukzessiv aufeinanderfolgenden Familienmitgliedern, die allesamt den Namen Gêrhart tragen, sind „Kontinuität, lange Dauer, Alter", die „‚Wahrheit', ‚Wert' und ‚Legitimität'" verbürgen,[514] zur Genüge gewährleistet. Familiäre Zusammengehörigkeit wird gerade dann bedeutungsvoll, wenn sich distinkte Merkmale rekurrent in einer „lückenlosen Kette" durch die Generationen ziehen.[515]

Die bis in die namentliche Identität reichende Ähnlichkeit der drei männlichen Vertreter der Familie ermöglicht eine Legitimierung des Beinamens *der rîche* durch Verankerung dieses Merkmals in der Genealogie.[516] Tatsächlich wird der Vater des Guten Gêrharts zu einem Spitzenahn stilisiert,[517] wird doch dessen Reichtum im Text

513 Edwin S. Hunt, James M. Murray: A History of Business in Medieval Europe. 1200–1550. Cambridge 1999, S. 53.: „[A] family business [in northern Europe, A.M.] would typically die with its founder, and the name might only reappear a generation or two later when a new entrepeneur in the family established a completely different company. The same phenomenon of disappearance and reappearance occurred also among the long-lasting firms of famous families [...]." Dass Handel also überhaupt zu einem Merkmal der genealogischen Identifikation wird, ist bei weitem nicht so selbstverständlich wie die genealogische Herrschaftsfolge. Die aus moderner Sicht so bekannt wirkende Struktur einer Buddenbrookschen Kaufmannsdynastie sollte nicht den Tatbestand übersehen lassen, dass Genealogie zwar ein eigenes Epistem darstellt, dieses aber auch an die konkrete Anwendung im herrschaftlichen Bereich gebunden ist.

514 Kellner: Kontinuität und Herrschaft, S. 45.

515 Ebd.: „Die Legitimität der Herrschaft ist dabei primär über die gemeinsame Linie des Blutes der Vorfahren garantiert, beruht jedoch zugleich auch auf der Kontinuität der Amtsinhaber, der lückenlosen Kette der Vorgänger, die im Nachfolger jeweils vergegenwärtigt sind."

516 Gegen Ende des 13. Jahrhunderts weist Thomas von Aquin in ST II-II, qu. 77, art. 4, darauf hin, dass Gewinn gerechtfertigt sein kann, wenn er für den Unterhalt seines Haushaltes genutzt werde (*ad domus suae sustentationem*). Das Subsistenzargument verfange jedoch laut Thomas gerade nicht für Kaufleute Ebd. (S. 359 f.): *Ut autem philosophus dicit, in i polit., duplex est rerum commutatio. Una quidem quasi naturalis et neccessaria, per quam scilicet fit commutatio rei ad rem, vel rerum et denariorum, propter necessitatem vitae. Et talis commutatio non propie pertinet ad negotiatores, sed magis ad oeconomicos vel politicos, qui habent providere vel domui vel civitati de rebus necessariis ad vitam.* (Übersetzung ebd.: „Wie aber der Philosoph im Ersten der Staatslehre sagt, gibt es einen doppelten Tausch von Sachen. Einen, der gewissermaßen natürlich und notwendig ist; bei dem der Tausch stattfindet von Sache und Sache oder von Sache und Geld, um Bedürfnisse des Lebens willen. Und dieser Tausch ist nicht eigentlich Angelegenheit der Händler, sondern eher der Haushaltsvorsteher und Staatsmänner, die für das Haus oder das Gemeinwesen die zum Leben notwendigen Dinge zu besorgen haben.") Da die Antwort sich auf Thomas' Aristotelesrezeption stützt, ist zu bezweifeln, dass Rudolf von Ems zu Beginn des 13. Jahrhunderts exakt diese Unterscheidung getroffen hätte. Interessant ist jedoch, dass die hier konstruierte narrative Konstellation offensichtlich eine andere Zuordnung ermöglicht als es die spätere philosophische Reflexion erlaubt.

517 Die Bezeichnung als Spitzenahn ist zu relativieren. Die Verbindung eines Spitzenahns mit einer „möglichst langen und möglichst lückenlosen Kette der genealogischen Glieder vom Ursprung her" ist beim direkten Vater der Hauptfigur natürlich nicht gegeben (Kellner: Ursprung und

nicht hinterfragt, sondern als gegeben hingenommen (V. 1169: *von sîner rîcheit, der er phlac*) und legitimiert Gêrhart in seinen aktiven Bestrebungen[518] der Reichtumsmehrung durch Einordnung in einen allgemeinen „Kontinuitäts-Gedanke[n]"[519] einerseits und im Vergleich mit den ebenfalls genealogisch argumentierenden, herrscherlichen Figuren des Textes (Otto, Willehalm, Stranmûr) andererseits.[520]

Diese genealogische Erweiterung des eigentlichen Protagonisten durch die vorangehende sowie die nachfolgende Generation wirkt somit als narrativer Deeskalationsmechanismus des ethischen Problems der *avaritia*: Gewinnstreben kann begründbar externalisiert werden, wenn es in der (zweiten) Natur des Menschen (*als ieglîcher gerne tuot*) und/oder in dessen genealogischer Biographie liegt. Gêrhart als Erzähler stellt hier also zwei Möglichkeiten aus, den kaufmännischen Habitus gerade nicht als

Kontinuität, S. 110). Auch ist Gêrharts Vater kein „Halbgott", „Heros", Heiliger", „Gralsgesandter" oder „Dämon" (ebd.). Die legitimierende Funktion durch Auslagerung der Dynastiebegründung aus dem Erfahrungsraum der Figuren heraus sowie durch die gesellschaftliche Anerkennung des alten Gêrhart (*dô der vater mîn verdarp / und in der werdekeit erstarp / daz er in sîner genôzschaft / an lobe erwarp alsolhe kraft / daz man in wîte erkande / und er in dem lande / den liuten was vil wert erkant*, V. 1131–1137) halte ich aber für stark genug, die von Kellner beschriebenen Funktionen eines Spitzenahns erfüllen zu können. Gegenüber der weit zurückreichenden Ahnenkette möchte ich daher die ebenfalls von Kellner betonte Zäsur durch den Spitzenahn hervorheben, die ein Hinterfragen weiter zurückliegender Generationen stillstellt. Kellner, ebd., S. 109 f.: „Durchschlagender als diese Strategien [i. e.: Kontinuität *in extremis*], das Problem des Beginns einer Genealogie im Entwurf von Kontinuitäten aufzuheben, erscheint es daher, am Ursprung eine Zäsur zu setzen, welche die entstehende genealogische Ordnung aus der größeren Gemeinschaft des Menschengeschlechts ausgrenzt und ihr ihre Unverwechselbarkeit verleiht. Daher muß mit dem ‚Spitzenahn' gewissermaßen gegen die Logik genealogischer Sukzession ein Neubeginn inszeniert werden, indem er zu einem Gründer stilisiert wird, der besonderes Legitimationspotential mit- und einbringen kann." Durch die reduzierte Form des Erzählens vom Spitzenahn kann also einerseits Gêrharts ererbter Reichtum legitimiert werden, andererseits muss er aber auch nicht die Position der einfachen und bescheidenen Figur in Abgrenzung zum Kaiser aufgeben.

518 Indem Gêrhart aktiv zum Wohlstand seines Sohnes beiträgt, deckt er, nach der Formulierung bei Aleida Assmann: Zeit und Tradition. Kulturelle Strategien der Dauer. Köln 1999, S. 99, die legitimierenden Mechanismen von Gewohnheit und Tradition gleichermaßen ab: „Im Gegensatz zu Gewohnheiten sind Traditionen jedoch gerade nicht in automatisierten, unausgesprochenen Prozessen wirksam, sondern bedürfen neben einer setzenden auch einer erhaltenden Gewalt."

519 Zur juristischen Dimension dieser ‚Genealogisierung' vgl. Walliczek: Rudolf von Ems, S. 125: „Wenn der Kaufmann seinen Lebensbericht beginnt mit der ‚genealogischen' Herleitung seines persönlichen Standes in der Welt, so kann er sich dabei auf die Rechtsgrundlage berufen, von der aus er nach dem Tod seines Vaters über seine Existenz zu bestimmen hat als *ein man / der sich koufes muoz begân* (2178 f.)." Durch die genealogische Einordnung erscheine das Streben nach Reichtum, so Walliczek, ebd., weiter, auch *ordo*-stabilisierend: „Zu deutlich schwingt der Kontinuitäts-Gedanke dabei mit, eine der substantiellen Grundlagen des mittelalterlichen Rechts, die Forderung nach der gerechten Verwaltung des Anvertrauten, als daß nicht gerade darin schon der Auftrag begründet läge, am verordneten Platz beizutragen zu der Weltordnung, in die der Mensch gestellt ist."

520 Vgl. ebd., S. 125–127.

ständisch-partikulare,[521] sondern als allgemeingültige und auch durch Erbfolge legitimierte Verhaltensweise in Szene zu setzen.[522] Sich selbst bezeichnet der *guote Gêrhart* niemals als *rîche*,[523] sondern wendet dieses Attribut nur auf seinen Vater und seinen Sohn an. Letzterer wird dann, so wie der Vater bereits zum unhinterfragbaren Begründer des Reichtums wurde, zum Zweck der Gewinnmehrung stilisiert. Konkret zeigt sich dies in der durch Wiegen ermittelten Wertbestimmung des Reichtums:

> in mînem muote dâhte ich dô
> daz ich wolte durch in lân
> mîn guot an einer wâge stân,
> ob ich erwerben möhte mite
> daz man in durch die alten site
> den rîchen Gêrhart hieze
> (V. 1160–1165)

Obwohl durch den Akt des Wiegens jegliche Unklarheit behoben werden sollte, lässt das Ergebnis dann auf sich warten und muss von den Rezipient:innen nach und nach erschlossen werden. Die restriktive Informationspolitik Gêrharts, die in der Rahmenerzählung zum wiederholten Verzicht führt, seine Geschichte überhaupt auszubreiten, kann hier in Bezug auf seine materiellen Mittel wiedergefunden werden. Anhand des Prologes, demzufolge *die guoten und die wîsen* (V. 27) die eigenen Taten bewerten sollen, formuliert Xenia von Ertzdorff bereits die grundlegende Forderung des *Guoten Gêrhart*: „Jegliches Eigenlob hat zu unterbleiben [...].“[524] Reich sein ist nun keine derartige gute Tat, die von Ertzdorff in ihrer Lesart mit einschließen würde, doch scheint die genaue Summe des Vermögens dem gleichen Prinzip der nur sukzessiven Preisgabe zu unterliegen, bei der der/die Rezipient:in selber – im wahrsten Sinne des Wortes – eins und eins zusammenzählen muss: Gêrhart überlässt zuerst seinem Sohn die Hälfte (V. 1172) und berichtet anschließend davon, wie viel er denn nun auf seine Handelsfahrt mitnehme: *silbers*

521 Die Legitimationsstrategie, besonders diejenige der Genealogie, entspricht dem Denken der herrschaftlichen Figuren des Textes. Ich halte diese argumentativen Formen aber eher für literarische Universalien, als, wie Wunderlich: Der „ritterliche“ Kaufmann, S. 160, es tut, das „Auftreten“ und „Verhalten“ Gêrharts an eine soziale Gruppe zu binden, die bei Wunderlich dann „Patriziertum“ genannt wird.

522 Die narrativen Strategien bestätigen damit die Ergebnisse bei Wunderlich: Rudolf von Ems, der in der hybriden sozialen Gruppe der Patrizier, zu denen er Gêrhart zählt, ebenfalls die Entfaltung bislang höfisch verstandener Tugenden sieht. Vgl. ebd., S. 147.

523 Zöller: Macht des Geldes, S. 272, spricht zwar davon, Gêrhart stelle sich Kaiser Otto „als *rîcher Gêrhart* vor“, bezieht dabei aber unzulässig dessen Vorstellung von Vater und Sohn auf ihn selbst. Er selbst nennt sich nie so. Vgl. ähnlich wie Zöller auch bereits Brackert: Rudolf von Ems, S. 45.

524 Von Ertzdorff: Rudolf von Ems, S. 176. Dass Gêrhart im späteren Verlauf der Binnenerzählung dann doch wieder Lob auf sich selbst zulässt, haben Krusenbaum und Seebald zeigen können, indem sie die Lobreden auf die ihnen zugewiesenen Sprecherrollen sowie die Literarizität des Lobes untersucht haben (Krusenbaum, Seebald: ze guote jehen, S. 303–305).

nam ich von im dan / daz fünfzic tûsent marke wac. (V. 1176 f.). Es ist nicht mehr das Vermögen des Guten Gêrharts, sondern scheinbar bereits das seines Sohnes. Ob die *fünfzic tûsent marke* die Hälfte sind, die Gêrhart seinem Sohn vorenthält, oder ob es ein Teil dessen ist, der bereits übereignet wurde (woraus sich die Formulierung *nam ich von im dan* erklären könnte), ist nicht eindeutig. Zumindest stilisiert Gêrhart sich eher als der Treuhänder eines von ihm recht diskret behandelten Gesamtvermögens denn als jemand mit voller Verfügungsgewalt über die monetären Mittel.[525] In der anschließenden Beschreibung seiner Handelsreise tritt *rîch* zwar wieder in Erscheinung, aber weder dient es als Epitheton für Gêrhart, noch als direkte Beschreibung seiner Handelswaren: *swâ gewin an koufe lac, / des fuort ich vil mit rîcher kraft / mit mir in die heidenschaft.* (V. 1178–1180). Durch die starke Übercodierung, mittels derer Gêrhart sich selbst von seinem übermäßigen Reichtum distanziert, kann somit problemfrei und sujetlos von *gewin an koufe* erzählt werden. Gêrhart führt von Köln aus ein Vermögen mit sich, das *fünfzic tûsent marke wac* (V. 1177), von dem er Handelswaren kauft, die seiner Einschätzung nach in Köln das doppelte oder mehr an Silber wieder einbringen: *swenn ich wider kæme, / das zwigülte næme / mîn silber wider und dannoch mê.* (V.1205–1207).[526] Auserzählt wird dieser *gewin* nicht, im Folgenden wird es aber wichtig sein, dass Gêrhart exakt über diese Summe verfügt.

Gêrhart stellt sich also nicht nur als Teil einer Genealogie in den Hintergrund, sondern nimmt sich selbst noch weiter aus dem Diskurs materiellen Besitzes heraus, dessen stille, da tote oder zu junge Protagonisten die *rîchen* Gêrharts sind, nicht aber der *guote*. Hartmut Bleumers Beobachtung zur Figur Gêrharts, seine Handelsfahrt zu Beginn sei dessen einzige aus Eigeninteresse entstandene Handlung,[527] ist dahingehend einzuschränken, dass er auch diese Fahrt nicht für sich unternimmt, sondern als Mittel der genealogischen Kontinuitätssicherung übercodiert.[528] Dass Gêrhart somit in Castelgunt schließlich das gesamte Vermögen, das er seinem Sohn zugedacht hat, für die Geiseln hingibt, untergräbt die Opfergeste in keiner Weise. Die altruistische Unterordnung der eigenen Person gegenüber dem Wohlergehen der eigenen Kaufmannsdynastie verbleibt im nur punktuell greifbaren Kontext der initialen Motivierung und wird im weiteren Verlauf des Textes nicht erneut abgerufen.

---

525 Verfügungsgewalt ist wichtig für den Bedeutungskomplex von *rîch*, vgl. dazu Kap. 3.5. Somit würden die Befunde, dass Gêrhart sich selbst nicht das Epitheton *rîch* verleiht und dessen heruntergespielte Eigentümerschaft des Familienbesitzes zusammenpassen.

526 Ist diese Grenzüberschreitung dann erfolgt, wird *gewinnen* auch direkt auf Gêrhart als Subjekt bezogen: *dâ vand ich rîches koufes mê / von manigem rîchen phellôl dâ / dan in der welte ie anderswâ; / der ich sô vil an mich gewan* [...] (V. 1200–1203).

527 Gêrhart sei dadurch eindeutig als Kaufmannsfigur konzipiert, bilde doch der Wunsch, seinen „Besitz zu vermehren" Gêrharts einzigen Antrieb während der Erzählung, Bleumer: Klassische Korrelation, S. 105. Dies wird im weiteren Verlauf meiner Argumentation relativiert werden.

528 Wunderlich: Der „ritterliche" Kaufmann, besonders S. 146–152, konzediert, dass „Frömmigkeit und Redlichkeit dem unmäßigen Gewinnstreben eine Grenze" setzen (S. 150).

4.5.2 Der größte aller Märkte, genauso groß wie Köln

Nach seiner Handelsfahrt durch Osteuropa und den Orient gelangt Gêrhart nun mit verdoppeltem Besitz (vgl. V. 1206) und unfreiwillig nach Castelgunt in Marokko, in den Herrschaftsbereich Stranmûrs. Auch wenn diese Episode nur den Startpunkt der Erzählung zu markieren scheint, bildet sie in der Reihenfolge des Geschehens den eigentlichen Mittelpunkt. Dies gilt sowohl chronologisch,[529] wie auch narrativ: Denn in Castelgunt laufen, wie Bleumer mit Rückgriff auf ältere Forschung sehr gut zeigen konnte, die anzitierten Erzählschemata des Textes zusammen:[530] Die Gefangenschaft Irênes in Castelgunt sei das vorläufige Resultat einer missglückten Brautwerbung, „womit zugleich zu einem anderen Motivtyp gewechselt wird: Die Störung gehört zum Auftakt des Schemas der Trennung und Wiedervereinigung der Liebenden."[531] Diese Störung wird nun durch Gêrhart aus dem Weg geräumt, indem er sich in die Tradition des listigen Werbungshelfers stellt, natürlich in variierter Form hier, da er von der Werbung nichts weiß, sich jedoch einer in diesem Zusammenhang eigentlich konventionellen List bedient, wenn er sich als Kaufmann ausgibt. Nicht nur aus Sicht des Schemas von Trennung und Wiedervereinigung ist Gêrhart als Protagonist eine ungewöhnliche Wahl, da es sich bei den kaufenden und verkaufenden reisenden Händlern eigentlich um marginale und austauschbare Akteure handelt.[532] Er füllt auch die Rolle des Werbungshelfers aus, freilich ohne für jemanden unterwegs zu sein – zumin-

---

529 Vgl Bleumer: Klassische Korrelation, S. 101. Die Bedeutung der Szene hält bereits Urs Herzog: Die erlösung des kaufmanns. Der guote Gêrhart des Rudolf von Ems. Versuch einer lecture sociologique. In: Wirkendes Wort 24 (1974), S. 372–387, S. 377, fest.

530 Die Verweise auf Liebesroman und Brautwerbung halte ich für sinnvoll, da Gêrhart als Kaufmann diejenigen Strukturpositionen einnimmt, die auch in diesen Schemata von Kaufleuten eingenommen werden können. Kritisch dagegen ist der Verweis auf ein arturisches Doppelwegschema zu sehen, das Bleumer: Klassische Korrelation, S. 100, in Bezug auf die Analyse Haugs für die Interpretation des *Guoten Gêrhart* veranschlagt: Zum einen ist Gêrhart schlicht kein Ritter, sodass die Identizifierung eines etwaigen Schemazitats durch die soziale Stellung des Protagonisten erschwert würde, zum anderen ist überhaupt die intertextuelle Existenz eines gattungsbestimmenden Doppelwegschemas bereits gründlich in Frage gestellt worden. Vgl. Elisabeth Schmid: Weg mit dem Doppelweg. Wider eine Selbstverständlichkeit der germanistischen Artusforschung. In: Erzählstrukturen der Artusliteratur. Forschungsgeschichte und neue Ansätze. Hrsg. von Friedrich Wolfzettel, Peter Ihring. Tübingen 1999, S. 69–85. Für den Hinweis danke ich besonders Elias Friedrichs.

531 Ebd., S. 102.

532 Somit wird überhaupt die Möglichkeit abbildbar, die in der Ferne gefangene Prinzessin könnte gerade *nicht* weiterverkauft werden. Herzog: erlösung, S. 377: „Im heidnischen Castelgunt steht mit Gerharts freier wahl, den loskauf zu tätigen oder ihn bleiben zu lassen, für den höfischen liebesroman, das heisst für die feudalität alles auf dem spiel: das glück des königlichen paares, das leben der ersten *fürsten* und *grâven* [...] im reich, letztlich nicht weniger als der bestand dieses reiches selber." Neudeck: Erzählen von Kaiser Otto, S. 232, belegt Gêrhart mit dem passenden Titel der „zentrale[n] Helferfigur", die ihre Zentralität dadurch herstelle, dass sie die Schnittmenge heterogener Erzählschemata verkörpere. „Gêrhart als Helfer-Figur", der nicht „auf das Bild des ‚höfischen Helden' zu beziehen und daran zu messen [sei], sondern einen anderen Deutungshorizont zur Dis-

dest nicht für jemanden, der ihm bereits bekannt wäre.[533] Zudem interferiere der Kaufmannsstand Gêrharts mit den anzitierten Schemata der Brautwerbung:

> Gerhart verstellt sich: Er gibt vor, wegen des berühmten Marktes in Castelgunt hergekommen zu sein [...]. Und weil jetzt das Marktrecht den Kaufmann schützt [...], kann er frei handeln und letztlich die Gefangenen fortführen.
>
> Daß der gute Gerhart lügt und doch die Wahrheit sagt, hat zu Recht immer wieder erstaunt. Die merkwürdige Verstellung führt auf die Paradoxie, daß sich der Kaufmann als Kaufmann ausgibt. Das läßt sich als bewußtes Schemazitat verstehen.[534]

Gerade jenes „Marktrecht", die Bereitstellung von *geleite* (V. 1331) und *vride* (V. 1332), sind also entscheidend für den Fortgang der Geschichte. Ohne den rechtlichen Sonderstatus des Marktes, dies hat bereits Helmut Brackert deutlich gemacht, könnte Gêrhart nicht so autonom in Castelgunt handeln, wie er es tut.[535]

Dass die Möglichkeiten des Marktes als rechtlichem Raum erzählerisch ausgeschöpft werden sollen, korrespondiert mit der Hervorhebung des Marktes in der Stadtbeschreibung Castelgunts: Innerhalb und außerhalb der kurz gerühmten Verteidigungsanlage (V. 1272–1275) ist Castelgunt vor allem durch Geschäftigkeit geprägt:

> drî strâze truogen drin
> koufes von dem lant genuoc.
> daz mer zer vierden porte truoc
> koufschatz von der heidenschaft.
> der marner sach mit grôzer kraft
> die liute von dem lande varn
> gegen der stat mit grôzen scharn
> mit karren genuogen,
> die gên der veste truogen
> von koufe manige rîcheit.
> im wart der strâze slac verseit
> von manegen olbenden.

kussion" stelle, lautet auch Walliczeks Fazit zu Gêrhart als Figur zwischen den Erzählschemata und gesellschaftlichen Normhorizonten (Walliczek: Rudolf von Ems, S. 161).

533 Auch hier ist Vertrauen eine interessante Kategorie. Durch die Umkehrung des Schemas, die den eigentlichen Brautwerber erst im späteren Verlauf einführt, wird Vertrauen als Voraussetzung für Gerhards Handlungen im Text immanent wichtig. Ohne, dass das Schema bereits für die Rezipient:innen oder für Gerhard offensichtlich in Gang gekommen wäre, handelt er vertrauensbasiert schon diesem Schema entsprechend.

534 Bleumer: Klassische Korrelation, S. 102 f.

535 Brackert: Rudolf von Ems, S. 43: „*geleite* und *vride* sind die entscheidenden Begriffe. Beide gehören der Terminologie des mittelalterlichen Marktrechtes an. Die permanente Bedrohung des reichen Handelsherren machte einen Rechtsschutz, besonders im fremden Land, nötig." Ebenso argumentieren Walliczek: Rudolf von Ems, S. 129, sowie Brennig: Kaufmann, S. 180, und Crooke: Der guote Gêrhart, S. 167.

er sach ze den drin enden
sô manigen mûl, ros unde wagen
geladen ûf den strâzen tragen
von der veste und wider in
sô grôzen koufschatz durch gewin
daz er mir vil tiure swuor,
swar er des landes ie gefuor,
daz er gesach nie anderswâ
sô grôzen market alse dâ
noch alsô maniger hande kouf.
von liuten was der zuolouf
sô grôz daz er bî gote jach
daz er nie grœzer her gesach.
(V. 1284–1308)

Die brummende Infrastruktur des Ortes überschreibt die Geschlossenheit der städtischen Mauern.[536] Zwar berichtet Gêrhart zuvor seinem Zuhörer, dem Kaiser, die Stadt Castelgunt sei in ihrer Größe mit Köln zu vergleichen (V. 1276 f.).[537] Gleichzeitig wird in der Beschreibung aber nicht auf die einmalige Exorbitanz (freilich aus Sicht des Kundschafters) verzichtet. Dieser *gesach nie anderswâ / sô grôzen market alse dâ*, die Kaufkraft vor Ort muss also eingedenk der bereits zurückgelegten ausgedehnten Handelsrouten durch berühmte Handelszentren enorm sein. Das epische Merkmal der Exorbitanz[538] ist hier in den Bereich des materiellen Warenverkehrs

536 Vgl. zur Dominanz der Mobilität in der Beschreibung Castelgunts Franziska Wenzel: *hof*, *burc* und *stat*. Identitätskonstruktionen und literarische Stadtentwürfe als Repräsentationen des Anderen. In: Repräsentationen der mittelalterlichen Stadt. Hrsg. von Jörg Oberste. Regensburg 2008, S. 25–43, S. 36, sowie Meinolf Schumacher: Toleranz, Kaufmannsgeist und Heiligkeit im Kulturkontakt mit den ‚Heiden'. Die mittelhochdeutsche Erzählung *Der guote Gêrhart* von Rudolf von Ems. In: ZiG 1,1 (2010), S. 49–58, S. 52. Hartmut Kugler: Die Vorstellung der Stadt in der Literatur des deutschen Mittelalters. München 1986, S. 49, beschreibt hingegen anhand der Karthago-Darstellung in französisch- und deutschsprachigen Eneasromanen, dass die mittelhochdeutsche Beschreibung einer Stadt, die sich über ihren Markt definiert, eher ungewöhnlich sei: „Im Stadtentwurf des französischen Poeten ist also ein Markt in den Schutz der Umfassungsmauer einbezogen und füllt einen wesentlichen Teil des städtischen Innenraums aus, wogegen in der deutschen Fassung und Ausgestaltung des Stadtinnern nichts Vergleichbares einen Platz gefunden hat." Zudem kann die Stadt, die sich durch das Markttreiben definiert, als Stadt im Zustand des Friedens begriffen werden, wie Brennig: Kaufmann, S. 407, es insgesamt für das Auftreten von Fernhandelskaufleuten in der mittelhochdeutschen Literatur herausgearbeitet hat.

537 Gêrhart kommt nicht nur selber aus Köln, die Größe der rheinischen Metropole kann im Mittelalter als topisch angesehen werden Vgl. Isenmann: Die deutsche Stadt, S. 26: „[S]chon Bischof Otto von Freising, der Onkel Friedrich Barbarossas, preist in seiner Weltchronik von 1146/57 Köln als die Stadt, die dafür bekannt sei, dass sie an Reichtum, Gebäuden, Größe und Schönheit alle Städte Galliens und Germaniens übertreffe […]."

538 Vgl. besonders Haferland: Interaktion.

verwiesen worden, wirkt aber weiterhin kontingenzreduzierend.[539] Jenseits der rechtlichen Sicherheit kommt es jedoch nicht zu einer auserzählten Nutzung dieses größten aller Märkte.[540]

Dass der Markt vielmehr einem argumentativen denn einem narrativen Zweck dient, zeigt sich an der handlungslogischen Unbrauchbarkeit dieser Örtlichkeit. Zur semantischen Rahmung der Handlung wird er in den Fokus gerückt. Die wirtschaftliche Potenz des Marktes, die die bisherigen Reisestationen Gêrharts zu übersteigen scheint, wird in der Beschreibung Castelgunts eingangs zwar als Kulisse aufgerufen, kommt aber nun funktional gar nicht zur Geltung. Die unbeschreibliche Fülle der Händler und ihrer Waren dient einzig der würdigen Einbettung des größten aller Tauschgeschäfte, also dem Handel zwischen Gêrhart und dem Stadtherrn Stranmûr. Damit begegnet erneut eine Denkfigur zur Wertkonstitution, die auch scheinbar unabhängig vom Dargestellten eingesetzt werden kann: Wert kann zusätzlich herausgestellt werden, indem das beste Exemplar zwischen anderen guten, aber weniger besonderen Exemplaren auftritt.[541] Wie schon bei der Preisbeschreibung für Blanscheflur in *Flore und Blanscheflur* dargestellt (Kap. 4.4.2), wird hier die argumentative Mechanik des „Topos vom Mehr und Minder" genutzt, die darauf basiert, eine ohnehin schon herausgehobene Menge an Figuren, Dingen oder eben Tauschakten, durch nochmals gesteigerte Exzeptionalität in den Schatten zu stellen (Kap. 4.2.2). Konkret meint dies hier, dass das größte merkantile Geschäft dadurch ausgezeichnet wird, dass es im größten Markt seinen Rahmen findet. Die argumentative Funktion als Hintergrund, die hier für die Stadt Castelgunt gilt, wiederholt

---

539 Die Ankunft in Castelgunt erscheint somit nicht im Lichte eines „klassische[n] Kontigenzszenario[s]", wie Weber: *Divina Providentia*, S. 69, es für Castelgunt veranschlagt.

540 Die Darstellung bei Crooke: Der guote Gêrhart, S. 173, Gêrhart sei ein Kaufmann, der „trading and haggling" das Mittelmeer bereise, mag zwar auf die narrativ blinden Aufenthalte im Nahen Osten zutreffen, dies ist aber reine Spekulation. In Castelgunt feilscht Gêrhart gerade nicht.

541 Dies gilt auch beispielsweise für die Darstellung superlativer Schönheit. Im *Lanval* von Marie de France, einer Mahrtengeschichte mit gutem Ausgang, werden die Damen der Fee, die mit dem Ritter Lanval verbunden ist, als wertvoller beschrieben, als es die Königin des Landes ist (Lan, V. 531 f.: *N'i ad cele mieuz ne vausist / Qu'unges la reïne ne fist*; zitiert nach: Marie de France: Lais. Guigemar. Bisclavret. Lanval. Yonec. Laüstic. Chievrefoil. Hrsg. von Philipp Jeserich. Stuttgart 2015 Übers. ebd.: „Es gab keine [unter ihnen], die nicht mehr wert wäre, / als die Königin es je war"). Die insgesamt vier Damen der Fee übertreffen die Königin besonders bezüglich ihrer Schönheit und Höfischheit, wodurch sie den ‚Mehr und Minder'-topischen Hintergrund für die darauffolgende Ankunft der Fee bilden. Prägnant zeigt sich dies auch in der Beschreibung des Gürtels in Dietrichs von der Glezze *Gürtel*: *von den steinen mag man sagen: / der ist funfzick und me, / ir quam ein teil uber se, / ein teil wart ir von Marroch bracht / (daz ist war und niht missedaht), / die moren da von Indya / und daz volck von Cytia, / die brachten uber des meres flut / zwelf crisoprassen gut / unde vier unychios / und drei krisolitos, / die sten in dem borten / an beiden sinen orten.* (Gür, V. 284–296). Anschließend wird ein einzelner Stein, *der quam von Chrichenlant,* (Gür, V. 297) ausgiebig beschrieben und durch seine magischen Kräfte aus dem Cluster wertvoller Steine herausgehoben (Beschreibung des Steins und seiner Fähigkeiten: Gür, V. 297–315). Vgl. auch die Auffindung des Waisen im *Herzog Ernst* (HE, V. 4450–4458) sowie auch oben, Kap. 4.4.2.

sich dann auch im weiteren Verlauf an den Hofdamen der ‚Hauptgeisel', der norwegischen Prinzessin.

4.5.3 Gêrhart und sein *koufschatz* in Castelgunt

Die somit etablierte Exorbitanz der Stadt Castelgunt kann nun im Text genutzt werden, um Gêrhart einen würdigen Handelspartner zu verschaffen, der in der Logik der Spitzenäquivalenz dem reichsten Kölner Gêrhart zugeordnet werden kann. Angeschlossen an die Parallelisierung der Städte (V. .1276 f.) folgt die ebenfalls spitzenäquivalente Zuordnung der beiden reichsten Vertreter dieser Städte. Gêrhart begegnet dem Stadtherrn Stranmûr und unterbreitet diesem eine Geschichte, die die Wahrnehmung seiner selbst als reichstem Marktteilnehmer propagiert:

> dô huob ich mich
> mit mînem koufschatz in ditz lant.
> den grœsten kouf den ich vant
> den hân ich endelîche
> mit mir brâht in ditz rîche.
> (V. 1372–1376)

Noch bevor es überhaupt zum Handel kommt, entwirft der Text auf mehreren Ebenen eine Szenerie, die Beliebigkeit gerade ausschließt. Der reichste Kaufmann aus der größten Stadt kommt in eine andere größte Stadt, um dort, wie Gêrhart noch erfahren wird, mit dem reichsten Stadtherrn zu handeln.

Zwar soll, so Stranmûr zu Gêrhart, *swaz ir ouch verkoufen welt / oder koufen hie*, zollfrei bleiben (V. 1394 f.), doch erscheint diese vordergründige Aus- und Eintauschbarkeit der Handelswaren als Farce, hat sich Stranmûr doch bereits einseitig auf einen bestimmten Handel festgelegt:[542]

---

542 Diese Festlegung sieht Walliczek: Rudolf von Ems, S. 16 (Anm. 4), auch in der Frage nach Gêrharts Glaubenszugehörigkeit im Zuge der Begrüßung durch Stranmûr: „Bereits bei der Begrüßungsszene scheint Stranmûr der Gedanke zu kommen, Gêrhart die Gefangenen zum Loskauf anzubieten: Nachdem der Kaufmann seine Ankunft damit begründet hat, die alljährliche Handelsmesse der Stadt besuchen zu wollen, erfolgt unmittelbar darauf Stranmûrs Frage nach Gêrharts Glaubenszugehörigkeit. Spekuliert Stranmûr also von Anfang an darauf, mit Hilfe von ‚Christen-Leid' ein gewinnversprechendes Geschäft zu lancieren?" Dies kann bejaht werden, ist der christliche Glaube doch konstitutiv notwendig für den geplanten Geiselhandel. Zur Praxis des Geiselhandels im Mittelmeer vgl. Adalbert Erler: Der Loskauf Gefangener. Ein Rechtsproblem seit drei Jahrtausenden, Berlin 1978 sowie mit stärkerem Fokus auf Italien Reinhard Elze: Über die Sklaverei im christlichen Teil des Mittelmeerraums (12.-15. Jahrhundert). In: Vom Elend der Handarbeit. Probleme historischer Unterschichtenforschung. Hrsg. von Hans Mommsen, Winfried Schulze. Stuttgart 1981, S. 131–135.

> ich wil durch iuch der kristenheit
> ein habe machen vrî.
> diu ist gelegen hie nâhen bî,
> die lêch mir mînes herren hant.
> (V. 1404–1407)

Sowohl bei der Einbettung in einen genealogischen Zusammenhang wie auch bei Gêrharts Erklärung zur Allgemeingültigkeit des Gewinnstrebens im Sinne der Gewohnheit des Menschen, handelte es sich um Strategien der Reduktion intentionaler *agency* des Protagonisten.[543] In Castelgunt, anders als bei seiner Handelsfahrt durch den Osten, tätigt Gêrhart die Geschäfte nicht nur für jemand anderen (seinen Sohn), sondern wird auch von seinem Tauschpartner gleichsam in passiver Position für die Transaktion ausgewählt.[544] Dass die Transaktion der gesamten Christenheit zugutekomme,[545] wird von Stranmûr vorgeschlagen. Eingeführt wird die christliche Nächstenliebe hier also nicht als interne Motivation Gêrharts, sondern als von außen herangetragenes *bonum commune*-Argument für den Handel.[546] Die Hilfe für Mitchristen erscheint damit bei Erstnennung nicht als Gewissensentscheidung,[547] sondern als Teil eines ethisch-rechtlichen Diskurses, ist doch die Verfolgung des *bonum commune*, wie schon anhand der Josefsgeschichte gezeigt wurde, Legitimationsstrategie für kaufmännischen Gewinn.[548] Dies korrespondiert mit der zweifachen Formulierung, die Ware, also die Prinzessin, werde nicht an Gêrhart, sondern durch Gêrhart an die Christenheit zurückerstattet (vgl. V. 1404 f. u. 1420 f.). Es wird also sehr darauf geachtet, dass Gêrhart nicht nur der einzige ist, der zu diesem Handel mit Stranmûr fähig ist, sondern dass dieser Handel auch aus Sicht eines christlich-theologischen Gerechtigkeitsdiskurses lupenrein ist.

---

543 Vergleichbar damit und möglicherweise in einen Zusammenhang zu stellen sind diese Mechanismen mit dem Konzept des „Gehabtseins" nach Lugowski: Individualität, S. 61: „Es wurde oben von dem passiven Charakter des Liebens in den Novellen des Dekameron gesprochen, von den Liebenden dort, die immer als von der übermächtigen Liebe Überwältigte erscheinen, nicht eigentlich Liebe *habend*, sondern vielmehr von ihr ‚gehabt', nicht eigentlich ein Substrat, dem Liebe anhängt, sondern selber dem ewigen, zeitlosen Wesen der Liebe, die hier das Substrat ist, anhängend." Dies mag im Zusammenhang, für den Lugowski sich hier interessiert, spezifische Formationen von Emotionalität und ihrer Intensität betreffen, ist jedoch als Mechanismus zur Reduktion der Verantwortlichkeit und Intentionalität der Figuren im Effekt vergleichbar.

544 Auch im Gespräch mit den Geiseln (V. 2039–2053) zeigt Gêrhart, dass jegliche Initiative vom marokkanischen Stadtherren ausgeht: *in sîne* [Stranmûrs, A.M.] *huote er mich nam* (V. 2040), *dar nâch bat er mich sêre* (V. 2042), *dô nam er war* (V. 2044), *dô begunde er bitten mich* (V. 2046).

545 Vgl. dazu auch Stranmûrs Schutzangebot für die Zeit des Marktes, V. 1419–1421: *Sô der market sol ergân, / sô sî diu habe vrî verlân / durch iuch der kristenheite gar.*

546 Vgl. Oexle: Statik, S. 58.

547 Eine auf die Beichtpraxis des 13. Jahrhunderts bezogene Lesart schlägt besonders Wunderlich: „... des koufmannes güete" vor.

548 Vgl. Kap. 4.3.2.

Auch, wenn Gêrharts Bemerkung, er sei ein beliebiger *koufman* [...] *von tiutschen landen verre* (V. 1364 f.), Zufälligkeit unterstellt, so zeitigen doch seine Finte, er sei absichtlich mit großem Gut nach Marokko gefahren,[549] einerseits und sein christlicher Glauben andererseits genau das Gegenteil. Stranmûr leitet daher erste Schritte ein, Gêrhart als besonderen Marktteilnehmer zu markieren: Gêrhart werden besondere Konditionen angetragen, konkret der Schutz für Leib und Gut („Marktfrieden“[550]) (V. 1388 f.), Zollfreiheit[551] sowie freie Unterkunft.[552] Gêrhart zeigt nun auf Bitten Stranmûrs diesem seine Waren. Jegliche bisherige Vorzugsbehandlung wurde ohne Kenntnis der tatsächlichen Reichtümer Gêrharts gewährt. Die merkantile Konvention der Warenschau verstärkt nun Gêrharts Exorbitanz noch weiter:

> nû bat er eines tages mich
> in der geselleschaft daz ich
> in mînen koufschatz lieze sehen.
> daz was mir liep. ich lie in spehen
> swaz ich koufes brâhte dar.
> den begund er schowen gar.
> er dûht in edel unde rîch
> und daz im nie niht gelîch
> in solher rîcheit wurd erkant
> über elliu heidenischiu lant.
> (V. 1483–1492)

Beschreibungen unüberbietbaren Reichtums sind keine Seltenheit in mittelhochdeutscher Erzählliteratur. Der Reichtum Gêrharts wird nun jedoch durch seine schiere Größe dysfunktional:

> Gêrhart, ich sag dir,
> dû hâst die grœsten rîcheit brâht
> der hie ze lant ie was gedâht
> enkeinem einigem man.
> niemen in vergelten kan
> in disem lande âne mich.
> (V. 1494–1499)

Da *niemen in vergelten kann,* bleibt bei der aus merkantiler Sicht unlogischen Einschränkung auf einen einzelnen Transaktionsakt auch nur diese eine Handelsop-

---

549 Zur Lüge, die keine Lüge ist vgl. Brackert: Rudolf von Ems, S. 44, und erneut Bleumer: Klassische Korrelation, S. 102 f.

550 Vgl. Walliczek: Rudolf von Ems, S. 128. Zum Marktfrieden allgemein: Lück: Art. Marktkreuz (*HRGDigital*).

551 V. 1394–1397: *swaz ir ouch verkoufen welt / oder koufen hie, daz sol / belîben gare âne zol / durch mînes herren êre.*

552 V. 1422–1427: *nû kêrent hin und nement war / waz herberg ir geruochent. / als ir die wol versuochent, / sô wirt sî iuwer sâ zehant / sunder zins und âne phant / biz dirre jârmarket wert.*

tion übrig. Solcherart Einschränkungen sind nun eigentlich typische Merkmale des Gabentauschs, denn dieser „erfordert [...] feste Partner."[553] Kohl fasst mögliche Paradigmen dieser Einschränkung zusammen, die auch das Geschehen im *Guoten Gêrhart* erhellen können:

> Anders als auf dem Markt kommt nicht jedermann für die Aufnahme einer solchen Beziehung [Tauschbeziehung, A.M.] in Frage. Wenn die Tauschpartner nicht Mitglieder einer gemeinsamen Gruppe sind, sondern verschiedenen Gruppen angehören, müssen sie sich im Rang gleichen.[554]

Im hier vorgestellten Extremfall, in dem nicht nur eingeschränkt, sondern vereinzelt wird, lässt sich sogar, im Sinne Ernst Cassirers, eine mythische Dimension der Handlung feststellen, die „den Gedanken eines in irgendeinem Sinne ‚zufälligen' Geschehens überhaupt nicht zu fassen [vermag]."[555] Indem die Waren Gêrharts bereits in ihrem Gebrauch determiniert sind, verwehrt die monetäre Unvergleichbarkeit des Kölners jegliche merkantile Interaktion.[556] Der auffallend hyperbolisch beschriebene Markt und der ebenso einzuordnende Reichtum Gêrharts können gerade nicht produktiv aufeinander bezogen werden. Stranmûrs Warnung, kein einziger einzelner Mann (vgl. V. 1499) könne den nötigen Gegenwert zu Gêrharts Waren aufbringen, impliziert die zusätzliche und willkürliche Setzung, der Tausch müsse sich *zur Gänze* zwischen zwei einzelnen Individuen ereignen[557] – eine Einschränkung, die bei keiner bisherigen Etappe auf Gêrharts Reise zur Sprache gekommen wäre.[558] Indem Stranmûr auch seine eigenen Waren in ihrem Wert jenseits der Kaufkraft aller anderen Marktteilnehmer:innen situiert und sie außerhalb des Marktes aufbewahrt, entzieht er auch diese dem so ausführlich beschriebenen Marktgeschehen (s. u.). Der Markt, konstitutiver Ort preisbestimmender Interaktion, wird sowohl topographisch wie auch in seiner infrastrukturellen Logik abgewiesen.[559] Durch die räumliche Trennung vom Markt als Ort, der Vergleichbarkeit nicht nur

553 Kohl: Macht der Dinge, S. 133.

554 Ebd.

555 Cassirer: Das mythische Denken, S. 59.

556 Betrachtet man die ‚Objektbiographie' der Waren, lässt sich sagen, dass der Besitz Gêrharts hier zu einem Schlusspunkt gekommen ist, die Waren werden ‚entkommodisiert'. Kopytoff: Biography, S. 75, spricht von einer „terminal commoditization".

557 Zur Integrität eines Schatzes vgl. Kap. 3.4.

558 Vielmehr wird gerade die Vielzahl der Kaufakte beschrieben: *mit mînem guote ich kêrte / hin über mer gên Riuzen, / ze Liflant und ze Priuzen, / dâ ich vil manigen zobel vant. / von dannen fuor ich gên Sarant, / ze Damascô, ze Ninivê. / dâ vand ich rîches koufes mê / von manigem rîchen phellôl dâ / dan in der welte ie anderswâ* (V. 1194–1202).

559 Auch der rechtliche Rahmen wird erweitert. Nicht mehr das Marktrecht verbürgt die Legitimität der Geiselnahme, sondern die lehensrechtlich verbürgte Souveränität Stranmûrs. Vgl. Walliczek: Rudolf von Ems, S. 20: „Der Terminus *reht gewunnen guot* bezieht sich auf den Sachverhalt, daß Erêne mit ihrer Begleitung im Sturm an ein Ufer verschlagen worden ist, das zum Herrschaftsbereich Stranmûrs gehört. Somit kann der Burggraf über sie wie über herrenloses ‚Strandgut' verfü-

abbildet, sondern durch die Kategorisierung von Objekten als Ware solche Vergleichbarkeit überhaupt erst produziert,[560] werden alternative Formen der Wertkonstitution neben der merkantilen gefordert – es entsteht ein hybrider Kauf, der eher einer auf die Individualisierung der Akteure gerichteten Gabenlogik nach Mauss folgt[561] – ein ‚Gabenkauf'.[562] Damit meine ich, dass die Transaktion der ‚Waren' zwar vor dem Hintergrund des merkantilen Raums, in der merkantilen Kategorie der Äquivalenz sowie mit merkantilem Vokabular stattfindet. Gleichzeitig aber wird die Erzähllogik dieser Kaufaktion durch die hyperbolische Spitzenäquivalenz, die singularisierte Beziehung der Interaktionspartner sowie die Singularisierung der getauschten Werte (die damit de-kommodisiert werden) umcodiert. Auf Äquivalenz gerichteter Kauf und individualisierender Gabentausch werden durch die Darstellungskonventionen im Textgefüge hybridisiert.

Diese Hybridität des Geschäfts zeigt sich besonders am Umgang mit der Figur Stranmûrs: Zwar ist die Beziehung Gêrharts zu Stranmûr – dieser wird im Geschehen nach der Marokko-Episode kein einziges Mal mehr erwähnt – von pragmatischer Gleichgültigkeit[563] geprägt und zeitigt keine dauerhafte Bindung zum heidnischen

---

gen. Diese Auffassung entspringt nicht einmal subjektiver Willkür, sondern liegt in den Lehensrechten begründet [...]."

560 Vgl. Favereau, Biencourt, Eymard-Duvernay: Where do markets come from, S. 224. Vgl. auch Kap. 2.3.

561 Der Ausdruck ‚Gabe' beschränkt sich hier auf das ethnologisch untersuchte Verständnis einer Sozialität herstellenden Gabe inklusive Gegengabe, wie Mauss sie versteht (vgl. Mauss: Gabe, besonders S. 91, zum Dreischritt „Geben, Nehmen, Erwidern") und als eine dem Marktkauf äußerliche Tauschordnung beschreibt. Mauss, ebd., S. 19, verbindet diese Ordnungen zwar mit einem evolutiven Verständnis des modernen Vertragswesens, streicht man jedoch das Dogma der Kulturevolution aus der Argumentation, können Gabentausch und Marktkauf als nebengeordnete Hyponyme von Tausch verstanden werden.

562 Dass es ein grundlegendes Verständnis von der Existenz eines Tauschwertes gibt, folgert Simmel: Philosophie des Geldes, S. 36, aus der anthropologischen Konstante des Urteilens als Teil des Wahrnehmungsprozesses: „[D]ie Welt sei eben wertvoll, gleichviel ob diese Werte von einem Bewußtsein empfunden werden oder nicht. Und dies geht hinunter bis zu dem ökonomischen Wertquantum, das wir einem Objekt des Tauschverkehrs zusprechen, auch wenn niemand etwa den entsprechenden Preis zu bewilligen bereit ist, ja, wenn es überhaupt unbegehrt und unverkäuflich bleibt."

563 Schumacher: Toleranz, S. 55, stellt dies in seinem Beitrag zum interkulturellen Kontakt dar: „Das [Fehlen einer Missionierungsabsicht] hängt gewiss zusammen mit dem von der christlichen Theologie so heftig bekämpften Kaufmannsgeist, in dem Menschen vor allem als Kunden und Geschäftspartner wahrgenommen werden. Die Konsequenz davon ist: Heiden dürfen Heiden bleiben." Zwar mag die Projektion eines aggressiven Missionsgedankens in fiktionaler Literatur problematisch sein, die grundlegende Beobachtung, dass Gêrhart sich nur in einem pragmatischen Maß für sein Gegenüber interessiere, verliert dadurch jedoch nichts an Gültigkeit. Andererseits ist vollständige Gleichgültigkeit auch von Gêrharts Seite nicht gegeben, reagiert er doch auf Stranmûrs Vorzugsbehandlung und seine *triuwe* mit der Konstruktion sozialer Nähe, also der Depotenzierung

Landesherren.[564] Doch entspringt die Situation des Tausches gerade keiner kontingenten Entscheidung, sondern einer superlativischen und damit eindeutigen Zuordnung, deren mehrstufige Konstruktion soweit deutlich geworden ist.

Im *guoten Gêrhart* zeigt sich somit eine hybride Form des Tausches, eine Art Gabentausch vor dem Hintergrund des Marktes. Hier werden entsprechend gesellschaftsstiftender Gabenpraktiken zwei Figuren einander zugeordnet, gleichzeitig aber innerhalb der Logik merkantiler Pragmatik auf ihren Besitz reduziert. Der „Superlativ der epischen Hyperbel"[565] untergräbt die merkantile Kontingenz der Tauschpartner und reduziert die Anzahl der möglichen Tauschpartner auf eins. Wird also mit der expliziten Kaufkraft ein für die höfische Literatur unübliches Kriterium der Hierarchisierung angeführt, so bleibt die Zuordnung der Tauschpartner der höfisch-literarischen Logik unterstellt. Entsprechend der auch in Brautwerbungen geltenden Zuordnung von „Dem Besten die Schönste",[566] kann nur der reichste Kaufmann den größten Kaufmannsschatz erwerben. Da in diesem Fall der teuerste Kaufmannschatz eine Prinzessin ist, wird das Thema der Brautwerbung hier als ‚dem Reichsten die Teuerste' variiert.[567]

4.5.4 Stranmûrs *koufschatz*

Gêrhart und Stranmûr müssen nun jenseits des Marktes einen Preis ermitteln.[568] Ebenso wie im Märe von der *Rittertreue* (Kap. 4.6) wird der Preis hier gerade nicht dazu genutzt, ein kontingentes Handlungsfeld der beteiligten Kaufleute zu konturieren, sondern vielmehr um die final motivierte Schlüssel-Schloss-Funktion von verfügbaren Zahlungsmitteln und zu erstehender Ware zu verdeutlichen: Gêrharts

---

sozialer Kontingenz: *sîn triuwe was mir niuwe, / und ich mit bete in treip dar an / daz er dutzen mich began. / sus leist er mir in lieber kraft / getriulîch geselleschaft.* (V. 1478–1482).

564 Es entsteht auch kein funktionales zeitliches Intervall zwischen Gabe und Gegengabe, in diesem Sinne handelt es sich durchaus um einen merkantilen Tausch, bei dem beide Interaktionspartner direkt den Gegenwert hergeben. Wenn hier also vom Gabentausch gesprochen wird, ist einzig die Individualisierung von Ware und Interaktionspartner gemeint, die durch Prozesse der Kontingenzreduktion erreicht wurde, wie ich es oben und im Folgenden beschreibe. Zum zeitlichen Intervall als Teilaspekt des Gabentauschs vgl. Bourdieu: Ökonomie, besonders S. 144 f., zur Gleichzeitigkeit von *emptio* und *venditio* beim Kauf vgl. Mauss: Gabe, S. 132.

565 Haferland: Interaktion, S. 83.

566 Dörrich: Die Schönste dem Nachbarn, S. 37. Vgl. auch die Variationen des Themas im *Pfaffen Amis* (Kap. 4.2.2), in *Flore und Blanschflur* (Kap. 4.4.2), sowie in der *Rittertreue* (Kap. 4.6.3).

567 Durch die Verschränkung der Erzähltraditionen im *Guoten Gêrhart* ist auch eine alternative Deutung möglich, in der Gêrhart als der „werbende Bote Willehalms" im Sinne des Brautwerbungsschemas aufträte. Bleumer: Klassische Korrelation, S. 103. Indem die Vorgeschichte Willehalms und Irênes erst nachgeliefert wird, ermöglicht der Text die Ambiguität, beide Zuordnungen zuzulassen.

568 Vgl. zu *necessitas* und *indigentia* Wittreck: Instrument der Gerechtigkeit, S. 322–329.

und Stranmûrs Kaufschätze befinden sich im kontingenzreduzierenden Verhältnis der Spitzenäquivalenz.

Dass es sich um einen exorbitanten Tausch handelt, der im Gegensatz zu den ertragreichen Fahrten Gêrharts durch Russland und den Orient der Auserzählung wert ist, lässt Stranmûrs vorherige Beschreibung seines eigenen Reichtums bereits erahnen: Dieser *wehsel* (V. 1503), so Stranmûr, sei ein besonderer, auf dessen Eigenheiten man hinweisen müsse: *bringest dû in in dîn lant, / dû maht sîn wol geniezen vil. / hie frumt er niht.* (V. 1506–1508).[569] Die Spannung um den *koufschatz* wird weiter aufrechterhalten und noch weiter verschärft, indem Stranmûr versichert, nicht nur sei er der einzige mögliche Tauschpartner für Gêrhart, sondern auch der Kölner für ihn:

> ditz ist ein reht gewunnen guot.
> gulte ez mir als ez dir tuot
> in dînem lande, ez wurde mir
> vergolten nimmer gar von dir.
> (V. 1515–1518)

Die radikale Andersartigkeit des ‚Kaufschatzes' wird von Gêrhart dann aber nicht antizipiert.[570] Statt des erwarteten *silber* und *golde* bringt Stranmûr ihn zu einer Gruppe gefangener Ritter. Dies bedeutet freilich nicht, dass Gêrhart den Gefangenen, die er sodann zu sehen bekommt, gar keinen Wert zuschriebe. Tatsächlich vollzieht sich stattdessen eine Verschiebung in den Bereich metaphorischer Wertigkeit, wenn Gêrhart keine materielle, sondern die persönliche/ständische Wertigkeit der Gefangenen wahrnimmt:

569 Wie die Situation wirtschaftstheoretisch zu fassen wäre, ist nicht gänzlich eindeutig. Zwar liegt die „Preisbildung bei einem Nachfrager", wie es bei einem Monopson der Fall ist, dies schließt jedoch „Konkurrenz unter den Anbietern" mit ein (Norbert Reetz: Art. Preise II: Monopolpreisbildung. In: HdWW, Bd. 6, S. 189–202, S. 194). Viel würde auch für ein bilaterales Monopol sprechen: „Wenn sich auf einem Markt nur ein Anbieter und ein Nachfrager gegenüberstehen, spricht man von einem bilateralen Monopol." (Ebd., S. 195). Skeptisch gegenüber der Einschätzung als bilateralem Monopol verbleibe ich allerdings, da Gerhart die Ware überhaupt nicht nachfragt, beziehungsweise dies erst tut, nachdem er vom Engel im Traum erfahren hat, es sei besser, die Geiseln auszulösen.

570 Reichlin: Gottvertrauen, S. 55, nennt den Handel ungewöhnlich, da Stranmûr kein übliches Handelsgut verspreche, „sondern ein Gut, das erst in Zukunft gewinnträchtig sein wird." Angesichts des auch schon zeitgenössischen Bewusstseins für Wertsteigerung durch Translokation der Waren bei Fernhandelsreisen, stellt die Wertsteigerung einer Ware durch ihre Ortsgebundenheit allerdings keine Ungewöhnlichkeit dar. Es ist daher eher davon auszugehen, dass das Irritationsmoment tatsächlich darin begründet liegt, dass Gêrhart, wie er es auch selbst ausdrückt, Gold und Silber erwartet hat. Anders gesagt, die Irritation liegt nicht in der Art und Weise, den Wert zu mehren, sondern einfach in der Materialität des Gutes.

der was sî gar an guote erlân,
doch beslôz sî guotes vil,
als ich iu bescheiden wil.
sî was mit guote und ân guot,
mit rîcheit und mit armuot
bewart vil vesteclîche.
(V. 1526–1531)

Und kurz darauf:

Sus was diu kemenâte
gar âne guot mit rate,
dâ was niht guotes in geleit
wan diu reine werdekeit,
diu an den edlen rittern lac
der diu vancnüsse phlac.
(V. 1555–1560)

Der *guote koufman* Gêrhart aktiviert somit das Sprachspiel um *guot* im Prolog erneut und legt den Finger auf die immanente Doppeldeutigkeit des Wortes. Denn auch diese Gefangenen bringen ein Gewicht auf die Waage – zumindest metaphorisch.[571] Nicht nur sind sie äußerst werthaft (V. 1558), ihre Verfassung provoziert auf anderer Ebene eine Bemessung, die ebenfalls durch Gewicht ausgedrückt wird. Heißt es anfangs bei Besichtigung der ersten Gruppe Ritter noch *ir nôt began min herze klagen, / mit klage ir bürde mit in tragen* (V. 1561 f.),[572] so verschärft sich die Gewichtsmetaphorik der Bürde hin zur Praxis des Wiegens, wenn Gêrhart in die zweite Zelle mit wieder zwölf Rittern eintritt:[573]

571 Vgl. Walliczek: Rudolf von Ems, S. 56–66, spricht bezüglich der Metaphorik materieller Werte von einem „‚Transzendierungs'-Prozeß" (Walliczeks Position diskutiert unter anderem Manuela Niesner: Zum *Guoten Gêrhart* des Rudolf von Ems. In: LJB (NF) 39 (1998), S. 55–74, S. 57 f.).

572 Die „höfisch gefärbte Emotionalität" Gêrharts ist von Walliczek: Rudolf von Ems, S. 24, als unvereinbar mit dem kaufmännischen Gebaren Gêrharts gegenüber Stranmûr bezeichnet worden. Die emotionale Antwort habe demnach kein Gewicht für die Kaufentscheidung. Simmel: Philosophie des Geldes, S. 48, schreibt, eigentlich an der Konstruktion des ästhetischen Wertes orientiert: „[D]ie Objektivierung des Wertes entsteht in dem Verhältnis der Distanz, die sich zwischen dem subjektiv-unmittelbaren Ursprung der Wertung des Objektes und unserem momentanen Empfinden seiner bildet." Der ökonomische „Wert eines Objektes [beruhe] zwar auf seinem Begehrtwerden [...], aber auf einer Begehrung, die ihre absolute Triebhaftigkeit verloren hat." (Simmel: Philosophie des Geldes, S. 43). Gerade diese Form der Distanz zum Objekt fehlt Gêrhart hier, wodurch die Hybridität des Geschäftes mit Stranmûr deutlich wird. Walliczeks Trennung von „rationale[n] Gewinn- und Verlust-Rechnungen" (Walliczek: Rudolf von Ems, S. 24) einerseits und der emotionalen Antwort auf das bedauerliche Leiden der Mitchristen andererseits, kann aus dem sozialhistorischen Kontext herausgehoben werden, wenn man Kaufmann und Hof durch distanziertes und distanzloses Begehren ersetzt.

573 Die Konkretisierung der Metaphorik geht mit einer Steigerung des Wertes einher. Stranmûr kündigt den Besuch in der zweiten Zelle damit an, dass er Gêrhart *grœzern koufschatz anderswâ* sehen lassen wolle (V. 1571).

Der funt was mir sô swære
und alsô klagebære
daz in mîn herze kûme truoc.
ob ich ê vreuden ie gewuoc,
diu muoste mir dô verren.
(V. 1583–1587)[574]

In der letzten Zelle dann, in die der Kölner geführt wird, wird das hier angedeutete Gewicht der ‚Ware' durch direkte Materialität erweitert: hier findet Gêrhart *süezen gewin* (V. 1628) in der Prinzessin Irêne und ihren Damen, auf die ein anderer Blick fällt als auf die bisher begutachteten Ritter:

dâ vand ich süezen gewin,
der wol an mannes muote,
an lieb, an vreude, an guote,
an wirde und an sælde treit
manlîcher vreuden sælikeit,
der al der welde zaller zît
mit hôhem muote vreude gît.
(V. 1628–1634)

Die „väterliche" Perspektive Gêrharts auf Irêne, die Monika Schulz bezüglich der Vormundschaft Gêrharts für Irêne im späteren Handlungsgeschehen aus eherechtlicher Perspektive beleuchtet,[575] ist hier erst einmal nur eine männliche Perspektive: Im Gegensatz zu den Männern wird den vom Kölner Kaufmann beobachteten Damen eine werthafte Materialität zugeordnet, die in der Überblendung von diamantenem Schein und trüben Tränen eng mit der Körperlichkeit der Frauen verwoben ist:[576]

der koufschatz in dem lande was
an zuht, an sælde ein spiegelglas,
an triuwe, an güete ein adamas;
wan daz im getrüebet was
sîn liehter schîn von swære grôz,
wan in vil dicke begôz

574 Beim Verlassen dieser Zelle fügt Gêrhart noch hinzu: *Dô ich ir klagendez ungemach / mit klegelîcher swære ersach, / ez tet mir von herzen wê* (V. 1617–1619). Dass durch die Ambiguität der *swære* direkt ein merkantiles Wägen aufgerufen werden würde, mag zu weit gegriffen sein. Der rhetorische Effekt einer ‚Beschwerung' Gêrharts, die auch immer mehr seine Entscheidung zum Kauf beeinflusst, scheint in dieser geschickten Wortwahl aber wohl mitzuschwingen.

575 Vgl. Schulz: Eherechtsdiskurse, S. 140–144.

576 Der Schein des Materials in Verbindung mit dem Körper der Frau wird auch von Sahm: Gold, S. 139, für die Objektifizierung Kriemhilts im *Nibelungenlied* als Argument in Stellung gebracht. Durch den goldenen Schein ihres Schmucks trete Kriemhilt „als goldenes Objekt, als Gabe in die Herrschaftsgemeinschaft mit dem Mann ein."

ein regen, der ûz jâmer ran
von herzen daz in jâmer bran.
(V. 1635–1642)

Mit der Objektifizierung der Frauen geht jedoch auch die bereits in *Flore und Blanscheflur* beobachtete Funktion eines (hybrid-)merkantilen Geschäfts einher, dass die exorbitant hohe Bepreisung den Handlungsraum des Marktes gerade nicht von höfischen Werten trennt, sondern diese hier anerkennend reproduziert werden. Gêrhart wiederholt noch einmal, die fünfzehn Frauen seien *der kouflîche hort* (V.1646). Als Stranmûr ihn dann aber fragt, *ob dû wilt koufen*, antwortet Gêrhart nur: *waz?* (V. 1711). Stranmûr erklärt dem Kölner nun, er wolle ihm die Geiseln *zu wehsel* geben.

Stellt die Wahrnehmung der Gefangenen für Wolfgang Walliczek eine emotional-höfische Reaktion Gêrharts dar, die keinen Eingang in das Gespräch mit Stranmûr finde,[577] so halte ich eine nachträgliche Semantisierung durch den Erzähler Gêrhart für wahrscheinlicher – immerhin befinden wir uns nach wie vor in der Ich-Erzählung des Kölner Kaufmanns selbst. Durch das Unverständnis gegenüber Stranmûr, nachdem Gêrhart selbst die edlen Damen als Kaufmannsware bezeichnet hat, wird die nachträgliche Metaphorik der Werthaftigkeit der Geiseln betont: Gêrhart als Erzähler kann die Betrachtung der Gefangenen bereits in merkantiler Metaphorik darstellen, während Gêrhart als Figur der Binnenerzählung nicht weiß, was es mit seinem Gegenüber auf sich hat. Dadurch erzeugt Gêrhart als Erzähler eine Kontinuität mit der im Folgenden wieder aufgenommenen wörtlich gemeinten merkantilen Sprache. Stranmûr verspricht ihm:

swer rehter lôsung an sî gert,
der ist wol an in gewert
hundert tûsent marke.
er möht in sîner arke
niht gewissers guotes hân,
wil er sî mit gedinge lân.
wær mir gelegen baz ir lant,
ich hæte an in vil rîchiu phant
für hundert tûsent marke gar;
(V. 1721–1729)

Stranmûr bietet Gêrhart sogar an, ihm, sollte er ablehnen, seine Privilegien für den Markt weiterhin zu gewähren. Gêrhart könnte damit in den Bereich kontingenten Handelns zurückkehren:

wilt dû sî koufen niht von mir,
sô beleit ich doch dîn guot
swar es gert dîn selbes muot

577 Walliczek: Rudolf von Ems, S. 23 f.

und wil gern stæte lân
swaz ich dir geheizen hân.
(V. 1788–1792)

Dennoch kann die Einwilligung Gêrharts bereits als gesichert gelten. Auf seiner bisherigen Reise erlangte Gêrhart Waren, die mit aller zur Verfügung stehenden Objektivität auf einhunderttausend Mark Silber geschätzt werden können, da sowohl Gêrhart als Erzähler wie auch Stranmûr die Güter in diesem Maße beziffern. Dass mehr als hundertprozentiger Gewinn möglich gewesen wäre – *und dannoch mê* (V. 1207) –, wird im weiteren Verlauf nicht wieder aufgegriffen. Die Unschärfe der Gewinnspanne wird zugunsten narrativer Finalität ausgeblendet: Da einhunderttausend Mark Silber für den weiteren Verlauf der Erzählung benötigt werden, wird in Livland, Russland, Damaskus und Ninive auch exakt so viel erwirtschaftet.[578] Vehement beharrt Stranmûr darauf, dass der Tausch nur mittels der vorher bezeichneten Handelsgüter Gêrharts vollzogen werden kann, wobei die Affirmation dieser Notwendigkeit über eine rein werthafte Zuordnung hinauszugehen scheint:

doch mac der kouf niht anders sîn
wan swaz ich in dem schiffe dîn
dînes guotes hân gesehen:
dâ mit muoz der kouf geschehen.
(V. 1765–1768)[579]

Durch die gleich zweifache Nennung von *hundert tûsent marke* (V. 1723 und 1729), das Insistieren Stranmûrs auf einem ganzheitlichen Tausch sowie Erzähler-Gêrharts rückblickende Markierung der Geiseln als Kaufmannsgut ist die Kontingenz des Kaufaktes geschlossen, bevor sie eröffnet wird. Gerade der Preis, die Voraussetzung für die Konvertierbarkeit einer beliebigen Sache, wird hier zur singularisierenden Eigenschaft.

Im Folgenden stehen zwei Aussagen Stranmûrs in geringem Abstand zueinander, die sich aus Perspektive der Preisfindung eigentlich widersprechen. Stranmûrs Behauptung, er selbst würde die Geiseln für hunderttausend Mark verkaufen, wenn er könnte, folgt die Versicherung, am intendierten Verkaufsort und mit dem entsprechenden Käufer wäre ihr Wert *zwivalt* (V. 1763) gegenüber dem Kaufpreis, den Gêrhart Stranmûr bezahlen soll (vgl. V. 1764), was zweihunderttausend Mark ent-

578 Vergleichbar sind die siebzig Mark im Märe *Die Rittertreue*, vgl. Kap. 4.6.

579 Auch wenn *muoz* sowohl imperativ wie auch fakultativ verstanden werden kann, so zeigt sich doch der auffällig starke Appell Stranmûrs, mit dem die Zielgerichtetheit der Handlung auf den Tausch hin hier behauptet wird. Ich meine, dass Stranmûrs Setzung hier über die Logik einer üblichen Verhandlung hinausgeht und stattdessen sehr darum bemüht ist, jegliche Zufälligkeit der getauschten Waren auszuschließen.

spräche.[580] Beide Angaben, so widersprüchlich sie scheinen, ergeben narrativ aber Sinn: Die Äquivalenz der Güter und Geiseln vermittelt den Rezipient:innen des Textes zuerst einmal die Zusammengehörigkeit und Zweckgebundenheit der getauschten Waren, die aufgrund ihrer gleichartigen Werthaftigkeit miteinander identifiziert werden können.[581]

Die erste Position Stranmûrs, die Geiseln brächten beim Verkauf in Europa ebenso viel, wie Gêrhart bereits besitzt, ließe Gêrhart sogar hinter den erlaubten Gewinn eines Kaufmanns zurückfallen, den er aufgrund des Risikos der Kaufmannsfahrt einnehmen dürfte. Gabentheoretisch ist die reine Kompensation aber sinnvoll, da somit keine verpflichtenden Überschüsse entstehen. Kompensation oder Gewinn sind dabei an Sprecherpositionen gebunden: während Gêrhart ausschließlich von Kompensation und somit Äquivalenz spricht, wird ihm von Stranmûr oder im späteren Verlauf von den Geiseln selbst hundertprozentiger Gewinn versprochen. Somit können sowohl Äquivalenz ausgestellt als auch mögliches Gewinnstreben in Stellung gebracht werden, damit Gêrhart sich dann nachfolgend effektvoll von diesem abwenden kann.[582]

Die Möglichkeit der Verdoppelung des Vermögens, die Gêrhart in Russland und im Nahen Osten verfolgt hat und die ihm dann auch von Stranmûr als Möglichkeit ausgemalt wurde, bleibt hier also von Gêrhart selbst unerwähnt. Indem Gêrhart im weiteren Verlauf andeutet, der Handel könnte ihm *ze rîche* (V. 1911) sein, sollte er sich nicht auf die Einwilligung der Geiseln und damit letztendlich auf eine Kompensation seines Einsatzes verlassen können, räumt die Hauptfigur sich hier selbst die Möglichkeit ein,

---

580 Entsprechend seiner Interpretation Gêrharts als „ritterlichem Kaufmann“ betont Wunderlich: Der „ritterliche“ Kaufmann, S. 150, den Unterschied zwischen Gewinn und übermäßigem Gewinn: „Mit Gêrhart zeichnet Rudolf das Idealbild eines Kaufmanns, dessen Frömmigkeit und auch Redlichkeit dem unmäßigen Gewinnstreben eine Grenze setzten, der Ehre im Sinne von Ansehen und Ehrbarkeit höher schätzt als übermäßigen Profit.“ Wie genau die Grenze des unrechtmäßigen Gewinns zu ziehen ist, gestaltet sich ungleich schwieriger. Argumente für Gewinn begegnen bereits im Frühmittelalter, wenn die aufgewendete Arbeit und Mühe des Kaufmanns als Legitimation für eine Wertsteigerung der Waren herangezogen wird (vgl. Puttevils: Merchants, S. 1042).

581 Die singularisierende Beziehung der beiden Handelswaren zueinander befördert in Cassirers Worten die Konkreszenz der beiden eigentlich voneinander getrennten Objekte. Vgl. Cassirer: Das mythische Denken, S. 78: „Wenn die wissenschaftliche Erkenntnis nach einem Zusammenschluß deutlich gesonderter Elemente sucht, so läßt die mythische Anschauung das, was sie verknüpft, zuletzt zusammenfallen.“ Dieses Zusammenfallen bezeichnet Cassirer dann als Konkreszenz (ebd.). Die vielfältige semantische Einsetzbarkeit von Äquivalenz offenbart sich hier als ein wichtiger Indikator der semantischen Offenheit merkantiler Prozesse.

582 Die Sinnhaftigkeit der gewinnerzeugenden Weiterverwendung der Geiseln ist also nur in Bezug auf miteinander verschränkte narrative Trajektorien zu verstehen. Der wirtschaftliche Ausblick auf Mehrwert, den Stranmûr verspricht, spielt bereits in der Analyse Reichlins eine Rolle, ohne dass hier jedoch die scheinbar inkonsistenten Verschiebungen des Wertes zur Geltung kommen würden. Vgl. Reichlin: Ökonomien, S. 95: „Die ‚getauschten‘ Menschen können ihm [Stranmûr, A.M.] zufolge in Europa in materiellen Besitz ‚zurückgetauscht‘ werden.“

vor der Exzeptionalität der Szenerie zurückzuschrecken. Indem dem reichsten Kaufmann der größte Kauf in der größten Marktstadt zu groß ist, wird die Besonderheit dieses Geschehnisses noch weiter betont, während Gêrhart selbst seinen demütigen Habitus perpetuieren kann, da er nicht an seine eigene Exzeptionalität glaubt.[583]

Von der Ankunft in Castelgunt bis zum eigentlichen Geschäft zwischen Stranmûr und Gêrhart werden immer wieder gleichermaßen merkantile und gabenlogische Ordnungen in Stellung gebracht, die sich eher ergänzen und überlagern, als sich gegenseitig auszuschließen: Ohne den ‚Hintergrund' des größten Marktes könnte die Werthaftigkeit der Geiseln nicht vollständig dargestellt werden, handlungslogisch relevant ist er aber nicht. Wie schon in *Flore und Blanscheflur* reproduziert die Transaktion, die vor dem Hintergrund des Marktes stattfindet, die Wertzuschreibung der höfischen Welt, in der Irêne ebenfalls der höchste ‚Preis' zuteilwürde.[584] Reichlin hat Gêrharts Vermögen herausgestellt, zwischen verschiedenen „Ökonomien" zu wechseln.[585] Der hier gewählte Fokus wirft das Licht eher auf die Rolle des merkantilen Raums und Vokabulars, die je nach Bedarf für den Transaktionsprozess unterschiedlich stark im Sinne einer gabenlogischen Spitzenäquivalenz hybridisiert werden können. Dabei ist Gêrhart als Erzähler ebenso eine formende Instanz wie Gêrhart als wahrnehmende Figur.

583 Die Analyse kann damit die Forschungsergebnisse zur *diemüete* ergänzen. Gêrhart ist blind gegenüber den singularisierenden Markierungen der Spitzenäquivalenz, die ihn als einzigen möglichen Akteur ausgewählt haben. Reichlin: Gottvertrauen, S. 64, knüpft die Demut Gêrharts an eine unbewusste Praxis der Gottesnähe: „[D]ie Idealität Gerharts besteht nicht darin, dass er sein Handeln reflektiert, ökonomische und religiöse Risiken gegeneinander abwägt und sich auf die Gefahr eines ökonomischen Verlusts hin für den allfälligen Gewinn von Seelenheil entscheidet. Dies entspräche der Haltung des Kaisers, dem er auch in dieser Hinsicht entgegengesetzt ist. Dagegen besteht Gerharts Idealität darin, dass er aus einfältiger Frömmigkeit und Demut heraus handelt, wobei diese nicht einer moralphilosophischen Gewissensreflexion, sondern einem Habitus der Gottesnähe entspringen." Reichlin argumentiert somit ebenfalls gegen ein zu einfaches Konversionsmodell entlang der Achse Berechnung – Opferbereitschaft, nutzt dafür jedoch die Kategorie des einfältigen Habitus, der Gêrhart vom Kaiser unterscheide und ihn nicht, wie Niesner: Zum Guoten Gêrhart, S. 59, es genannt hat, der „Versuchung des zu erwartenden Dankes" aussetze. Eine soziale Dimension der *diemüete* sieht Wunderlich: Der „ritterliche" Kaufmann, S. 195: „Unzweifelhaft ist die Figur Gêrharts ein Aufruf zum Befolgen eines Normgebots: demütige Erfüllung rechtlicher, politischer und sozialer Standesverpflichtungen." Zur *diemüete* in Verhandlungssituation vgl. Wittchow: Rhetorik der Zurückhaltung.

584 Wie zu *Flore und Blanscheflur* gezeigt wurde, nimmt die merkantile Wertung in Konrad Flecks Roman die höfische Wertschätzung sogar vorweg, da Blanscheflur zum Zeitpunkt des Verkaufs noch Sklavin ist. Gêrhart als Erzähler richtet beim ersten Besuch in der Zelle der Frauen den Blick auf Irêne, die er vor allen anderen lobt. Vgl. V. 1664–1670: *von disen vrowen allen / wil ich nemen eine. / diu edel und sô reine / was ob in gar sô schœne / daz ich ir schœne krœne / ob allen vrowen schône / mit des wunsches krône.*

585 Vgl. Reichlin: Ökonomien, S. 98.

4.5.5 bonus negotiator Gêrhart

Rüdiger Schnell hat in seiner Lesart des *Guoten Gêrhart* besonders auf die religiöse Sichtweise Rudolfs von Ems aufmerksam gemacht, in der der Mensch grundsätzlich als „Helfer Gottes“ erscheine.[586] Bezüglich merkantiler Inhalte in Predigten und Exempla habe ich bereits ausgeführt, dass mit dem *bonus negotiator* eine rhetorische und narrativierbare Möglichkeit besteht, eine Kaufmannsfigur mit Christus zu überblenden[587] und merkantiles Vokabular im Sinne einer „vertikale[n] Tauschachse“ zu verstehen, wie Reichlin es ja auch für den *Guoten Gêrhart* ansetzt.[588] Die Polyvalenz des merkantilen Vokabulars hat bereits Nikola von Merveldt zum Anlass genommen, Gêrharts (Er)lösungstat als *imitatio christi* zu verstehen.[589] Zudem haben bereits von Ertzdorff, Kartschoke und auch Neudeck den *Guoten Gêrhart* im Lichte von Legenden- und Exemplumsliteratur besprochen und dabei Gêrhart eine mit der Transzendenz verbundene Rolle zugesprochen.[590] Im Besonderen möchte ich dabei Gêrhart nicht direkt als Christus, sondern als exemplarische Instanz desselben in Form des *bonus negotiator* verstehen.

Von Beginn an verknüpft Gêrhart als Erzähler seine eigene Lebensgeschichte mit Strategien, die seine Kaufmannsfahrt rechtfertigen: Von der Gewohnheit über die Genealogie bis hin zur kontingenzreduzierenden Hybridisierung des Marktes in Castelgunt. Wie ein Legendenheiliger ist Gêrhart bereits zu Beginn der, der er sein wird.[591] Diese legendarische Perspektive auf Gêrhart manifestiert sich an der Deu-

---

586 Schnell: Rudolf von Ems, besonders S. 71–73.

587 Kap. 4.1.1, Vgl. besonders die Beiträge Bériou: L'esprit de lucre sowie Oberste: bonus negotiator.

588 Reichlin: Ökonomien, S. 96.

589 Von Merveldt: „Sinn-Stiftung“, S. 300: „Die merkantilischen Elemente von Tausch, Handel, Zahlen und Zählen bezeichnen nicht nur den bürgerlichen Stand des Helden, sie weisen darüber hinaus auf eine heilsgeschichtliche Dimension der kaufmännischen Ausfahrt hin. Gerhart befreit eine Schar von Christen aus den Fesseln eines mächtigen Heidenfürsten und nimmt so Züge einer Erlöserfigur an, die – wie Christus – in die Hölle hinabsteigt, um die armen, gebundenen Seelen zu retten.“ Dieses Zusammenspiel von „Tausch, Handel, Zahlen und Zählen“ setzt jedoch einen ökonomischen Diskurs voraus, der auf der neuzeitlich selbstverständlichen Zusammengehörigkeit dieser Elemente aufbaut.

590 Für von Ertzdorff: Rudolf von Ems, S. 171, handelt es sich um legendarischen Stoff, Kartschoke: Gewissen, S. 675, sieht im *Guoten Gêrhart* eine „geistlich motivierte Exempelerzählung.“ Neudeck: Erzählen von Kaiser Otto, S. 223, spricht von einem „Makroexemplum“.

591 Im breiten Spektrum legendarischen Erzählens fasse ich Gêrhart aufgrund seiner Selbststilisierung und der Bezeichnung als *guoter koufman* in der Rahmenhandlung als Legendenfigur auf, dessen Heiligkeit „bereits [feststeht]“, während sie „doch erst konstituiert“ werden muss (so Andreas Hammer: Erzählen vom Heiligen. Narrative Inszenierungsformen von Heiligkeit im ‚Passional‘. Berlin/Boston 2015, S. 360, zu einzelnen Legenden im *Passional*). Von Merveldt: „Sinn-Stiftung“, S. 305 f., sieht überhaupt keine *conversio* im Sinne einer Legende: „Bei aller *humilitas* bleibt Gerhart weiterhin Kaufmann und ist stets bedacht, seine Existenzgrundlage zu sichern. Kommerzieller Verlust in rein rechnerischem Sinne wird durch himmlischen Lohn kompensiert – damit rechnet er fest. Der Traumversion folgt also keine radikale *conversio*, die zu Weltflucht und Diesseitsverach-

tung des Kölners als *guoter koufman* (V. 555) im Sinne des *bonus negotiator*, anstatt durch das Epitheton *guot* auf seine kaufmännische Tüchtigkeit zu schließen. Narrativ kommt diese Stilisierung bei der Auslösung der Geiseln zu tragen.

Nach Begutachtung der Geiseln und dem klar formulierten Tauschangebot Stranmûrs, zieht Gêrhart sich in seine Gemächer zurück, um schließlich bei Gott Rat zu suchen. Dass es sich bei dem Gebet dann um den Konflikt handelt, ob der Loskauf der Geiseln dem Willen Gottes entspräche, ist bereits mehrfach diskutiert worden.[592] Der *guote koufman* Gêrhart werde hier zur Helferfigur der Transzendenz, wie er sich auch zuvor bereits als Helfer seiner Dynastie inszenieren konnte.[593] Stranmûr hat gleich zweimal im bisherigen Wortwechsel darauf hingewiesen, Gêrhart handele im Namen oder zugunsten der Christenheit. Nun will Gêrhart selbst von Gott wissen, *ob ez im wær genæme / daz ich die armen lôste* (V. 1810 f.). Der Engel antwortet Gêrhart in Anlehnung an Mt 25,40:[594]

> swaz einem armen wirt getân
> ze guote, ob ez durch mich geschiht,
> der tuot mir guot, dem armen niht.
> ich bin der arme. swâ man siht
> den armen, ob im iht geschiht
> ze guote, daz ist mir getân.
> (V. 1842–1847)[595]

Für eine solche Tat stehen nun drei *lôn*-Arten zur Verfügung:

> tuost duz durch gelt, sî geltent dir;
> tuost aber duz durch êre,
> man lobt dich immer mêre;

tung führt; die Erzählung wird nicht legendenhaft auf eine heilsgeschichtliche Dimension verkürzt. Das Kaufmännische ist damit weiterhin doppelt besetzt und bleibt sowohl im merkantilischen als auch im eschatologischen Sinne lesbar."

592 Vgl. dazu Kartschoke: Gewissen, Niesner: Zum Guoten Gêrhart, Zöller: Gewissensentscheidungen, Reichlin: Gottvertrauen.

593 Zu Gêrhart als „Helfer-Gestalt" der höfischen Akteure vgl. Walliczek: Rudolf von Ems, S. 147–161.

594 *[I]llis | amen dico vobis | quamdiu fecistis uni de his fratribus meis minimis mihi fecistis* (Amen, ich sage euch: Solange ihr (das) einem von diesen meinen geringsten Brüdern getan habt, habt ihr (es) für mich getan.).

595 Es ist interessant, dass Mt 25,40 und nicht Mt 6,3 zitiert wird: [3] *te autem faciente elemosynam nesciat sinistra tua quid faciat dextera tua* („Wenn du aber Almosen gibst, dann soll deine Linke nicht wissen, was deine Rechte tut.") Der Bezug auf eine überhaupt nicht bekanntwerdende Handlung wäre gar nicht erzählbar und für den bereits darüber reflektierenden Gêrhart auch nicht möglich. Der von Reichlin: Gottvertrauen, herausgearbeiteten naiven Erwartungshaltung sind somit erzählerische Grenzen gesetzt, die sich bereits im ausgewählten Bibelzitat andeuten. Zur vielleicht unpassend wirkenden Antwort des Engels hält auch Kartschoke: Gewissen, S. 688, bereits fest: „Der Spruch des Engels ist merkwürdig."

tuost duz durch gotes gebot,
sô wizzest reht daz dir got
gît umb sî ze lône
die immer wernden krône
(V. 1860–1866)

Dass es um verschiedene Arten von *lôn* in Form von *guot, êre* und *immer wernde*[*r*] *krône* geht, markiert die zwischenzeitliche Suspendierung der merkantilen Logik: Wie in Kap. 3.6 gezeigt wurde, überschneiden sich *lôn* und *gewin* zwar teilweise, doch die semantische Funktion des kaufmännischen *gewins* kann *lôn* gerade nicht übernehmen. Dadurch handelt Gêrhart nun nicht mehr nur mit einem Tauschpartner, sondern auch für eine sinn- und in diesem Fall auch lohnstiftende äußere Instanz, die gar nicht mehr mit dem merkantilen Bereich in Verbindung steht.[596]

Die genauere Abgrenzung eines merkantilen Bereichs kann hier tatsächlich mehr offenbaren als an Bourdieu angelehnte Überlegungen zu unterschiedlichen ‚Ökonomien'.[597] Reichlin bemüht sich, die Angebote des Engels als „ökonomische, symbolisch-gesellschaftliche und heilsökonomische Erwartungen" zu differenzieren, stellt aber kurz darauf selber heraus, dass „für diese Form von Reziprozität im Neuhochdeutschen der Begriff des Vertrauens angemessener ist als der des Tauschs oder der Ökonomie", da „Absicht und Erwartungen" zentral sind und „die Frage der Äquivalenz keine Rolle spielt."[598] Ist man als moderner Interpret mit dem überragenden Begriff der Ökonomie im Hinterkopf bemüht, das Zwiegespräch mit dem

596 Damit beziehe ich auch eine andere Position als Reichlin: Gottvertrauen, für die die performativ dargestellte Einfalt der Hauptfigur ausschlaggebend für dessen Verabschiedung des ‚ökonomischen' Denkens ist (vgl. die Forschungsdiskussion in Kap. 2.4). Die Suche nach ‚echtem' Altruismus, der durch die dargestellte Einfalt produziert werden müsste, stellt vielleicht eher ein Problem moderner, gabentheoretisch geleiteter Interpretation dar, als dass es sich ohne diese Perspektive im Primärtext zeigen würde. Aufschlussreich ist an dieser Stelle die Diskussion Frank Adloffs und Steffen Maus, die die zeitgenössische Rezeption des grundlegenden Textes zur Gabe von Mauss einer methodischen Kritik unterziehen. Bezüglich der angeblichen Dichotomie von Eigeninteresse und Altruismus, bzw. sozialer Normgebundenheit des Handelns fassen Frank Adloff, Steffen Mau: Giving Social Ties, Reciprocity in Modern Society. In: EJS 47,1 (2006), S. 93–123, S. 100, zusammen: „The idea that only a gift that has detached itself from all interest is a real gift is of course rooted in Christian thinking [...], but it was only under modern conditions that this idealizing conception gained acceptance. For Mauss by contrast, gifts and induced reciprocities are deeply social acts which, though not based on interest, are not disinterested; they establish and perpetuate relations of mutual indeptedness." Der Zynismus des interessegeleiteten Geschenks fällt somit erst in der Etablierung einer in Abgrenzung zum ökonomischen Primat sich entwickelnden privaten Schenkkultur auf. Geschenke seien in Folge einer Ökonomisierung der Gesellschaft gleichzeitig radikalisiert wie auch marginalisiert worden als „(residual) cultural logic of giving presents in the private sphere." (Adloff, Mau: Social Ties, S. 99).

597 Vgl. Bourdieu: Ökonomie.

598 Reichlin: Gottvertrauen, S. 56 f. Ebenso wie Reichlin sieht auch von Merveldt: „Sinn-Stiftung", S. 304 f., bereits den merkantilen Bereich in die Visionsszene verlängert: „Damit wird zwar nicht das merkantilische Prinzip verabschiedet, aber statt Ware wird die Intention zum wichtigsten Mo-

Engel in die zuvor erzählerisch hybridisierten merkantilen Strukturen einzupassen, bleibt immer die Aporie bestehen, dass Gêrhart erst *nach* der Zusage den Kauf tätigt, also gerade nicht auf Vertrauen handelt. Differenziert man aber *lôn* vom Markt, wechselt sich hier das Register grundlegend. Dafür spricht, dass in der Engelsvision das merkantil lesbare *gelt* in der dreiteiligen Antwort effektvoll vom nicht-merkantilen *lôn* überschrieben wird. Das hierarchische Verhältnis zu Gott steht somit in keinem Zusammenhang mit der merkantilen Sphäre. Die Engelsvision ist damit nur eine weitere Szene, in der der merkantile Gewinn eine Umcodierung erfährt, diesmal entsprechend der euphemisierenden Funktion vom gerechten Lohn als Gewinn des Kaufmanns.

Von hier aus soll nun zum Schluss ein Blick auf die eigentliche ‚Erlösungs'-Szene geworfen werden. Gêrharts Erkenntnisprozess nach der Vision bezieht sich gar nicht auf seine Beziehung zu Gott, sondern auf die *kumberhafte schar*, die es zu befreien gilt:

> dô lobte ich got der güete
> die er in mîn gemüete
> nâch sînen hulden sande,
> daz ich ze rehte erkande
> sîne grôze hulde gar
> an der kumberhaften schar.
> (V. 1871–1876)

Nimmt man nun an, dass Gêrhart tatsächlich als *bonus negotiator*, also in einer durch die Exempelliteratur konventionalisierten Version der Christusallegorie auftritt, so ist für die Befreiung noch eine weitere Komponente vonnöten: Das Einverständnis der zu Erlösenden. In der Forschung wurde der zweite Besuch im Kerker, bei dem Gêrhart sich die Kompensation des Lösegeldes versichern lässt, zumeist ständisch gedeutet. Walliczek sieht im Beharren auf materieller Sicherheit den Kaufmann durchscheinen, der Gêrhart immer noch sei,[599] Kartschoke hingegen macht im Anschluss an Urs Herzog „das ständisch motivierte Bedenken, ob ein Kaufmann mit seinem Geld Verfügungsgewalt über Adlige ausüben dürfe", für das Zögern verantwortlich.[600] Versteht man Gêrhart aber als *bonus negotiator*, ist es aus christlicher Sicht wichtig, dass der Mensch sich auch erlösen lassen *will*. Gêrhart

ment des Tauschgeschäftes. Der Lohn, den der Engel in Aussicht stellt, richtet sich nach der Motivation einer Handlung und nicht nach deren quantitativem Gehalt."

599 Vgl. Walliczek: Rudolf von Ems, S. 35. Karin Cieslik: *„sô bitt ich dich / daz dû geruochest hœren mich"* (v. 449 f.). Rede- und Figurengestaltung im *Guoten Gerhart* des Rudolf von Ems. In: Sprechen mit Gott. Redeszenen in mittelalterlicher Bibeldichtung und Legende. Hrsg. von Nine Miedema, Angela Schrott, Monika Unzeitig. Berlin 2012, S. 169–190, S. 177, deutet die Szene dahingehend, dass Gêrhart die Anweisung des Engels einfach nicht verstanden habe. Dies halte ich angesichts der ausgebreiteten Gottesfurcht allerdings für unwahrscheinlich.

600 Kartschoke: Gewissen, S. 687.

bezieht also die Geiseln deliberativ mit ein,[601] damit diese sich mit dem Handel einverstanden erklären. Von Merveldt hat die Idee ins Spiel gebracht, „Gerharts *wehsel* mit dem heidnischen Fürsten" als *sacrum commercium*, als „messianische[n] Tauschhandel" zu verstehen, dies aber nicht weiter ausgeführt.[602] Daran möchte ich festhalten, die Vertragsparteien dieses Heiligen Bundes oder Tauschs jedoch neu definieren. Wie beispielsweise am frühen franziskanischen Werk *Sacrum Commercium Sancti Francisci cum Domina Paupertate* deutlich wird,[603] ist einer der Partner im *sacrum commercium* der Mensch (Franziskus), der andere aber überirdischer Natur (Die Herrin Armut).[604] Wenn Gêrhart nun als Allegorie des Gottessohnes fungiert, nimmt er bereits diese übernatürliche Position ein und der Handel wird nicht zwischen Gêrhart und Gott, sondern zwischen Gêrhart (Christus) und den Gefangenen (Menschen) gemacht – was dazu passt, dass Gêrhart und Gott sich seit der Engelsvision nicht in einem merkantil geprägten, sondern in einem hierarchischen *lôn*-Verhältnis befinden.

Gêrhart spricht nun also mit den Geiseln. Er sagt ihnen nicht nur, dass sie selbst der *kouflich wehsel* seien (V. 2050), sondern auch, dass sie ein exorbitanter Tausch seien, erwähnt er doch, deutlicher als je zuvor, sein Kaufschatz sei der größte aller Zeiten:

> daz silber hân ich gar bewant
> an alsô grœzlîchen kouf
> daz ich vil nâch ûf mînen touf
> getar wol sprechen daz nie man
> vor mir grœzern kouf gewan.
> (V. 2026–2030)

601 Zur zentralen Bedeutung konsiliarer Kommunikation im *Guoten Gêrhart* vgl. Walliczek: Rudolf von Ems, besonders S. 101–122, sowie mit stärkerem Fokus auf die Willehalm-Handlung Krusenbaum, Seebald: ze guote jehen.

602 Von Merveldt: „Sinn-Stiftung", S. 301.

603 Von Merveldts Sicht bleibt aber weiterhin möglich, ist doch eine eindeutige Nutzung christlicher Metaphern selten möglich. Dies mag an den vielen sich überkreuzenden Identifizierungen heilsrelevanter Figuren liegen. Vgl. Oberste: bonus negotiator, S. 441: „In der franziskanischen Tradition des *Franciscus alter Christus* ist die Übertragung der Allegorie des guten Kaufmanns auf den Ordensstifter (*bonus negotiator Franciscus*) eine originelle Variante."

604 So versteht auch von Merveldt: „Sinn-Stiftung", S. 300, das *sacrum commercium*, auch wenn sie es, wie gesagt, anders anwendet: „Mit Gott wurde Handel getrieben, da der himmlische Herrscher durch die guten Werke der Menschen zu ihrem Schuldner wurde. Hinter solchen Auffassungen steht der *commercium*-Gedanke, also die Vorstellung des himmlischen Tauschs, bei dem Irdisches mit Ewigem vergolten wird." Zur Verwendung des *sacrum commercium* in der patristischen und liturgischen Literatur vgl. Quaas: Sakralität und Handel. Zudem wäre, gerade angesichts des franziskanischen Werkes von der Verbindung des Hl. Franziskus mit der Armut, ein Vergleich mit dem Erzählschema der gestörten Mahrtenehe vielversprechend. Eine solche Querverbindung theologischer Metaphorik und narrativer Schemata stellt meines Wissens nach bisher ein Desiderat der Forschung dar.

Nicht nur die merkantile Logik, sondern auch die Sonderstellung des Kaufes werden in Gêrharts Wiederholung reproduziert. Zusätzlich wird dabei der Reim *kouf* – *touf* so eingesetzt, dass der in der Taufe bestehende Bund mit Gott (auch ein *commercium*) und der *kouf* in syntagmatischer Kontiguität aufeinander bezogen werden.[605] Gêrhart verlangt nun nach dem Einverständnis der Ritter, seinen gesamten Besitz durch Stranmûr abwiegen zu lassen, sofern sie bereit seien, seine Ausgaben zu kompensieren:

welt ir, ich wil in wâge lân
durch iuwern willen allez daz ich hân
und wil gewin und ouch schaden
ûf mich gerne durch iuch laden,
mit dem gedinge daz ir
mînen schaden geltent mir.
(V. 2067–2072)[606]

Da der Wert der Güter eigentlich schon bekannt ist, erscheint das Aufrufen der Waage nur noch als Sicherungsmechanismus: Das Objektifizierungsangebot des Marktes wird genutzt, auch wenn der Tausch zum bekannten Wert von einhunderttausend Mark bereits beschlossen ist. Mit dem Verweis auf *allez daz ich hân* wird zudem erneut der Opfercharakter des Geschäfts unterstrichen. Die Ritter antworten mit einer gebetsartigen Rede, die die Erlösungstat Christi, das Christsein Gêrharts sowie die Taufe wieder aufgreifen.[607] Schließlich erhält Gêrhart auch die alles entscheidende Antwort auf seine Frage:

wir sweren dir des alle
daz wir zwigülten dir dîn guot,
sunder daz mîn vrowe tuot
und ir vater, der von dir
lœset sie nâch dîner gir;
und ob mîn herre hât den lîp,
der zwigültet dir sîn wîp.
(V. 2108–2114)

605 Die poetisch nutzbare und damit auch den theologischen Inhalt beeinflussende phonetische Ähnlichkeit von *kouf* und *touf* habe ich in Kap. 3.4 besonders anhand des ebenfalls von Rudolf vom Ems verfassten *Barlaam und Josaphat* angesprochen, mit Verweis auf Mersmann: Besitzwechsel, S. 76: „Sehr häufig findet sich der Reim *toufen*: *koufen*; er hat seine theologische Verankerung möglicherweise im *sacrum commercium*. Christus steigt auf die Erde herab und wird Mensch, der Mensch wird in der Taufe vergöttlicht."

606 Das Versprechen, alles wiegen zu lassen, wird, wie das meiste in dieser Passage, wiederholt, vgl. V. 2135–2140.

607 V. 2086–2097: *wê owê, / genâde, lieber herre! / uns ist genâde verre. / næhe an uns genâde und trôst, / daz wir werden noch erlôst / von disem grôzen sêre. / noch bitten wir dich mêre / durch den got, der in den tôt / sich menschlîchen durch uns bôt, / daz dû an uns erkennest / daz dû dich kristen nennest / mit des reinen toufes kraft.*

Zwigülten schließt nun einerseits an das Versprechen Stranmûrs an, Gêrhart könne seinen Gewinn verdopppeln (s. o.), erinnert aber auch gleichzeitig an die Schuldigkeit des Menschen gegenüber Christus, wie sie beispielsweise in der Predigt *Von den fünf Pfunden* des Berthold von Regensburg artikuliert wird: Die fünf Pfunde sind Gaben Gottes an den Menschen wie der Leib, Hab und Gut oder ein Beruf. Jedes dieser fünf Pfunde, so führt Berthold aber aus, muss man *zwivalt widerreiten*: *wan dir got diu fünf pfunt alliu hât epfolhen, daz dû sie im zwivalt muost widerreiten: daz ein ie dir selben, daz ander unserm herren.*[608] Die Verdoppelung des Gewinns kann also auch eine redemptorische Bedeutung entfalten, indem Gêrhart als *bonus negotiator* und damit als allegorisch-messianischer Adressat des doppelten Rückzahlungsversprechens auftritt.

Die meisten Inhalte der Unterhaltung wiederholen sich, wenn Gêrhart nun mit den Rittern im Schlepptau zur Prinzessin kommt. Auch von ihr will er wissen, ob *sî gelte mir mîn guot* (V. 2136). Gespickt mit Begriffen wie *guot*, *kouf* und *veile* erzählt er seine Geschichte ein weiteres Mal (V. 2178–2214), und zeigt erneut an, dass es hier nicht um einen normalen Kauf geht:

nû ist mir nemelîche
der kouf ein teil ze rîche
in dem ir mîn gülte sît.
ein tuoch oder ein samît
möht ich wol vergelten baz,
swâ ich funde veile daz,
dan alsô grôze hêrschaft.
(V. 2191–2197)

Während Gêrhart also den hybriden ‚Gabenkauf', das durch einmaligen Wert vom Markt abgehobene Geschäft mit Stranmûr in seiner Doppelnatur weiter präsent hält, entwickelt sich in der Begegnung mit den Geiseln immer weiter die religiöse Ebene des *bonus negotiator* als Exempelfigur. Indem die Prinzessin nun, noch länger als die Ritter, ebenfalls vor Gêrhart betet, wird diese religiöse Ebene auch kommunikativ im Text bestätigt (V. 2229–2290).[609] Zum Schluss wird aber alles in die Sphäre des merkantilen Kaufes zurückgeführt. Gêrhart bittet die Prinzessin ein letztes Mal, *daz ir danne geltent mir / swes ich hie durch iuch enbir.* (V. 2369 f.), erhält aber

608 *Fünf Pfunde*, S. 25,21–23. Zudem erscheint das ‚doppelte Geben' als gabenpraktische Beschreibung des richtigen Schenkens bei Thomasin von Zerklaere: *swelch man gît und gît drât, / wizzt daz er zwir gegeben hât.* (WG, V. 14277 f.). Wieso es sich um eine zweifache Gabe handelt, löst Thomasin kurz danach auf: *daz er gît mit dem guot / beidiu den willen und den muot.* (WG, V. 14323 f.).

609 Die wiederholte Anrede als *vater* nutzt Schulz: Eherechtsdiskurse, S. 140–144, um die Vormundschaft Gêrharts zu begründen. Im kommunikativen Rahmen des Gebets könnte der Vater aber auch einfach für Gott stehen.

als Antwort nur Freudentränen.[610] Abgeschlossen wird der Handel durch Stranmûr und Gêrhart. Stranmûr fragt: *nû sage mir / ob dirre kouf gevalle dir* (V. 2385 f.) und der Kölner antwortet *jâ, herre, wol* (V. 2387).

Es konnte gezeigt werden, dass die Interaktion von Gêrhart und Gott/Engel im Traum, da es hier um ein Lohnverhältnis geht, bezüglich einer Analyse der merkantilen Elemente ausgeklammert werden kann (Vgl. Kap. 3.6). Übrig bleibt ein Tauschverhältnis, das durch sein Setting in der Marktstadt Castelgunt einerseits und durch die narrative Logik der Spitzenäquivalenz andererseits als Hybrid zwischen merkantilem, rechtsverbindlichem Kauf und durch Exzeptionalität gezeichnetem Gabentausch steht. Als dritte Ebene treten die recht deutlichen Allusionen eines metaphorisierten Kaufes im Sinne der Erlösung durch Gêrhart/Christus als *bonus negotiator* hinzu.[611] Möglicherweise bilden diese drei Ebenen auch die drei Entlohnungsebenen ab, die der Engel Gêrhart offenbart. Sicher ist aber, dass der merkantile Tausch hier in drei typischen Aspekten beleuchtet wird: Er ist erstens an den rechtlichen Raum des Marktes gebunden, der zumindest als Szenerie aufgerufen werden muss. Zweitens kann er durch die narrative Vereinzelungsstrategie der Spitzenäquivalenz von seiner merkantilen Logik gelöst, aber gerade dadurch erzählenswert werden. Drittens schließlich eignet dem merkantilen Vokabular eine religiöse Bedeutungsebene, die im Zusammentreffen des *guoten koufmans* Gêrhart mit den Geiseln ausgebreitet wird. Mit Brief und Siegel wird der Handel daher auch mit dreifacher *staete* bestätigt, wenn der Kölner Kaufmann über seinen Handel mit dem marokkanischen Stadtherrn abschließend sagt:

> ein stætiu sicherheit uns bant
> ûf den kouf mit stæte dô.
> der wart aldâ gestætet sô
> daz er muoste stæte sîn.
> (V. 2420–2423)

610 Tatsächlich trägt Irêne später ihre Schuld durch Arbeit ab, die Gêrhart wiederum Gewinn einbringt, V. 2914–2933: *dô gab ich der vrowen mîn / swes sî bedurfen wolde / von sîden und von golde. / dô kunde sî wol machen / von keiserlîchen sachen / swaz man von sîden würken sol. / sî kunde liehte borten wol, / edle wæhe rîche / würken meisterlîche. / daz lêrte sî diu vröwelîn. / ir werc daz gab sô liehten schîn / daz nie bezzer wart getragen, / von berlen rîch und underslagen / von edlem gesteine. / ir werc was alsô reine / daz ez mir vil tiure galt. / baldekîn und pfîalt / die besten die man ie getruoc, / des gab diu guote mir genuoc. / Dar an ich dicke vil gewan.* Zur juristischen Verpflichtung Irênes gegenüber Gêrhart im Sinne der Schuldknechtschaft vgl. Schulz: Loskauf, S. 8: „Seit dem 13. Jahrhundert schwächte sich diese Schuldknechtschaft, die immerhin auch das Recht des Verkaufs in sich birgt, ab und wurde von der Schuldarbeit abgelöst. Erene ist in diesem Sinne menschliches ‚Nutzpfand', Gerhart hat mit ihrem Loskauf aus juristischer Sicht etwas wie eine ‚ablösbare Pfandgewalt' erworben."

611 Ich schließe mich damit von Merveldt: „Sinn-Stiftung", S. 302, in der Schlussfolgerung an, dass durch „das Anzitieren exegetischer Muster [...] eine allegorische Sinnebene aufgebaut [wird], die parallel zur ‚eigentlichen' handlungsorientierten Erzählebene verläuft. Diese beiden Ebenen – zu denen durchaus noch andere (etwa die ständische) hinzuzuziehen wären – müssen einander nicht ausschließen."

4.6 *Rittertreue (Der dankbare Wiedergänger)*

Das Märe erzählt vom Ritter Willekîn von Muntaburk, der nicht mit Geld umgehen kann. Er hofft, seine selbstverschuldete Zwangslage hinter sich zu lassen, indem er durch eine Turnierteilnahme eine als schön, weise und – mit besonderem Nachdruck – reich beschriebene Ehefrau für sich gewinnen will. Am Veranstaltungsort findet er Unterkunft bei dem Münzherrn der Stadt. Dieser lässt ihn jedoch nur bei sich übernachten, sollte er die offene Schuld eines verstorbenen Ritters begleichen, dessen Begräbnis der Wirt solange hinauszuzögern gedenkt, bis die Schuld abgetragen ist. Der verarmte Willekîn führt genau die erforderliche Summe mit sich und bezahlt damit die Schuld des Toten. Zur Vorbereitung des Turniers leiht der Wirt, dessen Vertrauen Willekîn nun genießt, ihm hinreichend viel Geld, um sich eine entsprechende Ausstattung zu besorgen. Es findet sich aber kein Pferd, das Willekîns Ansprüchen genügt. Stattdessen muss er sich auf den Handel mit einem Ritter einlassen, der just in diesem Moment mit dem besten aller Pferde vorbeireitet. Die Forderung dieses Ritters, ihm die Hälfte seines gesamten Turniergewinnes zu überlassen, akzeptiert Willekîn nach anfänglichem Zögern. Willekîn gewinnt das Turnier, ehelicht die reiche Fürstin, muss allerdings auch sie, die essentieller Bestandteil des Turnierpreises ist, mit dem anonymen Ritter teilen. Dieser fordert seinen Anteil und Willekîn gibt unter großem Klagen nach, fordert der vormalige Pferdebesitzer doch ein, Willekîn habe seiner *triuwe* gemäß zu handeln. Sobald Willekîn einlenkt, stellt sich der anonyme Ritter als eben jener Tote vor, dessen Schuld er beim Wirt beglichen hat. Der Handel entpuppt sich als Probe Gottes, ob Willekîn seine Treue halten könne. Auf der Grundlage des erbrachten Treuebeweises verzichtet der Ritter auf seine Anteile, so dass Willekîn anschließend mit seiner neu gewonnenen Ehefrau im Reichtum leben darf.

In ihrer kritischen Ausgabe der drei überlieferten Handschriften der *Rittertreue*[612] kontrastiert Marlis Meier-Branecke die Sphären des Höfischen und des Städtischen als scharf voneinander abzugrenzende Antipoden, die das erzählte Geschehen strukturieren. Im Nachwort richtet sich ihr analytischer Fokus ganz besonders auf die explizit ‚unhöfische' Einbettung des Geschehens:

> So kann die Vertrautheit mit dem ritterlichen Leben und der literarischen Gestaltung ritterlich-höfischer Motive in der ‚Rittertreue' nicht verwundern, gehörte dies doch zum selbstverständ-

612 Eine aktuelle und umfassende kritische Edition mit Kommentar und Bibliographie liegt mit der Ausgabe *Rittertreue (Der dankbare Wiedergänger)*. In: Deutsche Versnovellistik des 13. bis 15. Jahrhunderts, Bd. 1/2. Hrsg. von Klaus Ridder, Hans-Joachim Ziegeler. Berlin 2020, S. 353–379, vor, nach der auch im Folgenden zitiert wird. Die überlieferten Handschriften stammen aus der ersten Hälfte des 14. Jahrhunderts (Heidelberg, cpg 341), der Mitte des 14. Jahrhunderts (Erfurt, Deutsche Fragmente 4), sowie aus der zweiten Hälfte des 15. Jahrhunderts (Straßburg, ms. 2333). Jeder Überlieferungsträger präsentiert eigene dialektale Färbungen, als entscheidend für eine genauere Datierung wurde bisher die Erwähnung zweier Münzen gehandelt, die den Text auf den Zeitraum 1204 bis ca. 1260 festlegen. Dazu auch Marlis Meier-Branecke: Die Rittertreue. Kritische Ausgabe und Untersuchungen. Hamburg 1969, S. 141 f., und Sonja Zöller: „Triuwe" gegen Kredit. Überlegungen zur mittelhochdeutschen Verserzählung ‚Rittertreue'. In: Der fremdgewordene Text, FS Helmut Brackert. Hrsg. von Silvia Bovenschen [u. a.], Berlin/New York 1997, S. 58–72, S. 59. Der Text ist zudem Vertreter eines in mehreren Sprachen überlieferten Stoffes vom *dankbaren Toten*, der große Varianzen aufweist.

> lichen literarischen Rüstzeug jener Zeit, und die Novelle bietet in dieser Hinsicht nichts, was nicht in zahllosen anderen Ritterepen bereits in ähnlicher Form gestaltet worden wäre. Wesentlich erscheint dagegen die literarische Einbeziehung der Stadt und des städtischen Bürgertums.[613]

Ritter- und Bürgertum stünden sich somit als konstitutive und normierende Verhaltenssysteme der Figuren gegenüber.[614] Es zeigen sich starke Parallelen zur oben diskutierten Forschung zum *Pfaffen Amis* und auch direkte Bezüge zwischen den beiden Texten sind bereits angestellt worden. Kartschoke bezeichnet die *Rittertreue*

> als Antithese zum *Pfaffen Amis*: wo der Stricker die sozio-ökonomischen Widersprüche satirisch zur Sprache bringt und letztlich unaufgelöst stehen läßt, da werden sie im höfisch-ritterlich gewendeten Exempel vom dankbaren Toten im Märchenschluß versöhnt.[615]

Wie bereits beim *Pfaffen Amis*, muss daher aber auch auf Peters' Einwand verwiesen werden, dass ein Begriff des Bürgerlichen, wie Meier-Branecke ihn zugrundelegt, für das 13. Jahrhundert analytisch nicht haltbar ist.[616]

Das Märe erzählt vom durch Jahrhunderte und etliche Sprachen nachverfolgbaren Erzählstoff vom *dankbaren Toten*.[617] Haferland sieht den Einsatz dieses Motivs vom Wiedergänger hier jedoch bereits säkularisiert, da er nur noch einer „biedere[n] Rittermoral" als narratives Vehikel diene.[618] Entsprechend eines „Wertewandels", wie er nach Linke in der Kleindichtung des Mittelalters ablesbar sei, werde das Märe durch die Dichotomie von verfügbaren Ressourcen und verschwenderi-

613 Meier-Branecke: Rittertreue, S. 142 f.

614 So verstehe ich zumindest Zöllers Argument, dass eine Hinführung des Adels an nicht-adelige Verhaltensweisen vorsichtig vollzogen werden muss, es sich also um eine soziale Grenzüberschreitung, aus Sicht des Adels tendenziell nach unten handelt. Zöller: „Triuwe", S. 71: „Offenbar scheint dem Erzähler die Forderung an den Adel, sich auch im Wirtschaftsleben zuverlässig zu erweisen, außerhalb der Kategorien einer feudalen Verschwendungsökonomie noch nicht durchsetzbar."

615 Kartschoke: Weisheit oder Reichtum, S. 235.

616 Vgl. besonders Peters: Stadt, ‚Bürgertum' und Literatur, S. 20–22. *Burgære* ist aber natürlich auch im 13. Jahrhundert ein Quellenbegriff. Eine literaturwissenschaftliche Studie dazu nach neuestem Forschungsstand stellt jedoch weiterhin ein Desiderat dar.

617 Vgl. Harald Haferland: Säkularisierung als Literarisierung von Glaubenselementen der Volkskultur. Wiedergänger und Vampire in der *Krone* Heinrichs von dem Türlin und im Märe von der *Rittertreue* bzw. im *Märchen vom dankbaren Toten*. In: Literarische Säkularisierung im Mittelalter. Hrsg. von Susanne Köbele, Bruno Quast. Berlin/Boston 2014, S. 105–138, S. 128–138, Elfriede Stutz: Frühe deutsche Novellenkunst. Hrsg. von Clifford Albrecht Bernd, Ute Schwab. Göppingen 1991, S. 75 f., sowie Lutz Röhrich: Art. Dankbarer Toter (AaTh 505–508). In: *EM Online*.

618 Haferland: Säkularisierung, S. 136. Dass der Volksglaube an wiederkehrende Tote im Mittelalter nicht überstrapaziert werden sollte, hat auch Romedio Schmitz-Esser: Der Leichnam im Mittelalter. Einbalsamierung, Verbrennung und die kulturelle Konstruktion des toten Körpers. Ostfildern 2014, besonders S. 434 f., gründlich dargelegt. Die moderne Konstruktion eines gefürchteten Wiedergängertums sei nicht zuletzt auf im 19. Jahrhundert und im Nationalsozialsmus favorisierte Geschichtsdarstellungen zurückzuführen, die das Weiterleben angeblich germanischer Bestattungstraditionen im deutschsprachigen Raum zu belegen versuchten (vgl. dazu auch ebd., S. 461).

scher *milte* als angemessenem Habitus des Ritters strukturiert.[619] Auch Ziegeler sieht in der Erzählung neben dem „Motiv des dankbaren Toten" besonders die „Motivreihe, die das Problem von Armut und Reichtum unter dem Aspekt der *triuwe* durchspielt."[620] Diese Verbindung fasst Sonja Zöller sozialhistorisch, indem sie sich von der älteren Forschung distanziert, die nur die „Demonstration einer rein adeligen Gesinnung (Standestreue des Ritters zum Ritter)" gesehen habe.[621] Vielmehr sei die *Rittertreue* „der irrationale, aber keineswegs einmalige Versuch, eine mittlerweile unverzichtbare ökonomische Verhaltensweise in ein ständisches Ethik-Konzept, in dem *triuwe* und *milte* die dominanten Kategorien der *êre* darstellen, zu integrieren."[622] Zöller hat zudem auf eine geistliche Dimension des Textes aufmerksam gemacht, die sich in der „genau durchkomponierten Dichtung" niederschlage: „War in der ersten Hälfte vor allem von Geld, von Ausleihen und Rückzahlen, die Rede, so wird nun [zu Beginn der zweiten Hälfte, A.M.] zum ersten Mal Gott erwähnt."[623] Auch Reichlin sieht in ihrem jüngsten Beitrag zur *Rittertreue* in diesem Märe gerade keine Auserzählung von Standesgrenzen. Anders als Zöller, die besonders die Ehrhaftigkeit und unterschiedlichen *triuwe*-Beziehungen betont,[624] knüpft Reichlin wieder eher an die Strukturierung durch Verhandlung der Ressourcenverfügung an, wenn sie zwar nicht über das durchgängige Thema von Armut und Reichtum, jedoch vom omnipräsenten Risikokalkül spricht, das Willekîn und dem Wirt gemeinsam sei.[625] Da ein derartiges Risikoverständnis begrifflich ein Nutzenkalkül voraussetzt, soll die folgende Lektüre aus konventionalistischer Perspektive neue Ergebnisse zeitigen, die ein merkantiles, und nicht ein ‚wirtschaftliches' Moment der Erzählung beleuchten.

Die jüngere Forschungsgeschichte zeigt, dass dem Märe in seiner komplexen Struktur nicht mit einer sozialhistorischen Dichotomie von Verausgabung und Berechnung beigekommen werden kann, sind die Zuschreibungen von Freigebigkeit, Geiz und Vertrauen doch zu wild über den Text und die Figuren verteilt. Stattdessen möchte

---

619 Hansjürgen Linke: Wertewandel im Widerschein kleinepischer Versdichtung des späten Mittelalters. In: ZfdA 135,4 (2006), S. 450–473, speziell zur Rittertreue S. 458 f.; auch Ziegeler: Erzählen im Spätmittelalter, S. 319, sieht in der zentral behandelten *triuwe* eine „verpflichtend aufgefasste Haltung, dem eigenen Stand und dessen Ehrenkodex gemäß zu leben."

620 Ebd., S. 320. Zur Deutung der *Rittertreue* im Bereich exemplarischer Literatur ist auch Reichlins Hinweis zu beachten, dass durch den ironischen Unterton des Epimythions die Beziehung von Einzelfall und Regel infrage gestellt werde (vgl. Reichlin: Risiko, S. 28).

621 Zöller: „Triuwe", S. 65.

622 Ebd. S. 72.

623 Ebd., S. 63. Schlussfolgerungen zieht Zöller in ihrer Interpretation aus diesem Befund jedoch keine.

624 Die Charakterisierung Willekîns als *tugentrîch* zu Beginn sei „klassisch-stereotyp" (ebd., S. 60), während der Münzherr „zweifellos ein Mann des Geschäftes, aber auch ein Mann der Ehre" sei (ebd., S. 67).

625 Reichlin: Risiko, S. 23–29. Wichtig dabei ist die Diskussion des Begriffs des Risikos, die Reichlin ebd., S. 14–17, liefert.

ich an die von Zöller identifizierte Zweiteilung anschließen und zeigen, dass das Eingreifen Gottes (in Gestalt des toten Ritters) in den Erzählzusammenhang mit dem Auftreten merkantiler Verhaltensweisen seitens Willekîns zusammenfällt und somit die Affinität von merkantilem Tausch und Gott, gleichzeitig aber auch die Grenzen dieser Metaphorik aufgezeigt werden.

4.6.1 Der verarmte Protagonist

Der Protagonist Willekîn ist nicht voraussetzungslos arm, sondern verarmt aktiv durch unvernünftigen Umgang mit dem Besitz des (noch lebenden) Vaters:

> zu ritterschaft stunt als sin mut,
> biz daz er sines vater gut
> vertet wol die zwei teil.
> ze gut het er kein heil.
> (V. 37–40)

Anders als die agonal sich verausgabenden Herrscher der Heldenepik,[626] kann Willekîn die Konvention[627] der *milte* aufgrund knapp werdender Ressourcen nicht aufrechterhalten. Damit nutzt die *Rittertreue* ein Konzept der Verausgabung, wie es besonders im Bereich kleinerer Erzähltexte oder der Sangspruchdichtung verwendet wird.[628]

Die Ausgangslage eines selbstverschuldet verarmten Protagonisten ist nun eher selten in der mittelhochdeutschen Erzählliteratur, aber kein Einzelfall. Erinnert sei an den Pfaffen Amis, der durch ausgiebige Hofhaltung seine Ressourcen verbraucht und eine Reihe von Schwänken durchläuft, deren „bilanzierendes Erzählen“ bereits herausgearbeitet wurde (Kap. 4.2.1). Ähnliches widerfährt auch circa zweieinhalb Jahrhunderte nach der *Rittertreue* Theodorus, dem Vater des Fortunatus. Dessen Interessen sind *gentzlichen gericht auff zeitlich eer / freüd und wollust des leibs. Und*

---

626 Vgl. Müller: Spielregeln, S. 348, Schausten: Agonales Schenken, besonders S. 89. Überlegungen zum agonalen Schenken basieren, wie bereits besprochen (Kap. 2.4), auf einem *anthropological turn* der literaturwissenschaftlichen Theoriebildung. Grundlegend für die anökonomischen Vorgänge in vormodernen Gesellschaften sind Mauss' Aufsatz zur Gabe (Mauss: Die Gabe) und Bourdieus Arbeiten zum symbolischen Kapital, besonders Bourdieu: Ökonomie, ders.: Theorie der Praxis und ders.: Die feinen Unterschiede.

627 Vgl. Marmor: Social Conventions, besonders Kap. 2. Marmor kritisiert rein auf Koordination ausgerichtete Überlegungen zu gesellschaftlichen Konventionen und formuliert für soziale Praktiken darüber hinaus eine konstitutive Ebene. Eine solche konstitutive Konvention kann auch hier in der Standeszugehörigkeit durch Verausgabung gesehen werden.

628 Besonders deutlich wird die ressourcengebundene Logik der Verausgabung im *Pfaffen Amis* (Kap. 4.2) sowie in der weiteren Kleindichtung des Strickers, beispielsweise in *Die Herren von Österreich* (Moelleken, Nr. 8) oder in *Falsche und rechte Freigebigkeit* (Moelleken, Nr. 61). Zum ähnlichen *milte*-Begriff in der Sangspruchdichtung mit performativ ausgestelltem Appellcharakter durch die Sprecherinstanz vgl. Krause: Die *milte*-Thematik.

nam an sich ainen kostlichen stand mitt stechenn / turnieren / dem künig gen hoff tzu reytten / unnd ander sachenn / Darmitt er groß gůt on ward.[629]

Willekîns Vater beendet die Lebensart seines Sohnes abrupt durch Verweigerung weiterer finanzieller Unterstützung – freilich nicht, ohne dass der Erzähler noch einmal betont, Willekîn handele richtig: *er tet wol, swaz er scholde, / biz in sin vater wolde / niht mer geben sines gutes* (V. 41–43). Um fünf Jahre später (V. 50) durch eine Turnierteilnahme und die damit einhergehende Werbung um eine reiche Ehefrau den Weg zurück in die Gesellschaft zu finden,[630] muss Willekîn mit einem letzten, doch noch gewährten ‚Taschengeld' seiner Eltern ausziehen und durch Gewinnen des geplanten Turniers die ausrichtende Landesherrin ehelichen.

Beschreibt der Erzähler die bisher verfügbaren Mengen an Wert durch rein relationale Angaben – Willekîn verschwendet zwei Drittel des väterlichen Besitzes (V. 38 f.) –, so verschiebt sich die Darstellungsweise nun hin zu absoluten Werten, deren genaue

---

629 Fortunatus, S. 5 f. Theodorus ist allerdings *ain edler purger / altz herkommens* (ebd., S. 5) – Eine Diskussion, die zweihundertfünfzig Jahre soziale und sprachliche Verschiebungen berücksichtigt, kann und soll hier aber nicht erfolgen. Für die Frühe Neuzeit ist ein normativer Standesunterschied in der Forschung jedoch stets veranschlagt worden. Dazu Bruno Quast: Die Ambiguität des Wilden: Überlegungen zum Verhältnis von Anthropologie und Ökonomie im *Fortunatus*. In: Ambiguität im Mittelalter. Formen zeitgenössischer Reflexion und interdisziplinärer Rezeption. Hrsg. von Oliver Auge, Christiane Witthöft. Berlin/Boston 2016, S. 203–218, S. 205 f.: „Theodorus verschleudert seinen Besitz, indem er als Bürger adligen Lebensstil über Gebühr imitiert. [...] Theodorus maßt sich ein Verhalten an, das sein Herkommen und seinen Status gefährdet. Die Freunde des Theodorus gewärtigen dieses verstörende Verhalten und wollen ihn auf die rechte Bahn bringen. Er soll heiraten und auf diesem Weg seinen bürgerlichen Verpflichtungen erneut zugeführt werden." Dass dies im Text gleich mehrfach misslingt, haben zuvor schon Detlef Kremer, Nikolaus Wegmann: Geld und Ehre. Zum Problem frühneuzeitlicher Verhaltenssemantik im ‚Fortunatus'. In: Germanistik – Forschungsstand und Perspektiven. Vorträge des Deutschen Germanistentages 1984. Hrsg. von Georg Stötzel. Berlin 1985, S. 160–178, S. 168, herausgearbeitet: Alle drei Generationen des *Fortunatus* werden mit dem Problem konfrontiert, „Erfolge aus ökonomischer Leistung in die Skala der askriptiven Qualitäten von Herkunft und Geburt zu übersetzen, die für eine feudal-hierarchisch organisierte Gesellschaft unverzichtbar sind." Der Weg des Theodorus, so heben die Autoren weiter hervor, werde als eindeutig defizitär markiert, versäumt er es doch, „seine bürgerliche Identität stets neu zu ‚verdienen'" (ebd.) und verfolgt stattdessen ein von adeligen Repräsentationsformen geprägtes Leben, das ihm keinen wirtschaftlichen Mehrwert bietet. Widersprochen wurde dieser Deutung in der Forschung bislang nicht, neuere, kulturwissenschaftliche Ansätze verknüpfen diese sozialhistorische Betrachtung jedoch mit weiteren Diskursen, wie Quast es für die Integration des Wildheitsdiskurses in der Frühen Neuzeit zeigt (s. o.).

630 Vgl. Ziegeler: Erzählen im Spätmittelalter, S. 321: „Über die folgende Erwähnung der Dame, ihres Reichtums, der ohnehin den jedes Mannes übertrifft, und die Turnierankündigung durch die Boten sind sowohl die Elemente des Werbungsschemas bereitgestellt als auch gerade die Dinge genannt, die Willekîn in seiner derzeitigen Lage fehlen." Im Sinne der gefährlichen Brautwerbung werden Willekîn und die namenlos bleibende reiche Landesherrin hier bereits strukturell aufeinander bezogen. Zur objektifizierenden Wirkung der Werbung über Distanz vgl. Schulz. Erzähltheorie, S. 194 f.

Bezifferung auch hier wieder, genau wie im *Pfaffen Amis*, eine Bilanzierung erlaubt:[631] Vom Vater erhalten Willekîn und ein ihn begleitender Knecht für die Reise und die Turnierteilnahme siebzig Mark und ein begrenztes Inventar an Ausrüstung:

> ich wil im geben sibenzic mark –
> er si milte oder karc,
> ich hab im nie mer ze geben
> ich denke noch selber ze leben –
> dar zu uch beiden gute pfert,
> dar zu mentel unde swert.
> alsust wil ich uch lazen
> riten iwer strazen.
> (V. 197–204)

Der Vater nimmt so die herausgehobene Rolle eines „Meta-Akteurs" im Sinne Theisens ein, da er durch die siebzig Mark Willekîns Schicksal bestimmt, sich einer reziproken Behandlung durch diesen aber entzieht.[632] Gleichzeitig verweist er zudem mit *milte* und *karc* auf das Spektrum unterschiedlicher Verhaltensdispositionen, die materielle Ausgaben steuern können.[633] Dies soll nicht heißen, dass *milte* positiv und *karc* negativ besetzt sein muss. Bedenkt man die oben angesprochene Gattungsgebundenheit des *milte*-Begriffs und die Verschwendungssucht des Protagonisten, die erst in diese Lage geführt hat, sowie die Polyvalenz von *karc*, das sowohl ‚geizig' wie auch ‚verständig' bedeuten kann,[634] kann die Wertung dieser ‚Opposition' in beide Richtungen gelesen werden.[635]

---

631 Vgl. Kap. 4.4.1. Ähnliches hat auch Rippl in Heinrich Kaufringers *Suche nach dem glücklichen Ehepaar* festgestellt. Kaufringer setze der Reise des Protagonisten, der auf der Suche nach dem wahrhaft glücklichen Ehepaar ausgezogen ist, einen festen Rahmen, indem das „ausgegebene Geld [...] jetzt konkret beziffert" werde (Rippl: Geld und *âventiure*, S. 555).

632 Theisen: Fortuna, besonders S. 148 f. Reichlin: Risiko, S. 26, betont, dass der Vater Willekîns derjenige ist, der die Ausgaben der *milte* unterbindet: „Das Leben in seinem Haus lässt Willekîn keinen „Handlungsspielraum" und er und der Knappe, der Willekîn begleitet, sind diejenigen, die Willekins Verhalten unter ökonomischen Gesichtspunkten bewerten."

633 Ziegeler: Erzählen im Spätmittelalter, S. 320, schreibt, ein Grundmotiv des Textes sei „das Problem von Armut und Reichtum unter dem Aspekt der *triuwe*". Die Quellenbegriffe *milte* und *karc* heben aber eher auf den Umgang mit Gut, nicht auf die absolute Verfügbarkeit ab.

634 *Lexer* gibt zwar „klug, listig, schlau, hinterlistig" als erste Bedeutung an, vermerkt aber auch, dass *karc* im „gegens[atz] zu milte" die Bedeutung „knauserig, unfreigebig" habe. Dass die kalkulierende und nicht-negative Bedeutung dabei gänzlich entfalle, muss aber nicht sein. Vgl. zudem die Bezeichnung der beiden *burgære*, die Fênix ausschickt, um Blanscheflur auf dem Markt zu verkaufen, die *listig unde karc* sind (FuB, V. 1539, Kap. 4.4.1).

635 Zöller: „Triuwe", S. 66, setzt sich bezüglich der zweiten Stelle, an der *karc* im Text genannt wird, dafür ein, dies durchaus als ‚geizig' zu übersetzen, da somit die Freunde des toten Ritters im Misthaufen mit dieser Eigenschaft diskreditiert werden. Zu Beginn der *Rittertreue* und besonders in Verbindung mit der handlungsauslösenden übermäßigen *milte* Willekîns erscheint mir die Deutung aber recht offen.

Damit Willekîn sich auf dem Weg zur Turnierstadt nicht verschulden muss, erhält er zudem von seiner Mutter *zehen pfunt* [...] *vil guter venetzer* (V. 218 f.).[636] Ein Lernprozess setzt bei dem Protagonisten, der *ze gut* [...] *kein heil* hat, aber nicht ein:

> die sibenzic mark, daz ist ein wiht,
> wan ich wil mit schalle leben
> ich wil also tugentlich geben,
> daz man von mir sagen sol
> iz ge mir ubel oder wol.
> (V. 240–244)

Unabhängig von Gattungsgrenzen stellt ungewollte Mittellosigkeit immer ein Problem dar. Auch Brunhilt im *Nibelungenlied* sieht sich damit konfrontiert, dass ihr von den Burgunden der ‚Geldhahn abgedreht' wird und sie sich künftig als Gunthers Ehefrau arrangieren muss.[637] Im *Pfaffen Amis* hingegen geriert die Notwendigkeit der Wertschöpfung für persönliche Zwecke zum zentralen Strukturelement des gesamten Textes.[638] Im Falle Brunhilts bedeutet die Verausgabung einen Schritt in die problematische Subordination der isländischen Königin am Wormser Hof, Amis hingegen befördert die Stabilisierung einer verkehrten Ordnung, in der der niedere Kirchenmann *milte* ausübt. Beide Beispiele zielen auf die Herstellung einer sozialen Ordnung, die in der Axiologie des Textes eindeutig als problematisch markiert ist. Willekîn hingegen will nicht nur *tugentlich geben*, als zukünftiger Landesherr, der er zu werden beabsichtigt, gehört es auch zur Konvention, sich zu verausgaben.[639] Die normative Grenzüberschreitung, die das Geschehen ereignishaft werden lässt,[640]

636 Bei einem *venetzer* handelt es sich um eine Goldmünze, die bis in die zweite Hälfte des 13. Jahrhunderts in Benutzung war und „wahrscheinlich im Jahre 1204 aus Anlaß des Kreuzzuges erstmalig geprägt wurde" (Meier-Branecke: Rittertreue, S. 141) Vgl. zur Verbindung von 4. Kreuzzug und neuer Münzeinheit Kap. 3.9.

637 Vgl. Sahm: Gold, S. 131 f. Dass Brunhilt auch ohne Schatz noch Möglichkeiten der Selbsthauptung bleiben, diese aber in einem sozialen Gefüge eingesetzt werden, dass nicht mit ihrem Wissen übereinstimmt, hat Schausten: Körper des Helden, S. 41–44, herausgearbeitet.

638 Diese Lesart vertritt überzeugend Strohschneider: Kippfiguren, der das im Hintergrunde ablaufende Fest als einziges textstrukturierendes Syntagma versteht, das den paradigmatisch aneinandergereihten Schwänken einen narrativen Sinn verleihe. Vgl. auch Ackermann: Rationalität der Täuschung, S. 389: „Denn, so verwerflich das Vorgehen des Amis auch ist, es bleibt in einen Erzählrahmen eingebettet, der aufs Ganze gesehen den Pfaffen rehabilitiert, seinen Werdegang legitimiert und ihn als vollwertiges gesellschaftliches Subjekt ausweist." Für eine genauere Diskussion vgl. Kap. 4.2.1.

639 Dies zeigen Hannig: Ars donandi sowie Burkart: Blut der Märtyrer, S. 49, besonders an Texten Gregors von Tour.

640 Vgl. Hartmut Bleumer: Historische Narratologie. In: Literatur- und Kulturtheorien in der Germanistischen Mediävistik. Ein Handbuch. Hrsg. von Christiane Ackermann, Michael Egerding. Berlin/Boston 2015, S. 213–274, S. 219: „*Ereignishaft* wird ein Geschehnis in ihr [der Geschichte, A.M.] aber erst dadurch, dass es als unvorhergesehen erscheint, d. h. von den durch den konventionellen Geschehensfluss gebildeten Normen abweicht. Die Normabweichung findet sich sogar in der Struktur des narrativen Ereignisses selbst wieder, sie verleiht diesem Ereignis eine paradoxe Identität

führt hier nicht wie bei Brunhilt oder Amis aus dem gesellschaftlichen Normhorizont heraus, sondern gerade wieder in diesen hinein: Willekîn wird vom Erzähler sowie von sich selbst ja als jemand markiert, der verausgaben soll.

Angekommen in der Stadt des bevorstehenden Turniers, ist Willekîns Knecht nun aufgefordert, einen Wirt zu finden, der Willekîn nicht nur beherbergt, sondern ihm auch Kredit für die Turnierausrüstung gewährt.[641] Auf der Suche nach einer Bleibe wähnt der Knecht sich mittellos und ersucht heiligen Beistand für sein Unterfangen:

> eya, vrowe sant Gedrut!
> wie sol ich armer kneht getun nu?
> sende mir einen wirt zu,
> Da min herre mit eren si!
> (V. 254–257)[642]

Es lohnt sich, den Anruf einer spezifischen Heiligen in diesem Fall ernst zu nehmen und nicht nur durch das Reimschema (*lut – Gedrut*, V. 255 f.) zu begründen. Für den Knecht des „armen Ritters“[643] Willekîn stellt die heilige Gertrude als Schutzpatro-

zwischen Differenz und Äquivalenz“. Die Normabweichung führt von einem „Ausgangszustand“ in einen von diesem differenten „Endzustand“ (ebd., S. 220), in diesem Fall also von der Ausgrenzung von adeligen Verhaltensmöglichkeiten zur Reintegration in dieselben.

641 Vgl. Zöller: „Triuwe“, S. 61 f.: „Aus historischen Quellen wissen wir, daß der *wirt* dabei oft nicht nur Gastgeber ist, sondern auch Kreditgeber mit dauerhafter Geschäftsbindung an seine adeligen Gäste. Daher sind die reichen Kaufleute als Gastgeber so beliebt [...]: Sie können ihre Gäste außer mit dem notwendigen Geld auch mit teuren Sachleistungen versorgen, die zumeist der kaufmännischen Handelsware entstammen – gegen die entsprechende Gegenleistung an Privilegien, die der politisch Mächtige zu geben hat.“ Werner Rösener: Ritterliche Wirtschaftsverhältnisse und Turnier im sozialen Wandel des Hochmittelalters. In: Das ritterliche Turnier im Mittelalter. Beiträge zu einer vergleichenden Formen- und Verhaltensgeschichte des Rittertums. Hrsg. von Josef Fleckenstein. Göttingen 1985, S. 296–338, S, 314 f., beschreibt zusätzlich noch die Rolle der Kaufleute speziell bei Turnieren, jedoch ohne die spezifische Funktion als Gastgeber: „Geschäftstüchtige Kaufleute schaffen Nahrungsmittel und Konsumgüter des gehobenen Bedarfs herbei, kaufen und verkaufen Pferde und ritterliches Ausrüstungsmaterial, gewähren Rittern, die in Geldbedrängnis geraten sind, Darlehen oder vermitteln Lösegelder zum Freikauf von Gefangenen.“

642 Der Apparat der Ausgabe durch Ridder und Ziegeler offenbart an dieser Stelle einige bedeutende Varianten: In Handschrift *H* ist gastes in V. 252 durch *gutes* ersetzt, sodass nicht der Gast, sondern die Bezahlung von niemandem angenommen wird. s^2 fügt zudem vor den zitierten Versen die Verse 252a,b ein: *Er daucht ich waiß nit war ich sol / die richen herbergē sint alle vol.* Demnach hätte der Knecht durchaus nach einer exzeptionellen Absteige gesucht, aber nichts mehr gefunden. Dies geht mit der Logik des Knechtes, der seinen Herrn für mittellos hält, jedoch nicht so gut zusammen.

643 Willekîn ist seit der Verstoßung durch den Vater ein „armer Ritter“, Zugehöriger einer Gruppe, so Mohr: Arme Ritter, S. 132, „deren Gemeinsames ist, daß ihre Angehörigen sich nicht auf Land, Burgen und festen Besitz stützen können, sondern [die] ihr Leben durch ‚Rittertum‘ fristen müssen.“ Willekîn hat zwar grundbesitzende Angehörige, aber die wollen von ihm nichts mehr wissen. Die Beschreibung passt perfekt auf Willekîn, denn, so Mohr ebd., S. 128: „Beim Turnier machen diese Ritter weniger um der Ehre als um des Gewinns willen mit.“

nin der Armen und Reisenden (und natürlich auch der armen Reisenden)[644] den idealen Ansprechpartner dar. *Arm* ist der Knecht daher nicht nur im Sinne des niedrigen Standes, sondern auch arm in seiner Zugehörigkeit zu einem mittellos reisenden Herrn. Finanzielle Zwangslage, narrative Unterlegenheit gegenüber dem Vater als Meta-Akteur und Hilfegesuch bei der Schutzheiligen der Armen zeichnen ein miserables Bild des Protagonisten soweit. Diese exponierte Fast-Mittellosigkeit wird sich als wichtig für die im Folgenden vollzogene Schuldbegleichung herausstellen.

4.6.2 Der Wirt als Mahrte: Willekîn in der Stadt

Die Notlage seines Herrn mag auch der Grund für die scheinbare Verabschiedung der Spitzenäquivalenz sein,[645] geht der Knecht doch zu einer Gruppe *richer manne dri* (V. 258), was aus Figurenperspektive eine Kontingenzexposition bedeutet. Eine Gruppe von dreien aber, bei denen zwei nur als Hintergrundfiguren (oder gar nicht) agieren, ist auch aus dem Bereich anderweltlicher Begegnungen bekannt.[646] Auch in Thürings von Ringoltingen frühneuzeitlichem Prosaroman *Melusine* trifft der Protagonist Reymund auf die Mahrte Melusine in einer solchen Konstellation: er reitet zu einem Brunnen und *Bey demselbigen Brunnen stunden drey gar schǒne Jungfrauwen / Hochgeboren / unnd Adelicher gestalt* [...] *Under den die schǒneste und jǔngste zu ihm gieng* [...].[647] Die anfangs durch Botenwerbung präsentierte reiche Landesherrin tritt hier hinter dem ebenfalls durch ein literarisches Schema überhöhten prospektiven Gastgeber vorerst zurück. Der Knecht handelt dabei dem Wissen um die klamme Finanzlage seines Herren entsprechend und somit innerhalb des Rahmens kausaler Motivierung. Schematisch ist die spitzenäquivalente Zuordnung vom besten Ritter Willekîn und (1) der reichsten Ehefrau und (2) dem reichsten Gastgeber aber bereits angelegt. Seinen Rang verkündet der reiche *koufman* (V. 262) selbst: *die muntze ist hie min rehtez lehen. / ich darf, weizgot, niemant vlehen, / ich bin der richest in der stat.* (V. 285–287).

644 Vgl. Hiltgart L. Keller: Lexikon der Heiligen und biblischen Gestalten. 10. Aufl. Stuttgart 2005, S. 272.

645 Gemeint ist die axiologische Zuordnung der zwei besten Verteter ihrer jeweiligen Kategorie, wodurch eine Form von nicht arithmetischer, sondern axiologischer Äquivalenz hergestellt wird. Vgl. dazu Kap. 4.2.2 sowie Kap. 4.4.2.

646 Vgl. zur Tradition der gestörten Mahrtenehe, in der die im Folgenden zitierte *Melusine* Thürings steht, Helmut Birkhan: Geschichte der altdeutschen Literatur im Licht ausgewählter Texte, Teil V: Nachklassische Romane und höfische „Novellen“. Vorlesungen im WS 2003/4. Wien 2004, S. 159–184.

647 Zitiert nach Thüring von Ringoltingen: Melusine. In der Fassung des Buchs der Liebe (1587). Mit 22 Holzschnitten. Hrsg. von Hans-Gert Roloff. Stuttgart 2000, Zitat: S. 11. Vgl. zum Erzählschema Lutz Röhrich: Art. Mahrtenehe: die gestörte Mahrtenehe. In: *EM Online*.

Mahrten und Mahrtenehen, sofern man diesem Ordnungsmuster hier weiter folgen will, bringen nun aber zumeist ein Tabu mit sich, ein Verbot, dessen „Transgression [...] sanktioniert wird, um die Geltung der – dadurch gestörten – Ordnung zu bestätigen.“[648] Der *koufman* formuliert nun eine Art inverses Tabu: Es muss eine Ordnung wiederhergestellt werden, die zuvor durch die unbezahlte Schuld verletzt wurde. Auf die Frage des Knechtes, ob der *koufman* Willekîn beherbergen könne, erhält er die drastische und abschlägige Antwort:

ichn tun sin niht,
iwer bet ist gar enwicht,
wan ich hans versprochen.
so muez ich werden erstochen,
ich brent e daz hus, entruwen,
und wold ein anders newe bouwen!
(V. 291–296)

Grund für diese scharfe Abfuhr ist ein toter Ritter, dessen Schuld beim Wirt noch offensteht: *der in min hus wolde / sibenzic mark er solde / mir vur den toten ritter geben* (V. 297–299). Dieser tote Ritter liegt, wie man freilich erst vom Knappen im zweiten Gespräch mit dem Wirt erfährt,[649] *in iwerm mist* (V. 350).[650] Die Bedingung

648 Ingrid Kasten: Tabu und Lust. Zur Verserzählung *Der Ritter von Staufenberg*. In: Neugier und Tabu. Regeln und Mythen des Wissens. Hrsg. von Martin Baisch, Elke Koch. Freiburg im Breisgau/Berlin/Wien 2010, S. 235–252, S. 238.

649 In den beiden vollständigen Fassungen in *H* und s^2 wird dieser Umstand bereits durch die Überschriften bekannt gegeben, wie im Apparat der Ausgabe durch Ridder und Ziegeler vermerkt ist.

650 Zur juristischen Grundierung der breiten Erzähltradition, in der dieses Motiv steht, vgl. Haferland: Säkularisierung, S. 136: „Das Motiv des dankbaren Toten gehört in eine Welt, in der eine Art Schuldhaft verbreitet war, nach der man den Leichnam eines verschuldeten Toten nicht bestattete oder den Hunden vorwarf. Dass dies als unerträgliche Strafe galt, ist seit der *Ilias* vielfach bezeugt.“ Da die Rittertreue nicht genau datiert werden kann, kann auch die Frage diskutiert werden, was der tote Ritter eigentlich in der Stadt wollte, denn: „Kirchliche Synoden und Konzilien des 12. Jahrhunderts verurteilten und verboten die *detestabiles nundinas vel ferias, quas vulgo torneamenta vocant*. Wer gegen den Willen der Kirche turnierte, dem wurde die Strafe der Exkommunikation angedroht. Einem Ritter, der beim Turnier zu Tode kam, wurde das kirchliche Begräbnis verweigert“ (Klaus Schreiner: ‚Hof‘ (*curia*) und ‚höfische Lebensführung‘ (*vita curialis*) als Herausforderung an die christliche Theologie und Frömmigkeit. In: Höfische Literatur – Hofgesellschaft – Höfische Lebensformen um 1200. Kolloquium am Zentrum für Interdisziplinäre Forschung der Universität Bielefeld (3. bis 5. November 1983). Hrsg. von Gert Kaiser, Jan-Dirk Müller. Düsseldorf 1986, S. 67–139, S. 103). Ob Willekîn also mit der Teilnahme am Turnier selbst sein Begräbnis aufs Spiel setzt, ist jedoch fraglich. Da die Rittertreue vermutlich in die Mitte des 13. Jahrhunderts zu legen ist, ist eine solche Sanktionierung vermutlich nicht mehr zu sehen, vgl. Schreiner, ebd., S. 104: „Die Kluft zwischen kirchlichem Turnierverbot und ritterlicher Turnierfreude begann sich im Laufe des 13. Jahrhunderts zu schließen. Das Turnier, ein Element des höfischen Festes, gewann langfristig ethische und religiöse Legitimität“. Zudem konnte Stiebritz-Banischewski: Hofkritik, S. 249, nachweisen, dass bereits beim Turnier in Hartmanns von Aue *Ereck* „das Bild eines asketisch-heroisch

des Gastgebers, nur bei Begleichung der geschuldeten siebzig Silbermark einen Gast aufzunehmen, ist aus der Perspektive des Knappen nicht zu erfüllen, und so klagt er seinem Herrn aufgrund seiner Unkenntnis über dessen restliche Vermögensverhältnisse, die Herberge stehe aufgrund der geforderten Zahlung nicht zu Verfügung. Die Rezipient:innen verfügen gegenüber dem Knappen an dieser Stelle über einen Wissensvorsprung, weshalb die verzweifelte Perspektive desselben – *iz ist nu gar verlorn* (V. 307) – für die Rezipient:innen nicht verfängt. Die intradiegetischen Risikobereitschaften: diejenige Willekîns,[651] sein gesamtes ‚Taschengeld' aufs Spiel zu setzen, und die des Wirtes in der danach schnell erfolgenden Kreditzusage[652] bilden also nur die Figurenperspektive ab.

Für die Rezipient:innen herrscht bereits größere Gewissheit. Denn im Sinne Roland Barthes' stellen die siebzig Mark einen mythischen Gegenstand dar: Da der Wirt selber von sich sagt, er sei *der richest in der stat* (V. 287), der auch niemanden um Geld bittet (V. 286), kann es bei der Forderung nicht allein um den dem Material zugeschriebenen Wert gehen. Vielmehr ist es nicht einfach der Währungswert, der mit dieser Menge Silber bezeichnet wird, sondern auch die Vertrauensbeziehung selbst, die in der Bezahlung zum Ausdruck kommt. Siebzig Silbermark bilden also nicht nur ein Zeichen aus Signifikant und Signifikat, sondern sind selbst wieder Signifikant in einem sekundären semiologischen System.[653] Nach Barthes stellt die semiotische Übercodierung in einem sekundären System die grundlegende Struktur mythisch wahrgenommener Inhalte dar. Dem Signifikanten ‚Siebzig Silbermark' wird hier das Signifikat der dadurch möglichen Vertrauensbeziehung zugeordnet, die für den weiteren Verlauf notwendig ist.[654] Diese übercodierte Schuldbegleichung garantiert somit für die Rezipient:innen den Erfolg der Beziehung Willekîn – Wirt. Diese

grundierten, vorbildlichen Turnierrittertums entworfen" werde. Die grundsätzliche Missbilligung des Vorhabens Willekîns als vorauszusetzende Rezeptionseinstellung kann daher eher verabschiedet werden und auch der Ritter im Mist hat vermutlich nichts mit einem im Turnier erlittenen Tod zu tun.

651 Reichlin bespricht die *Rittertreue* zwar bezüglich der Verhandlung von Risikobereitschaft, konzentriert sich jedoch nur auf die intradiegetischen Unterschiede zwischen dem risikobereiten Willekîn und dem „ökonomischen *common sense*" (Reichlin: Risiko, S. 24) des Knappen. Durch das schemafokussierte Wissen der impliziten Rezeptionsgemeinschaft kann diese Dichotomie erweitert werden.

652 Ein Risikogeschäft ist es nicht nur aufgrund der unbekannten Kreditwürdigkeit Willekîns, sondern auch durch das Vertrauen auf Willekîns Turnierkünste. Vgl. Zöller: „Triuwe", S. 69: „Dafür [für das Turnier, A.M.] gewährt er ihm [Willekîn, A.M.] ein großzügiges Darlehen, das er noch dazu auf ein volles Jahr stundet […] – eine außerordentlich lange Laufzeit, die sonst nur sehr guten Geschäftspartnern bei einem wenig riskanten Geschäft mit erwartetem gutem Ausgang zugestanden wird. Der *wirt* aber versichert, daß er Willekîn das Geld unabhängig vom Ausgang des Turniers leiht […]."

653 Vgl. Barthes: Mythen, S. 253–261, besonders das Schaubild zur sekundären Übercodierung ebd., S. 259.

654 Zöller: „Triuwe", S. 69 f., betont, dass die Auslösung „Symbolcharakter [erhalte], indem sie für die Wiederherstellung des notwendigen Vertrauensverhältnisses, einer *triuwe*-Beziehung, zwischen geldleihendem Bürger und geldbedürftigem Adeligen steht."

spezifische Summe wird im Sinne dieser mythischen Verschiebung aus dem Kontingenzrahmen monetärer Werte herausgehoben.

Was im Text somit hergestellt wird, ist die mythische Überformung eines rechtlichen Schuldausgleichs, die zum vorab gesicherten Gelingen der Bezahlung führt. Willekîn hat dabei soweit keine eigene Entscheidung getroffen, als Figur ist er von den Entscheidungen seiner Umwelt abhängig gewesen, sei es von der Landesherrin, die das Turnier ausrichtet, vom Vater, der exakt die richtige Summe für ihn freimacht, sowie vom Wirt, der keinen Verhandlungsspielraum für die Bedingungen der Unterbringung zulässt (so der Knappe zu Willekîn: *da von liez er niht ein har*, V. 325). Die Risikobereitschaft, die Reichlin als Eigenschaft Willekîns hervorgehoben hat, könnte somit auch nur Symptom durchgehender Alternativlosigkeit sein.[655] Diese Risikobereitschaft/Alternativlosigkeit drückt sich auch in der Antwort des Knappen an den Wirt aus, nachdem Willekîn ihm die siebzig Mark zur Begleichung der Schuld mitgegeben hat: Sein Herr *wil den toten loesen / er were biderbe oder boese* (V. 345 f.), und er möchte diesen Schritt auch gehen, gleich wie hoch der Ritter im Misthaufen verschuldet sei: *er ste wenic oder vil* (V. 351).[656] Das ist natürlich gemessen am Wissen Willekîns, des Knappen und der Rezipient:innen Unsinn, da die Höhe der Schuld wohlbekannt ist. Es kann hier aber ein Element der Komik gesehen werden,[657] das die Entscheidungslosigkeit Willekîns ganz besonders betont.[658]

---

655 Reichlin: Risiko, S: 26, spricht von der Auflösung der „*âventiure*, an der sich der Protagonist alternativlos zu bewähren" habe. Willekîn werde vielmehr, so Reichlin, ebd., „durch die ökonomische Not und die Langeweile im Haus des Vaters motiviert." Der Tatsache, dass der Zwang der Erzählkonvention der *âventiure* hier verabschiedet wird, stimme ich zu. Dass Willekîn jedoch weiterhin nur reagiert, niemals die Initiative ergreift, berechtigt meiner Ansicht nach dennoch zum Terminus „Alternativlosigkeit", um Willekîns Verhalten zu beschreiben.

656 Es ist Willekîn gerade nicht egal, wie viel der Ritter schuldet, er fragt dies seinen Knappen sogar direkt: *hastu aber icht vernumen, / wie iz umbe den ritter si kumen? / macht du doch her zu mir gen / und sage mir, wie vil er ste* (V. 319–322).

657 Anica Schumann beschreibt mit Blick auf die Anwendung in der aventiurehaften Dietrichepik mögliche Formen der Kreierung von Komik, wobei neben aggressiveren Formen der Komikalisierung auch „Normbrüche oder Widersprüchlichkeiten", die „sich in die Texte eingeschrieben haben", in den Bereich der Komik fallen (Anica Schumann: Experimentelles Erzählen. Komik in der aventiurehaften Dietrichepik. Köln/Weimar/Wien 2017, S. 58). Eine derartige Widersprüchlichkeit findet sich hier und kann auch nur im „jeweiligen Kontext erschlossen und greifbar gemacht werden" (ebd.), da erst durch die spezielle Verschränkung von eigentlich verfügbarem Wissen über Willekîns Vermögensverhältnisse und die notwendige Übertreibung zur Darstellung von *milte* diese Widersprüchlichkeit erzeugt wird. Ob es sich dabei um ein „‚Lachen mit' oder ‚Lachen über' den Helden" (ebd., S. 51) handelt, ist für diesen Kontext nicht relevant und bedürfte der weiteren Diskussion. Reichlin: Risiko, S. 28, hat auch bereits auf die Ironie hingewiesen, durch die der „exemplarische Gestus" des Textes gegen Ende unterlaufen werde.

658 Zöller: „Triuwe" verfolgt zwar argumentativ gänzlich andere Ziele, weist jedoch auch darauf hin, dass das „edle[...] Motiv" (S. 70) *daz tut er durch des ritters namen* (V. 347) nur vom Knappen, nicht von Willekîn geäußert wird. Es handelt sich also um eine Fremdzuschreibung, Willekîn selbst gibt kein Handlungsmotiv an.

Doch bei aller Risikobereitschaft nimmt der Wirt die Schuldbegleichung nicht einfach hin, es muss gewogen werden. Wie bereits vielfach gezeigt wurde, dient die Performanz des Wiegens der intersubjektiven Bestätigung von Werten[659] und versichert für alle sichtbar, dass die Schuld beglichen ist:

> [d]er wirt begonde vragen
> balde nach der wagen
> der kneht gab daz silber dar,
> er nam des wegens cleinen war:
> die wile der wirt daz silber wac,
> des knehtes man wol mit tranke pflac.
> do daz silber wart gewegen,
> des wirtes zorn was gelegen.
> waz des herren kneht do sprach
> gein dem wirte, daz geschach:
> (V. 353–362)

Der Knappe entscheidet sich bei der Interpretation der Situation Willekîns offensichtlich für ‚Risikobereitschaft' und nicht für ‚Alternativlosigkeit' und ist sich des Ergebnisses des Wiegens auch vorab bereits sicher. Auch der Wirt kommt, nachdem gewogen wurde, zu dem Schluss, dass das Silber nicht für zu leicht befunden werden kann. Das Vertrauensverhältnis zwischen Wirt und Ritter, das den Sieg im Turnier ermöglichen wird, kommt zustande. Prompt beginnt auch die Nutzung des gewährten Kredits und zum ersten und vorerst einzigen Mal kann Willekîn Entscheidungen selber treffen.[660] Da Willekîn ohne entsprechendes Gefolge angereist ist, lautet der erste Auftrag an den Wirt, vier Rotten à zwölf Mann für das bevorstehende Turnier zu verdingen[661] und dieselben auch gut zu versorgen (V. 328–334 sowie 369–374).

---

659 Zur Waage als mediative Instanz zur Desintegration von Konflikten durch eine beiden Konfliktparteien äußerliche Interpretation des Konfliktsystems vgl. Luhmann: Soziale Systeme, besonders S. 540, sowie ausführlicher oben, Kap. 2.3. Zudem generiert das der Schuldbegleichung inhärente Zeitintervall das Problem der möglichen Entwertung von Münzwerten. Je nach Form, in der Willekîn sein Silber mitführt, müsste also erst einmal der Feingehalt gewogen werden. Ein Beispiel zur Frage der Schuldbegleichung nach Gewichts- oder Nominalwert bietet Allen: Currency Depreciation, S. 51.

660 Angelegt ist diese Nutzung sogar bereits zuvor, schickt Willekîn seinen Knappen doch mit dem Silber *und* Forderungen zum Wirt. Ich schließe mich Zöller: „Triuwe", S. 70, an, die die Forderungen Willekîns in Opposition zur ‚ständischen' Interpretation des Knappen versteht.

661 Rösener: Ritterliche Wirtschaftsverhältnisse, S. 311, beschreibt für das 12. Jahrhundert die Praxis, bei Turnieren „mit einer Schar turniererfahrener Ritter" aufzutreten, die in der „Mannschaft" des Teilnehmers kämpfen. Dies stelle die Teilnehmer jedoch auch vor finanzielle Probleme, vgl. ebd.: „Die hohen Aufwendungen vieler großer Herren für die Turniere – sie können durch reiche Turniergewinne keineswegs kompensiert werden – resultieren demnach aus der Tatsache, daß sie in Begleitung vieler Ritter und mit großem Troß zu den Turnieren reisen."

Auf recht kurzem Raum wird nun Willekîns neue Großzügigkeit erzählt (V. 379–420), sein Wunsch, mit *schalle* zu leben, wird befriedigt und vom Erzähler auch scheinbar gutgeheißen: *der herre do mit schalle lac, rechter tugent er ie pflac* (V. 409 f.). Und auch aus Figurensicht ist an Willekîns Verhalten nichts auszusetzen, wenn es über seine *milte* und guten Taten (durch den Kredit des Wirtes) heißt: *Hie von sin lop sere erscal / in der stat gar uber al* (V. 391 f.). Eine dieser guten Taten ist die gebührende Beerdigung des toten Ritters durch Willekîn, die nicht nur als ein Dienst am Toten, sondern auch als die Erfüllung christlicher Pflicht angesehen werden kann, handelt es sich doch beim Begräbnis um eine Form von ‚frommer Stiftung'.[662] Er verhält sich den Konventionen gemäß, lässt einen Sarg anfertigen (V. 377), hält Totenwache (V. 378) und organisiert die Zahlung des „Leichenpfennigs".[663] Die Verbindung zum Verstorbenen ist ausgesprochen stark, wird sogar als direkte Verwandtschaft stilisiert: *von des edelen herren wegen / must man der liche pflegen, / als er sin vater wer* (V. 379–381). Am Beispiel der Josefsgeschichte in der *Weltchronik* des Johans von Wien ist bereits gezeigt worden, wie durch eine gleichbleibende Zahl (in diesem Fall dreißig) ein Text paradigmatisch strukturiert werden kann, auch und gerade, wenn die Zahl unterschiedliche Dinge quantifiziert (vgl. Kap. 4.3.3). Hier liegt darüber hinaus sogar eine metonymische Beziehung zwischen Willekîns Vater und dem Ritter im Mist vor, sind es doch nicht nur siebzig Mark, sondern *dieselben*, mythisch unikalisierten siebzig Mark.[664] Die Beziehung von Willekîns Vater und dem Toten geht somit über die rhetorische Ebene bei der Bestattung hinaus. Willekîn gibt die Gabe seines Vater weiter, lässt symbolisch sein Elternhaus, das ihm das Leben

---

662 Hannig: Ars donandi, S. 153: „Als Elemente reziproker Geschenke lassen sich entschieden auch die Fülle der sogenannten ‚frommen Stiftungen' betrachten. Seelgeräte, Almosen, Testamente, Begräbnisstiftungen sind bis ins 13. Jahrhundert zu interpretieren als reziproke Schenkungen mit dem Jenseits, den Heiligen und den Toten, die offenbar nach den gleichen Regeln erfolgten, wie die Gabentauschaktionen mit den Lebenden." Zur Tauschlogik der Almosen vgl. grundlegend auch Angenendt [u. a.]: Frömmigkeit.

663 V. 388–390: *er hiez da pfenninge umbe geben, / er wer arm oder rich, / daz er oppfert der lich.* Möglicherweise stehen die hier gegebenen *pfenninge* im Zusammenhang mit der Bestattungstradition des „Leichenpfennigs", der, so Schmitz-Esser: Leichnam, S. 463, in christianisierter Form aus der Antike übernommen wurde, und rituell gegen die Wiederkehr des Toten gerichtet war. Ziegeler: Erzählen im Spätmittelalter, S. 321, scheint das Pfennigopfer beim Begräbnis als Ausgabe Willekîns zu verstehen. So halte ich jedoch die Verse *er wer arm oder rich, / daz er oppfert der lich* für nicht verständlich, da nicht klar ist, ob für die Leiche oder die Gäste gegeben wird.

664 Versteht man die Beziehung Willekîns zum toten Ritter tatsächlich als so nah, dass der Hinweis auf das väterliche Verhältnis bei der Bestattung mehr als Rhetorik ist, so ergibt sich auch ein weiterer rechtlicher Zwang, der Willekîns Handlung verstärkt determiniert: Im *Sachsenspiegel* beispielsweise ist der Erbe verpflichtet, die Schulden des Vestorbenen nach Möglichkeit zu bezahlen, wie es in Artikel VI im ersten Buch des Landrechts heißt: *Mit welchem gute der man stirbit, das heist alles erbe. Wer das erbe nimt, der sal di schult gelden also verre, alse das erbe gewert an der varndin habe* (SaSp, S. 102,16–19).

mit schalle nicht ermöglichen konnte, hinter sich und stellt durch die beglichene Schuld eines Dritten gleichzeitig „Sozialität“ her.[665]

In den bisherigen Verstrickungen von Mittellosigkeit und Schuldbegleichung sowie in seiner Beziehung zu anderen Figuren ist Willekîn also immer alternativlos geblieben: rechtliche Verpflichtungen und Konventionen, aber auch mythische Erzählmuster halten ihn zu den Taten an, die er ohne sichtbare Entscheidungsprozesse ausführt.[666]

4.6.3 Feilschen I: Der Ritter mit dem Pferd

„Mit dem vorläufigen guten Ende in der Erzählmitte legt der Autor dieser sehr genau durchkomponierten Dichtung eine Zäsur.“[667] Willekîn lässt ein Gelage bis zum nächsten Morgen ausrichten,[668] bis ihm ein noch ungelöstes Problem auffällt: *wie tu ich nu? / ichn han niht urs, daz mir behagen / kunne.* (V. 422–424).[669] Die Lösung, so schlägt der Wirt vor, soll die gleiche wie bisher auch sein: er streckt Willekîn das Geld vor:

> der wirt sprach: „gehabt uch wol;
> ob ich euch eines koufen sol,
> daz silber ist mir bereite.
> mirn darf niemant beiten.

665 Dies ist im theologischen Sinne gemeint, wie Angenendt [u. a.]: Frömmigkeit, S. 5, es beschreiben. Die Weitergabe als Alternative zur Rückgabe ist demnach eine Möglichkeit, binäre Reziprozitäten zwischen Immanenz und Transzendenz aufzubrechen.

666 Keine der Besorgungen durch den Wirt wird in ihrer Angemessenheit oder Qualität angezweifelt. Die Ausstellung einer „Qual vor der Wahl aufgrund der Ungewissheit der zu treffenden Entscheidung und einer Qual nach der Wahl infolge der unwiderruflich getroffenen Entscheidung“ kann hier gerade nicht beobachtet werden (Ulrich Hoffmann: Qualen der Wahl: Inszenierungen von Entscheidungssituationen im „Fortunatus“. In: ZfdPh 134,3 (2015), S. 321–345, S. 323). Hoffmann nutzt besonders soziologische Entscheidungstheorien zur Analyse zweier Entscheidungsszenen im frühneuzeitlichen *Fortunatus*. Da diesem Roman jedoch ein besonders hohes Maß an Kontingenz zu bescheinigen ist (vgl. ebd., S. 325), steht die Exposition von Entscheidungssituationen in einem anderen Gesamtzusammenhang als in der *Rittertreue*.

667 Zöller: „Triuwe“, S. 63.

668 Diese zeitliche Geschlossenheit der Handlung ist in s^2 aufgelöst. Hier heißt es *Nvn begab eß sich ainß morgenß frů.*

669 Die Problematik des fehlenden Pferdes ist auch in anderen literarischen Texten bekannt. So muss Ereck nach seiner beinahe tödlichen Verwundung zuerst einmal zu Fuß gehen (vgl. Ereck, V. 7677 f.). Auf diese Verse bezieht sich auch Cramer: Soziale Motivation, S. 108: Das Fehlen des Pferdes bedeute die Inferiorität des Gehenden sowohl bezogen auf die Wettkampfsituation eines Turniers, als auch auf die „niedere soziale Stellung“ desselben. Dadurch kann in der *Rittertreue* noch einmal hervorgehoben werden, dass das Glück des Protagonisten nur ein Glück auf Zeit ist und die Reintegration noch nicht abgeschlossen wurde.

ob uch iht misselynge,
ir schult doch wol gedingen.
geloubet mir, ich sag uch war,
ich beite uch des silbe(r)s wol ein jar."
(V. 425–432)

Weiterhin liegt also, sofern es nach dem Wirt geht, die *agency* nicht bei Willekîn, sondern beim Wirt selbst: Er will das Pferd kaufen, ihm braucht niemand Geld zu leihen und er setzt die Frist für den Kredit fest. Willekîn willigt ein (V. 433 f.), wird nun jedoch zumindest insofern aktiv, als er selbst Pferde ausprobiert, freilich ohne Erfolg: *vil urs er do versuchte, daz er keinez geruchte* (V. 435 f.). Willekîn ist nicht mit der „Qual der Wahl" konfrontiert,[670] sondern mit der mangelhaften Qualität des gesamten Angebots. Die „series of rival objects"[671] des merkantilen Raums kann Willekîn gerade nicht weiterhelfen.

Die Rezipient:innen genießen an dieser Stelle bereits, wie Ziegeler betont,[672] ein kleines Stück Information mehr, wurde doch der allgemeine Lobpreis Willekîns mit drei Versen abgeschlossen, die eine bereits abgelaufene Interaktion mit Gott verdeutlichen, die Willekîn jedoch soweit nicht sieht: *sint der tot sines teiles / nicht vergaz, daz quam von got, / daz wart im sint ein nutzer bot.* (V. 418–420). Und so kommt auch bald die Lösung, und zwar explizit jenseits des Marktes, den man als Raum der bisherigen Einkäufe ja annehmen muss. Explizit wird darauf verwiesen, dass Willekîn die Suche beendet hat, sich also nicht mehr auf dem Markt befindet: *Der herre do gie sitzen / in ein venster von der hitzen* (V. 447 f.). Der Ritter, den Willekîn darauf scheinbar zufällig erblickt, reitet ein Pfert *ze wunsche wol gestalt* (V. 456), das dazu noch tadellos auf die Befehle seines Reiters hört,[673] kurz: ein ideales Turnierpferd. Die Gesetze des Marktes, also die Regeln des Ortes der institutionalisierten Vergleichsmöglichkeit, durch welche die auf Kategorisierung beruhende Warenhaftigkeit der Objekte erst hergestellt wird (vgl. Kap. 2.3), gelten hier aber nicht mehr: Dass das Pferd nicht zu merkantilen Konditionen gekauft werden kann, wird bereits durch das Fehlen des räumlich und zeitlich gesetzten merkantilen Rahmens deutlich. Es ist im Sinne Cassirers ein mythisches Pferd, es erscheint „wie etwas nur sich selbst Angehöriges, wie etwas Unvergleichliches und Eigenes."[674] Willekîn jedoch, begeistert von dem Pferd, möchte mit der Warenschau weitermachen: *lat mich daz urs scho-*

670 Vgl. dazu Hoffmann: Qualen der Wahl, S. 323.

671 Favereau, Biencourt, Eymard-Duvernay: Where do markets come from, S. 224.

672 Ziegeler: Erzählen im Spätmittelalter, S. 321: „In dieser unpräzisen (zukunftsgewissen) Erzählvorausdeutung ist die einzige Andeutung enthalten, die dem Leser ein Mehr an Informationen gegenüber dem Helden bietet und darauf vorbereitet, daß Willekîn einen weiteren Vorteil durch seinen Verzicht erringen wird – ob aber im Jenseits (und daher in der Geschichte nicht mehr zu erzählen) oder im Diesseits und daher als Ereignis noch vorzuführen, bleibt bewußt offen."

673 V. 457–459: *mit dem sporn er iz rurt, / in sprunge iz in da furt, / biz er dem venster nate.*

674 Cassirer: Das mythische Denken, S. 88.

wen (V. 463) lautet seine Aufforderung.[675] Auch die (plötzlich) umherstehenden Ritter bestätigen, *ein so schonez urs sie nie gesahen.* (V. 474).[676] Im Sinne einer spitzenäquivalenten Markierung wird jeder weitere Auswahlprozess zugunsten dieses zweifellos besten Pferdes beendet. Willekîn aber verhält sich, als wäre er weiterhin auf dem Markt. Nach seiner Gesprächseröffnung, die nach der Warenschau verlangt, lautet seine zweite Frage *wie gebt ir mir ez?* (V. 476). Zu seinem Missfallen nennt der fremde Ritter aber keinen Preis, sondern, genau wie der Wirt zuvor, eine Bedingung, der eine mythische Erzähllogik eignet:[677]

> iz ist umbe kein silber veile,
> ir wolt danne mit mir teilen,
> ob ir hie niht ersturbet,
> swaz ir dar uf erwurbet,
> daz sol halbes wesen min.
> (V. 477–481)

Nicht nur der Verkäufer wird dabei aber als außergewöhnlich markiert, sondern natürlich auch das Pferd: Indem es nicht durch einen merkantil ermittelten Preis repräsentiert werden kann, wird es jenseits des Marktes unikalisiert.[678] Da der Tausch durch die Eigenheit der Zahlungsmöglichkeit eingeschränkt ist, so ließe sich aus der objektbiographischen Perspektive Igor Kopytoffs folgern, wird die Warenhaftig-

---

675 Dass das Pferd minderwertig sein könnte, kommt durch die positive Einführung des Tieres gar nicht erst in Betracht. Eine ‚Warenschau' mit ungewissem Ausgang, wie Monika Schausten: ‚Kuhhandel': Literatur, Obszönität und Ökonomie im frühen Nürnberger Fastnachtspiel. In: ZfdPh 134 (Sonderheft) (2015), S. 169–189, sie anhand des *spil, ein hochzeit zu machen* von Hans Folz beschreibt, wird hier gerade nicht narrativ ausgenutzt.

676 Nach dem Kauf äußert sich Willekîn noch einmal: *ich wene, daz ie kein man, / ein so gut ors ie gewan* (V. 515 f.).

677 Das „Motiv ‚zur Hälfte teilen'" ist bereits im Buch Tobit angelegt und kann als anderweltliche Bedingung erkannt werden, vgl. Röhrich: Art. Dankbarer Toter (*EM Online*). Die Teilung zur Hälfte könnte aber auch auf die zuvor gefallene Aussage des fremden Ritters zurückzuführen sein, dass er selbst am Turnier teilnehmen will (*ich wolt iz zugliden als ein hun / durch aller vrowen ere* (V. 466 f.). Die Bedingung, nur bei Teilung des Gewinns das Pferd zu übergeben, könnte auch als Deal im Sinne des Turniergewinns gesehen werden, sofern der Ritter Willekîn als den besseren Wettkämpfer anerkennt.

678 Von einer derartigen Deformation durch mythische Übercodierung ließe sich sprechen, wenn Mythos im Sinne Barthes' als eine zusätzliche Bedeutungsebene eines eigentlich schon vollständigen Zeichens verstanden wird. Das ursprünglich bereits semantisch gefüllte Zeichen wird somit durch den mythischen Überschuss „deformiert" (Barthes: Mythen, S. 276). Nach Cassirer: Das mythische Denken, S. 87, „ist und lebt [das mythische Bewusstsein] im unmittelbaren Eindruck, dem es sich überläßt, ohne ihn an einem anderen zu ‚messen'." Cassirer spricht zudem von einer absoluten „Ergriffenheit" des Bewusstseins durch den mythischen Gegenstand, wodurch sich Willekîns Zielgerichtetheit auf das Pferd erklären ließe (vgl. ebd., S. 88).

keit des Objektes ,Bestes Pferd' in Frage gestellt.[679] Willekîn aber, der im bisherigen Erzählverlauf fast vollständig inaktiv bezüglich eigener Entscheidung geblieben ist, fängt nun an zu verhandeln:[680]

> der herre sprach: „des mac niht sin!
> gebt mirs umb bescheiden gut."
> „des hab ich keinen mut",
> sprach der ritter alzehant
> (V. 482–485)

Und auch der Hinweis, der Ritter sei gar kein menschlicher Handelspartner, wird vom Wirt Willekîns, der nun Teil des Gesprächs ist, im Sinne einer merkantilen Preisaushandlung, nicht aber als kategoriale Absage an den Prozess des Feilschens, missverstanden:

> „ir habt mich harte unrecht erkant.
> wan ich bin so getan ein man,
> daz ich mit silber nicht enkan."
> [d]o sprach der wirt: „alein –
> welt ir danne edel gestein,
> nu ir kein silber kunt haben?"
> (V. 486–491)

Nach erneuter eingehender Prüfung und einem Testritt (V. 492–502) gibt Willekîn, weiterhin am merkantilen Zusammenhang von Warenqualität, Feilschen und Preisfindung festhaltend, eine letzte Schätzung ab: *iz wer wol hundert mark wert.* (V. 502). Dies ist kein gänzlich unvorstellbarer Preis für ein Turnierpferd im 13. Jahrhundert: Werner Rösener hat die Preisentwicklung für Streit- und Turnierpferde im 13. Jahrhundert nachgezeichnet, wodurch der Preis, den Willekîn zahlen will, als oberste Grenze solcher Käufe identifiziert werden kann:

---

679 Kopytoff: Biography, S. 69: „[A]ny thing that can be bought for money is at that point a commodity [...] Hence, in the West, as a matter of cultural shorthand, we usually take saleability to be the unmistakable indicator of commodity status, while non-saleability imparts to a thing a special aura of apartness from the mundane and the common. In fact, of course, saleability for money is not a necessary feature of commodity status, given the existence of commodity exchange in non-monetary economies." Vgl. auch ebd., S. 73 f., zum Prozess der „singularization" von Gegenständen, die theoretisch Waren sein könnten.

680 Eine solche Aushandlung eines Preises jenseits der merkantilen Sphäre findet sich auch im bereits angesprochenen Märe *Der Gürtel* Dietrichs von der Glezze. (vgl. Gür, V. 230–320). Einige entscheidende Parameter unterscheiden die beiden Geschichten jedoch: Die namenlose Frau im *Gürtel* verhandelt im Rahmen der Minnegaben, also innerhalb eines Kontextes, der hier in Bezug auf das merkantile Erzählen nicht behandelt wurde, insofern noch beleuchtet werden müsste. Zudem steht die Frau, die selber nicht feilscht, hier im Zentrum der Fokalisierung. Der hohe materielle Preis wird dabei von der Dame im Nachhinein abschätzig als zu hoch bewertet (vgl. dazu Jacob Klingner: Der Sündenfall als Glücksfall? Zur Deutung des Gürtels in Dietrichs von der Glezze *Borte*. In: Liebesgaben. Kommunikative, performative und poetologische Dimensionen in der Literatur des Mittelalters und der Frühen Neuzeit. Hrsg. von Margreth Egidi [u. a.]. Berlin 2012, S. 163–179, S. 167).

> Um 1290 bezahlt man im Bodenseeraum für ein gutes Ritterpferd etwa 20 Mark Silber; ausgezeichnete Streitpferde werden aber um einen weit höheren Preis gehandelt, wie z. B. um 1274 in Basel, wo ein Pferd für 100 Mark Silber den Besitzer wechselt.[681]

Die außerliterarische Referenz des Preises in der *Rittertreue* ist insofern wichtig, als dass dadurch bestimmt werden kann, inwieweit Willekîn nicht eine übertrieben erscheinende Forderung seitens des anonymen Ritters durch ein ebenfalls übertriebenes Angebot ersetzt, sondern sich tatsächlich im Rahmen merkantiler Wahrscheinlichkeit bewegt. Sein übernatürliches Gegenüber lässt aber weiterhin nicht mit sich verhandeln und bleibt bei seiner Forderung, der Willekîn nun, da er sich sicher ist, genau dieses Pferd zu brauchen, auch zustimmt (V. 508–510). Willekîn missversteht zwar die Forderung der Teilung zur Hälfte (*an die vrowen gedacht er niht*, V. 512)[682], doch ist seine Turnierteilnahme vorerst gesichert – und bei aller Exorbitanz von Pferd und Reiter besteht auch kein Zweifel an dessen Ausgang. Willekîn selbst arbeitet an der mythischen Auratisierung des Pferdes weiter, wenn er das Pferd in einer monokausalen Zuschreibung als Grund für seinen hoffentlich bevorstehenden Sieg beschreibt: *sol ez mir immer wol ergen, / daz muz an dem urs gesten.* (V. 517 f.).[683] Willekîn gewinnt das Turnier und darf die Landesherrin heiraten. Das einzig verbleibende Problem stellt der Ritter dar, der nun seine Hälfte vom Gewinn fordert.

---

681 Rösener: Ritterliche Wirtschaftsverhältnisse, S. 320. Rösener nennt noch ein Beispiel von ca. 1230, bei dem ein Pferd in der Eifel für vierzig Mark verkauft wird (vgl. ebd.). Insgesamt steigt der Preis für Pferde mit der Zeit, habe sich doch „[v]om Beginn des 12. bis zum Ausgang des 12. Jahrhunderts“ der Preis für ein Streitross „verdrei- bis vervierfacht“ (ebd.). Dass Preisangaben aufgrund regionaler und diachroner Schwankungen mit Vorsicht zu genießen sind, ist bereits in Kap. 3.9 skizziert worden, die von Rösener für die hier relevante Zeit und den oberdeutschen Raum ermittelte Größenordnung halte ich jedoch im Rahmen der Interpretation der *Rittertreue* für ausreichend belastbar. Preisangaben für ‚gewöhnliche‘ Pferde in Mären bestätigen diesen Preisrahmen, vgl. beispielsweise das Pferd im *Beringer*, das *wol .xx. marck wert* ist (V. 120, zitiert nach: Deutsche Versnovellistik des 13. bis 15. Jahrhunderts, Bd. 3: Nr. 81–124. Hrsg. von Klaus Ridder, Hans-Joachim Ziegeler. Berlin 2020, S. 865–878 (Nr. 122)).

682 Neben dem Motiv der ‚Teilung der Frau‘ (vgl. Tobias Bulang: Art. Teilung der Frau. In: *EM Online*) mag in der Nicht-Beachtung der Frau als Gabe auch die spezifische Konstellation des *rash boon* als konfliktauslösende Situation in Artusromanen und ähnlichen Texten hier Geltung behaupten. Ein sehr anschauliches Beispiel findet sich in Gottfrieds von Straßburg *Tristan und Isolde*. Der bisher fremde Ritter Gandin erscheint an Markes Hof und wird von diesem aufgefordert, auf seinem mitgebrachten Instrument zu spielen. Er verweigert mit folgendem Argument: *hêrre, ine wil, / ine wizze danne umbe waz.* (Tr, V. 13190 f.). Marke bietet daraufhin den problematischen *rash boon*: *hêrre, wie meinet ir daz? / welt ir iht, des ich hân, / daz ist allez getân. / lât uns vernemen iuwern list, / ich gib iu, swaz iu liep ist.* (Tr, V. 13192–13196). Katastrophaler Weise fordert Gandin Isolde selbst, der König muss jedoch aufgrund von *triuwe* zu seinem Wort stehen, wie Krohn im Kommentar zur Ausgabe betont: bricht der König sein Wort, muss sich auch der Untertan nicht mehr an die Bindung halten (vgl. Krohns Stellenkommentar in Gottfried von Straßburg: Tristan, Bd. 3, S. 195 f.).

683 Kausalitätsreduktion stellt für Cassirer: Das mythische Denken, besonders S. 87 f., eine Grundkategorie des mythischen Denkens dar.

4.6.4 Feilschen II: Gott handelt nicht

Mehrere Konzepte des merkantilen Erzählens werden in der Erzählung verschränkt, die im Lichte einer „ethisch-ökonomischen" Sprache im Sinne Todeschinis neu interpretiert werden können. Die Handlung bis zum Auftreten des Wiedergängers hat gezeigt, dass Willekîn als Akteur in einen Komplex von Verpflichtungen eingebettet war, die ihm jegliche Entscheidung abgenommen haben. Die ‚Entscheidung', den Ritter im Mist auszulösen, zu der es aufgrund der final motivierten Konstruktion der siebzig Silbermark keine Alternative gab, hat Willekîn dazu befähigt, sich, ohne es zu wissen, Gott zum Schuldner zu machen. Wie Angenendt [u. a.] deutlich gemacht haben, ist die Idee des *sacrum commercium* im Mittelalter nicht mehr selbstverständlich an den *bonus negotiator Christus* geknüpft, der beispielsweise bei Augustinus noch die Menschheit freikauft.[684] Alternativ dazu wird „der *commercium*-Gedanke bald auch von den Christen einem *do ut des* angenähert [...]. Geber waren nunmehr die Menschen, und Gott sollte ihnen dafür von dem Seinen zurückerstatten."[685] Die Beziehung von Gott und Mensch kann also schuldrechtlich, nicht jedoch merkantil ausgedrückt, bzw. narrativiert werden. Das erkennt Willekîn aber an dieser Stelle noch nicht. Denn der Umschlagpunkt, an dem Willekîn aufhört, aufgrund bestehender Schulden zu handeln, fällt mit dem Auftreten des Wiedergängers zusammen. Zöllers Beobachtung, dass mit Beginn der zweiten Hälfte Gott das erste Mal erwähnt werde,[686] spiegelt sich im Wechsel von Schuld zu Feilschen. Der bis dahin nur reagierende Willekîn fängt an, wie auf dem Markt zu feilschen, hat damit aber keinen Erfolg. Es zeigt sich damit, dass ein Handeln mit Gott oder dessen Gesandtem vielleicht Teil einer „ethisch-ökonomischen" Sprache im weiten Sinne ist, ein ethisch-merkantiler Umgang gestaltet sich hier aber als unmöglich.[687] Der Text stellt nicht nur einen komplexen Untersuchungsgegenstand zu Überlegungen von Verausgabung und Berechnung dar, sondern offenbart

684 Vgl. zum *bonus negotiator*, also Christus als Loskäufer der Menschheit bei Augustinus auch Herz: Sacrum Commercium, S. 210–220. Zur damit verbundenen Idee des *thesaurus meritorum* vgl. Burkart: Blut der Märtyrer, besonders S. 157, sowie besonders die Ausführung anhand von Bériou: L'esprit de lucre, Oberste: bonus negotiator, Quaas: Sakralität und Handel in Kap. 4.1.1.

685 Angenendt [u. a.]: Frömmigkeit, S. 6. Als Beleg führen die Autoren ebd. eine Stelle aus Tertullians *Liber de paenitentia* an: „Die Gute Tat macht Gott zum Schuldner."

686 Zöller: „Triuwe", S. 63. Dies stimmt aber nur für die Handschrift s^2 und das Fragment E^1, die Leithandschrift *H* der Ausgabe nach Ridder und Ziegeler kennt die entsprechenden Verse nicht. Zöller bezieht sich auf: *Durch got uñ ouch* [fehlt in s^2] *durch ere / Durch beide gap her sere* (V. 408a,b). Die erste Erwähnung Gottes in *H* erscheint aber in der Vorausdeutung des Erzählers wenig später, V. 418 f.: *sint der tot sines teiles / nicht vergaz, daz quam von got*, sodass Zöllers Erkenntnis auch ungefähr auf H übertragbar ist.

687 Todeschini scheint mit der „linguaggio della descrizione e dell'analisi economica (o economico-etica, o etica-economico) nelle fonti del Medioevo latino [...]" (Todeschini: prezzo, S. 117) aber auch eher auf die transzendente Verwendung peccatorischer Begrifflichkeiten abzuheben und weniger auf den merkantilen Bereich. Vgl. auch Todeschini: Credit.

auch, wie genau merkantile Metaphorik für ein transzendentes Verhältnis genutzt oder vielmehr nicht genutzt werden kann. Im von einem schuldrechtlich, lehnsrechtlich und ethisch genutzen *triuwe*-Begriff gezeichneten Text[688] stellt das von Willekîn versuchte merkantile Handeln einen Fremdkörper dar, der in der binären Erzählstruktur von *gelten*/nicht *gelten* keinen Erfolg zeitigen kann.

Der Grund dafür, wieso den Wiedergänger nicht der Preis, sondern nur das Schuldverhältnis interessiert, wird im Gespräch zwischen Willekîn und dem Ritter aus dem Mist am Ende deutlich. Nachdem Willekîn von seinem Geschäftspartner nämlich darauf hingewiesen wurde, er habe nun nach einer glücklichen Nacht mit ihr auch die Frau zu teilen, beginnt Willekîn zu weinen und startet einen neuen Versuch, einen neuen Preis auszuhandeln: *nu gebt mir des gutes kein pfliht / und lat mir die vrowen eine!* (V. 752 f.). Doch der namenlose Ritter, den der Erzähler später als *engel* bezeichnet (V. 833), führt aus, dass seine Prioritäten weiterhin nicht verhandelbar sind:

„solde alle dise werlt sin
biz an daz jungest urteil min,
ich acht ez allez als ein gruz.
nu halt die trew und get hin uz!“[689]
[...]
[d]er ritter sprach: „ir sit ir holt.
weren alle stein golt,
die nem ich vur min tail niht,
ich wil der vrowen haben phliht.
welt ir niht hin uz gen,
lat iwer trĕwe mir versten!
ich wil uch lazzen alzehant
beide vrowen und daz lant.“
(V. 757–760 u. 767–774)

Die letzten Verse machen deutlich, dass Willekîn sich hier erneut nicht in der Situation befindet, dass man einen Preis aushandeln könnte, sondern dass es auch hier wieder um ein Schuldverhältnis geht. Willekîn hat nämlich seine Treue verpfändet, drückt der Rechtsterminus *versten* doch das Verfallen eines nicht eingelösten Pfandes aus.[690] Tatsächlich hat Willekîn diesem Pfand bereits beim Verkauf des Pferdes zugesprochen, als der namenlose Ritter ihm erklärt hat: *ir gelobt / iwer treuwe mir an min hant, / wirt uch die vrowe und ir lant* (V. 504–506).[691] Da Willekîn nun glaubt,

688 Vgl. Zöller: „Triuwe“, S. 58.

689 Sollten die Rezipient:innen durch das bekannte Schema des dankbaren Toten und/oder Markierungen im bisherigen Erzählverlauf bereits wissen/ahnen, dass es sich um einen Sprecher Gottes handelt, kann der Konjunktiv über die Welt, die ihm bis zum jüngsten Gericht gehören sollte, durchaus ironisch gelesen werden.

690 Vgl. Art. verstân, verstên stv. In: *Lexer*.

691 An mehreren Stellen kann die Schuld als tatsächliches Pfand im Text gesehen werden. Der namenlose Ritter macht im abschließenden Gespräch der beiden deutlich: *ich wil uch gerne lazen kie-*

in Schuld zu stehen, sieht er sich in jedem Szenario als Verlierer. Einen schlechten Kauf zu tätigen, dies ist anhand des *bîspels* von den *Zwei Märkten* gezeigt worden,[692] steht in der Sprache merkantiler Metaphorik jedoch für den ‚Markt des Teufels', und tatsächlich klagt Willekîn: *der teufel gap durch sinen spot / ouch daz pfert mir ze schaden* (V. 776 f.). Dieser Glaube hält jedoch nur an, bis er sich schließlich für seine *triuwe* entscheidet (*die vrowen er alda verkos*, V. 782) und der Wiedergänger ihm offenbart, dies sei nur eine Prüfung Gottes gewesen. Allein durch die eine gute Tat zu Beginn habe der Tote *gewin / mer dan ir gewunnet ie* (V. 802 f.). Der *gewin*, der destabilisierend wirkt, sofern er von einer Figur verfolgt wird, entfaltet, wenn er in der Vergangenheit verortet wird, im Gegenteil eine stabilisierende Funktion, da das Geschäft somit als abgeschlossen markiert werden kann.

In der Erzählung wird das Verhältnis von Gott und Mensch zwischen Schuldrecht und merkantiler Praxis verhandelt. Während jedoch die schuldrechtlichen Verpflichtungen immer greifen und narrativ wirksame Asymmetrien generieren, laufen die merkantilen Praktiken von Warenschau und Feilschen stets ins Leere: Dass Willekîn mit seinem merkantilen Verhalten nicht weit kommt, wird auf dreierlei Art und Weise markiert: Erstens versucht Willekîn, sich jenseits des Marktes merkantil zu verhalten, zweitens sind das Pferd sowie die Figuren, mit denen Willekîn zu tun hat, mythisch übercodiert. Während Wirt und Wiedergänger somit zu ‚mahrtenähnlichen Investoren' werden, verliert das Pferd gegenüber den zuvor von Willekîn getesteten Rössern seine Warenhaftigkeit. Drittens wirkt merkantiles Verhalten auch deshalb dysfunktional, da er dem Engel nichts Materielles anbieten kann,[693] was für diesen von Wert wäre. Diese Lesart zeigt, dass manche Elemente der narrativen Entwicklun-

---

sen: / ir muest ie einez verliesen, / die vrowe oder die trĕwe (V. 719–721). Kurz darauf erfolgt die Aufforderung an Willekîn: *nu halt die trew und get hin uz!* (V. 760) Das Pfand *triuwe* bringt aber seine eigene Logik mit sich: Da man seine *triuwe* natürlich nicht verliert, sobald man sie gegenüber jemand anderem einsetzt, sondern sie dadurch gerade erst konstituiert, wird die scheinbar glatte Konversion von *triuwe* und materiellen Werten auf Ebene der Wertverhandlungen untergraben. Damit schließe ich mich dem Fazit Reichlins an, wenn sie zur durch Tauschprozesse evozierten Diskursverschränkung in Mären festhält: „Einzelne Diskursordnungen werden durch den Vergleich mit anderen in Frage und deren Ordnungsprinzipien und Grenzen zur Disposition gestellt. Die Bedingungen der Kommensurabilität unterschiedlicher Ordnungen müssen ausgehandelt werden" (Reichlin: Ökonomien, S. 230).

692 Im Gegensatz zu den *Zwei Märkten* ist hier der Teufel, der *gap durch sinen spot*, als aktiver Handelspartner gezeichnet und nicht wie im *bîspel* nur als Anlaufstelle des Menschen, der sich selbst falsch entscheidet (Vgl. Kap. 4.1.4).

693 Dieser bisher als Problem erscheinende Umstand, weil der Wiedergänger sich dementsprechend auch auf keine Form des Feilschens eingelassen hat, wird am Ende der Erzählung komisch aufgelöst. Als der Wiedergänger Willekîn seine Körperlosigkeit erfahren lässt, beginnt dieser zu lachen und greift das Thema der Unnötigkeit eines materiellen Preises wieder auf: *er begonde sere lachen: / „daz wunder kann got machen! / war zu solt uch gut oder wip?"* (V. 819–821). Ebensolche Komik erscheint auch wieder im Epimythion, wenn rezipierende Ritter darauf aufmerksam gemacht werden, dass Gott ihnen, auch wenn sie vorbildlich die Treue halten, doch vermutlich kein Pferd,

gen nicht anhand sozialhistorischer Zuschreibungen von Verausgabung und Berechnung oder Gier ersichtlich werden, sondern allein schon im Sinne der hier ausdifferenzierten Spielarten schuldrechtlich oder merkantil imaginierter Beziehungen verstanden werden müssen.

Die *Rittertreue* zeigt, dass es sinnvoll ist, eine „ethisch-ökonomische" Sprache mit Blick auf einzelne Rechtsverhältnisse und Praktiken zu dekonstruieren. Willekîn missversteht, im Sinne Polanyis, die kulturelle Einbettung seines Geschäfts, indem er in der Interaktion mit dem Wiedergänger nur auf die merkantilen Praktiken der Preisermittlung achtet, ohne sich dabei im merkantilen Raum zu bewegen. Anders als beispielsweise in *Flore und Blanscheflur* oder dem *Guoten Gêrhart*, kann die merkantile Funktion der Bestätigung von Werten hier nicht narrativ eingesetzt werden, da Feilschen und Warenschau der Praxis der *triuwe* entgegenstehen. Somit ist auch das leicht ironisch zu verstehende Epimythion nicht nur als Absage an ein handfestes Wunder wie in der *Rittertreue* zu verstehen, sondern auch als Aussage darüber, dass man über die Höhe der Kompensation einer guten Tat nicht verhandeln kann:

> ir ritter, halt die trěwe wert!
> sent uch got hie niht ein pfert,
> er gibt uch dort ze lone[694]
> daz himelriche schone.
> also muez uns allen
> ze jungest wol gevallen.
> (V. 861–866)

Die Vorstellung, man könne sich Gott durch gute Taten zum Schuldner machen, heißt also nicht, dass Gott *agency* abgeben würde: Gott handelt zwar nicht, sondern schuldet, aber ob er das tut und wie viel er schuldet, ist allein seine Entscheidung.

---

sondern ‚nur' *daz himelriche schone* als Lohn geben werde (V. 862–864). Zur Komik im Epimythion vgl. Reichlin: Gottvertrauen, S. 28.

694 Mit *lon* wird ein Terminus angesprochen, der zwar lehnsrechtlich verortet, aber auch metaphorisch zur Rechtfertigung kaufmännischen Gewinns verstanden werden kann, vgl. Kap. 3.6.

5 Bilanz: Zur narrativen Einbettung des Marktes

Bevor ich mit der Zusammenfassung der Ergebnisse beginne, soll auf zwei Thematiken aufmerksam gemacht werden, die in der vorliegenden Arbeit nicht eingehend untersucht wurden, die sich den Ausführungen jedoch anschließen ließen. Erstens ist die Genderproblematik des Marktes offensichtlich, ist hier aber nur akzidentiell besprochen worden. Kauffrauen werden in den besprochenen Texten nicht dargestellt, obwohl sie doch ein selbstverständlicher Teil der Gesellschaft waren und auch rechtliche Privilegien genießen konnten.[1] Stattdessen erscheinen Frauen hier nur als Käuferinnen (Kap. 4.1.4) oder als Ware (Kap. 4.4 u. 4.5). Wie sich dieses Verhältnis bei einem größeren Textkorpus gestaltet, wäre zu untersuchen, eine literaturwissenschaftliche Untersuchung zu weiblichen merkantilen Figuren in der Vormoderne liegt meines Wissens noch nicht vor.

Zudem muss auf eine andere, zumeist nicht genügend betonte Tatsache verwiesen werden: Das europäische Mittelalter war auch ein jüdisches Mittelalter. Jüdinnen und Juden bildeten einen berufstätigen Teil der Gesellschaft, auch im internationalen und lokalen Warenverkehr. Als solcher Teil dürfen die jüdischen Gemeinden weder über- noch unterbewertet werden. Im 13. Jahrhundert war durch kaiserlichen und bischöflichen Schutz die Stellung der jüdischer Bürger:innen im Reich zumeist besser als in den nachfolgenden Jahrhunderten,[2] jegliche Übertreibungen in Form jüdischer Handelsmonopole sind nach Michael Toch jedoch nicht haltbar.[3] Es bedeutet eine soziale Verschiebung, wenn Jüdinnen und Juden im 13. Jahrhundert sich, aus vielerlei Gründen, vermehrt in der Geldleihe ein Auskommen suchen.[4] Auch die „Teilnahme an Münzprägungen und

1 Gegenüber der Einrichtung männlicher Vormundschaft schreibt Isenmann: Die deutsche Stadt, S. 787: „Unbeschränkt verpflichtungsfähig und mit ihrem ganzen Vermögen haftend, von der Vormundschaft im Geschäftsverkehr wie im Prozess befreit war hingegen die Kauffrau, die gewerbsmäßig zu Gewinn und Verlust kaufte und verkaufte, selbst wenn es sich nur um ein armes Hökerweib handelte. Sie war deshalb auch verschuldens- und konkursfähig."

2 Vgl. Isenmann: Die deutsche Stadt, S. 155.

3 Michael Toch: Die Juden im mittelalterlichen Reich. 2. Aufl. München 2003, S. 6: „Der in der Forschung oft als jüdisches Monopol genannte Sklavenhandel ist nach Erkenntnis des Verfassers unverbürgt wie überhaupt die Vorstellung eines jüdischen Handelsmonopols zurückzuweisen ist."

4 Vgl. ebd., S. 8: „Die Chronologie des Niedergangs des Handels und des gleichzeitigen Aufstiegs der Geldleihe als hauptsächlicher Lebenserwerb der Juden ist immer noch unklar. Einige Anhaltspunkte lassen sich aus der intensiven Diskussion der jüdischen Rechtsgelehrten gewinnen, die sich erst um die Zulässigkeit der Geldleihe an sich und sodann um ihre Modalitäten drehte. Sie schuf im 11./12. Jahrhundert einen der neuen Wirklichkeit angepaßten und Jahrhunderte lang gut funktionierenden intern-rechtlichen Rahmen. Mit der Zunahme der Anfeindungen im 13. Jahrhundert wurde der Geldhandel mit seinen hohen Gewinnspannen, die es allein ermöglichten, die von den christlichen Obrigkeiten aufgebürdete hohe steuerliche Abschöpfung zu ertragen, zur eigentlichen Grundlage jüdischer Existenz." Den Einwand Tochs, die Frage sei noch nicht gänzlich beantwortet, wiederholt auch Scholl: Judengemeinde, S. 203, Anm. 94. Tochs Ausführungen sind daher um Scholls Einwand (ebd.) zu ergänzen: „Es sei jedoch betont, dass die Juden niemals nur Geldhändler waren, sondern dass sie entgegen allen anderslautenden Nach-

https://doi.org/10.1515/9783110776188-005

Finanzadministration" sowie die jüdische Betätigung „als Zollpächter wie auch als beamtete Zoll- und Münzmeister [...]"[5] war im 12. und 13. Jahrhundert nicht ungewöhnlich. In diesem Licht muss eine besondere Feststellung hervorgehoben werden, die in der Analyse merkantiler Praktiken so nicht abgebildet werden konnte: Keiner der handelnden Kaufleute und Marktteilnehmer:innen ist explizit als christlich, jüdisch oder einer sonstigen Religionsgemeinschaft zugehörig gekennzeichnet. Die Ausnahme bildet der Gêrhart im *Guoten Gêrhart*, dessen besondere Christusähnlichkeit ausführlich diskutiert wurde und die Kaufleute in *Flore und Blanscheflur* können nur aufgrund des arabisch-maurischen Settings als Nicht-Christen bezeichnet werden. Ob die Kaufleute auf dem Markt in Konstantinopel (*Pfaffe Amis*) oder in den *bîspeln* als christlich oder jüdisch imaginiert werden, wird aus den Texten nicht ersichtlich. Angesichts der möglichen jüdischen Tätigkeit als Münzmeister im 13. Jahrhundert könnte auch der Wirt in der *Rittertreue* Jude sein – Fakt ist, dass es nicht erzählt wird. Auch hier könnte eine spezifisch ausgerichtete Arbeit das Verhältnis merkantiler Praktiken zur einzigen stabilen religiösen Minderheit in nordalpinen Städten des ‚christlichen Mittelalters' genauer beleuchten.

In drei Schritten hat sich die Arbeit dem Bereich merkantiler Praxis in mittelhochdeutscher Erzählliteratur genähert: Zunächst wurde die Dekonstruktion eines ahistorischen Begriffes von Wirtschaft und Ökonomie dargelegt und die daraus folgenden Schlüsse konnten für eine Diskussion der vornehmlich gabentheoretisch ausgerichteten Literaturwissenschaft genutzt werden (Kap. 2). Anschließend wurde anhand von Betrachtungen einzelner Lexeme die Polysemie des merkantil nutzbaren Vokabulars veranschaulicht (Kap. 3), um abschließend in exemplarisch ausgewählten Erzähltexten Prinzipien eines vormodernen merkantilen Erzählens herauszuarbeiten (Kap. 4). Meine Ergebnisse zu den einzelnen Schritten möchte ich im Folgenden genauer rekapitulieren.

Methodologische und methodische Überlegungen wurden dazu genutzt, wirtschaftswissenschaftliche wie auch diskursanalytische Kritik ernst zu nehmen und einen Diskurs der Wirtschaft im Mittelalter zu dekonstruieren (Kap. 2): Die Erkenntnisse der *économie des conventions* sind zwar nicht auf das europäische Mittelalter und noch weniger auf dessen Erzählliteratur zugeschnitten, sie ermöglichen jedoch eine umfassende Dekonstruktion und damit ein historisierendes Infragestellen des Ökonomiebegriffes (Kap. 2.1). Dass sich Wirtschaft oder Ökonomie als *umbrella terms* gewinnmaximieren-

richten immer auch im Warenhandel tätig blieben [...]." Für Ulm im 14./15. Jahrhundert noch zeigt Scholl ebd., S. 255, dass „das Spektrum des jüdischen Lebenserwerbs weit" über reine Geldgeschäfte hinausging und „sich auf nahezu alle Berufe [erstreckte], die auch von Christen ausgeübt wurden." Vgl. auch ders.: Als Rechtlose in die Geldleihe abgedrängt? Zur rechtlichen Stellung und wirtschaftlichen Tätigkeit von Juden in den süddeutschen Reichsstädten des späten Mittelalters. In: Zu Gast bei Juden: Leben in der mittelalterlichen Stadt. Hrsg. von Dorothea Weltecke. Konstanz 2017, S. 24–31, S. 27.

5 Ebd., S. 7. Zu jüdischen Münzprägungen und Münzen mit jüdischen Abbildungen und Schriftzeichen vgl. Eva Haverkamp: Jewish Images on Christian Coins. Economy and Symbolism in Medieval Germany. In: Jews and Christians in Medieval Europe: The Historiographical Legacy of Bernhard Blumenkranz. Hrsg. Von Philippe Buc, Martha Keil, John Tolan. Turnhout 2016, S. 189–226.

den Handelns gebrauchen ließen, kann demnach nicht epochenunabhängig vorausgesetzt werden. Die Bestandteile dessen, was aus neuzeitlicher Perspektive einem autonome(re)n Wirtschaftsdiskurs angehört, gliedern sich in Wissensbestände des Rechts, der Ethik und der Herrschaft ein, als deren Bestandteile sie verstanden werden müssen (Kap. 2.3). Eine strukturelle Definition von Wirtschaft ist noch jünger als das initiale Aufkommen eines generellen Diskurses der politischen Ökonomie und somit ein Neuzeitphänomen (Kap. 2.2). Um also der methodischen Schwierigkeit begegnen zu können, dass nicht jede Evaluation, jeder Ressourcengebrauch oder jede Nutzenmaximierung in Erzählliteratur als wirtschaftliches Phänomen veranschlagt werden kann, wurde stattdessen der Bildbereich des Merkantilen ausgewählt. Der Markt als konkreter Ort wiedererkennbarer Praktiken, die durch konventionale und institutionelle Legitimität ein spezifisches Gepräge entwickeln, zeigt seine eigenen Erzählmuster in verschiedenen Texten, die sich nicht so sehr durch einen dahinterliegenden Diskurs, als vielmehr durch die Funktionen der konkreten und regelhaften Interaktion auf dem Markt konstituieren (Kap. 2.3).

Die Textanalysen konnten zeigen, dass der Markt eindeutig als literarischer Topos bezeichnet werden kann, der sich zwar eher selten im altgermanistischen Kanon, aber auch nicht gerade am Rande der Überlieferung findet. Anhand merkantiler Mechanismen können Werte bestätigt werden, die außerhalb des Marktes Bedeutung entfalten: So erzielen gerade (weibliche) Geiseln und Sklavinnen wie Blanscheflur (Kap. 4.4.2) und Irêne (Kap. 4.5.4) enorme Werte im merkantilen Rahmen, der besonders im Fall Blanscheflurs ihre höfische Wertschätzung sogar vorwegnimmt, da sie zum Zeitpunkt des Verkaufs als christliche Sklavin im nicht-christlichen Raum keinen solchen Wert in der höfischen Repräsentation entfalten kann. Gerade durch die materiell-immaterielle Polysemie sprachlicher Ausdrücke für Wertvorstellungen (Kap. 3) können Überschneidungen der Wertungssysteme ihren sprachlichen Ausdruck finden. Durch die Präsenz eines Inventars an objektifizierenden Kontroll- und Valuationsmechanismen ist der Markt aber auch besonders geeignet für ein Erzählen von (versuchtem) Betrug. Dies wird besonders in den *bîspeln* des sogenannten Strickers (Kap. 4.1) wie auch am *Pfaffen Amis* sichtbar (Kap. 4.2.2 u. 4.2.3): Die konventionalistische Lesart erklärt die Positionierung der Konstantinopel-Episoden am Ende des Schwankromans nicht nur über die größte Beute, die Amis machen kann, sondern auch, weil die qualitätsgarantierenden Sicherungsmechanismen des Marktes für den Betrüger erzählerisch als größte Hürde stilisiert werden können. Zu diesen Episoden hin führt eine Erzählfügung, die als ‚bilanzierendes Erzählen' bezeichnet wurde (Kap. 4.2.1). Diese syntagmatische Reihung von Zahlen und speziellen Gewichts- und Währungseinheiten begegnet auch in der Josefsgeschichte des Johans von Wien (Kap. 4.3.3). Auch der *Guote Gêrhart* und die *Rittertreue* scheinen in Ansätzen an einem solchen zählenden Erzählen zu partizipieren,[6]

6 Wie auch in den Einzelanalysen ist zusammenfassend besonders auf Feistner (Hrsg.): Erzählen und Rechnen und Wedell (Hrsg.): Was zählt zu verweisen.

das in den vorliegenden Fällen auf Marktepisoden hinführt, in diesen selbst aber keine Rolle mehr spielt. Dieses ‚bilanzierende Erzählen' und seine narrativen Funktionen würden weitere Untersuchungen mit entsprechend ausgerichtetem Fokus fordern.

Da der Markt jedoch in einen ethisch perspektivierten Diskurs eingebettet ist (Kap. 2.2), spielen auch Überlegungen zur ethischen Rechtfertigung merkantiler Berufsformen eine Rolle (Kap. 4.1.1 u. 4.3). Der Blick auf den Markt als Ort der Wertbestimmungskonventionen erlaubt daher den Blick auf eine Narrativierung von Kaufleuten als eine Gruppe, die über die notwendigen Verfahren und Kompetenzen verfügt, einen objektiven Wert zu bezeugen.[7] Dies gilt in jedem Fall, wenn Kaufleute den Wert einer Sache oder einer verkauften Person bestimmen. Auch die zu niedrige Höhe eines Preises, wie die zwanzig bzw. dreißig Silberlinge in der Josefsgeschichte (Kap. 4.3.1), wird durch zusätzliche Autorität gestützt, indem die Einschätzung von den Kaufleuten in der Episode geäußert wird (Ismaeliter/Midianiter).

Gerade solche sozialen Praktiken wie das Wiegen und Prüfen von Ware machen den Markt zur Projektions- und Bestätigungsfläche von Werten, die auch oder gerade außerhalb des merkantilen Bereichs relevant sind. Die rechtliche Absicherung, die einem merkantilen Tausch zu eigen ist, kann auch eine Beziehung prägen, die metaphorisch mit diesem in Verbindung steht: Dieser Mechanismus unterliegt der Verwendung materieller und im Besonderen merkantiler Metaphorik, sobald Konzepte wie beispielsweise der Kauf (Kap. 3.2), der (Kauf)schatz (Kap. 3.4) oder der Gewinn (Kap. 3.6) zur Illustration christlicher Glaubenswahrheiten genutzt werden: Die ‚ethisch-ökonomische Sprache', die nach Todeschini zur Formalisierung der Beziehung zwischen Trinität und Mensch genutzt wird,[8] kann daher als ethisch-merkantile Sprache begrifflich noch weiter geschärft werden. Dass merkantile Praxis und die transzendente Beziehung Mensch – Gott dabei nicht immer reibungslos miteinander zusammengehen, zeigt besonders die Analyse der *Rittertreue* (Kap. 4.6). Konventionalisierte Darstellungsformen wie Christus als *bonus negotiator* können dabei aber auch gerade so eingesetzt werden, dass ein Kaufmann wie der Gute Gêrhart im Tauschgeschäft die Erlösungstat nachvollzieht (Kap. 4.5).

Des Weiteren lässt der intertextuelle Blick Schlüsse bezüglich literarischer Darstellungsmöglichkeiten zu: Der schärfste methodische Fokus lag dabei auf der metaphorologischen Re-Lektüre der merkantil interessanten Passagen sowie der in Kap. 3 untersuchten Lexeme. Als wichtigstes Ergebnis auf diesem Feld muss hier gelten, *dass es den Markt zwar als Metapher gibt, aber keine Metaphern für den Markt*. Verbunden ist dies mit der starken Anschaulichkeit materieller Wertungsprozesse, die die immateriellen Teilbedeutungen von *wert* und ähnlichen Begriffen metaphorisch überschreiben kann (Kap. 3.1). Auf die mögliche Ausnahme, dass die Josefsgeschichte des Johans von Wien als metaphorische Verhandlung

7 Diese narrative Funktion ergänzt die Ergebnisse, die bereits von Brennig zum Kaufmann in mittelhochdeutscher Literatur zusammengetragen wurden (Brennig: Kaufmann).

8 Vgl. Todeschini: prezzo sowie Todeschini: Credit.

merkantiler Rechtfertigungsstrategien diskutiert werden kann, ist hingewiesen worden (Kap. 4.3.2 u. 4.3.3). Die sehr freie Bearbeitung des Erzählverlaufs und der dargestellten Details legt eine intentionale Verhandlung des merkantilen Themas durch Johans von Wien nahe. Dabei handelt es sich um eine narrativierte Darstellung der Legitimationsstrategien für Kaufleute, die vollständige Praxis des Merkantilen erfährt aber auch hier keine metaphorische Überformung.

Die Frage nach der Metaphorik des Marktes möchte ich hier noch in einem etwas weiteren Rahmen ansprechen. Angesichts der oben formulierten Ergebnisse unterscheidet sich das vormoderne merkantile Erzählen vom modernen nicht so sehr darin, dass Prozesse des Geld- und Warenverkehrs in der Erzählliteratur keinen Niederschlag gefunden hätten, als vielmehr darin, dass diese Domäne gesellschaftlichen Handelns zu sehr auf der Anschaulichkeit der Praxis beruht, als dass sich metaphorische Begriffe noch hätten darüberlegen können. Dies ändert sich mit der Autonomisierung ökonomischen Wissens und dem damit aufkommenden Gebrauch abstrakter Modelle. Denn auf ganz basaler Ebene ist die Metaphorik der Wirtschaftswissenschaft schon deswegen notwendiger Bestandteil der Disziplin, weil „Modelle [...] Metaphern [sind], sonst nichts."[9] Sonya Scott konnte zudem anhand verschiedener Theoretiker des späten 19. Jahrhunderts zeigen, dass die Vereinheitlichung und Applikation wirtschaftlicher Metaphern, besonders aus dem mechanischen Bereich, mit der Mathematisierung und der damit verstärkten Modellbildung des sich bildenden Faches der Wirtschaftswissenschaften zusammenfallen.[10] Warren S. Gramm hält entsprechend fest, dass innerhalb der (modernen) Wirtschaftswissenschaften kaum Einigkeit über den Gebrauch von Metaphern herrsche, sodass der Konsens wenig mehr betrage als „Metaphors exist" und verweist auf das einleuchtende Beispiel der unsichtbaren Hand des freien Marktes.[11]

Doch auch sehr viel rezenter als die unsichtbare Hand nach Adam Smith beginnt Oliver E. Williamson sein Grundlagenwerk zur Transaktionskostenökonomie mit einer Metaphorik, die noch aus dem 18. Jahrhundert, aber eben nicht aus noch älteren Texten stammen könnte:

> In mechanical systems we look for frictions: Do the gears mesh, are the parts lubricated, is there needless slippage or other loss of energy? The economic counterpart of friction is transaction cost: Do the parties to the exchange operate harmoniously, or are there frequent misunderstandings and conflicts that lead to delays, breakdowns, and other malfunctions?[12]

9 Deirdre N. McCloskey: Ökonomen leben in Metaphern. In: Diskurs und Ökonomie. Diskursanalytische Perspektiven auf Märkte und Organisationen. Hrsg. von Rainer Diaz-Bone, Gertraude Krell. 2. Aufl. Wiesbaden 2015, S. 131–147, S. 134.

10 Scott: Mathematics.

11 Gramm: Economic Metaphors, S. 153.

12 Williamson: Economic Institutions of Capitalism, S. 1 f. Williamson führt die Metaphorik des Maschinellen auf S. 18 f. fort. Vgl. auch zur Metaphorik des Geldes Markus Hundt: Das Ringen um den

Die Beschreibung ökonomischer Theorie kommt nur schwer bis gar nicht ohne Metaphorik aus. Und so simpel der minimale Konsens „Metaphors exist" von Gramm auf den Punkt gebracht wurde, so wenig stimmt er für die mittelhochdeutsche Erzählliteratur des 13. Jahrhunderts.

Der Markt und merkantiles Handeln können also als Metapher genutzt werden und werden es auch, doch dies gilt nicht andersherum. Um diesen gewichtigen Unterschied auch in Bezug auf Erzählliteratur zu verdeutlichen, möchte ich noch ein kurzes Beispiel anführen. Gramm stellt in einem Absatz knapp dar, worum es seiner Meinung nach im *Wonderful Wizard of Oz* von L. Frank Baum (veröffentlicht 1900) eigentlich geht:[13]

> *The Wonderful Wizard of Oz* can be seen as an assemblage of metaphors: the political theme represents the Populist, Midwestern farmers against the financial industrial 'East.' The leading metaphor, 'the yellow brick road,' which leads nowhere, represents the gold standard. Oz is the abbreviation for ounce, the standard measure of gold. Whatever Baum's intent, there is significant economic, metaphorical content in *The Wonderful Wizard of Oz* for late twentieth-century adults.[14]

Eine solche Erzählung aus dem 13. Jahrhundert ist schwer vorstellbar. Der Grund liegt in der Erkennbarkeit des Diskurses, der das Signifikat bildet: Dass für den „late twentieth-century adult" vom Unterschied zwischen finanzstarker US-Ostküste und populistischem Farmer bis hin zur Diskussion des Goldstandards alles zum Diskurs der politischen Ökonomie gehört, wie Foucault es nennt, ist evident. Deshalb funktioniert auch die Figur der Allegorie hier, durch die ein homogener Wissensbereich (Ökonomie) durch eine zusammenhängende erzählte Welt (das zauberhafte Land von Oz) wiedergegeben werden kann und dennoch erkennbar bleibt. Allegorisiert werden kann also nur, was diskursiv gefestigt ist. In der Diskussion um einen vormodernen Wirtschaftsdiskurs

---

Geldbegriff. Begriffswandel und Metaphernkonstanz in historischen und zeitgenössischen Geldtheorien. In: Semantische Kämpfe. Macht und Sprache in den Wissenschaften. Hrsg. von Ekkehard Felder. Berlin/Boston 2006, S. 313–351, S. 315: „Der Geldbegriff wird in der Alltagssprache mit einer Reihe von Metaphern versprachlicht, die in der Forschungsliteratur verschiedentlich behandelt wurden. Es sind dies v. a. die OBJEKT- und FLÜSSIGKEITS-Metapher [...], die sich als Teil des umfassenderen mentalen Modells der MECHANIK erweist (‚auf dem Trockenen sitzen', ‚flüssig sein', ‚den Geldhahn auf oder zudrehen', ‚Das Geld zerrinnt einem zwischen den Fingern')."

13 Das Beispiel Gramms habe ich hier wegen seine großen zeitlichen Entfernung zum 13. Jahrhundert und der daraus auch resultierenden offensichtlichen diskurshistorischen Differenz ausgewählt, da der Unterschied so besonders deutlich wird. Möglich wäre es auch gewesen, Christian Enzensbergers Deutung des *Merchant of Venice* zu folgen, der das Shakespeare-Stück als Allegorie auf die Prinzipien des im späten 16. Jahrhunderts besonders prominenten Seehandels versteht (vgl. Christian Enzensberger: Literatur und Interesse: Eine politische Ästhetik mit zwei Beispielen aus der englischen Literatur. Zweite, fortgeschriebene Fassung. Frankfurt am Main 1981, S. 305–368). Eine genauere Diskussion dessen müsste aber in eine Erweiterung der oben formulierten Ergebnisse auf die Frühe Neuzeit integriert werden.

14 Gramm: Economic Metaphors, S. 151. Anders als Gramm würde ich jedoch von einer allegorisch organisierten Erzählwelt sprechen, anstatt die Erzählwelt vorauszusetzen und mit metaphorischen Inhalten zu füllen.

muss Foucault folglich aus metaphorologischer Sicht recht gegeben werden, da Markt und Marktgeschehen zwar als Signifikant, nicht aber Signifikat einer metaphorischen Verschiebung in Erscheinung treten – ein Diskurs müsste beide Strukturpositionen einnehmen können.

Aufgrund der hohen Anschaulichkeit merkantiler Prozesse und Praktiken einerseits sowie der diskursiven Heteronomie andererseits eignet sich der merkantile Bereich aber umso mehr als Kollektivsymbol im Sinne Links,[15] sodass Marktgeschehen als Signifikant für diverse Diskurse und Aussagen genutzt werden kann, wie es bereits in der Diskussion der *bîspel* angedeutet wurde (Kap. 4.1.4). Dazu möchte ich noch einmal wiederholen, was Link unter einem Kollektivsymbol versteht:

> Unter Kollektivsymbolen möchte ich *Sinn-Bilder* (komplexe, ikonische, motivierte Zeichen) verstehen, deren kollektive Verankerung sich aus ihrer sozialhistorischen, z. B. technohistorischen Relevanz ergibt, und die gleichermaßen metaphorisch wie repräsentativ-synekdochisch und nicht zuletzt pragmatisch verwendbar sind.[16]

Jüngst hat Julia Stiebritz-Banischewski wieder zeigen können,[17] dass sich die Interdiskurstheorie nach Jürgen Link und Ursula Link-Heer, der der Begriff des Kollektivsymbols hier entnommen ist, auch für die Arbeit an vormodernen literarischen Texten eignet.[18] Interdiskurse sind dabei ein grundsätzlich sozial verankertes Phänomen: In einer arbeitsteilig strukturierten – modernen – Gesellschaft werde Kollektivsymbolen nach Link in interdiskursiven Auseinandersetzungen der Vorzug vor fachdiskursiven Argumenten gegeben, schlicht „weil der jeweilige Diskussionspartner solche Spezialargumente gar nicht verstehen könnte."[19] Silvan Wagner und im Anschluss an dessen Argumentation auch Stiebritz-Banischewski nähern sich dem Problem einer alteritären Institutionalisierung vormoderner Literatur und ihrer Wissensordnungen, indem der „Blick auf das Verhältnis zwischen der höfischen Gesellschaft des 12. und 13. Jahrhunderts und der ihr eigenen Dichtungsformen" verengt werde,[20] also nur ein Teil der vormodernen Gesellschaft mit den ihm eigenen Diskursformationen in Beziehung gesetzt werde.

Jenseits der sozialhistorischen Historisierung möchte ich mit dem metaphorologischen Ansatz einen anderen Zusammenhang aufzeigen, wieso der Markt als Kollektivsymbol zu bezeichnen ist: Der Markt ist nicht nur Teil des „Alltagswissens", das als allgemein verfügbare Projektionsfläche fachdiskursiven Wissens dient[21] und

15 Vgl. Link: Interdiskursanalyse.
16 Ebd., S. 286.
17 Stiebritz-Banischewski: Hofkritik, S. 58–61, bietet eine Forschungsdiskussion vorangegangener Studien zur Interdiskurstheorie in der Mediävistik.
18 Ebd., Kap. 1.6.
19 Link: Interdiskursanalyse, S. 288.
20 Stiebritz-Banischewski: Hofkritik, S. 59.
21 Link: Interdiskursanalyse, S. 288 f. Silvan Wagner: Erzählen im Raum. Die Erzeugung virtueller Räume im Erzählakt höfischer Epik. Berlin/Boston 2015, S. 67, zählt hingegen bereits die städtische Ökonomie zu den in Literatur gespiegelten Spezialdiskursen (mit Verweis auf Reichlin: Ökonomien).

das jedem:r Autor:in zur Verfügung steht,[22] sondern auch Ort der materiellen Wertbestimmung, an dem gemäß des metaphorischen Gefälles der Anschaulichkeit immaterielle Wertungssysteme wie *minne*, *êre*, *triuwe* und Frömmigkeit/Seelenheil zusammentreffen. Anstatt von gleichberechtigten ökonomischen oder symbolischen ‚Ökonomien' zu sprechen, die im Sinne Bourdieus ineinander konvertiert werden können,[23] scheint mir die interdiskursive Engführung verschiedener immaterieller und daher unanschaulicher Werte anhand des Kollektivsymbols des Merkantilen die Ordnung mittelhochdeutscher Erzählliteratur eher abzubilden, als ein rein gabentheoretischer Zugang dies vermöchte. Somit kann nämlich auch die Asymmetrie materieller Signifikanten und immaterieller Signifikate durch die Analyse eingeholt werden, ohne eine neuzeitliche Dichotomie von Ökonomie – Anökonomie zu stark zu machen.

Schließlich sei noch auf die hier besprochenen Darstellungsformen von Werten hingewiesen. Besonders deutlich wurde dies in Konrad Flecks *Flore und Blanscheflur*: Zwischen der abgezählten Äquivalenz des merkantilen und einer verschleiernden, die Gegengabe unterdrückenden Politik von Geschenk und Gabe, findet sich die Figur der Spitzenäquivalenz: Das beste x entspricht dem besten y, nicht aufgrund ausgehandelter Gleichwertigkeit, aber eben doch im Reziprozitätsverhältnis, so dass die Spitzenvertreter zweier Axiologien sich entsprechen: Blanscheflur als schönste und edelste Frau kann gegen einen ebenfalls unikalisierten *kopf* eingetauscht werden (Kap. 4.4.2). Im *Guoten Gêrhart* dagegen wird diese Logik stärker in Richtung merkantiler Reziprozität verschoben: weil Irêne (=Stranmûrs Ware) und Gêrharts Güter jeweils die besten ihrer Art sind, müssen sie auch gleich viel wert sein (Kap. 4.5.3 u. 4.5.4). Begleitet wird die Markierung der Spitzenäquivalenz vom Topos von Mehr und Minder, bei dem das Beste gegen einen zumeist paradigmatisch sortierten Hintergrund herausragender, aber gegen das Spitzenexemplar verblassender Personen oder Objekte abgehoben wird: Solche Hintergründe können durch besonders wertvolle andere Gegenstände erzeugt werden (der *kopf* als Bezah-

22 Auf eine eingehende Diskussion literarischer Konventionen, die auch an den Topos des Marktes hätte angeschlossen werden können, wurde in der Arbeit bewusst verzichtet, um keine definitorische Unschärfe im speziell für wirtschaftswissenschaftliche Zwecke verwendeten Konventionsbegriff entstehen zu lassen. Robert Weninger: Literarische Konventionen. Theoretische Modelle, historische Anwendung. Tübingen 1994, S. 35, zählt zu literarischen Konventionen den „literarische[n] Formbestand an Gattungen und Untergattungen" sowie „andererseits Konventionsbestände wie Themen, Stoffe, Motive, Symbole, Topoi, Embleme, rhetorische Figuren, Stilhöhen, Perspektiven, Erzählhaltungen oder funktional vergleichbare literarische Formkomponenten." Diese Intension des Begriffes würde selbstverständlich den Markt als Topos miteinschließen, der argumentative Mehrwert übersteigt in diesem Fall aber m. E. nicht die Probleme eines doppelt besetzten Konventionsbegriffes. Die Opposition zur Individualität, zum „Oxymoron" der „Individualsprache" (ebd., S. 37), die dem Konventionsbegriff zugrunde liegt, lässt sich im literarischen Bereich auch durch Links und Link-Heers Konzept des Kollektivsymbols einfangen.

23 Vgl. Bourdieu: Ökonomie, S. 146 f.

lung für Blanscheflur), aber auch der merkantilen Logik des Warenvergleichs entspringen: Amis (Kap. 4.2.2 u. 4.2.3) und Gêrhart (Kap. 4.5.2) landen beide in den größten Marktstädten, um sich dort wiederum für den größten Warenschatz zu entscheiden. In der *Rittertreue* wird diese Konstellation dahingehend aufgelöst, dass das als exorbitant markierte Pferd den Vergleich mit anderen Pferden verweigert und gerade nicht auf dem Markt zu finden ist (Kap. 4.6.3). Das Motiv kann also durchaus variiert werden.

Abschließend bleibt nur die Frage nach neu aufgeworfenen Desiderata zu stellen, die sich aus den Analysen ergeben. Dabei fällt zuerst die Heuristik der Textauswahl auf.3 Auch Texte wie Ottes *Eraclius*, Rudolfs von Ems *Barlaam und Josaphat* sowie insbesondere die Korpora der Mären- und Legendendichtung könnten sehr viel stärker in den Blick genommen werden. Zudem wäre die offensichtliche Erweiterung zu leisten, das *close reading* aus den Grenzen des 13. Jahrhunderts herauszulösen und besonders eine neue Forschungsperspektive für die Frühe Neuzeit zu eröffnen. Die Frage, inwieweit sich entsprechende Neuperspektivierungen auf Texte wie die Romane Jörg Wickrams, die Mären Heinrich Kaufringers oder den *Fortunatus* gestalten würden, kann hier nicht einmal angerissen werden, da damit auch eine Sichtung der merkantilen Praktiken, der heteronormen Diskursivität derselben sowie der metaphorischen und narrativen Darstellungskonventionen der Zeit einhergehen müsste. Dass hier in sechs Unterkapiteln aber merkantiles Geschehen und Metaphorik in Erzähltexten untersucht werden konnte, ohne dabei *umbrella terms* wie Ökonomie oder Wirtschaft hinzuziehen zu müssen, spricht für eine identifizierbare Eigenlogik des merkantilen Bildbereichs, die sicherlich nicht mit dem Jahre 1300 ihre Wirksamkeit verliert. Die Wirtschaftsgeschichte bzw. die Geschichte der Einzelteile, die wir unter diesem Begriff zusammenfassen, kann somit durch eine Geschichte der narrativen Repräsentation dieser Einzelaspekte flankiert werden, die nicht ein abstraktes ‚ökonomisches Prinzip', sondern die Praktiken und diskursiven Ordnungen in ihren Erzählzusammenhängen fokussiert.

6 Literaturverzeichnis

6.1 Abkürzungen

Annu. Rev. Sociol.	Annual Review of Sociology.
Archiv	Archiv für das Studium der neueren Sprachen und Literaturen.
BMZ	Mittelhochdeutsches Wörterbuch von Benecke, Müller, Zarncke (via https://woerterbuchnetz.de/#0, zuletzt eingesehen: 24.01.2022, 19:00).
DRW	Deutsches Rechtswörterbuch (via https://woerterbuchnetz.de/#0, zuletzt eingesehen: 24.01.2022, 19:00)
DVjs	Deutsche Vierteljahrsschrift.
DWB	Deutsches Wörterbuch von Jacob Grimm und Wilhelm Grimm (via https://woerterbuchnetz.de/#0, zuletzt eingesehen: 24.01.2022, 19:00).
DWDS	Digitales Wörterbuch der deutschen Sprache (https://www.dwds.de/, zuletzt eingesehen: 24.01.2022, 19:00).
EM Online	Enzyklopädie des Märchens Online (https://www.degruyter.com/document/doi/10.1515/emo/html, zuletzt eingesehen: 24.01.2022, 19:00).
EJS	European Journal of Sociology.
FMSt	Frühmittelalterliche Studien.
GWU	Geschichte in Wissenschaft und Unterricht. Zeitschrift des Verbandes der Geschichtslehrer Deutschlands.
HA	Historische Anthropologie. Kultur, Gesellschaft, Alltag.
HdWW	Handwörterbuch der Wirtschaftswissenschaften. Zugleich Neuauflage des Handwörterbuchs der Sozialwissenschaften. 10 Bde. Hrsg. von Willi Albers [u. a.]. Stuttgart [u. a.] 1988.
HRGDigital	Handwörterbuch zur deutschen Rechtsgeschichte (https://www.hrgdigital.de/, zuletzt eingesehen: 24.01.2022, 19:00).
HSR	Historical Social Research / Historische Sozialforschung.
HWBR Online	Historisches Wörterbuch der Rhetorik Online (https://www.degruyter.com/document/doi/10.1515/hwro/html, zuletzt eingesehen: 24.01.2022, 19:00).
HZ	Historische Zeitschrift.
JEGP	The Journal of English and Germanic Philology.
JGO	Jahrbücher für die Geschichte Osteuropas.
JHET	Journal of the History of Economic Thought.
JWG	Jahrbuch für Wirtschaftsgeschichte.
^{1}Killy	Literaturlexikon. Autoren und Werke deutscher Sprache. Hrsg. von Walther Killy, 15 Bde. Gütersloh/München 1988–1993.
Lexer	Mittelhochdeutsches Handwörterbuch von Matthias Lexer (via https://woerterbuchnetz.de/#0, zuletzt eingesehen: 24.01.2022, 19:00).
LiLi	Zeitschrift für Literaturwissenschaft und Linguistik.
LJB	Literaturwissenschaftliches Jahrbuch.
MDGV	Mitteilungen des Deutschen Germanistenverbandes.
MHDBDB	Mittelhochdeutsche Begriffsdatenbank (via https://woerterbuchnetz.de/#0, zuletzt eingesehen: 24.01.2022, 19:00).
MLLM	Mediae Latinitatis Lexicon Minus. Hrsg. Von J. F. Niermeyer. Leiden 1976.
NPhM	Neuphilologische Mitteilungen.
OBST	Osnabrücker Beiträge zur Sprachtheorie.
PBB	Beiträge zur Geschichte der deutschen Sprache und Literatur.

https://doi.org/10.1515/9783110776188-006

PL	Patrologia Latina. Hrsg. von Jacques Paul Migne. Paris 1844–1855.
RLW	Reallexikon der deutschen Literaturwissenschaft. Neubearbeitung des Reallexikons der deutschen Literaturgeschichte. 3 Bde. Bd. 1 hrsg. von Klaus Weimar [u. a.], Bd. 2 hrsg. von Harald Fricke [u. a.], Bd. 3 hrsg. von Jan-Dirk Müller [u. a.]. Berlin/New York 1997–2003.
Seminar	Seminar. A Journal of Germanic Studies.
TPMA	Thesaurus Proverbiorum Medii Aevi. Lexikon der Sprichwörter des romanisch-germanischen Mittelalters. Begründet von Samuel Singer. Hrsg. vom Kuratorium Singer der Schweizerischen Akademie der Geistes- und Sozialwissenschaften. 13 Bde. Berlin 1995–2002.
^{1}VL	Die deutsche Literatur des Mittelalters. Verfasserlexikon. Hrsg. von Wolfgang Stammler, 5 Bde. Berlin [u. a.] 1933–1955.
^{2}VL	Die deutsche Literatur des Mittelalters. Verfasserlexikon. Begründet von Wolfgang Stammler, fortgeführt von Karl Langosch, 2., völlig neubearbeitete Auflage. Hrsg. von Kurt Ruh [u. a.], 14 Bde. Berlin [u. a.] 1978–2008.
VSWG	Vierteljahrsschrift für Sozial- und Wirtschaftsgeschichte.
ZfdA	Zeitschrift für deutsches Altertum und deutsche Literatur.
ZfdPh	Zeitschrift für deutsche Philologie.

6.2 Quellen

[Albrecht:] Der jüngere Titurel. Hrsg. von K. A. Hahn. Quedlinburg und Leipzig 1842 [= JT].

Ambrosius: De Virginitate. In: Library of Latin Texts – Series A (clt.brepolis.net/lltadfg/pages/Toc.aspx?ctx=390288, zuletzt eingesehen: 05.03.2021, 19:16)

Augustinus: De Trinitate. In: Library of Latin Texts – Series A (clt.brepolis.net/lltadfg/pages/Toc.aspx?ctx=706194, zuletzt eingesehen: 05.03.2021, 19:16).

Augustinus: On the Trinity. Books 8–15. Hrsg. von Gareth B. Matthews, übers. von Stephen McKenna. Cambridge 2002.

Augustinus: sermones. In: Library of Latin Texts – Series A. (clt.brepolis.net/lltadfg/pages/Toc.aspx?ctx=612560, zuletzt eingesehen: 05.03.2021, 19:16)

Berthold von Regensburg: Vollständige Ausgabe seiner Predigten. Mit Anmerkungen und Wörterbuch von Dr. Franz Pfeiffer, Bd. 1. Wien 1862.

Biblia sacra vulgata. Lateinisch/ Deutsch, 5 Bde. Hrsg. von Andreas Beriger, Widu-Wolfgang Ehlers, Michael Fieger. Berlin/Boston 2018.

Der Bund des Heiligen Franziskus mit der Herrin Armut. Hrsg. und übers. von Kajetan Eßer OFM, Engelbert Grau OFM. Werl/Westfalen 1966.

Chariton: Kallirhoe. Hrsg., übers. und kommentiert von Christina Meckelnborg und Karl-Heinz Schäfer. Darmstadt 2006.

Christherre-Chronik: Text der Göttinger Handschrift Cod. 2° Philol. 188/10 (olim Gotha, Membr. I 88). Transkription von Monika Schwabbauer. DFG-Projekt „Christherre-Chronik“ unter der Leitung von Kurt Gärtner am Fachbereich II der Universität Trier. Trier 1991 (http://dtm.bbaw.de/bilder/christh.pdf, zuletzt eingesehen: 05.03.2021, 14:46) [= ChChr].

Codex Karlsruhe 408. Bearbeitet von Ursula Schmid. Bern 1974.

Constitutiones Concilii quarti Lateranensis una cum Commentariis glossatorum Hrsg. von Antonius García y García, Vatikan 1981.

Deutsche Lyrik des Frühen und Hohen Mittelalters. Hrsg. und kommentiert von Ingrid Kasten, übers. von Margherita Kuhn. Frankfurt am Main 2005.
Deutsche Mystiker des vierzehnten Jahrhunderts, Bd. 1. Hrsg. von Franz Pfeiffer. Leipzig 1845.
Deutschenspiegel und Augsburger Sachsenspiegel. Zweite neubearbeitete Ausgabe. Hrsg. von Karl August Eckhardt, Alfred Hübner. Hannover 1933. [Zitate des *Deutschenspiegels* nach dieser Ausgabe = DtSp].
Deutsche Versnovellistik des 13. bis 15. Jahrhunderts, 4 Bde. Hrsg. von Klaus Ridder, Hans-Joachim Ziegeler. Berlin 2020 [Zitate aus der *Rittertreue* nach dieser Ausgabe = Rt; Zitate aus dem *Gürtel* nach dieser Ausgabe = *Gür*].
Disciplinary Decrees of the General Councils: Text, Translation and Commentary. Hrsg., übers. und kommentiert von H. J. Schroeder. St. Louis 1937 (via https://sourcebooks.fordham.edu/basis/lateran4.asp, zuletzt eingesehen: 06.04.2021,01:11).
Eike von Repgow: Sachsenspiegel. Die Wolfenbütteler Bilderhandschrft Cod. Guelf. 3.1 Aug. 2°. Textband. Hrsg. von Ruth Schmidt-Wiegand. Berlin 1993 [= SaSp].
Konrad Fleck: Flore und Blanscheflur. Text und Untersuchungen. Hrsg. von Christine Putzo. Berlin/Boston 2015 [= FuB].
Flore und Blanceflore. Altfranzösischer Roman. Nach der Uhlandischen Abschrift der Pariser Handschrift N. 6987. Hrsg. von Immanuel Bekker. Berlin 1844 [= FetB].
Fortunatus. Studienausgabe nach der Editio Princeps von 1509. Hrsg. von Hans-Gert Roloff. Stuttgart 1996.
Die frühmittelhochdeutsche Genesis. Synoptische Ausgabe nach der Wiener, Millstätter und Vorauer Handschrift. Hrsg. von Akihiro Hamano. Berlin/Boston 2016 [= FmhdG].
Gerard von Siena: Questio de prescriptione. In: The Idea of a Moral Economy. Gerard of Siena on Usury, Restitution and Prescription. Hrsg. Von Lawrin D. Armstrong. Toronto 2016, S. 222–311.
Gerard von Siena: Tractatus de restitutione. In: The Idea of a Moral Economy. Gerard of Siena on Usury, Restitution and Prescription. Hrsg. Von Lawrin D. Armstrong. Toronto 2016, S. 143–219.
Gesta Romanorum. Hrsg. von Hermann Oesterley. Berlin 1872.
Gottfried von Straßburg: Tristan. Nach dem Text von Friedrich Ranke, neu hrsg. und ins Nhd. übersetzt, mit einem Stellenkommentar und einem Nachwort von Rüdiger Krohn, 3 Bde. 6. Aufl. Stuttgart 1993 [= Tr].
Hartmann von Aue: Ereck. Textgeschichtliche Ausgabe mit Abdruck sämtlicher Fragmente und der Bruchstücke des mitteldeutschen „Erek“. Hrsg. von Andreas Hammer, Victor Millet, Timo Reuvekamp-Felber. Berlin/Boston 2017 [= Ereck].
Hartmann von Aue: Gregorius, Der arme Heinrich, Iwein. Hrsg. und übers. von Volker Mertens. Frankfurt am Main 2008 [Zitate aus dem *Iwein* nach dieser Ausgabe = Iw].
Heinrich von dem Türlin: Diu Crône. Kritische mittelhochdeutsche Leseausgabe mit Erläuterungen. Hrsg. von Gudrun Felder. Berlin/Boston 2012 [= Cr].
Herzog Ernst. Ein mittelalterliches Abenteuerbuch. In der mittelhochdeutschen Fassung B nach der Ausgabe von Karl Bartsch mit den Bruchstücken der Fassung A. Hrsg., übers. und mit Anmerkungen und einem Nachwort versehen von Bernhard Sowinski. Stuttgart 1979 [= HE].
Hugo von Sankt Victor: Exegetica. – I. In Scripturam sacram. In: PL Bd. 175, Sp. 9–634.
Hugo von Trimberg: Der Renner. Hrsg. von Gustav Ehrismann, mit einem Nachwort und Ergänzungen von Günther Schweikle, 4 Bde. Berlin 1970 [= Ren].
[Johans von Wien:] Jansen Enikels Werke. Hrsg. von Philipp Strauch. Hannover/Leipzig 1900 [Zitate aus der *Weltchronik* nach dieser Ausgabe = JvWWChr].
Karl und Galie, Teil 1 Karlmeinet. Hrsg. von Dagmar Helm. Berlin 1986.
König Rother. Mhd. Text und nhd. Übersetzung von Peter K. Stein. Hrsg. von Ingrid Bennewitz unter Mitarbeit von Beatrix Koll und Ruth Weichselbaumer. Stuttgart 2000 [= KR].

Konrad von Heimesfurt: „Diu urstende“. Hrsg. von Kurt Gärtner, Werner J. Hoffmann. Tübingen 1991.

Konrad von Megenberg: *Das ‚Buch der Natur‘*, Bd. II, Kritischer Text nach den Handschriften. Hrsg. von Robert Luff und Georg Steer. Tübingen 2003.

Konrad von Würzburg: Engelhard. Hrsg. von Ingo Reiffenstein. 3., neubearbeitete Auflage der Ausgabe von Paul Gereke. Tübingen 1982.

Kudrun. Hrsg., übers. und kommentiert von Uta Störmer-Caysa. Stuttgart 2010 [= Ku].

Das Lalebuch. Nach dem Druck von 1597 mit den Abweichungen des Schiltbürgerbuchs von 1598 und den zwölf Holzschnitten von 1680. Hrsg. von Stefan Ertz. Stuttgart 1998.

Marie de France: Lais. Guigemar. Bisclavret. Lanval. Yonec. Laüstic. Chievrefoil. Hrsg. von Philipp Jeserich. Stuttgart 2015. [Zitate aus *Lanval* nach dieser Ausgabe = Lan].

Mauricius von Craûn. Mhd./nhd., nach dem Text von Edward Schröder. Hrsg., übers. und kommentiert von Dorothea Klein. Stuttgart 1999 [= MvC].

Mittelalterliche Schatzverzeichnisse. Erster Teil: Von der Zeit Karls des Großen bis zur Mitte des 13. Jahrhunderts. Hrsg. vom Zentralinstitut für Kunstgeschichte in Zusammenarbeit mit Bernhard Bischoff. München 1967.

Das Nibelungenlied. Mhd./nhd., nach dem Text von Karl Bartsch und Helmut de Boor, ins Neuhochdeutsche übersetzt und kommentiert von Siegfried Grosse. Stuttgart 2007 [= NL].

Otte: Eraclius. Hrsg. von Winfried Frey. Göppingen 1983 [= Erac].

[Ottokar von der Gaal:] Ottokars Steirische Reimchronik, nach den Abschriften Franz Lichtensteins. Hrsg. von Joseph Seemüller, 2 Bde. Hannover 1890 [= StR].

Petrus Comestor: Historia Scholastica. In: PL, Bd. 198, Sp. 1045–1722.

Rudolf von Ems: Alexander. Ein höfischer Roman des 13. Jahrhunderts. Hrsg. von Victor Junk, 2 Bde. Leipzig 1928 [= RvEAlex].

Rudolf von Ems: Barlaam und Josaphat. Hrsg. von Franz Pfeiffer, mit einem Anhang aus Franz Söhns, Das Handschriftenverhältnis in Rudolfs von Ems ‚Barlaam‘, einem Nachwort und einem Register von Heinz Rupp. Berlin 1965 [= BuJ].

Rudolf von Ems: Der guote Gêrhart. Hrsg. von John A. Asher. 3. Aufl. Tübingen 1989 [= GG].

Rudolf von Ems: Weltchronik. Hrsg. von Gustav Ehrismann. Berlin 1915 [= RvEWChr].

Sacrum Commercium Sancti Francisci cum Domina Paupertate. Hrsg. vom Kollegium S. Bonaventurae. Florenz 1929.

Der Schwabenspiegel oder Schwäbisches Land- und Lehen-Rechtbuch. Nach einer Handschrift vom Jahr 1287. Hrsg. von Dr. F. L. A. Freiherrn von Lassberg. Tübingen 1840.

Der Stricker: Daniel von dem blühenden Tal. Hrsg. von Michael Resler. Tübingen 1983 [= DbT].

[Der Stricker:] Die Kleindichtung des Strickers. Gesamtausgabe in fünf Bänden. Hrsg. von Wolfgang Wilfried Moelleken. Göppingen 1973–1978.

Der Stricker: Der Pfaffe Amis. In: Beyträge zur Kenntniss der altdeutschen Sprache und Litteratur. Hrsg. von Georg Friedrich Benecke. Göttingen 1832, S. 493–608.

Der Stricker: Pfaffe Amis. Hrsg. von K. Kamihara. Göppingen 1978 [= Amis].

Der Stricker: Der Pfaffe Amis. Ein Schwankroman aus dem 13. Jahrhundert in zwölf Episoden. Hrsg. und übers. von Hermann Henne. Göppingen 1992.

Der Stricker: Der Pfaffe Amis, nach der Heidelberger Handschrift cpg 341. Hrsg., übers. und kommentiert von Michael Schilling. Stuttgart 1994.

[Thomasin von Zerklaere:] Der Wälsche Gast des Thomasin von Zirclaria. Zum ersten Male hrsg. mit sprachlichen und geschichtlichen Anmerkungen von Heinrich Rückert, Quedlinburg/Leipzig 1852 [= WG].

Thomas von Aquin: Vollständige, ungekürzte deutsch-lateinische Ausgabe der Summa Theologica. Übers. und kommentiert von Dominikanern und Benediktinern Deutschlands und Österreichs. Hrsg. von der Albertus-Magnus-Akamemie Walberberg bei Köln. Graz/Wien/Köln 1933–2004 [= ST].
Thüring von Ringoltingen: Melusine. In der Fassung des Buchs der Liebe (1587). Mit 22 Holzschnitten. Hrsg. von Hans-Gert Roloff. Stuttgart 2000.
Walther von der Vogelweide: Leich, Lieder, Sangsprüche. Neu hrsg., mit Erschließungshilfen und textkritischen Kommentaren versehen von Thomas Bein. Berlin/Boston 2013.
Wirnt von Grafenberg: Wigalois. Text der Ausgabe von J.M.N. Kapteyn, übers., erläutert und mit einem Nachwort versehen von Sabine Seelbach und Ulrich Seelbach. Berlin/New York 2005 [= Wig].
Wolfram von Eschenbach: Parzival. Mittelhochdeutscher Text nach der Ausgabe von Karl Lachmann. Übers. und Nachwort von Wolfgang Spiewok, 2 Bde. Stuttgart 1981 [= Pz].
Wolfram von Eschenbach: Willehalm. Hrsg. von Joachim Heinzle. Frankfurt am Main 2009.

6.3 Darstellungen

Christine Ackermann: *How come, he sees it and you do not?* Die Rationalität der Täuschung im ‚Pfaffen Amis' und im ‚Eulenspiegel'. In: Wolfram-Studien XX. Reflexion und Inszenierung von Rationalität in der mittelalterlichen Literatur. Hrsg. von Klaus Ridder. Berlin 2008, S. 387–413.
Frank Adloff, Steffen Mau: Giving Social Ties, Reciprocity in Modern Society. In: EJS 47, 1 (2006), S. 93–123.
Ken Alder: A Revolution to Measure. The Political Economy of the Metric System in France. In: The Values of Precision. Hrsg. von Norton M. Wise. Princeton 1995, S. 39–71.
Jonathan Aldred: Der korrumpierte Mensch. Die ethischen Folgen wirtschaftlichen Denkens. Stuttgart 2020.
Gadi Algazi: Introduction. Doing Things with Gifts. In: Negotiating the Gift. Pre-Modern Figurations of Exchange. Hrsg. von dems., Valentin Groebner, Bernhard Jussen. Göttingen 2003, S. 9–27.
Gadi Algazi, Valentin Groebner, Bernhard Jussen (Hrsg.): Negotiating the Gift. Pre-Modern Figurations of Exchange, Göttingen 2003.
Martin Allen: Currency Depreciation and Debasement in Medieval Europe. In: Money in the Western Legal Tradition. Middle Ages to Bretton Woods. Hrsg. von David Fox, Wolfgang Ernst. Oxford 2016, S. 41–52.
Martin Allen, Matthew Davies (Hrgs.): Medieval merchants and money. Essays in honour of James L. Bolton. London 2016.
Gerd Althoff: Demonstration und Inszenierung. Spielregeln der Kommunikation in mittelalterlicher Öffentlichkeit. In: FMSt 27 (1993), S. 27–50.
Gerd Althoff, Barbara Stollberg-Rilinger: Die Sprache der Gaben. Zu Logik und Semantik des Gabentauschs im vormodernen Europa. In: JGO (NF) 63, 1 (2015), S. 1–22.
Katja Altpeter-Jones: When Wealth Was Good and Poverty Sin: Profit, Greed, Generosity, and the Creation of the Noble Merchant in Konrad Fleck's *Flôre und Blanscheflûr*. In: JEGP 110,1 (2011), S. 1–21.
Elizabeth A. Andersen: Die Norm des Komischen im *Pfaffen Amis*. In: Text und Normativität im deutschen Mittelalter. XX. Anglo-German Colloquium. Hrsg. von Elke Brüggen [u. a.]. Berlin/Boston 2012, S. 321–332.
Arnold Angenendt [u. a.]: Gezählte Frömmigkeit. In: FMSt 29 (1995), S. 1–71.

Arjun Appadurai: Introduction: Commodities and the politics of value. In: The social life of things. Commodities in cultural perspective. Hrsg. von dems. Cambridge 1986, S. 3–63.

Lawrin D. Armstrong: Introduction. In: The Idea of a Moral Economy. Gerard of Siena on Usury, Restitution and Prescription. Hrsg. von dems. Toronto 2016.

Aleida Assmann: Zeit und Tradition. Kulturelle Strategien der Dauer. Köln 1999.

Jan Assmann: Das kulturelle Gedächtnis. Schrift, Erinnerung und politische Identität in frühen Hochkulturen. 7. Aufl. München 2013.

Achim Aurnhammer: Variation, Transformation, Korrektur. Literaturwissenschaftliche Konzepte der narrativen Wiederholung. In: Renarrativierung in der Vormoderne. Funktionen, Transformationen, Rezeptionen. Hrsg. von Thorsten Glückhardt, Sebastian Kleinschmidt, Verena Spohn. Baden-Baden 2019, S. 39–63.

Martin Baisch (Hrsg.) unter Mitarbeit von Malena Ratzke und Britta Wittchow: Anerkennung und die Möglichkeiten der Gabe. Literaturwissenschaftliche Beiträge. Frankfurt am Main 2017.

Roland Barthes: Mythen des Alltags. 4. Aufl. Berlin 2016.

Nina Bartsch: Programmwortschatz einer höfischen Dichtersprache. hof/hövescheit, mâze, tugent, zuht, êre und muot in den höfischen Epen um 1200. Frankfurt am Main 2014.

Frank H. Bäuml: „Guot umb êre nemen“ and Minstrel Ethics. In: JEGP 59,2 (1960), S. 173–183.

Gary S. Becker: Ökonomische Erklärung menschlichen Verhaltens. 2. Aufl. Tübingen 1993.

Amelie Bendheim: Wechselrahmen. Medienhistorische Fallstudien zum Romananfang des 13. Jahrhunderts. Heidelberg 2017.

Amelie Bendheim: *luwers zornes unmâze / missevellet uns sêre* – Legitimität von Maßlosigkeit im mittelalterlichen Erzählkosmos. In: Das Mittelalter 23,1 (2018), S. 11–28.

Amelie Bendheim, Dominik Schuh: Gekreuzte Lebenswege, gebrochene Identitäten. Intersektionale Betrachtungen zu Konrad Flecks „Flore und Blanscheflur“. In: Abenteuerliche ‚Überkreuzungen‘. Vormoderne intersektional. Hrsg. von Susanne Schul, Mareike Böth, Michael Mecklenburg. Göttingen 2017, S. 99–121.

Werner Berg: Zur theologischen Mehrdeutigkeit von Reichtum und Armut im Alten Testament. In: Reichtum der Kirche – ihr Armutszeugnis. Vorlesungen des Kontaktstudiums der Katholisch-Theologischen Fakultät der Ruhr-Universität Bochum im Wintersemester 1994/95. Hrsg. von Günter Lange. Bochum 1995, S. 35–60.

Ulrich Berges, Rudolf Hoppe: Arm und Reich. Würzburg 2009.

Nicole Bériou: L'esprit de lucre entre vice et vertu. Variations sur l'amour de l'argent dans le predication du XIIIe siècle. In: L'Argent au Moyen Âge. XXVIIIe Congrès de la S.H.M.E. S. (Clermont-Ferrand 1997). Hrsg. von der Société des Historiens Médiévistes de l'Enseignement Supérieur Public. Paris 1998, S. 267–287.

Nicole Woolsey Biggart, Thomas D. Beamish: The Economic Sociology of Conventions. Habit, Custom, Practice, and Routine in Market Order. In: Annu. Rev. Sociol. 29 (2003), S. 443–464.

Bernd Biervert, Josef Wieland: Gegenstandsbereich und Rationalitätsform der Ökonomie und der Ökonomik. In: Sozialphilosophische Grundlagen ökonomischen Handelns. Hrsg. von Bernd Biervert, Klaus Held, Josef Wieland. Frankfurt am Main 1990, S. 7–32.

Helmut Birkhan: Geschichte der altdeutschen Literatur im Licht ausgewählter Texte, Teil V: Nachklassische Romane und höfische „Novellen“. Vorlesungen im WS 2003/4. Wien 2004.

Dieter Birnbacher: Der Utilitarismus und die Ökonomie. In: Sozialphilosophische Grundlagen ökonomischen Handelns. Hrsg. von Bernd Biervert, Klaus Held, Josef Wieland. Frankfurt am Main 1990, S. 65–85.

Hugo O. Bizzarri, Martin Rohde (Hrsg.): Tradition des proverbes et des exempla dans l'Occident médiéval / Die Tradition der Sprichwörter und exempla im Mittelalter. Berlin/Boston 2009.

Karlheinz Blaschke: Von der Kaufmannssiedlung zur Stadt. Beobachtungen über den Aufbruch im frühen 12. Jahrhundert. In: HZ 294 (2012), S. 653–686.

Hartmut Bleumer: Klassische Korrelation im ‚Guten Gerhart'. Zur Dialektik von Geschichte und Narration im Frühwerk Rudolfs von Ems. In: Dialoge. Sprachliche Kommunikation in und zwischen Texten im deutschen Mittelalter. Hrsg. von Nikolaus Henkel [u. a.]. Tübingen 2003, S. 95–112.

Hartmut Bleumer: Historische Narratologie. In: Literatur- und Kulturtheorien in der Germanistischen Mediävistik. Ein Handbuch. Hrsg. von Christiane Ackermann, Michael Egerding. Berlin/Boston 2015, S. 213–274.

Maurice Bloch, Jonathan Parry: Money and the Morality of Exchange: Introduction. In: Money and the Morality of Exchange. Hrsg. von dens. Camridge 1989, S. 1–32.

Ute von Bloh: Sagen und Zeigen: Joseph (Gn 39) und Susanna (Dn 13) in biblischen Geschichten des Mittelalters. In: Inkulturation. Strategien bibelepischen Schreibens in Mittelalter und Früher Neuzeit. Hrsg. von Bruno Quast, Susanne Spreckelmeier unter Mitarbeit von Fridjof Bigalke. Berlin/Boston 2017, S. 221–252.

Gerold Blümle, Nils Goldschmidt: Die historische Bedingtheit ökonomischer Theorien und deren kultureller Gehalt. In: Menschen und Märkte. Studien zur historischen Wirtschaftsanthropologie. Hrsg. von Wolfgang Reinhard, Justin Stagl. Köln/Wien/Weimar 2007, S. 451–473.

Sabine Böhm: Der Stricker – Ein Dichterprofil anhand seines Gesamtwerkes. Frankfurt am Main 1995.

Gottlob Bohner: Das Beiwort des Menschen und der Individualismus in Wolframs Parzival. Heidelberg 1909.

Brigitte Bönisch-Brednich: Art. Schatz. In: *EM Online*.

Jürgen Bolten: Deutsche Sprachgeschichte und Wirtschaftsgeschichte. In: Sprachgeschichte. Ein Handbuch zur Geschichte der deutschen Sprache und ihrer Erforschung. Bd. 1. Hrsg. von Werner Besch [u. a]. 2. Aufl. Berlin/New York 1998, S. 123–138.

Pierre Bourdieu: Die Ökonomie der symbolischen Güter. In: Vom Geben und Nehmen. Zur Soziologie der Reziprozität. Hrsg. von Frank Adloff, Steffen Mau. Frankfurt am Main/New York 2005, S. 139–155.

Pierre Bourdieu: Entwurf einer Theorie der Praxis. Auf der enthnologischen Grundlage der kabylischen Gesellschaft. 4. Aufl. Frankfurt am Main 2015.

Pierre Bourdieu: Die feinen Unterschiede. Kritik der gesellschaftlichen Urteilskraft. 26. Aufl. Frankfurt am Main 2018.

Helmut Brackert: Rudolf von Ems. Dichtung und Geschichte. Heidelberg 1968.

Rémi Brague: Die Weisheit der Welt. Kosmos und Welterfahrung im westlichen Denken. München 2006.

Helmut Brall: „Wahrlich, die Pfaffen sind schlimmer als die Teufel!". Zur Entstehung der deutschen Schwankdichtung im 13. Jahrhundert. In: Euphorion 94,3 (2000), S. 319–334.

Felix Brandl: Von der Entstehung des Geldes zur Sicherung der Währung. Die Theorien von Bernhard Laum und Wilhelm Gerloff zur Genese des Geldes. Wiesbaden 2015.

Manuel Braun: Historische Semantik als textanalytisches Mehrebenenmodell. Ein Konzept und seine Erprobung an der mittelalterlichen Erzählung *Frauentreue*. In: Scientia Poetica 10 (2006), S. 47–65.

Wolfgang Braungart: Ritual und Literatur. Tübingen 1996.

Athalya Brenner-Idan: The Historical and Literary Complexity of the Joseph Story. (https://www.thetorah.com/article/the-historical-and-literary-complexity-of-the-joseph-story, zuletzt eingesehen: 16.03.2021,13:54).

Heribert R. Brennig: Der Kaufmann im Mittelalter. Literatur – Wirtschaft – Gesellschaft. Pfaffenweiler 1993.

Ulrich Bröckling: Das unternehmerische Selbst. Soziologie einer Subjektivierungsform. 7. Aufl. Frankfurt am Main 2019.

Karl-Heinz Brodbeck, Silja Graupe (Hrsg.): Geld! Welches Geld? Geld als Denkform. Marburg 2016.

Peter Brown: Der Schatz im Himmel. Der Aufstieg des Christentums und der Untergang des Römischen Weltreichs. Stuttgart 2017.

Julia Bruch: Die Kunst, Daten in Informationen umzuwandeln. Zur Auswertung eines zisterziensischen Rechnungsbuchs aus dem 13. und 14. Jahrhundert und den Herausforderungen in der Analyse serieller Wirtschaftsquellen. In: Wirtschafts- und Rechnungsbücher des Mittelalters und der Frühen Neuzeit. Formen und Methoden der Rechnungslegung: Städte, Klöster, Kaufleute. Hrsg. von Gudrun Gleba, Niels Petersen. Göttingen 2015, S. 13–44.

Julia Bruch, Ulla Kypta, Tanja Skambraks [u. a.]: Grand Narratives in Premodern Economic History. In: Methods in Premodern Economic History. Case studies from the Holy Roman Empire, c. 1300–c.1600. Hrsg. von Ulla Kypta, Julia Bruch, Tanja Skambraks. Cham 2019, S. 11–45.

Elke Brüggen: Kleidung und Mode in der höfischen Epik des 12. und 13. Jahrhunderts. Heidelberg 1989.

Elke Brüggen: Belacâne, Feirefîz und die anderen. Zur Narrativierung von Kulturkontakten im *Parzival* Wolframs von Eschenbach. In: Figuren des Globalen. Weltbezug und Welterzeugung in Literatur, Kunst und Medien. Hrsg. von Christian Moser, Linda Simonis. Göttingen 2014, S. 673–692.

Karl Brunner: Der Schatz und die Motten. In: Vom Umgang mit Schätzen. Internationaler Kongress Krems an der Donau, 28. bis 30. Oktober 2004. Hrsg. von Elisabeth Vavra. Wien 2007, S. 21–33.

Karl Brunner: [Er]zählen. Zahlen als Mittel der Narration. In: Was zählt: Ordnungsangebote, Gebrauchsformen und Erfahrungsmodalitäten des „numerus" im Mittelalter. Hrsg. von Moritz Wedell. Köln/Weimar/Wien 2012, S. 335–344.

Danielle Buschinger: Das Bild des Kaufmanns im Tristan-Roman und bei Wolfram von Eschenbach. In: ZfG 8,5 (1987), S. 532–543.

Tobias Bulang: Enzyklopädische Dichtungen. Fallstudien zu Wissen und Literatur in Spätmittelalter und früher Neuzeit. Berlin/Boston 2011.

Tobias Bulang: Art. Teilung der Frau. In: *EM Online*.

Joachim Bumke: Höfische Kultur. Literatur und Gesellschaft im hohen Mittelalter (2. Bde.). 5. Aufl. München 1990.

Joachim Bumke: Parzival und Feirefiz – Priester Johannes – Loherangrin. Der offene Schluß des *Parzival* von Wolfram von Eschenbach: In: DVjs 65,2 (1991), S. 236–264.

Joachim Bumke: Retextualisierungen in der mittelalterlichen Literatur, besonders in der höfischen Epik. In: ZfdPh 124 (Beiheft) (2005), S. 6–46.

Joachim Bumke, Ursula Peters: Einleitung. In: ZfdPh 124 (Beiheft) (2005), S. 1–5.

Lucas Burkart: Das Blut der Märtyrer. Genese, Bedeutung und Funktion mittelalterlicher Schätze. Köln 2009.

Ernst Cassirer: Philosophie der symbolischen Formen. Zweiter Teil: Das mythische Denken. Hamburg 2010.

Valentin Christ: Bausteine zu einer Narratologie der Dinge. Der „Eneasroman" Heinrichs von Veldeke, der „Roman d'Eneas" und Vergils „Aeneis" im Vergleich. Berlin/Boston 2015.

Karin Cieslik: *„sô bitt ich dich / daz dû geruochest hœren mich"* (v. 449 f.). Rede- und Figurengestaltung im *Guoten Gerhart* des Rudolf von Ems. In: Sprechen mit Gott. Redeszenen in mittelalterlicher Bibeldichtung und Legende. Hrsg. von Nine Miedema, Angela Schrott, Monika Unzeitig. Berlin 2012, S. 169–190.

Albrecht Classen: Suffering in Konrad Fleck's *Flore und Blanscheflur* as a Catalyst in the Meeting with the Foreign: Emotional Bonds with the Orient in a Late-Medieval Sentimental Romance. In: Neophilologus 95 (2011), S. 605–645.

Albrecht Classen: Rabbi Nissim and His Influence on Medieval German Literatur: Rudolfs von Ems's *Der guote Gêrhart* and Heinrich Kaufringer's „Der Einsiedler und der Engel". In: Ashkenas 27 (2017), S. 349–369.

Hans Georg Coenen: Art. Hierarchien. In: *HWBR Online*.

Jan Cölln: *werdekeit*. Zur literarischen Konstruktion ethischen Verhaltens und seiner Bewertung in Rudolfs von Ems *Alexander*. In: Herrschaft, Ideologie und Geschichtskonzeption in Alexanderdichtungen des Mittelalters. Hrsg. von Ulrich Mölk. Göttingen 2002, S. 332–357.

Eva von Contzen: The Limits of Narration: Lists and Literary History. In: Style 50,3 (2016), S. 241–260.

Les Convivialistes: Das konvivialistische Manifest. Für eine neue Kunst des Zusammenlebens. Hrsg. von Frank Adloff, Claus Leggewie. Bielefeld 2014.

Albrecht Cordes, Alexander Krey: Art. Markt. In: *HRGDigital*.

Philippe Cordez: Schatz, Gedächtnis, Wunder. Die Objekte der Kirche im Mittelalter. Regensburg 2015.

Christoph Cormeau: Rudolf von Ems: „Der guote Gerhart". Die Veränderung eines Bauelements in einer gewandelten literarischen Situation. In: *Werk – Typ – Situation*. Studien zu poetologischen Bedingungen in der älteren deutschen Literatur. FS Hugo Kuhn. Hrsg. von Ingeborg Glier. Stuttgart 1969, S. 80–98.

Thomas Cramer: Soziale Motivation in der Schuld-Sühne-Problematik von Hartmanns *Erec*. In: Euphorion 66 (1972), S. 97–112.

William Crooke: *Der guote Gêrhart*: The power of mobility in the medieval Mediterranean. In: Postmedieval 4 (2013), S. 163–176.

Ariane Czerwon: Predigt gegen Ketzer. Studien zu den lateinischen Sermones Bertholds von Regensburg. Tübingen 2011.

Margit Dahm-Kruse: *diu valschen minner nieman lât/ komen dar sie kâmen* – Minne zwischen christlicher Fügung und künstlerischer Verhandlung in Konrad Flecks ‚Flore und Blanscheflur'. In: Euphorion 110,3 (2016), S. 355–387.

Matthias Däumer: Was man neu erfinden kann, darüber muss man schweigen. Die Mären des Strickers als Fiktionalitäts-Kompensatoren. In: Mären als Grenzphänomen. Hrsg. von Silvan Wagner. Berlin [u. a.] 2018, S. 57–72.

Adam J. Davis: The Medieval Economy of Salvation. Charity, Commerce, and the Rise of the Hospital. Ithaca 2019.

Markus A. Denzel: Das System des bargeldlosen Zahlungsverkehrs europäischer Prägung vom Mittelalter bis 1914. Stuttgart 2008.

Meghnad Desai: Art. Profit and Profit Theory. In: The New Palgrave Dictionary of Economics (https://doi.org/10.1057/978-1-349-95121-5_1319-2, zuletzt eingesehen: 22.02.2021, 20:01).

Rainer Diaz-Bone: Die „Économie des conventions". Ein neuer institutionalistischer Ansatz in der Wirtschaftssoziologie. Luzern 2009 (https://www.unilu.ch/fileadmin/fakultaeten/ksf/institute/sozsem/dok/working_papers/WP02-2009-Rainer-Diaz-bone_Die-Economie-Des-Conventions.pdf, zuletzt eingesehen: 17.08.2020,11:41).

Rainer Diaz-Bone: Konvention, Organisation und Institution. Der institutionentheoretische Beitrag der „Économie des conventions". In: HSR 34,2 (2009), S. 235–264.

Rainer Diaz-Bone: Discourses, Conventions, and Critique – Perspectives of the Institutionalist Approach of the Economics of Convention. In: HSR 42,3 (2017), S. 79–96.

Rainer Diaz-Bone: Economics of Conventions Meets Foucault. In: HSR 44,1 (2019), S. 308–334.

Rainer Diaz-Bone, Gertraude Krell: Einleitung: Diskursforschung und Ökonomie. In: Diskurs und Ökonomie. Diskursanalytische Perspektiven auf Märkte und Organisationen. Hrsg. von dens. 2. Aufl. Wiesbaden 2015, S. 11–45.

Rainer Diaz-Bone, Robert Salais: Economics of Convention and the History of Economies. Towards a transdisciplinary Approach in Economic History. In: HSR 36,4 (2011), S. 7–39.

Andreas Diekmann: Spieltheorie. Einführung, Beispiele, Experimente. 4. Aufl. Reinbek bei Hamburg 2016.

Fiedrich Michael Dimpel: ‚Des muoz ich ûf genâde lônes bîten' (MF 194,33). Ambivalenzen der Lohn-Metapher bei Reinmar und im ‚Mauritius von Craun'. In: ABäG 72 (2014), S. 197–228.

Reinhard Dithmar: Art. Fabel. In: *EM Online*.

Pia Claudia Doering, Caroline Emmelius (Hrsg.): Rechtsnovellen. Rhetorik, narrative Strukturen und kulturelle Semantiken des Rechts in Kurzerzählungen des späten Mittelalters und der Frühen Neuzeit. Berlin 2017.

Corinna Dörrich: Die Schönste dem Nachbarn. Die Verabschiedung des Brautwerbungsschemas in der ‚Kudrun'. In: PBB 133,1 (2011), S. 32–55.

Raymond Graeme Dunphy: *Daz was ein michel wunder*. The presentation of Old Testament material in Jans Enikel's *Weltchronik*. Göppingen 1998.

Till Düppe: The Making of the Economy. A Phenomenology of Economic Science. Lanham 2011.

Jürgen Ebach: Josef und Josef: Literarische und hermeneutische Reflexionen zu Verbindungen zwischen Genesis 37–50 und Matthäus 1–2. Stuttgart 2009.

Alfred Ebenbauer: Flore in der Unterwelt. Eine Spekulation. In: „swer sînen vriunt behaltet, daz ist lobelîch". FS András Vizkelety. Hrsg. von Márta Nagy, Lászlo Jónácsik in Zusammenarbeit mit Edit Madas und Gábor Sarbak. Budapest 2001, S. 87–103.

Ekkehart Eggs: Metaphorizität und Uneigentlichkeit. In: Handbuch Literarische Rhetorik. Hrsg. von Rüdiger Zymner. Berlin/Boston 2015, S. 243–279.

Margreth Egidi: Der Immergleiche. Erzählen ohne Sujet: Differenz und Identität in ‚Flore und Blanscheflur'. In: Literarische Leben. Rollenentwürfe in der Literatur des Hoch- und Spätmittelalters. FS Volker Mertens. Hrsg. von Matthias Meyer, Hans-Jochen Schiewer. Tübingen 2002, S. 133–158.

Margreth Egidi: Implikationen von Literatur und Kunst in ‚Flore und Blanscheflur'. In: Geltung der Literatur. Formen ihrer Autorisierung und Legitimierung im Mittelalter. Hrsg. von Beate Kellner, Peter Strohschneider, Franziska Wenzel. Berlin 2005, S. 163–186.

Margreth Egidi: Ordnung und Überschreitung in mittelhochdeutschen Minnereden. ‚Der Minne Gericht' des Ellenden Knaben. In: Triviale Minne? Konventionalität und Trivialisierung in spätmittelalterlichen Minnereden. Hrsg. von Ludger Lieb, Otto Neudeck. Berlin/New York 2006, S. 225–240.

Margreth Egidi: Schrift und ‚ökonomische Logik' im höfischen Liebesdiskurs: *Flore und Blanscheflur* und *Apollonius von Tyrland*. In: Schrift und Liebe in der Kultur des Mittelalters. Hrsg. von Mireille Schnyder. Berlin/New York 2008, S. 147–163.

Margreth Egidi: Gabe, Tausch und *êre* in der Alexiuslegende. In: Anerkennung und die Möglichkeiten der Gabe. Literaturwissenschaftliche Beiträge. Hrsg. von Martin Baisch unter Mitarbeit von Malena Ratzke und Britta Wittchow. Frankfurt am Main 2017, S. 353–369.

Margreth Egidi [u. a.] (Hrsg.): Liebesgaben. Kommunikative, performative und poetologische Dimensionen in der Literatur des Mittelalters und der Frühen Neuzeit, Berlin 2012.

Jürgen Egyptien: Höfisierter Text und Verstädterung der Sprache. Städtische Wahrnehmung als Palimpsest spätmittelalterlicher Versromane. Würzburg 1987.

Nicole Eichenberger: Geistliches Erzählen. Zur deutschsprachigen religiösen Kleinepik des Mittelalters. Berlin/Boston 2015.

Reinhard Elze: Über die Sklaverei im christlichen Teil des Mittelmeerraums (12.–15. Jahrhundert). In: Vom Elend der Handarbeit. Probleme historischer Unterschichtenforschung. Hrsg. von Hans Mommsen, Winfried Schulze. Stuttgart 1981, S. 131–135.

Ulrich Engelen: Die Edelsteine in der deutschen Dichtung des 12. und 13. Jahrhunderts. München 1978.

Christian Enzensberger: Literatur und Interesse: Eine politische Ästhetik mit zwei Beispielen aus der englischen Literatur. Zweite, fortgeschriebene Fassung. Frankfurt am Main 1981.

Adalbert Erler: Der Loskauf Gefangener. Ein Rechtsproblem seit drei Jahrtausenden, Berlin 1978.

Ulrich Ernst: *Homo mendax*. Lüge als kulturelles Phänomen im Mittelalter. Einleitung. In: Das Mittelalter 9,2 (2004), S. 3–11.

Xenja von Ertzdorff: Rudolf von Ems. Untersuchungen zum höfischen Roman im 13. Jahrhundert. München 1967.

Ulf Christian Ewert: Sozialer Tausch bei Hofe. Eine Skizze des Erklärungspotentials der Neuen Institutionenökonomik. In: Hof und Theorie. Annäherungen an ein historisches Phänomen. Hrsg. von Reinhardt Lutz, Jan Hirschbiegel, Dietmar Willoweit. Köln/Weimar/Wien 2004, S. 55–75.

François Eymard-Duverney [u. a.]: Werte, Koordination und Rationalität. Die Verbindung dreier Themen durch die „*Économie des conventions*". In: Trivium 5 (2010), S. 1–23.

Lianna Farber: An Anatomy of Trade in Medieval Writing. Value, Consent and Community. Ithaca/ London 2006.

Christoph Fasbender: *Hochvart* im ‚Armen Heinrich', im ‚Pfaffen Amis' und im ‚Reinhart Fuchs'. Versuch über redaktionelle Tendenzen im Cpg 341. In: ZfdA 128,4 (1999), S. 394–408.

Christoph Fasbender: Worte und Werke. Stationen und Funktionen eines Toposgeflechts in der Predigtliteratur des Mittelalters. In: Predigt im Kontext. Hrsg. von Volker Mertens [u. a.]. Berlin/Boston 2013, S. 281–295.

Olivier Favereau: Valeur(s), Exploitation et Économie des Conventions. In: Cahiers d'Economie Politique 75 (2018), S. 119–145.

Olivier Favereau, Olivier Biencourt, François Eymard-Duvernay: Where do markets come from? From (quality) conventions! In: Conventions and Structures in Economic Organization. Markets, Networks and Hierarchies. Hrsg. von Olivier Favereau, Emmanuel Lazega. Cheltenham 2002, S. 213–252.

Edith Feistner (Hrsg.): Erzählen und Rechnen. Mediävistische Beiträge zur Interaktion zweier ungleicher Kulturtechniken. Oldenburg 2018.

Edith Feistner: Relativierte Referentialität: Überlegungen zu einer Kulturgeschichte der Interaktion von Erzählen und Rechnen. In: Erzählen und Rechnen. Mediävistische Beiträge zur Interaktion zweier ungleicher Kulturtechniken. Hrsg. von ders. Oldenburg 2018, S. 7–40, S. 10.

Ekkehard Felder: Semantische Kämpfe in Wissensdomänen. Eine Einführung in Benennungs-, Bedeutungs- und Sachverhaltsfixierungs-Konkurrenzen. In: Semantische Kämpfe. Macht und Sprache in den Wissenschaften. Hrsg. von dems. Berlin/Boston 2006, S. 13–46.

Laurent Feller: Le vocabulaire de la rémunération durant le haut Moyen Âge. In: Rémunérer le travail au Moyen Âge. Pour une histoire sociale du salariat. Hrsg. von Patrice Beck, Philippe Bernardi, Laurent Feller. Paris 2014, S. 154–164.

Fulvio Ferrari: Der *Pfaffe Amis* und die Vieldeutigkeit der Komik. In: Satire – Ironie – Parodie. Aspekte des Komischen in der deutschen Sprache und Literatur. Hrsg. von Klaus Amann, Wolfgang Hackl. Innsbruck 2016, S. 117–126.

Michele C. Ferrari, Klaus Herbers, Christiane Witthöft (Hrsg.): Europa 1215. Politik, Kultur und Literatur zur Zeit des IV. Laterankonzils. Köln 2018.

Wolfgang Fikentscher: Die Rolle des Marktes in der Wirtschaftsanthropologie und das globale Wirtschaftsrecht. In: Menschen und Märkte. Studien zur historischen Wirtschaftsanthropologie. Hrsg. von Wolfgang Reinhard, Justin Stagl. Köln/Weimar/Wien 2007, S. 373–399.

Hanns Fischer: Zur Gattungsform des ‚Pfaffen Amis'. In: ZfdA 68 (1957), S. 291–299.

Barbara Fleith, Martina Backes: De- und Rekontextualisierungen biblischer Erzählstoffe am Beispiel der Samson-Geschichte. In: Daphnis 40 (2011), S. 115–164.

Laurence Fontaine: Bemerkungen zum Kaufen als soziale Praxis. Feilschen, Preise festlegen und Güter ersteigern im frühneuzeitlichen Europa. In: HA 14 (2006), S. 334–348.

Dorothea Forstner: Die Welt der christlichen Symbole. 5. Aufl. Innsbruck/Wien 1986.

Michel Foucault: Archäologie des Wissens. 17. Aufl. Frankfurt am Main 2015.

Michel Foucault: Die Ordnung der Dinge. Eine Archäologie der Humanwissenschaften. 24. Aufl. Frankfurt am Main 2017.

Manfred Frank: Das Sagbare und das Unsagbare. Studien zur deutsch-französischen Hermeneutik und Texttheorie. Erweiterte Neuausgabe. Frankfurt am Main 1990.

Werner Freitag: Städtischer Markt und symbolische Kommunikation. In: Alles nur symbolisch? Bilanz und Perspektiven der Erforschung symbolischer Kommunikation. Hrsg. von Barbara Stollberg-Rilinger, Tim Neu, Christina Brauner. Köln/Weimar/Wien 2013, S. 379–399.

Udo Friedrich: Zur Poetik des Liebestodes im *Schüler von Paris* (B) und in der *Frauentreue*. In: Liebesgaben. Kommunikative, performative und poetologische Dimensionen in der Literatur des Mittelalters und der Frühen Neuzeit. Hrsg. von Margreth Egidi [u. a.]. Berlin 2012, S. 239–253.

Udo Friedrich: Topik und Rhetorik. Zu Säkularisierungstendenzen in der Kleinepik des Strickers. In: Literarische Säkularisierung im Mittelalter. Hrsg. von Susanne Köbele, Bruno Quast. Berlin 2014, S. 87–104.

Udo Friedrich: Historische Metaphorologie. In: Literatur- und Kulturtheorien in der Germanistischen Mediävistik. Ein Handbuch. Hrsg. von Christiane Ackermann, Michael Egerding. Berlin/Boston 2015, S. 169–212.

Udo Friedrich: Zur Verdinglichung der Werte in den „Gesta Romanorum". In: Dingkulturen. Objekte in Literatur, Kunst und Gesellschaft der Vormoderne. Hrsg. von Anna Mühlherr [u. a.]. Berlin/Boston 2016, S. 249–266.

Udo Friedrich: Juristisches Argumentieren und Erzählen in den „Gesta Romanorum". In: Rechtsnovellen. Rhetorik, narrative Strukturen und kulturelle Semantiken des Rechts in Kurzerzählungen des späten Mittelalters und der Frühen Neuzeit. Hrsg. von Pia Claudia Doering, Caroline Emmelius. Berlin 2017, S. 27–50.

Marko J. Fuchs: Gerechtigkeit als allgemeine Tugend. Die Rezeption der aristotelischen Gerechtigkeitstheorie im Mittelalter und das Problem des ethischen Universalismus. Berlin/Boston 2017.

Simon Gaunt: Gender and Genre in Medieval French Literature. Cambridge 1995.

Patrick J. Geary: Gift Exchange and Social Science Modeling. The Limitations of a Construct. In: Negotiating the Gift. Premodern Figurations of Exchange. Hrsg. von Gadi Algazi, Valentin Groebner, Bernhard Jussen. Göttingen 2003, S. 129–140.

Bent Gebert: Wettkampfkulturen. Erzählformen der Pluralisierung in der deutschen Literatur des Mittelalters. Tübingen 2019.

Wilhelm Geerlings: Reichtum und Armut in der alten Kirche. In: Reichtum der Kirche – ihr Armutszeugnis. Vorlesungen des Kontaktstudiums der Katholisch-Theologischen Fakultät der Ruhr-Universität Bochum im Wintersemester 1994/95. Hrsg. von Günter Lange. Bochum 1995, S. 83–95.

Constanze Geisthardt: Nichts als Worte: Die Problematik sprachlicher Vermittlung von Heil in Rudolfs von Ems ‚Barlaam und Josaphat'. In: Barlaam und Josaphat. Neue Perspektiven auf ein

europäisches Phänomen. Hrsg. von Constanza Cordoni, Matthias Meyer. Berlin/Boston 2015. S. 102–139.
Karl-Ernst Geith: Art. Enikel, Jans. In: *Verfasser-Datenbank*. Berlin/New York 2012 (https://www.degruyter.com/document/database/VDBO/entry/vdbo.vlma.0955/html, zuletzt eingesehen: 16.03.2021, 15:45).
Karl-Ernst Geith, Elke Ukena-Best, Hans-Joachim Ziegeler: Art. Der Stricker. In: ^{2}VL Bd. 9, Sp. 417–449.
Matthew C. Genung: The Composition of Genesis 37. Incoherence and Meaning in the Exposition of the Joseph Story. Tübingen 2017.
Silke Geppert: „narratio per vestimentum". Sichtbarmachung des Unsichtbaren im Kleiderwechsel. In: Kleiderfragen. Mode und Kulturwissenschaft. Hrsg. von Eva Hausbacher, Christa Gürtler. Bielefeld 2015, S. 81–95.
Annette Gerok-Reiter, Franziska Hammer: *Spatial Turn*/Raumforschung. In: Historische Narratologie – Mediävistische Perspektiven. Hrsg. von Harald Haferland, Matthias Meyer. Berlin/Boston 2010, S. 481–516.
Thorsten Glückhardt, Sebastian Kleinschmidt, Verena Spohn (Hrsg.): Renarrativierung in der Vormoderne. Funktionen, Transformationen, Rezeptionen. Baden-Baden 2019.
Thorsten Glückhardt, Sebastian Kleinschmidt, Verena Spohn: Renarrativierung in der Vormoderne. Zur Einleitung. In: Renarrativierung in der Vormoderne. Funktionen, Transformationen, Rezeptionen. Hrsg. von dens. Baden-Baden 2019, S. 7–38.
Hans-Werner Goetz: Die Wahrnehmung anderer Religionen und christlich-abendländisches Selbstverständnis im frühen und hohen Mittelalter (5.-12. Jahrhundert). Berlin 2013.
Erving Goffman: Rahmen-Analyse. Ein Versuch über die Organisation von Alltagserfahrungen. Frankfurt am Main 1977.
Emilio González, Victor Millet (Hrsg.): Die Kleinepik des Strickers. Texte, Gattungstraditionen und Interpretationsprobleme. Berlin 2006.
Jeroen de Goussem, Dinah Wouters: Language and Thought in Hildegard of Bingen's Visionary Trilogy: Close and Distant Readings of a Thinker's Development. In: Paragon 36,1 (2019), S. 31–60.
David Graeber: Schulden. Die ersten 5.000 Jahre. 3. Aufl. München 2014.
Warren S. Gramm: Economic Metaphors: Ideology, Rhetoric, and Theory. In: Metaphor. Implications and Applications. Hrsg. von Jeffery Scott Mio, Albert N. Katz. London/New York 1996, S. 147–170.
Klaus Grubmüller: Die Ordnung, der Witz und das Chaos. Eine Geschichte der europäischen Novellistik im Mittelalter: Fabliau – Märe – Novelle. Tübingen 2006.
Romy Günthart: Mären als Exempla. Zum Kontext der sogenannten „Strickermären". In: ABäG 37 (1993), S. 113–129.
Aaron J. Gurjewitsch: Stumme Zeugen des Mittelalters. Weltbild und Kultur der einfachen Menschen. Köln/Weimar/Wien 1997.
Harald Haferland: Höfische Interaktion. Interpretationen zur höfischen Epik und Didaktik um 1200. München 1989.
Harald Haferland: Säkularisierung als Literarisierung von Glaubenselementen der Volkskultur. Wiedergänger und Vampire in der *Krone* Heinrichs von dem Türlin und im Märe von der *Rittertreue* bzw. im *Märchen vom dankbaren Toten*. In: Literarische Säkularisierung im Mittelalter. Hrsg. von Susanne Köbele, Bruno Quast. Berlin 2014, S. 105–138.
Harald Haferland: Poetische Gerechtigkeit und poetische Ungerechtigkeit. In: Techniken der Sympathiesteuerung in Erzähltexten der Vormoderne. Potentiale und Probleme. Hrsg. von Friedrich Michael Dimpel, Hans Rudolf Velten. Heidelberg 2016, S. 181–226.

Harald Haferland: Gabentausch, Grußwechsel und die Genese von Verpflichtung. Zur Zirkulation von Anerkennung in der höfischen Kultur und Literatur. In: Anerkennung und die Möglichkeiten der Gabe. Literaturwissenschaftliche Beiträge. Hrsg. von Martin Baisch unter Mitarbeit von Malena Ratzke und Britta Wittchow. Frankfurt am Main 2017, S. 67–120.

Maryvonne Hagby: man hat uns fur die warheit ... geseit. Die Strickersche Kurzerzählung im Kontext mittellateinischer ‚narrationes' des 12. und 13. Jahrhunderts. Münster 2001.

Hans-Rudolf Hagemann: Art. Gedinge. In: *HRGDigital*.

Andreas Hammer: Boccaccio und die ‚Einfache Form'. Vom literarischen Aufbrechen mittelalterlicher Erzählformen in den Novellen I,1 und II,1 und einem Vergleich zum Stricker. In: Giovanni Boccaccio. Italienisch-deutscher Kulturtransfer von der Frühen Neuzeit bis zur Gegenwart. Hrsg. von Ingrid Bennewitz unter Mitwirkung von Laura Auteri und Michael Dallapiazza. Bamberg 2015, S. 25–52.

Andreas Hammer: Erzählen vom Heiligen. Narrative Inszenierungsformen von Heiligkeit im ‚Passional'. Berlin/Boston 2015.

Jürgen Hannig: Ars donandi. Zur Ökonomie des Schenkens im früheren Mittelalter. In: GWU 37,12 (1986), S. 149–162.

Matthias Hardt: Gold und Herrschaft. Die Schätze europäischer Könige und Fürsten im ersten Jahrtausend. Berlin 2004.

Edgar Harvolk: Judaslohn und Judaskuss. Ein Beitrag zur mittelalterlichen Legendenüberlieferung. In: Bayerisches Jahrbuch für Volkskunde (1985), S. 86–95.

Ulla Haselstein: Poetik der Gabe: Mauss, Bourdieu, Derrida und der New Historicism. In: Poststrukturalismus. Herausforderungen an die Literaturwissenschaft. Hrsg. von Gerhard Neumann. Stuttgart/Weimar 1997, S. 272–289.

Wolfgang Haubrichs: Glanz und Glast. Vom inflationären Wortschatz der Sichtbarkeit. In: Sehen und Sichtbarkeit in der Literatur des deutschen Mittelalters. XXI. Anglo-German Colloquium London 2009. Hrsg. von Ricarda Bauschke, Sebastian Coxon, Martin H. Jones, S. 47–64.

Walter Haug: Der ‚Guote Gerhart' Rudolfs von Ems. Die programmatische Absage an das klassische Korrelationskonzept. In: Literaturtheorie im deutschen Mittelalter. Von den Anfängen bis zum Ende des 13. Jahrhunderts. Von dems. 2., überarb. und erw. Aufl. Darmstadt 1992, S. 288–298.

Jens Haustein: *mâze* und Lebenswelt bei Walther von der Vogelweide. In: Literatur & Lebenswelt. Hrsg. von Alexander Löck, Dirk Oschmann. Köln/Weimar/Wien 2012, S. 73–81.

Eva Haverkamp: Jewish Images on Christian Coins. Economy and Symbolism in Medieval Germany. In: Jews and Christians in Medieval Europe: The Historiographical Legacy of Bernhard Blumenkranz. Hrsg. Von Philippe Buc, Martha Keil, John Tolan. Turnhout 2016, S. 189–226.

Theresia Heimerl: Zwischen Babylon und Jerusalem. Die Stadt als locus theologicus im Mittelalter. In: Repräsentationen der mittelalterlichen Stadt. Hrsg. von Jörg Oberste. Regensburg 2008, S. 13–24.

Joachim Heinzle: Geschichte der deutschen Literatur von den Anfängen bis zum Beginn der Neuzeit. Bd. 2: Vom hohen zum späten Mittelalter. Teil 2: Wandlungen und Neuansätze im 13. Jahrhundert. 2. Aufl. Königsstein im Taunus 1994.

Martin Hensler: Der Wert des Kupfers. Über die Entstehung und den Wandel von Wert vor 4000 Jahren. In: Embodying Value? The Transformation of Objects in and from the Ancient World. Hrsg. von Annabel Bokern, Clare Rowan. Oxford 2014, S. 53–64.

Martin Herz: *Sacrum Commercium*. Eine begriffsgeschichtliche Studie zur Theologie der römischen Liturgiesprache. München 1958.

Urs Herzog: Die erlösung des kaufmanns. Der guote Gêrhart des Rudolf von Ems. Versuch einer lecture sociologique. In: Wirkendes Wort 24 (1974), S. 372–387.

Jan Hirschbiegel: Gabentausch als soziales System? – Einige theoretische Überlegungen. In: Ordnungsformen des Hofes. Hrsg. von Ulf Christian Ewert, Stephan Selzer. Kiel 1997, S. 44–55.

Jan Hirschbiegel: Der Hof als soziales System – Das Angebot der Systemtheorie nach Niklas Luhmann für eine Theorie des Hofes. In: Hof und Theorie. Annäherungen an ein historisches

Phänomen. Dresdner Gespräche I zur Theorie des Hofes. Hrsg. von Reinhardt Butz, Jan Hirschbiegel, Dietmar Willoweit. Köln [u. a.] 2004, S. 43–54.

Benjamin Hitz: Network Analysis: Social Network Analysis (SNA) and its Derivative, Historical Network Research (HNR). In: Methods in Premodern Economic History. Case studies from the Holy Roman Empire, c.1300–c.1600. Hrsg. von Ulla Kypta, Julia Bruch, Tanja Skambraks. Cham 2019, S. 426–428.

Geoffrey M. Hodgson: How Economics Forgot History. The Problem of Historical Specificity in Social Science. London/New York 2001.

Ulrich Hoffmann: Qualen der Wahl: Inszenierungen von Entscheidungssituationen im „Fortunatus". In: ZfdPh 134,3 (2015), S. 321–345.

Ulrich Hoffmann: Griffel, Ring und andere *ding*. Fetischisierung und Medialisierung der Liebe in Floris-Romanen des Mittelalters und der Frühen Neuzeit. In: Dingkulturen. Objekte in Literatur, Kunst und Gesellschaft der Vormoderne. Hrsg. von Anna Mühlherr, Heike Sahm, Monika Schausten. Berlin/Boston 2016, S. 358–388.

Werner Hofmann: Wert- und Preislehre. 2. Aufl. Berlin 1971.

Philipp Höhn: Kaufleute in Konflikt. Rechtspluralismus, Kredit und Gewalt im spätmittelalterlichen Lübeck. Frankfurt am Main/New York 2021.

Franz-Josef Holznagel: Gezähmte Fiktionalität. Zur Poetik des Reimpaarbispels. In: Die Kleinepik des Strickers. Texte, Gattungstraditionen und Interpretationsprobleme. Hrsg. von Emilio González, Victor Millet. Berlin 2006, S. 47–78.

Jochen Hörisch: Dekonstruktion des Geldes. Die Unvermeidbarkeit des Sekundären. In: Ethik der Gabe. Denken nach Jacques Derrida. Hrsg. von Michael Wetzel, Jean-Michel Rabaté. Berlin/New York 1993, S. 173–182.

Martha C. Howell: Commerce before Capitalism in Europe, 1300–1600. Cambridge 2010.

Johan Huizinga: Herbst des Mittelalters. Studien über Lebens- und Geistesformen des 14. und 15. Jahrhunderts in Frankreich und in den Niederlanden. Stuttgart 2015.

Markus Hundt: Das Ringen um den Geldbegriff. Begriffswandel und Metaphernkonstanz in historischen und zeitgenössischen Geldtheorien. In: Semantische Kämpfe. Macht und Sprache in den Wissenschaften. Hrsg. von Ekkehard Felder. Berlin/Boston 2006, S. 313–351.

Edwin S. Hunt, James M. Murray: A History of Business in Medieval Europe. 1200–1550. Cambridge 1999.

Christoph Huber: ‚Ars et prudentia'. Zum ‚list'-Exkurs im „Daniel" des Strickers. In: Ars und Scientia im Mittelalter und in der frühen Neuzeit. Ergebnisse interdisziplinärer Forschung, FS Georg Wieland. Hrsg. von Cora Dietl. Tübingen 2002, S. 155–171.

Sandra Illibauer-Aichinger: Metaphern und Metaphorik im „Jüngeren Titurel". In: Der ‚Jüngere Titurel' zwischen Didaxe und Verwilderung. Neue Beiträge zu einem schwierigen Werk. Hrsg. von Martin Baisch [u. a.]. Göttingen 2010, S. 87–101.

Eberhard Isenmann: Die deutsche Stadt im Mittelalter 1150–1550, Stadtrecht, Recht, Verfassung, Stadtregiment, Kirche, Gesellschaft, Wirtschaft. 2. Aufl. Köln/Weimar/Wien 2014.

Xuan Jing: Charisma – Falschgeld – Gnade. Zur Funktion der Gabe im *Nibelungenlied*. In: Anerkennung und die Möglichkeiten der Gabe. Literaturwissenschaftliche Beiträge. Hrsg. von Martin Baisch unter Mitarbeit von Malena Ratzke und Britta Wittchow. Frankfurt am Main 2017, S. 41–66.

Michael Jucker: Alles für den König? Erste Überlegungen zu königlichem Beutebesitz und ökonomischer Güterverteilung vom Früh- zum Spätmittelalter. In: Der König als Krieger. Zum Verhältnis von Königtum und Krieg im Mittelalter. Hrsg. von Martin Clauss, Andrea Stieldorf, Tobias Weller. Bamberg 2015, S. 65–87.

Rupert Kalkofen: Der Priesterbetrug als Weltklugkeit. Eine philologisch-hermeneutische Interpretation des ‚Pfaffen Amis'. Würzburg 1989.

Dieter Kartschoke: Weisheit oder Reichtum? Zum Volksbuch von Fortunatus und seinen Söhnen. In: Literaturwissenschaft und Sozialwissenschaften 5. Literatur im Feudalismus. Hrsg. von Dieter Richter. Stuttgart 1975, S. 213–259.

Dieter Kartschoke: Der Kaufmann und sein Gewissen. In: DVjs 64 (1995), S. 666–691.

Ingrid Kasten: Art. Enikel, Jans. In: ^{2}VL, Bd. 2, Sp. 565–570.

Ingrid Kasten: Der Pokal in ‚Flore und Blanscheflur'. In: Erzählungen in Erzählungen. Phänomene der Narration in Mittelalter und Früher Neuzeit. Hrsg. von Harald Haferland, Michael Mecklenburg. München 1996, S. 189–198.

Ingrid Kasten: Tabu und Lust. Zur Verserzählung *Der Ritter von Staufenberg*. In: Neugier und Tabu. Regeln und Mythen des Wissens. Hrsg. von Martin Baisch, Elke Koch. Freiburg im Breisgau/ Berlin/Wien 2010, S. 235–252.

Ingrid Kasten: Boccaccios *Filocolo*. Zur Rezeption des Flore-Stoffs in der italienischen Frührenaissance. In: Giovanni Boccaccio. Italienisch-deutscher Kulturtransfer von der Frühen Neuzeit bis zur Gegenwart. Hrsg. von Ingrid Bennewitz unter Mitwirkung von Laura Auteri und Michael Dallapiazza. Bamberg 2015, S. 1–23.

Joel Kaye: A History of Balance, 1250–1375. The Emergence of a New Model of Equilibrium and its Impact on Thought. Cambridge 2014.

Hiltgart L. Keller: Lexikon der Heiligen und biblischen Gestalten. 10. Aufl. Stuttgart 2005.

Beate Kellner: Kontinuität und Herrschaft. Zum mittelalterlichen Diskurs der Genealogie am Beispiel des ‚Buches von Bern'. In: Mittelalter. Neue Wege durch einen alten Kontinent. Hrsg. von Jan-Dirk Müller, Horst Wenzel. Stuttgart/Leipzig 1999, S. 43–62.

Beate Kellner: Schwanenkinder – Schwanenritter – Lohengrin. Wege mythischer Erzählungen. In: Präsenz des Mythos. Konfigurationen einer Denkform in Mittelalter und Früher Neuzeit. Hrsg. von Udo Friedrich, Bruno Quast. Berlin/New York 2004, S. 131–154.

Beate Kellner: Ursprung und Kontinuität. Studien zum genealogischen Wissen im Mittelalter. München 2004.

Beate Kellner: Zur Konstruktion von Kontinuität durch Genealogie. Herleitungen aus Troja am Beispiel von Heinrichs von Veldeke ‚Eneasroman'. In: Gründungsmythen – Genealogie – Memorialzeichen. Hrsg. von Gert Melville, Karl-Siegbert Rehberg. Köln/Weimar/Wien 2004, S. 37–59.

Manfred Kern: Exzellente Kleidsamkeit. Vestimentäre Ästhetiken in Dichtung und Kunst des Mittelalters. In: Kleiderfragen. Mode und Kulturwissenschaft. Hrsg. von Eva Hausbacher, Christa Gürtler. Bielefeld 2015, S. 59–79.

Manfred Kern: Heroische Pracht – Epochale Ambivalenz und textuelles Pathos des Luxuriösen in der hochmittelalterlichen Epik. In: Fremde – Luxus – Räume. Konzeptionen von Luxus in Vormoderne und Moderne. Hrsg. von Jutta Eming [u. a.]. Berlin 2015, S. 109–128.

Christian Kiening: Ästhetik der Struktur. Experimentalanordnungen mittelalterlicher Kurzerzählungen (*Fleischpfand, Halbe Birne*). In: Ästhetische Reflexionsfiguren in der Vormoderne. Hrsg. von Annette Gerok-Reiter [u. a.]. Heidelberg 2019, S. 303–328.

Gebhard Kirchgässner: Das Gespenst der Ökonomisierung. In: Menschen und Märkte. Studien zur historischen Wirtschaftsanthropologie. Hrsg. von Wolfgang Reinhard, Justin Stagl. Köln/ Weimar/Wien 2007, S. 401–433.

Dorothee Kimmich: Dinge in Texten. In: Handbuch Literatur & materielle Kultur. Hrsg. von Susanne Scholz, Ulrike Vedder. Berlin/Boston 2018, S. 21–28.

Beverly Mayne Kienzle: Introduction. In: The Sermon. Hrsg. von ders. Turnhout 2000, S. 143–174.

Beverly Mayne Kienzle (Hrsg.): The Sermon. Turnhout 2000.

Lars Kjær: The Medieval Gift and the Classical Tradition. Ideals and the Performance of Generosity in Medieval England, 1100–1300. Cambridge 2019.

Bernhard Kleeberg: Gewinn maximieren, Gleichgewicht modellieren. Erzählen im ökonomischen Diskurs. In: Wirklichkeitserzählungen. Felder, Formen und Funktionen nicht-literarischen Erzählens. Hrsg. von Christian Klein, Matías Martínez. Stuttgart 2009, S. 136–159.
Dorothea Klein: ‚Mauricius von Craûn' oder die Destruktion der Hohen Minne. In: ZfdA 127 (1998), S. 271–294.
Dorothea Klein: Kommentar. In: Mauricius von Craûn. Mhd./nhd., nach dem Text von Edward Schröder. Hrsg., übers. und kommentiert von Dorothea Klein. Stuttgart 1999, S. 167–232.
Uta Kleine: Heilige Ökonomie. Schatzsemantik, Geldgebrauch und Güterzirkulation zwischen Himmel und Erde. In: Der Wert des Heiligen. Spirituelle, materielle und ökonomische Verflechtungen. Hrsg. von Andreas Bihrer, Miriam Czock, Uta Kleine. Stuttgart 2020, S. 31–61.
Jacob Klingner: Der Sündenfall als Glücksfall? Zur Deutung des Gürtels in Dietrichs von der Glezze *Borte*. In: Liebesgaben. Kommunikative, performative und poetologische Dimensionen in der Literatur des Mittelalters und der Frühen Neuzeit. Hrsg. von Margreth Egidi [u. a.]. Berlin 2012, S. 163–179.
Niklot Klüßendorf: Numismatik und Geldgeschichte. Basiswissen für Mittelalter und Neuzeit. Peine 2015.
Fritz Peter Knapp: Mittelalterliche Erzählgattungen im Lichte scholastischer Poetik. In: Exempel und Exempelsammlungen. Hrsg. von Walter Haug, Burghart Wachinger. Tübingen 1991, S. 1–22.
Fritz Peter Knapp: Geschichte der Literatur in Österreich, Bd. 2.1: Die Literatur des Spätmittelalters. Graz 1999.
Nina Knischewski: Die Erotik des Geldes. Konstruktion männlicher Geschlechtsidentität im ‚Fortunatus'. In: Genderdiskurse und Körperbilder im Mittelalter. Eine Bilanzierung nach Butler und Laqueur. Hrsg. von Ingrid Bennewitz, Ingrid Kasten. Münster 2002, S. 179–198.
Peter Koch: Gedanken zur Metapher – und zu ihrer Alltäglichkeit. In: Sprachlicher Alltag. Linguistik – Rhetorik – Literaturwissenschaft. FS Wolf-Dieter Stempel. Hrsg. von Annette Sabban, Christian Schmitt. Tübingen 1994, S. 201–225.
Karl-Heinz Kohl: Die Macht der Dinge. Geschichte und Theorie sakraler Objekte. München 2003.
Herbert Kolb: Auf der Suche nach dem Pfaffen Amis. In: Strukturen und Interpretationen. Studien zur deutschen Philologie. FS Blanke Horacek. Hrsg. von Alfred Ebenbauer, Fritz Peter Knapp, Peter Krämer. Wien/Stuttgart 1974, S. 189–211.
Barbara Könneker: Strickers *Pfaffe Âmîs* und das Volksbuch von *Ulenspiegel*. In: Euphorion 64 (1970), S. 242–280.
Walter Köppe: Komik im ‚Pfaffen Amis'. In: Wolfram-Studien VII. Hrsg. von Joachim Heinzle, Peter L. Johnson, Gisela Vollmann-Profe. Berlin 1982, S. 144–153.
Igor Kopytoff: The Cultural Biography of Things. Commodization as Process. In: The social life of things. Commodities in cultural perspective. Hrsg. von Arjun Appadurai. Cambridge 1986, S. 64–91.
Gisela Kornrumpf: Das ‚Buch der Könige'. Eine Exempelsammlung als Historienbibel. In: FS Walter Haug und Burghart Wachinger, Bd. 1. Hrsg. von Johannes Janota [u. a.]. Tübingen 1992, S. 505–527.
Florian Kragl: *Fortes fortuna adiuvat?* Zum Glücksbegriff im ‚Fortunatus'. In: Mythos – Sage – Erzählung. Gedenkschrift für Alfred Ebenbauer. Hrsg. von Johannes Keller, Florian Kragl. Göttingen 2009, S. 223–240.
Florian Kragl: Betrogen? Eindruckslose Listen und gleichmütige Verlierer in „Flore und Blanscheflur" und anderswo. In: Verstellung und Betrug im Mittelalter und in der mittelalterlichen Literatur. Hrsg. von Matthias Meyer, Alexander Sager. Göttingen 2015, S. 113–141.
Andreas Kraß: Geschriebene Kleider. Höfische Identität als literarisches Spiel. Tübingen 2006.
Berenike Krause: Die *milte*-Thematik in der mittelhochdeutschen Sangspruchdichtung. Darstellungsweisen und Argumentationsstrategien. Frankfurt am Main [u. a.] 2004.

Hermann Krause, Gerhard Köbler: Art. Gewohnheitsrecht. In: *HRGDigital*.
Detlef Kremer, Nikolaus Wegmann: Geld und Ehre. Zum Problem frühneuzeitlicher Verhaltenssemantik im ‚Fortunatus'. In: Germanistik – Forschungsstand und Perspektiven. Vorträge des Deutschen Germanistentages 1984. Hrsg. von Georg Stötzel. Berlin 1985, S. 160–178.
Ludolf Kuchenbuch: Porcus donativus. Language Use and Gifting in Seigniorial records between the Eighth and the Twelfth Centuries. In: Negotiating the Gift. Pre-Modern Figurations of Exchange. Hrsg. von Gadi Algazi, Valentin Groebner, Bernhard Jussen. Göttingen 2003, S. 192–246.
Hartmut Kugler: Die Vorstellung der Stadt in der Literatur des deutschen Mittelalters. München 1986.
Gerhard Kurz: Zu einer Hermeneutik der literarischen Allegorie. In: Formen und Funktionen der Allegorie. Symposion Wolfenbüttel 1978. Hrsg. von Walter Haug. Stuttgart 1979, S. 12–24.
Ulla Kypta: Die Autonomie der Routine. Wie im 12. Jahrhundert das englische Schatzamt entstand. Göttingen 2014.
Ulla Kypta [u. a.]: Introduction into the Study of Markets. In: Methods in Premodern Economic History. Case studies from the Holy Roman Empire, c.1300–c.1600. Hrsg. von ders., Julia Bruch, Tanja Skambraks. Cham 2019, S. 99–130.
Ulla Kypta, Julia Bruch und Tanja Skambraks (Hrsg.): Methods in Premodern Economic History. Case studies from the Holy Roman Empire, c.1300–c.1600. Cham 2019.
Alfred Kyrer: Wirtschaftslexikon. 4., völlig neu bearbeitete und stark erweiterte Aufl. München/ Wien 2001.
George Lakoff: The Contemporary Theory of Metaphor. In: Metaphor and Thought. Hrsg. von Andrew Ortony. Berkeley 1993 (online-Version: https://escholarship.org/uc/item/54g7j6zh, zuletzt eingesehen 11.03.2021, 15:49).
Roland Lane: A critical review of the major studies of the relationship between the Old French *Flore et Blancheflor* and its Germanic adaptations. In: Nottingham medieval studies 30 (1986), S. 1–19.
Heinrich Lang: Wirtschaften als kulturelle Praxis. Die Florentiner Salviati und die Augsburger Welser auf den Märkten in Lyon (1507–1559). Stuttgart 2020.
Odd Langholm: Wealth and Money in the Aristotelian Tradition. A Study in Scholastic Economic Sources. Bergen 1983.
Odd Langholm: Economics in the Medieval Schools. Wealth, Exchange, Value, Money & Usury according to the Paris Theological Tradition, 1200–1350. Leiden/New York/Köln 1992.
Odd Langholm: The Merchant in the Confessional: Trade and Price in the Pre-Reformation Penitential Handbooks. Leiden 2003.
Wendy R. Larson: Confessing Something New: The Twenty-First Canon of the Fourth Lateran Council and English Literature. In: Literary Echoes of the Fourth Lateran Council in England and France, 1215–1405. Hrsg. von Maureen B. M. Boulton. Toronto 2019, S. 229–270.
Christiane Laudage: Das Geschäft mit der Sünde. Ablass und Ablasswesen im Mittelalter. Freiburg im Breisgau 2016.
Claudia Lauer: Literarisches Er-Zählen. Ein theoretisches Experiment zum mittelalterlichen Erzählen im Spannungsfeld von Quantität und Qualität. In: Erzählen und Rechnen. Mediävistische Beiträge zur Interaktion zweier ungleicher Kulturtechniken. Hrsg. von Edith Feistner. Oldenburg 2018, S. 65–89.
Bernhard Laum: Heiliges Geld: Eine historische Untersuchung über den sakralen Ursprung des Geldes. Tübingen 1924.

Christina Lechtermann: *Von wem, ze wem, waz, wie und wenne*. Redeordnungen. In: Ordnung und Unordnung in der Literatur des Mittelalters. Hrsg. von Wolfgang Harms [u. a.]. Stuttgart 2003, S. 81–95.

Jacques Le Goff: Wucherzins und Höllenqual. Ökonomie und Religion im Mittelalter. Stuttgart 2008.

Jacques Le Goff: Geld im Mittelalter. Stuttgart 2011.

Ulrike Lehmann-Langholz: Kleiderkritik in mittelalterlicher Dichtung. Der Arme Heinrich, Heinrich ‚von Melk', Neidhart, Wernher der Gartenaere und ein Ausblick auf die Stellungnahmen spätmittelalterlicher Dichter. Frankfurt am Main 1985.

Yigal Levin: A Tale of Twelve Brothers: Historical Symbolism and the Position of the Tribe of Benjamin. 2014. (https://www.thetorah.com/article/a-tale-of-twelve-brothers-historical-symbolism-and-the-position-of-the-tribe-of-benjamin, zuletzt eingesehen: 02.11.2020,16:17).

David Lewis: Convention. A Philosophical Study. Oxford 2002.

Karin Lichtblau: Schatzvorstellungen in der deutschen Literatur des Mittelalters. In: Vom Umgang mit Schätzen. Internationaler Kongress Krems an der Donau, 28. bis 30. Oktober 2004. Hrsg. von Elisabeth Vavra. Wien 2007, S. 35–54.

Ludger Lieb, Stephan Müller: Situationen literarischen Erzählens. Systematische Skizzen am Beispiel von ‚Kaiserchronik' und Konrad Flecks ‚Flore und Blanscheflur'. In: Wolfram-Studien XVIII. Erzähltechnik und Erzählstrategien in der deutschen Literatur des Mittelalters. Hrsg. von Wolfgang Haubrichs, Eckart Conrad Lutz, Klaus Ridder. Berlin 2004, S. 33–57.

Jürgen Link: Literaturanalyse als Interdiskursanalyse. Am Beispiel des Ursprungs literarischer Symbolik in der Kollektivsymbolik. In: Diskurstheorien und Literaturwissenschaft. Hrsg. von Jürgen Fohrmann, Harro Müller. Frankfurt am Main 1988, S. 284–307.

Hansjürgen Linke: Beobachtungen zur Form des „Pfaffen Amis". In: Sprache in Gegenwart und Geschichte. FS Heinrich Matthias Heinrichs. Hrsg. von Dietrich Hartmann, Hansjürgen Linke, Otto Ludwig. Köln/Wien 1978, S. 307–219.

Hansjürgen Linke: Strukturvarianten der „Amis"-Überlieferung. In: FS Heinz Engels. Hrsg. von Gerhard Augst, Otfrid Ehrismann, Hans Ramge. Göppingen 1991, S. 23–45.

Hansjürgen Linke: Wertewandel im Widerschein kleinepischer Versdichtung des späten Mittelalters. In: ZfdA 135,4 (2006), S. 450–473.

Lester K. Little: Religious Poverty and the Profit Economy in Medieval Europe. Ithaca 1978.

Simone Loleit: Das Verhältnis von Geld und Ware als Übersetzungsproblem. Luthers Schrift *Von Kaufshandlung und Wucher* im Spiegel seiner Vorlesung zu Genesis 41. In: OBST 81 (2012), S. 245–263.

Olga Lorgeoux: Die (Wieder-) Erzählung von 2. Sam 11–12 im spätantiken Christentum. In: Renarrativierung in der Vormoderne. Funktionen, Transformationen, Rezeptionen. Hrsg. von Thorsten Glückhardt, Sebastian Kleinschmidt, Verena Spohn. Baden-Baden 2019, S. 127–148.

Jurij M. Lotman: Die Struktur literarischer Texte. Hrsg. mit einem Nachwort und einem Register von Rainer Grübel. 3. Aufl. Frankfurt am Main 1973.

Martina Löw, Gabriele Sturm: Raumsoziologie. In: Handbuch Sozialraum. Hrsg. von Fabian Kessl, Christian Reutlinger. Wiesbaden 2016, Online: https://link.springer.com/content/pdf/10.1007%2F978-3-531-19988-7_1-1.pdf (zuletzt eingesehen: 08.03.2021, 16:11).

Patrick del Luca: Das Motiv der Torheit im *Pfaffen Amis* und in einigen Kurzerzählungen des Strickers. In: Der Narr in der deutschen Literatur im Mittelalter und in der Frühen Neuzeit. Kolloquium in Nancy (13.-14. März 2008). Hrsg. von Jean Schillinger. Bern 2009, S. 29–45.

Heiner Lück: Art. Marktkreuz. In: *HRGDigital*.

Clemens Lugowski: Die Form der Individualität im Roman. Studien zur inneren Struktur der frühen deutschen Prosaerzählung. Frankfurt am Main 1976.

Niklas Luhmann: Soziale Systeme. Grundriß einer allgemeinen Theorie. 16. Aufl. Frankfurt am Main 2015.

David E. Luscombe: Natural morality and natural law. In: The Cambridge History of Later Medieval Philosophy. From the Rediscovery of Aristotle to the Disintegration of Scholasticism 1100–1600. Hrsg. von Norman Kretzmann, Anthony Kenny, Jan Pinborg. Cambridge 1980, S. 705–720.

Andrea Mader: Von *untriuwe* und *gîtekeit*. Die Predigten des Berthold von Regensburg. In: Kleine Regensburger Literaturgeschichte. Hrsg. von Rainer Barbey, Erwin Petzi. Regensburg 2014, S. 63–70.

Walter Magaß: Der Prediger und die Rhetorik. In: Rhetorik und Theologie. Hrsg. von Joachim Dyck, Walter Jens, Gert Ueding. Tübingen 1986, S. 13–26.

Sabine Mainberger: Die Kunst des Aufzählens. Elemente zu einer Poetik des Enumerativen. Berlin/New York 2003.

Graham Mallard: Bounded Rationality and Behavioural Economics. London/New York 2016.

Graham Mallard: Behavioural Economics. Newcastle upon Tyne 2017.

John Margetts: Non-Feudal Attitudes in Der Stricker's Short Narrative Works. In: NPhM 73,4 (1972), S. 754–774.

Andrei Marmor: On the Objectivity of Values. In: Positive Law and Objective Values. Von dems. Oxford 2001, S. 160–183.

Andrei Marmor: Is Literal Meaning Conventional? In: Topoi 27 (2008), S. 101–113 (https://link.springer.com/article/10.1007/s11245-008-9027-2, zuletzt eingesehen: 05.03.2021,19:16).

Andrei Marmor: Social Conventions. From Language to Law. Princeton 2009.

Marcel Mauss: Die Gabe. Form und Funktion des Austauschs in archaischen Gesellschaften. Mit einem Vorwort von E. E. Evans-Pritchard. 12. Aufl. Frankfurt am Main 2019.

Deirdre N. McCloskey: Ökonomen leben in Metaphern. In: Diskurs und Ökonomie. Diskursanalytische Perspektiven auf Märkte und Organisationen. Hrsg. von Rainer Diaz-Bone, Gertraude Krell. 2. Aufl. Wiesbaden 2015, S. 131–147.

Päivi Mehtonen: Old concepts and new poetics. historia, argumentum, and fabula in the twelfth- and early thirteenth-century Latin poetics of fiction. Helsinki 1996.

Marlis Meier-Branecke: Die Rittertreue. Kritische Ausgabe und Untersuchungen. Hamburg 1969.

Johannes Melters: „ein frölich gemüt zu machen in schweren zeiten ... ". Der Schwankroman in Mittelalter und Früher Neuzeit. Berlin 2004.

Michael Menzel: Predigt und Geschichte. Historische Exempel in der geistlichen Rhetorik des Mittelalters. Köln 1998.

Walter Mersmann: Der Besitzwechsel und seine Bedeutung in den Dichtungen Wolframs von Eschenbach und Gottfrieds von Strassburg. München 1971.

Volker Mertens: Imitatio Arthuri. Zum Prolog von Hartmanns ‚Iwein'. In: ZfdA 61 (1977), S. 350–358.

Volker Mertens: Sprechen mit Gott – Sprechen über Gott. Predigt und Legendendichtung im frühen 13. Jahrhundert (Rudolf von Ems, *Barlaam und Josaphat*). In: Sprechen mit Gott. Redeszenen in mittelalterlicher Bibeldichtung und Legende. Hrsg. von Nine Miedema, Angela Schrott, Monika Unzeitig. Berlin 2012, S. 270–283.

Nikola von Merveldt: „Sinn-Stiftung": Erzbistum und Erzählung im *Guoten Gêrhart* des Rudolf von Ems. In: Euphorion 94,3 (2000), S. 293–317.

Matthias Meyer: Vom Lachen der Esel. Ein experimenteller Essay auf der Suche nach dem komischen Stil im Artusroman. In: LiLi 43,3 (2013), S. 86–103.

Sylvia Meyer: Crossing the line – Die Macht der Rituale im *Pfaffen Amis*. In: Ordentliche Unordnung. Metamorphosen des Schwanks vom Mittelalter bis zur Moderne. FS Michael Schilling. Hrsg. von Bernhard Jahn, Dirk Rose, Thorsten Unger. Heidelberg 2014, S. 17–32.

Gesine Mierke: Riskante Ordnungen. Von der Kaiserchronik zu Jans von Wien. Berlin 2014.

John Stuart Mill: Principles of Political Economy with some of their Applications to Social Philosophy. Hrsg. von Sir W. J. Ashley. London 1920.
Wolfgang W. Moelleken: Der Pfaffe Amis und sein Bischof. In: *In hôhem prîse*. FS Ernst S. Dick. Hrsg. von Winder McConnell. Göppingen 1989, S. 279–293.
Jan Mohr: Verselbständigte Metaphorik. Zur semantischen Organisation des Bîspels *Die Gauhühner* von dem Stricker. In: Archiv 239 (2002), S. 266–275.
Wolfgang Mohr: Arme ritter. In: ZfdA 97,2 (1968), S. 127–134.
Peter von Moos: Das Öffentliche und das Private im Mittelalter. Für einen kontrollierten Anachronismus. In: Das Öffentliche und Private in der Vormoderne. Hrsg. von Gert Melville, Peter von Moos. Köln [u. a.] 1998, S. 3–83.
Franco Moretti: Distant Reading. London 2013.
Anna Mühlherr: Nicht mit rechten Dingen, nicht mit dem rechten Ding, nicht am rechten Ort. Zur *tarnkappe* und zum *hort* im Nibelungenlied. In: ZfdPh 131,3 (2009), S. 461–492.
Jan-Dirk Müller: Spielregeln für den Untergang. Die Welt des Nibelungenliedes. Tübingen 1998.
Jan-Dirk Müller: Der Prosaroman – Eine Verfallsgeschichte? Zu Clemens Lugowskis Analyse des ‚Formalen Mythos' (mit einem Vorspruch). In: Mittelalter und frühe Neuzeit. Übergänge, Umbrüche und Neuansätze. Hrsg. von Walter Haug. Tübingen 1999, S. 143–163.
Maria E. Müller: Vom Kipp-Phänomen überrollt. Komik als narratologische Leerstelle am Beispiel zyklischen Erzählens. In: Historische Narratologie – Mediävistische Perspektiven. Hrsg. von Harald Haferland, Matthias Meyer. Berlin/Boston 2010, S. 69–97.
Bert de Munck: Guilds, Product Quality and Intrinsic Value. Towards a History of Conventions? In: HSR 36,4 (2011), S. 103–124.
Christian Neschwara: Art. Pfandrecht. In: *HRGDigital*.
Tim Neu: Symbolische Kommunikation und wirtschaftliches Handeln. Theoretische Perspektiven. In: Alles nur symbolisch? Bilanz und Perspektiven der Erforschung symbolischer Kommunikation. Hrsg. von Barbara Stollberg-Rilinger, Tim Neu, Christina Brauner. Köln/Weimar/Wien 2013, S. 401–418.
Otto Neudeck: Erzählen von Kaiser Otto. Zur Fiktionalisierung von Geschichte in mittelhochdeutscher Literatur. Köln/Weimar/Wien 2003.
Dagmar Neuendorff: Das Gespräch zwischen Parzival und Trevrizent im IX. Buch von Wolframs Parzival. Eine diskursanalytische Untersuchung. In: Neophilologica Fennica: Société Néophilologique 100 ans. Neuphilologischer Verein 100 Jahre. Modern Language Society 100 Years. Hrsg. von Leena Kahlas-Tarkka. Helsinki 1987, S. 267–294.
Manuela Niesner: Zum *Guoten Gêrhart* des Rudolf von Ems. In: LJB (NF) 39 (1998), S. 55–74.
Michael North: Zwischen Hafen und Horizont. Weltgeschichte der Meere. München 2016.
Hans G. Nutzinger, Christian Hecker: Gerechtigkeit in der Ökonomie – ein unlösbarer Widerspruch? In: Leviathan 36,4 (2008), S. 543–575.
Jörg Oberste: *bonus negotiator Christus –malus negotiator dyabolus*. Kaufmann und Kommerz in der Bildersprache hochmittelalterlicher Prediger. In: Institutionalität und Symbolisierung. Verstetigungen kultureller Ordnungsmuster in Vergangenheit und Gegenwart. Hrsg. von Gert Melville. Köln/Weimar/Wien 2001, S. 425–449.
Otto Gerhard Oexle: „Die Statik ist ein Grundzug des mittelalterlichen Bewußtseins". Die Wahrnehmung sozialen Wandels im Denken des Mittelalters und das Problem ihrer Deutung. In: Sozialer Wandel im Mittelalter. Wahrnehmungsformen, Erklärungsmuster, Regelungsmechanismen. Hrsg. von Jürgen Miethke, Klaus Schreiner, Sigmaringen 1994, S. 45–70.
Marion Oswald: Gabe und Gewalt. Studien zur Logik und Poetik der Gabe in der frühhöfischen Erzählliteratur. Göttingen 2004.

Walter O. Ötsch: Geld und Raum. Anmerkungen zum Homogenisierungsprozess der beginnenden Neuzeit. In: Geld! Welches Geld? Geld als Denkform. Hrsg. von Karl-Heinz Brodbeck, Silja Graupe. Marburg 2016, S. 71–101.

Jonathan Parry: On the moral perils of exchange. In: Money & the Morality of Exchange. Hrsg. von dems., Maurice Bloch. Cambridge 1989, S. 64–93.

Astrid Pasch: Zur Herstellungstechnik der Schatzfundobjekte. In: Die mittelalterliche jüdische Kultur in Erfurt. Bd. 2: Der Schatzfund. Analysen – Herstellungstechniken – Rekonstruktionen. Hrsg. vom Thüringischen Landesamt für Denkmalpflege und Archäologie Weimar durch Sven Ostritz. Weimar 2010, S. 226–437.

Nikolaus Paulus: Geschichte des Ablasses im Mittelalter. Vom Ursprunge bis zur Mitte des 14. Jahrhunderts. 2 Bde. 2. Aufl. Darmstadt 2000.

Franzjosef Pensel: Rechtsgeschichtliches und Rechtssprachliches im epischen Werk Hartmanns von Aue und im ‚Tristan ‘ Gottfrieds von Straßburg. Berlin 1961.

Israel Peri: *Omnia mensura et numero et pondere disposuisti*: Die Auslegung von Weish 11,20 in der lateinischen Patristik. In: Mensura. Maß, Zahl, Zahlensymbolik im Mittelalter, Bd. 1. Hrsg. von Albert Zimmermann. Berlin/New York 1983, S. 1–21.

Ursula Peters: Literatur in der Stadt. Studien zu den sozialen Voraussetzungen und kulturellen Organisationsformen städtischer Literatur im 13. und 14. Jahrhundert. Tübingen 1983.

Ursula Peters: Stadt, ‚Bürgertum‘ und Literatur im 13. Jahrhundert. Probleme einer sozialgeschichtlichen Deutung des „Pfaffen Âmîs“. In: Von der Sozialgeschichte zur Kulturwissenschaft. Aufsätze 1973–2000. Hrsg. von Susanne Bürkle, Lorenz Deutsch, Timo Reuvekamp-Felber. Tübingen/Basel 2004, S. 19–35 (Wiederabdruck von Ursula Peters: Stadt, ‚Bürgertum‘ und Literatur im 13. Jahrhundert. Probleme einer sozialgeschichtlichen Deutung des „Pfaffen Âmîs“. In: LiLi 7 (1977), S. 109–126.).

Werner Peters, Friedrich Scheele unter Mitarbeit von Bärbel Müller: Glossar der Rechtswörter. In: Die Wolfenbütteler Bilderhandschrift des Sachsenspiegels. Aufsätze und Untersuchungen. Kommentarband zur Faksimile-Ausgabe. Hrsg. von Ruth Schmidt-Wiegand. Berlin 1993, S. 249–325.

Katharina Philipowski: *‚diu gâb mir tugende gît‘*. Das gabentheoretische Dilemma von *milte* und *lôn* im hohen Minnesang, im *Frauendienst* und im Tagelied. In: DVjs 85,4 (2011), S. 455–488.

Katharina Philipowski: *ich hete kranke sinne, / daz ich im niht minne gap* (*Parzival* 141,20 f.). *Minne* als *lôn* und als *gâbe* im *Tristan* und im *Jüngeren Titurel*. In: Liebesgaben. Kommunikative, performative und poetologische Dimensionen in der Literatur des Mittelalters und der Frühen Neuzeit. Hrsg. von Margreth Egidi [u. a.]. Berlin 2012, S. 101–118.

Annemarie Pieper: Ethik und Ökonomie. Historische und systematische Aspekte ihrer Beziehung. In: Sozialphilosophische Grundlagen ökonomischen Handelns. Hrsg. von Bernd Biervert, Klaus Held, Josef Wieland. Frankfurt am Main 1990, S. 86–101.

Thomas Piketty: Das Kapital im 21. Jahrhundert. München 2014.

Thomas Piketty: Kapital und Ideologie. München 2020.

Paul B. Pixton: The German Episcopacy and the Implementation of the Decrees of the Fourth Lateran Council 1216–1245. Leiden/New York/Köln 1995.

Werner Plumpe: Die Geburt des „Homo oeconomicus“. Historische Überlegungen zur Entstehung und Bedeutung des Handlungsmodells der modernen Wirtschaft. In: Menschen und Märkte. Studien zur historischen Wirtschaftsanthropologie. Hrsg. von Wolfgang Reinhard, Justin Stagl. Köln/Weimar/Wien 2007, S. 319–352.

Werner Plumpe: Ökonomisches Denken und wirtschaftliche Entwicklung. Zum Zusammenhang von Wirtschaftsgeschichte und historischer Semantik der Ökonomie. In: JWG 50,1 (2009), S. 27–52.

Werner Plumpe: Das kalte Herz. Kapitalismus: Die Geschichte einer andauernden Revolution. Berlin 2019.

Karl Polanyi: The Great Transformation. Politische und ökonomische Ursprünge von Gesellschaften und Wirtschaftssystemen. 14. Aufl. Berlin 2019.

Marie Anne Polo de Beaulieu, Jacques Berlioz: ‚Car qui a le vilain, a la proie'. Les proverbs dans les recueils d'exempla (XIIIe-XIVe siècle). In: Tradition des proverbes et des exempla dans l'Occident médiéval / Die Tradition der Sprichwörter und exempla im Mittelalter. Hrsg. von Hugo O. Bizzarri, Martin Rohde. Berlin/Boston 2009, S. 25–66.

Martin Przybilski: Kulturtransfer zwischen Juden und Christen in der deutschen Literatur des Mittelalters. Berlin/New York 2010.

Jeroen Puttevils: Medieval merchants. In: Handbook of Medieval Culture, Bd. 2. Hrsg. von Albrecht Classen. Berlin/Boston 2015, S. 1039–1056.

Christine Putzo: Konrad Fleck ‚Flore und Blanscheflur'. Text und Untersuchungen. Berlin/Boston 2015.

Franziska Quaas: Sakralität und Handel. Eine kulturelle Semantik des Marktbegriffes in Spätantike und Frühmittelalter. In: Der Wert des Heiligen. Spirituelle, materielle und ökonomische Verflechtungen. Hrsg. von Andreas Bihrer, Miriam Czock, Uta Kleine. Stuttgart 2020, S. 105–132.

Franziska Quaas: Towards a Different Type of Market Exchange in the Early Middle Ages: The *Sacrum Commercium* and its Agents. In: Markets and their actors in the late Middle Ages. Hrsg. von Tanja Skambraks, Julia Bruch, Ulla Kypta. Berlin/Boston 2021, S. 27–70.

Bruno Quast: Vom Kult zur Kunst. Öffnungen des rituellen Textes in Mittelalter und Früher Neuzeit. Tübingen/Basel 2004.

Bruno Quast: Die Ambiguität des Wilden: Überlegungen zum Verhältnis von Anthropologie und Ökonomie im *Fortunatus*. In: Ambiguität im Mittelalter. Formen zeitgenössischer Reflexion und interdisziplinärer Rezeption. Hrsg. von Oliver Auge, Christiane Witthöft. Berlin/Boston 2016, S. 203–218.

J. Patrick Quinn: Narrative Theology as a Hermeneutic for the further Understanding of the „Sacrum Commercium Beati Francisci cum Domina Paupertate". In: Analecta TOR 21 (1989), S. 9–41.

Norbert Reetz: Art. Preise II: Monopolpreisbildung. In: HdWW, Bd. 6, S. 189–202.

Hedda Ragotzky: Das Handlungsmodell der list und die Thematisierung der Bedeutung von guot: Zum Problem einer sozialgeschichtlich orientierten Interpretation von Strickers ‚*Daniel von dem blühenden Tal*' und dem ‚*Pfaffen Amis*'. In: Literatur – Publikum – historischer Kontext. Hrsg. von Gert Kaiser. Bern 1977, S. 183–203.

Hedda Ragotzky: Die *kunst der milte*. Anspruch und Funktion der *milte*-Diskussion in den Texten des Strickers. In: Gesellschaftliche Sinnangebote mittelalterlicher Literatur. Mediävistisches Symposium an der Universität Düsseldorf. Hrsg. von Gert Kaiser. München 1980, S. 77–92.

Hedda Ragotzky: Die Thematisierung der materiellen Bedeutung von „guot" in den Texten des Strickers. In: Soziale Ordnungen im Selbstverständnis des Mittelalters. 2. Halbbd. Hrsg. von Albert Zimmermann, Gudrun Vuillemin-Diem. Berlin 1980, S. 498–516.

Hedda Ragotzky: Gattungserneuerung und Laienunterweisung in Texten des Strickers. Tübingen 1981.

Bettina Marietta Recktenwald: Das Handbuch des Pfisters aus dem Zisterzienserkloster Salem am Bodensee. In: Wirtschafts- und Rechnungsbücher des Mittelalters und der Frühen Neuzeit. Formen und Methoden der Rechnungslegung: Städte, Klöster, Kaufleute. Hrsg. von Gudrun Gleba, Niels Petersen. Göttingen 2015, S. 45–59.

Walther Rehm: Kulturverfall und spätmittelhochdeutsche Didaktik. Ein Beitrag zur Frage der geschichtlichen Alterung. In: ZfdPh 52 (1927), S. 289–330.

Susanne Reichlin: Ökonomien des Begehrens, Ökonomien des Erzählens. Zur poetologischen Dimension des Tauschens in Mären. Göttingen 2009.

Susanne Reichlin: ‚Laß uns einfältig werden': Gottvertrauen oder das Erzählen von ‚einfachen' Erwartungspraktiken. In: Komplexität und Einfachheit. DFG-Symposion 2015. Hrsg. von Albrecht Koschorke. Stuttgart 2017, S. 42–78.

Susanne Reichlin: Risiko und *aventiure*. Die Faszination für das ungesicherte Wagnis im historischen Wandel. In: Kulturen des Risikos im Mittelalter und in der Frühen Neuzeit. Hrsg. von Benjamin Scheller. Berlin/Boston 2019, S. 13–31.

Udo Reifner: Das Geld. Bd. 1: Ökonomie des Geldes. Kooperation und Akkumulation. Wiesbaden 2017.

Karl Nikolaus Renner: Grenze und Ereignis. Weiterführende Überlegungen zum Ereigniskonzept von Jurij M. Lotman. In: Norm – Grenze – Abweichung. Kultursemiotische Studien zu Literatur, Medien und Wirtschaft. FS Michael Titzmann. Hrsg. von Gustav Frank, Wolfgang Lukas. Passau 2004, S. 357–381 (zitiert nach der online verfügbaren Version: https://www.kultursemiotik.com/wp-content/uploads/2015/01/Renner_Grenze-und-Ereignis.pdf, zuletzt eingesehen: 14.01.2022,09:45).

Silvia Reuvekamp: *sô kêre doch herz und vernunst/ ûf edele dœne und edeliu wort*. Überlegungen zum Verhältnis von Liebes-, Kunst- und Sprachreflexion im mittelhochdeutschen Liebes- und Abenteuerroman. In: ZfdPh 133,1 (2014), S. 49–65.

Dieter Richter: Die deutsche Überlieferung der Predigten Bertholds von Regensburg. Untersuchungen zur geistlichen Literatur des Spätmittelalters. München 1969.

Klaus Ridder: Ästhetisierte Erinnerung – erzählte Kunstwerke. Tristans Lieder, Blanscheflurs Scheingrab, Lancelots Wandgemälde. In: LiLi 27,1 (1997), S. 62–85.

Coralie Rippl: Geld und *âventiure*. Narrative Aspekte der Zeit-Raum-Erfahrung bei Heinrich Kaufringer. In: PBB 134 (2012), S. 540–569.

Roland Ris: Das Adjektiv *reich* im mittelalterlichen Deutsch. Geschichte – semantische Struktur – Stilistik. Berlin/New York 1971.

Jutta Rißmann: Art. Kaufmann. In: *EM Online*.

Daniel Rocher: Hof und christliche Moral. Inhaltliche Konstanten im Œuvre des Strickers. In: Mittelalterliche Literatur und Kunst im Spannungsfeld von Hof und Kloster. Ergebnisse der Berliner Tagung, 9.-11. Oktober 1997. Hrsg. von Nigel F. Palmer, Hans-Jochen Schiewer. Tübingen 1999, S. 99–112.

Thorsten Roelcke: Fachsprachen. 3. Aufl. Berlin 2010.

Thorsten Roelcke: Definitionen und Termini. Quantitative Studien zur Konstituierung von Fachwortschatz. Berlin/Boston 2013.

Werner Röcke: Die Freude am Bösen. Studien zu einer Poetik des deutschen Schwankromans im Spätmittelalter. München 1987.

Werner Röcke: Art. Schwankroman. In: RLW, Bd. 3, S. 410–412.

Lutz Röhrich: Art. Dankbarer Toter (AaTh 505–508). In: *EM Online*.

Lutz Röhrich: Art. Mahrtenehe: die gestörte Mahrtenehe. In: *EM Online*.

Werner Rösener: Ritterliche Wirtschaftsverhältnisse und Turnier im sozialen Wandel des Hochmittelalters. In: Das ritterliche Turnier im Mittelalter. Beiträge zu einer vergleichenden Formen- und Verhaltensgeschichte des Rittertums. Hrsg. von Josef Fleckenstein. Göttingen 1985, S. 296–338.

Gustav Rosenhagen: Der Pfaffe Amis des Strickers. In: Vom Werden des deutschen Geistes, FS Gustav Ehrismann. Hrsg. von Paul Merker, Wolfgang Stammler. Berlin 1925, S. 149–158.

Gustav Rosenhagen: Art. Der Stricker. In: [1]VL, Bd. 4, Sp. 292–299.

Don Ross: Classical Game Theory, Socialization and the Rationalization of Conventions. In: Topoi 27 (2008), S. 57–72.

Philipp Robinson Rössner: Money, Banking, Economy. In: Handbook of Medieval Culture, Bd. 2. Hrsg. von Albrecht Classen. Berlin/Boston 2015. S. 1137–1166.

Philipp Robinson Rössner: Freie Märkte? Zur Konzeption von Konnektivität, Wettbewerb und Markt im vorklassischen Wirtschaftsdenken und die Lektionen aus der Geschichte. In: HZ 303 (2016), S. 349–392.

Philipp Robinson Rössner: Wirtschaftsgeschichte neu denken. Mit einer Darstellung der Ursprünge moderner ökonomischer Theorien. Stuttgart 2017.

Helmut Rücker: Mâze und ihre Wortfamilie in der deutschen Literatur bis um 1200. Göppingen 1975.

Amina Šahinović: Ehe, *minne*, Schuld. Widersprüche in Hartmanns Gregorius. In: Poetiken des Widerspruchs in vormoderner Erzählliteratur. Hrsg. von Elisabeth Lienert. Wiesbaden 2019, S. 129–141.

Heike Sahm: Gold im Nibelungenlied. In: Die Farben imaginierter Welten. Zur Kulturgeschichte ihrer Codierung in Literatur und Kunst vom Mittelalter bis zur Gegenwart. Hrsg. von Monika Schausten. Berlin 2012, S. 125–145.

Heike Sahm: Gabe und Gegengabe, Raub und Vergeltung. Reziprozität in der mittelhochdeutschen Epik. In: ZfdPh 133,3 (2014), S. 419–438.

Heike Sahm: Gabe und Geschenk. Zur Differenz von kultureller Norm und Praxis in Mittelalter und Moderne. In: MDGV 61,3 (2014), S. 267–278.

Dina Salama: „Emotional turn“ zwischen Ästhetisierung und Ethisierung. Konrad Flecks Versroman „Flore und Blanscheflur“ und die arabische Qasside „Afrā“ des ʻUrwa ibn Hizām – eine komparatistische Studie. In: Komparative Ästhetik(en). Hrsg. von Ernest W. B. Hess-Lüttich, Meher Bhoot, Vibha Surana. Bern 2018, S. 153–170.

Reinhard Saller: Predigtwandel und städtische Ökonomie: Zum ökonomischen Rationalismus in Predigttexten Bertholds von Regensburg. In: Das mittelalterliche Regensburg im Zentrum Europas. Hrsg. von Edith Feistner. Regensburg 2006, S. 191–199.

Ruth Sassenhausen: Das Ritual als Täuschung. Zu manipulierten Ritualen im Pfaffen Amis. In: LiLi 36,4 (2006), S. 55–79.

Andrea Schallenberg: Gabe, Geld und *Gender*. Ein Beitrag zur Poetik der Geschlechterdifferenz in der mittelhochdeutschen Verserzählung. In: ZfdPh 125 (Beiheft) (2006), S. 76–107.

Christoph Schanze: Dinge erzählen im Mittelalter. Zur narratologischen Analyse von Objekten in der höfischen Epik. In: KulturPoetik 16 (2016), S. 153–172.

Monika Schausten: Der Körper des Helden und das „Leben“ der Königin: Geschlechter und Machtkonstellationen im „Nibelungenlied“. In: ZfdPh 118,1 (1999), S. 27–49.

Monika Schausten: ‚Kuhhandel‘: Literatur, Obszönität und Ökonomie im frühen Nürnberger Fastnachtspiel. In: ZfdPh 134 (Beiheft) (2015), S. 169–189.

Monika Schausten: Agonales Schenken. Rüdigers Gaben im *Nibelungenlied*. In: Dingkulturen. Objekte in Literatur, Kunst und Gesellschaft der Vormoderne. Hrsg. von Anna Mühlherr [u. a.]. Berlin/Boston 2016, S. 83–109.

Fabian David Scheidel: Schönheitsdiskurse in der Literatur des Mittelalters. Die Propädeutik des Fleisches zwischen ‚aisthesis‘ und Ästhetik. Berlin/Boston 2022.

Dieter Scheler: Grundherrschaft. Zur Geschichte eines Forschungskonzeptes. In: Vom Elend der Handarbeit. Probleme historischer Unterschichtenforschung. Hrsg. von Hans Mommsen, Winfried Schulze. Stuttgart 1981, S. 142–157.

Benjamin Scheller: Rituelles Schenken an Höfen der Ottonenzeit zwischen Ein- und Mehrdeutigkeit. Formen und Funktionen des Austausches im früheren Mittelalter. In: Ordnungsformen des Hofes. Hrsg. von Ulf Christian Ewert, Stephan Selzer. Kiel 1997, S. 56–66.

Werner Scheltjens: Maße und Gewichte. Konvertierungsmöglichkeiten am Beispiel der Sundzollregister. In: Wiegen – Zählen – Registrieren. Handelsgeschichtliche Massenquellen und die Erforschung mitteleuropäischer Märkte (13.-18. Jahrhundert). Hrsg. von Peter Rauscher, Andrea Serles. Innsbruck/Wien/Bozen 2015, S. 455–479.

Herbert Schempf: Art. Handschlag. In: *HRGDigital*.

Karl Otto Scherner: Art. Kauf. In: *HRGDigital*.

Robert Scheuble: *mannes manheit, vrouwen meister*. Männliche Sozialisation und Formen der Gewalt gegen Frauen im *Nibelungenlied* und Wolframs von Eschenbach *Parzival*. Frankfurt am Main 2005.

Hans Jürgen Scheuer: Schwankende Formen. Zur Beobachtung religiöser Kommunikation in mittelalterlichen Schwänken. In: Literarische und religiöse Kommunikation in Mittelalter und Früher Neuzeit. DFG-Symposion 2006. Hrsg. von Peter Strohschneider. Berlin/New York 2009, S. 733–770.

Hans Jürgen Scheuer: Eselexegesen. Spielräume religiöser Kommunikation im Schwankexempel des Mittelalters und der Frühen Neuzeit. In: ZfG 25,1 (2015), S. 42–57.

Hans Jürgen Scheuer: Topos ‚asinitas'. Editorial. In: ZfG 25,1 (2015), S. 8–13.

Hans-Jochen Schiewer: *ein maere ist daz*. Narrative Exempla in der frühen deutschen Predigt. In: Erzählungen in Erzählungen. Phänomene der Narration in Mittelalter und Früher Neuzeit. Hrsg. von Harald Haferland. München 1996, S. 199–219.

Hans Jürgen Schiewer: German sermons in the Middle Ages. In: The Sermon. Hrsg. von Beverly Mayne Kienzle. Turnhout 2000, S. 861–961.

Hans-Jochen Schiewer: Predigt als Textsorte. Bettelorden und volkssprachige Prosa im 13. Jahrhundert. In: Textsorten deutscher Prosa vom 12./13. bis 18. Jahrhundert und ihre Merkmale. Akten zum internationalen Kongress in Berlin, 20. bis 22. September 1999. Hrsg. von Franz Simmler. Bern [u. a.] 2002, S. 275–287.

Michael Schilling: Nachwort. In: Der Stricker: Der Pfaffe Amis, nach der Heidelberger Handschrift cpg 341. Hrsg., übers. und kommentiert von dems. Stuttgart 1994, S. 177–206.

Elisabeth Schmid: Über Liebe und Geld. Zu den Floris-Romanen. In: Der fremdgewordene Text. FS Helmut Brackert. Hrsg. von Silvia Bovenschen [u. a.]. Berlin/New York 1997, S. 42–57.

Elisabeth Schmid: Weg mit dem Doppelweg. Wider eine Selbstverständlichkeit der germanistischen Artusforschung. In: Erzählstrukturen der Artusliteratur. Forschungsgeschichte und neue Ansätze. Hrsg. von Friedrich Wolfzettel, Peter Ihring. Tübingen 1999, S. 69–85.

Christian Schmid-Cadalbert: Der *Ortnit AW* als Brautwerbungsdichtung. Ein Beitrag zum Verständnis mittelhochdeutscher Schemaliteratur. Bern 1985.

Ruth Schmidt-Wiegand: Gebärdensprache im mittelalterlichen Recht. In: FMSt 16 (1982), S. 363–379.

Ruth Schmidt-Wiegand: Der Rechtswortschatz. In: Die Wolfenbütteler Bilderhandschrift des Sachsenspiegels. Aufsätze und Untersuchungen. Kommentarband zur Faksimile-Ausgabe. Hrsg. von ders. Berlin 1993, S. 219–232.

Ruth Schmidt-Wiegand: Sprache und Stil der Wolfenbütteler Bilderhandschrift. In: Die Wolfenbütteler Bilderhandschrift des Sachsenspiegels. Aufsätze und Untersuchungen. Kommentarband zur Faksimile-Ausgabe. Hrsg. von ders. Berlin 1993, S. 201–218.

Michaela Schmitz: Der Schluss des „Parzival" Wolframs von Eschenbach. Kommentar zum 16. Buch. Berlin 2012.

Romedio Schmitz-Esser: Der Leichnam im Mittelalter. Einbalsamierung, Verbrennung und die kulturelle Konstruktion des toten Körpers. Ostfildern 2014.

Almut Schneider: Zwischen *avaritia* und *curiositas*: Wahrnehmungsweisen von Geld in Mittelalter und Früher Neuzeit. In: Geld. Interdisziplinäre Sichtweisen. Hrsg. von Susanne Peters. Wiesbaden 2017, S. 175–201.

Guido Schneider: er nam den spiegel in die hant, als in sîn wîsheit lêrte. Zum Einfluß klerikaler Hofkritiken und Herrschaftslehren auf den Wandel höfischer Epik in groß- und kleinepischen Dichtungen des Strickers. Essen 1994.

Rüdiger Schnell: Rudolf von Ems. Studien zur inneren Einheit seines Gesamtwerkes. Bern 1969.

Christian Scholl: Die Judengemeinde der Reichsstadt Ulm im späten Mittelalter. Innerjüdische Verhältnisse und christlich-jüdische Beziehungen in süddeutschen Zusammenhängen. Hannover 2012.

Christian Scholl: Als Rechtlose in die Geldleihe abgedrängt? Zur rechtlichen Stellung und wirtschaftlichen Tätigkeit von Juden in den süddeutschen Reichsstädten des späten Mittelalters. In: Zu Gast bei Juden: Leben in der mittelalterlichen Stadt. Hrsg. von Dorothea Weltecke. Konstanz 2017, S. 24–31.

Klaus Schöpsdau: Art. Enumeratio. In: *HWBR Online* (https://www.degruyter.com/document/database/HWRO/entry/hwro.2.enumeratio/html, zuletzt eingesehen: 04.04.2021, 09:52).

Klaus Schreiner: ‚Hof' (*curia*) und ‚höfische Lebensführung' (*vita curialis*) als Herausforderung an die christliche Theologie und Frömmigkeit. In: Höfische Literatur – Hofgesellschaft – Höfische Lebensformen um 1200. Kolloquium am Zentrum für Interdisziplinäre Forschung der Universität Bielefeld (3. bis 5. November 1983). Hrsg. von Gert Kaiser, Jan-Dirk Müller. Düsseldorf 1986, S. 67–139.

Werner Schröder: *Armuot*. In: DVjs 34,4 (1960), S. 501–526.

Barbara Schuchard: Valor. Zu seiner Wortgeschichte im Lateinischen und Romanischen des Mittelalters. Bonn 1970.

Armin Schulz: Erzählungen in der Erzählung. Zur Poetologie im ‚Guoten Gêrhart ' Rudolfs von Ems. In: *helle döne schöne*. Versammelte Arbeiten zur älteren und neueren deutschen Literatur. FS Wolfgang Walliczek. Hrsg. von Horst Brunner [u. a.]. Göppingen 1999, S. 29–59.

Armin Schulz: Kontingenz im mittelhochdeutschen Liebes- und Abenteuerroman. In: Kein Zufall. Konzeptionen von Kontingenz in der mittelalterlichen Literatur. Hrsg. von Cornelia Herberichs, Susanne Reichlin. Göttingen 2010, S. 206–225.

Armin Schulz: Erzähltheorie in mediävistischer Perspektive. Studienausgabe. Hrsg. von Manuel Braun, Alexandra Dunkel, Jan-Dirk Müller. 2., durchgesehene Aufl. Berlin/Boston 2015.

Monika Schulz: *Swaz dû wilt daz wil ouch ich*. Loskauf, Schuldknechtschaft und *rehte ê* im ‚Guoten Gêrhart ' Rudolfs von Ems. Zur Frage der Idealität des Protagonisten. In: *helle döne schöne*. Versammelte Arbeiten zur älteren und neueren deutschen Literatur. FS Wolfgang Walliczek. Hrsg. von Horst Brunner [u. a.]. Göppingen 1999, S. 1–28.

Monika Schulz: Eherechtsdiskurse. Studien zu *König Rother*, *Partonopier und Meliur*, *Arabel*, *Der guote Gêrhart*, *Der Ring*. Heidelberg 2005.

Meinolf Schumacher: Toleranz, Kaufmannsgeist und Heiligkeit im Kulturkontakt mit den ‚Heiden'. Die mittelhochdeutsche Erzählung *Der guote Gêrhart* von Rudolf von Ems. In: ZiG 1,1 (2010), S. 49–58.

Anica Schumann: Experimentelles Erzählen. Komik in der aventiurehaften Dietrichepik. Köln/Weimar/Wien 2017.

Ute Schwab: Zur Interpretation der geistlichen *Bîspel*rede. In: Annali. Sezione Germanica 1 (1958), S. 153–181.

Michael Schwarzbach-Dobson: Exemplarisches Erzählen im Kontext. Mittelalterliche Fabeln, Gleichnisse und historische Exempel in narrativer Argumentation. Berlin/Boston 2018.

Michael Schwarzbach-Dobson: Narration – Argumentation – Epimythion. Zum rhetorischen Potential exemplarischer Kurzerzählungen des Mittelalters (Fabel, Gleichnis, historisches Exempel). In: *narratio* und *moralisatio*. Hrsg. von Björn Reich, Christoph Schanze. Oldenburg 2018, S. 69–99.

Bärbel Schwitzgebel: Noch nicht genug der Vorrede. Zur Vorrede volkssprachiger Sammlungen von Exempeln, Fabeln, Sprichwörtern und Schwänken des 16. Jahrhunderts. Tübingen 1996.

Sonya Scott: *Mathematics is the Lantern*: Vito Volterra, Léon Walras, and Irving Fisher on the Mathematization of Economics. In: JHET 40,4 (2008), S. 513–537.

Horst Seebass: Genesis III. Josephgeschichte (37,1–50,26). Neukirchen-Vluyn 2000.

Stephanie Seidl, Julia Zimmermann: Jenseits des Kategorischen. Konzeptionen des ‚Heidnischen' in volkssprachigen literarischen und chronikalischen Texten des 13. Jahrhunderts. In: Integration und Desintegration der Kulturen im europäischen Mittelalter. Hrsg. von Michael Borgolte [u. a.]. Berlin 2011, S. 325–381.

Georg Simmel: Philosophie des Geldes. Hrsg. von Ottheim Rammstedt. 14. Aufl. Frankfurt am Main 2014.

Karl Helmut Singer: Die Metalle Gold, Silber, Bronze, Kupfer und Eisen im Alten Testament und ihre Symbolik. Würzburg 1980.

Randal Sivertson: Loyalty and riches in Wolfram's „Parzival". Frankfurt am Main 1999.

Manfred Sommer: Sammeln. Ein philosophischer Versuch. Frankfurt am Main 2002.

Wolfgang Spiewok: Der Stricker und die Prudentia. In: Wissenschaftliche Zeitschrift der Ernst-Moritz-Arndt-Universität Greifswald 13 (1964), S. 119–126.

Wolfgang Spiewok: Parodie und Satire im Pfaff Amis des Stricker. In: Acta Universitatis Szegediensis de Attila József Nominatae. acta germanistica 1 (1987), S. 5–23.

Peter Spufford: Money and its Use in Medieval Europe. Cambridge 1988.

Carlos Steel: Thomas' Lehre von den Kardinaltugenden. (S.th. II-II, qq. 47–170). In: Thomas von Aquin: Die *Summa theologiae*. Werkinterpretationen. Hrsg. von Andreas Speer. Berlin/New York 2005, S. 322–342.

Robert Stein, Anita Boele, Wim Blockmans: Whose Community? The Origin and Development of the Concept of bonum commune in Flanders, Brabant and Holland (Twelfth – Fifteenth Century). In: De bono communi: The discourse and practice of the common good in the European City (13th – 16th c.) = Discours et pratique du Bien Commun dans les villes d'Europe (XIIIe au XVIe siècle). Hrsg. von Elodie Lecuppre-Desjardin. Turnhout 2010, S. 149–170.

Elias von Steinmeyer: Über einige Epitheta der mhd. Poesie. Rede beim Antritt des Prorectorates der Königlichen Bayerischen Friedrich-Alexanders-Universität Erlangen am 4. November 1889 gehalten. Erlangen 1889.

Heiko Steuer: Feinwaagen und Gewichte als Quellen zur Handelsgeschichte des Ostseeraumes. In: Archäologische und naturwissenschaftliche Untersuchungen an ländlichen und frühstädtischen Siedlungen im deutschen Küstengebiet vom 5. Jahrhundert v. Chr. bis zum 11. Jahrhundert n. Chr, Bd. 2: Handelsplätze des frühen und hohen Mittelalters. Hrsg. von Herbert Jankuhn, Kurt Schietzel, Hans Reichstein. Weinheim 1984, S. 273–292.

Julia Stiebritz-Banischewski: Hofkritik in der mittelhochdeutschen höfischen Epik. Studien zur Interdiskursivität der Musik- und Kleiderdarstellung in Gottfrieds von Straßburg *Tristan*, Hartmanns von Aue *Ereck*, der *Kudrun* und im *Nibelungenlied*. Berlin/Boston 2020.

Judith Stieglbauer-Schwarz: *Wiegen*, *wägen*, und *bewegen*. Etymologie und Wortgeschichte. Frankfurt am Main 2001.

Markus Stock: Kombinationssinn. Narrative Strukturexperimente im ‚Straßburger Alexander', im ‚Herzog Ernst B' und im ‚König Rother'. Tübingen 2002.

Markus Stock: Von der Vergeltung zur Münze. Zur mittelalterlichen Vorgeschichte des Wortes *Geld*. In: Geld im Mittelalter. Wahrnehmung – Bewertung – Symbolik. Hrsg. von Klaus Grubmüller, Markus Stock. Darmstadt 2005, S. 34–51.

Barbara Stollberg-Rilinger, Tim Neu, Christina Brauner (Hrsg.): Alles nur symbolisch? Bilanz und Perspektiven der Erforschung symbolischer Kommunikation. Köln/Weimar/Wien 2013.

Justin Stover: Warum es keine guten Gründe zur Verteidigung der Geisteswissenschaften gibt. In: Merkur 828 (2018), S. 25–39.

Philipp Strauch: Einleitung. In: [Johans von Wien:] Jansen Enikels Werke. Hrsg. von dems. Hannover/Leipzig 1900, S. I-C.

Miriam Strieder: Der staunende Blick auf das weit entfernte Fremde. Das Spanien der Mauren in Konrad Flecks *Flore und Blanscheflur* (um 1220?). In: Spanische Städte und Landschaften in

der deutschen (Reise)Literatur/Ciudades y paisajes españoles en la literatura (de viajes) alemana. Hrsg. von Berta Raposo, Walther L. Bernecker. Bern 2017, S. 183–195.
Peter Strohschneider: Art. Schwank. In: [1]Killy, Bd. 14, S. 354 f.
Peter Strohschneider: Kippfiguren. Erzählmuster des Schwankromans und ökonomische Kulturmuster in Strickers ‚Amis'. In: Text und Kontext: Fallstudien und theoretische Begründungen einer kulturwissenschaftlich angeleiteten Mediävistik. Hrsg. von Jan-Dirk Müller, Elisabeth Müller-Luckner. München 2007, S. 163–190.
Maria Stürzebecher: Der Schatzfund aus der Michaelisstraße in Erfurt. In: Die mittelalterliche jüdische Kultur in Erfurt, Bd. 1: Der Schatzfund. Archäologie – Kunstgeschichte – Siedlungsgeschichte. Hrsg. vom Thüringischen Landesamt für Denkmalpflege und Archäologie Weimar durch Sven Ostritz. Weimar 2010, S. 60–323.
Elfriede Stutz: Frühe deutsche Novellenkunst. Hrsg. von Clifford Albrecht Bernd, Ute Schwab. Göppingen 1991.
Almut Suerbaum: Formen der Publikumsansprache bei Berthold von Regensburg und ihr literarischer Kontext. In: Predigt im Kontext. Hrsg. von Volker Mertens [u. a.]. Berlin/Boston 2013, S. 21–33.
Joseph M. Sullivan: Kalogreant/Calogrenant, Space and Communication in Hartmann's *Iwein* and Chrétien's *Yvain*. In: Seminar 42,1 (2006), S. 1–14.
Jakob Tanner: Die ökonomische Handlungstheorie vor der ‚kulturalistischen Wende'? Perspektiven und Probleme einer interdisziplinären Diskussion. In: Wirtschaftsgeschichte als Kulturgeschichte. Dimensionen eines Perspektivenwechsels. Hrsg. von Jakob Vogel, Hartmut Berghoff. Frankfurt am Main/New York 2004, S. 69–98.
Simon Teuscher: Zuerst die Herrschaft und dann der Markt? Kommentar zur Sektion „Symbolische Kommunikation und wirtschaftliches Handeln". In: Alles nur symbolisch? Bilanz und Perspektiven der Erforschung symbolischer Kommunikation. Hrsg. von Barbara Stollberg-Rilinger, Tim Neu, Christina Brauner. Köln/Weimar/Wien 2013, S. 419–425.
Joachim Theisen: Fortuna als narratives Problem. In: Fortuna. Hrsg. von Walter Haug, Burghart Wachinger. Tübingen 1995, S. 143–191.
Ansgar Thiel: Soziale Konflikte. Bielefeld 2003.
Frauke Thielert: Paarformeln in mittelalterlichen Stadtrechtstexten. Bedeutung und Funktion. Frankfurt am Main 2016.
Michael Toch: Die Juden im mittelalterlichen Reich. 2. Aufl. München 2003.
Giacomo Todeschini: Il prezzo della salvezza. Lessici medievali del pensiero economico. Rom 1994.
Giacomo Todeschini: The Incivility of Judas: "Manifest" Usury as a Metaphor for the "Imfamy of Fact" (*infamia facti*). In: Money, Morality and Culture in Late Medieval and Early Modern Europe. Hrsg. von Juliann Vitullo, Diane Wolfthal. Farnham 2010, S. 33–52.
Giacomo Todeschini: Credit and Debt: Patterns of Exchange in Western Christian Society. In: Europas Aufstieg. Eine Spurensuche im späten Mittelalter. Hrsg. von Thomas Ertl. Wien 2013, S. 139–160.
Johannes Traulsen: Diesseitige und jenseitige *rîchheit* in Rudolfs von Ems *Barlaam und Josaphat*. In: Fremde – Luxus – Räume. Konzeptionen von Luxus in Vormoderne und Moderne. Hrsg. von Jutta Eming [u. a.]. Berlin 2015, S. 43–62.
Johannes Tropfke: Geometrie, Logarithmen, Ebene Trigonometrie, Sphärik und sphärische Trigonometrie, Reihen, Zinseszinsrechnung, Kombinatorik und Wahrscheinlichkeitsrechnung, Kettenbrüche, Stereometrie, Analytische Geometrie, Kegelschnitte, Maxima und Minima, Geschichte. Leipzig 1903 (Reprint Berlin/Boston 2020).
Felix Urban: Gleiches zu Gleichem: Figurenähnlichkeit in der späthöfischen Epik. ‚Flore und Blanscheflur', ‚Engelhard', Barlaam und Josaphat', ‚Wilhalm von Wenden'. Berlin/Boston 2020.

Laura Velte: Vom Erzählen wiedererzählen. Selbstreferentielle Erzählstrategien in *Floire et Blancheflor*, Konrad Flecks *Flore und Blanscheflur* und Giovanni Boccaccios *Filocolo*. In: Renarrativierung in der Vormoderne. Funktionen, Transformationen, Rezeptionen. Hrsg. von Thorsten Glückhardt, Sebastian Kleinschmidt, Verena Spohn. Baden-Baden 2019, S. 149–178.

Hans Rudolf Velten: Schwankheld und Sympathie. Zu Strickers *Der Pfaffe Amis* und Frankfurters *Des pfaffen geschicht und histori vom Kalenberg*. In: Techniken der Sympathiesteuerung in Erzähltexten der Vormoderne. Potentiale und Probleme. Hrsg. von Friedrich Michael Dimpel, Hans Rudolf Velten. Heidelberg 2016, S. 97–123.

Dieter Vogt: Ritterbild und Ritterlehre in der lehrhaften Kleindichtung des Strickers und im sog. Seifried Helbling. Frankfurt am Main 1985.

Silvan Wagner: Erzählen im Raum. Die Erzeugung virtueller Räume im Erzählakt höfischer Epik. Berlin/Boston 2015.

Stephen L. Wailes: Stricker and the Virtue Prudentia. A Critical Review. In: Seminar 13,3 (1977), S. 136–153.

Stephen L. Wailes: The Tale of the Credulous Provost in der Stricker's „Der Pfaffe Amis". In: JEGP 97,2 (1998), S. 168–176.

Wolfgang Walliczek: Rudolf von Ems. ‚Der guote Gêrhart'. München 1973.

Wolfgang Walliczek: Art. Rudolf von Ems. In: ^{2}VL, Bd. 8, Sp. 322–345.

Michael Waltenberger: Diversität und Konversion: Kulturkonstruktionen im Französischen und im Deutschen Florisroman. In: Ordnung und Unordnung in der Literatur des Mittelalters. Hrsg. von Wolfgang Harms [u. a.]. Stuttgart 2003, S. 25–43.

Heiko Wandhoff: Ekphrasis. Kunstbeschreibungen und virtuelle Räume in der Literatur des Mittelalters. Berlin/New York 2003.

Heiko Wandhoff: Bilder der Liebe – Bilder des Todes. Konrad Flecks Flore-Roman und die Kunstbeschreibung in der höfischen Epik des deutschen Mittelalters. In: Die poetische Ekphrasis von Kunstwerken. Eine literarische Tradition der Großdichtung in Antike, Mittelalter und früher Neuzeit. Hrsg. von Christine Ratkowitsch. Wien 2006, S. 55–76.

Jeffrey M. Wayno: Rethinking the Fourth Lateran Council of 1215. In: Speculum 93,3 (2018), S. 611–637.

Regine Weber: Die Inszenierung der *Divina Providentia* im Oeuvre Rudolfs von Ems. Hofkirchen 2012.

Moritz Wedell: Zählen. Semantische und praxeologische Studien zum numerischen Wissen im Mittelalter. Göttingen 2011.

Moritz Wedell (Hrsg.): Was zählt: Ordnungsangebote, Gebrauchsformen und Erfahrungsmodalitäten des „numerus" im Mittelalter. Köln/Weimar/Wien 2012.

Moritz Wedell: Numbers. Translated by Erik Born. In: Handbook of Medieval Culture. Fundamental Aspects and Conditions of the European Middle Ages, Bd. 2. Hrsg. von Albrecht Classen. Berlin/Boston 2015, S. 1205–1260.

Robert Weninger: Literarische Konventionen. Theoretische Modelle, historische Anwendung. Tübingen 1994.

Franziska Wenzel: *hof, burc* und *stat*. Identitätskonstruktionen und literarische Stadtentwürfe als Repräsentationen des Anderen. In: Repräsentationen der mittelalterlichen Stadt. Hrsg. von Jörg Oberste. Regensburg 2008, S. 25–43.

Horst Wenzel: Höfische Geschichte. Bern 1980.

Chris Wickham: Conclusion. In: The Languages of Gift in the Early Middle Ages. Hrsg. von Wendy Davies, Paul Fouracre. Cambridge 2010, S. 238–261.

Ralf Wiechmann: Kupfer und Messing statt Silber. Münzimitationen des 11. und 12. Jahrhunderts aus Nordostdeutschland. In: Economies, Monetisation and Society in the West Slavic Lands 800–1200 AD. Hrsg. von Mateusz Bogucki, Marian Rębkowski. Szczecin 2013, S. 267–312.

Oliver E. Williamson: The Economic Institutions of Capitalism. Firms, Markets, Relational Contracting. New York 1985.
Oliver E. Williamson: Transaktionskostenökonomik. 2. Aufl. Hamburg 1996.
Oliver E. Williamson: The Transaction Cost Economics Project. The Theory and Practice of the Governance of Contractual Relations. Cheltenham 2013.
Johan H. Winkelman: Florisromane. In: Höfischer Roman in Vers und Prosa. Hrsg. von René Pérennec, Elisabeth Schmid. Berlin/Boston 2010, S. 331–367.
Johan H. Winkelman: *Want grote list behort ter minnen.* (*Florisroman*, v. 1430). Listmotieven in de Middelnederlandse *Floris ende Blancefloer* van Diederic van Assenede. In: ABäG 67 (2011), S. 473–496.
Britta Wittchow: Rhetorik der Zurückhaltung. Der *Guote Gêrhart* des Rudolf von Ems. In: Oratorik und Literatur. Politische Rede in fiktionalen und historiographischen Texten des Mittelalters und der Frühen Neuzeit. Hrsg. von Malena Ratzke, Christian Schmidt, Britta Wittchow. Bern 2019, S. 243–272.
Ludwig Wittgenstein: Philosophische Untersuchungen. Frankfurt am Main 2003.
Harald Witthöft: Maßgebrauch und Messpraxis in Handel und Gewerbe des Mittelalters. In: Mensura. Maß, Zahl, Zahlensymbolik im Mittelalter, 1. Halbbd. Hrsg. von Albert Zimmermann. Berlin/New York 1983, S. 234–260.
Harald Witthöft: Die Markgewichte von Köln und von Troyes im Spiegel der Regional- und Reichsgeschichte vom 11. bis ins 19. Jahrhundert. In: HZ 253,1 (1991), S. 51–100.
Harald Witthöft: Städtisches Gewicht – Ordnung, Amt, Zeichen. In: Anzeiger des Germanischen Nationalmuseums und Berichte aus dem Forschungsinstitut für Realienkunde (1993), S. 117–131.
Harald Witthöft: Über Korn und Brot – Geld und Münze. Rechte Zahl und *aequalitas* als gerechter Preis in Mittelalter und Neuzeit. In: VSWG 93,4 (2006), S. 438–479.
Fabian Wittreck: Geld als Instrument der Gerechtigkeit. Die Geldrechtslehre des Hl. Thomas von Aquin in ihrem interkulturellen Kontext. Paderborn 2002.
Fabian Wittreck: Münzmanipulation und Wucher. Gelddiskurse als Gerechtigkeitsdiskurse. In: Geld als Medium in der Antike. Hrsg. von Benedikt Eckhardt, Katharina Martin. Berlin 2011, S. 155–171.
Fabian Wittreck: Philosophisch fundierte Zinsverbote. Rechtsrahmen und Relevanz. In: Was vom Wucher übrigbleibt. Zinsverbote im historischen und interkulturellen Vergleich. Hrsg. von Matthias Casper, Norbert Oberhauer, Fabian Wittreck. Tübingen 2014, S. 47–73.
Fabian Wittreck: Money in Medieval Philosophy. In: Money in the Western Legal Tradition. Middle Ages to Bretton Woods. Hrsg. von David Fox, Wolfgang Ernst. Oxford 2016, S. 53–70.
Franz Josef Worstbrock: Wiedererzählen und Übersetzen. In: Mittelalter und frühe Neuzeit. Übergänge, Umbrüche und Neuansätze. Hrsg. von Walter Haug. Tübingen 1999, S. 128–142.
Katrin Woesner: Begriffsglossar und Index zu Albrechts „Jüngerem Titurel". Alphabetischer Index. Tübingen 2003.
Werner Wunderlich: Der „ritterliche" Kaufmann. Literatursoziologische Studien zu Rudolf von Ems' „Der guote Gêrhart". Kronberg 1975.
Werner Wunderlich: „... des koufmannes güete". Rudolfs von Ems *Der guote Gêrhart*. In: Der literarische Homo oeconomicus. Vom Märchenhelden zum Manager. Beiträge zum Ökonomieverständnis in der Literatur. Hrsg. von dems. Bern/Stuttgart 1989, S. 41–56.
Hans-Joachim Ziegeler: Erzählen im Spätmittelalter. Mären im Kontext von Minnereden, Bispeln und Romanen. München 1985.
Hans-Joachim Ziegeler: Beobachtungen zum Wiener Codex 2705 und zu seiner Stellung in der Überlieferung früher kleiner Reimpaardichtung. In: Deutsche Handschriften 1100–1400.

Oxforder Kolloquium 1985. Hrsg. von Volker Honemann, Nigel F. Palmer. Tübingen 1988, S. 489–526.

Hans-Joachim Ziegeler: Art. Schwank$_2$. In: RLW, Bd. 3, S. 407–410.

Bernd Ziegler: Geschichte des ökonomischen Denkens. Paradigmenwechsel in der Volkswirtschaftslehre. 2. Aufl. München 2008.

Werner Zillig: Bewerten. Sprechakttypen der bewertenden Rede. Tübingen 1982.

Sonja Zöller: Kaiser, Kaufmann und die Macht des Geldes. Gerhard Unmaze von Köln als Finanzier der Reichspolitik und der „Gute Gerhard“ des Rudolf von Ems. München 1993.

Sonja Zöller: „Triuwe“ gegen Kredit. Überlegungen zur mittelhochdeutschen Verserzählung ‚Rittertreue‘. In: Der fremdgewordene Text, FS Helmut Brackert. Hrsg. von Silvia Bovenschen [u. a.], Berlin/New York 1997, S. 58–72.

Sonja Zöller: Von *zwîfel* und *guotem muot*. Gewissensentscheidungen im ‚Guten Gerhard‘? In: ZfdA 130,3 (2001), S. 270–290.

6.4 Internetquellen

https://www.etymonline.com/word/*wal-?ref=etymonline_crossreference, zuletzt eingesehen: 18.03.2021, 17:08.

https://handschriftencensus.de/, zuletzt eingesehen: 13.05.2022, 18:03.

https://www.geschichte.uni-frankfurt.de/46323947/HSCM___Historical_Semantics_Corpus_Management, zuletzt eingesehen: 16.02.2021, 10:54.

https://bkv.unifr.ch/works/7/versions/17/divisions/106196, zuletzt eingesehen: 31.03.2021, 12:55.

https://woerterbuchnetz.de/#0, zuletzt eingesehen: 13.05.2022, 18:03.

Register

https://doi.org/10.1515/9783110776188-007

www.ingramcontent.com/pod-product-compliance
Lightning Source LLC
LaVergne TN
LVHW081327011026
849161LV00013BB/2860
* 9 7 8 3 1 1 0 7 7 5 7 0 9 *